Science Networks. Historical Studies
Volume 21

Edited by Erwin Hiebert and Hans Wussing

Joël Sakarovitch

Épures d'architecture

De la coupe des pierres à la géométrie descriptive

XVIe-XIXe siècles

1998

Birkhäuser Verlag
Basel · Boston · Berlin

Author's Address :
Joël Sakarovitch
UFR de Mathématiques et Informatique
Université René Descartes
45 rue des Saints-Pères, F-75270 Paris cedex 06
E-mail: saka@descartes.math-info.univ-paris5.fr

Ecole d'Architecture Paris-Villemin
Département recherche, 35 rue Frémicourt, F-75015 Paris.

Photo de couverture : Limon d'escalier en „Vis de Saint-Gilles"
in J.-A. Adhemar, *Traité de la coupe des pierres,* Paris, 1840.

Ouvrage réalisé avec le soutien du ministère de la culture,
direction de l'architecture.

Deutsche Bibliothek – CIP-Einheitsaufnahme

Sakarovitch, Joël:
Epures d'architecture : de la coupe des pierres à la géométrie descriptive
XVIe-XIXe siècles / Joël Sakarovitch. – Basel ; Boston ; Berlin :
Birkhäuser, 1998
(Science networks ; Vol. 21)
ISBN 3-7643-5701-0 (Basel ...)
ISBN 0-8176-5701-0 (Boston)

Printed on acid-free paper produced from chlorine-free pulp. TCF ∞
Printed in Germany
ISBN 3-7643-5701-0
ISBN 0-8176-5701-0

9 8 7 6 5 4 3 2 1

Marco Polo décrit un
pont, pierre par pierre.
- Mais laquelle est la
pierre qui soutient le pont ?
demande Kublai Khan.
- Le pont n'est pas soutenu
par telle ou telle pierre,
répond Marco Polo, mais
par la ligne d'arc qu'à
elles toutes elles forment.
Kublai Khan reste silencieux,
il réfléchit. Puis il ajoute :
- Pourquoi me parles-tu de
pierres ? C'est l'arc seul
qui m'intéresse.
Polo répond :
- Sans pierres il n'y a pas d'arc.

Italo Calvino
Les villes invisibles

Remerciements

Je tiens à remercier ici René Taton qui se trouve à l'origine de mon intérêt pour l'histoire des sciences en général et pour les travaux de Girard Desargues en particulier. Ce travail a trouvé, à l'Ecole d'Architecture Paris-Villemin, dans le séminaire « Histoire de la perspective et des modes de représentation » fondé et animé par Roger Laurent, et dans l'Equipe de recherche « Géométrie-Structure-Architecture », un cadre institutionnel et intellectuel auquel ce livre doit beaucoup ; il m'a donné l'occasion de nombreux échanges avec Didier Bessot, Rudolf Bkouche, Jean-Marie Delarue, Christian Guipaud, Jean-Pierre Le Goff, Jeanne Peiffer et Philippe Potié.
Jean Dhombres m'a encouragé et conseillé dans ce travail. Ce livre doit beaucoup à Bruno Belhoste avec qui j'ai eu de nombreuses discussions ; j'ai grandement bénéficié de ses travaux concernant l'histoire de l'Ecole polytechnique et l'histoire des ingénieurs. Il m'a fait de plus l'amitié d'une relecture vigilante du manuscrit.
L'édition en cours, par l'Association Ouvrière des Compagnons du Devoir du Tour de France, d'une Encyclopédie des Métiers m'a donné l'occasion de travailler avec les compagnons Gilbert Margueritte et Jean Martin. Grâce à eux j'ai découvert l'univers de la taille des pierres dans lequel je ne serais certainement pas entré par l'unique étude théorique des traités anciens.
Enfin je voudrais remercier toutes les personnes qui m'ont aidé dans la réalisation de ce livre : Claudine Billoux m'a grandement facilité l'accès au Fond ancien de l'Ecole polytechnique, les dessins de l'introduction sont dus à Noël Blotti, Alain Dreyfus a exécuté la majeure partie des autres dessins de cet ouvrage, de nombreux clichés d'illustration ont été pris par Raphael Salzedo et Jacqueline Benedict a assuré une véritable relecture de prote.

Ce livre a bénéficié du soutient financier du Bureau de la Recherche Architectural du Ministère de la Culture.

A Judith, Barbara et Benjamin

Introduction

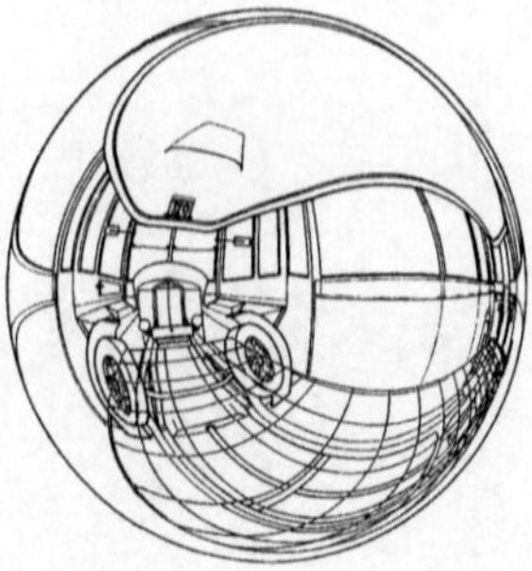

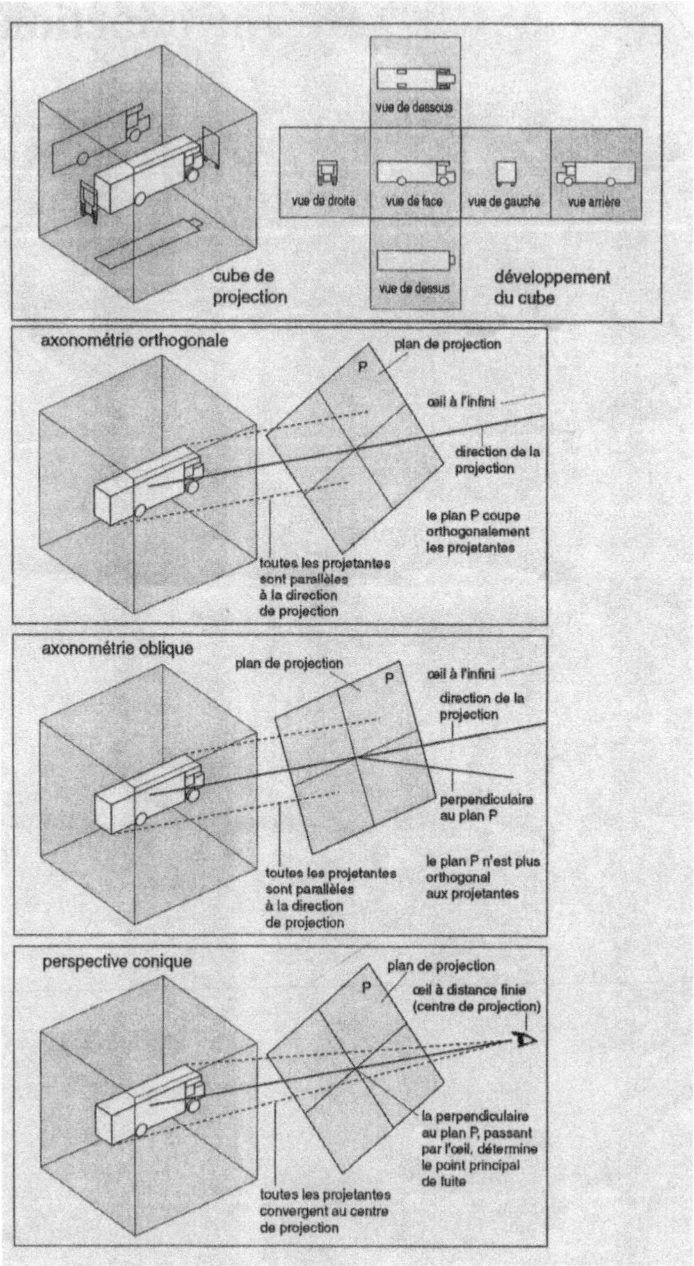

Fig. 1 - Perspective, axonométrie et géométral : les modes usuels de représentation de l'espace.

Lorsque Gaspard Monge prononce, en janvier 1795, les premières leçons de géométrie descriptive à l'Ecole normale de l'an III et à l'Ecole centrale des travaux publics – qui devait prendre le nom d'Ecole polytechnique un an plus tard – personne, à part l'orateur, ne sait ce que recouvre le titre de cette nouvelle discipline qui voit le jour avec les institutions où elle est enseignée. Non seulement Monge est arrivé à imposer son introduction dans la formation des futurs professeurs[1], mais, véritable architecte de la future Ecole polytechnique, il en a fait la discipline reine de cette institution en lui accordant la moitié du temps des études[2]. Une discipline révolutionnaire devient ainsi, pour un temps, la colonne vertébrale d'une école qui ne l'est pas moins. Révolutionnaire? Comment alors expliquer le mot de Lagrange qui, sortant du premier cours de son collègue de l'Ecole normale, s'exclama : «Je ne savais pas que je savais la géométrie descriptive»[3]. Sous un nouveau nom, Monge ne fait-il que reprendre des méthodes géométriques anciennes? Gino Loria, dans la *Storia della geometria descrittiva*, défendra d'ailleurs «la thèse selon laquelle l'origine de la géométrie descriptive se trouve non sur les rives de la Seine, mais sur celle du Nil»[4].

Mais d'abord qu'est-ce que la géométrie descriptive? Pour le savoir, le mieux est encore «d'écouter» Monge, présentant à son vaste auditoire de l'Ecole normale la nouvelle discipline qu'il doit leur enseigner et dont les paroles ont été soigneusement notées par des sténographes[5] : «Cet art a deux objets principaux. Le premier est de représenter avec exactitude, sur des dessins qui n'ont que deux dimensions, les objets qui en ont trois, et qui sont susceptibles de définition rigoureuse... Le second...est de déduire de la description exacte des corps tout ce qui suit nécessairement de leurs formes et de leurs positions respectives»[6].

---

[1] L'Ecole normale de l'an III avait été conçue, du moins à l'origine, pour former les enseignants des établissements correspondant aux collèges actuels.

[2] Monge a de la géométrie descriptive une définition très large et inclut sous ce titre l'ensemble des applications de la théorie géométrique à la coupe des pierres et des bois, au tracé des ombres, à la perspective, etc... comme nous le verrons au chapitre III. Sur le fonctionnement de l'Ecole centrale des travaux publics, cf. *infra*, chap. III.

[3] Ce mot de Lagrange a été rapporté plusieurs fois ; voir par exemple [La Gournerie, 1855, p. 24]. Sur Lagrange professeur à l'Ecole normale de l'an III, voir [Dahan Dalmédico, 1992, p. 171-192]

[4] [Loria, 1921, p. 80]. Ce livre est le premier ouvrage qui ait été consacré à l'histoire de la géométrie descriptive.

[5] Tous les cours de l'Ecole normale de l'an III ont été recueillis par des sténographes et publiés en 1795 sous le titre *Les séances des écoles normales recueillies par des sténographes et revues par des professeurs* . Publiées une première fois sous forme d'ouvrage autonome par Hachette en 1799, elles furent rééditées de nombreuses fois depuis. La dernière édition critique, effectuée par B. Belhoste, R. Laurent, J. Sakarovitch et R. Taton se trouve dans *L'Ecole normale de l'an III, Leçons de mathématiques, Laplace-Lagrange-Monge*, J. Dhombres éd., Dunod, 1992, et a été utilisée dans ce livre comme édition de référence : les citations qui en sont extraites sont appelées en note [Monge, 1795, p. xx], le n° de page renvoyant à l'édition de 1992.

[6] Cette définition est donnée par Monge dans le «Programme» qui précède la publication de ses Leçons de Géométrie descriptive.

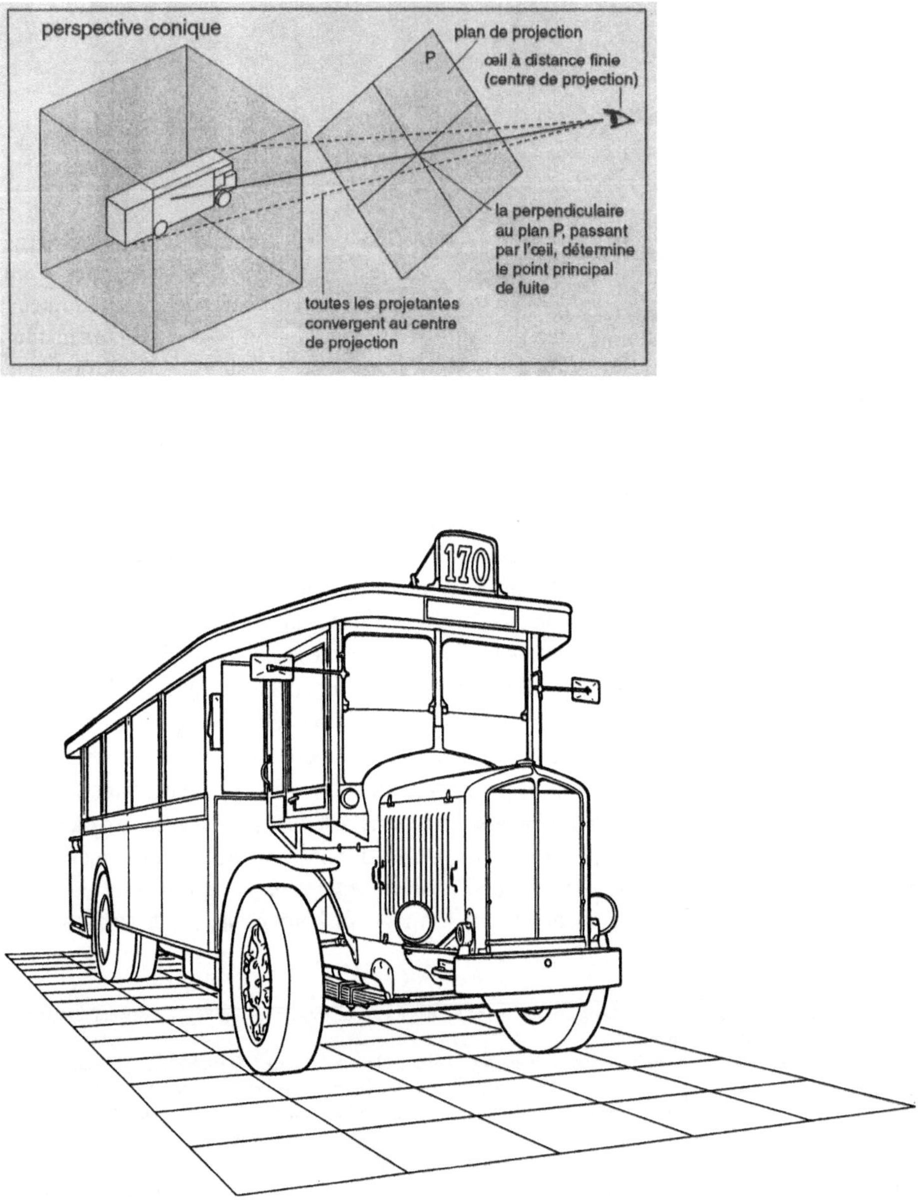

Fig. 2 - La perspective conique

Dans le dessin perspectif, ou perspective conique, on projette l'espace sur une surface quelconque, appelée tableau, qui dans la pratique est presque toujours un plan, bien que ce ne soit pas une nécessité théorique. On obtient la perspective d'un point quelconque de l'espace en le joignant à un point fixe représentant l'œil de l'observateur (supposé borgne) et en déterminant la section du «rayon lumineux» avec le tableau.

En prologue à ses douze leçons qui devaient être à l'origine du regain d'intérêt des mathématiciens français pour la géométrie et du profond bouleversement des mathématiques qui s'ensuivit au XIXe siècle, Monge définit donc la géométrie descriptive comme «un art». C'est une «science» répondra comme en écho Chasles dans son *Aperçu historique sur l'origine et le développement des méthodes en géométrie* avant de reprendre mot pour mot la suite de la définition mongienne[7]. Mais simultanément Chasles dénie à la géométrie descriptive la capacité de pouvoir par elle-même démontrer des propriétés géométriques aussi fondamentales que de savoir si une courbe est plane ou non[8]. Ce livre voudrait donc éclairer la constitution de cette «science» qui ne démontre rien, ou de cet «art» qui bouleverse les mathématiques. Car ces deux visions ne sont pas antinomiques. Méthode géométrique de représentation de l'espace, la géométrie descriptive peut aussi bien être vue comme une technique graphique que comme une branche à part entière de la géométrie et ce statut ambigu entre art et science, qui lui confère incontestablement à la fois son charme et sa spécificité, rend impossible toute définition lapidaire. Mais plutôt que de chercher à situer la géométrie descriptive entre art et science, sans doute vaut-il mieux dans un premier temps, comme nous y invite également Monge, la considérer comme un langage, comme «une langue nécessaire à l'homme de génie qui conçoit un projet, à ceux qui doivent en diriger l'exécution, et enfin aux artistes qui doivent eux-mêmes en exécuter les différentes parties»[9]. Un langage pour «parler l'espace à trois dimensions» en quelque sorte, du moins lorsqu'il est peuplé d'objets «susceptibles de définition rigoureuse».

La géométrie descriptive est à la fois l'aboutissement d'une longue et lente évolution de méthodes graphiques disparates utilisées pour représenter l'espace et le fruit de l'imagination fertile d'un géomètre de talent, héritier des Lumières, révolutionnaire engagé, enseignant hors pair dont les projets pédagogiques se développent dans le droit fil de ceux de Condorcet. Je voudrais en quelque sorte convier mon lecteur à un parcours dans les coulisses de l'amphithéâtre de Monge. Mais ces coulisses sont vastes et ont déjà été visitées[10], même si les origines de la géométrie descriptive n'ont pas fait l'objet d'une littérature aussi abondante que celle de la perspective. La gnomonique, ou technique de construction des cadrans solaires, la cartographie, l'astronomie et la théorie des éclipses, tout comme le principe du repère cartésien, font incontestablement partie du décor, comme

[7] Michel Chasles, (1793-1880), fut élève, puis professeur à l'Ecole polytechnique où il enseigna la géodésie, l'astronomie et la mécanique appliquée. En 1846 la chaire de Géométrie fut créée à son intention, à la Sorbonne. Grand défenseur de la géométrie synthétique, il fut le premier à parler de «l'école de Monge» dans son *Aperçu historique sur l'origine et le développement des méthodes en géométrie*, [Chasles, 1837, p. 191] ; cf. *Infra*, chap. IV.

[8] Chasles expose ce point de vue dans son «Discours d'inauguration du cours de Géométrie supérieure de la Faculté des Sciences de Paris», prononcé le 22 décembre 1846 et publié dans [Chasles, 1852, p. 547-585, en part. p. 578]. Je reviendrai sur ce point au chapitre IV.

[9] [Monge, 1795, «Programme», p.305]

[10] Concernant l'histoire de la géométrie descriptive proprement dite, on peut citer, outre l'ouvrage de Gino Loria déjà mentionné ci-dessus, [Taton, 1951 et 1954] et [Paul, 1980] ; à propos de l'histoire du dessin technique, [Booker, 1963] et [Deforge, 1981].

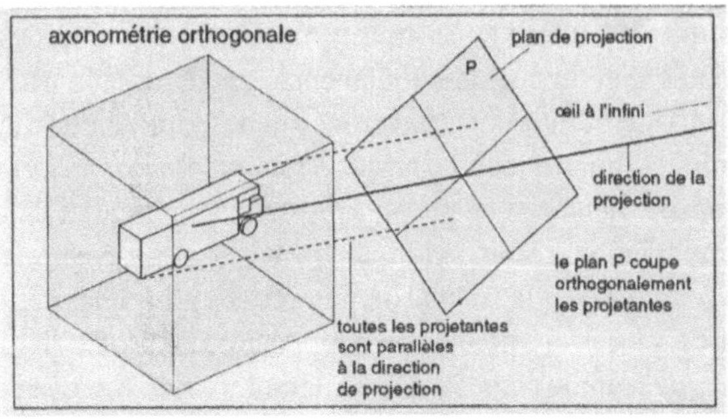

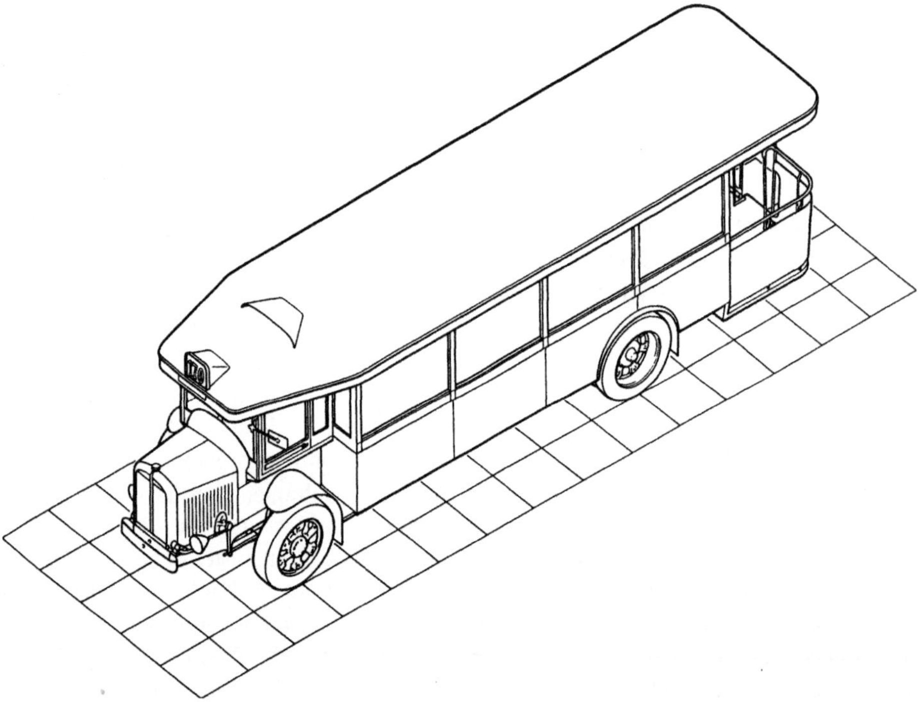

Fig. 3 - L'axonométrie orthogonale

On distingue deux sortes d'axonométrie (ou de perspectives axonométriques) : l'axonométrie dite «orthogonale» correspond à une perspective dont l'observateur serait placé à l'infini (dans la pratique la distance de l'observateur à l'objet représenté est très grande par rapport aux dimensions de l'objet). Si le tableau est un plan, il s'agit tout simplement d'une projection orthogonale sur ce plan, mais pour rendre l'impression de spatialité, l'objet n'occupe aucune position particulière par rapport à ce plan ; en particulier si l'objet représenté possède une forme plus ou moins proche d'un parallélépipède rectangle (ou s'inscrit facilement dans un tel volume) on prendra soin que le tableau ne soit parallèle à aucune des faces de l'objet.

Booker l'a très bien montré dans son histoire du dessin d'ingénieur. Mais je n'ai pas souhaité procéder à un état des lieux et pour comprendre comment cette «langue nécessaire» s'est peu à peu construite, j'ai délibérément focalisé cette étude sur les domaines qui nécessitent un dialogue entre «un homme de génie qui conçoit» et «des artistes qui réalisent». Or historiquement cette situation se rencontre d'abord dans le champ de l'architecture et je tenterai de montrer que c'est bien sur cette scène-là que la pièce se joue.

Pour toute activité, de type artisanal, où la même personne conçoit et réalise, point n'est besoin, du moins *a priori*, de langage explicite pour passer de l'un à l'autre. L'architecte, au contraire, est historiquement très tôt confronté à la gestion de chantiers qui peuvent nécessiter de coordonner de vastes équipes d'ouvriers, de gérer la durée, et qui impliquent des sommes d'argent importantes, conditions qui ne peuvent que pousser à la constitution d'un langage approprié entre concepteur et réalisateur. De plus le «dessin d'architecture» est en lui-même un vaste domaine qui comporte de multiples facettes et recouvre diverses spécialisations correspondant aux différentes fonctions de l'architecte.

Il faut d'abord distinguer le «dessin de projet» du «dessin de relevé», en quelque sorte réciproques l'un de l'autre. Dans le dessin de projet «l'homme de génie» doit produire des documents graphiques permettant la réalisation d'un objet qui n'existe que sous forme virtuelle dans son esprit. Dans le dessin de relevé, il faut traduire sur une feuille de papier toute la complexité d'un bâtiment existant[11]. L'architecte est ainsi amené à pratiquer «le thème» et «la version» d'un langage graphique permettant de passer du plan à l'espace. Cette adéquation entre les fonctions du dessin d'architecture et celles assignées à la géométrie descriptive par son fondateur est un des éléments permettant de montrer que l'on retrouve bien dans les techniques graphiques utilisées dans le monde du batiment l'origine de la théorie mongienne.

De plus le «dessin de projet» varie en fonction de son destinataire ; or l'architecte s'adresse à la fois aux différents corps de métier qui construisent et au client qui finance. D'où une variété de techniques graphiques utilisées dans ce domaine et illustrées par les figures 1 à 7 : la perspective, conique ou axonométrique, la double projection, le géométral. Chaque méthode présente ses avantages et ses inconvénients et c'est naturellement en fonction de l'usage auquel le dessin est destiné que l'on doit choisir la technique graphique la plus appropriée. La perspective donne de l'objet une vision globale et permet (du moins à notre époque et dans notre civilisation) de se faire une idée de ce qu'il donnera une fois réalisé. En revanche on ne peut pas, à partir d'une seule perspective construire l'objet, prendre des mesures de longueur, de surface ou d'angle, comme on peut le faire sur une représentation en géométral[12]. L'axonométrie est intermédiaire entre le géométral et la représentation perspective conique : elle offre une lecture plus aisée du volume dans sa spatialité que le géométral et permet néanmoins de prendre sur le dessin certaines mesures[13] (fig. 3 et 4).

---

[11] Sur l'histoire et les techniques modernes du relevé architectural, voir [Saint Aubin, 1992] et [Docci et Maestri, 1993].

[12] Il existe sur la représentation perspective une très vaste bibliographie ; indépendamment des nombreux traités, et pour se restreindre aux ouvrages généraux, voir par exemple [Panofsky, 1932], [Flocon et Taton, 1963], [Wright, 1983], [Damisch, 1987] ou [Comar, 1992] ; concernant les anamorphoses, voir [Baltrusaitis, 1984].

[13] Sur l'usage de l'axonométrie dans le dessin d'architecture, voir [Bois, 1984], et [Aubert, 1997].

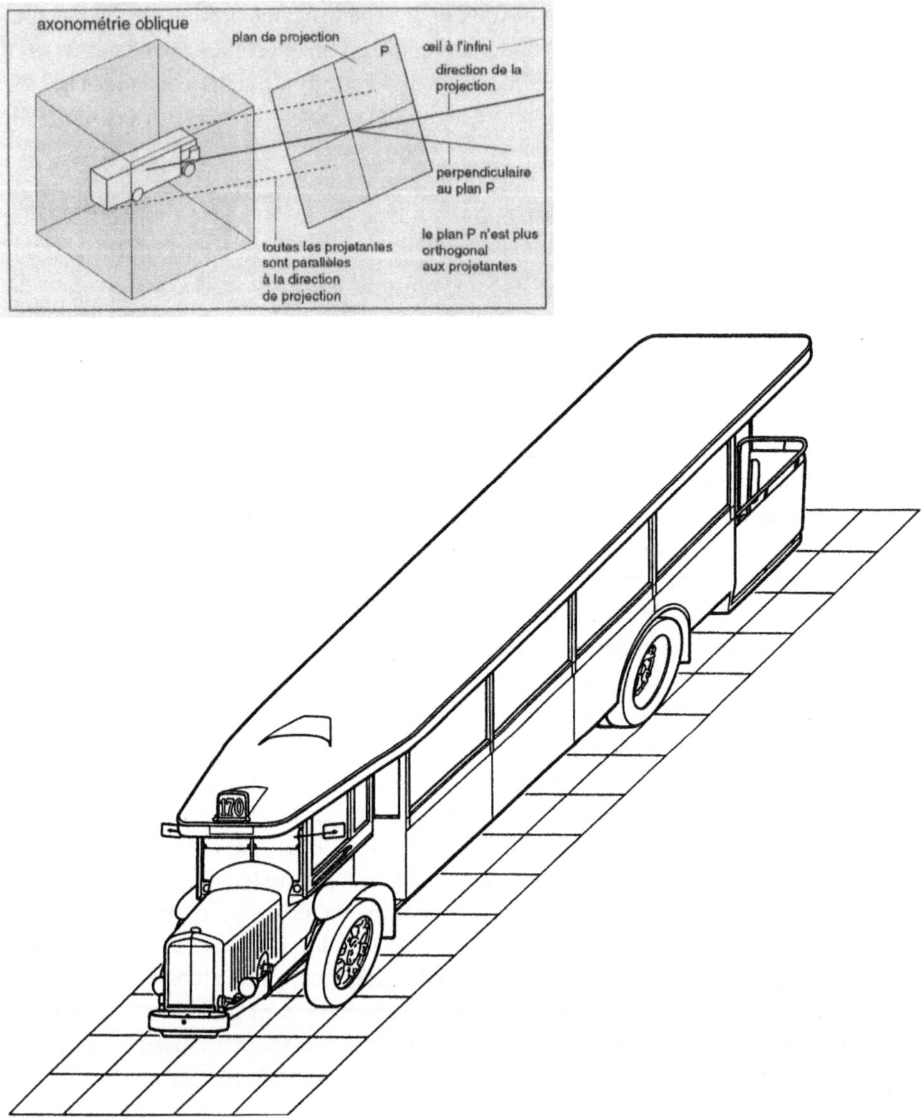

Fig. 4 - L'axonométrie oblique ou «perspective cavalière»

Dans l'axonométrie oblique, on place une des faces de l'objet parallèlement au tableau, sur lequel on projette chaque point de l'espace selon une direction donnée, quelconque (mais non orthogonale au tableau). En architecture, une axonométrie oblique qui donne une représentation non déformée du plan ou d'une des élévations (comme sur le dessin ci-dessus où par exemple les verres circulaires des phares sont représentés par des cercles, et non par des ellipses comme sur la figure précédente) est souvent appelée «perspective cavalière».

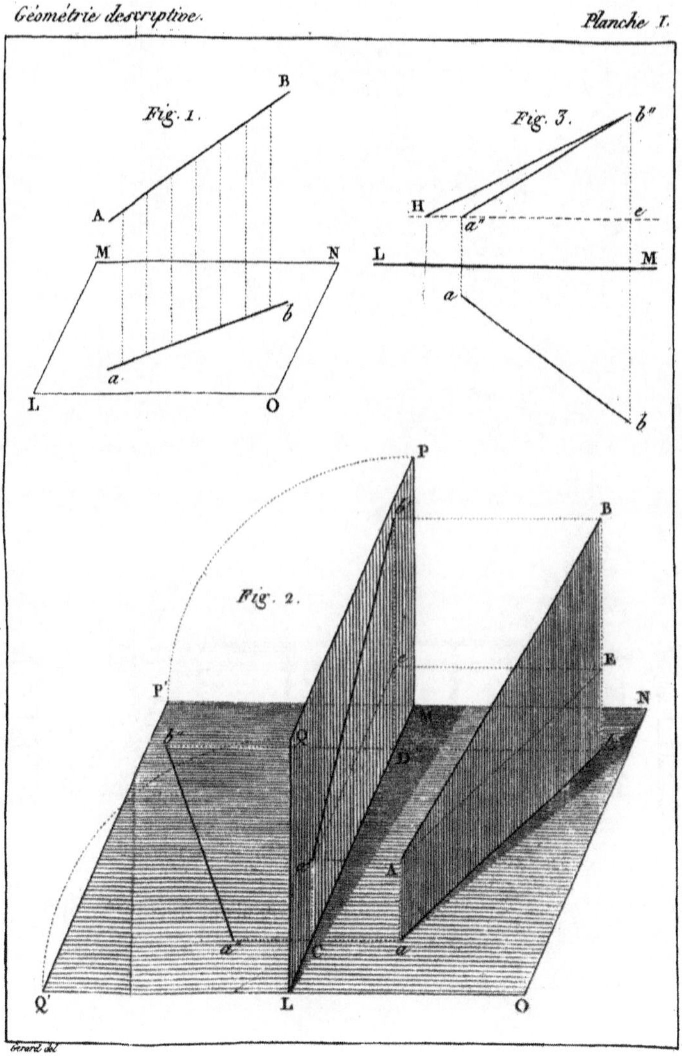

Fig. 5 - Principe de représentation de l'espace utilisé en géométrie descriptive :
la double projection. Epure d'un point
(Planche I des Leçons de Monge)

La «double projection» consiste à rapporter l'espace à deux plans de référence, distincts, que l'on choisit en général respectivement horizontal et vertical. A tout point de l'espace est ensuite associé le couple des deux projections orthogonales. Lorsque l'on rabat les deux plans de référence l'un sur l'autre, on obtient ce que l'on nomme (dans le langage de la géométrie descriptive) l'épure du point ; c'est l'un des principes de base de la géométrie descriptive, illustré par la première planche du cours de Monge. Ainsi le point A de l'espace est représenté par le couple de points (a, a''), le point B par le couple (b,b'') et le segment de droite AB par le couple de segments de droite (ab, a''b''). Mais la géométrie descriptive ne se réduit pas à la double projection, même si elle l'utilise de façon fondamentale. (voir chapitre III et en annexe 1, le *vocabulaire de la géométrie descriptive*).

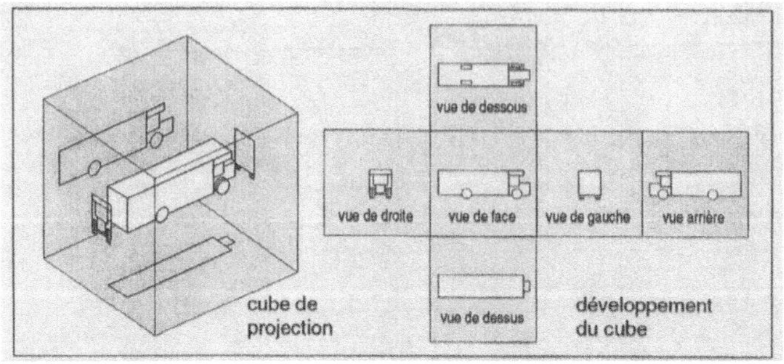

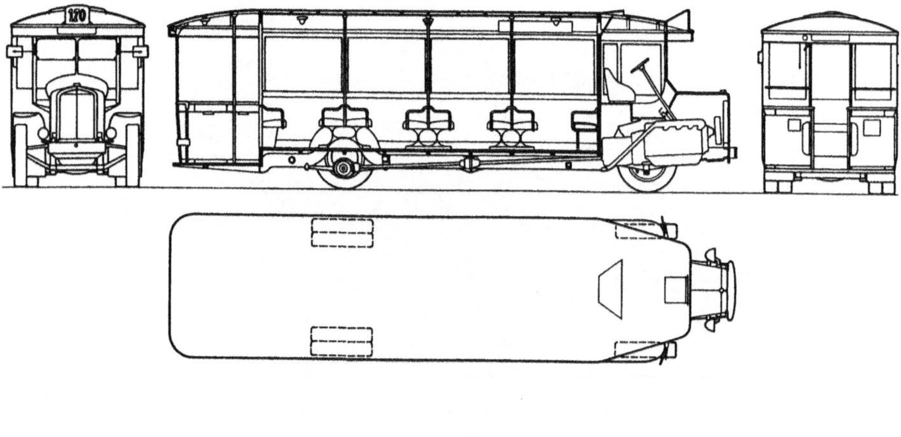

Fig. 6 - Le géométral

Selon le principe de la double projection un objet est représenté par deux vues simultanées, le plan et une élévation par exemple en architecture. Les deux vues suffisent à définir complètement l'objet, à condition que sur l'épure soient explicitement indiquées les paires de points qui correspondent au même point de l'espace (comme sur la figure 4). Dans le dessin d'architecture ou le dessin d'ingénieur, on ne nomme pas les points mais on facilite la lecture de l'objet en ajoutant, toujours selon le même principe, une (voire deux) autre(s) vue(s). C'est le principe du géométral, qui consiste à représenter un bâtiment par trois vues coordonnées : le plan, la coupe et l'élévation. Mais on ne peut parler de double (ou triple) projection que si le dessin fait clairement apparaître l'articulation des vues entre elles ; sinon on parlera simplement de deux vues du même objet, ce qui ne suppose que l'opération de projection et non un repérage de l'espace.

L'usage simultané par l'architecte de ces différentes modes de représentation de l'espace, dont les histoires interfèrent constamment tout en ayant chacune leur logique propre, le foisonnement, les tensions entre les différents objectifs du dessin, voire leurs contradictions, rendent le terreau propice à l'émergence d'une théorie géométrique. Pour tenter de démêler cet écheveau, j'ai été amené à opérer des regroupements à la fois chronologiques et thématiques dans les documents graphiques aujourd'hui disponibles sur ce sujet, documents extrêmement rares avant le XIIIe siècle, très abondants à partir du XVIIe siècle.

Dans une première partie, à travers un panorama des dessins d'architecture, de l'Antiquité à la fin de la Renaissance, j'ai tenté de cerner la mise en place du géométral, c'est à dire la représentation d'un bâtiment selon trois vues principales, le plan, la coupe et l'élévation (fig. 6). Comment communique le maître d'œuvre avant d'avoir à sa disposition un langage adéquat ? Comme tout un chacun qui s'exprime dans une langue qu'il maîtrise mal : avec un vocabulaire restreint, beaucoup de fautes de grammaire, en introduisant des mots de sa langue maternelle et... quelques dessins. Mais plus précisément, à travers les dessins de projet et de relevé, quand, comment, dans quelles conditions voit-on apparaître les prémices de cette «langue nécessaire» ? Quelles sont les stratégies de compensation qui se mettent en place pour éviter un usage trop poussé de toute théorie géométrique ? Ou, pour poser la question autrement, dans quelles conditions cette langue devient-elle nécessaire ? Pourquoi les architectes adoptent-t-ils peu à peu comme mode de représentation de l'espace le géométral, principe de base de la géométrie descriptive ? La deuxième partie du premier chapitre, qui court sur les XVIIe et XVIIIe siècles, est consacrée à une étude des traités de tracé des ombres, auxiliaire obligé, nous le verrons, de la représentation architecturale dès lors que le géométral est adopté, et technique de rendu de l'espace cruciale pour mon propos car elle est le siège de problèmes géométriques souvent plus complexes que ceux posés par l'objet à représenter.

Dans un bâtiment toutes les parties ne posent pas des problèmes techniques – ou géométriques – du même ordre. Là où une succession de vastes pièces régulières, qui retiendra l'attention du visiteur d'un bâtiment classique, n'exigera du maître d'œuvre qu'un choix dans le rythme des baies ou dans les moulures de décoration, le tracé d'un escalier, la pénétration de deux ailes différentes ou de deux portions de toiture peuvent poser des problèmes d'ordre géométrique autrement plus délicats. De plus, toutes les techniques de construction ne requièrent pas le même degré dans la précision des études préalables. Si la maçonnerie peut (en général) se contenter de tracés approximatifs, la charpenterie ou la coupe des pierres exigent une rigueur toute géométrique qui nous permettra de montrer que la véritable matrice de la géométrie descriptive se trouve précisément dans les méthodes et les tracés utilisés par ces corporations du bâtiment et très spécifiquement par celle des appareilleurs. L'appareilleur a sur le chantier un statut intermédiaire entre le tailleur de pierre et l'architecte : c'est lui qui est chargé de dessiner les *épures* «dessins en grand, tracés sur une surface droite, pour servir à l'exécution d'une partie d'édifice en pierre de taille»[14]. L'épure doit permettre de déterminer la forme (éventuellement complexe) des

[14] [Rondelet, 1814, t. 2, p. 173].

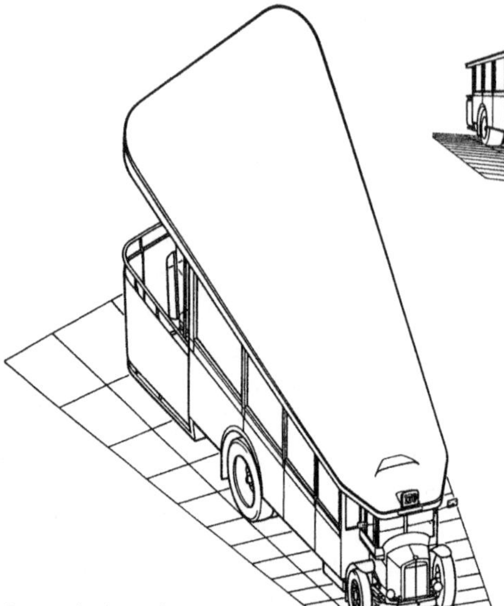

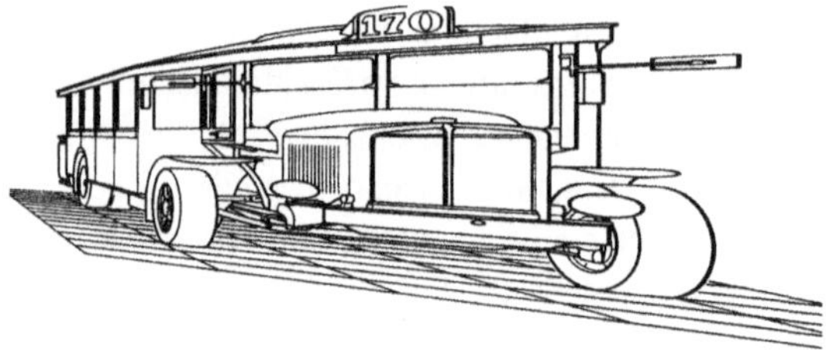

Anamorphose

Perspective inversée
Rétroprojection centrale sur un plan

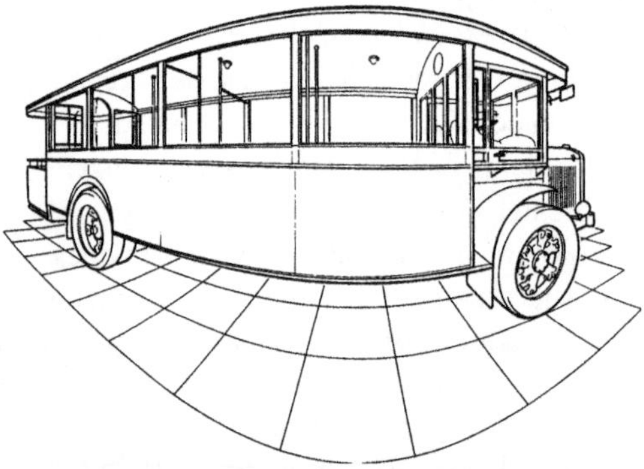

Perspective cylindrique
Déroulement d'une projection centrale sur un cylindre

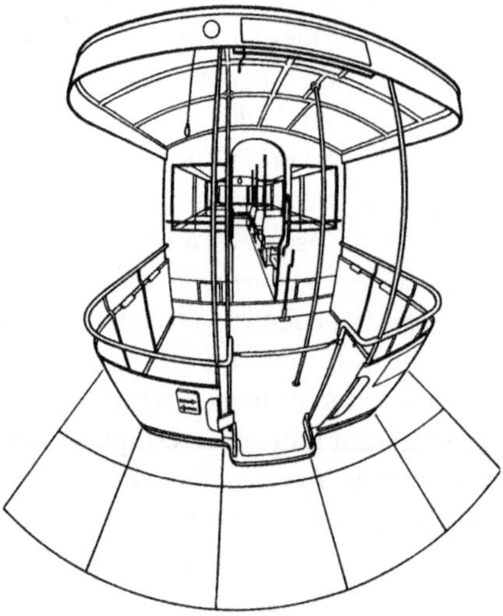

Perspective sphérique
Stéréographie d'une projection centrale sur une sphère

Fig. 7.a - Autres façons, moins usuelles, de représenter l'espace sur une feuille de papier

pierres qui, une fois assemblées les unes aux autres, constitueront escaliers, voûtes, coupoles ou autres trompes désirées par l'architecte. Dans cette technique de construction si particulière, la stéréotomie, que Claude Perrault définissait comme l'art «de se servir de la pesanteur de la pierre contre elle-même et de la faire soutenir en l'air par le même poids qui la fait tomber»[15] la géométrie joue un rôle fondamental puisque c'est la forme spécifique de chacune des pierres – appelées claveaux ou voussoirs – qui permet le tour de force que la définition de Perrault dénote.

Toutes les conditions sont réunies dans l'épure de stéréotomie, bien plus que le dessin d'architecture en général, pour rendre nécessaire l'élaboration d'un «langage de l'espace» : il s'agit bien d'un dessin de projet à réaliser qui nécessite, si la voûte est importante, une coordination entre plusieurs tailleurs de pierre, et qui ne peut souffrir aucune approximation. Enfin chaque pierre ou voussoir, possède une définition «géométrique rigoureuse», les formes en jeu sont éventuellement complexes et l'usage d'une maquette n'est d'aucune utilité, les problèmes géométriques étant indépendants de l'échelle[16]. Comment s'opère le passage du plan à l'espace, quelles sont les méthodes mises en œuvre par les tailleurs de pierre pour résoudre – ou contourner – ce problème qui peut devenir extrêmement délicat, comment ces méthodes sont-elles traduites dans les traités de stéréotomie à partir du XVIe siècle ? En quoi les épures de coupe des pierres diffèrent-elles des autres dessins d'architecture et comment enfin, la géométrie descriptive vient s'articuler sur cette géométrie pratique ? Ce sont ces questions que cet ouvrage tente d'éclairer dans les deux chapitres centraux.

Si les éléments du décor furent patiemment et lentement élaborés au cours des siècles, et installés dès le courant du XVIIe siècle, la pièce, elle, ne fut écrite, d'un trait, qu'à la toute fin du XVIIIe siècle. En analysant les leçons de géométrie descriptive de Monge, il s'agira donc à la fois de marquer et les emprunts et les distances entre cette théorie et les techniques graphiques étudiées précédemment, et aussi d'exposer les conditions qui permirent l'émergence de cette théorie, ou, en contrepoint, les obstacles qui vinrent contrecarrer une apparition plus précoce. Car le principe de base de la géométrie descriptive semble si simple, et si ancien, que le lecteur contemporain a quelque mal à croire que l'on ait dû attendre, pour la formulation d'une théorie géométrique relativement élémentaire, une époque où les autres branches des mathématiques fussent déjà si développées.

Le dernier chapitre sera consacré à l'influence du cours de Monge dans le champ des mathématiques, à l'évolution de l'enseignement de la géométrie descriptive durant le XIXe siècle dans les écoles d'ingénieurs, et enfin à son impact sur la technique de construction dont elle est directement issue, la stéréotomie. Il s'agira donc de profiter du recul historique pour analyser le décalage entre les espoirs suscités par la géométrie descriptive à sa naissance et ses résultats effectifs, en un mot de savoir comment la pièce a vieilli.

---

[15] Cette définition est attribuée à Claude Perrault dans [Bourget et Cattaui, 1956, p. 42] et reprise dans [Pérouse de Montclos, 1982, p. 85]. Claude Perrault fera preuve de sa maîtrise de la stéréotomie lors de la construction de l'Observatoire de Paris ; sur ce sujet - et sur l'intérêt que les frères Perrault portaient à la sétréotomie — voir [Picon, 1989, en part. p. 212 et suivantes].

[16] sauf, naturellement, pour vérifier, à petite échelle, l'exactitude des tracés.

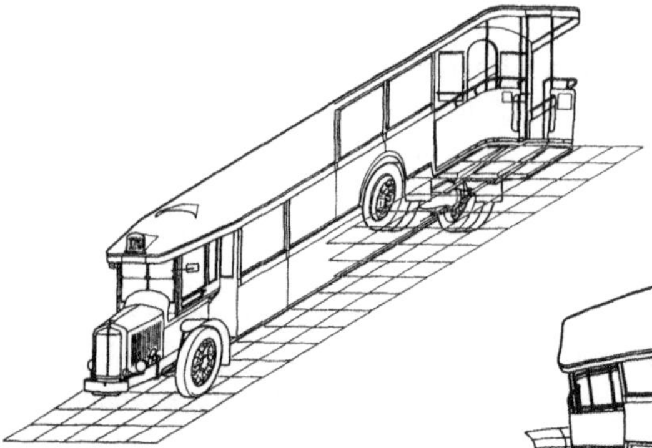

Aberration
Axonométrie partiellement inversée

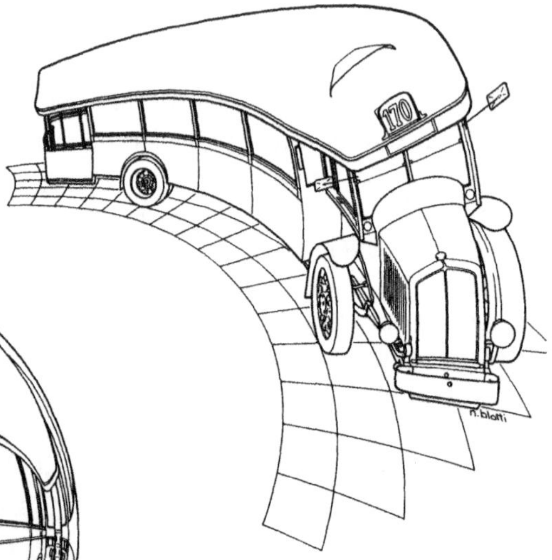

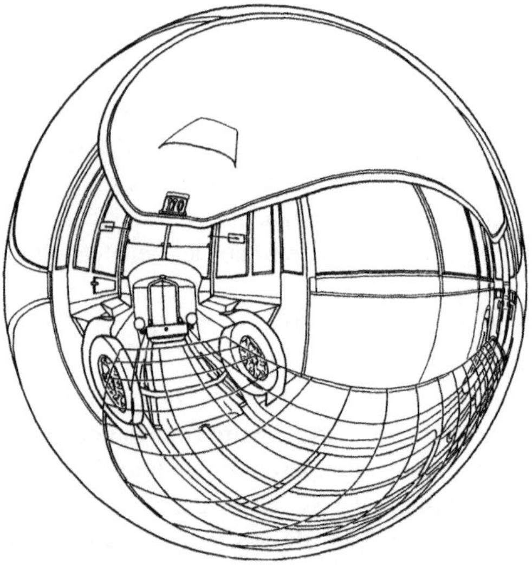

Distorsion
Perspective centrale d'une inversion de l'espace

Rabattement
Rabattement d'une rétroprojection sur une spère

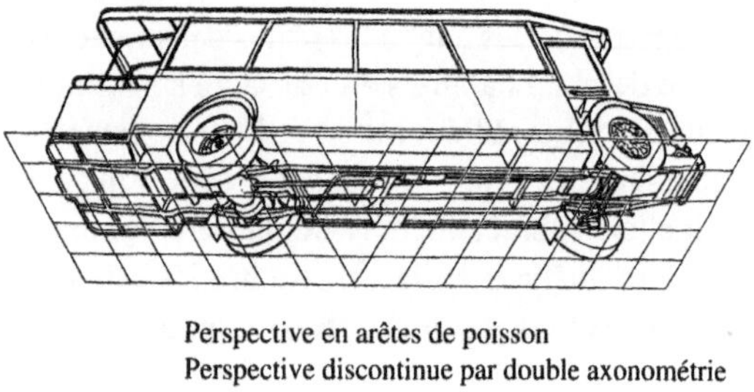

Perspective en arêtes de poisson
Perspective discontinue par double axonométrie

Fig. 7.b - Autres façons, moins usuelles, de représenter l'espace sur une feuille de papier

Chapitre 1

La double projection : une question de détail ?

Pour tenter de saisir le double mouvement de continuité et de rupture qui coexiste dans la démarche de Monge, il est d'abord nécessaire de comprendre comment s'est constitué la méthode fondamentale de la géométrie descriptive : l'usage de la double projection comme mode de représentation de l'espace. Je voudrais montrer que, historiquement, il apparaît d'abord dans le domaine de l'architecture, et plus précisément tenter de cerner à partir de quelle époque, et dans quelles conditions, son usage s'impose. Or la réponse à cette question est plus délicate qu'il n'y paraît. Sur ce sujet, comme pour d'autres qui touchent aux sciences et aux techniques, progressions et régressions, découvertes et pertes de savoir-faire alternent. Mais deux difficultés spécifiques se présentent pour une telle étude. La première tient à la rareté des documents graphiques disponibles. Si nombre de bâtiments, de l'Antiquité au Moyen-Age, ont été conservés, il est extrêmement rare que les dessins des projets correspondant à ces bâtiments (si dessins il y eut) nous soient parvenus. Il faut attendre pratiquement la Renaissance en Europe si l'on veut disposer d'une quantité suffisante de documents graphiques et de traités d'architecture pour pouvoir répondre (ou poser) à des questions liées à la représentation architecturale. Mais plus encore qu'à la rareté des dessins et projets qui nous sont parvenus, la difficulté de cette quête tient à la quasi-impossibilité qu'il y a, en général, de connaître l'usage des quelques documents que nous pouvons examiner. Or l'usage, en général, commande le choix du mode de représentation de l'espace et on ne peut étudier la géométrie sous-jacente d'un dessin sans connaître la destination que lui assignait son auteur. Croquis d'étude ou dessin d'exécution ? Dessins destinés au chantier ou au commanditaire, aux maçons ou au Prince ? Dessin d'architecture toujours, mais qu'est-ce qu'un architecte dans la Grèce antique, et sous Saint Louis ? Quel rapport existe-t-il entre Imhotep, architecte de la pyramide à degré de Saqqarah, mais aussi grand prêtre, médecin et ministre du Pharaon[1], et Brunelleschi ou entre Ictinos, maître d'œuvre du Parthénon, et Nicolas-François Blondel, premier directeur de l'Académie d'architecture créée par Colbert ? Le fait qu'on leur donne aujourd'hui le même titre «d'architecte» ne doit pas porter à confusion. Leur

[1] Imhotep a vécu au 27e siècle av. J.C. ; divinisé sous les Ptolémée, il est le premier architecte dont le nom nous soit parvenu.

Fig. 1 - Statue de Gudea, «l'architecte au plan», vers 2200 av. J.-C.

fonction, leur statut social, leurs rapports avec les commanditaires comme avec les exécutants, ont tant varié en fonction des époques et des lieux que leur production graphique (quand il y en eut) ne saurait se lire sous un même regard uniformisateur. Toute tentative de déchiffrage suppose une recherche de contexte qui est en général des plus délicates à mener.

Malgré toutes ces limites et réserves, une sorte de florilège des dessins et tracés d'architecture, de l'Antiquité à la Révolution française ne m'a pas paru inutile. Si de nombreux articles et ouvrages abordent, directement ou non, le problème du dessin d'architecture, les études ont toujours porté sur des périodes spécifiques : la Haute Antiquité, l'Antiquité grecque et romaine, le Moyen-Age en Europe occidentale[2], etc... Les ouvrages plus généraux, présentant un panorama sur la longue durée, ne traitent pas de la géométrie sous-jascente aux dessins présentés[3]. Aussi, malgré le peu de matériel disponible, du moins jusqu'à la Renaissance, m'a-t-il semblé intéressant de remettre ces recherches en perspective par rapport à la question précise et spécifique de l'usage de la double projection et des opérations géométriques qui lui sont associées, en marquant toujours le parallèle nécessaire avec l'évolution de la profession d'architecte. Entre la quasi certitude d'un usage ancien, et la rareté des documents qui l'attestent, il est naturellement exclu de donner une réponse précise en termes de date et de lieu. Ce chapitre a donc pour objet de montrer les alternatives, les évolutions des modes de représentations de l'espace qui suivent celles des techniques et des modes de production. De l'Antiquité à la Révolution française, on peut essayer de repérer quelques moments clés où se met en place la représentation en plan d'abord, la double projection ensuite, les outils géométriques qui lui sont liés enfin.

On peut distinguer, de ce point de vue, quatre grandes périodes :

-l'Antiquité et le Haut Moyen-Age, correspondant schématiquement à l'usage du plan,
-la période charnière du Gothique où apparaît le principe de l'articulation de deux plans l'un sur l'autre,
-la Renaissance[4], qui voit l'usage de la double projection devenir systématique,,
-l'age classique où le tracé des ombres est l'occasion de l'introduction des méthodes géométriques liées à la double projection.

---

[2] On peut citer par exemple les Actes du Colloque de Strasbourg *Le dessin d'architecture dans les sociétés antiques*, publié en 1985, le catalogue de l'exposition de Strasbourg consacrée aux *Bâtisseurs des cathédrales gothiques* édité par R. Recht en 1989, le très bel ouvrage édité en 1994 sous la direction de H. A. Millon et V. M. Lampugnani à l'occasion d'une exposition à Venise, *Rinascimento da Brunelleschi a Michelangelo, la Rappresentazione dell'architettura* , ou encore, concernant les XVIIIe et XIXe siècles, *Le dessin et l'architecte, Excursion dans les collections de l'Académie d'architecture*.

[3] Il existe une bibliographie très importante sur le dessin d'architecture ; on peut citer par exemple, de R. Blomfield, *Architectural Drawing and Draughtsmen*, le panorama de Cl. Coulin, *Dessins d'architecture du IXe siècle à nos jours*, l'ouvrage édité par H. Powelland, *Masterpieces of Architectural Drawing*, ou des ouvrages publiés à l'occasion d'exposition, comme celle organisée par la Bibliothèque royale Albert 1er à Bruxelles en 1972, *Architecture, art du dessin*, celle organisée par le Centre de Création Industrielle à Paris en 1984, *Images et imaginaires d'architecture*, ou celle du Centre Canadien d'Architecture à Montréal en 1989, *L'architecture et son image, quatre siècles de représentation architecturale*, (E. Blau et E. Kaufman eds.).

[4] Traditionnellement, en histoire de l'architecture, la Renaissance débute avec Brunelleschi et la construction du dôme de Sainte-Marie-la-Fleur à Florence (1418-1446) et se termine avec Palladio-Scamozzi et la réalisation du Théâtre de Vicence (1588) ; voir par exemple [Murray, 1971].

Fig. 2 - Plan sur papyrus de la tombe de Ramsès IV, XIIe siècle av. J.-C.

Dans ce panorama des dessins d'architecture, je n'ai commis d'inversion chronologique que pour présenter les opuscules de deux maîtres allemands du XVe siècle, Roriczer et Schmuttermayer, qui sont dans la tradition du gothique germanique et que j'ai donc introduits avant d'aborder la Renaissance italienne. Quoique ce chapitre soit consacré aux dessins d'architecture, je me suis également permis deux digressions thématiques. La première concerne les épures de Dürer, tirées de L'*Underweysung der Messung,* qui occupent une place si particulière dans l'histoire des techniques graphiques que je ne pouvais ici les passer sous silence, même si cette œuvre a fait l'objet de nombreuses études. Mais il était également impossible d'étudier la représentation en architecture sans évoquer la mise en place de la perspective suivant la méhode dite de la «construction légitime» à l'époque de la Renaissance, introduite par deux architectes, Brunelleschi et Alberti, et historiquement très liée à l'usage du géométral.

Les premiers dessins d'architecture

L'Antiquité mésopotamienne et égyptienne

Les quelques traces qui nous sont parvenues montrent que l'idée d'un plan au sol a certainement été développée à la fois en Egypte et en Mésopotamie[5]. Parmi les 12 statues qui représentent Gudea – gouverneur de la cité sumérienne de Lagash, en Mésopotamie, vers 2200 av. J-C. – et qui se trouvent au Musée du Louvre, l'une d'elles le montre assis, avec un plan, très schématique, sur les genoux, qui pourait être celui du temple de Ningirsu (fig. 1). Les instruments de dessin et la règle, finement graduée, posés sur la tablette sont-ils la preuve de l'exactitude d'échelle du plan ? On est bien sûr incapable de le déterminer, mais cette statue constitue en tout cas le plus ancien témoignage de l'usage d'un instrument de mesure[6].

Quelques dessins de l'époque ramesside ont été conservés. Le plus célèbre, le plan sur papyrus de la tombe de Ramsès IV (milieu du XIIe siècle av. J-C.), présente l'avantage, extrêmement rare, de correspondre à un édifice encore existant. Les archéologues Carter et Gardiner ont donc pu le comparer avec le relevé de cette tombe à Thèbes[7]. Le plan du papyrus, lui aussi très schématique, sans représentation des épaisseurs des murs, est conforme au relevé quant à la position relative des pièces mais extrêmement approximatif quant à l'échelle (fig. 2). Conformément à une habitude très répandue dans le dessin égyp-

[5] Sur ce sujet, voir [Coulton, 1977, p. 52].

[6] Voir [Booker, 1963, p. 37].

[7] [Carter et Gardiner, 1917, p.130-158].

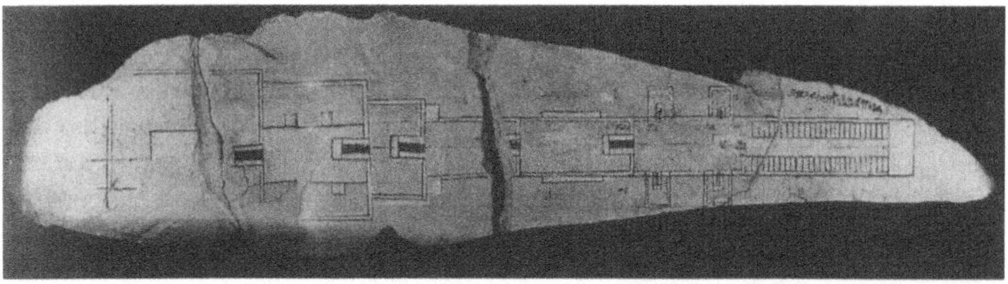

Fig. 3 - Plan de la tombe de Ramsès IX, 1ère moitié du XIIe siècle av. J.-C. Ostracon de la Vallée des Rois, Le Caire.

Fig. 4 - Plan d'un sanctuaire, ostracon provenant de Deir-el-Bahari
époque ramesside, vers 1300-1080 av. J.-C.

tien, le plan comporte également des représentations en élévation de quelques portes verticales, rabattues sur la surface du sol. «L'objectif de l'architecte égyptien n'était en rien aussi ambitieux qu'un dessin à l'échelle ; pour lui il suffisait que les pièces soient placées dans un ordre exact et avec une approximation très grossière quant aux formes et aux proportions, tous les détails étaient portés dans la légende hiératique. Par exemple : le 4ème couloir..., largeur 6 coudées, hauteur 9 coudées et 8 pieds...»[8]. Sorte de descriptif sommaire, la légende complète le schéma de distribution donné en plan qui seul ne saurait permettre la construction. Projet initial ou dessin de chantier, la présence de ce descriptif prouve en tout cas qu'il s'agit bien là d'un plan «d'architecte». Tout à fait comparable au papyrus de la tombe de Ramsès IV, l'*ostracon* (dessin sur éclats de calcaire) de la vallée des Rois (fig. 3), conservé au Caire, donne un plan polychrome de la tombe de Ramsès IX (vers 1140-1120 av. J-C.). Comme précédemment les portes sont rabattues sur le plan qui indique clairement la succession des espaces. Les proportions des pièces sont à peu près respectées, à l'exception de la dernière, le caveau proprement dit, qui est en réalité beaucoup plus petit que sur le dessin. Le sens symbolique deviendrait-il tout à coup plus important que la fonction technique du dessin ? Bien qu'il n'y ait pas (ou plus?) d'inscriptions similaires à celles qui accompagnent le plan de la tombe de Ramsès IV, les archéologues pensent néanmoins qu'il s'agissait également d'un document établi avant sa construction et en vue de sa réalisation. Un autre *ostracon* de l'époque ramesside (vers 1300-1080 av. J.-C.), provenant de Deir-el-Bahari porte une esquisse grossière s'apparentant plutôt à un plan masse (fig. 4). Les inscriptions qui accompagnent le dessin fournissent des renseignement à la fois sur l'épaisseur d'une sorte de mur d'enceinte, sur les dimensions des bâtiments qu'il devait entourer et sur l'orientation de ceux-ci[9].

La précision du dessin porté sur le papyrus de Gui'ab (fig. 5) tranche avec celle des documents précédents[10]. Datant du milieu du deuxième millénaire avant notre ère, il donne deux élévations différentes d'un sanctuaire en bois. Il présente de plus la particularité d'être tracé en noir sur un fond quadrillé à l'encre rouge qui permet – ou traduit – à la fois la maîtrise de l'échelle et la correspondance entre les deux vues. Cette technique de mise au carreau, d'un usage fréquent dans le dessin de figuration égyptien, la finesse du tracé et la présence de certains détails comme les cordages de fixation au niveau du toit et de la base, donnent à penser qu'il s'agit de la représentation d'un sanctuaire existant[11] et non d'un dessin de projet comme le suppose Georges Goyon dans l'*Histoire générale des techniques*[12]. Ce document pose un problème délicat supplémentaire, puisque l'arêtier n'apparaît en vraie grandeur sur aucune des deux vues. La réalisation précise d'un tel bâtiment nécessite un tracé géométrique auxiliaire dont on ignore s'il faisait partie des compétences des architectes égyptiens.

---

[8] *Ibid.*, p. 132 et 134.

[9] Sur ces deux derniers dessins, voir [Peck, 1980, p.194-197].

[10] Papyrus provenant de Thèbes et conservé au University College de Londres. Le dessin est reproduit dans [Dumas, 1962, t.1, p. 177-178].

[11] Voir [Peck, 1980, p.195].

[12] [Goyon, 1962, t. 1, p. 177].

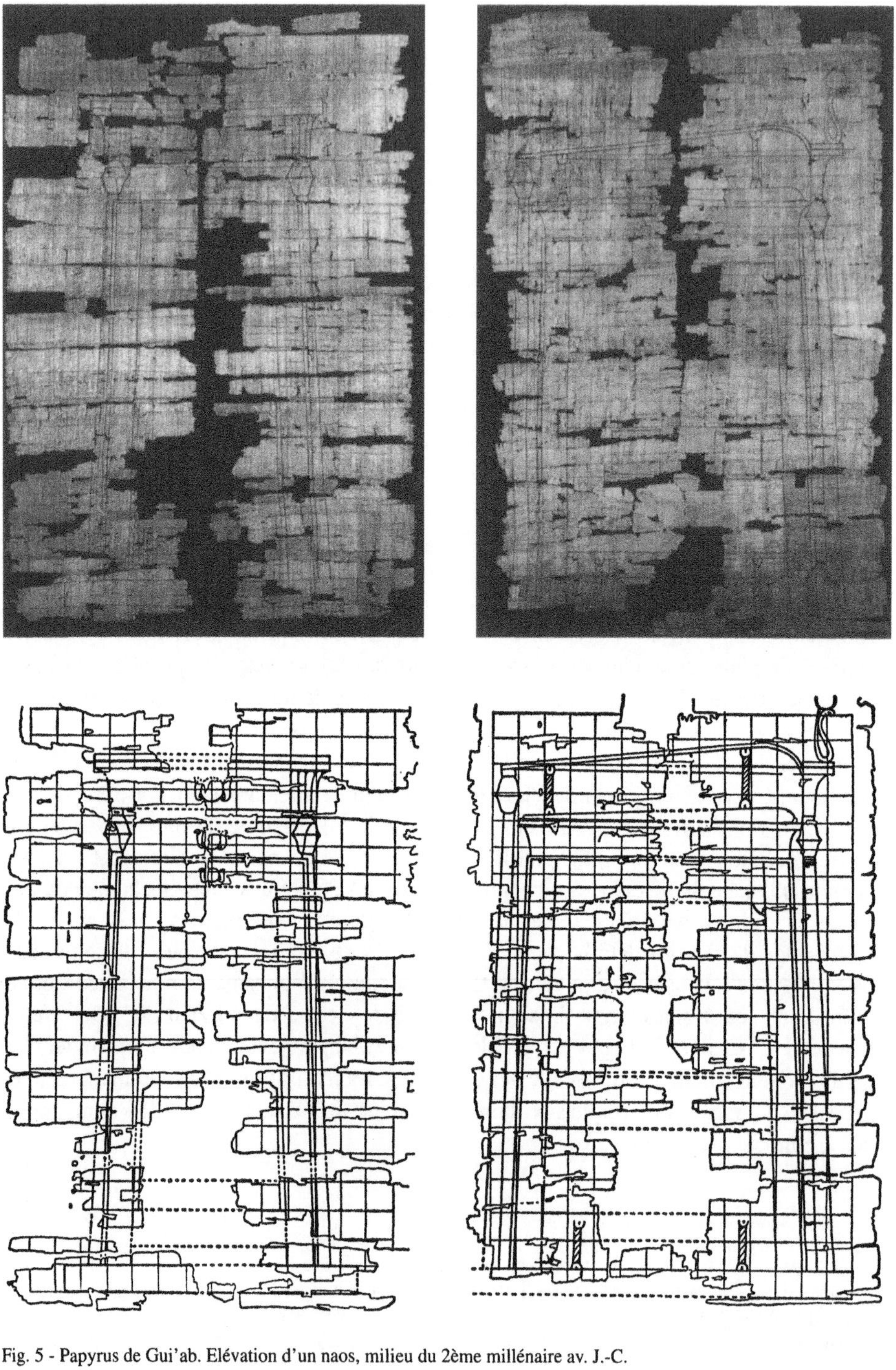

Fig. 5 - Papyrus de Gui'ab. Elévation d'un naos, milieu du 2ème millénaire av. J.-C.

A ces plans d'ensemble, il faut ajouter quelques dessins de détail d'architecture, à peu près contemporains du plan de la tombe de Ramsès IV. Les représentations de chapiteaux tracées dans les hypogées de Gebel Abou Tedahg, et reproduites par Jomard et Cécile dans la *Description de l'Egypte* [13], semblent être des projections sur un seul plan, et ne peuvent pas se lire comme une «épure» au sens moderne du terme (fig. 6). Il n'en reste pas moins que la mise au carreau montre un grand souci de précision, pour ce chapiteau comme pour le papyrus de Gui'ab, dans les proportions de l'objet. Par contre aucun indice ne permet de savoir s'il s'agissait d'un projet ou d'un dessin de représentation, du moins aucun indice autre que la mise au carreau qui rend plus vraisemblable la deuxième hypothèse.

Toujours de l'époque ramesside, un tracé d'une voûte elliptique (fig. 7) a été retrouvé à Biban el-Molouk près de l'hypogée de la tombe de Ramsès VI. Il s'agit d'un dessin grandeur nature du profil de la voûte surbaissée qui surmonte la chambre sépulcrale d'une tombe[14]. Mais le terme «d'épure», employé par l'archéologue G. Daressy qui la décrit, semble quelque peu abusif ; il ne doit pas en tout cas être compris au sens moderne du terme. D'après l'archéologue, l'arc d'ellipse fut d'abord tracé au sol, sans doute par la méthode du jardinier, puis ensuite reporté sur la paroi verticale préalablement blanchie à la chaux. La corde qui sous-tend l'arc d'ellipse est divisée en intervalles réguliers. De cette façon les tailleurs de pierres, au moment du creusement de la voûte, pouvaient vérifier régulièrement s'ils avaient atteint la hauteur voulue. Ce croquis, qui prouve que le tracé de l'ellipse était connu des Egyptiens, était donc simplement utilisé pour reporter facilement des hauteurs de segments. Un croquis du même type, mais beaucoup plus ancien, a également été retrouvé à Saqqarah (fig.8). Les mesures portées sur les lignes verticales, et exprimées en coudées, paumes et doigts, devaient permettre de reporter, d'une façon tout à fait analogue à celle décrite par Daressy, les dimensions prévues sur la voûte en construction. Daté de la troisième dynastie (vers 2635-2570 av. J-C.) ce schéma serait, si la datation est exacte, le plus ancien tracé constructif qui nous soit parvenu[15].

L'Antiquité greco-romaine

A défaut de nous fournir beaucoup plus de documents graphiques, la Grèce antique nous donne le nom de celui qui est censé les dessiner, l'ἀρχιτέκτων. L'étymologie de ce mot, le charpentier-chef, confirme que l'architecte est d'abord un artisan. Appartenant au monde des entrepreneurs et des ouvriers, parfois même esclave affranchi, il occupe, sauf exception, une place peu élevée dans la société. Il est également tout à fait vraisemblable, comme le suggère Coulton[16], qu'une même personne ait pu alterner, selon les moments,

[13] [*Description de l'Egypte* , Vol. IV, Hépitanomide, Pl. 62].
[14] [Daressy, 1907].
[15] Voir [Peck, 1980, p.192].
[16] [Coulton,1977].

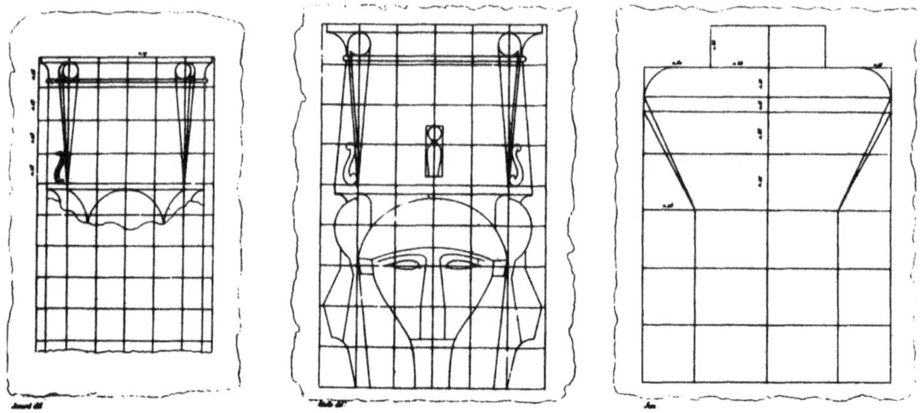

Fig. 6 - Dessins de chapitaux reproduits par Jomard et Cécile dans la Description de l'Egypte, (époque ramesside).

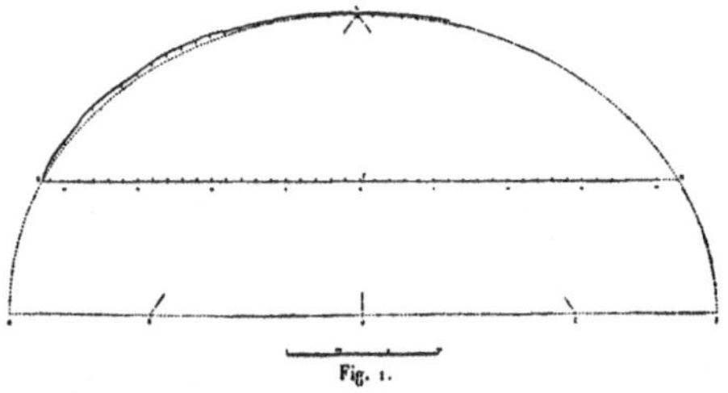

Fig. 7 - Tracé égyptien d'une voûte elliptique à Biban-el-Molouk, (époque ramesside).

Fig. 8 - Schéma pour le tracé d'une voûte ou d'un cintre,
ostracon provenant de la tombe du roi Djéser à Saqqarah, milieu du 3ème millénaire av.J.-C.

une fonction «d'architecte» sur des chantiers importants et une activité de maçon ou de charpentier sur des chantiers de moindre envergure. «En Grèce comme à Rome [l'architecte] a eu plus de peine à se faire reconnaître comme un créateur que le sculpteur et le peintre. La preuve en est que la tradition nous a conservé le nom d'un grand nombre de ces derniers et très peu de noms d'architectes»[17]. Ce fait tient naturellement au statut social de l'architecte qui reste toujours, pour les commandes importantes, dans une position «d'employé» par rapport à un commanditaire représentant de l'autorité politique ou religieuse, autorité qui a toujours eu (et a toujours) intérêt à se mettre en premier plan. La crainte pour le maître d'ouvrage princier de voir l'architecte lui faire de l'ombre est légendaire. Le successeur d'Hatshepsout ne jugea-t-il pas sacrilège que Senemout, architecte (et favori) de la Reine, ait signé l'un des chefs-d'œuvre de l'histoire de l'architecture, le temple à terrasse de Deir-el-Bahari ? Ne dit-on pas également que «la comtesse de Bayonne [fit] décapiter l'architecte qui venait de construire une tour à Pithiviers, de peur qu'il ne renouvelle un pareil exploit»[18], ou que, aux Indes et au Japon, on emmurait solennellement l'architecte dans la dernière pierre de l'édifice.

Architecte-ouvrier, architecte-artisan, l'architecte de l'Antiquité est également ingénieur. Les problèmes essentiels qui se posent à l'architecte pendant le chantier sont ceux concernant l'approvisionnement en matériau, le levage des pierres, la construction d'échafaudage. Par la force des choses, les fonctions d'architecte et d'ingénieur, civil et militaire, se superposent jusqu'au Moyen-Age, et même au-delà[19]. Le traité de Vitruve rédigé vers l'an 30 avant J.-C., intitulé *de Architectura*, comporte un livre sur les problèmes d'adduction d'eau, un livre d'astronomie et un livre de mécanique.

L'inexistence de dessins d'architecture pendant la période gréco-romaine est quasi-totale. Aucun dessin sur papyrus ou parchemin ne nous est parvenu et seule la pierre porte témoignage – et encore de façon tout à fait exceptionnelle – d'une représentation architecturale. Quelques fragments d'un plan de Rome, gravé sur des plaques de marbre, montrent la précision des tracés au début du troisième siècle de notre ère (fig. 9). Même si le plan reste très schématique, la variété des symboles adoptés permet une grande finesse dans la représentation purement planimétrique des habitations et des édifices publics[20]. E. Will signale également trois dessins gravés dans la pierre sur des monuments romains du Liban. Deux d'entre eux, trouvés à Bziza et à Baalbek, représentent, grandeur nature, le demi-fronton d'un temple ; le troisième, également à Baalbek, tracé à l'échelle un-demi, figure un couronnement de fontaine. «En voilà assez pour prouver un usage. Et un usage non exceptionnel ; l'on peut croire simplement que le plus souvent ces dessins ont été exécutés à la peinture et n'ont pas laissé de traces. La destination de ces dessins est évidente, révélée à la fois par leur emplacement et leur échelle : ce sont en quelque sorte des pense-bêtes que l'architecte laisse au chef des travaux»[21]. Outre ces quelques rares tracés, une maquette au 1/24e de

[17] [Will, 1985, p. 327].
[18] [Erland-Brandenbourg, 1993, p. 54].
[19] Rondelet présente encore, dans son *Traité théorique et pratique de l'art de bâtir,* plusieurs dessins de grues qu'il a inventées pour la construction du dôme du Panthéon à Paris à la fin du XVIIIe siècle ; voir [Rondelet, 1803, p. 363, t. des planches].
[20] Voir [Docci, Maestri, 1993, p. 23-29]
[21] [Will, 1985, p. 278]

Fig. 9 - Fragments d'un plan de Rome gravé dans une plaque de marbre, début du IIIe siècle ap. J.-C.

l'adyton[22] d'un temple de Niha a également été trouvé à Baalbek. Les quelques inscriptions gravées sur cette maquette de pierre permettent à E. Will d'affirmer que la maquette a bien été réalisée avant la construction du temple et présentée aux commanditaires[23]. Et là encore il est possible que l'usage ait été fréquent, même si les traces sont rares.

Le quasi-désert archéologique concernant le dessin d'architecture sur la période gréco-romaine, laisse la voie ouverte à toutes les interprétations. Un antagonisme un peu simpliste oppose les historiens qui, tirant partie de l'*argumentum a silentio*, pensent qu'aucun plan préalable à la construction n'existait et ceux qui croient que tous les détails étaient conçus d'avance. L'hypothèse la plus vraisemblable reste celle d'un très faible degré d'élaboration du projet préalable à la réalisation. «Il serait absurde de s'attaquer à un vaste projet public sans avoir une idée directrice, mais en même temps les changements de plan fréquents en cours de construction ... et les anomalies formelles plus ou moins importantes suggèrent que si le projet préliminaire était totalement établi, les architectes grecs eussent été pathologiquement indécis et particulièrement incompétents»[24]. La relative simplicité des plans des temples, le caractère standardisé de l'architecture, le respect des traditions, peuvent permettre de construire sans plan préalable. «Aussi longtemps qu'il existe une tradition vivante, aucun modèle particulier n'est nécessaire», remarque Bundgaard[25]. A l'appui de cette thèse on peut citer les «syngraphai» (ou spécifications) concernant l'ensemble du Pirée, construit par Philon d'Eleusis dans les années 340 av.J-C. Il n'y est fait aucune mention à des plans ou des élévations. Will fait en outre remarquer que «l'effort créateur dans l'antiquité, soit littéraire, soit artistique, n'a jamais été dominé par la superstition de la nouveauté, de l'invention à tout prix : l'imitation et la tradition restent la règle et supposent l'élaboration et le respect de formules»[26]. Il est certain que dans ce contexte, il est possible de construire une architecture savante avec un minimum de documents graphiques. Les décisions les plus importantes portant sur l'élévation des temples concernent en fait les variations entre l'espacement des colonnes, les triglyphes, etc. «Les règles de proportion tiennent lieu de dessin... Les architectes grecs furent apparemment longs à ressentir le besoin de définir précisément, à une étape précoce de la construction, des parties de l'édifice qui ne sont réalisées que bien plus tard»[27]. Enfin, il est clair que la standardisation, l'usage de règles de proportion, permettent également d'imaginer facilement le bâtiment futur, de prévoir l'effet qu'il produira sur son site, toutes fonctions qui seront ultérieurement accordées au dessin. L'étude que fait Bundgaard des bâtiments de Mnesiclès, l'architecte des Propylées de l'Acropole d'Athènes, montrent clairement, «d'une manière tangible» pour reprendre son expression, l'importance de la tradition durant cette période, pour la forme du bâtiment.

---

22 Dans les temples antiques, l'adyton était une pièce secrète dans laquelle seuls les prêtres pouvaient entrer.

23 *Ibid*, p.277-281.

24 [Coulton, 1985 p. 103 à 112].

25 [Bundgaard, 1957, p. 93].

26 [Will, 1985, p. 325].

27 [Coulton, 1977,p. 64].

La position ambiguë de l'architecture (et de l'architecte) entre technique et sciences qui semble faire sa spécificité, et sans doute son charme, est déjà notée par Platon dans *La Politique*. D'un côté le philosophe grec considère qu'il faudrait la ranger parmi les sciences pratiques, mais d'un autre côté, comme «aucun architecte n'est lui-même un ouvrier, [mais] commande seulement les ouvriers... il serait donc juste de dire qu'il participe à la science théorique»[28]. Cette confusion originelle, ce statut bâtard semble avoir irrémédiablement marqué l'architecte. Il cherchera de ce fait, constamment au cours de l'histoire, à transformer l'architecture d'un *ars mechanica* en un *ars liberalis*, et à acquérir par là-même le statut auquel il aspire dans la société. La reconnaissance de cette promotion sociale passe par un usage de la géométrie qui, elle, a un statut non équivoque, dans le monde gréco-romain du moins. Le fait d'attacher à sa fonction une production de dessins graphiques pour lesquels une géométrie savante sera revendiquée, peut donc également apparaître comme un moyen pour l'architecte de rompre sur le plan pratique, social et symbolique avec le monde des ouvriers du bâtiment.

Tel est bien l'un des objectifs que poursuit Vitruve avec la rédaction de son *De Architectura* et la présentation encyclopédique des savoirs nécessaires à l'architecte. Celui-ci doit en effet recevoir une formation en lettres, dessin, géométrie, histoire, philosophie, musique, médecine, droit et astronomie. Quant au mode de représentation de l'espace exposé dans le seul traité d'architecture de l'Antiquité qui nous soit parvenu, la situation est moins claire qu'il n'y paraît. D'abord nous ne connaissons pas les figures originelles de Vitruve, ce qui rend plus délicate l'interprétation du texte. Au début du livre I, dans le premier chapitre consacré à «la formation de l'architecte», Vitruve écrit : «Il faut qu'il possède la science du dessin afin de pouvoir représenter plus fécondement, à l'aide de modèles peints, l'aspect qu'il veut donner à l'ouvrage»[29]. Le dessin d'architecture semble donc ici se confondre avec le dessin de figuration. Vitruve poursuit : «Quant à la géométrie, ... elle enseigne en priorité l'usage du compas ; c'est grâce à lui surtout que sont assurées les représentations des bâtiments sur leurs emplacements»[30]. Cet usage de la géométrie selon Vitruve confirme les arguments avancés, par exemple, par Coulton et Bundgaard selon lesquels la représentation en plan se trace sur le terrain au moment de la mise en place du bâtiment, et non à une étape préalable de conception du projet. Au chapitre II, Vitruve définit l'architecture comme se composant «de l'ordonnance, la disposition, l'eurythmie, la symétrie, la convenance et la distribution». Et c'est à propos de la «disposition» qu'il introduit les trois termes d'ichnographie, d'orthographie et de scénographie. «L'ichnographie est l'utilisation associée de la règle et du compas à l'échelle ; c'est à partir d'elle que l'on fait le tracé des formes sur le sol des aires de construction. L'orthographie est la représentation en élévation de la façade et la figuration élaborée à l'échelle, selon les calculs, de l'ouvrage futur. De même la scénographie fait voir l'élévation non

[28] Sur ce sujet, voir [Fleury, 1990, p. XC].
[29] [Vitruve, 1990, I-4 p.5].
[30] *Ibid*, I-4, p. 5.

seulement d'une des faces mais aussi le retour des côtés par le concours de toutes les lignes qui aboutissent à un centre. Ces figures sont le fruit de la méditation et de l'invention»[31].

Quelques remarques s'imposent au sujet de ces définitions. Certes apparaît explicitement la description de ce qui peut être considéré comme les projections de l'objet à bâtir sur deux plans orthogonaux, l'ichnographie et l'orthographie toutes deux dessinées «à l'échelle» (*modice*). Cependant, comme le note Fleury, «l'orthographie» ne désigne pas l'élévation d'une manière générale, mais seulement la représentation de la façade principale. Vitruve ne mentionne ni les élévations latérales, ni les coupes, ni les maquettes. De plus, rien n'indique, ni dans le *De architectura*, ni dans les quelques documents de l'antiquité que nous connaissons, que la correspondance entre les deux vues soit pensée en tant que telle (et l'on peut assez raisonnablement en douter). Enfin, «[Vitruve] ne précise jamais quand il parle de documents graphiques, ni leur destination ni leur degré d'élaboration. Il place sur le même plan, parmi les connaissances indispensables à l'architecte, l'art du dessin pour les esquisses colorées et la maîtrise de la géométrie pour l'implantation des édifices sur le terrain... il est permis de se demander si la *scænographia* appartient à la même série que les projections orthogonales en plan ou en élévation»[32]. En particulier, si ces dernières sont bien dessinées avant la construction du projet architectural, il n'en est pas forcément de même pour la scénographie et le problème reste posé de savoir à qui s'adressait ce dernier type de dessin, à la clientèle ou aux praticiens eux-mêmes comme cela a été suggéré[33].

Ainsi, malgré l'évolution des techniques de construction, des styles architecturaux et des outils mathématiques, il semble bien que la géométrie sous-jacente à l'élaboration des projets d'architecture, à leur représentation ou à leur mise en œuvre n'ait pas fondamentalement évolué entre l'antiquité mésopotamienne ou égyptienne et l'époque romaine. Si le plan est d'un usage ancien, les exemples cités précédemment le montre, rien ne permet d'affirmer qu'il est pensé comme une opération de projection du bâtiment sur un plan horizontal ; il faut plus vraisemblablement l'interpréter comme sa trace au sol. Les prémices de ce que l'on peut supposer être une inversion de la pensée et l'apparition d'une représentation en géométral ne s'opérera que pendant le Moyen-Age en Europe. Mais avant d'aborder cette période je voudrais présenter rapidement les premiers dessins d'architecture chinoise qui nous sont parvenus et qui, en tout point, diffèrent des dessins occidentaux.

Les premiers dessins d'architecture chinoise

Très codifiée et indifférente à l'égard de la durée matérielle des édifices, l'architecture chinoise conserve et reproduit les types et les formes éprouvés préalablement. Un certain

---

[31] *Ibid*, II-2 p. 15. J'ai repris ici la traduction proposée par Fleury, sauf pour la phrase donnant la définition de la scénographie, pour laquelle j'ai préféré celle de Perrault [Vitruve, 1979, p. 10]. Plus proche du texte latin, Perrault n'emploie pas le terme de «perspective», utilisé par Fleury, qui ne correspond à aucun mot du texte original.

[32] [Gros, 1985, p. 238-239].

[33] Cette opinion, défendue par Schlikker, est contestée par P. Gros; voir [Gros, 1985, p. 239 et suivantes].

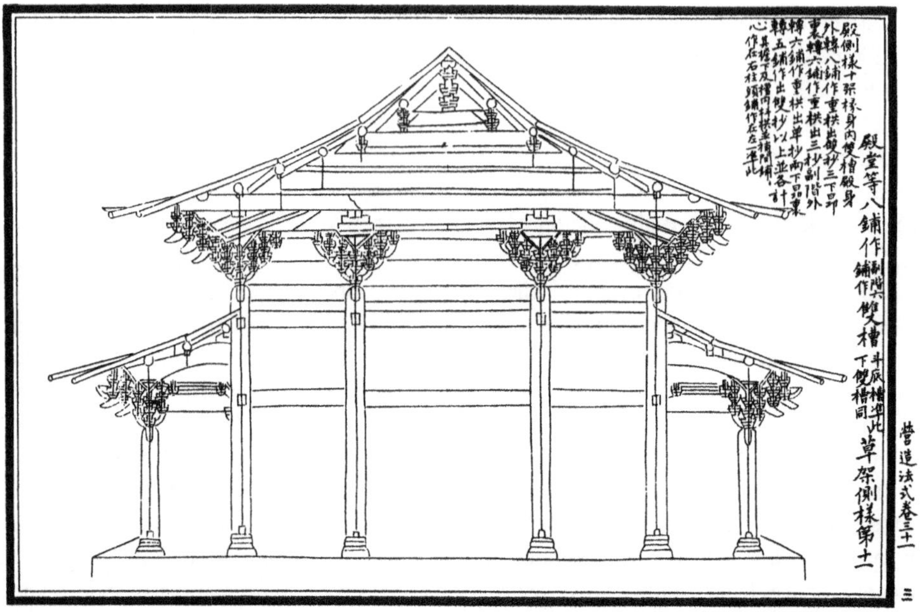

Fig. 10 - Ying Tsao Fa Shih : assemblage en encorbellement (fin du XIe ou XIIe siécle)

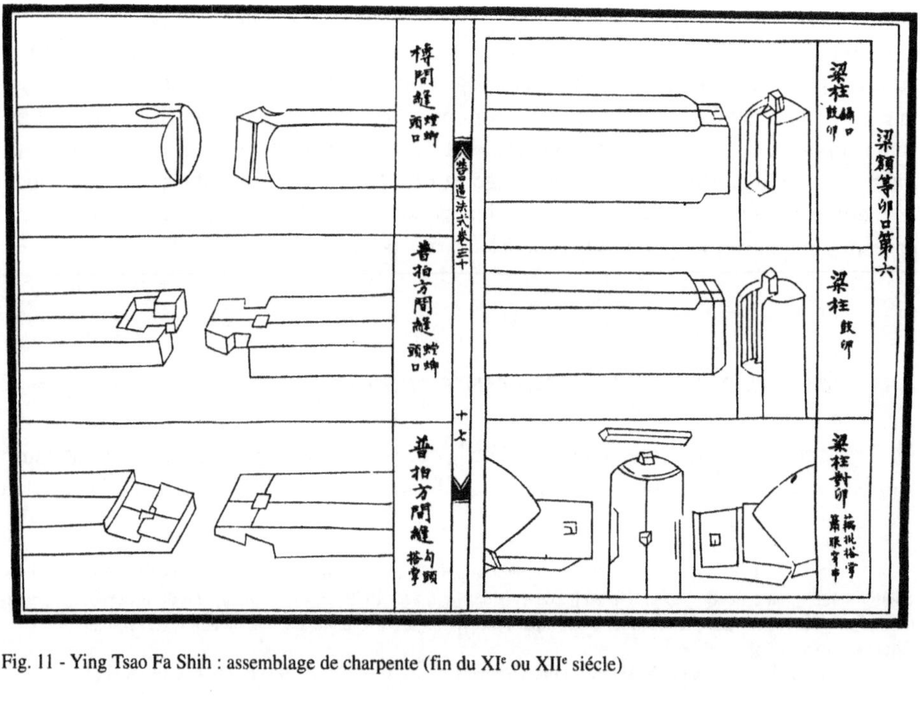

Fig. 11 - Ying Tsao Fa Shih : assemblage de charpente (fin du XIe ou XIIe siécle)

nombres de règles, écrites ou orales a permis, malgré la faible durabilité des matériaux employés – la terre et le bois – d'assurer une grande permanence des formes architecturales. Le texte technique le plus ancien qui nous soit parvenu[34] est le *Kao gong ji.* (rapport sur l'examen des métiers), écrit au plus tard sous les Han (-206, 220) mais qui reprend des règles antérieures aux «Royaumes combattants» (-402, -222). Intégré à un texte administratif, le *Zhou li.*, il comporte trois articles, intitulés «les bâtisseurs», se rapportant à l'urbanisme, au système d'irrigation et à l'architecture. «La production qu'il décrit est réglementée dans ses moindres détails, depuis les procédés de fabrication jusqu'aux dimensions, aucune place n'est laissée à l'initiative personnelle et encore moins à l'innovation»[35]. Le premier traité de construction à part entière dont l'existence soit connue est le *Mu jing* (canon du bois). Aujourd'hui disparu, ce traité de charpenterie fut écrit durant la deuxième moitié du Xe siècle et est attribué à un charpentier célèbre, Yu Hao.

La découverte en 1919 du *Yingzao Fashi*, ou *Normes de construction*, rédigé par Li Jie entre 1097 et 1100, permet donc d'éclairer un domaine pour lequel on possède extrêmement peu de sources anciennes[36]. De l'auteur on sait peu de choses, si ce n'est qu'il exerça des fonctions d'ordre architectural. «Préposé à la construction et à la réparation des casernes», ainsi «qu'à la maison extérieure du frère cadet de l'Empereur», il possédait des connaissances pratiques en architecture et de surcroît, ajoute Demiéville, une vaste culture générale. Dans sa préface, Li Jie déclare qu'il étudie en détail les pratiques des maîtres-charpentiers et donne les règles que ceux-ci se transmettent oralement. L'ouvrage, destiné à l'administration impériale, présente un certain nombre de «règlements ou prescriptions». Il comporte des articles consacrés à l'utilisation des instruments de mesure et de tracé, à des rapports métriques dans certaines figures de géométrie plane (cercle, carré, hexagone, octogone), au problèmes de nivellement et d'orientation, ainsi qu'à des règles de proportion que doivent respecter les bâtiments. Mais l'essentiel du traité est consacré aux «règlements sur les grands ouvrages en bois», c'est-à-dire à la charpente, fondés sur des règles de proportion. Cette section se termine par la détermination de la pente des toits, partie essentielle de l'architecture chinoise. Le reste de l'ouvrage donne les règles concernant, parmi d'autres, le travail de menuiserie, de sculpture sur bois ou sur pierre, celle-ci ayant un rôle décoratif et non structurel.

Le traité de Li Jie est largement illustré par des planches d'une qualité et d'une précision remarquables (fig. 10 et 11). Si l'on ne trouve aucun plan parmi ces planches, de nombreuses coupes ou élévations illustrent très clairement différents profils de charpente, et la courbure du toit qui en résulte, avec une grande économie graphique et selon un procédé qui correspond à une stricte projection orthogonale, à l'exception de la base même du bâtiment dont la profondeur est suggérée par l'amorce de deux fuyantes horizontales

---

[34] Un panorama des textes techniques concernant l'architecture chinoise est donnée dans un article à paraître de Christophe Gaudier, «Architecture chinoise : les textes techniques».

[35] *Ibid.*

[36] L'ouvrage, réimprimé en 1143 à partir d'un ancien exemplaire, nous est parvenu à travers des copies de cette réédition. Un compte-rendu du traité est donné dans [Demiéville, 1925] et une présentation en est faite dans [Needham, 1971, vol. IV-3] ; l'article de Gaudier l'analyse en détail.

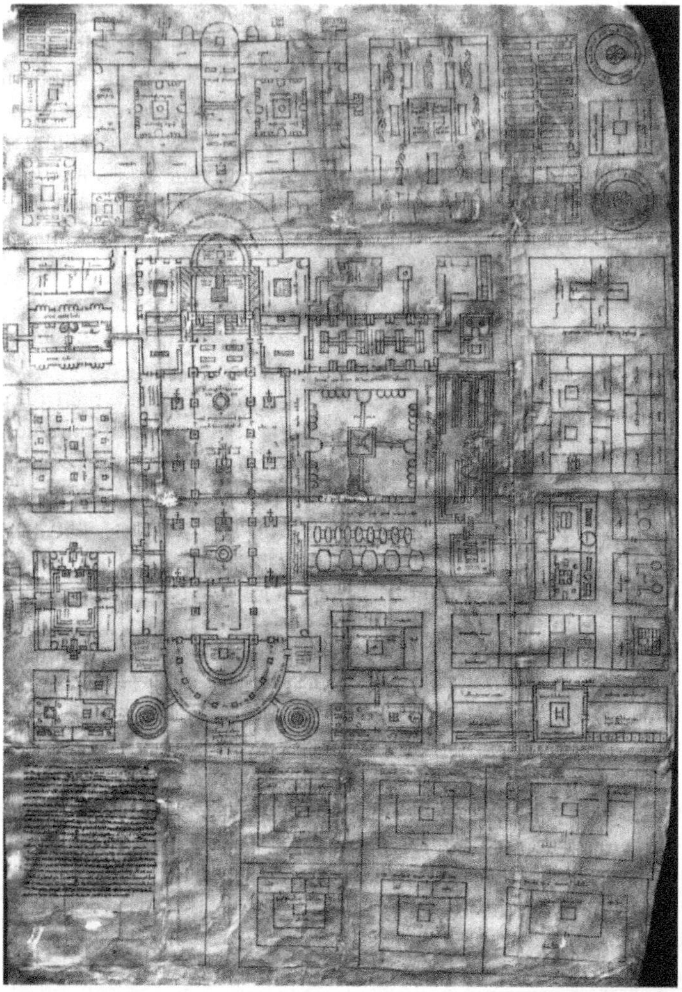

Fig. 12 - Plan abbatial de Saint-Gall

Fig. 13 - Les tours de l'an mil

(fig. 10). Dans les planches consacrées aux détails d'assemblage de charpente, on constate l'utilisation systématique, et fort bien maîtrisée, de la représentation axonométrique (fig. 11). La différence est considérable avec les dessins du même ordre que l'on peut trouver en Occident durant l'Antiquité ou le Moyen-Age. Aucun d'eux ne fait montre d'une aussi grande maîtrise de ce mode de représentation, d'un usage courant dans le dessin chinois et très bien adapté à l'assemblage de charpente. Bien que le jeu soit toujours délicat, Needham, qui attribue à ce traité une place importante dans l'histoire de la diffusion des techniques chinoises, suggère explicitement la comparaison avec le *Carnet* de Villard de Honnecourt (cf. *infra*), pour conclure que «là encore les Chinois disposent d'un avantage extraordinaire»[37].

La genèse du géométral

Le Haut Moyen-Age

A bien des égards, en ce qui concerne le nombre de documents graphiques qui nous sont parvenus, le statut de l'architecte – architecte-maçon, architecte-ingénieur – tout comme les interprétations contradictoires des quelques *unicum* que l'historien peut se mettre sous la plume, l'histoire semble bégayer et la situation au Moyen-Age en Europe ressemble à s'y méprendre à celle décrite sous l'Antiquité. «Des dessins de projets – ceux à partir desquels des bâtiments peuvent être construits – étaient réalisés par les architectes romains et byzantins, mais contrairement à une opinion répandue, il est hautement improbable qu'ils aient été utilisés durant le haut Moyen-Age»[38]. Le plus ancien dessin d'architecture connu est le plan de l'abbaye de Saint-Gall (fig. 12). Vraisemblablement dessiné par Eginhard, surintendant des bâtiments de Charlemagne, il aurait été envoyé vers 830 à l'abbé Gozpert pour la construction du monastère de Saint-Gall. Encore s'agit-il d'un simple plan d'implantation, très vague, où les murs sont figurés par des traits sans épaisseur. Aussi ignore-t-on si ce plan était destiné à la réalisation ou à la représentation d'un bâtiment idéal. Des enluminures de manuscrits du IXe siècle présentent des plans similaires, non moins schématiques, en particulier du Saint-Sépulcre à Jérusalem ou de l'église de la Résurrection[39]. Quant aux «perspectives» qui apparaissent également dans les enluminures de l'époque, elles sont toujours dessinées à partir d'édifices déjà construits. Datant des environs de l'an mil, un carnet de modèles provenant de Saint-Benoît-sur-Loire contient un feuillet représentant deux tours en élévation (fig. 13). La technique de dessin se

[37] [Needham, 1971, vol. IV, p. 85].
[38] [Branner, 1963, p. 129].
[39] Voir [Schöller, 1989, p. 227].

rattache à celle qui est utilisée dans les rares exemplaires de Vitruve illustrés à l'époque carolingienne[40]. Si les écarts entre ces dessins et les quelques tours de l'an mil connues peuvent laisser douter du fait qu'il s'agisse de représentation d'œuvres existantes, rien ne permet non plus d'affirmer que ces dessins, de la même veine que ceux qui décorent les manuscrits de l'époque, soient des esquisses pour un projet[41].

Pour toute la période romane, pourtant si riche sur le plan de la construction architecturale, nous ne possédons aucune trace de documents graphiques. L'absence de représentations préalables à la construction des monastères romans s'explique par des raisons du même ordre que celles évoquées pour les temples grecs : relative simplicité (géométrique) des plans, règles de proportion de volumes qui s'appuient davantage sur des calculs arithmétiques que sur des tracés géométriques, méthodes empiriques de maçonnerie ou de taille de pierre, etc... Mais de nombreux témoignages confirment l'usage de tracé au sol, préalablement nivelé, du plan de l'édifice. Du Colombier rappelle à ce propos la légende de la Basilique Sainte-Marie-Majeur dont le pape Libère traça le plan sur la neige miraculeusement tombée[42]. Comme pendant l'Antiquité, nous n'avons donc pas de trace d'une utilisation de la représentation en plan préalable à la mise en œuvre du chantier. Cette vision de la conception de l'architecture romane rejoint celle que défendent par de nombreux historiens de l'architecture tels que R. Branner, P. Booz, P. Panse ou W. Müller[43]. Si l'architecte roman réalise son projet sans plan, l'*opus in mente conceptum*, il doit en conséquence assurer une présence constante sur le chantier qui lui confère, comme dans l'Antiquité, un statut de *principalis artifex*. Cette organisation du chantier semble durer jusqu'au XIIIe siècle. Mais, comme pour l'Antiquité, le statut de l'architecte est très variable d'un lieu à l'autre, d'un chantier à un autre, d'un individu à l'autre, d'une époque à une autre. Erlande-Brandenburg, par exemple, cite un formulaire de la seconde moitié du XIIe siècle dans lequel le roi prévient : «Il n'y aura jamais de construction noble si l'architecte est ignoble»[44], et tend à montrer que dès le XIe siècle, l'architecte prend une place de plus en plus grande, sur le chantier comme intermédiaire avec le maître d'ouvrage. A une époque où Dieu est présenté comme le Grand Géomètre, il est évident que les maîtres d'œuvre ont tout intérêt, comme leurs prédécesseurs de l'Antiquité, à faire sortir l'architecture des *artes mechanicæ*. surtout si l'on se rappelle que, comme le souligne Suckale, l'étymologie médiévale du mot *mechanicus* est *mæchare*, c'est à dire pécher[45]. L'accroissement de l'usage de la géométrie dans la conception architecturale n'est donc sans doute pas dû à de seules raisons techniques, mais aussi à des raisons sociales.

[40] Les manuscrits médiévaux de Vitruve conservés au British Museum, à Sélestat (en France) et à la Bibliothèque vaticane comportent des illustrations ; celles du manuscrit de Sélestat sont peut-être du même auteur que le plan de Saint Gall. Sur ce sujet voir [Recht, 1989, p. 362-363].
[41] Voir [Vergnolle, 1985, p. 25-26].
[42] [Du Colombier, 1953, p. 87]
[43] Voir [Branner, 1963], [Booz, 1958], [Panse, 1973] et [Müller, 1989]
[44] [Erlande-Brandenburg, 1993, p. 37].
[45] [Suckale, 1989, p. 41].

Le Carnet de Villard de Honnecourt

Dans ce quasi-désert des dessins d'architecture jusqu'au XIVe siècle, le *Carnet* de Villard de Honnecourt, avec ses 250 dessins dont 74 liés à l'architecture, semble une oasis d'une richesse iconographique inespérée pour cette première moitié du XIIIe siècle. De même que l'ouvrage de Vitruve, seul traité d'architecture antique connu, est devenu la Bible de l'histoire de l'architecture, avec introductions, commentaires, exégèses, querelles de traductions, commentaires des commentaires, etc..., de même le *Carnet* a donné lieu à une abondante littérature que nourrissent le peu de renseignements irréfutables concernant l'auteur et ses intentions, et l'absence totale de point de comparaison. Les dessins de Villard ont donc été largement analysés et décortiqués. Passées aux rayons ultra-violet, les planches ont livré tous leurs secrets ; compte tenu de la rareté de la marchandise, le moindre coup de gomme, le moindre repentir est étudié avec la plus grande attention[46]. Nombre de spécialistes semblent actuellement considérer que, contrairement à ce qui était affirmé depuis la réédition du *Carnet* par Lassus au milieu du XIXe siècle et jusqu'aux années 1970, Villard n'était pas un architecte[47]. Ses dessins, en particulier ceux portant sur la cathédrale de Reims, comportent en effet de nombreuses inexactitudes techniques et constructives. Sur la coupe représentant les arcs-boutants des chapelles absidales de la cathédrale de Reims (fig. 14), la proportion entre hauteur et empattement n'est pas conforme à la réalité, beaucoup moins élancée que le dessin de Villard de Honnecourt ne le suggère. De plus les arcs-boutants sont dessinés trop bas par rapport aux naissances des arcs de la nef principale. Ces aberrations constructives constituent l'un des arguments les plus solides pour nier à Villard la qualité d'architecte[48], mais, comme le remarque Bechmann, cette coupe a pu être dessinée de mémoire ou d'après un projet et non d'après la réalité[49]. Et, dans l'ignorance où l'on est de la finalité des dessins, il reste naturellement extrêmement délicat d'interpréter le mode de représentation de l'espace utilisé.

Villard de Honnecourt utilise par moment une espèce de perspective cavalière, comme par exemple pour la «cage d'horloge» (fig. 15). Une des façades est vue sans déformation ; pour l'autre façade, les horizontales sont représentées par des obliques sur le dessin selon un principe nommé par Pause «raccourci par soustraction»[50]. Par exemple l'arc trilobé de la cage d'horloge qui se trouve sur la façade latérale est simplement représenté par une de ses moitiés, de même que le dernier arc plein cintre de l'étage octogonal. «Villard tient compte du raccourci de deux manières. Sur les côtés, il altère les arcs brisés des fenêtres de façon à ce que la moitié la plus proche de l'œil... soit davantage raccourcie que

[46] R. Branner a procédé à cet examen en 1960 [Branner, 1960]. Les dessins «cachés» de Villard sont publiés dans [Bechmann, 1991, p. 221].

[47] J.-B. Lassus réédite en 1858 le *Carnet* sous le titre *Album de Villard de Honnecourt, architecte du XIIIe siècle*. R. Branner, puis indépendamment, C.F. Barnes ont les premiers mis en doute le fait que Villard de Honnecourt ait appartenu au monde du bâtiment. Voir [Branner, 1973], [Barnes,1989] et [Recht, 1981].

[48] Voir [Barnes,1989].

[49] [Bechmann, 1991, p. 101].

[50] Cette définition a été donnée dans [Pause, 1973].

Fig. 14 - Villard de Honnecourt, *Carnet* : Coupe sur les arcsboutants des chapelles absidales de la cathédrale de Reims.

Fig. 15 - Villard de Honnecourt, *Carnet* : Cage d'horloge

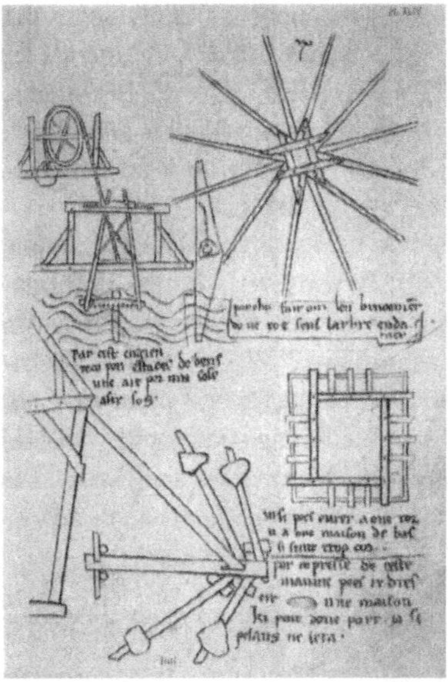

Fig. 16 - Villard de Honnecourt, Carnet : Engins et instruments divers

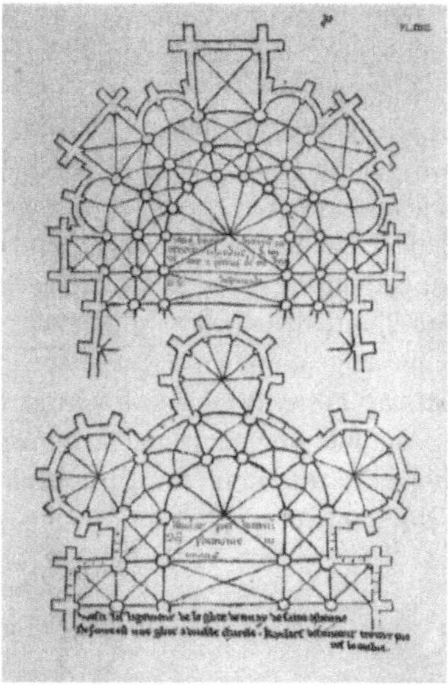

Fig. 17 - Villard de Honnecourt, *Carnet* : Plan de deux chevets d'églisel'un dressé par Villard de Honnecourt et Pierre de Corbie, l'autre représentant Saint-Etienne de Meaux.

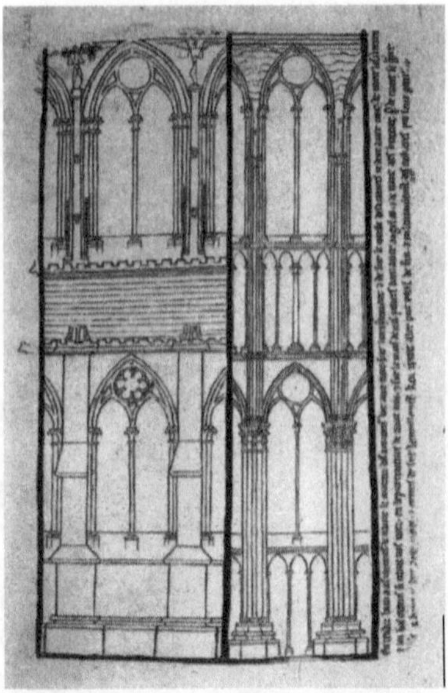

Fig. 18 - Villard de Honnecourt, *Carnet* : Elévations intérieures et extérieures des murs latéraux de la cathédrale de Reims.

Fig. 21 - Villard de Honnecourt, *Carnet* : Plan rabattu sur le meneau.

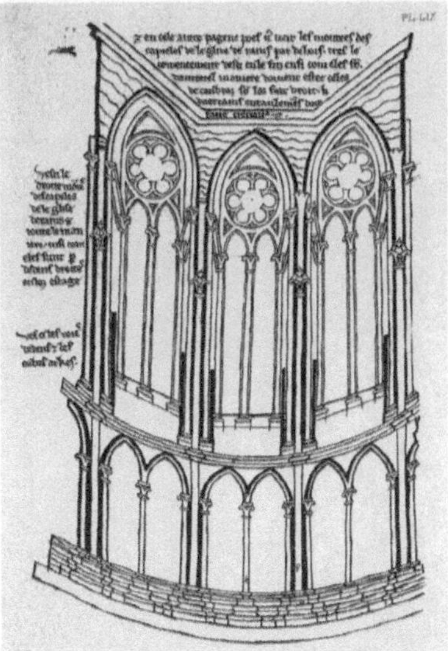

Fig. 19 - Villard de Honnecourt, *Carnet* : Elévations intérieure des chapelles absidales de la cathédrale de Reims.

Fig. 20 - Villard de Honnecourt, *Carnet* : Plan Elévations extérieure des chapelles absidales de la cathédrale de Reims.

Fig. 22 - Dessin de façade A de la cathédrale de Strasbourg, premier dessin de projet connu.

la partie la plus éloignée. En outre, il étire sur le côté le cercle entourant le réseau polylobé en lui donnant un tracé vertical proche de l'ellipse»[51]. De même, différents assemblages de machines sont représentés par des proto-axonométries (fig. 16).

Le *Carnet* comporte plusieurs plans d'édifices : le plan de la tour de la cathédrale de Laon est sans doute un relevé, les plans des piliers de la cathédrale de Reims sont vraisemblablement des copies de gabarits, seul l'un des plans de chevets d'église (fig. 17) s'apparente à un dessin de projet. Le fol 31°v. représente les élévations intérieures et extérieures des murs latéraux de la cathédrale de Reims (fig. 18), premiers relevés d'élévation connus. Ces dessins comportent de nombreuses inexactitudes de proportion, mais également des détails assez fins, tels le léger surdimensionement du diamètre de la colonnette centrale du triforium, surdimensionement que Panofsky analyse longuement, car il joue un rôle clé dans le jeu subtil des verticales et des horizontales qui viennent rythmer la façade intérieure[52]. Si les élévations des murs latéraux correspondent bien à ce que nous appelons aujourd'hui une projection de l'objet sur un plan, la figuration des espaces courbes montre que cette opération n'a rien de systématique. Nous verrons d'ailleurs que la représentation des espaces courbes en projection sera bien plus tardive. Dans les dessins des chapelles absidales de la cathédrale de Reims (fig. 19 et 20) Villard de Honnecourt cherche «à la fois à figurer la courbe de l'abside et à conserver à des hauteurs égales la même dimension». Sur la vue intérieure, comme sur la vue extérieure, la courbe suivie par la corniche des travées garde le même mouvement que le soubassement. De ce fait le dessin s'apparente, là encore, plus à une perspective axonométrique qu'à une projection plane.

Notons enfin qu'apparaissent chez Villard de Honnecourt les premiers éléments de représentation en double projection, pour certains détails d'architecture. Par exemple dans le dessin représentant une fenêtre de la cathédrale de Reims (fig. 21), le plan du meneau est rabattu sur l'élévation. De même, dans les élévations des murs latéraux de la cathédrale de Reims (fig. 18) le profil des corniches est dessiné en correspondance avec l'élévation.

Les premiers dessins en géométral

Les évolutions des pratiques sur le chantier, comme celles des statuts des différents acteurs, sont extrêmement lentes, et ne sont uniformes ni dans le temps ni dans l'espace. Il semble donc finalement assez raisonnable d'admettre, avec R. Recht, que même «s'il y a des indices de cette évolution antérieurement, l'architecture gothique marque une certaine rupture par rapport au passé. A la différence de celles qui l'ont précédée, [elle] exige une organisation rationnelle du chantier, une division et une économie du travail. C'est pourquoi une hiérarchie se dessine dans le chantier, une figure s'en dégage : celle de l'archi-

[51] [Müller, 1989, p. 242].

[52] Voir [Panofsky, 1967].

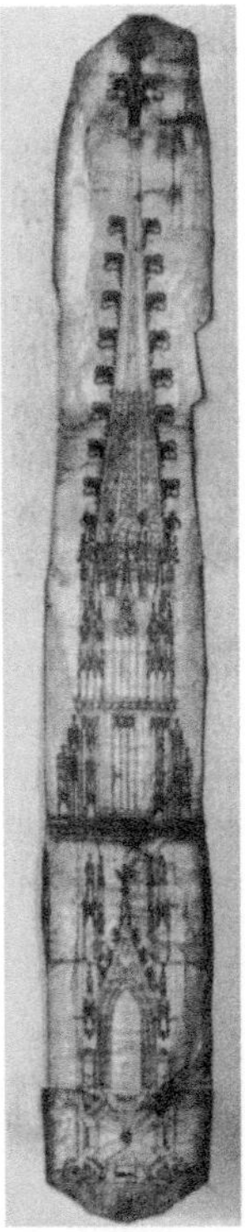

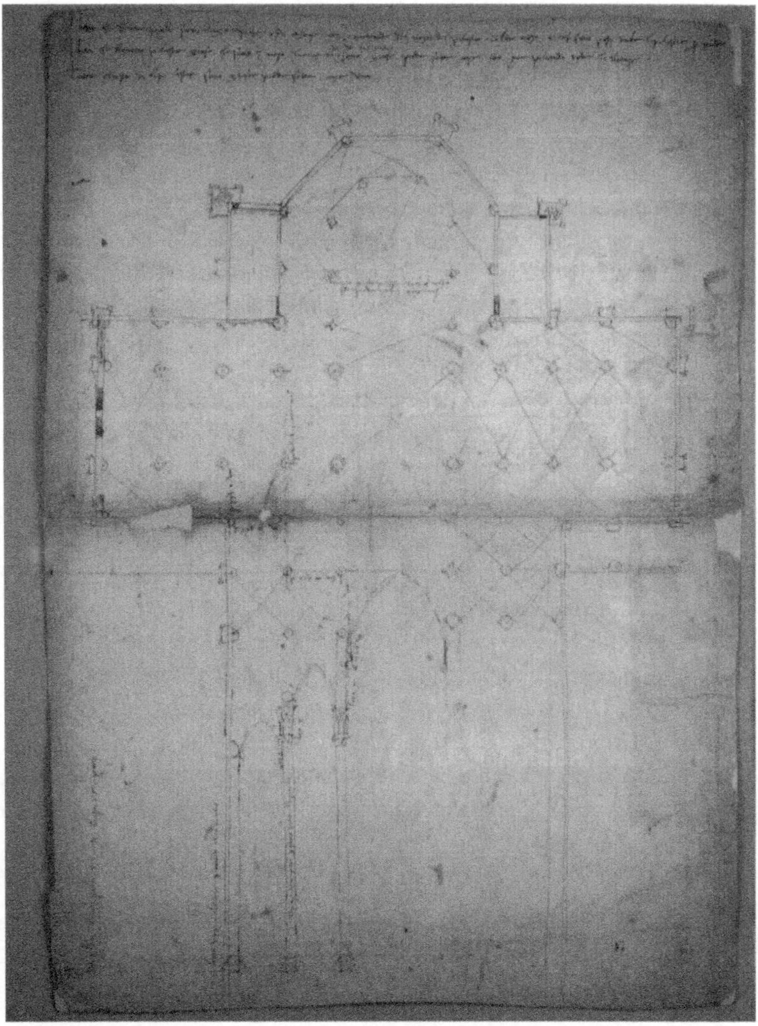

Fig. 23 - Cathédrale de Fribourg Projet du clocher (début du XIVe siècle)

Fig. 24 - Antonio di Vincenzo, Cathédrale de Milan ; dessin exécuté en 1389.

tecte… Ainsi le gothique invente-t-il un nouveau médium – le dessin d'architecture». Placée en avant-propos du catalogue de l'exposition de Strasbourg consacrée aux *Bâtisseurs des cathédrales gothiques* [53], le propos force sûrement un peu le trait : d'une part «l'invention» de l'architecture et du dessin d'architecture a des antécédents et d'autre part ne elle ne s'achèvera qu'à la Renaissance italienne (et encore). Il n'en reste pas moins vrai qu'avec les cathédrales gothiques, les chantiers prennent une plus grande ampleur que précédemment et nécessitent organisation, planification, hiérarchisation du travail. Interruptions et reprises du chantier, besoin de convaincre le maître d'ouvrage, princes ou évêques, de s'engager dans des dépenses gigantesques, toutes ces conditions poussent à la production de documents graphiques.

Les premières représentations de façades de cathédrales gothiques sont à peu près contemporaines du *Carnet* de Villard de Honnecourt : le palimpseste de la cathédrale de Reims, les projets A (fig. 22), B et D de celle de Strasbourg (respectivement réalisés vers 1255, 1275 et 1285), et les dessins de la cathédrale de Cologne comportant des plans au sol d'une partie du massif occidental et de la tour (époque de maître Arnold vers 1280-1308), et deux élévations de la tour et de la première travée de la nef (époque de maître Johannes, début du XIVe siècle)[54].

Les documents graphiques connus de cette période restent encore exceptionnels et, comme le remarque Schöller, «rien ne serait plus faux que s'imaginer une diffusion subite et générale de ce nouveau mode de représentation»[55]. D'ailleurs aucun plan ne nous est parvenu des plus grands chantiers de la deuxième moitié du XIIIe siècle, Strasbourg et Cologne, et la quasi totalité des dessins que nous possédons sont des élévations et non des plans. Il est de ce fait assez vraisemblable de supposer que les dessins de façades n'étaient pas seulement destinés aux chantiers mais également aux commanditaires. «Si telle fut bien la fonction de ces dessins, on s'explique alors aisément pourquoi ils furent si rarement respectés par les bâtisseurs, leur fonction étant moins pratique que théorique»[56]. Cependant le statut du dessin d'architecture s'est incontestablement transformé au XIIIe siècle, au point que, «"Architectari"… est traduit par "pourtrere". Ainsi construire et dessiner étaient des synonymes pour les professeurs de grammaire des universités de Paris et Toulouse»[57].

Comme le remarque R. Recht dans l'analyse qu'il fait des dessins d'architecture du XIIIe siècle, le dessin géométral n'est réellement constitué qu'à partir du moment où le problème de la représentation des angles des bâtiments se trouve résolu[58]. Or c'est loin d'être le cas chez Villard de Honnecourt, dont les dessins des chapelles absidales de la

---

[53] [Recht, 1989, p. 9].

[54] Les principaux dessins d'architecture gothique sont reproduits dans [Colombier, 1953], [Recht, 1989] et [Recht, 1995]. Il faut également noter que ces premières élévations sont également contemporaines – et la coïncidence n'est sûrement pas fortuite – des premières épures de chantier que nous connaissons et sur lesquelles je reviendrai au chapitre suivant.

[55] [Schöller, 1989, p. 232].

[56] [Recht, 1981, p. 238].

[57] [Schöller, 1989, p. 227].

[58] Voir [Recht, 1981].

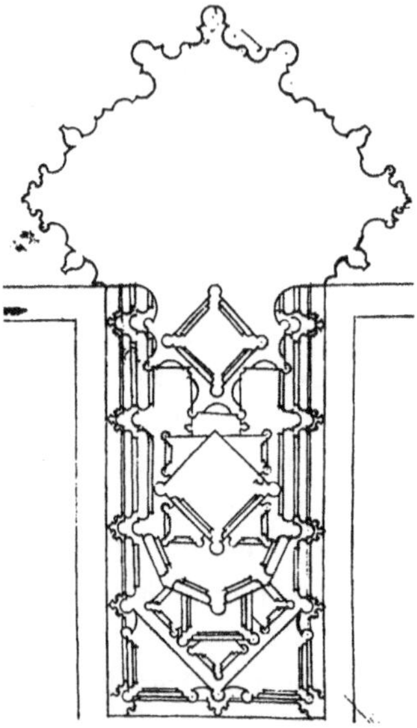

Fig. 25 - Contrefort de la cathédrale de Vienne.
Plans superposés (dessin du XVe siècle).

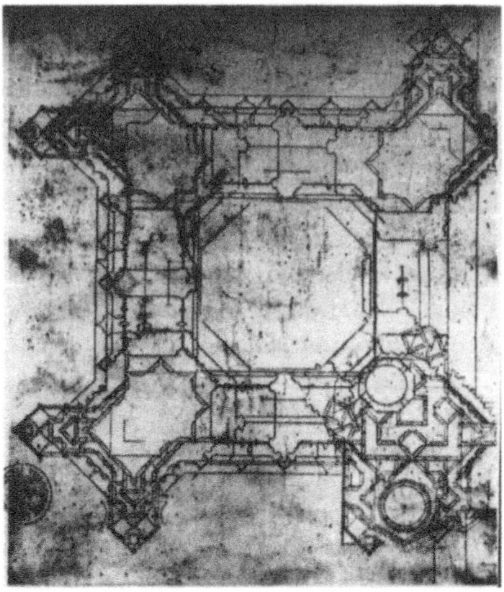

Fig. 26 - Tour méridionale de la cathédrale de Vienne.
Plans superposés des différents étages.

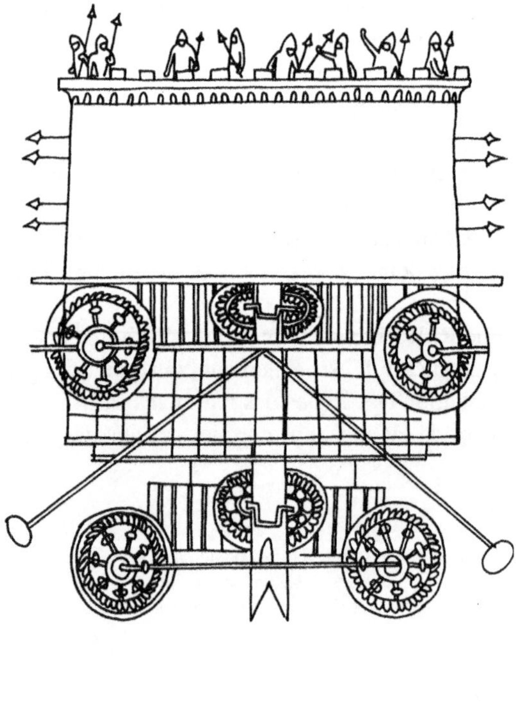

Fig. 27 - Guy de Vigevano : Char d'assaut avec tour, muni d'un système à manivelle.

cathédrale de Reims (fig. 19 et 20), comportent de nombreuses incohérences. Les élévations de la cathédrale de Strasbourg permettent de mesurer les progrès accomplis en un quart de siècle. Si le dessin A de cette élévation (fig. 22) présente encore quelques maladresses pour la représentation de l'angle droit du bâtiment, la parfaite exactitude du dessin B laisse supposer qu'il a été tracé en superposition avec le plan.

A la fin du XIIIe siècle et au XIVe siècle, les dessins sur parchemin se multiplient, et deviennent de plus en plus précis. Citons ceux de l'élévation de la flèche de la cathédrale de Strasbourg, du clocher de l'église d'Ulm, de la cathédrale de Cologne, de Ratisbonne ou d'Orvieto. Sur le projet pour le clocher de la cathédrale de Fribourg-en-Brisgau, du début du XIVe siècle, plan et élévation sont tracés en correspondance directe (fig. 23). Le dessin de la cathédrale de Milan, attribué à Antonio di Vincenzo et daté de 1389, donne le premier exemple où deux vues distinctes, un plan et une coupe (partielle), sont clairement articulées l'une avec l'autre (fig. 24), selon un tracé que Viollet-le Duc prête aux bâtisseurs clunisiens dès le début du XIIe siècle. Ces exemples constituent, à ma connaissance, les premières représentations architecturales en double projection dont la trace ait été conservée. Autre preuve de l'importance que prend le dessin à cette époque, la première mention explicite, en France, d'une construction devant être exécutée d'après un document graphique, date de 1381. Elle figure dans un marché passé à l'occasion de la réfection d'un clocher à Toulouse[59] .

Les plans concernant la cathédrale de Vienne en Autriche donnent d'autres exemples d'utilisation de la projection orthogonale. Dessinés au XVe siècle, ils correspondent à une représentation que l'on pourrait dire par «scannerisation», puisqu'elle est constituée d'une superposition des différents plans à différents niveaux. Cette représentation pour un pilier (fig. 25) provient vraisemblablement d'une simple superposition des gabarits nécessaires pour la taille (ou inversement, permet de donner directement ces gabarits) ; elle est plus surprenante pour un bâtiment dans son ensemble (fig. 26). Elle peut s'expliquer soit par une habitude provenant du traitement de cas similaires au précédent, soit par la nécessité d'économiser le parchemin encore rare. Seule la feuille de calque permettra de joindre l'avantage de la superposition des plans, extrêmement commode au moment de la construction graphique, à celui de la séparation des dessins, nécessaire pour la lecture par une personne différente de l'auteur.

Les dessins de machines du XIVe et XVe siècles, comme ceux de Villard de Honnecourt, ignorent totalement le géométral. Les ingénieurs donnent la représentation des objets soit par une «espèce» de perspective axonométrique, soit en «dépliant» l'objet pour en présenter simultanément ses différentes faces. La représentation du char d'assaut de Guy de Vigevano, conseiller militaire de Philippe V de Valois qui rédigea un traité de machines de guerre vers 1330, en donne un exemple[60] (fig. 27).

Très peu de dessins donc avant le XVe siècle, mais guère plus de maquettes, du moins au nord des Alpes. Quoique «régulièrement mentionnée dans la littérature... leur existence n'est réellement prouvée ni par les sources, ni par des exemples conservés»[61]. La

[59] Voir [Mortet, 1914]

[60] Guy de Vigevano, Manuscrit, vers 1330, Bibliothèque nationale (latin, 11.015). Sur ce sujet, voir [Gille, 1964].

[61] [Bischoff, 1989, p. 287).

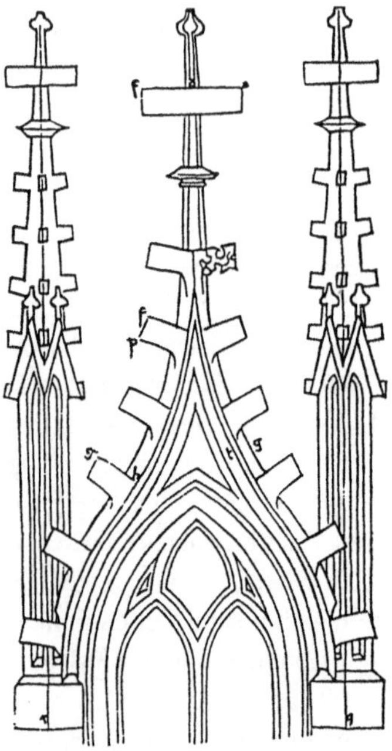

Fig. 28 - Roriczer, dessin de Guimberge.

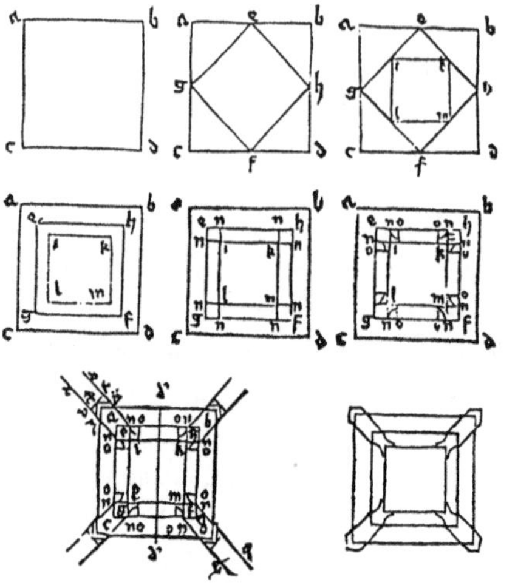

Fig 29 - Roriczer, suite de constructions géométriques qui détermine le plan d'un pinacle.

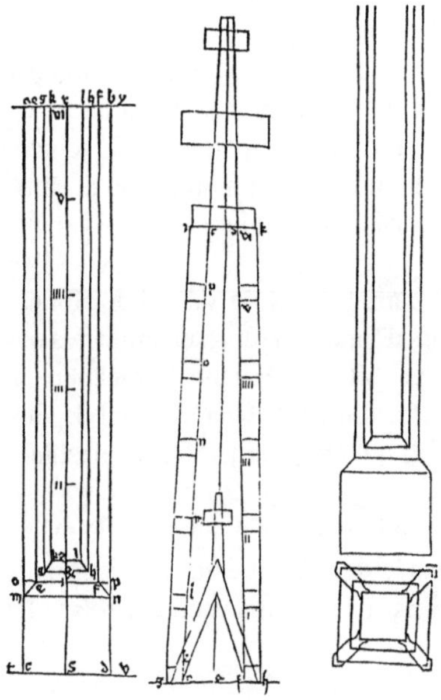

Fig. 30 - Roriczer : le tracé des pinacles.

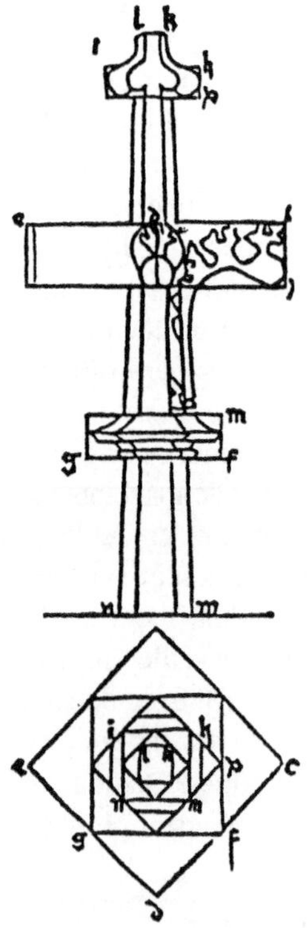

Fig 31 - Roriczer : fleur cruciforme.

maquette la plus célèbre, celle de l'église Saint-Maclou à Rouen, réalisée en bois et en papier mâché et mesurant plus d'un mètre de haut, aurait été réalisée au début du XVIe siècle, après l'achèvement de l'église. «D'usage courant dans l'Antiquité, les maquettes semblent disparaître entre l'époque carolingienne et le début du XVIe siècle dans l'Europe septentrionale»[62]. Par contre leur usage est attesté en Italie dès le XIVe siècle et, en défendant son utilisation comme élément du travail de conception architecturale, Alberti ne fait que reprendre une habitude de ses compatriotes.

Roriczer et Schmuttermayer : l'extraction du volume à partir du plan

A la fin du XVe siècle paraissent en Allemagne deux petits fascicules, rédigés par Matthäus Roriczer et Hans Schmuttermayer, très instructifs quant au problème de la représentation de l'espace[63]. Matthäus Roriczer est descendant d'une lignée d'architectes. Le grand-père de Matthäus, Wenzel Roriczer (?-1419), originaire de Bohême, et disciple de l'école des Parler de Prague, est «Dombaumeister» (constructeur de cathédrale) à partir de 1411. C'est lui qui érige la façade ouest de la cathédrale de Ratisbonne. Le père de Matthäus, Konrad Roriczer, probablement Dombaumeister à partir de 1440, est maître d'œuvre du chœur de St. Lorenz à Nüremberg, puis à la cathédrale de Ratisbonne. Il meurt en 1475. Matthäus est le fils aîné de Konrad ; sans doute déjà actif en 1462, il travaille avec son père à Nüremberg puis à Eichstätt. Appelé en consultation à Munich en 1473 pour la construction des voûtes de la «Frauenkirche», il succède à son père en 1480 à la direction des travaux de la cathédrale de Ratisbonne. Il y construit le péristyle, la partie médiane de la façade, le crucifix monumental et termine la tour nord. Il meurt entre 1492 et 1495[64].

Avant de présenter rapidement les petits traités de Roriczer, il faut rappeler un événement contemporain de leur rédaction. En 1459, en effet, dans cette même ville de Ratisbonne, a lieu une réunion des maîtres tailleurs de pierre originaires de diverses villes des pays germaniques (Strasbourg, Vienne, Salzbourg, ...) dans le but de promulguer des statuts pour la corporation. Un des articles de leur charte précise : «Ni le compagnon, ni le maître, ni le porte-parole d'atelier ou tout autre quel qu'il soit et quelle que soit sa profession ne doit initier un quelconque dans les us et pratiques du métier s'il n'a point fait son apprentissage régulier et requis auprès d'un tailleur de pierre selon les traditions et usages du métier»[65].

[62] [Erlande-Brandenburg, 1991, p. 73].

[63] L'opuscule de Roriczer, *Das Büchlein von der fialen Gerechtigkeit,* est publié à Ratisbonne en 1486 et complété par un fascicule plus «théorique», *Die Geometria deutsch,* deux ans pus tard ; c'est deux ouvrages ont été rééditées par F. Geldner en 1965. Le fascicule de H. Schmuttermayer, *Fialenbüchlein,* est publié en 1489. Sur ces deux fascicules, voir [Shelby, 1977].

[64] Ces renseignements sur la famille Roriczer sont contenus dans la postface de F. Geldner. Je remercie J. Peiffer qui m'en a donné la traduction, ainsi que celle des traités de Roriczer.

[65] Article 13 du statut des tailleurs de pierres de Strasbourg. Traduction française dans [Schimpf, 1965, p. 97-119] et [Schimpf,1989, p. 103-109].

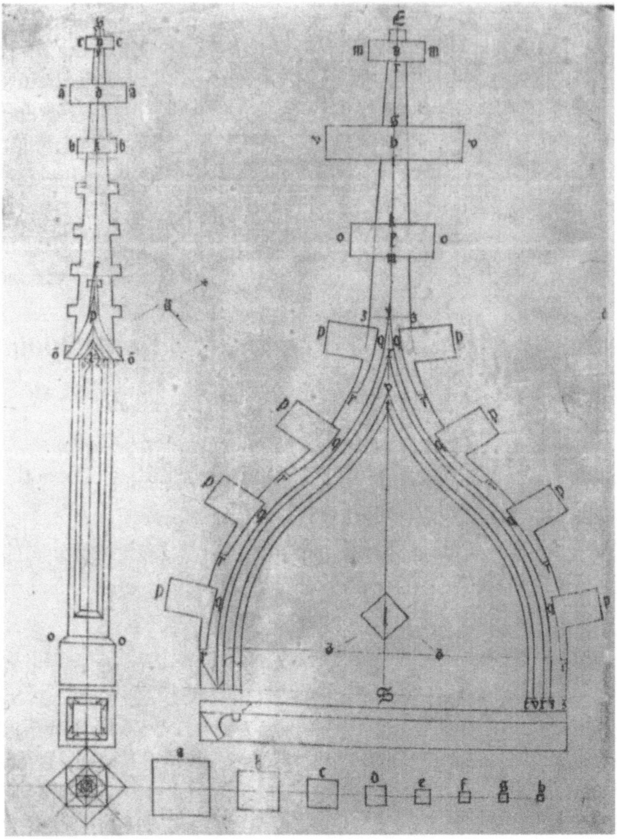

Fig. 32 - Schmuttermayer, Pinacle et guimberge

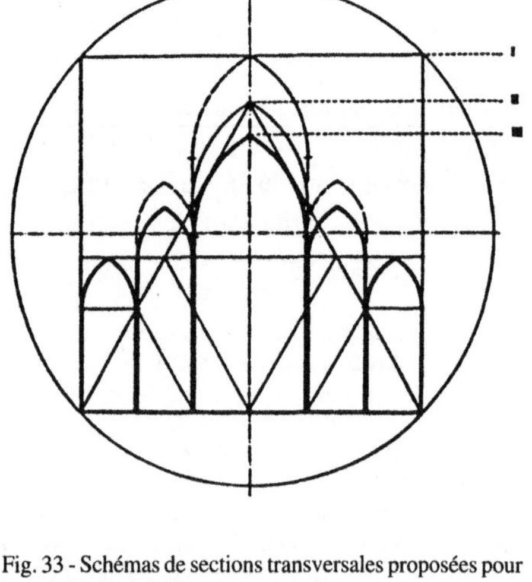

Fig. 33 - Schémas de sections transversales proposées pour la cathédrale de Milan

C'est dans ce contexte que, environ vingt cinq ans après, Roriczer publie, à la demande de l'évêque d'Eichstätt, écrit-il en dédicace, un opuscule où il explique «comment tirer l'élévation du plan», savoir qui faisait très certainement partie des pratiques visées par l'article ci-dessus. L'ouvrage est consacré à la construction des pinacles qui interviennent dans les guimberges (fig. 28). «Par guimberges, on entend le fronton gothique, flanqué de ses deux pinacles (en allemand Fialen) que ce fronton soit rampant, rectiligne ou curviligne»[66]. Dans ces quelques feuillets Roriczer donne d'abord une suite de constructions géométriques à partir d'un carré de base pour obtenir un dessin qui représente un pinacle en plan (fig. 29), fournissant ainsi seulement des proportions à respecter. Dans un deuxième temps il «tire (ausziehen) l'élévation du plan», indiquant également les proportions à respecter entre plan et élévation. Il termine son ouvrage par une représentation (tronquée en hauteur) d'un pinacle en double projection, qu'il présente comme «un véritable pinacle extrait de son plan» (fig. 30).

Roriczer revient sur le dessin des guimberges dans *Die Geometria deutsch*, écrit un ou deux ans plus tard, après avoir donné quelques constructions de géométrie plane, en général fantaisistes (comme celles concernant le tracé du pentagone ou de l'octogone régulier, pour ne rien dire de celui de l'heptagone ou de la rectification du cercle). Les quatre derniers feuillets sur les douze que compte *Die Geometria deutsch* sont la suite de son *Büchlein* (le dessin de guimberge reproduit à la figure 28 en provient). Roriczer donne sur le dernier feuillet le dessin d'une «fleur cruciforme», servant d'amortissement au gâble ou aux pinacles, représentée en double projection (fig.31).

En 1489, Hans Schmuttermayer publie sur le même sujet son *Fialenbüchlein*, très proche dans son esprit et sa présentation du *Büchlein* de Roriczer. Schmuttermayer a vraisemblablement connu la famille des Roriczer lorsqu'il était en charge du chœur de l'église St. Lorenz à Nüremberg, mais il a rédigé son opuscule indépendamment. Après une suite de constructions géométriques similaires à celles données par Roriczer, Schmuttermayer donne la représentation d'un pinacle et d'une guimberge en double projection, d'une manière peut-être plus claire que son prédécesseur (fig. 32).

Ces textes «prescriptifs», pour reprendre l'expression de Choay[67], nous intéressent ici à double titre. D'abord, nous l'avons vu, ils utilisent explicitement la méthode de la double projection pour représenter un objet architectural, ce qui reste encore très rare au XVe siècle. Mais là n'est pas l'essentiel. Ils sont révélateurs, avec le règlement des maîtres tailleurs de pierre, de l'enjeu qui semble se jouer autour d'un mode de représentation de l'espace permettant de passer d'un projet à sa réalisation. L'expression, «tirer l'élévation d'un plan», utilisée à la fois par Roriczer et Schmuttermayer, reprise par Dürer, est en effet riche d'enseignement. Un système de proportion, attaché de façon intrinsèque à chaque objet, suffit pour remonter du plan à l'objet et l'on peut déduire pas à pas, l'élévation du plan comme on construit le pinacle pierre à pierre à partir de sa base ou comme on a «tiré» les temples grecs et les églises romanes de leur plan au sol. Comme dans l'Antiquité le

---

[66] [Hoffstadt, 1851]. Cette définition ne correspond pas à celle de «guimberge» donnée dans le *Vocabulaire de l'Architecture*, qui ne donne pas de terme spécifique pour désigner le fronton gothique.

[67] [Choay, 1980, p. 28].

plan n'est pas projection de l'objet, mais le contient intégralement. Un tel système suppose naturellement une architecture très codifiée, très répétitive dans ses proportions.

Ces opuscules donnent de l'architecture une vision très figée. Mais en traduisant graphiquement et géométriquement un certain nombre de règles jusqu'alors appliquées directement lors de la construction, ils sont amenés, de manière nécessaire, à utiliser la double projection, seule méthode graphique qui corresponde avec le processus de construction. Ils font là œuvre d'architecte, mais en quelque sorte à l'envers. Au lieu d'utiliser la double projection comme moyen de représenter un projet à réaliser, ils l'utilisent pour représenter ce que les tailleurs de pierre savent construire depuis des lustres. Il y a bien inversion complète des rôles entre l'architecte et son dessin d'une part, le maçon et sa réalisation de l'autre. Mais le lien privilégié entre construction et représentation par double projection reste, et même apparaît là sans doute clairement pour la première fois.

Le passage plan-élévation

L'examen des dessins d'architecture au Moyen-Age, tout comme les statuts de Ratisbonne ou les traités de Roriczer et Schmuttermayer montrent que «le passage du plan à l'élévation semble bien avoir constitué le problème central de l'architecture médiévale»[68]. Dans l'art roman, le rôle de l'architecte consiste essentiellement à tracer un plan au sol. L'élévation s'en déduit «naturellement» compte tenu de la relative simplicité générale des formes et des structures, et de la grande liberté laissée aux maîtres maçons durant la construction. Avec le passage à l'architecture gothique, la superstructure se complexifie et, avec elle, la liaison plan-élévation. Aussi, parmi les outils théoriques et pratiques qui sont élaborés au XIIe et XIIIe siècles pour permettre une architecture plus adaptée aux aspirations de l'époque, le dessin d'architecture est-il l'un des plus importants Mais le problème est encore loin d'être résolu même aux XIVe et XVe siècles. Du Colombier tire quatre conclusions de l'examen des dessins d'architecture au Moyen-Age :

> 1° – Les élévations sont en nombre absolument disproportionné à celui des plans, qui sont rares et ne s'appliquent pour ainsi dire jamais à la totalité d'un édifice.
> 2° – Presque aucun de ces dessins n'est à une échelle exacte, et ceux qui sont cotés sont exceptionnels.
> 3° – Aucun d'eux ne paraît avoir été exécuté exactement.
> 4° – Aucun n'est un véritable géométral, c'est-à-dire une représentation non déformée, avec des coupes pour les parties qui sortent du plan du dessin, comme il conviendraitpour des exécutants qui devraient suivre fidèlement le projet. On y trouve au contraire,notamment dans les embrasures, une perspective, maladroite sans doute, une perspective «de sentiment», mais une perspective.

[68] [Recht, 1980, p. 17]. Sur ce sujet, voir aussi [Schnoase, 1872], [du Colombier, 1953, p. 90] et [Recht, 1981, p. 239].

> C'est à se demander si presque tous les dessins que nous possédons ne sont pas plus comparables à ce qu'on appelle aujourd'hui des rendus qu'à des dessins de chantier»[69].

Un des exemples montrant les relations délicates qui pouvaient exister entre plan et élévation, et le décalage dans le temps entre la conception de l'un, puis de l'autre, est donné par la cathédrale de Milan[70]. La cathédrale était en effet déjà largement sortie de terre, en 1391, lorsque les instances dirigeantes de la ville décidèrent de convoquer en conseil des architectes, que l'on fit venir de toute l'Europe. Le problème était de savoir s'il convenait d'achever la cathédrale «ad quadratum» ou «ad triangulum», c'est-à-dire d'établir les proportions de la façade principale de la cathédrale, à partir de sa largeur de base, sur un carré ou un triangle isocèle (fig. 33). Cet exemple montre que l'on n'hésitait pas, encore à cette époque, à entamer les travaux sans avoir une idée très précise du volume final.

Au fur et à mesure que s'instaure une certaine division du travail, à partir de la fin du XIIIe siècle, le dessin géométral commence à prendre corps, à se préciser. Mais durant tout le Moyen-Age vont coexister deux modes de lecture du plan. L'architecture gothique inaugure très certainement la conception du «plan-vue de dessus», sans doute dès le XIIe siècle comme le prétend Viollet-le-Duc, même si le premier dessin explicite est le plan réalisé par Antonio di Vincenzo. Mais cette conception ne se substitue pas brutalement à une vision du «plan-trace au sol», pratiqué depuis l'Antiquité et dont témoigne les opuscules de Roriczer et Schmuttermayer, ou les hésitations concernant la cathédrale de Milan. Pour arriver à rendre compte de la troisième dimension, les dessins plans furent accompagnés d'un code de lecture qui permettait de «tirer» l'élévation du plan et ce passage de l'image plane de l'objet à l'objet lui-même, constituait sans doute le véritable «secret» des maçons[71]. Les traités du Moyen-Age ne donnent que des règles, des procédés graphiques et ne constituent pas encore une théorie. Selon le mot de Panofsky, ils sont, par rapport aux traités de la Renaissance italienne, «ce que la pharmacopée est à un ouvrage de biochimie»[72]

Le géométral adopté

Costruzione legittima et construction architecturale

Il revient à Brunelleschi le mérite de faire entrer la représentation graphique dans l'ère de «la biochimie». «Brunelleschi... semble le premier architecte qui ait dessiné à l'échelle des plans en projection horizontale et en élévation, selon la méthode de la mise au carreau», écrit Panofsky[73] (si l'on fait abstraction du papyrus de Gui'ab, de quelque 3000 ans

[69] [du Colombier, 1953, p. 86].
[70] Sur la cathédrale de Milan et les différents projets auxquels cet édifice a donné lieu, voir [Cassi Ramelli, 1964].
[71] Voir [Recht, 1980]
[72] [Panofsky, 1987 p. 362].
[73] [Panofsky, 1969, p. 110].

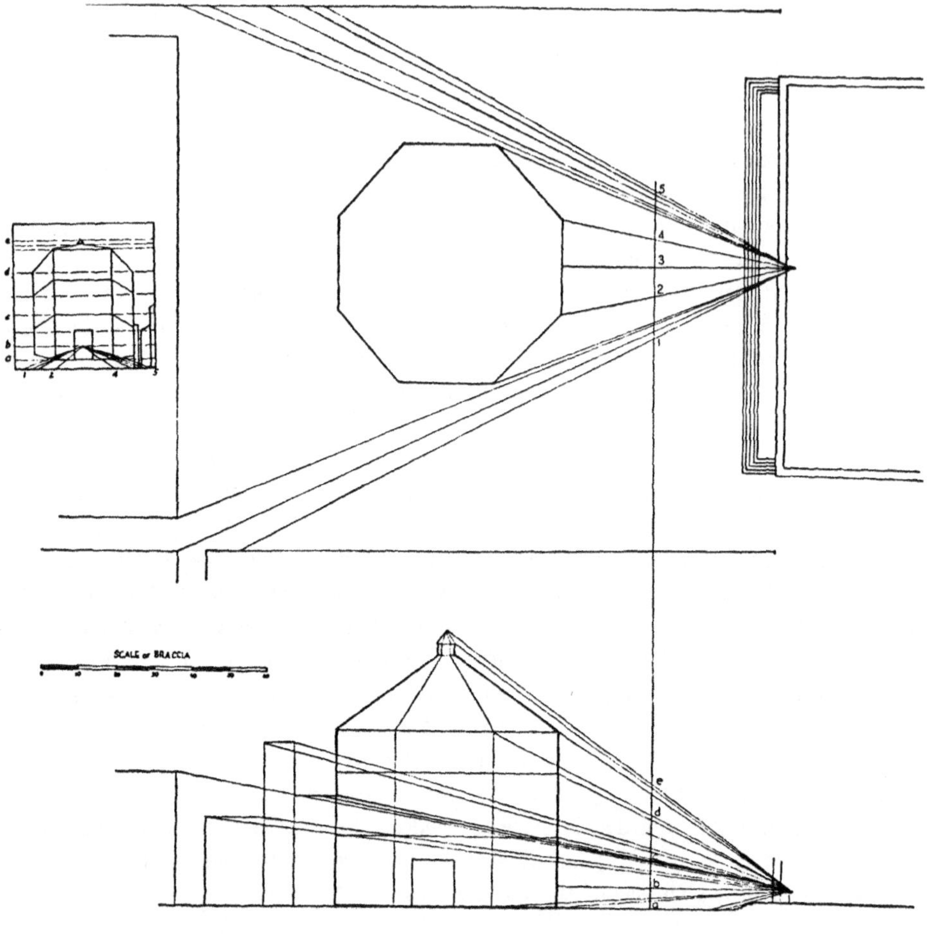

Fig. 34 - Construction de la perspective de la Piazza del Duomo, d'après Brunelleschi.

antérieurs mais qui visiblement n'a pas fait école). «La pensée de Brunelleschi était orientée strictement vers l'architecture et sa réalisation pratique... Ses méthodes de représentation architecturale étaient celles d'un praticien : il travaillait seulement d'après des plans et des élévations dessinés à l'échelle sur une base mathématique», ajoute Krautheimer[74].

Les architectes du Moyen-Age maîtrisaient mal les problèmes d'échelle, tant au niveau de la représentation que de la construction. Au niveau de la représentation, nous avons vu qu'il est tout à fait exceptionnel que deux vues différentes soient tracées à la même échelle. Au niveau de la construction cette non-maîtrise pouvait avoir des conséquences catastrophiques, «les bâtisseurs de cathédrales» n'hésitant pas à se lancer dans un nouveau projet en s'inspirant d'une église existante mais en agrandissant le plan. Or dans le domaine de la construction rien ne varie de façon linéaire et de nombreux écroulements se produisirent pour cette raison. Celui du chœur de la cathédrale de Beauvais, en 1284, est le plus célèbre, mais il y en eut beaucoup d'autres ; le plus ancien qui nous soit connu date de 985. La maîtrise de la notion d'échelle est au cœur des problèmes liés au passage de la représentation à la construction, c'est-à-dire au cœur du métier d'architecte. C'est la raison pour laquelle Brunelleschi apparaît comme le premier architecte au sens moderne du terme. Il réalise ses expériences grandeur nature : pour le dôme de la cathédrale de Florence il construit, près de l'Arno, un prototype, à l'échelle un, dessine chaque pierre, les fait exécuter et commence une voûte[75].

Il dessine de façon coordonnée les différentes vues d'un même bâtiment et en déduit une nouvelle technique de représentation de l'espace. Le principe de la pyramide visuelle dont l'œil occupe le sommet appartient à l'optique ancienne. «L'idée révolutionnaire», pour reprendre l'expression de Panofsky, de l'architecte de Sainte-Marie-de-la-Fleur consiste à couper cette pyramide euclidienne par un plan. Mais, et c'est ici le point fondamental, le principe dit de «la construction légitime» requiert que les deux vues de l'objet dont on trace la perspective soient dessinées à la même échelle, avec une maîtrise claire de leur articulation et une correspondance du tableau et de l'œil de l'observateur (fig. 34). La construction brunelleschienne ne pouvait être pensée que par quelqu'un habitué à la représentation en géométral, et si la perspective est la technique du peintre, la méthode employée à sa détermination est celle de l'architecte. De plus, selon Wittkower, «Brunelleschi aura été conduit à inventer la perspective sous l'effet d'une exigence, d'une nécessité de caractère proprement architecturale : désireux qu'il était d'établir que la cohérence métrique d'un bâtiment n'était pas altérée par la distance sous laquelle on le considère, il lui fallait démontrer que la diminution apparente des objets distribués dans l'espace obéit à une *ratio* régulière et constante»[76] .

Un mode approprié de représentation de l'espace bâti permet à Brunelleschi de jeter les bases de la perspective scientifique. Il lui permet également des prouesses et des audaces techniques. Néanmoins la représentation d'un bâtiment en double projection n'est pas

---

74 [Krautheimer, 1970, p. 240].

75 Voir [Prager, 1950].

76 [Damisch, 1987, p. 96] ; sur le rôle de Brunelleschi dans «l'invention» de la perspective, voir cet ouvrage, en particulier les chap. 4 et 5.

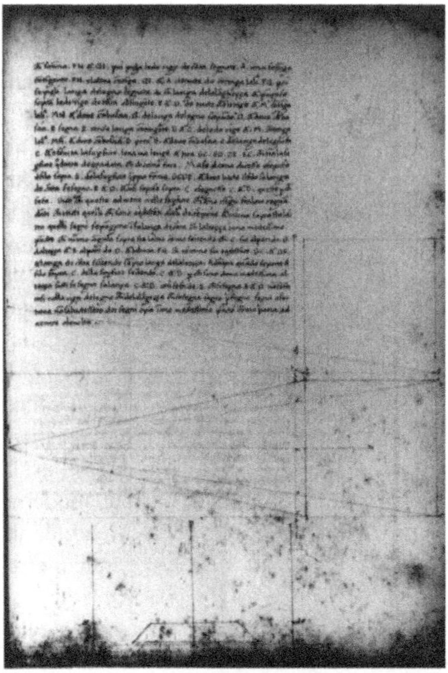

Fig. 35 - Piero della Francesca, La costruzione legittima. Perspective d'un carré sur le plan de sol

Fig. 36 - Piero della Francesca, La costruzione legittima., Perspective d'un dodécagone.

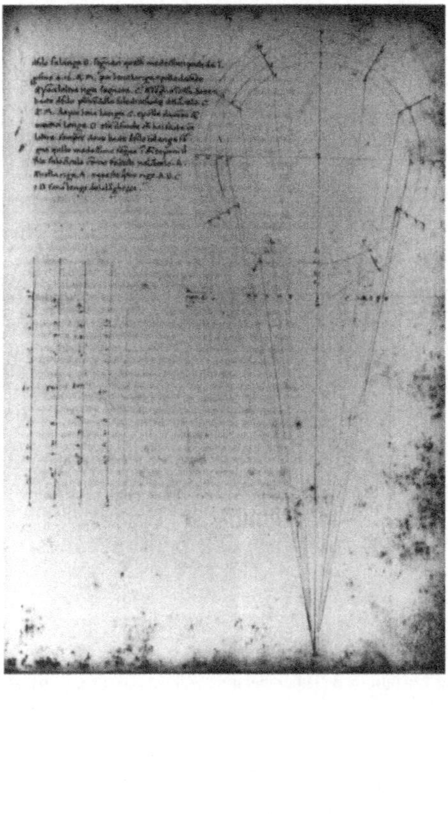

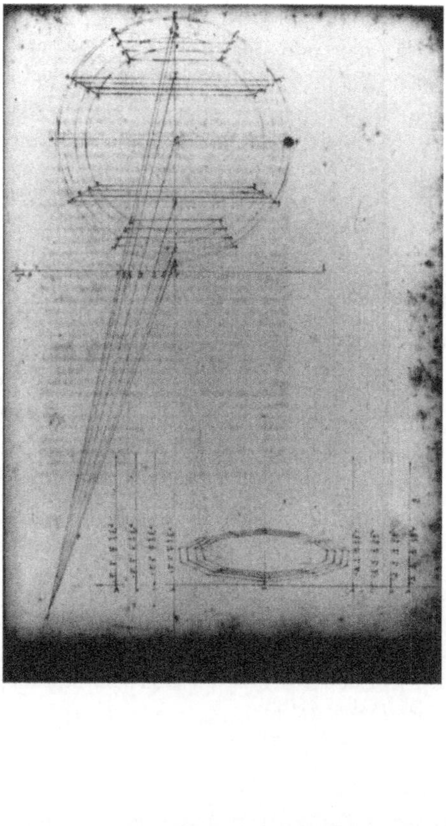

pour autant systématique chez Brunelleschi. Lorsqu'il fut consulté pour l'église San Spirito, «Filippo fit un dessin sur lequel était seulement le plan de l'édifice, et il leur dit de vive voix comment serait l'élévation. Cela plut [aux commanditaires] et ils le chargèrent de faire, ou de faire faire, un modèle de bois à l'échelle»[77]. Ce témoignage est la preuve de la persistance chez Brunelleschi de la conception selon laquelle un bâtiment peut être «tiré» de son plan, ou du moins, que dans la communication avec le client un bon discours vaut mieux qu'une sèche élévation.

La représentation de l'espace en double projection est donc intimement liée à la fois aux problèmes constructifs et à la représentation perspective ; cette connexion, cette interdépendance, apparaît dans l'œuvre de Brunelleschi. Aussi ne peut-on pas parler du dessin architectural sans mentionner les premiers traités de perspective. De Brunelleschi, nous n'avons ni dessin ni manuscrit mais seulement le témoignage de ses expériences - et de l'enthousiasme qu'elles suscitèrent - par ses biographes Manetti et, au siècle suivant Vasari. Le traité de Leon Battista Alberti, *Della Pittura*, rédigé en latin en 1435, est le premier exposé du principe de la «costruzione legittima» utilisé par Brunelleschi. Mais ce traité, sans figure, comporte certaines ambiguïtés quant à la superposition des vues en plan et en profil. La première description claire et illustrée du principe utilisé par Brunelleschi et Alberti se trouve dans le *De prospectiva pingendi* du peintre Piero della Francesca[78]. Rédigé vers 1470, il ne fut imprimé qu'à la fin du XIXe siècle, mais «tout au long du XVIe siècle la *costruzione legittima* sera considérée comme le seul procédé scientifique»[79]. Les figures de Piero della Francesca sont d'une parfaite clarté, comme par exemple, celle qui donne la perspective d'un carré au sol (fig. 35). Cette construction utilise la double projection (c'est-à-dire les deux vues coordonnées) et rien d'autre. La droite qui joint l'œil à un point de l'espace coupe le plan du tableau en un point dont les coordonnées apparaissent en vraie grandeur, puisque le tableau est un plan vertical. Dans l'exemple des dodécagones réguliers (fig. 36), les deux vues ne sont pas tracées sur la même planche et ne sont donc pas formellement en correspondance. Pour cette raison Piero della Francesca est obligé de rabattre la vue en plan sur la vue de profil. Si conceptuellement l'opération est la même, graphiquement la même vue est dessinée deux fois.

La méthode de la double projection pour établir une perspective sera reprise par Dürer (fig. 45) quelques années plus tard, puis par Vignola et Danti, à la fin du XVIe siècle, ou par Andrea Pozzo en un siècle plus tard[80].

Les traités d'architecture au XVe siècle : la théorie

Mais revenons aux traités d'architecture proprement dit. Alberti commence à rédiger son traité *De re ædificatoria* vers 1443, trois ans avant la mort de Brunelleschi et presque

---

[77] [Manetti, 1976]. Trad. fr. dans [Lauriol, 1977, p. 144].
[78] Pour une analyse du traité de Piero della Francesca, voir [Le Goff, 1987].
[79] [Flocon, Taton, 1978, p. 45].
[80] cf. infra, p. 75 à 81.

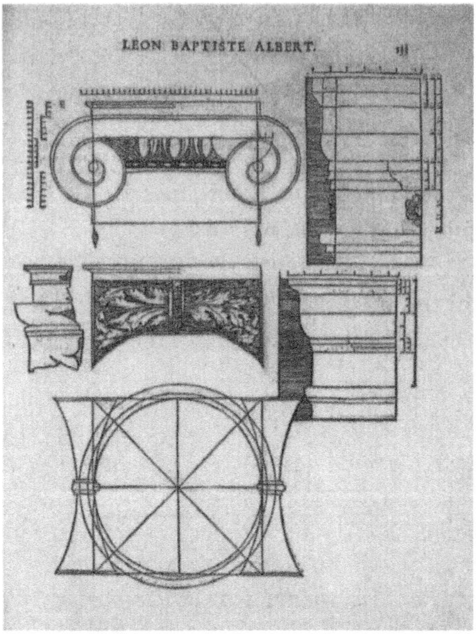

Fig. 37 - Alberti, *De re ædificatore* ; Voilà comme il faut faire le chapiteau ionique.

Fig. 38 - Alberti, *De re ædificatore* ; la tour idéale (dessin de Bartoli)

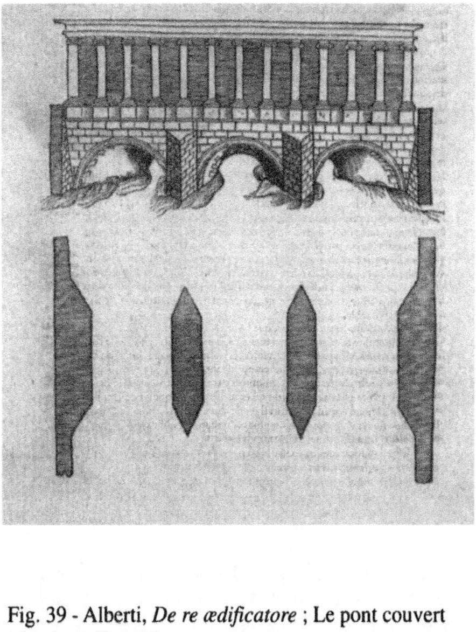

Fig. 39 - Alberti, *De re ædificatore* ; Le pont couvert (dessin de Bartoli)

dix ans après *De Pictura*. Une version complète existe vers 1452, mais il semble y avoir travaillé jusqu'à sa mort en 1472[81]. Imprimé à Florence, après la mort d'Alberti, en 1485, c'est à dire un an avant l'*editio princeps* de Vitruve, l'ouvrage connaîtra un grand succès[82]. Alberti reprend de Vitruve, outre une séparation en dix livres, les trois critères de *firmitas, utilitas* et *vetustas*. Mais le *De re ædificatoria* n'est en rien une reprise servile du *de architectura.* Ce traité d'architecture «instaurateur d'espace se propose de fonder l'édification en tant que discipline spécifique et autonome»[83].

Un des éléments qui donne au traité d'Alberti sa «valeur inaugurale», pour reprendre l'expression de F. Choay, est l'affirmation d'un nouveau statut de l'architecte résultant d'une division des tâches entre concepteur et réalisateur. «La main de l'ouvrier n'est qu'un outil»[84] écrit-il en avant-propos. Une des conséquences de la séparation des tâches est la nécessité de la production de dessins précis. En opposition à Vitruve qui réclame des connaissances encyclopédiques pour la formation de l'architecte, Alberti place au centre de celle-ci le dessin et les mathématiques. «Toute l'architecture est constituée des plans et de l'exécution. Le sens et la fonction des plans sont de montrer la manière juste et claire, de combiner et de relier les lignes et les angles, permettant ainsi de définir l'apparence de la construction», écrit-il. Mais en même temps Alberti marque clairement la spécificité du dessin d'architecture. Il recommande l'utilisation des plans et élévations, tracés sur des feuilles distinctes, et condamne l'utilisation de la perspective, instrument des peintres, qui fausse la réalité.

> «Entre la manière de tracer du peintre et celle de l'architecte, il y a cette différence que le premier s'emploie à faire ressortir les objets du tableau par le moyen des ombres et la diminution des lignes et des angles, tandis que l'architecte évitant l'ombrage, figure les saillies moyennant les tracés du plan, il instruit dans d'autres dessins sur la forme et l'étendue de chaque face et de chaque côté, en recourant aux angles vrais et à des lignes constantes, à la manière de qui voulût que ses affaires ne fussent pas connues par des apparences, mais bien notées par des raisons et des dimensions certaines»[85].

Alberti énonce ainsi explicitement, pour la première fois, la spécificité du dessin d'architecture, sur lequel on doit pouvoir mesurer les *vraies* grandeurs des angles et des longueurs nécessaires à la construction, et non se contenter de faire sentir, de visualiser le bâtiment à réaliser. L'importance du dessin vient de l'importance accordée par Alberti à «l'unité musicale d'une construction, laquelle n'est assurée que si le plan est suivi aussi fidèlement qu'une partition musicale»[86]. Seule une exigence de cet ordre, sûrement étrangère aux architectes du Moyen-Age, peut pousser à la production de documents graphiques d'une grande précision. Parallèlement, suivant en cela les habitudes de ses compa-

[81] Cf. [Murray, 1971, p. 53-56].
[82] Voir [Germann, 1991]
[83] [Choay, 1988, p. 83].
[84] [Alberti, 1485, p. 7].
[85] Alberti, *ibid*, II, 1. Trad. fr. dans [Guillerme, 1976, p. LXXVII].
[86] [Germann, 1991, p. 52].

Fig. 40 - Le Filarete, Tratatto di architettura

triotes, Alberti «recommande toujours la pratique des anciens bâtisseurs, qui ne se contentaient pas seulement de plans et de dessins, mais qui réalisaient toujours des maquettes, pour que le projet puisse être examiné et réexaminé, soumis à délibération, dans son tout comme dans ses détails»[87].

Mais comme le *De Pictura*, le *De re ædificatore* ne comporte pas de figure. Elles furent dessinées par Bartoli dans la traduction italienne du traité en 1550. J. Martin les reprendra pour la traduction française de trois ans postérieure. Aussi est-il difficile de savoir si elles expriment plus les conceptions graphiques du traducteur, au milieu du XVIe siècle, que celles d'Alberti, près d'un siècle plus tôt. Si l'on se réfère aux autres dessins d'architecture des XVe et XVIe siècles, la première hypothèse semble la plus vraisemblable. En tout cas les dessins d'illustration ne sont pas systématiquement conformes à la théorie albertienne. Certains bâtiments sont représentés en plan et en élévation (effectivement sur des planches séparées) ; Bartoli utilise quelquefois la double projection, par exemple pour montrer «comme il faut faire le chapiteau ionique» (fig. 37) ou pour représenter un arc de triomphe. Encore dans ce dessin la correspondance est-elle fort maladroite et assez inexacte, mais claire dans l'intention. Apparaissent également des modes de représentation plus «libres», comme cette «tour idéale» en élévation (fig. 38) ou ce «pont couvert» dont certains éléments sont représentés en proto-perspective (fig. 39).

Si l'on voit des prémices de la représentation en double projection en Europe du nord dès le XIVe siècle, la première théorie de l'usage du géométral en architecture voit donc le jour en Italie. Pourtant «la représentation en géométral n'a eu aucun succès dans ce pays avant comme après Alberti, puisque les dessins de la fin du XVe siècle et du début du XVIe siècle – très nombreux – ne comportent jamais de projection orthogonale»[88]. Le seul contre-exemple est le plan-coupe de la cathédrale de Milan, mais ce chantier avait donné lieu à une vaste consultation et des architectes transalpins étaient présents.

Dans les autres traités d'architecture italiens du XVe siècle l'usage de la double projection est tout à fait inexistant. Comme Alberti, Antonio Averlino (dit le Filarete), son contemporain, donne à l'activité graphique une place essentielle. *Le Trattato d'Architettura*[89], rédigé (en italien) entre 1461 et 1464, se présente comme un dialogue entre un architecte et un homme passionné d'architecture auquel le premier raconte la manière dont il a construit, pour un prince, une ville imaginaire, Sforzinda[90]. Contrairement à Alberti, Filarete donne à l'architecte un rôle qui ne se réduit pas à la production du projet dessiné mais comprend également l'établissement des devis et la surveillance des travaux. Filarete distingue clairement trois étapes du dessin d'architecte : le dessin d'esquisse, stimulant pour la créativité de l'architecte, le *disegno in digrosso,* instrument privilégié du dialogue entre

[87] Alberti, *ibid.*. Les principales maquettes de la Renaissance italienne ayant été conservées sont présentées dans [Millon et Lampugnani, 1994].
[88] [Guillaume, 1985, p. 31].
[89] [Filarete, 1972].
[90] Sur le traité de Filarete, les théories architecturales sous-jacentes, et la comparaison avec Alberti, voir [Choay, 1980, p. 207-217].

Fig. 41 - Francisco di Giorgio Martini *Di Architettura ingegneria e arte militare*, dessins de forteresses.

Fig. 42 - Francisco di Giorgio Martini *Di Architettura ingegneria e arte militare*, dessins de machines.

l'architecte et son client, et le dessin à l'échelle pour les entrepreneurs[91]. Il prévient néanmoins que «ni le dessin ni les mots ne peuvent laisser prévoir»[92] l'impression que le bâtiment, une fois achevé, produira. Une fois le plan du bâtiment accepté par le commanditaire, l'architecte doit fournir «une maquette, que l'on peut aussi appeler dessin à trois dimensions»[93], et qui requiert des explications verbales complémentaires. Plus tourné vers le client que vers le constructeur, Filarete n'utilise dans son traité que plans et protoperspectives (fig. 40).

Comme Philibert de l'Orme au siècle suivant, Francesco di Giorgio Martini (1439-1502), ne peut concevoir un exposé théorique séparé d'une pratique quotidienne. «Ingénieur» autant qu'architecte, Martini est guidé dans ses *Trattati di architettura ingegneria e arte militare*[94], élaborés entre 1481 et 1492, par un net souci de précision qui transparaît dans l'importance accordée au relevé des bâtiments antiques. Considéré comme le fondateur de la tradition de l'architecte-archéologue[95], il relit Vitruve en comparant le traité romain avec les ruines antiques qu'il pouvait voir en Italie. Dans son traité d'art militaire apparaît, pour la première fois, l'idée selon laquelle la force d'une forteresse dépend plus de la qualité de son plan que de l'épaisseur du mur. Pour Francesco di Giorgio, comme pour Filarete, le dessin, indispensable à l'architecture, est loin de pouvoir complètement traduire sa pensée :

> … sans [le dessin] on ne peut pas bien entendre les compositions des parties de l'Achitecture, et nonobstant [on ne saurait les entendre complètement] puisque cet art, outre le savoir et l'habilité acquis dans les livres et dans les dessins, requiert l'invention, sans laquelle il n'est pas possible d'être bon architecte - car il faut que beaucoup de choses, qu'on ne peut ni décrire ni enseigner, fussent en repos dans l'imagination et le jugement du créateur. En plus de cela, ces dessins qui sont proposés en exemple pour chaque partie ne peuvent pas être tenus pour entièrement démonstratifs, car les surfaces du dehors couvrent celles du dedans ; aussi, si l'on ne veut pas multiplier indéfiniment les exemples, il en découle clairement que les parties extérieures fussent imparfaites si l'on parfait les intérieures, à moins que ce ne fût le cas contraire… [96]

Machines et objets architecturaux sont représentés dans les traités de Francesco di Giorgio, comme dans celui de Filarete, par des espèces de perspectives, éventuellement accompagnées d'un plan (fig. 41 et 42). Les dessins, en particulier ceux de machines, comportent de nombreuses incohérences d'ordre géométrique mais le tracé, très fin, permet de bien lire le principe constructif du projet. Les traités de Filarete et de Martini ne furent édités, et encore partiellement, qu'au XIXe siècle et n'eurent donc pas l'influence de celui d'Alberti.

---

[91] Voir [Germann, 1991, p. 67].
[92] [Filarete, 1972, p. 128].
[93] *Ibid.*, p. 169
[94] Ce traité a été rééditer par C. Maltèse en 1967.
[95] Cf. [Maltèse, 1967, Introduction].
[96] Citation et traduction dans [Guillerme, 1976, p. VIII et LXXVI].

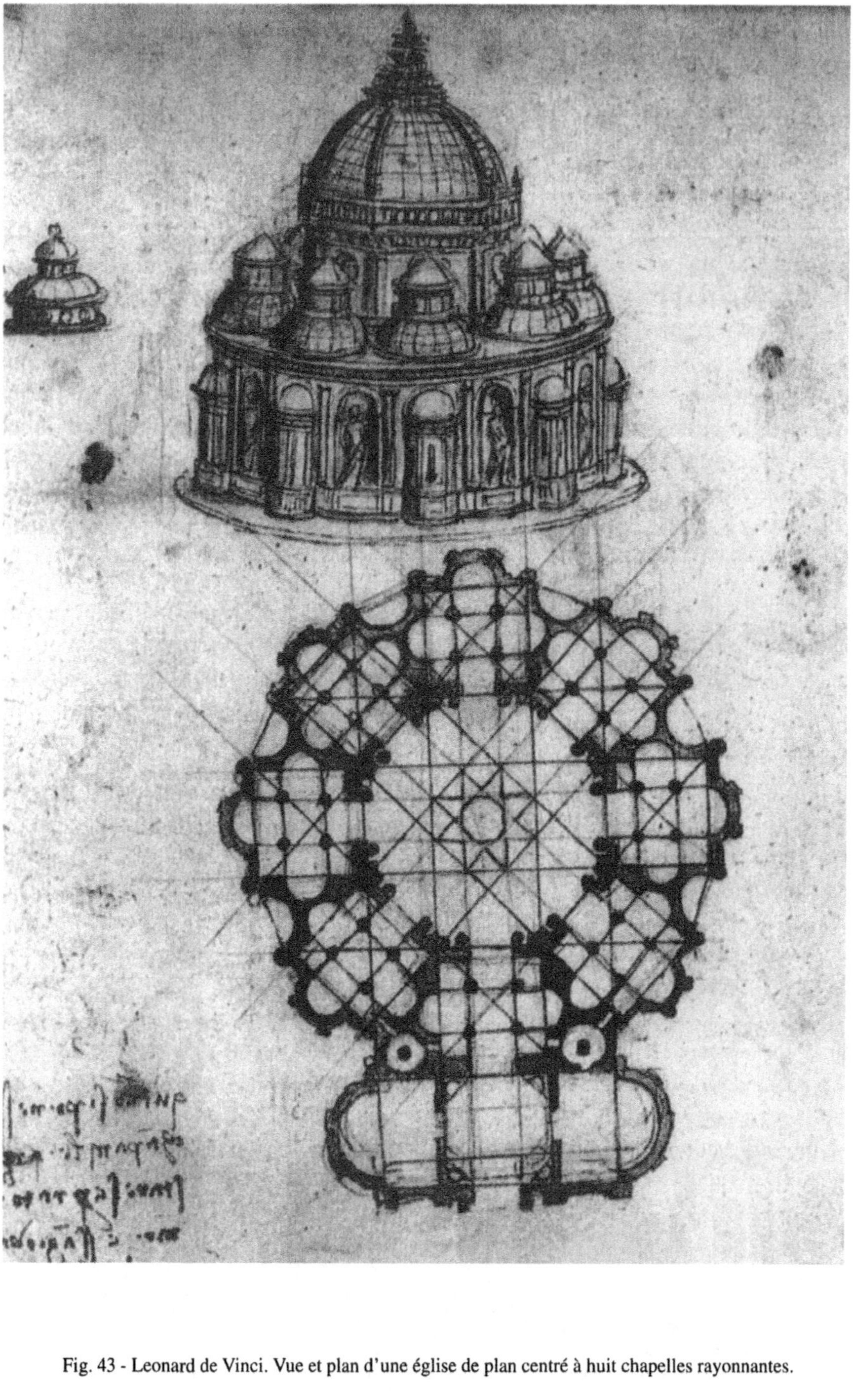

Fig. 43 - Leonard de Vinci. Vue et plan d'une église de plan centré à huit chapelles rayonnantes.

A peu près contemporaines des études de Francesco di Giorgio, celles de Leonard de Vinci (1452-1519) reprennent les mêmes modes de représentation de l'espace[97] mais fournissent les premiers exemples de bâtiments «vus d'oiseau» rigoureusement construits. Les bâtiments de plan centré que Leonard étudie sont systématiquement représentés par des plans et des perspectives à points de fuite très éloignés, qui donnent l'impression d'axonométries[98] (fig. 43). Plus fascinés par la toute nouvelle théorie de la perspective que par celle du géométral, les architectes italiens de cette fin du XVe siècle seront donc de bien infidèles disciples d'Alberti. Mais les perspectives d'architectes ne se confondent pas pour autant avec celles des peintres. En relevant le point de fuite l'architecte donne l'impression de représenter la maquette du bâtiment plus que le bâtiment lui-même ; il donne une vue globale qui permet d'en saisir la complexité.

La lettre de Raphaël

Dans le mouvement de retour à l'Antiquité qui marque la Renaissance, l'autorité pontificale chargea, semble-t-il, d'abord Bramante puis Raphaël d'établir un relevé de la Rome impériale. C'est à propos de ce relevé que fut adressé au Pape Leon X un rapport, connu sous le nom de «lettre de Raphaël»[99], véritable mémoire sur l'architecture comparée des Anciens et des Modernes, dans lequel est traité de façon précise le problème de la représentation architecturale :

> «Le dessin de plans, appartenant plutôt au domaine de l'architecte, est différent du dessin du peintre. Voilà pourquoi j'aimerai exposer ce que je trouve opportun de connaître pour bien comprendre toutes les mesures et déterminer sans erreur tous les éléments de construction. Donc le dessin des édifices approprié à l'architecte se divise en trois parties, desquelles la première est le plan… ; la seconde est l'élévation externe avec ses ornements ; la troisième est la paroi interne, elle aussi avec ses ornements… Une fois que le plan est dessiné et divisé dans toutes ses parties avec leurs dimensions… on doit tirer, toujours en mesurant le tout avec la petite mesure [l'échelle choisie], une ligne de la largeur de la base de tout le bâtiment, et du milieu de celui-ci, on tire une autre ligne droite qui fasse des deux côtés deux angles droits, et que celle-ci soit la ligne de la moitié du bâtiment. Des deux extrémités de la ligne de la largeur, on tire deux lignes parallèles [entre elles] et perpendiculaires à la ligne de base, et que ces deux lignes soient aussi hautes que la hau-

[97] Sur l'influence de Martini sur Leonard de Vinci voir [Marani, 1987].

[98] Sur l'usage de l'axonométrie dans le dessin d'architecture, voir [Bois, 1984, p. 129-134].

[99] L'auteur du document n'est pas connu de façon certaine et le mémoire pourrait être dû à une collaboration de Raffaelo Sanzio – dit Raphaël (1483-1520) et de Baldassare Castiglione (1478-1529) ; pour une présentation et une traduction en français de larges extraits la lettre voir [Germann, 1991, p.89-105].

Fig. 44 - Antonio de Sangallo (le Jeune) Projet pour Saint Pierre de Rome

teur du bâtiment, car ainsi elles figureront la hauteur de l'édifice... Parce que l'architecte ne peut prendre aucune mesure correcte d'une ligne diminuée, cela est nécessaire à tel procédé, qui recherche toutes les mesures réelles véritablement, et inscrit les traces avec les lignes parallèles et non pas avec celles qui le paraissent et ne le sont pas. La troisième partie de ce dessin est celle que nous avons dite et nommée «paroi interne», avec ses ornements. Et celle-ci est nécessaire, non pas moins que les deux autres, et elle est faite également par le plan avec les lignes parallèles, comme la paroi externe»[100].

Raphaël reprend le point de vue albertien quant au mode de représentation graphique d'un bâtiment, qu'il systématise même davantage en introduisant la coupe dont Alberti ne parle pas. Quoi qu'en dise G. Germann, ce passage est bien une preuve supplémentaire que le géométral est loin d'être entré dans les mœurs à l'époque de cette lettre en Italie (et même ailleurs), et surtout que l'usage de ce mode de représentation a besoin d'être justifié lorsqu'il est utilisé hors du strict domaine des professionnels du bâtiment. Simultanément Raphaël ne condamne pas la perspective puisqu'il écrit :

Et pour satisfaire plus complètement encore les vœux de ceux aimant bien voir et comprendre toutes les choses qui seront dessinées, nous avons représenté quelques édifices en perspective, en plus des trois modes de représentation proposés et décrits ci-dessus... Le dessin en perspective, bien qu'il soit le mode de représentation du peintre, est également utile à l'architecte[101].

Ce document constitue donc le premier manifeste de ce que l'on considère toujours comme la représentation en architecture : le géométral en plan, coupe, élévation, assorti d'une (ou plusieurs) perspective pour faire sentir «la grâce formelle qui se manifeste à travers les belles proportions et la symétrie des édifices [et qui] est invisible sur les dessins en projection orthogonale». Mais la défense et illustration du géométral, chez Raphaël, n'est pas comme chez Alberti, le fait d'un théoricien. Elle est la traduction théorique d'une pratique rendue nécessaire par l'organisation du chantier de Saint-Pierre de Rome. Raphaël, qui avait l'habitude de laisser à ses assistants des dessins préparatoires pour ses tableaux, emploie une technique graphique qui permet aux travaux de continuer en son absence, sans que «l'unité musicale» du compositeur soit soumis aux aléas du chantier. Contrairement à Bramante, son prédécesseur à la direction du chantier de Saint-Pierre, qui conçoit le projet et supervise le chantier, Raphaël délègue en effet cette dernière tâche aux architectes qui l'assistent, d'abord Fra Giocondo (1433?-1515) puis Antonio de Sangallo le Jeune[102] (1485-1546).

L'influence de la lettre de Raphaël vient autant de la défense systématique de la projection orthogonale que de l'adéquation entre ce système de représentation et le mode de

[100] Traduction en français dans [Guillerme, 1976, p. X à XIII et LXXVII à LXXX].

[101] Traduction dans [Germann, 1991, p. 100].

[102] Sangallo dirige le chantier de Saint Pierre de Rome de 1534 à sa mort.

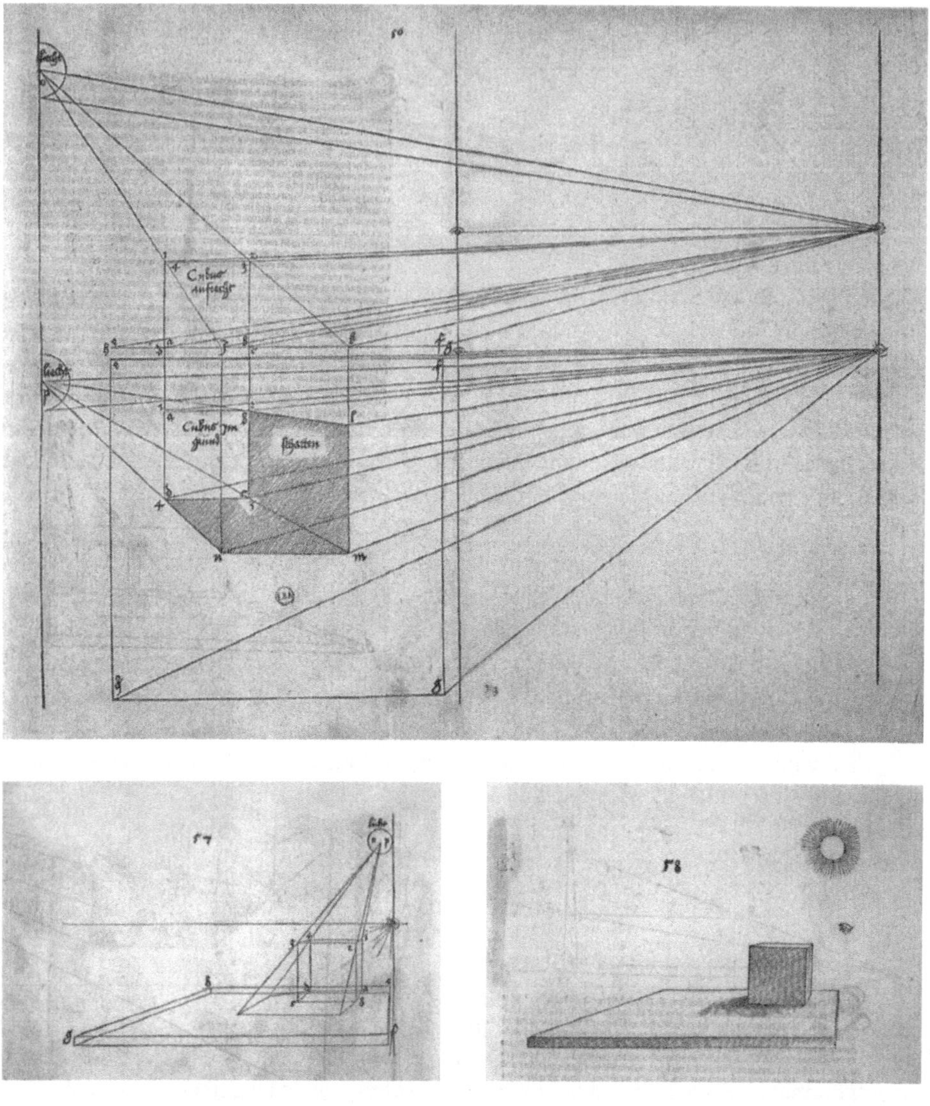

Fig. 45 - Dürer : Perspective d'un cube ombré au flambeau. Méthode de la double projection. in *Underweysung der Messung*

production du plus important chantier de l'époque. Lorsque Sangallo, maître charpentier dans sa jeunesse, succède à Raphaël, il devient le premier architecte en chef de Saint-Pierre venu de la corporation du bâtiment à n'exercer que les fonctions d'architecte. Contrairement à Bramante, Raphaël ou Peruzzi, qui furent d'abord des peintres, il n'avait pas appris la perspective dans sa formation professionnelle et était de ce fait plus réceptif à la formation de Raphaël. Selon W. Lotz, il fut le premier architecte à appliquer de façon correcte la projection orthogonale (fig. 44) pour la représentation de l'intérieur des bâtiments et des surfaces courbes[103]. Mais sans doute gêné par la trop grande rigueur de cette coupe, sur laquelle la concavité des coupoles ne se lit plus directement, Sangallo introduit sur ce dessin une technique graphique jusque là réservée à la perspective, le rendu des ombres. Ainsi très tôt dans l'histoire du dessin d'architecture, est associé au géométral le tracé des ombres qui en est une sorte de complément indispensable, comme Monge l'expliquera plus tard dans ses cours. Contrairement aux affirmations d'Alberti qui les rangeait au côté de la perspective dans le tiroir des peintres et non des architectes, les ombres permettent à Sangallo de rendre «la grâce formelle» du bâtiment sans nuire à ce qui fait l'intérêt de la projection orthogonale. En revanche il n'est pas question chez Sangallo d'une construction géométrique du tracé des ombres comme ce sera le cas au siècle suivant.

Les épures de Dürer

L'*Underweysung der Messung...*[104] de Dürer occupe une position bien particulière dans l'histoire de la géométrie descriptive[105], et bien qu'il ne s'agisse pas d'un traité d'architecture -encore que le livre III soit consacré aux dessins de colonnes- il est nécessaire de le présenter ici rapidement. Dürer, fils d'orfèvre, connaît à la fois la tradition des métiers et les savoirs de géométrie théorique de son temps[106]. A la suite de deux voyages en Italie, en 1494-95 et 1505-6, il prit connaissance de «l'art secret de la perspective» et des idées d'Alberti, de Piero della Francesca et Leonard da Vinci. Peut-être rencontra-t-il, lors de son deuxième séjour en Italie, Luca Pacioli, (1445?-1514) alors à Venise pour l'impression de son manuscrit.

L'*Underweysung der Messung* se veut un manuel de géométrie pratique, susceptible de mettre à la disposition des artistes les connaissances géométriques nécessaires à la

---

[103] Voir [Lotz, 1977], en particulier le chap. 1, «The Rendering of the interior in Architectural Drawings of the Renaissance», p. 1-65.

[104] *Underweysung der messung mit dem zirckel und richtscheyt, in Linien ebenen unnd gantzen corporen.durch Albrecht Dürer zu samen getzogen und zu nutz aller kunstliebhabenden mit zu gehhörigen figuren in truck gebracht im jar. M.C.X.X.V.*, Nuremberg, 1525, (Instructions sur la mesure à la règle et au compas, des lignes, plans et corps solides réunies par Albert Dürer et imprimées avec les figures correspondantes à l'usage de tous les amateurs d'art en l'an M.C.X.X.V.) Traduit en français et présenté par J. Peiffer dans [Dürer, 1995].

[105] Voir [Loria, 1921], [Taton, 1951]. et [Taton, 1954].

[106] Il connaissait par exemple très certainement les *Buchlein* de Roriczer et Schmuttermayer cités précédemment.

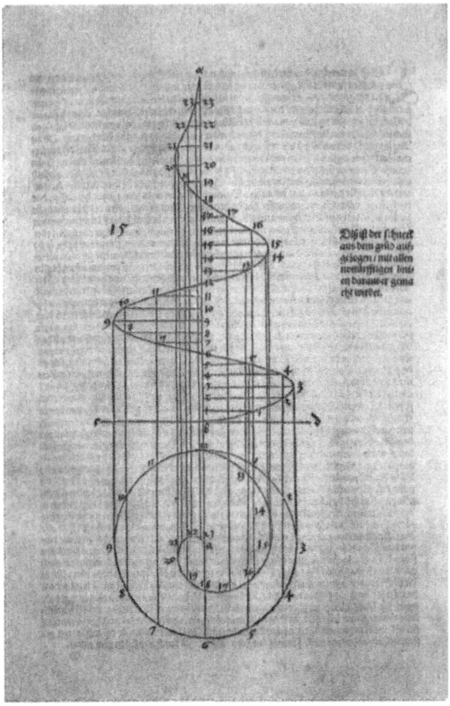

Fig. 46 - Dürer, *Underweysung der Messung*, Tracé d'un «limaçon», courbe gauche dont la projection horizontale est une spirale archimédienne

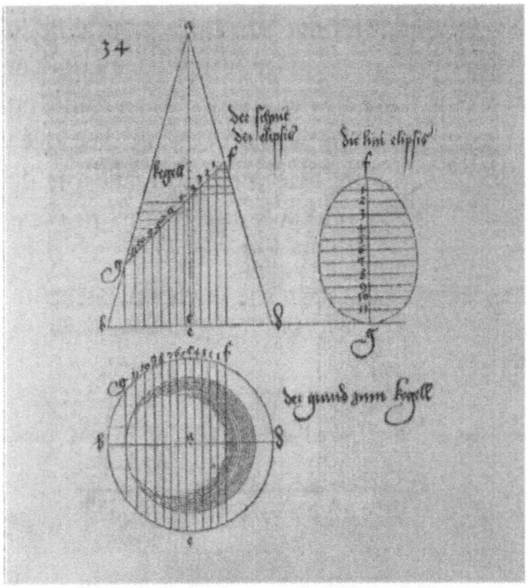

Fig. 47 - Dürer, *Underweysung der Messung*, Section d'un cône de révolution par un plan : tracé de l'ellipse

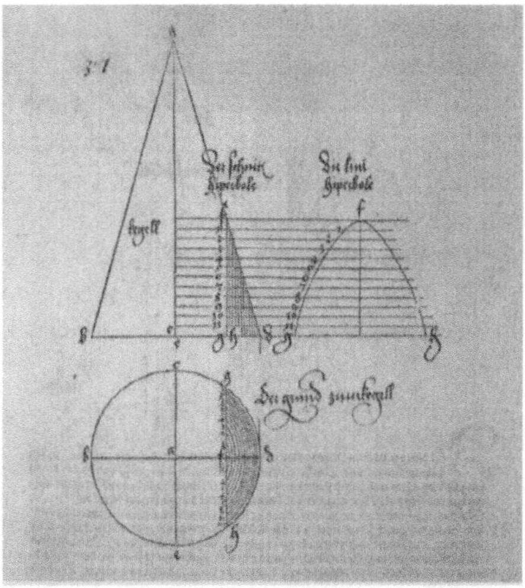

Fig. 48 - Dürer, *Underweysung der Messung*, Section d'un cône de révolution par un plan : tracé de l'hyperbole

pratique de leur art. Rédigeant son texte en allemand pour être compris des praticiens, Dürer, gêné par la pauvreté de la langue pour exprimer la pensée scientifique, mais aussi soucieux de créer un vocabulaire descriptif, invente sa propre terminologie, très imagée. Il parle de «nouvelle lune» pour l'intersection de deux cercles, de «vessie de poisson» pour la réunion de deux cercles, de «ligne d'œuf» pour l'ellipse et de «fourchette» pour la parabole, etc... Néanmoins son texte sera surtout lu en latin par les érudits et les savants[107].

Dürer donne, dans l'*Underweysung der Messung*, un certain nombre de constructions géométriques qui ressemblent, à s'y méprendre, à des épures de géométrie descriptive et qui expliquent qu'il soit souvent présenté comme un précurseur direct de Monge[108]. Les dernières planches de l'ouvrage, où Dürer donne une application de la méthode de la double projection pour la mise en perspective d'un cube ombré au flambeau (fig. 45), n'auraient pas choquées dans le cours de géométrie descriptive de l'Ecole polytechnique. Dürer utilise la méthode de la représentation en géométral pour tracer une hélice circulaire inscrite sur un cylindre de révolution, construire une spirale ou déterminer les trois coniques obtenues comme intersection d'un plan et d'un cône de révolution (fig. 46 à 48). Ces dessins sont remarquables à plus d'un titre. La correspondance entre les deux vues est clairement établie, à la fois par les lignes de rappel et par les noms donnés aux points. Par exemple sur la figure 46 donnant la représentation de la spirale, les points correspondants portent le même numéro sur les deux vues. De plus, pour la première fois, il emploie cette méthode de représentation non seulement pour figurer des objets réels, architecturaux ou autres, mais pour représenter et décrire des courbes géométriques abstraites. Dürer utilise même, dans les épures concernant les coniques, la méthode des plans auxiliaires pour déterminer les vraies grandeurs des sections planes. Si le texte d'accompagnement ne fait aucune allusion à cette méthode, le dessin est très clair, chaque plan auxiliaire horizontal étant repéré par un numéro identique sur la vue frontale, la vue horizontale et la section plane.

Mais quelle que soit l'apparente proximité (ou peut-être à cause de cette proximité) entre les techniques graphiques utilisées par Dürer et méthodes géométriques développées ultérieurement, il faut rester prudent dans l'interprétation des planches de l'*Underweysung der Messung*. Dans le premier exemple présenté, Dürer donne la construction d'une spirale archimédienne - courbe plane dont le rayon est proportionnel à l'angle – puis détermine une courbe gauche dont cette spirale soit la projection, écrivant en légende de la figure : «Voici le limaçon que *j'ai fait sortir de son plan* (c'est moi qui souligne) avec toutes les lignes nécessaires à sa construction»[109] (fig. 46). Il reprend à cette occasion le même terme que Roriczer utilisait – «ausziehen» – pour tracer l'élévation d'un pinacle, montrant que, sous-jacent à la représentation géométrale, coexistent chez Dürer une opération de projection et une «opération d'extraction», non moins fondamentale que la précédente dans la lecture d'un plan. De même, malgré le bien fondé de la méthode employée pour la construction de l'ellipse (fig. 47), le tracé est faux. Il est en effet intuitif que la

[107] Voir [Peiffer, 1995].
[108] Cf. [Amodeo, 1908].
[109] [Dürer, 1995, p. 154]

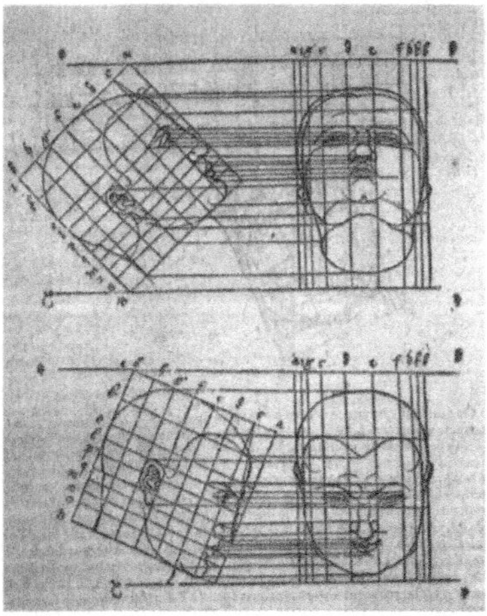

Fig. 49 - Dürer, Représentation de la tête humaine en diverses projections.
in *Heirin sind begriffen vier Bücher von menschlicher Proportion...*, 1528.

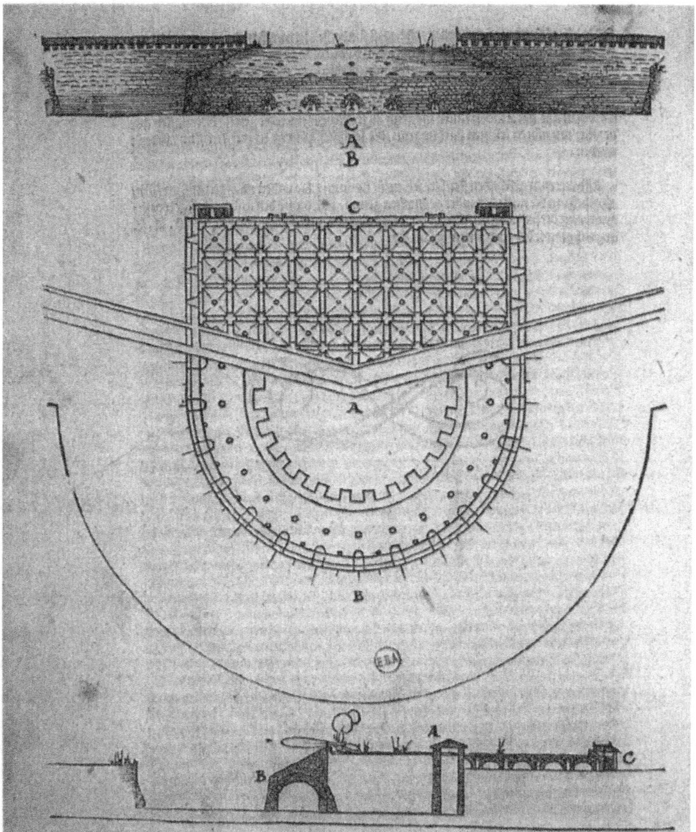

Fig. 50 - Dürer, Projet pour un bastion à l'angle d'un rempart
in *Ettliche underricht, zu befestigung der Stett, Schlosz, und flecken*, 1527

courbe obtenue comme intersection d'un cône de révolution et d'un plan incliné, comme sur l'épure de Dürer, admette comme axe de symétrie la droite verticale *fg* qui découle de l'existence du plan de symétrie commun aux deux surfaces d'intersection. Que cette courbe admette un second axe de symétrie est beaucoup moins évident. Dürer a-t-il été abusé par sa propre terminologie de «ligne d'œuf» pour désigner l'ellipse ou au contraire a-t-il choisi un nom approprié pour décrire une courbe erronée ? En tout cas cette erreur de Dürer, déjà remarquée par Kepler et dans laquelle Panofsky voit «un conflit entre pensée géométrique abstraite et imagination visuelle»[110], tout comme l'expression selon laquelle une vue frontale «est sortie de son plan», montrent le risque qui existe de plaquer sur les dessins de Dürer une lecture moderne.

Malgré ces réserves, il reste «surprenant, pour le lecteur contemporain, de constater que les méthodes graphiques employées par Dürer n'aient pas débouché plus tôt sur une théorie géométrique générale et aient rencontré si peu d'échos. Mais au XVIe et XVIIe siècles, géomètres et praticiens semblent s'ignorer réciproquement»[111]. Ou, comme l'écrit J. Coolidge, «les mathématiciens n'étaient pas intéressés par ce genre de question et les artistes ne se préoccupaient pas des problèmes géométriques»[112]. Nous verrons précisément au chapitre III que la géométrie descriptive prend naissance à un moment où l'état d'esprit des savants vis-à-vis des techniques est fondamentalement différent.

Dürer emploie également la méthode de la double (ou triple) projection dans ses deux autres traités imprimés, l'*Instruction sur la fortification des villes, bourgs et châteaux*, publié en 1527 et *Les Quatre livres d'Albert Dürer... de la proportion des parties et poarctraits des corps humains* édité l'année suivante[113]. Dans ce dernier ouvrage, l'usage de la double projection pour représenter des proportions du corps humain est *a priori* surprenante. Monge prendra d'ailleurs bien soin de préciser que la méthode géométrique qu'il présente ne s'applique qu'aux «objets... susceptibles de définition géométriques rigoureuses»[114]. Dürer ne s'embarrasse pas d'une telle restriction, mais l'usage quelque peu baroque de la double projection qu'il présente n'est pas, pour autant, forcément «vouée par avance à l'échec»[115], comme l'écrit R. Taton. On peut voir dans cette tentative une manière de passer de deux vues simples à dessiner, par exemple une tête de face et de profil, à une troisième qui le serait moins, par exemple une tête vue de dessous ou de trois-quart. Cet exercice de dessin reprendrait peut-être un tracé de Piero della Francesca qui avait pour objet de répondre à une question précise que l'on se posait alors dans les ateliers de peinture. Lorsque l'on dessine un personnage de face les paupières inférieures tournent

---

[110] [Panofsky, 1987, p. 374].

[111] [Taton, 1954, p. 22-23].

[112] [Coolidge, 1940, p. 106].

[113] *Ettliche underricht, zu befestigung der Stett, Schlosz, und flecken*, publié à Nuremberg en 1527 ; une traduction française en a été donnée par A.-F. Ratheau : *Instruction sur la fortification des villes, bourgs et châteaux par A. Dürer*, en 1870. *Hierin sind begriffen vier Bücher von menschlicher Proportion...*,Nuremberg en 1527 ; une traduction française en a été donnée, dès 1557, sous le titre *Les Quatre livres d'Albert Dürer... de la proportion des parties et poarctraits des corps humains*, à partir de la traduction latine, par Loys Meigret.

[114] [Monge, 1795, «Programme», p. 305].

[115] [Taton, 1954, p. 23].

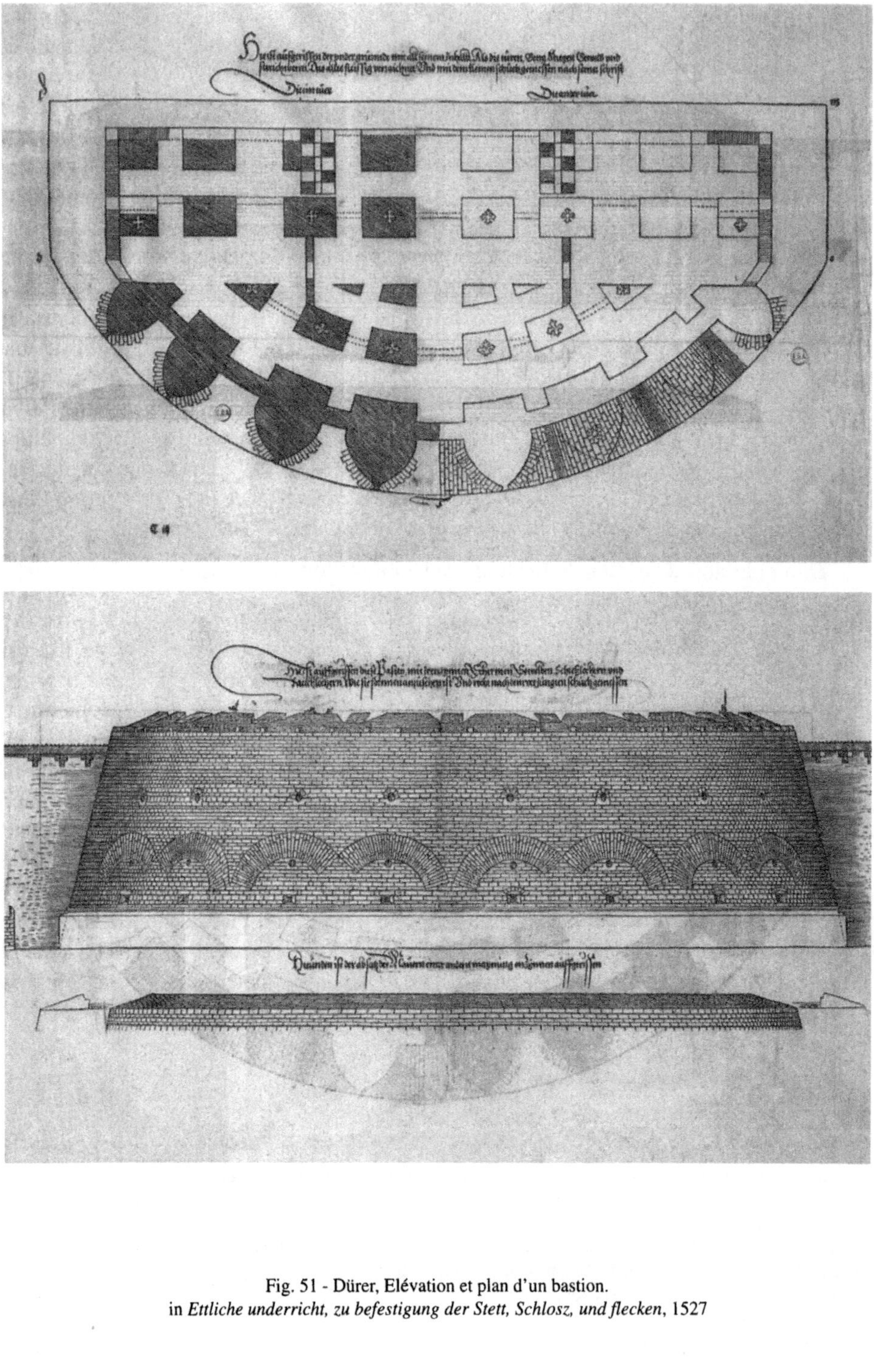

Fig. 51 - Dürer, Elévation et plan d'un bastion.
in *Ettliche underricht, zu befestigung der Stett, Schlosz, und flecken*, 1527

leur concavité vers le haut du visage ; mais si le personnage incline la tête et regarde vers le haut du tableau (fig. 49), dans une posture d'adoration qui n'est pas rare dans la peinture de l'époque, comment alors se présente cette concavité et peut-elle s'inverser ? Or la réponse à une telle question ne peut être donnée d'après une observation directe d'un modèle. Le détail trop petit, la concavité très faible et l'image mentale trop forte empêchent de voir réellement l'inversion de sens de la concavité que la construction géométrique montre aisément[116].

Si l'usage du géométral pour la représentation du corps humain pouvait surprendre, il semble naturel, de la part de Dürer, dans un ouvrage consacré à l'art des fortifications. Pour naturel qu'il soit, il n'en constitue pas moins «une première». Parmi les illustrations, au demeurant peu nombreuses, de l'*Instruction sur la fortification des villes*[117], on trouve en effet la première planche imprimée comportant un bâtiment – dans le cas présent un bastion à l'angle d'un rempart – représenté en plan, coupe et élévation, placés en correspondance et dessinés à la même échelle (fig. 50). Cet ouvrage comporte également la première représentation architecturale (imprimé) avec superposition des vues par «transparence», comme à l'aide d'une feuille de calque. Un bastion est dessiné en plan au recto d'une planche et en élévation au verso, les deux vues étant en exacte correspondance (fig. 51). Dans ces deux exemples, les correspondances des vues ne sont, bien entendu, pas fortuites, la forme semi-circulaire du plan interdisant un tracé de l'élévation conforme aux lois de la projection orthogonale sans une stricte application des règles graphiques liées à la représentation géométrale. Dürer inaugure donc, dans les traités d'architecture, l'utilisation d'un mode de représentation de l'espace qui deviendra systématique à la fin du XVIe siècle.

Les traités d'architecture au XVIe siècle : la transition

Au XVIe siècle les traités d'architecture se multiplient et, grâce sans doute aux perfectionnements des techniques d'imprimerie, et en particulier au développement de la gravure sur cuivre[118], les dessins d'illustration prennent de plus en plus d'importance. Si le traité d'Alberti apparaît comme un texte sans image, le manuel de Serlio est constitué de planches commentées et l'ouvrage de Vignola formé d'images sans texte.

Le traité de Serlio[119], publié en 1537 et 1540 et qui va devenir le «bréviaire des praticiens français»[120], comporte les premiers dessins en géométral de relevés d'architecture,

[116] Sur ce sujet voir M-F. Clairgeau, traduction et introduction au *De Prospectiva pingendi* de *Piero della Francesca*, à paraître.
[117] Considéré comme le premier traité imprimé sur le sujet, ce livre n'est sans doute pas très novateur du strict point de vue de l'architecture militaire ; Voir, [Evans, 1989] et [Blau et Kaufman, 1989, p. 161].
[118] Voir [Zerner, 1988 p. 281-294].
[119] [Serlio, 1537].
[120] [Gloton, 1988, p. 407].

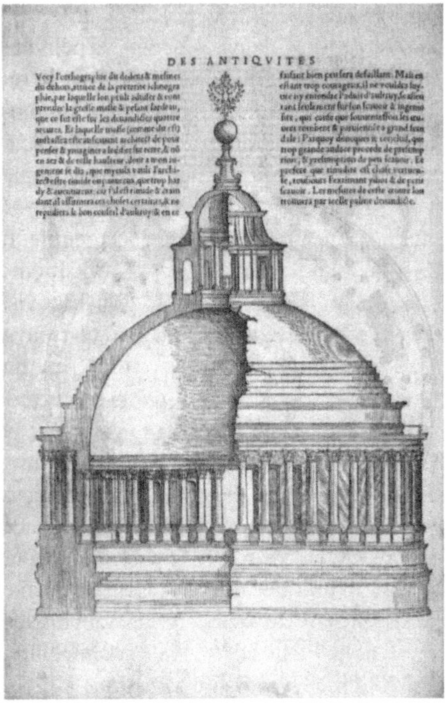

Fig. 52 - Serlio : projet de Bramante pour la coupole de Saint-Pierre de Rome, *I sette libri dell'architettura*

Fig. 53 - Serlio, *I sette libri dell'architettura*

superposant par moitié élévation et coupe de bâtiments symétriques (fig 52). Mais, bien qu'il sache le manipuler sans problème, Serlio n'adopte pas pour autant de façon systématique un mode de représentation conforme aux prescriptions de Raphaël. Il conserve également des représentations plus archaïques «où l'élévation en géométral se trouve associé à des effets limités de perspective, destinés à rendre sensible l'épaisseur des murs ou la profondeur d'une niche»[121] (fig 53). Dans son recueil *Delle habitationi di tutti li gradi degli homini*[122], qui devait constituer le livre VI de son traité, Serlio présente différents types de maison, pour toutes catégories sociales comme le fera plus tard Le Muet, en utilisant une représentation en géométral dont la rigueur annonce le traité de Palladio.

Dans *Les trois livres d'architecture*[123], publiés entre 1559 et 1582, Jacques Androuet du Cerceau «utilise en fonction de ses besoins, tous les systèmes de représentation pratiqués au XVIe siècle»[124]. Les bâtiments sont représentés tantôt en géométral, tantôt en perspective accompagnée ou non d'un plan (fig. 54 et 55). En général, dans ce dernier cas, Du Cerceau adopte la vue à vol d'oiseau, «le plus poétique, le plus éloquent, et le plus arbitraire des procédés»[125], mais qui lui permet de faire comprendre les bâtiments les plus complexes. Certains sont représentés selon une axonométrie particulière où le plan de projection est parallèle à la façade principale et la direction de projection parallèle à la façade latérale (fig. 56). Mais on trouve également des dessins non cohérents (d'un point de vue géométrique), où certaines parties d'un bâtiment sont représentées en axonométrie et d'autres en élévation. Ces livres mélangent ainsi des modes de représentation «archaïques» et «modernes».

Le traité de Jacopo Barozzi (1507-1573) (dit Vignola), publié en 1562, prend l'exact contre-pied de celui d'Alberti, du moins dans sa forme[126]. Alors que ce dernier s'adresse en latin (et sans figure) à un public restreint d'humanistes, avec un vaste dessein théorique concernant l'art de bâtir, Vignole se veut précis, pratique, didactique, avec un objectif circonscrit à la recherche de proportion entre les différentes parties architectoniques. Son traité comporte trente-deux planches et seulement deux pages de texte. Une utilisation stricte et systématique du géométral permet d'exprimer avec une grande clarté les différentes proportions observées dans la composition des détails d'architecture (fig. 57). La double projection est fréquemment utilisée, y compris dans les planches, plus tardives, représentant des bâtiments dans leur ensemble.

Contemporain des ouvrages que nous venons de citer, *Le premier tome de l'architecture*[127] de Philibert de l'Orme (1514-1570), publié en 1567, présente une particularité tout à fait remarquable, puisqu'il contient une partie consacrée à la taille des pierres (livres III et IV) sur laquelle je reviendrai ultérieurement. Les épures de stéréotomie qui sont don-

---

[121] [Guillaume, 1985 p. 33].

[122] Le manuscrit de Munich a été publié en 1968, celui de New-York en 1978 sous le titre *On Domestic Architecture*.

[123] [Androuet du Cerceau, 1559]. L'ouvrage a été réédité, avec présentation et commentaires de D. Thomson, en 1988.

[124] [Guillaume, 1985, p. 34].

[125] [Chastel, 1985, p.7].

[126] *La regola dei cinque ordini d'architettura*, 1562, 1ère trad. fr. 1631, réédition aux Presses Historiques et Littéraires, Angers, 1987.

[127] Les *Traités d'architecture*, de Philibert de l'Orme ont été réédités par J. M. Perouse de Montclos en 1988.

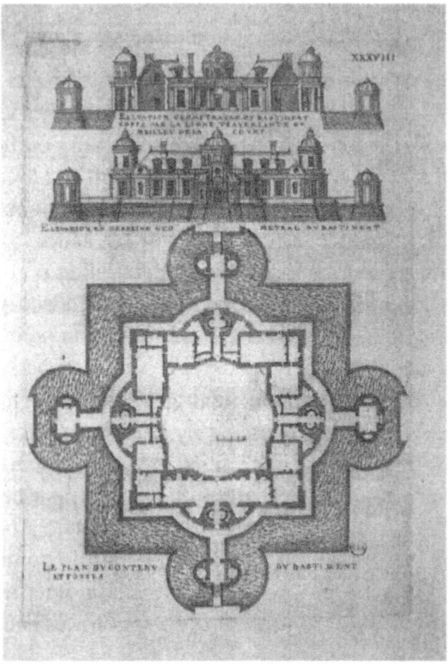

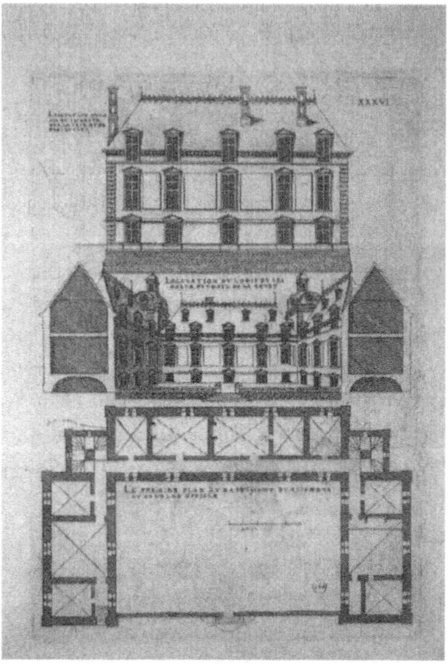

Fig. 54 - Androuet du Cerceau :
réprésentation géométrale, *Livre d'architecture contenant les plans et dessaings de cinquante bâtiments.*

Fig. 55 - Androuet du Cerceau :
géométral et coupe-perspective
Livre d'architecture contenant les plans et dessaings de cinquante bâtiments.

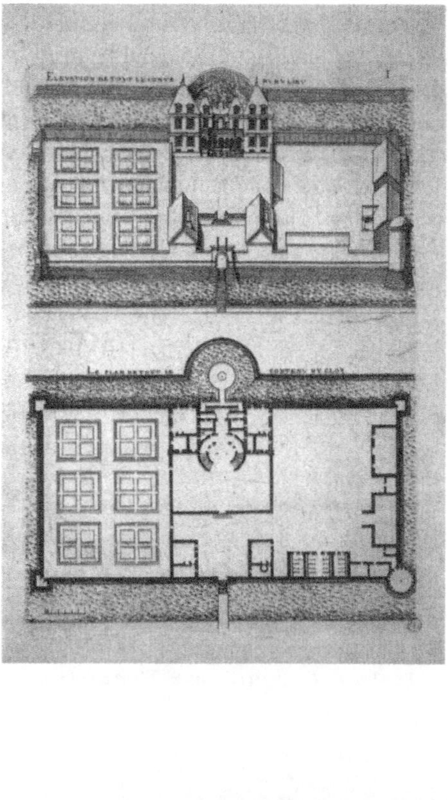

Fig. 56 - Androuet du Cerceau : axonométrie oblique qui conserve à la fois le plan et l'élévation principale
Livre d'architecture auquel sont contenues diverses ordonnances de plans et élévations...

nées prouvent, à n'en pas douter, une parfaite maîtrise du principe de la double projection et même, au-delà, des constructions géométriques que ce principe permet. Or force est de constater que Philibert de l'Orme n'emploie pratiquement pas, dans la partie purement architecturale de son traité, la double projection comme mode de représentation de l'espace. Mis à part quelques dessins de chapiteau (fig. 58) les bâtiments ou les détails d'architecture sont représentés par des espèces de perspectives (fig. 59 et 60). Que l'on retrouve chez Philibert de l'Orme, comme chez Alberti-Bartoli, la double projection pour la représentation des chapiteaux n'est sûrement pas une coïncidence fortuite. Ces portions de colonnes comportent des surfaces plus complexes que celles qui apparaissent en général dans les bâtiments. Ces deux architectes appliquent spontanément la règle implicite selon laquelle il est préférable de représenter un objet dont la définition géométrique est complexe en double (ou triple) projection. Par contre, dans tous les autres cas, une représentation plus sensible, qui permet une lecture immédiate des volumes, est suffisante.

Comme chez Alberti-Bartoli ou Androuet du Cerceau, plusieurs dessins sont incohérents, d'un point de vue strictement géométrique. Par exemple la façade du château de Saint-Maur-des-Fossés (fig. 60) comporte certains éléments (escalier, niches, embrasures des fenêtres) dessinés en pseudo-perspective, et d'autres en projection orthogonale (fronton, corniche, pilastres et socles). On ne peut voir, dans ce type de dessin, qu'une survivance des habitudes antérieures pour représenter des bâtiments et une préférence de l'auteur pour un mode de représentation qui devait sembler à ses contemporains (et peut-être à lui-même) plus expressif. Philibert de l'Orme a montré sa dextérité dans l'utilisation de la double projection tout au long de la partie de son ouvrage consacrée à la coupe des pierres. Le transfert, dans un autre domaine, d'un mode de représentation de l'espace utilisé dans une technique particulière ne lui semble pas indispensable. Peut-être juge-t-il la finalité de ses dessins d'architecture trop éloignée de celle des épures techniques de stéréotomie et préfère-t-il, comme Du Cerceau, garder une liberté de son mode d'expression, quitte à ne pas rester cohérent d'un point de vue géométrique. Mais on peut également penser que l'idée d'appliquer les méthodes d'une technique particulière à une autre, éxige au préalable une théorisation minimale et ne découle pas de la simple connaissance de ces méthodes. Nous verrons au chapitre III que l'apport des ingénieurs de l'Ecole du génie de Mézières à la constitution de la géométrie descriptive consistera, précisément, à appliquer les méthodes de la coupe des pierres à de multiples autres problèmes particuliers.

«Avant que de commencer à bâtir, il faut considérer et examiner soigneusement le plan et l'élévation de l'édifice qu'on se propose de faire», écrit Palladio (1508-1580) en introduction au premier chapitre du livre de son traité[128]. Cet aphorisme n'allait pas de soi au Moyen-Age, et son affirmation explicite fait bien du maître de Vicence l'héritier d'Alberti et Raphaël, en ce qui concerne la représentation architecturale. De fait, aucune planche de son traité ne déroge à la règle énoncée par ses illustres prédécesseurs. Le géométral règne en maître (fig. 61) et les représentations moins rigoureuses, que l'on trouve encore chez de l'Orme et du Cerceau ont disparu. En ce sens, le traité de Palladio marque une sorte d'abou-

[128] *I quattro libri dell'architettura*, Venise, 1570.

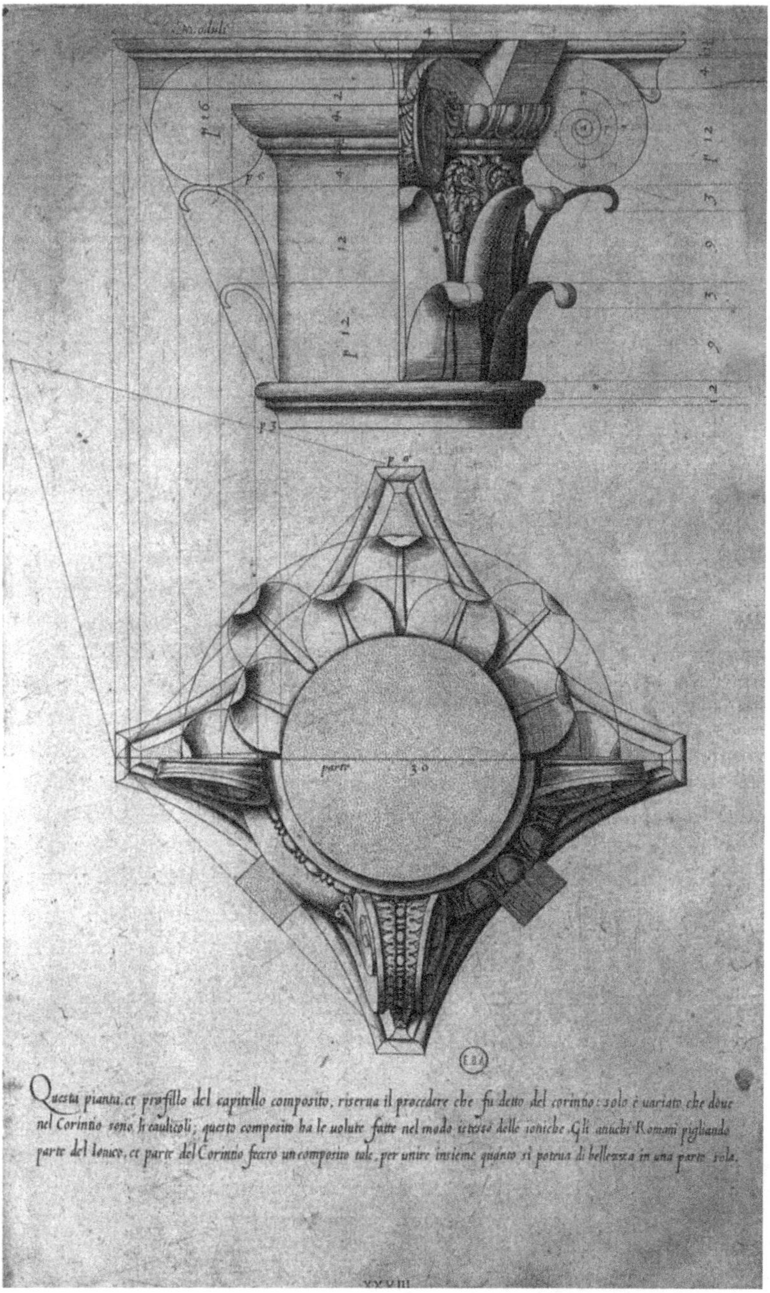

Fig. 57 - Vignola : chapiteau composite, *Traité des cinq ordres d'architecture.*

Fig. 58 - Philibert de l'Orme : *Le premier tome de l'architecture*, Chapiteau du Panthéon.

Fig. 59 - Philibert de l'Orme : *Le premier tome de l'architecture*, Maison.

Fig. 60 - Philibert de l'Orme : *Le premier tome de l'architecture*, Façade du château de Saint-Maur-des-Fossés.

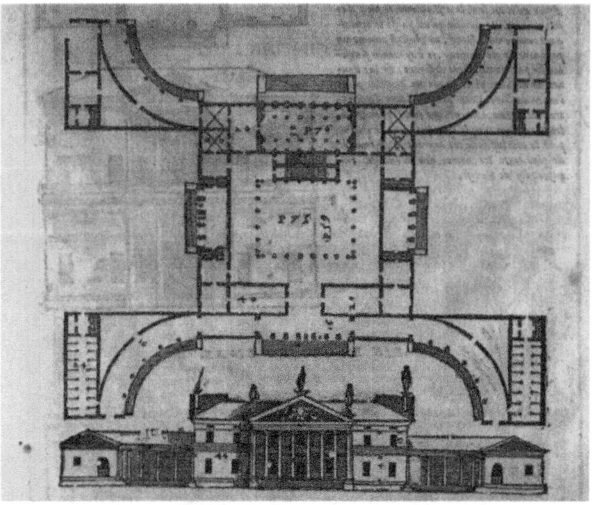

Fig. 61 - Palladio, *I quattro libri dell'architettura,* Villa en géométral

Fig. 62 - Le Bernin, premier projet pour le Louvre, élévation principale, 1664.

tissement. Non pas que toute trace de représentation «fantaisiste» disparaisse ultérieurement. Les dessins du Bernin pour ses différents projets du palais du Louvre en sont un exemple (fig. 62). Dans le premier projet, le jeu complexe des courbes et contre-courbes de la façade principale est rendu d'une façon quelque peu baroque par rapport aux règles classiques des projections cylindriques ou coniques, alors que dans les deux autres projets où les plans ne comportent que droites et angles droits, les élévations sont représentées selon une projection orthogonale[129]. Admettre qu'une courbe plane puisse se projeter, et par conséquent se représenter, selon une droite constitue une véritable révolution mentale pour l'auteur du dessin, mais également pour le lecteur ; l'histoire des évolutions constatées dans la représentation des projets d'architecture est celle des outils géométriques utilisés, mais c'est aussi celle du regard porté sur ces dessins.

Le tracé des ombres

De la fin du XVIe siècle au XVIIIe, la construction connaît, en Europe, un essor considérable. La ville médiévale disparaît, le bois laisse la place à la pierre et à la brique dans l'architecture courante. L'initiative de la construction passe de la noblesse à la bourgeoisie d'affaire et aux financiers. Dans cette mutation, le statut de l'architecte se précise, ainsi que son rôle avec le client et avec le maître-maçon, poursuivant une lente évolution engagée en fait dès le XIIIe siècle[130]. Le dessin d'architecture se ressent de ces transformations et l'utilisation systématique du géométral que l'on note dans les traités postérieurs à celui de Palladio en est sûrement l'une des conséquences. Par exemple le traité de P. Le Muet, publié en 1663, est très révélateur des conditions de la production architecturale au XVIIe siècle. Le successeur de Lemercier comme architecte du Val-de-Grâce présente dans une première partie un catalogue de maisons, de la plus exiguë à la plus spacieuse, selon une stricte représentation en géométral (fig. 63)[131].

Contrairement à ce que laissent entendre Alberti ou Raphaël, la représentation d'un bâtiment selon la trilogie plan-coupe-élévation ne suffit pas, du moins pas nécessairement, pour donner les vraies mesures des angles ou des distances à prendre pour construire le bâtiment. Par contre, la représentation en géométral *permet* de retrouver toutes ces vraies grandeurs, par l'exploitation des opérations géométriques associées à la double projection[132]. Avec le Cours d'architecture de François Blondel, ces opérations géométriques font leur apparition dans les traités d'architecture. La représentation des divers chapiteaux de colonne en donne un exemple (fig. 64). Ingénieur militaire au début de sa carrière,

[129] Sur les projets du Bernin , voir [Borsi, 1984].
[130] Sur ce sujet, voir [Francastel, 1969, p. 10-11].
[131] Voir [Savignat, 1983, en particulier p. 91-100].
[132] Dans la terminologie de la géométrie descriptive, ces opérations sont appelées «changement de plan frontal» ou «rabattement» ; voir Annexe I.

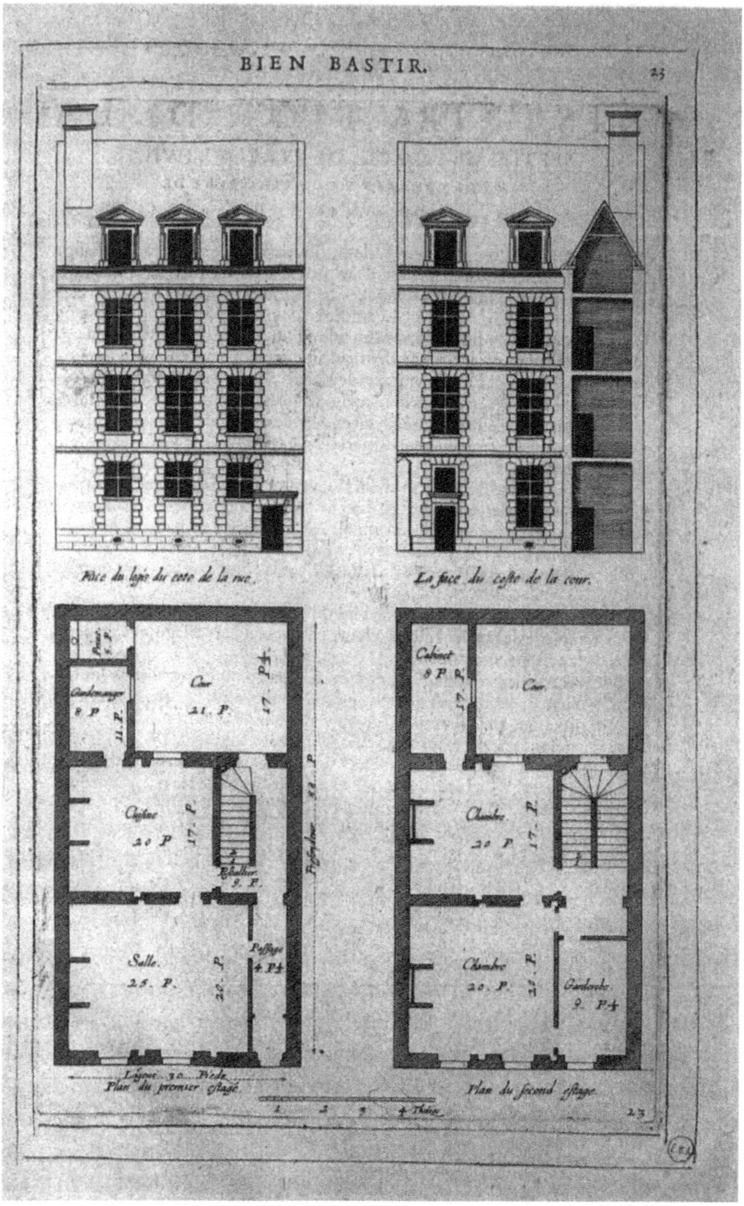

Fig. 63 - Pierre le Muet, *Manières de bien bâtir*

François Blondel se voit confier, en 1671, la direction de l'Académie d'architecture que Colbert vient de créer. Son *Cours d'architecture*, professé à l'Académie de 1675 à 1683, contient un énoncé des règles de l'art classique et une violente condamnation du baroque. Il n'est pas surprenant que la rigueur et la précision voulue dans l'architecture classique se traduisent dans l'usage des modes de représentation de l'espace pour obtenir une définition complète des objets.

Le Traité des pratiques géométrales et perspectives

Mais la rigueur géométrique des dessins d'architecture aux XVIIe et XVIIIe siècles va principalement se traduire par un tracé construit des ombres propres et portées des bâtiments représentés. Complément indispensable de la représentation géométrale, le rendu des ombres, qui reste encore avec Sangallo une technique de peintre dans un dessin d'architecte, va progressivement se voir appliquer un mode de détermination cohérent avec le reste du dessin. Si les traités d'architecture du XVIIe et surtout du XVIIIe siècle ont bien recours au tracé des ombres, avec un éternel soleil à 45°, ils ne comportent pas de chapitre réservé aux méthodes de construction de ce tracé. Au XVIIe siècle, l'ouvrage le plus complet sur ce sujet reste le *Traité des pratiques géométrales et perspectives*[133] d'Abraham Bosse, de 1665. Graveur en taille douce, dessinateur et peintre, Bosse occupe une place assez singulière à son époque. Il fut un des rares praticiens à prendre la défense de Girard Desargues et des méthodes que celui-ci préconisait tant pour la taille des pierres que pour la mise en perspective[134]. Nommé professeur de perspective à l'Académie royale de peinture et de sculpture lors de sa fondation en 1648, il en fut exclu en 1661, à la suite d'une polémique avec Le Brun portant précisément sur les méthodes pour construire et enseigner la perspective[135].

Le *Traité des pratiques géométrales...* professé par Bosse à l'Académie, expose deux manières de représenter des solides en géométral (fig. 65). A celle qui correspond à l'usage du terme «géométral» que nous avons aujourd'hui, Bosse joint une représentation de type axonométrique, plus particulière encore que la perspective cavalière. Si cette dernière est à la perspective ce que la musique militaire est à la musique, l'axonométrie proposée par Bosse pourrait s'appeler «perspective bulldozer», tant la perspective cavalière semble dé-

[133] Cet ouvrage a été réédité en 1973, chez Minkoff Reprint.

[134] Abraham Bosse (1602, 1676) rédigea en particulier *La pratique du trait à preuves de M. Desargues, pour la coupe des pierres en l'architecture*, publiée en 1643, ouvrage sur lequel je reviendrai au chapitre suivant, et la *Manière universelle de M. Desargues pour pratiquer la perspective par petit-pied, comme le géométral,* publiée en 1648, qui contenait plusieurs textes de Desargues lui-même, dont son théorème sur les triangles perspectifs.

[135] «Il ne faut pas dessiner le relief ou naturel comme l'œil le voit», ou en d'autres termes, il faut représenter les choses telles qu'elles sont et non telles qu'elles sont perçues, en s'appuyant sur une perspective géométriquement construite ; c'est cette opinion qui valut à Bosse d'être victime de l'unique expulsion de l'histoire de l'Académie ; voir [Heinich, 1983, p. 47-70] et [Heinich, 1993, p. 147-152].

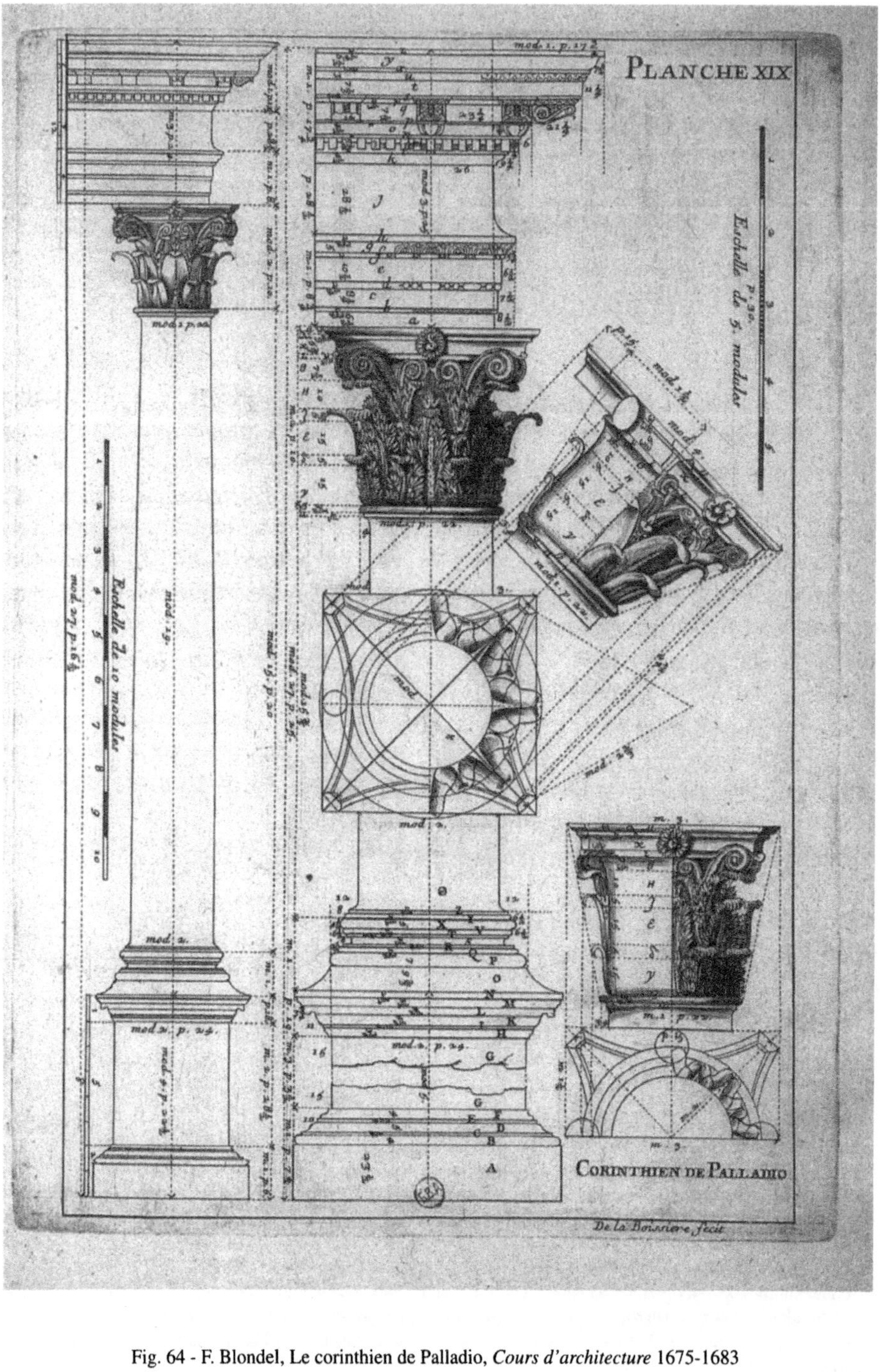

Fig. 64 - F. Blondel, Le corinthien de Palladio, *Cours d'architecture* 1675-1683

licate en comparaison. Elle a en effet la propriété de conserver sans déformation et le plan et l'élévation. L'axonométrie ainsi obtenue, que Du Cerceau emploie également, donne une image très particulière des objets mais l'expression de «représentation géométrale» est, pour cette raison, justifiée. Bosse, d'ailleurs, «la tient de très grand usage. Premièrement pour ceux qui travaillent en relief, et pour des peintres et tels desseignateurs, puis que par elles l'on peut facilement trouver la forme et situation des divers solides ; soit à plomb, élevez ou inclinez au plan d'assiette ; et aussi les uns sur les autres, regulièrement ou non, et comme j'ay dit, la place de leurs jours, ombres et ombrages»[136]. Et, de fait, Bosse développe, ensuite, sur un grand nombre d'exemples, les méthodes de construction du tracé des ombres, mais toujours à partir d'une représentation axonométrique (fig. 66 et 67). Quoique les constructions géométriques soient tout à fait similaires, en axonométrie et en géométral (au sens moderne du terme), elles restent plus faciles à visualiser, et par là à tracer et à enseigner, sur une représentation axonométrique.

Le traité de Chastillon

«La partie de la fixation proportionnelle des ombres n'ayant point été traitée jusqu'à présent relativement au dessin géométral dont les Ingénieurs font usage, nous avons cherché des pratiques puisées dans la géométrie, commodes et expéditives pour le déterminer en n'employant néanmoins sur les dessins que le moins de lignes possible», écrit encore Chastillon en 1763, en introduction à un petit traité manuscrit concernant le tracé des ombres[137]. Rédigé à l'intention des élèves ingénieurs de l'Ecole du génie de Mézières, un an avant l'arrivée de Monge dans cette même école[138], ce fascicule permet de repérer, de façon précise, la manière dont le sujet était abordé juste avant la naissance de la géométrie descriptive.

Dans son avant-propos, Chastillon fait remarquer que «la facilité de l'expression avec le crayon et l'intelligence du dessin donnent celle de la bonne construction des ouvrages». Il définit ensuite clairement son programme et l'on ne sera pas surpris de trouver développées les méthodes de la géométrie descriptive, mais sans qu'elles soient énoncées en dehors du contexte précis dans lequel se situe ce traité. Dans un premier chapitre intitulé «Notions générales sur le dessin», Chastillon expose le principe du dessin géométral. «Il est aisé de concevoir», précise-t-il, «qu'en combinant ensemble les plans, profils et élévations, on connaîtra toutes les dimensions de parties de l'objet ... en sorte que la difficulté

---

[136] [Bosse, 1665, p. 70].

[137] N.F.A. de Chastillon, *Traité des ombres dans le dessin géométral* ; ce mémoire a été publié par Théodore Olivier, sans nom d'auteur avec une date supposée de rédaction entre 1775 et 1780, dans [Olivier, 1847, p. 5-26]. B. Belhoste a pu à la fois dater de façon précise ce mémoire (avant 1764) et l'attribuer à de Chastillon ; voir [Belhoste, 1990, p. 106-107].

[138] Je reviendrais au chapitre III sur l'Ecole du Génie de Mézières et l'enseignement qui y était donné ; je me contente de présenter ici le traité des ombres de Chastillon.

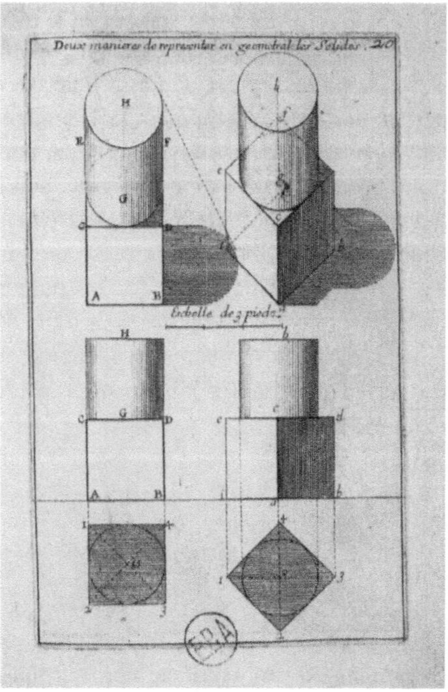

Fig. 65 - A. Bosse, Deux manières de représenter en géométral les solides, *Traité des Pratiques Géométrales.*

Fig. 66 - A. Bosse : Ombres propres et portées de polyèdres, *Traité des Pratiques Géométrales.*

Fig. 67 - A. Bosse : «La rencontre des ombres des corps les uns sur les autres», *Traité des Pratiques Géométrales.*

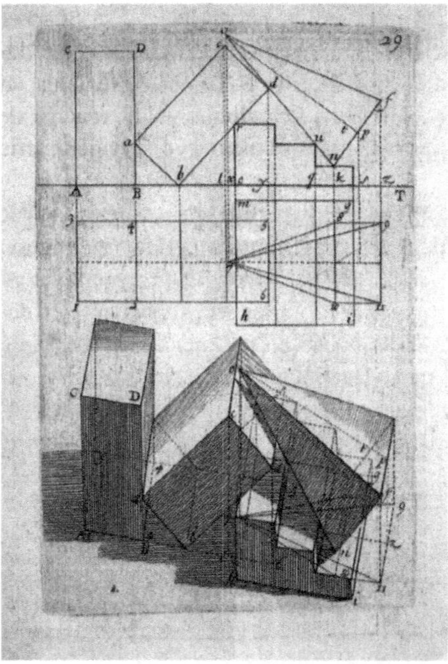

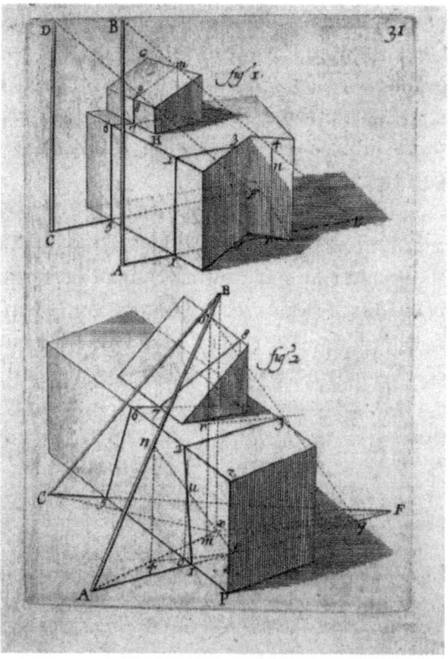

se réduit tout au plus … à trouver l'hypoténuse d'un triangle rectangle dont on a les deux côtés». Hachette écrira, cinquante ans plus tard, que la géométrie descriptive se réduit à trouver la distance de deux points (avec la construction de l'intersection d'un point et d'une droite).

Quoique le géométral définisse complètement l'objet, pour «donner de la grâce au dessin et faire appercevoir du premier coup d'œil les différents reliefs … il est nécessaire d'y marquer les ombres» note Chastillon au paragraphe suivant. Il ne manque pas de faire remarquer l'incohérence de l'habitude des architectes, qui ombrent systématiquement, quelle que soit l'orientation du bâtiment, plans et façades avec un soleil «à 45°» (c'est-à-dire que la direction des rayons du soleil se projette sur les plans de référence selon une droite faisant 45° avec la ligne de terre). Or sous nos latitudes, une façade orientée au nord ne peut pas recevoir le soleil selon cette direction[139]. Cette habitude des architectes viendrait, selon Chastillon, de l'usage qu'ils ont d'accrocher au mur plans, coupes et façades pour les exposer. Chaque dessin serait alors considéré en quelque sorte comme indépendant.

> «Il n'en est pas de même des dessins des Ingénieurs. Tout ce qui concerne les plans de guerre et qui pourrait donner aux ennemis des éclaircissements doit être caché au public. Destinés à paraître sous les yeux du Roi et des ministres, il convient de les disposer de manière qu'ils puissent commodément examiner, et l'arrangement le plus propre à remplir cet objet est de placer autour des plans les profils et élévations parallèlement aux lignes sur lesquelles on les suppose relevés. Ces dessins ainsi disposés et arrangés sur une table, les plans se trouvent avoir leur situation horizontale naturelle et les parties de la feuille qui représentent les profils et élévations sont relevées de la main par celui qui les présente pour faire sentir plus aisément leur situation verticale ; c'est cette disposition et ces arrangements des profils et élévations autour des plans qui facilitent l'examen de la relation des mêmes parties sur les plans et profils, les font entendre avec moins d'attention d'esprit, et, le premier profil ou élévation examiné, on tournera le dessin pour en présenter un autre qui, relevé de la main comme le premier, se trouve également accompagné du plan, et ainsi de tous les autres. Cet usage fait, ces dessins sont repliés dans les porte-feuilles des bureaux pour y avoir recours au besoin»[140].

La tradition du secret militaire, et la nécessité de présenter des plans à des personnes éventuellement peu habituées à les lire auraient donc conduit les ingénieurs militaires à concrétiser la double projection et à montrer les objets en géométral mais en replaçant les deux plans de référence dans leur position spatiale. Cette présentation facilite incontestablement la lecture des cartes, puisqu'une des difficultés de compréhension de la représen-

[139] Il faut noter que cette «incohérence» a la vie dure et que la récente mode de l'architecture solaire, il est vraie éphémère, n'a pas réussi à modifier des habitudes si solidement (et anciennement) ancrées. Sous nos latitudes la direction des rayons du soleil retenue est impossible pour toutes les façades ayant une orientation comprise entre le Nord-Est et le Sud-Ouest (en passant par le Nord).

[140] Chastillon, *Traité des ombres dans le dessin géométral* in [Olivier, 1847, p. 12].

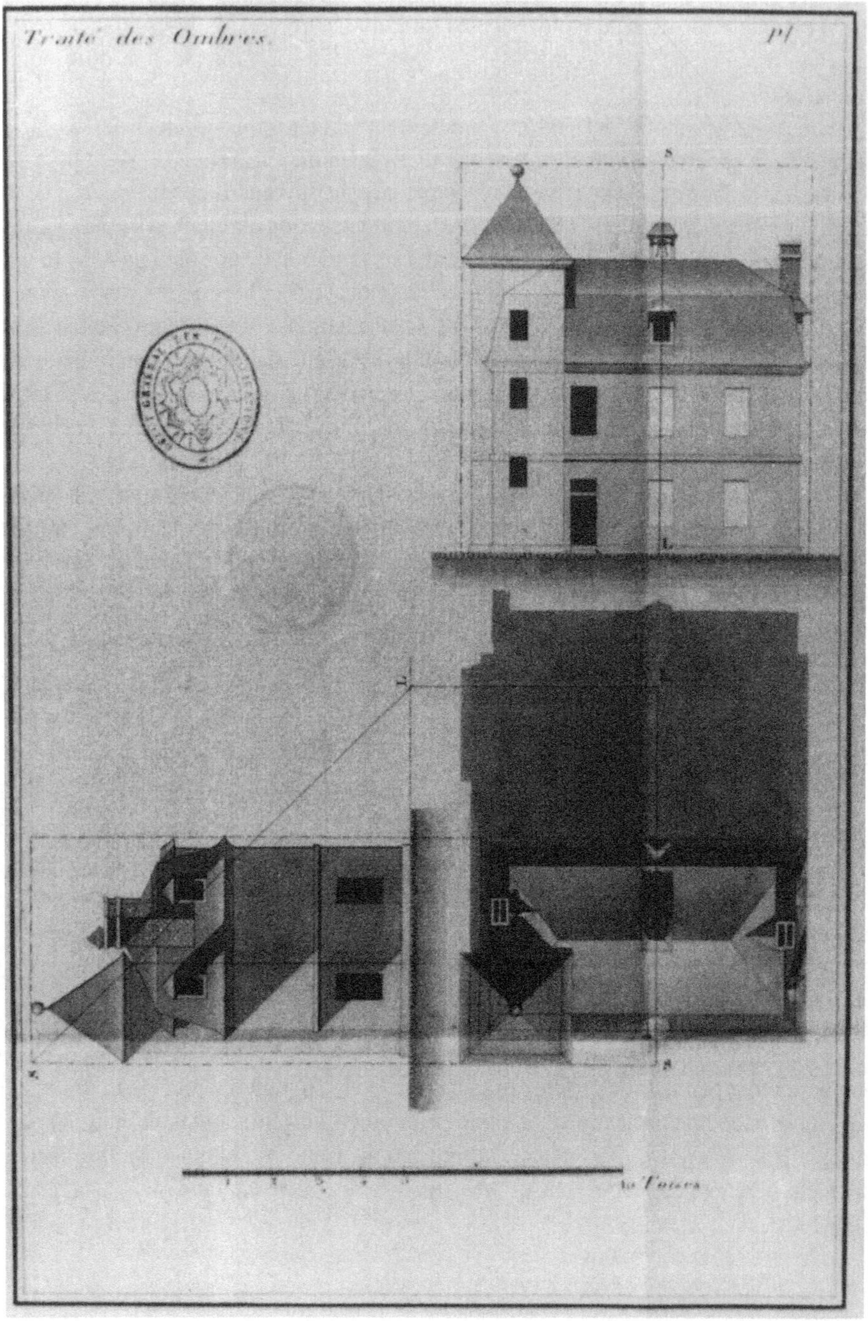

Fig. 68 - Chastillon : tracé des ombres, maison en géométral. Travaux d'élèves, Ecole du Génie de Mézières.

tation en double projection vient de ce que les deux plans de référence ont été rabattus l'un sur l'autre. Par contre elle est encombrante et requiert du personnel pour maintenir les profils et élévations verticalement (mais on sait que l'armée ne manque ni de bras ni de place). Indépendamment de ces problèmes d'intendance, cette présentation nécessite également d'ombrer plan et élévations de manière cohérente. Chastillon insiste même pour que l'on choisisse «une direction et élévation du soleil qui soit dans la nature et convenable au lieu».

Ces remarques faites, Chastillon traite une suite de problèmes concernant le tracé des ombres. Dans une question liminaire il expose comment trouver la projection des rayons du soleil, définis par leurs projections sur le plan de référence, sur un plan vertical quelconque. Il détermine ensuite l'ombre d'une ligne quelconque, droite ou courbe, sur un plan horizontal, vertical ou quelconque en prenant des exemples concrets (fig. 68) et d'ailleurs restés classiques depuis, puisque l'on retrouve le tracé de l'ombre d'une cheminée sur une toiture dans de nombreux ouvrages de géométrie descriptive. Dans les problèmes suivants Chastillon construit l'ombre d'une sphère sur un plan quelconque (fig. 69) et l'ombre d'une ligne quelconque sur un cône (fig. 70). Il termine son traité par un paragraphe sur «la dégradation des ombres et des teintes». Par les méthodes employées pour tracer les figures, comme par le choix des sujets, ce traité est donc très proche d'un cours de géométrie descriptive. Certes, il est toujours question de «tracé des ombres» et les problèmes ne sont jamais présentés de manière abstraite. Mais si le tracé de l'ombre d'une cheminée sur un toit est bien un problème du dessin d'architecture, le tracé de l'ombre sur ce même toit d'une sphère, ou celui d'une droite sur un cône, peuvent sembler de bien légers habillages de problèmes théoriques. Il nous faudra donc montrer en examinant le cours de Monge, où se situe précisément la coupure qu'il opère par rapport à un traité comme celui-ci.

Postérieures au cours de Monge à l'Ecole de Mézières, mais antérieures à la publication des *Leçons de géométrie descriptive*, les planches des manuscrits de Lequeu[141], datées entre 1782 et 1789, prouvent une remarquable maîtrise du tracé des ombres dans les dessins d'architecture de la part d'un admirable architecte-dessinateur (fig. 71) qui sera d'ailleurs dessinateur à l'Ecole polytechnique de 1795 à 1801. Si les épures de Lequeu ne sont accompagnées d'aucun cours explicatif ou d'essai de théorisation, elles prouvent, à tout le moins, que tous les problèmes de construction point par point des courbes, séparatrices d'ombre propre ou d'ombre portée, sont totalement maîtrisés.

*

* *

L'architecture se passe donc longtemps du dessin en général et du géométral en particulier, et ne semble pas trop en souffrir. Ce «langage nécessaire à l'homme de génie qui conçoit un projet et à l'artiste qui le réalise» ne s'impose que fort lentement, compte tenu

[141] Ces manuscrits sont publiés dans [Duboy, 1989].

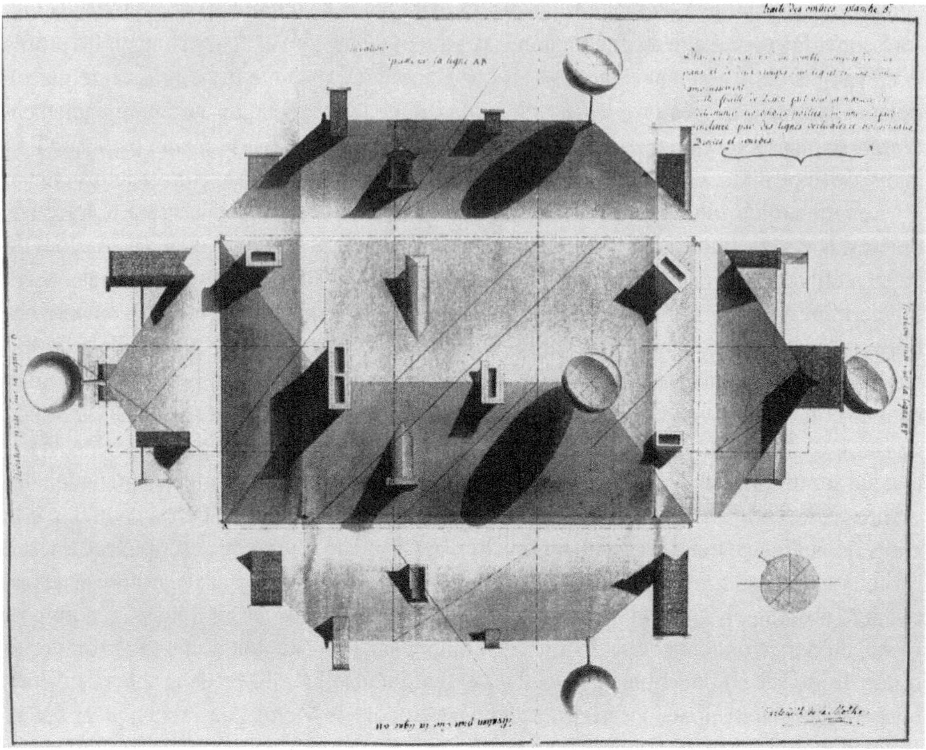

Fig. 69 - Chastillon : tracé des ombres ; ombres propres et portées sur le toit d'une maison. Travaux d'élèves, Ecole du Génie de Mézières.

de son haut degré d'abstraction. Les architectes ne l'adoptent que forcés et contraints par un faisceau de raisons concomitantes dont une seule aurait pu a priori sembler suffisante mais dont seule la conjonction imposera l'usage. Il faut en effet que des raisons intrinsèques à l'organisation du chantier, à sa taille, à son importance, à sa hiérarchisation, au moyen de production du bâtiment, viennent se superposer à des raisons extrinsèques tenant au statut social de l'architecte, à son image dans la société, et à l'élaboration des premières théories de l'architecture. De plus, comme le remarque Booker, «le perfectionnement des techniques graphiques n'est pas uniquement lié à celui d'une théorie géométrique ; il va de pair avec le développement des outils dont dispose le dessinateur. Jusqu'au XVIe et XVIIe siécles, le té et la planche à dessin ne sont en général pas utilisés et beaucoup des techniques graphiques actuelles étaient de ce fait inapplicables»[142].

Deux facteurs sont primordiaux pour favoriser l'accouchement douloureux du géométral. Il faut d'abord que l'architecte ait conscience de «l'unité musicale» albertienne du bâtiment, qu'il perçoive comme une fausse note la moindre modification de détail, qu'il ressente comme inséparablement liée la conception du tout et celle de ses parties, et en particulier celle du plan et de l'élévation. Mais cette seule exigence ne suffit pas à contraindre l'architecte à une production de documents graphiques élaborés. Le meilleur «contre-exemple» que l'on puisse donner est celui de Gaudi qui a laissé si peu de plans concernant la *Sagrada Familia* de Barcelone. Gaudi est pourtant l'un des architectes qui poussa le plus loin le soin du détail et de la décoration intérieure. Mais recherchant dans l'organisation même du chantier l'inspiration des bâtisseurs de cathédrales, il s'était totalement installé sur son chantier les quinze dernières années de sa vie, et sa présence permanente suppléait un manque éventuel de documents graphiques. Il faut donc qu'à l'exigence de «l'unité musicale» soit liée le désir de se libérer des servitudes du chantier, de voyager, ou le besoin de superviser simultanément plusieurs chantiers différents.

Mais si Monge considère la géométrie descriptive – et donc dans un premier temps le géométral – comme le langage du projet, force est de constater qu'historiquement il apparaît sans doute d'abord comme celui du relevé. Relevé des cathédrales par Villard de Honnecourt, relevé de Rome par Raphaël d'où il déduit sa théorie de la représentation, dessin de relevé également que celui nécessaire à la mise en place de la *construction légitime*. C'est en cherchant à traduire graphiquement les opérations «d'extraction du volume à partir du plan», opérations éminemment concrètes pour eux, que Roriczer ou Schmuttermayer sont amenés à utiliser la double projection. La représentation des chapiteaux des colonnes dans une parfaite rigueur géométrique, que ce soit par Bartoli ou Philibert de l'Orme, confirme également cette hypothèse. Les dessins de ces architectes n'ont comme objet que de montrer les différences entre les chapiteaux ioniques, corinthiens et autres. Ce sont bien des dessins de relevé de l'architecture antique. Par contre quand il s'agit pour eux de représenter «une tour idéale» ou un «projet de maison», ils se sentent libres de tout carcan géométrique. D'abord utilisé comme moyen de rendre compte, sur une feuille de papier, de l'espace bâti, le géométral n'est utilisé que dans un second temps

[142] [Booker, 1963, p. 38].

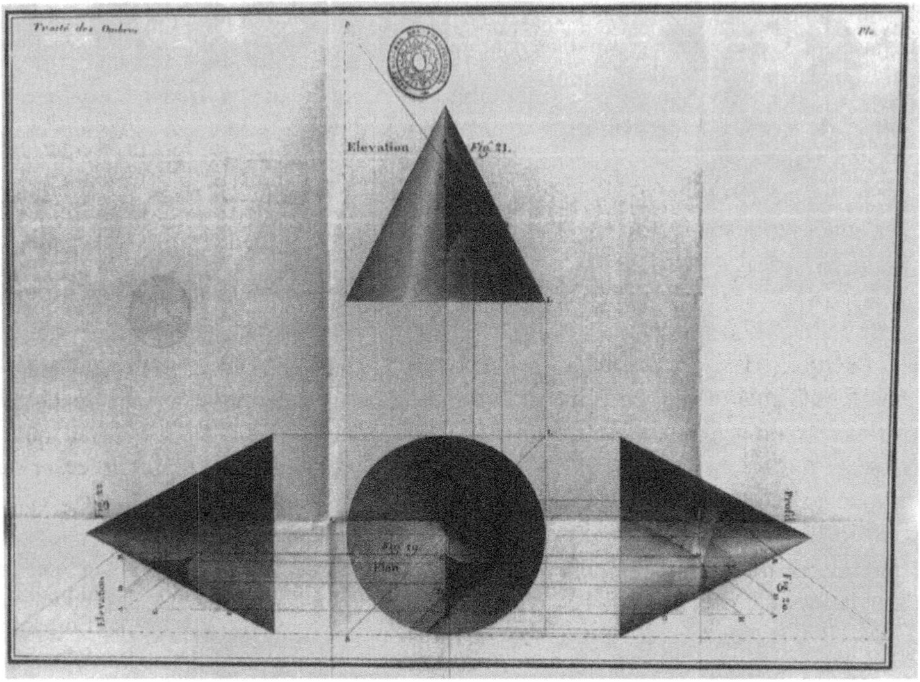

Fig. 70 - Chastillon : tracé des ombres ; ombres d'une droite sur un cône.
Travaux d'élèves, Ecole du Génie de Mézières.

pour exprimer un projet. Ensuite, mais ensuite seulement, l'usage de la double projection se généralise avec la spécialisation des tâches. Comme l'écrit Quatremère de Quincy, «depuis que l'art s'est divisé par le fait et dans la pratique, en invention et exécution ; depuis qu'il s'est trouvé des hommes qui inventent ou composent sans savoir construire, et d'autres qui construisent pour ceux qui ne savent qu'inventer, il a bien fallu des dessins plus rendus, plus précieux et plus finis»[143]. Quatremère de Quincy aurait pu également ajouter «plus précis».

La séparation des tâches, lentement amorcée dès le XIIIe siècle entre architecte et maître maçon, se dédouble de la division entre architecte concepteur du projet et architecte conducteur de travaux à Saint-Pierre de Rome sous Raphaël, entre architecte et peintre sous Sangallo le Jeune, sur ce même chantier, entre architecte bâtisseur et architecte théoricien, auteur de traité. La projection orthogonale, déjà utilisée dans l'architecture gothique, prescrite par Alberti, s'impose peu à peu sous la pression d'une nouvelle organisation du travail et l'usage du géométral devient systématique à partir de Palladio dans les traités d'architecture. La perspective, représentation complémentaire pour l'architecte par rapport au triplet plan-coupe-élévation, permet de répondre «au désir de ceux qui aiment voir et bien comprendre toutes les choses qui seront dessinées»[144]. Perspectives et maquettes accompagnent le projet, en donnent une image synthétique. Le tracé des ombres permet à la fois de conserver une représentation en géométral et de faciliter la lecture des volumes. Il est donc le prolongement logique de la représentation en double projection. Déjà très précisément élaborée au XVIIIe siècle, cette technique graphique utilise tous les ressorts de la géométrie descriptive, du moins tant que ne sont en cause que les problèmes d'intersection d'une droite et d'une surface et la construction point par point des séparatrices d'ombres propres et d'ombres portées des corps.

Mais le tracé des ombres est un «supplément d'âme» apporté à la représentation en géométral, un confort visuel donné au lecteur. Il n'est naturellement pas le lieu premier où apparaissent de nouvelles méthodes graphiques. Il faut une fois encore que les contraintes extérieures soient très fortes pour que s'élabore une géométrie pratique qui fasse appel à la richesse potentielle des opérations géométriques que la double projection autorise. Si le dessin de projet d'architecture peut très bien se limiter à l'usage du géométral, les dessins de chantier, et en premier lieu les épures des appareilleurs et des charpentiers, traduisent des situations plus spécifiques où des problèmes géométriques vont se poser de manière plus ardue et sans doute aussi de façon incontournable. C'est cette nouvelle étape que je voudrais aborder maintenant en détail, étape où le dessin de chantier, allant au-delà du géométral, se rapproche plus encore de la géométrie descriptive.

---

[143] [Quatremere de Quincy, 1832, article «Dessiner»].

[144] [Alberti, 1485] trad. française dans [Guillerme, 1973, p. LXXIX].

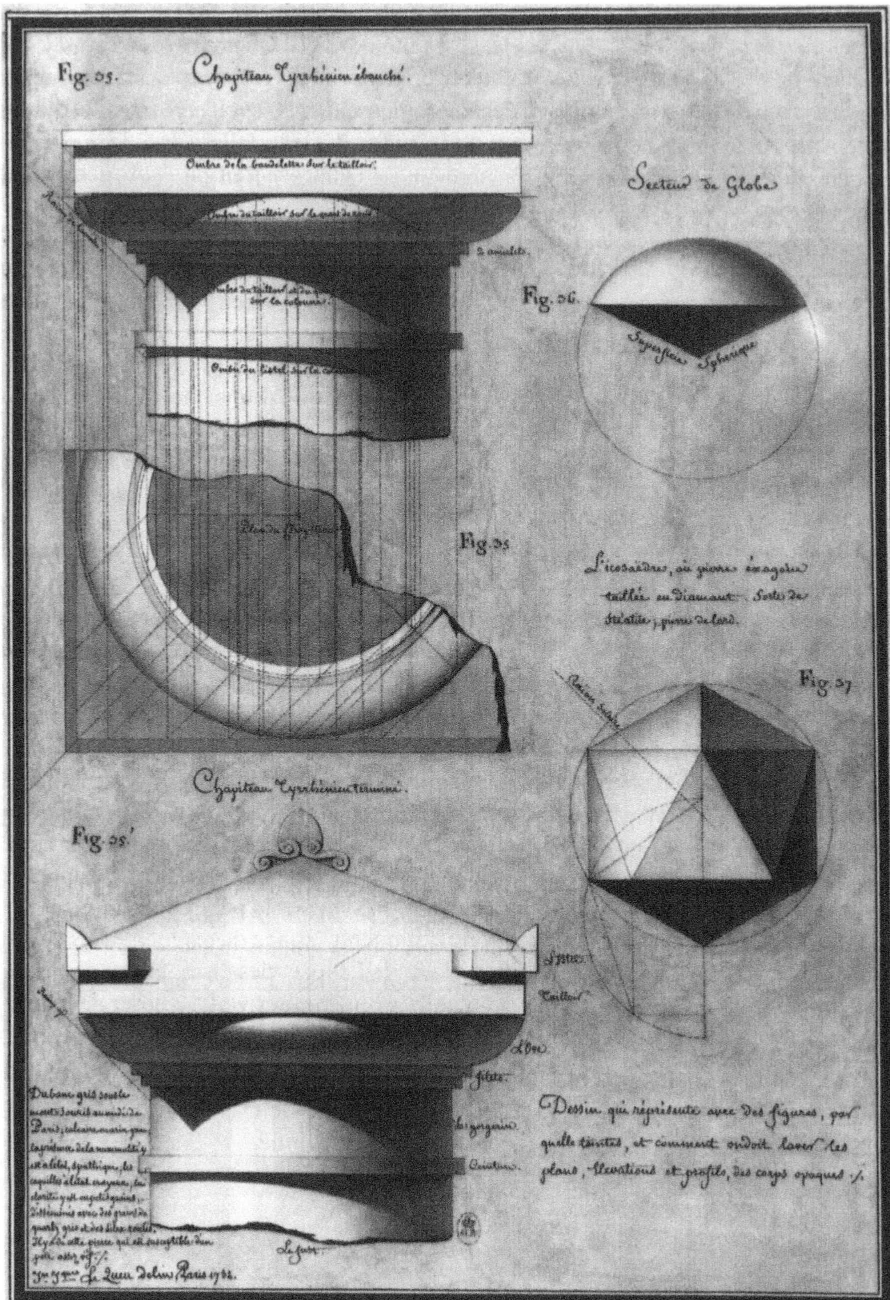

Fig. 71 - J.-J. Lequeu : ombre propre d'un chapiteau toscan, *Architecture civile*, 1782.

Chapitre II

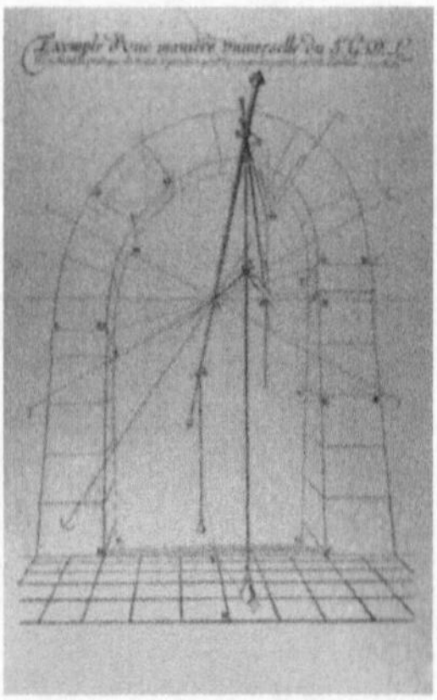

Taille des pierres et recherche des formes

L'exemple des descentes biaises

«Aussi est-il nécessaire à quiconque veut aborder l'étude des proportions d'avoir bien assimilé la manière de mesurer et d'avoir bien compris comment toute chose doit être couchée dans son plan et montée, selon la méthode que les tailleurs de pierre pratiquent tous les jours»[1] écrit Dürer dans la dédicace à W. Pirckheimer de son livre sur les proportions du corps humain. L'usage de la représentation en plan et en élévation est donc, à l'époque de Dürer, la caractéristique des tailleurs de pierre, non celle des architectes. Ceux-ci n'adoptent de façon systématique le géométral, le chapitre précédent le montre, que très tardivement, et plus tardivement encore les outils géométriques qui lui sont liés. Les problèmes géométriques que posent les réalisations d'ouvrages clavés sont d'une autre nature que ceux de la représentation architecturale. La variété des formes mises en œuvre, la précision nécessaire à ce type de construction, mais plus encore – et l'objet de ce chapitre est de le montrer – le principe même de cette technique de construction, vont amener les appareilleurs à utiliser la méthode de la double projection comme outil de découverte des formes, à exploiter ses richesses géométriques potentielles, et ainsi à effectuer un pas décisif vers la géométrie descriptive. Loin de toute théorie tant géométrique qu'architecturale, c'est dans la confrontation avec des problèmes pratiques, complexes et spécifiques, que va s'élaborer un mode d'appréhension, puis de représentation de l'espace et des formes. Pour montrer de façon précise comment la géométrie descriptive vient s'articuler sur les savoirs utilisés en stéréotomie, ce chapitre présente d'abord les différentes méthodes de coupe des pierres, leurs traductions graphiques, puis l'exposé de ces méthodes graphiques dans les traités des appareilleurs.

De la pierre taillée à l'architecture clavée

Une technique de construction

La pierre fut très tôt adoptée comme matériau de construction pour des raisons de durabilité, de disponibilité, voire pour la valeur symbolique qui lui était accordée, valeur

[1] [Dürer, 1528, dédicace à W. Pirckheimer] ; voir [Peiffer, 1995, p. 59].

symbolique qui venait bien évidemment de sa durabilité. Si les premières traces d'un mur de pierre fixées avec du mortier, retrouvées à Mureybat en Syrie, datent du Xe millénaire avant J.-C., son usage comme matériau de construction ne commence néanmoins à se répandre qu'au Ve millénaire avant notre ère, avec l'utilisation du levier, du coin et du plan incliné, instruments et technique indispensables à l'exploitation, au transport, et à la construction à l'aide de pierre[2]. Les premiers monuments égyptiens en pierre de taille sont réalisés avec un outillage essentiellement lithique ; scies et foret en cuivre font leur apparition au début du IIe millénaire avant J.-C. Le fer aciéré ne supplante la pierre et les alliages cuivreux que vers la fin du VIIe siècle avant J.-C. dans les pays de la Méditerranée orientale et du Moyen-Orient, facilitant l'extraction, le sciage et le façonnage des blocs de pierre et permettant le développement de la pierre taillée comme technique de construction[3].

On peut utiliser la pierre maçonnée ou taillée. Dans les ouvrages maçonnés, les pierres, de petites dimensions, sont réunies entre elles par un mortier qui, en séchant, donne la solidité à l'ensemble de la construction. La forme exacte des pierres est alors de peu d'importance, les irrégularités éventuelles des faces étant noyées dans le mortier. Selon les matériaux disponibles localement, on peut sans inconvénient remplacer les pierres par des briques dans les constructions maçonnées. La coupole du Panthéon à Rome ou le dôme de Sainte-Marie-de-la-Fleur à Florence font partie des exemples les plus célèbres de voûtes maçonnées. Dans les constructions en pierres taillées on utilise des pierres de dimension relativement grande, «disposées et façonnées de manière à se soutenir, et à former des constructions solides, indépendamment de tout mortier et ciment»[4]. L'usage d'une fine couche de mortier entre les pierres taillées est néanmoins fréquent, dès l'Antiquité égyptienne, mais le mortier, qui sert de colle et évite de sceller les blocs les uns aux autres par des crampons, n'a pas de fonction structurelle comme dans les constructions maçonnées. Plus les pierres employées sont massives, plus l'édifice est stable et durable, la pesanteur jouant en quelque sorte le rôle de ciment. Durant toute l'antiquité égyptienne, grecque, romaine, mais également amérindienne, il n'est pas rare de trouver des constructions comportant des pierres de dimensions considérables, pouvant atteindre plus de 100 m^3 et 250 tonnes[5]. Le record appartient aux mégalithes de Baalbek (Héliopolis) au Liban ; formant le podium du temple de Jupiter, du 1er siècle après J.-C., trois blocs de plus de 19 m de long, avoisinent les 300 m^3 et les 700 tonnes[6]. Rondelet signale une pierre appartenant aux ruines d'une forteresse péruvienne dont le transport nécessita 20 000 hommes et à laquelle on a donné le nom de «pierre fatigante» à cause des difficultés rencontrées pour sa mise en œuvre[7].

---

[2] Voir [Vettone, 1996, p. 97]

[3] Voir [Bessac, 1987].

[4] [Rondelet, 1802, T. II, livre 3, p. 1] ; les pierres assemblées sans mortier sont dites posées «à joints vifs».

[5] La densité des pierres utilisées pour la construction varie entre 1,4 à 1,8 pour les pierres tendres, 1,8 à 2,3 pour les pierres fermes, 2,3 à 2,5 pour les pierres dures et plus de 2,5 pour les pierres froides.

[6] Voir [Adam, 1995, p. 31].

[7] [Rondelet, 1802, T. II, livre 3, p. 13].

Le perfectionnement des techniques de construction en pierre taillée a donc comme premier objet de retrouver une solidité comparable à celle que l'on obtenait dans les bâtiments antiques grâce au gigantisme des pierres, tout en évitant une organisation pharaonique du chantier. Pour la construction d'une paroi verticale, la solidité d'un assemblage de blocs de pierres de dimensions raisonnables[8] dépend en premier lieu de la précision obtenue dans la planéité des faces horizontales sur lesquelles les pierres s'appuient les unes sur les autres. Ces faces, appelées les «lits», peuvent en effet être soumises à des pressions importantes du fait du poids de l'ouvrage. Si deux pierres ne sont en contact que sur quelques points, et non sur l'ensemble de la surface horizontale de leur lit, elles sont susceptibles de se fendre sous l'effet de la charge considérable qui s'exerce alors en ces points. Dans le cas d'une paroi verticale réalisée à partir de blocs équarris, dont la forme est parallélépipède rectangle (l'*opus quadratum* des romains), les faces verticales des pierres qui sont en contact les unes avec les autres, appelées les «joints», ne sont, elles, soumises à aucun effort[9]. Lors de la construction, il est important de respecter la constitution de la pierre en plaçant les faces horizontales des lits parallèlement à ses couches de stratification, car c'est ainsi que la pierre travaille le mieux à la compression. Une pierre est dite «posée en délit» si ses couches de stratification sont verticales[10].

Si la pierre travaille très bien à la compression, elle travaille mal à la flexion et à la traction. Il en résulte qu'un simple bloc de pierre équarri posé en linteau entre deux supports ne permet que de faibles franchissements. Pour l'augmenter, il faut accroître la section de la pierre dans de telles proportions que rapidement elle n'est plus susceptible de remplir une fonction de poutre. Cette distance de franchissement, guère supérieure à 5m, détermine l'entre-axe maximal des colonnes des temples antiques[11]. Présentant dans son livre III les différentes catégories de temples qui se distinguent les unes des autres par le rythme de leur colonnade périphérique, Vitruve prend soin de préciser pour le «diastyle», dont l'ordonnance se caractérise par un espacement entre les colonnes égal à trois fois le

[8] Dans les constructions romaines, une pierre d'assise courante mesurait 80x60x50 cm ; en calcaire ferme une telle pierre pèse plus de 500 kg ; voir [Adam, 1995, p. 45]. Les dimensions à donner aux pierres pour assurer à la fois une bonne stabilité à la construction et une bonne résistance aux charges, dépendent de leur dureté. Pour une pierre de dureté moyenne, la longueur ne doit pas éxcéder trois fois la hauteur et la largeur deux fois la hauteur ; plus la pierre est dure, plus sa longueur peut être importante par rapport à sa hauteur ; voir [Rondelet, 1802, T. II, livre 3, p. 20-22].

[9] Il n'est pas nécessaire d'employer des blocs équarris pour construire une paroi verticale, même en pierre taillée. Un assemblage de pierres polygonales irrégulières, mais parfaitement ajustées les unes aux autres (l'*opus siliceum*) comme celui réalisé à Palestrina au IIIe siècle av. J.-C. pour le mur de soutènement d'une terrasse au sanctuaire de la Fortune, est même plus résistant qu'un mur en *opus quadratum*.

[10] Par contre, si une pierre ne travaille pas uniquement en compression, comme c'est le cas dans un linteau monolithe, il peut être préférable de la poser en délit, ce que les bâtisseurs grecs faisaient fréquemment pour les architraves des temples.

[11] L'entre-axe des temples grecs est d'environ 4 à 5m. ; il est de 4,3 m. au Parthénon, atteint 5,4 m. pour la travée centrale des Propylées. Si la longueur des pierres formant linteau correspond à l'entre-axe des colonnes, leur portée, sensiblement réduite par les chapiteaux, est de 2 m à 2,5 m dans les temples doriques. Les plus grosses pierres utilisées comme linteau sont celles du grand temple de Selinonte en Sicile, qui mesurent 6,5 m de long, 2 de haut et 1,5 de large et avoisinent les 50 tonnes. La portée maximale est réalisée au mausolée de Théodoric, érigé à Ravenne en 530. Un monolithe de 11m de diamètre, 3 d'épaisseur et d'un poids de près de 500 tonnes, a été placé à 13m de hauteur en guise de couverture ; le diamètre intérieur est de 9m.

Dessin in [Rondelet, 1802, Pl. IX, détail]
Fig 1 - La salle du «Trésor d'Atrée» ou «Tombe d'Agamemnon». (Mycènes, env. 1250 av. J.-C.) Voûte construite par encorbellement

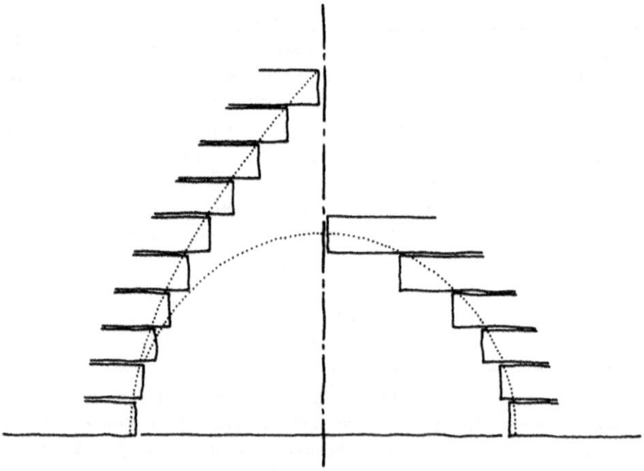

Fig 2 - Profil caractéristique d'une construction par encorbellement (moitié gauche) ; une voûte ou un arc de profil circulaire implique un porte-à-faux trop important pour être réalisé par encorbellement

diamètre de celle-ci : «l'inconvénient de cette disposition est que les architraves sont en danger de se rompre à cause de la grandeur des intervalles». Et il ajoute, pour les temples «araeostyles» dont l'espacement entre les colonnes est de quatre fois le diamètre, «il n'est plus possible d'utiliser des architraves de pierre ou de marbre, et l'on est contraint de mettre en place des linteaux de bois»[12].

L'arc et la voûte en berceau

Les blocs de pierre monolithes présentant de lourds inconvénients, le deuxième objectif de l'amélioration des techniques de construction en pierre taillée est donc de résoudre le problème du franchissement et du couvrement. La méthode dite de «l'encorbellement» fut la première solution, adoptée dès la Haute Antiquité pour les passages comme pour les voûtes. Le principe de construction est très simple et peut être vu comme la réalisation d'un linteau à étages. Il consiste à placer les pierres d'une assise en débord par rapport à la précédente, les lits restant toujours horizontaux. Pour qu'une pierre ne bascule pas il faut simplement que la charge de la partie en support soit supérieure à celle de la partie saillie. Dans la pratique, le porte-à-faux de chaque pierre ne peut être très important par rapport à sa longueur totale, limite qui donne aux arcs et voûtes construits par encorbellement un profil caractéristique (fig. 1 et 2). Pour rustique et primitive que soit cette technique, elle n'en permit pas moins quelques très belles réalisations. Une des plus anciennes, et des plus célèbres, est la salle dite «du trésor d'Atrée», chef d'œuvre de l'architecture mycénienne du XIIIe siècle av. J.-C. (fig. 2). La voûte, qui couvre une pièce circulaire de près de quinze mètres de diamètre, est composée de blocs taillés régulièrement, répartis sur une trentaine d'assises annulaires «selon une courbe d'une parfaite élégance»[13]. Du VIIe au IIe siècles av. J.-C., les Etrusques utilisèrent couramment l'encorbellement, pour couvrir des salles funéraires (tombe de Casal Marittimo, de Montagnola) ou pour des arcs.

Si l'encorbellement est typiquement une technique de construction de pierre taillée (même si la taille est grossière et l'assemblage cyclopéen), l'arc ou la voûte en berceau[14] appartiennent d'abord à la construction maçonnée. Ils apparaissent dès le début du IIIe millénaire dans les régions pauvres en bois, de la Mésopotamie à la vallée du Nil, mais ne font leur entrée dans la technique de la pierre taillée qu'avec l'introduction – révolutionnaire – du «claveau» ou «voussoir», qui est une pierre en forme de coin, comportant des pans obliques par lesquels elle s'appuie sur les voussoirs voisins, et qui permet de reporter

[12] [Vitruve, III, 3-4 et 3-5]. Vitruve énonce presque toujours les règles de dimensionnement en termes de proportion, ce qui, d'un point de vue statique où les variations ne sont pas linéaires, est très dangereux. Pour un diamètre de colonne d'environ 1,5 m, le franchissement est de 4,5 m pour le diastyle et de 6 m pour l'araeostyle.

[13] [Martin, 1980, p. 214].

[14] Une voûte est dite «en berceau» si son intrados – sa face inférieure, visible de l'espace couvert – est un cylindre, c'est-à-dire engendré par la translation d'un arc suivant une droite. Le berceau est «plein-cintre» si le cylindre est un demi-cylindre de révolution (ou si l'arc est un demi-cercle et la droite perpendiculaire au plan de l'arc). La voûte en berceau se distingue de l'arc par le fait qu'elle présente au moins quatre voussoirs en profondeur ; cf. le *Vocabulaire de l'architecture*.

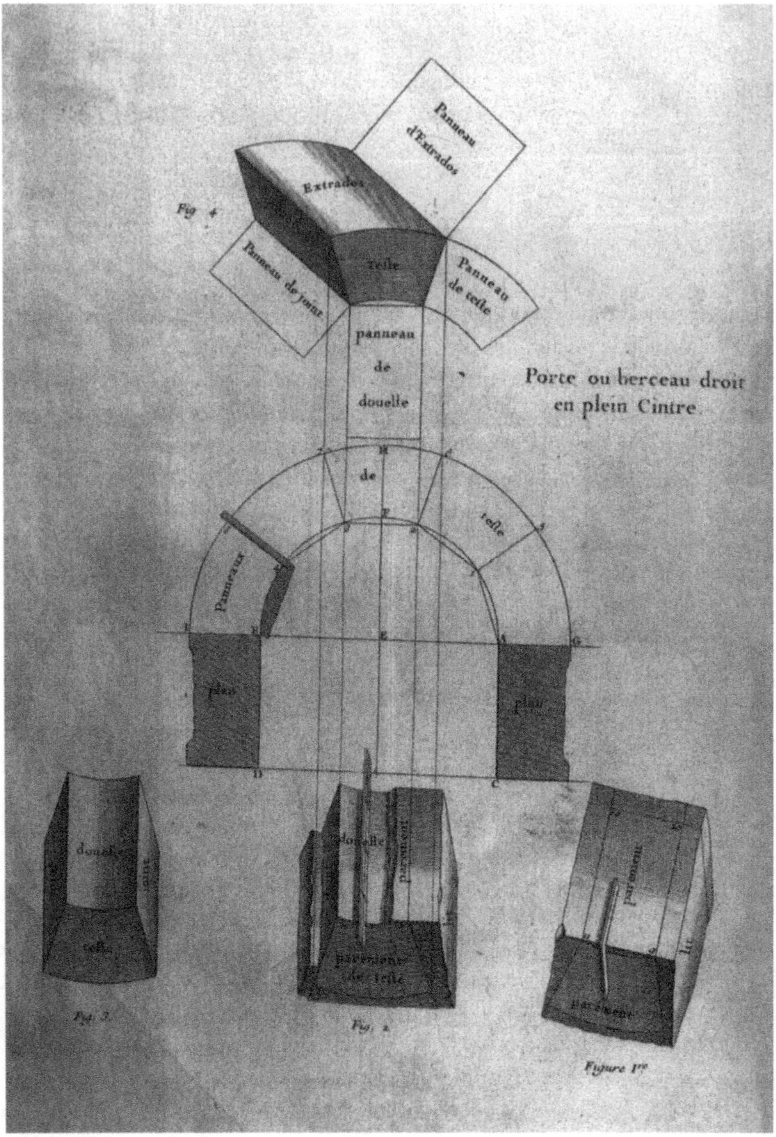

Fig. 3 - Vocabulaire de l'architecture clavée : voussoirs d'un arc

Un *voussoir* ou *claveau* , comporte des pans obliques par lesquels il s'appuie sur les voussoirs voisins, les *lits en coupe*, un pan cintré qui reste visible, la *douelle d'intrados*, un pan cintré supérieur, qui, dans les voûtes, est souvent laissé brut de taille, la *douelle d'extrados* et, dans le cas représenté ci-dessus, deux pans verticaux, les *faces*. Les *panneaux* respectifs donnent la forme exacte de chacun de ces pans et permettent la taille des voussoirs.

latéralement les efforts verticaux reçus par l'arc (cf. fig 3). Comme pour les parois verticales, on appelle «plans de lit», les faces des voussoirs soumises à la pression de la voûte, donc les faces incluses dans les plans rayonnants. Les plans verticaux, qui ne sont soumis à aucun effort sont dénommés «plan de tête» ou «plan de joint»[15] (fig. 3). La «douelle» est le pan cintré du voussoir, qui reste visible et fait partie de la face inférieure curviligne de l'arc ou de la voûte, appelée intrados (fig. 3). Les plus anciennes voûtes clavées connues, du VIIe siècle av. J.-C., sont celles des deux chapelles des Divines Adoratrices d'Amon, à Medinet Habou en Egypte[16]. «Si l'on excepte l'intérieur des sanctuaires de pyramides de l'Ancien Empire, les chambres creusées dans le roc, et quelques autres exemples fort rares, la voûte n'a jouée aucun rôle dans l'architecture sacrée égyptienne. Là où elle fut utilisée, elle n'apparaît jamais de manière visible dans l'aspect extérieur de l'édifice»[17]. Et l'architecture grecque n'en fit aucun usage avant la période hellénistique, non par ignorance, mais par un choix délibéré, recherchant avant tout dans un monument l'opposition entre les lignes horizontales et verticales. C'est vraisemblablement la raison pour laquelle on a longtemps considéré les Etrusques comme les (ré)inventeurs de l'arc et de la voûte et les responsables de la transmission de cette technique de construction à l'architecture romaine. Cette thèse est aujourd'hui contestée, les voûtes qui étaient présentées comme des modèles étrusques, en particulier celle de la *cloaca maxima* de Rome, ou des tombes de Pérouse et Bettona, étant en réalité des constructions romaines des Ier et IIe siècles avant notre ère. Sénèque attribuait d'ailleurs aux Grecs l'invention de l'arc clavé[18].

Les premiers exemples dans le monde gréco-romain dont la datation soit assurée ne sont pas antérieurs à la fin du IVe siècle ou au début du IIIe siècle ; il s'agit d'arcs couvrant des portes de fortifications, comme à Heraklée du Latmos, à Assos, ou à Vélia, ancienne colonie phocéenne d'Italie centrale (fig. 4), des salles voûtées de tombeaux macédoniens (Langhada, Leucadia) ou du soubassement du théâtre d'Alinda en Carie. Dans ces différents exemples, comme dans les voûtes égyptiennes, le problème posé par la reprise latérale des poussées exercées par la voûte ou l'arc se trouve résolu de lui-même, soit parce que la voûte appartient à un ouvrage enterré, soit parce que l'arc couvre une baie dans une muraille qui fait tout entière fonction de culée. Et jusqu'au IIe siècle av. J.-C. tous les ouvrages clavés, grecs ou romains, sont conçus de cette manière. Il en est encore ainsi des très belles voûtes de l'escalier du *Gymnasium* de Pergame (fig. 5). Il revient aux constructeurs romains, à partir du IIe siècle av. J.-C., «d'avoir osé libérer la voûte qui n'était qu'un trou dans une masse pour en faire un volume à l'air libre»[19]. Avec les Romains la voûte se montre, sort de terre, devient une technique de construction noble ; elle n'est plus confinée aux constructions souterraines, à l'architecture funéraire ou à la couverture des égouts, et l'arc clavé triomphe pour couvrir les baies.

---

[15] Il est néanmoins fréquent dans une voûte, par exemple dans un «berceau rampant» (berceau dont l'axe n'est pas horizontal), qu'une pression s'exerce également sur les plans de joint.

[16] [Adam, 1995, p. 173 et p. 210]

[17] [Lloyd, p. 156] in [Lloyd, Müller, Martin, 1980].

[18] Sénèque, *Lettres à Lucilius*, 90, 32, in [Sénèque, 1987, livre XIV, t. IV, p. 38].

[19] [Adam, 1995, p. 180]. Sur l'origine des arcs et des voûtes clavées et les premiers exemples connus, voir [Adam, 1995, p. 173-178] et [Martin, p.348-350] in [Lloyd, Müller, Martin, 1980].

Fig. 4 - la Porta Rosa de la ville de Vélia. L'ouverture dans le mur date du IVe siècle av. J.-C., mais l'arc clavé est peut-être postérieur.

Fig. 5 - voûtes de l'escalier du *Gymnasium* de Pergame, IIe siècle av. J.-C.

Fig. 6 - Tombe voûtée de Pergame, du IIe siècle av. J.-C. ; pénétration de berceaux appareillée en voûte d'arête. Relevé de A. Choisy

La Syrie chrétienne, berceau de l'architecture clavée savante

Avancée considérable dans la technique de construction, l'arc ou la voûte en berceau n'exigent pour autant aucun tracé géométrique savant, puisque l'on déduit la forme de chacun des voussoirs à partir de la représentation en élévation de la pièce clavée à réaliser. Pour que des problèmes d'ordre géométrique commencent à émerger, il faut que le bâtisseur cherche à varier la surface d'intrados de la voûte, ou à réaliser des intersections de berceaux (on parle de «pénétration des voûtes») entraînant *ipso facto* une complexification de la forme de chaque voussoir, qui ne se déduit plus directement d'une de ses projections sur un plan. Les Romains, comme les Grecs, ont toujours évité les pénétrations de berceaux, soit en décalant le niveau des naissances d'un des berceaux au-dessus du sommet de l'autre, soit, comme au *Gymnasium* de Pergame, en introduisant un arc secondaire sur lequel l'un des berceaux vient s'appuyer (fig. 5). Choisy signale néanmoins une tombe voûtée du IIe siècle av. J.-C., également à Pergame, qui comporte une pénétration de berceaux appareillés constituant une voûte d'arête (fig. 6)[20].

Si le Pergame de l'époque des Attales joue incontestablement un rôle charnière fondamental, c'est dans la Syrie paléochrétienne que la construction des voûtes clavées prend réellement son essort. Du milieu du IIIe siècle de notre ère, le théâtre de *Philippopolis*, dans le Djebel Druse, contient des berceaux rampants (d'axe non horizontal) et une voûte d'arêtes. Quelques très belles voûtes hémisphériques ou en «cul-de-four» (correspondant à un quart de sphère), parfaitement appareillées, à joints vifs, témoignent du fait que, contrairement à Pergame, la voûte de *Philippopolis* n'est pas restée un cas isolé et qu'un savoir-faire stéréotomique remarquable s'est développé dans cette région du Proche-Orient. On peut citer l'abside de la basilique de Qualblosch, datée de la fin du Ve siècle (fig. 7), l'abside de la basilique orientale de Qal'at Saman (également du Ve siècle), la salle d'audience d'al-Mundhir à Resafa (VIe siècle)[21]. Des coupoles du même type, très bien appareillées et à joints vifs, se retrouvent également dans l'architecture arménienne du VIIe siècle (église de T'alich, cathédrale de Mren, église d'Odzoun)[22]. Le mausolée de Théodoric est le seul monument de la péninsule italienne comparable, par la virtuosité stéréotomique dont il fait preuve, avec les bâtiments cités précédemment. Mais «l'étonnante qualité de la taille et de l'assemblage des blocs de cet édifice offre des analogies tellement frappantes avec l'architecture de la Syrie paléochrétienne, qu'il est absolument assuré que l'architecte qui l'érigea était originaire de ce pays»[23].

---

[20] Voir [Choisy, 1873] et [Choisy, 1899, t. 1, p. 410].

[21] Voir [Mango, 1993].

[22] La conquête arabe mit un frein brutal à cette activité, en Arménie, du VIIe siècle au milieu du IXe siècle, activité à nouveau florissante de la fin du IXe siècle à la fin du XIe siècle. Voir [Erlande-Brandeburg, 1981, p. 184-185].

[23] [Adam, 1995, p. 207]. Le tombeau de Théodoric est paradoxal du point de vue des techniques de constructions employées : si la crypte est l'un des premiers exemples de stéréotomie savante, la coupole monolithe est le dernier travail de Titan connu.

Fig. 7 - Abside de la basilique de Qualblosch, Syrie, (Ve siècle)

L'architecture clavée savante prend naissance aux confins des empires romain puis byzantin, dans une une zone où, pour se protéger des invasions perses, furent réalisés les systèmes de fortifications les plus élaborés. La rencontre, dans une même région, d'une longue tradition de construction en pierre, des connaissances des meilleurs architectes et ingénieurs romains et des demandes spécifiques de l'architecture militaire pourrait peut-être expliquer le perfectionnement par les maçons locaux des procédés de construction clavée[24].

Selon une hypothèse couramment admise et défendue, par exemple, par Viollet-le-Duc ou Choisy, les méthodes de taille de pierre auraient été ramenées d'Orient en Occident par les Croisés. Le développement de la stéréotomie au XIIe et XIIIe siècles, particulièrement dans le sud de la France, est naturellement le premier des arguments en faveurs de cette thèse :

> «L'art du trait... était à peu près ignoré par les constructeurs de la première période du Moyen-Age, et il ne semble pas, à voir les monuments carlovingiens, que les efforts tentés par Charlemagne pour faire enseigner la géométrie aux architectes occidentaux aient produit des résultats sensibles. Ce n'est qu'après les premières croisades que l'on s'aperçoit d'un développement notable de ces connaissances en France... Les premiers croisés trouvèrent en Syrie des écoles dont ils surent tirer profit... Si les éléments de la géométrie semblent à peine connus des constructeurs carlovingiens, ils sont évidemment familiers aux architectes clunisiens, qui ont élevé la nef de Vézelay vers 1100»[25].

Près d'un millénaire sépare la première voûte en berceau clavée d'une certaine maîtrise de la stéréotomie. Le développement des outils géométriques est-il, comme le suggère Viollet-le-Duc, le moteur de cette évolution technique, ou en est-il au contraire la conséquence ? Avant de tenter de répondre à cette question il faut présenter rapidement les outils utilisés, et surtout examiner plus en détail les différentes méthodes de taille usitées dans les constructions clavées.

Les outils

Le dessin de la construction du monastère de Schönau (fig.8), illustre les différentes étapes d'un chantier de pierre taillée au Moyen-Age, selon des techniques et un outillage qui ont peu varié depuis l'Antiquité[26]. La partie supérieure gauche du dessin représente l'extraction des blocs à la carrière. Le carrier dégage le parement horizontal supérieur et le

---

[24] Voir [Mango, 1993, p. 55-66].

[25] [Viollet-le-Duc, 1854, article *Trait*]

[26] Il existe une palette d'outils assez large, qui varie naturellement en fonction des lieux et des époques, mais on retrouve toujours les mêmes grandes familles d'outils en fonction des usages. Sur ce sujet voir : [Adam, 1985, p. 23-42], [Recht, 1989, p. 374-376], [Aladenise, 1991], [Bessac, 1993], [Rockwell, 1993], et les tomes l'*Encyclopédie des métiers*, consacrés à *La maçonnerie et la taille des pierres*, ouvrage en cours d'édition par l'Association Ouvrière des Compagnons du Devoir du Tour de France, dont le t. V, *Les outils*, est publié.

Fig. 8 - Dessin de la construction du monastère de Schönau, Allemagne, XVIe siècle.

parement vertical faisant face au front d'extraction, puis pratique des rainures verticales creusées dans la roche, limitant ainsi trois autres faces du bloc. Pour achever de dégager la pierre, le carrier peut pratiquer une dernière rainure horizontale et détacher le bloc à l'aide de longs leviers de fer (les *pinces*), comme sur l'illustration. Il peut également faire usage de coins métalliques entrés en force ou de coins en bois sec, placés dans des cavités ménagées à cet effet, puis gorgés d'eau. La méthode des coins, également utilisée pour fractionner les blocs, peut être extrêmement efficace et provoquer la rupture selon un plan déjà parfaitement dressé. Le risque est qu'un défaut interne de la pierre provoque une déviation de la ligne de rupture. J.-P. Adam présente un excellent exemple d'une tentative échouée de partition aux coins d'une architrave de marbre, visible sur le forum de Trajan à Rome, où le plan de rupture, au lieu d'être vertical, a dévié à 45°[27]. Pour éviter ce genre de mésaventure, très onéreuse, les blocs sont fréquemment débités à la scie, scie à dents similaire aux scies à bois pour les pierres tendres, scie à lame lisse avec usage du sable comme abrasif pour les pierres dures. Après l'extraction les blocs sont en général équarris, voire épannelés[28], sur place pour faciliter le transport. Hormis le déplacement des blocs titanesques qui nécessitait cabestans et palans, le transport des pierres s'effectuait en char à bœufs dès l'antiquité grecque.

Les outils utilisés par le tailleur de pierre pour donner aux blocs leur forme définitive n'ont pas fondamentalement changé, de l'Antiquité à nos jours et «quoiqu'il ne s'agisse pas ici de dresser les ouvriers dans le maniement des outils, ...nous avons cru qu'il était à propos d'en mettre ici la figure (fig. 9), pour en donner les noms les plus usitez, & leurs usages, (car) c'est une connoissance nécessaire aux gens de Cabinet, qui ont du goût pour les Arts»[29]. Les outils à percussion lancée, pour reprendre la classification de A. Leroi-Gourhan[30], sont le *pic à deux pointes* semblable à une pioche de plus ou moins grande dimension, utilisé par le moine à droite de l'image de Schönau, le *têtu* (ou *marteau-têtu*) qu'utilisent un des moines de la carrière et le moine assis dans la loge, et le *marteau bretelé* ou *laye*. Les outils à percussion posée, beaucoup plus précis, comportent les ciseaux, dont l'extrémité est pointue (le *poinçon*), à biseau lisse (le *ciseau droit* ou *scalprum* des Romains), ou à biseau dentelé (le *ciseau grain-d'orge*), et le percuteur associé, le *maillet*.

[27] [Adam, 1995, p. 33-34].
[28] L'épannelage consiste à dresser une pierre en lui donnant sa forme définitive approchée.
[29] [Frézier, 1737 t. 2, p. 17].
[30] [Leroi-Gourhan, 1943, p. 48].

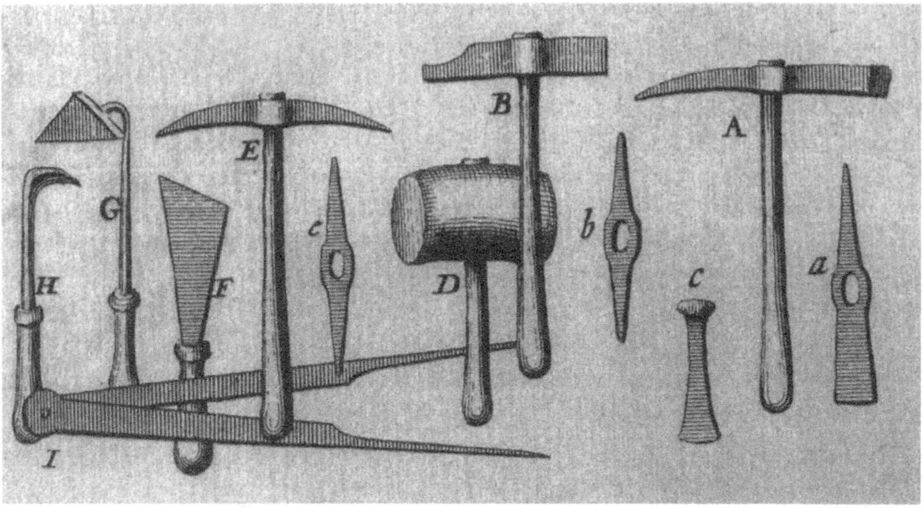

Fig. 9 - Les outils de taille des pierres

Dessin de Frézier in
[Frézier, 1737, t. 2, Pl. 28, détail].

A - Testu, marteau qui a d'un côté une pointe & de l'autre une masse pour ébaucher une pierre en abatant des parties avec la masse, dont on frape sur les bords pour faire sauter un éclat, & achever d'enlever avec la pointe le reste, qui fait une bosse. Le plan du même outil est au dessous en a.
B- Laye ou marteau bretelé, qui a d'un côté un tranchant uni & de l'autre un tranchant denté, qui fait des sillons ; son plan est en b.
C- Ciseau à ciseler, il y en a de plusieurs grandeurs ; lorsque le ciseau est large avec manche pour être poussé à la main, comme les outils de Menuiseries, on l'appelle Fer quarré : on se sert du ciseau les pierres tendres & dures d'un grain lié ; mais lorsque le grain est sabloneux, ...les Ouvriers ne s'en servent point, ils font tout à la pointe.
D- Maillet pour pousser les ciseaux.
E- Marteau à deux pointes pour la pierre dure ; lorsqu'il est un peu plus long on l'appelle pioche ; son plan est en e.
F- Riflard bretelé pour la pierre tendre.
G- Crochet.
H- Rippe.
I- Compas à fausse équerre.

in [Frézier, 1737, t. 2, p. 17]

Les méthodes de la coupe des pierres

On peut regrouper en deux grandes familles les techniques de taille utilisées pour déterminer la forme des voussoirs constitutifs d'une construction clavée : les méthodes «archaïques» d'une part, l'équarrissement et la taille par panneaux d'autre part.

Les méthodes «archaïques»

Sous ce terme, on peut regrouper les pratiques de taille «par ravalement», de taille «à la demande» ou «à la perche», qui n'exigent aucun tracé préparatoire. Le ravalement consiste à tailler les pierres lorsqu'elles sont déjà en place dans la voûte. On se contente de les dégauchir de façon approximative au sol et c'est uniquement lorsqu'elles occupent dans l'espace leur place définitive que l'on donne aux voussoirs leurs formes exactes. Dans l'exemple d'une voûte plein-cintre débouchant dans un mur «en talus», (un mur qui n'est pas vertical), il est possible de tailler les voussoirs sans tenir compte du talus, de sorte qu'elles fassent saillie par rapport au nu du mur, et d'abattre ensuite la pierre en sus (fig. 10). La technique de l'encorbellement utilise aussi le ravalement. Par exemple dans la salle «du trésor d'Atrée», l'intrados de la voûte a été taillé après la pose, en abattant la pierre en sus qui forme une sorte d'escalier inversé (fig. 2).

Plus proche de la sculpture que de la stéréotomie, cette technique présente deux désavantages. D'une part elle oblige à mettre en place, et donc à lever, des pierres plus grosses qu'il n'est nécessaire et éventuellement à les tailler dans des conditions difficiles, en hauteur, sur des échafaudages plus ou moins précaires. Mais le ravalement présente surtout l'inconvénient majeur d'ébranler le mortier et n'est donc admissible que dans les constructions à joints vifs.

Il est impossible, en général, de distinguer *a posteriori* si un édifice clavé a été ravalé ou exécuté selon «les règles de l'art», mais certains ouvrages ne sont pas réalisables par ravalement. Par exemple une voûte d'arête, qui est une pénétration de deux voûtes en berceau dont les lignes de joint se «retournent», et dont les voussoirs arêtiers se coudent comme ceux représentés à la fig. 11 (sous-figure 153 de la planche XXIII de l'ouvrage d'Adhémar), ne peut être construite par ravalement car il faut repérer sur un dessin, avant de construire chacune des voûtes, les génératrices qui se correspondent. Par contre la pénétration de deux berceaux telle qu'elle est appareillée dans la tombe de Pergame et dont l'axonométrie de Choisy donne le détail[31] (fig.6), peut avoir été construite par ravalement. Les trois premiers rangs d'assise du berceau secondaire (celui dont seule une portion d'arc générateur a été dessinée par Choisy) viennent en butée sur les rangs d'assise du berceau principal (dessiné dans son entier), qui n'ont pas la même hauteur. Les voussoirs arêtiers

[31] [Choisy, 1943, t. I, p. 410].

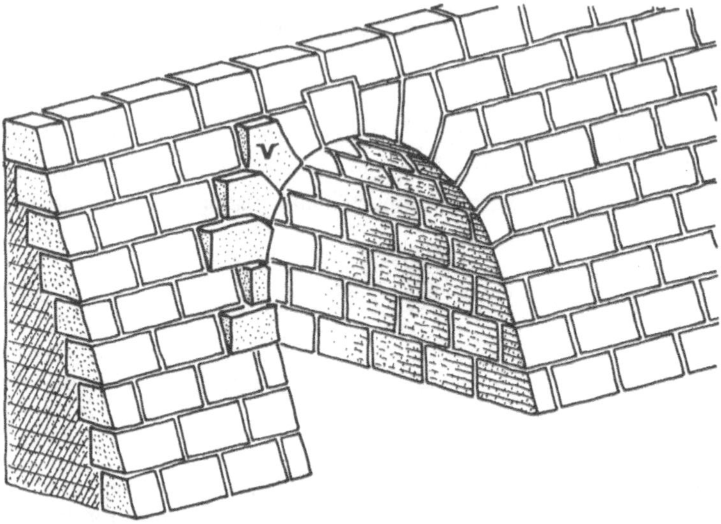

Fig. 10 - Un exemple de pièce clavée réalisable par ravalement : une voûte en berceau dans un mur en talus

Il est possible de tailler le voussoir V dans un premier temps sans tenir compte de l'inclinaison du mur, de le mettre en place dans la voûte puis, dans un deuxième temps seulement, abattre la pierre qui fait saillie par rapport au nu du mur.

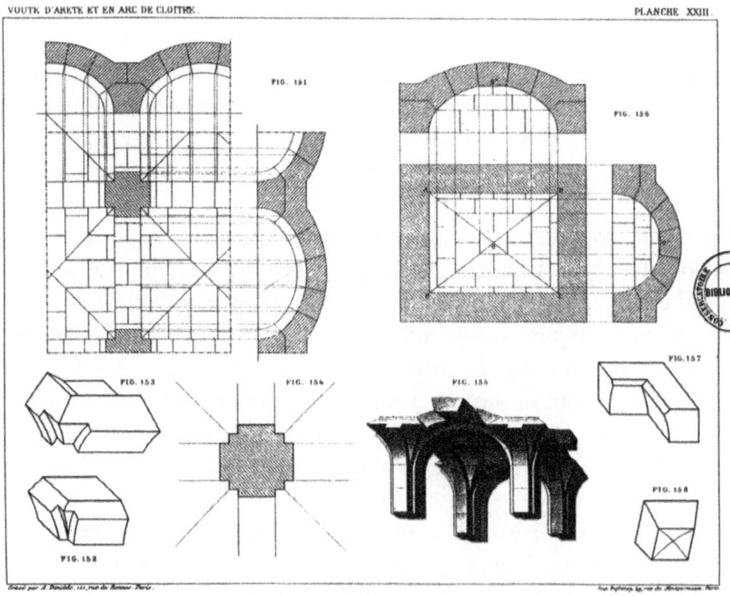

Fig. 11 - Un exemple de pièce clavée non réalisable par ravalement :
une voûte d'arête dont les voussoirs arêtiers se coudent.
[Adhémar, 1840, pl. XXIII].

des rangs suivants, qui appartiennent alternativement à l'une ou l'autre des deux voûtes, peuvent très bien avoir été mis en place dans un berceau sans tenir compte de la pénétration, puis retaillés après coup, en fonction du second berceau, comme précédemment pour la voûte débouchant dans un mur en talus.

Si une voûte d'arête, peut donc, sous certaines conditions, être obtenue par ravalement, une coupole clavée hémisphérique ne peut être construite selon cette méthode, compte tenu de la forme spécifique des lits des voussoirs. En effet les surfaces des panneaux de lit ne sont pas des portions de plan mais des portions de cône (fig. 12, sous-figure 155 de Frézier) qu'il faut impérativement déterminer avant la pose, et non après. Pour s'en rendre compte, il suffit d'imaginer la coupole sphérique comme engendrée par la rotation d'un arc plein-cintre clavé autour de son axe vertical. Les lignes de joint, concourant au centre de l'arc, génèrent dans leur rotation des portions de cône qui constituent les surfaces des lits. Les voussoirs d'une coupole sphérique, dont seuls les panneaux de joint (ou de tête), verticaux, sont plans, ont en effet cette particularité d'avoir une forme en «banane» ; le lit inférieur posé sur une table, le voussoir «roulera» le long de cette face (fig. 12 et 13). Cette forme très particulière interdit l'usage du ravalement puisque pour mettre en place le voussoir il faut déjà que son lit inférieur soit taillé. Deux autres méthodes, évitant tout tracé préalable, ont été mises en œuvre pour la réalisation des coupoles sphériques : la «taille à la demande» et la «taille à la perche».

Dans la taille à la demande, chaque claveau, de forme relativement irrégulière, est taillé par retouches successives, en fonction de la forme des claveaux déjà en place sur lesquels il s'appuie. Cette technique d'appareillage est l'équivalent, pour une coupole, du parement polygonal pour un mur vertical. Dans une étude portant sur quelque sept cents coupoles romanes construites dans le sud-ouest de la France, R. Chappuis a montré que c'est très vraisemblablement ce principe de construction qui a été utilisé[32]. Jamais, en effet, le mortier ne sert à corriger les imprécisions de la taille. Ce principe de construction induit naturellement un rythme très lent de mise en œuvre, puisqu'il interdit que plusieurs ouvriers taillent conjointement les pierres d'une même coupole et oblige la même personne à tailler et à maçonner. Il présente par contre l'avantage d'une très grande souplesse d'utilisation, d'une relative économie de la pierre et du travail de taille, puisqu'il est possible, au cas par cas, de choisir la pierre dégrossie qui s'approche au plus près du claveau à réaliser.

Le principe de la méthode de «taille à la perche» est explicité à la fig. 13. Pour le premier rang d'assise, le lit inférieur des voussoirs étant horizontal et le voussoir étant en place comme dans le ravalement, le lit supérieur peut être taillé, à l'aide d'une corde (ou d'une perche) matérialisant le rayon de la sphère (d'intrados et d'extrados) et les génératrices du premier cône. La corde permet à la fois de dessiner les panneaux de tête du voussoir, de tailler correctement la surface sphérique de l'intrados de la douelle et la surface conique du lit supérieur, si l'on a préalablement tracé l'arc de cercle directeur le plus extérieur de ce tronc de cône. Pour le second rang d'assise, on commence par tailler la

---

[32] [Chappuis, 1962].

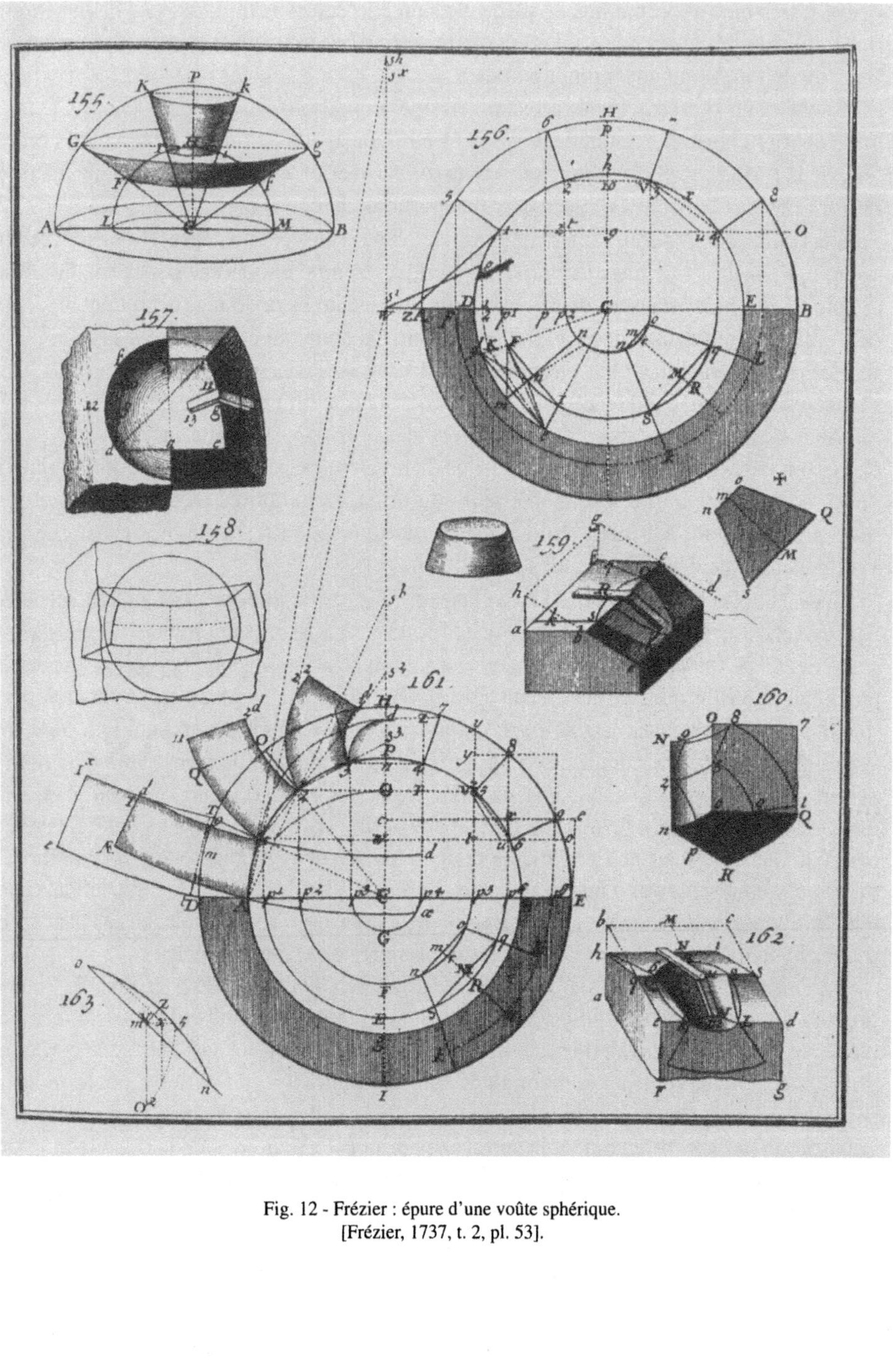

Fig. 12 - Frézier : épure d'une voûte sphérique.
[Frézier, 1737, t. 2, pl. 53].

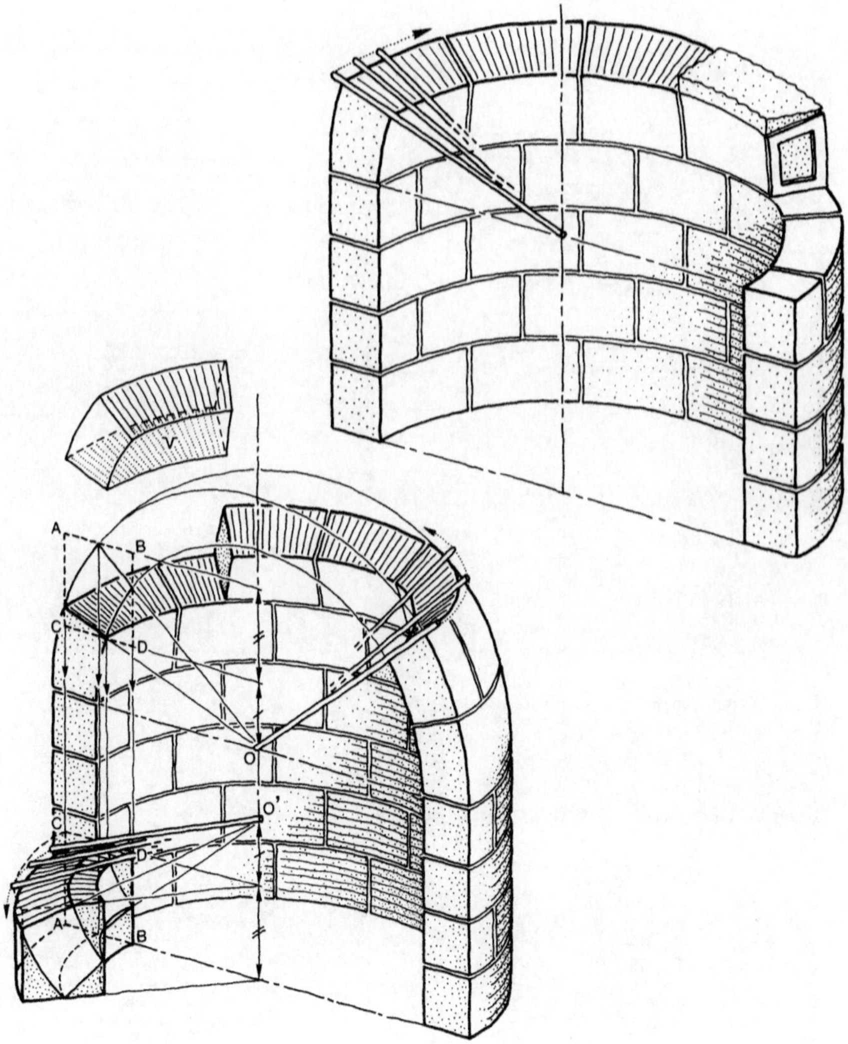

Fig. 13 - Principe de construction d'une coupole sphérique selon la méthode de «taille à la perche».

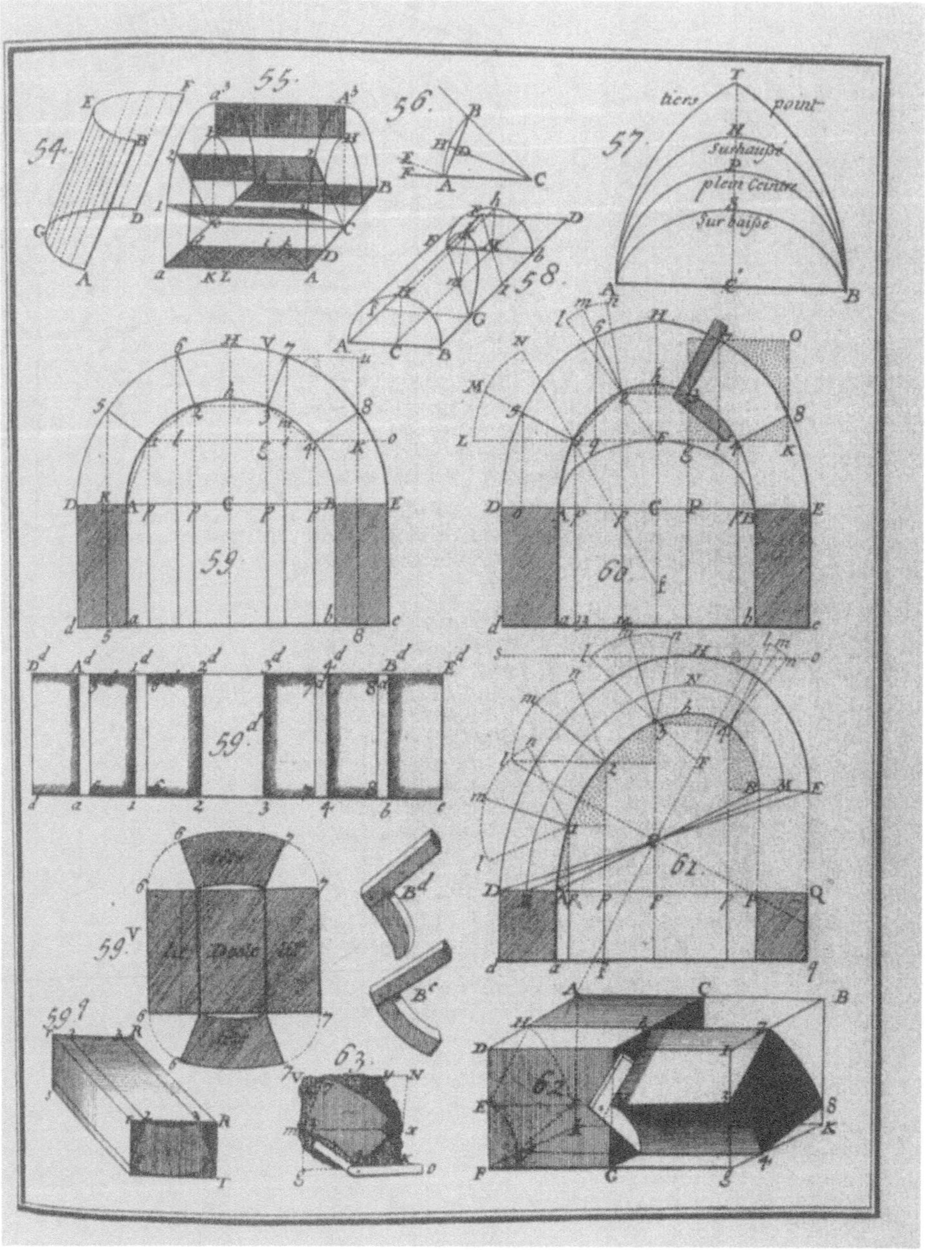

Fig. 14 - Taille par équarrissement des voussoirs d'un arc droit ou rampant.
[Frézier, 1737, t. 2, pl. 34].

surface inférieure des lits en matérialisant un cône égal, mais inversé par rapport à celui qui a servi à tailler la face supérieure des voussoirs du premier rang. Comme pour le premier rang, le lit supérieur des voussoirs du second rang est taillé après la mise en place du bloc de pierre. Il suffit ensuite de réitérer le processus pour les rangs suivants.

La taille par équarrissement et la taille par panneaux

Très vraisemblablement pour répondre à des contraintes du chantier, et en particulier pour pouvoir accélérer le rythme de la construction, les techniques de taille se sont perfectionnées. La taille par équarrissement, également appelée d'une façon très imagée «dérobement», consiste à «tailler une pierre sans le secours des panneaux par le moyen des hauteurs et profondeurs qui déterminent les bornes de ce qu'il en faut retrancher, comme si l'on dépouillait la figure imaginée de ce qui la couvre»[33] (fig. 14, sous-fig. 60, 62 et 63 de Frézier). A partir du plan et de l'élévation tracés grandeur nature, l'appareilleur inscrit, à l'intérieur d'un parallélépipède rectangle dont les parois sont horizontales ou verticales, le voussoir dans la position qu'il occupera après l'assemblage. Chaque sommet, ou n'importe quel point particulier, est ensuite repéré par sa projection sur deux faces orthogonales de l'enveloppe. Prenons l'exemple d'un voussoir d'une porte droite plein cintre dans une tour ronde. L'appareilleur dispose du plan de la tour ronde et de l'élévation de la porte cintrée, avec les voussoirs (fig. 15). Pour tailler le voussoir A, il l'inscrit dans un parallélépipède rectangle dont les faces sont horizontales et verticales et sur lesquelles il trace respectivement les portions du plan et de l'élévation correspondante. Le voussoir est ensuite taillé à partir de ces seuls tracés (fig. 16-a). Il suffit d'une part d'abattre la pierre de façon à former un cylindre dont les génératrices sont verticales et qui admet pour directrices les courbes tracées sur les plans horizontaux[34], et d'autre part de former de façon analogue le cylindre aux génératrices horizontales, pour qu'à l'intersection des deux cylindres apparaisse le voussoir cherché, sans que l'on ait à en prédéterminer sa forme. Naturellement, au moment de la taille, il ne faut pas perdre la projection sur l'une des parois, par exemple verticale, en abattant d'un coup tout le cylindre à génératrices verticales. En pratique, on trace les projections sur les deux faces parallèles et l'on taille par moitié, comme indiqué sur la figure 16-a.

«Si vous voulez, vous pouvez faire telles voûtes de portes par équarrissement ... mais en cela il y a grande perte de pierres, qui fait que les bons maîtres se servent du panneau, lequel ils mettent tout autour des pierres pour les trasser quand ils veulent bien faire selon le trait et œuvre qu'ils ont à suivre»[35]. Dans la méthode par panneaux, on détermine le volume de chaque voussoir à partir de la surface de chacune de ses faces. On cherche à

---

[33] [Frézier, 1737, t. 1, p. 397].

[34] Le terme «cylindre», conformément à son usage en géométrie, désigne toute surface définie par l'ensemble des droites (appelées génératrices) parallèles une direction donnée et venant s'appuyer sur une courbe quelconque (appelée directrice).

[35] [Philibert de l'Orme, 1567, p. 73].

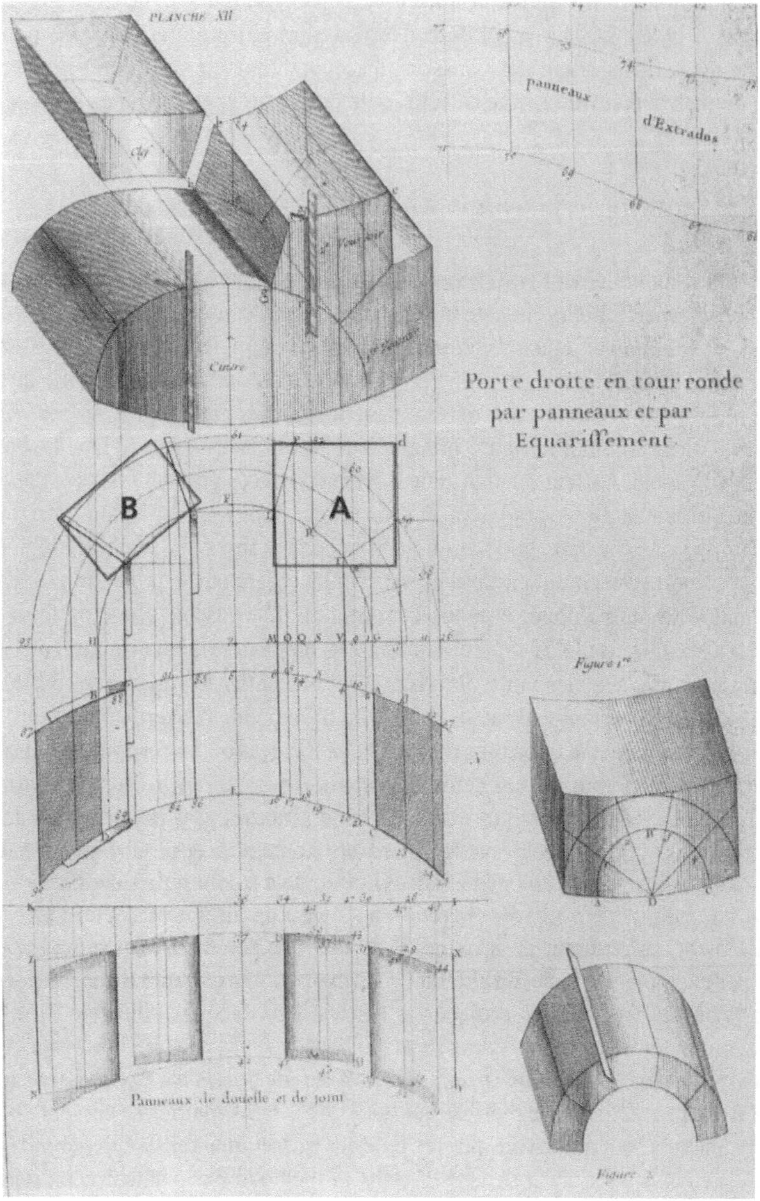

Fig. 15 - Voussoirs d'une porte droite dans une tour ronde taille par équarrissement et par panneaux.
[de La Rue, 1728]

placer le voussoir dans un parallélépipède rectangle minimal (fig. 15, voussoir B) qui ne comporte plus qu'une seule direction de plan parallèle à l'un des référents de l'espace. Dans l'exemple donné le parallélépipède possède deux faces verticales, mais aucune horizontale. Après avoir tracé le panneau de face, donné par l'élévation, le tailleur dégage, à partir de lui, le cylindre à génératrices horizontales. Toute référence au repère plan-élévation étant alors perdue, il faut, pour achever le travail, avoir préalablement déterminé la forme géométrique exacte de chacune des faces du voussoir. Il faut même, plus précisément, dans l'exemple ci-contre (fig. 16-b), repérer les points d'intersection des génératrices verticales du cylindre formant l'intérieur de la tour avec les différents panneaux. Au moment de la taille, pour obtenir une surface régulière (et conforme au projet), il est nécessaire que le ciseau du tailleur suive la direction des génératrices, qui doivent donc être repérées préalablement (par exemple sur la fig. 16-b par les points a,a'). Ainsi que le souligne Philibert de l'Orme, la méthode par panneaux permet un progrès pratique en diminuant le volume de pierre nécessaire et, en conséquence, le temps de taille et le coût d'exécution. Par exemple, pour le voussoir A représenté sur la figure 15, l'économie en pierre est d'environ un tiers. «Le second désavantage (de la taille par équarrissement) est, qu'il faut non seulement faire inutilement les surfaces d'un parallélépipède qu'il faut recouper, mais souvent des secondes surfaces qui sont encore inutiles... Le troisième désavantage est, que si les angles sont un peu altérez par l'exécution, & que l'équarrissement ne soit pas exact dans les renvois... il peut en résulter des erreurs sensibles, & des arêtes d'un contour irrégulier et mal formé»[36]. Plus rapide, plus économique, plus précise, la taille par panneaux ne s'impose néanmoins pas facilement ; Frézier note encore que «malgré l'imperfection de la méthode par équarrissement, les Appareilleurs la préfèrent ordinairement à celle des Panneaux par plusieurs raisons ; la première, parce qu'il se soucient moins de ménager la pierre, dont la dépense ne roule pas sur leur compte, que de s'épargner de la peine ; la seconde, parce qu'ils ont besoin de moins d'instrumens, c'est-à-dire de Panneaux... La troisième, c'est que comptant toujours sur quelques ragrémens, ils sont peu curieux d'une parfaite opération, parce qu'ils se flattent de sauver les apparences par ce moyen»[37].

Dans la pratique, et surtout si le voussoir à tailler n'est pas situé à l'intersection de deux cylindres comme dans l'exemple donné ci-dessus, on peut bien sûr avoir recours à tous les panachages possibles entre ces deux méthodes de taille. Frézier dénomme «taille par demi-équarrissement», celle où l'on «fait usage des surfaces supposées Horizontales ou Verticales comme dans l'équarrissement, & des Panneaux de Doëles, comme à la méthode des Panneaux»[38]. Une méthode mixte, improprement nommée par équarrissement, peut être utilisée pour la construction d'une coupole hémisphérique. La première étape consiste à tailler, à partir du plan et de l'élévation d'une assise, un bloc en «croissant»,

---

[36] [Frézier, 1737, t. 2, p. 13-14].
[37] *Ibid.* p. 14-15.
[38] *Ibid.* p. 13.

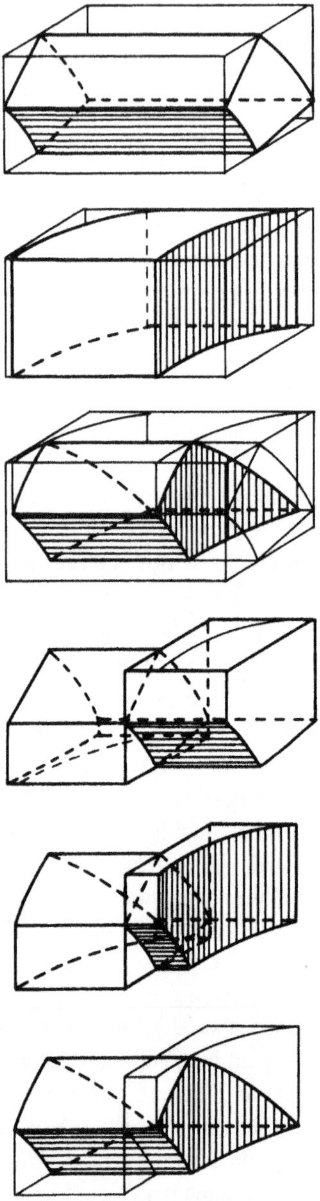

Fig. 16-a - Taille du voussoir A par équarrissement

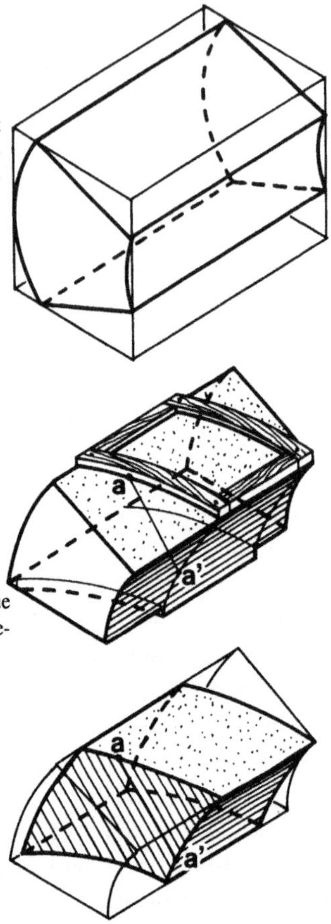

Fig. 16-b - Taille du voussoir B par panneau

comme le claveau d'un arc (fig. 12, sous-fig. 160 de Frézier). Sur chacune des faces verticales de ce bloc, on trace un panneau de tête (panneau *85ql* de la sous-fig. 160 de Frézier), les arcs des cercles qui correspondent aux limites des surfaces des lits pouvant être tracés sur les faces horizontales du bloc ou sur les portions de cylindres à génératrices verticales. Ainsi le lit supérieur du voussoir représenté sur l'épure de Frézier est limité par les arcs *8,9* et *2,5*, qui sont aisés à reporter sur le bloc à partir du plan et de l'élévation. On achève la taille des lits, soit à l'aide d'un beuveau[39] qui permet de tailler les portions des cônes des lits, soit directement, «à la règle», à partir des deux arcs *8,9* et *2,5*[40]. La taille de la douelle d'intrados s'effectue de façon analogue à partir des deux arcs de cercles 2,5 et p,q si l'on se contente, comme le recommande Frézier, d'une succession de portions de cônes comme approximation de la sphère intérieure. Pour retrouver la génération exacte de l'intrados, le tailleur de pierre peut utiliser une «cerce»[41] ou un beuveau mixte dont la branche rectiligne suivra les génératrices du cône du supérieur, la branche en forme d'arc générant une portion de sphère. Cette méthode s'apparente à l'équarrissement, dans sa première partie, mais pas directement dans la seconde.

Comme pour la porte droite dans une tour ronde, la méthode des panneaux a comme premier objectif d'économiser le volume de pierre – et le temps de taille – en inscrivant les voussoirs dans un parallélépipède rectangle minimal (fig. 12, sous-fig. 159, 161 et 162 de Frézier), le tracé précédent engendrant des pertes importantes pour les voussoirs situés à une latitude médiane. Frézier indique également pour la voûte hémisphérique une autre méthode, empruntée à de La Rue, où l'on commence par creuser à la cerce, dans un bloc de pierre, une calotte sphérique qui sera la douelle d'intrados d'un voussoir. Sur cette portion de sphère on inscrit le quadrilatère sphérique de la douelle dont les côtés sont donnés par le plan et l'élévation de la voûte (fig. 12, quadrilatère *deif* de la sous-fig. 157 de Frézier ; plan et élévation à la sous-fig. 156). A partir de ce quadrilatère, on taille les surfaces des lits et des joints à l'aide d'un beuveau mixte. Toute la difficulté de cette méthode, également très dispendieuse en pierre, est d'obtenir un tracé suffisamment précis du quadrilatère sphérique sur lequel repose la suite de la construction. On utilise pour ce tracé, la vraie grandeur des cordes du quadrilatère (cordes *di, if*, etc…) et des cerces formées selon les différents arcs de cercles.

Les premières épures

Comment passe-t-on d'une technique de taille à une autre, et plus précisément, quelle évolution du savoir géométrique accompagne cette évolution technique ? Entre les méthodes de taille archaïques, qui, aussi surprenant que cela paraisse au vu des coupoles anti-

[39] Le beuveau (ou biveau ou buveau) est «une sorte de fausse équerre composée de deux lattes assemblées sous un angle constant et qui sert aux tailleurs de pierre pour obtenir une surface qui rencontre, sous un angle donné, une surface déjà exécutée» [Chabat, 1875].

[40] Il suffit de subdiviser chacun des arcs en k parties égales pour repérer les génératrices du cône et s'assurer, avec une règle, de l'exactitude de la taille.

[41] La cerce (ou cherche ou cerche) est un patron découpé suivant une courbe donnée (ici suivant un arc du cercle générateur de l'intrados) comme à la figure 14 (sous-figure 60, 62, B^d et B^c).

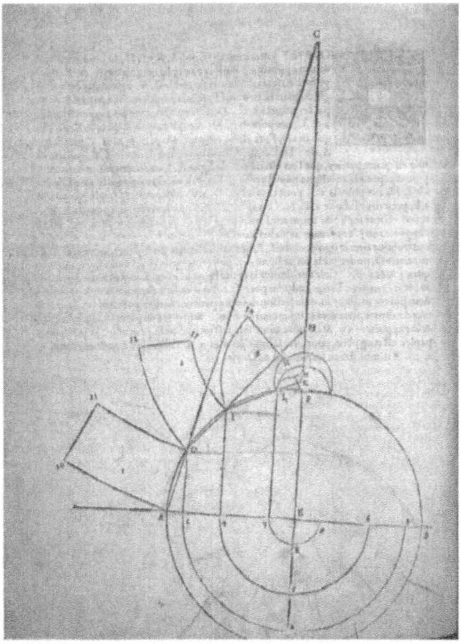

Fig. 17 - Jousse : épure d'une coupole sphérique.

Fig. 18 - Voûte en «vis de Saint-Gilles»
De Philibert de l'Orme à Rondelet, la vis de Saint-Gilles a toujours été considérée comme la pièce clavée la plus difficile à réaliser, les lits des voussoirs étant des surfaces gauches non développables et les arêtes des courbes à double courbure. La vis de Saint-Gilles peut être taillée par équarrissement ou par panneaux, mais non par une méthode de taille évitant tout dessin.
[Rondelet, 1802].

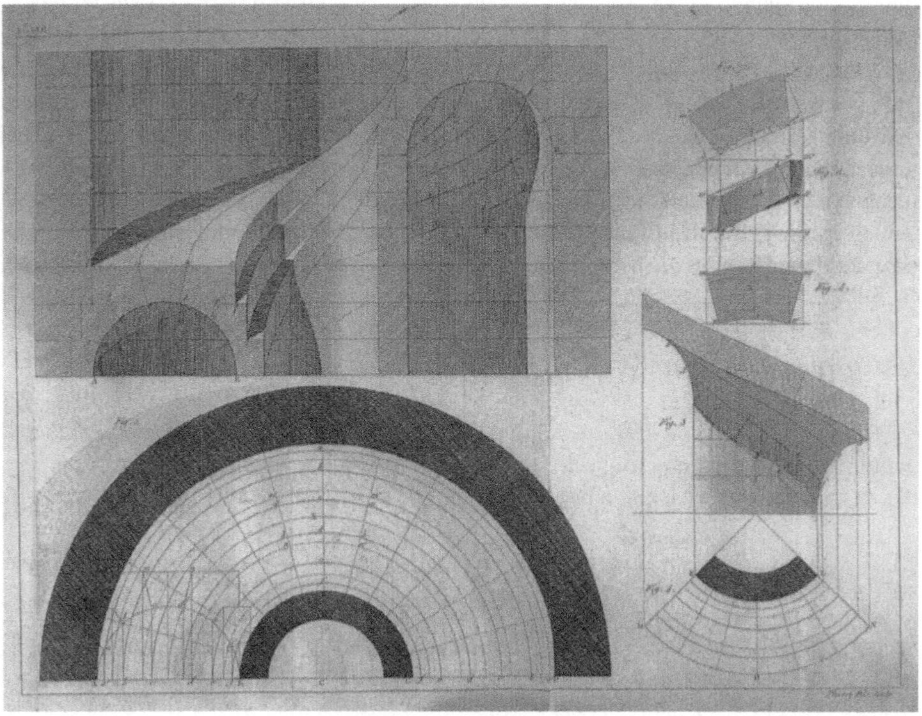

ques ou romanes, ne nécessitent aucun tracé préparatoire, et les premières épures connues qui apparaissent aux XIIe et XIIIe siècles en Europe, peut-on trouver des traces indirectes d'un usage d'une géométrie pratique déjà élaborée ?

Seuls points avérés, les voûtes hémisphériques des églises orientales, n'ont été construites ni par encorbellement, ni par ravalement, ni par taille à la demande. L'encorbellement ne permet pas, nous l'avons vu, de construire les coupoles hémisphériques, mais seulement des intrados de forme parabolique. De plus l'arc de tête, visible pour les coupoles en cul-de-four, montre que les surfaces des lits ne sont pas horizontales mais bien rayonnantes, ce qui interdit le ravalement. Les coupoles syriennes ou arméniennes n'ont pas, non plus, été réalisées selon un principe de taille à la demande. Cette méthode n'est en effet praticable que si, comme c'est le cas dans les églises romanes décrites par Chappuis, les voussoirs ne dépassent pas une cinquantaine de kilos pour pouvoir être manipulés par un homme seul qui peut les mettre en place, vérifier leur forme, les déposer à nouveau etc… Or dans les voûtes des églises syriennes ou arméniennes, comme par exemple dans la basilique de Qualblosch (fig. 7), les voussoirs dépassent très certainement les trois cents kilos, ce qui interdit des manipulations du même type.

Les coupoles orientales ont donc été construites soit selon un principe de taille à la perche, soit selon l'une des méthodes décrites par Frézier. Ces dernières demandent des tracés géométriques liminaires impliquant au minimum une bonne maîtrise de la représentation par double projection, avec les deux vues plan/élévation tracées à la même échelle comme par exemple dans l'épure donnée par Jousse pour la voûte en «cul-de-four»[42] (fig. 17). Il n'est naturellement pas exclu que ce type de tracé ait fait partie des savoirs des tailleurs de pierre orientaux. L'*Analemme*, écrit au milieu du deuxième siècle de notre ère, contient certaines figures où Ptolémée fait usage de la double projection[43]. Mais le chapitre précédent montre la relative étanchéité entre géométrie savante et géométrie pratique, ainsi que les stratégies de compensation mises en œuvre par les artisans pour éviter tout recours à des tracés géométriques complexes. En l'absence de toute trace explicite de dessin constructif, on ne pourrait affirmer l'usage de tracés préliminaires que si les exemples d'architecture clavée du début de l'ère chrétienne n'étaient pas réalisables à l'aide de méthodes «archaïques» et demandaient de façon incontournable une taille par équarrissement ou par par panneaux comme par exemple une «vis de Saint-Gilles»[44] (fig. 8). Tel n'est pas le cas ; les pénétrations de berceaux ont pu être construites par ravalement et les coupoles taillées à la perche. L'usage de cette dernière méthode est d'autant plus vraisemblable qu'elle correspond à un procédé mis en œuvre très tôt dans l'architecture maçonnée. «Encore aujourd'hui en Orient, note Viollet-le-Duc, les maçons, pour fermer une

[42] L'intrados d'une voûte en «cul-de-four» forme un quart de sphère, comme l'abside de la figure 7 ; les voûtes sphériques ou en «cul-de-four» sont naturellement appareillées de façon identique.

[43] Sur l'*Analemme* voir [Sinisgalli et Vastola, 1992].

[44] Un escalier tournant est dit «en vis-de-Saint-Gilles» lorsque les marches reposent sur une voûte en berceau hélicoïdal, c'est-à-dire une voûte dont l'axe est une hélice. Un escalier de ce type, a été construit dans l'abbaye de Saint-Gilles du Gard, vraisemblablement à la fin du XIVe siècle. Très bien appareillé, il deviendra l'archétype du berceau hélicoïdal et, conformément à l'usage, lui donnera son nom.

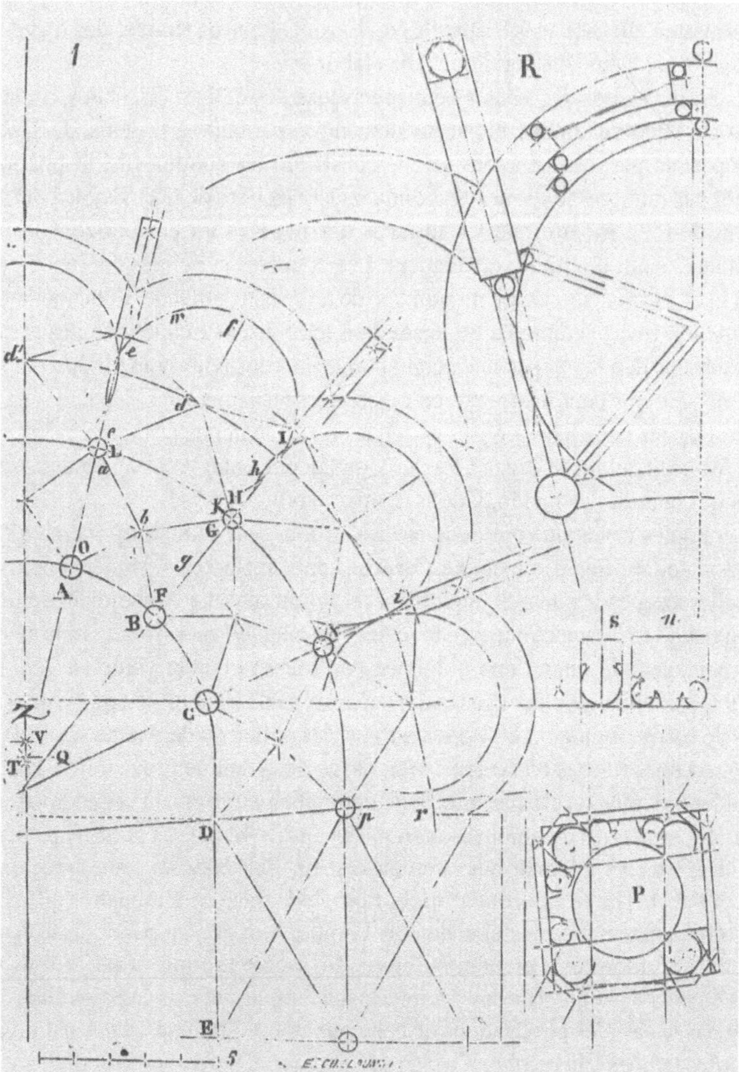

Fig. 19 - Relevé par Viollet-le-Duc du déambulatoire de l'église de Saint-Denis construit par Suger entre 1137 et 1141.
in [Viollet-le-Duc, 1854, article «Trait»].

Les projections horizontales des arcs-doubleaux Ae, BI, Ci, Dp, ne sont pas rayonnant au centre T du cercle ABC, mais sont «balancés» comme les marches d'un escalier tournant. Cette solution présente des avantages esthétiques et constructifs en diminuant la différence de longueur entre les arcs AB et eI, BC et Ii, etc... qui eût été très importante dans le cas d'un tracé rayonnant. Mais, selon Viollet-le-Duc, ce choix nécessite pour tailler le sommier de chaque arc et le chapiteau qui le soutient de tracer sur un même dessin la projection horizontale et verticale des arcs-doubleaux, car les différents arcs qui aboutissent sur un même chapiteau ont tous des inclinaisons différentes.

coupole, n'établissent pas de cintres de charpente ; ils se contentent d'une tige de bois attachée au centre de la coupole et qu'ils manœuvrent en tout sens en montant la maçonnerie suivant le rayon donné par cette tige comme un pigeonnage»[45].

Le deuxième argument qui laisse douter du fait que les Croisés aient trouvé en Orient des procédés graphiques très élaborés vient de l'examen des premiers dessins techniques connus se rapportant à l'architecture clavée. Brûlant les étapes, Viollet-le-Duc n'hésite pas affirmer que dès le début du XIIe siècle, les constructeurs de Vézelay avaient «en géométrie descriptive des connaissances déjà étendues»[46]. S'appuyant sur le relevé du porche de cette église ou sur celui du déambulatoire de l'église de Saint-Denis construit par Suger entre 1137 et 1141 (fig. 19), il prétend par exemple que les dessins qui superposent plan et coupe sont d'un usage fréquent dès cette époque. Pourtant les premières traces explicites de dessins constructifs qui nous sont parvenues, les épures gravées dans la pierre, ne montrent pas une telle virtuosité géométrique. Ces épures, dessins grandeur nature, tracées sur des surfaces planes de grande dimension, verticales ou horizontales, furent parfois réalisées, en Angleterre, dans des pièces spécialement édifiées pour le chantier et généralement détruites à son issue, les «tracing houses» ou chambres aux traits. La chambre aux traits de York, par exemple, porte encore au sol le tracé, daté de 1360, du remplage des baies de collatéraux du chœur du monastère. Mais de nombreuses épures, datant des XIIIe et XIVe siècles, ont été tracées directement sur les parois ou sur le sol de bâtiments en cours de construction. Dans la cathédrale de Reims, une immense épure de la façade occidentale est gravée sur le mur oriental du bras sud du transept. Dans la cathédrale d'Auxerre, un tracé de fenêtre est gravé sur le mur du triforium. A Soissons des épures de fenêtres sont tracées sur le sol de la tour nord[47]. Les plus anciennes épures, de la fin du XIIe siècle, sont celles de l'abbaye cistercienne de Byland, dans le Yorkshire[48]. Une des plus belles séries d'épures gravées se trouve sur la terrasse couvrant le chœur de la cathédrale de Clermont-Ferrand. Selon F. Claval qui en a effectué le relevé et les a étudiées, le plus ancien tracé daterait de 1265, et pourrait être contemporain de Jean Deschamps, la majorité des épures datant de la période où Pierre Deschamps[49] était maître d'œuvre, c'est à dire du dernier quart du XIIIe siècle[50]. Ces épures, tracées en hauteur et souvent loin des pièces à réaliser, n'ont sans doute pas servi directement de support à un chantier de taille, ce qui aurait nécessité d'importants déplacements de pierre ; elles permirent plus vraisemblablement l'exécution de panneaux en bois servant de gabarit, les *moles*, qui étaient en-

[45] [Viollet-le-Duc, 1854, t. 4, p. 351].Un procédé de cet ordre fut également employé par Brunelleschi pour la coupole de Florence ; sur ce sujet voir [Bechmann, 1991, p. 149-150].

[46] *Ibid.* t. 9, p. 198 dans l'édition de 1967.

[47] Voir [Barnes, 1972] ; de telles épures sont visibles également à l'abbaye d'Epau dans la Sarthe, à l'abbaye de Noirlac dans le Cher, dans les cathédrales d'Orléans et de Narbonne ; celles de la cathédrale de Limoges ont été détruites lors d'une réfection du bâtiment.

[48] Voir [Schöller, 1989, p. 228-9].

[49] Jean Deschamps (1218-1295?) dirigea les travaux de la cathédrale de Clermont-Ferrand, sans doute à partir de 1248, puis ceux de la cathédrale de Narbonne ; Pierre Deschamps, vraisemblablement son fils, lui succèda, peut-être vers 1265.

[50] Voir [Claval, 1988, p. 222-3].

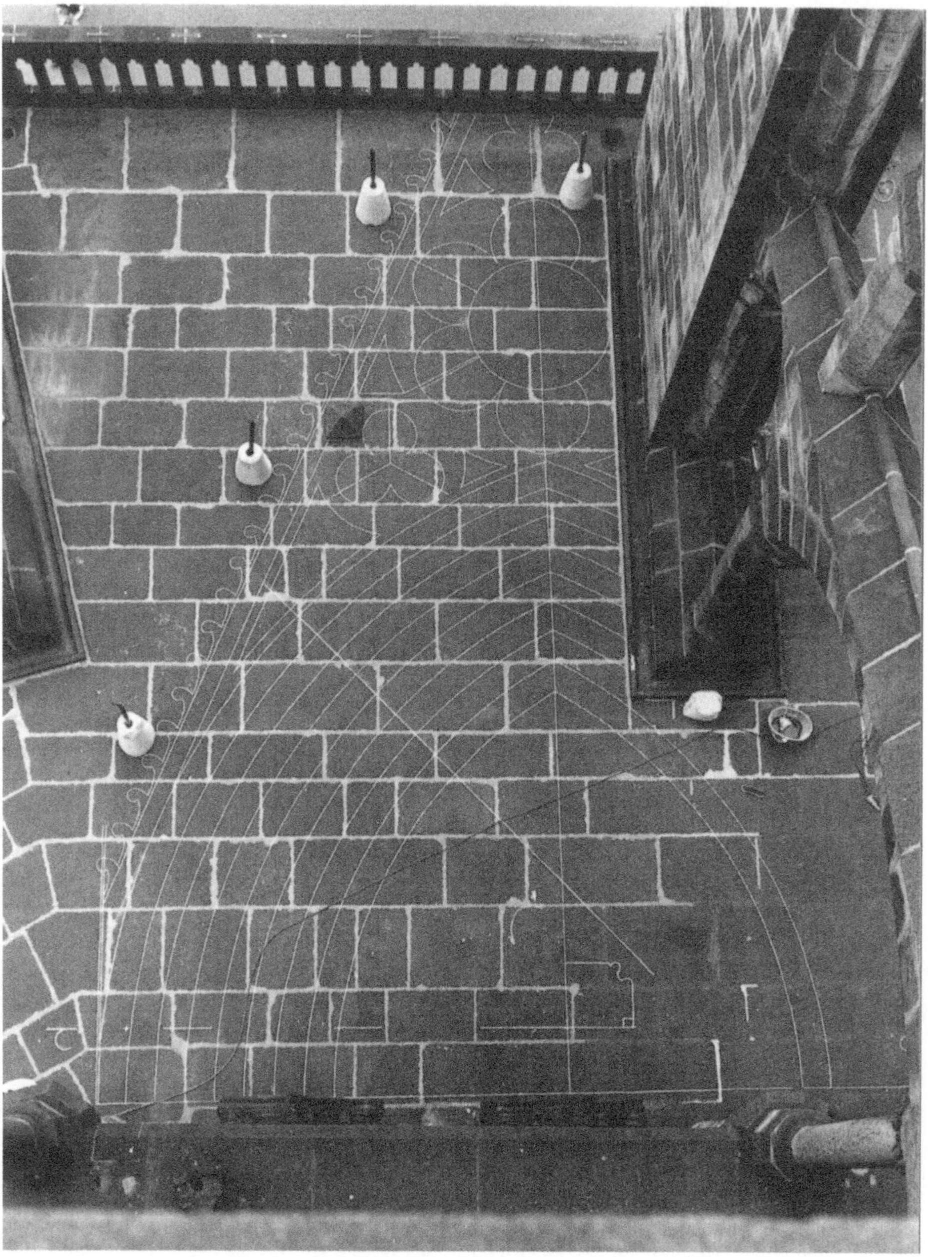

Fig. 20 - Projet du portail nord de la cathédrale de Clermont-Ferrand.
Epure gravée sur la terrasse couvrant le chœur de la cathédrale ; dernier quart du XIIIe siècle.

suite placés sur les pierres à tailler. La comparaison qu'effectue F. Claval entre les épures et les réalisations correspondantes permet également de préciser le statut de ces dessins. Par exemple la vaste épure (9m x 6m) dont la photographie est reproduite à la fig. 20, est un tracé préparatoire à l'exécution du portail nord de la cathédrale. Si le gâble du portail est conforme au tracé, d'importantes modifications ont eu lieu en cours d'exécution au niveau des archivoltes. Si bien qu'il ressort de l'étude de F. Claval que «l'épure ne représente qu'un stade intermédiaire dans le processus complexe qui va de l'invention d'une forme architecturale à sa réalisation. Ce n'est pas, *stricto sensu*, un «patron» ou un «bleu», comme le veulent beaucoup d'historiens des techniques, mais un avant-projet en grandeur réelle qui n'interdit ni les changements de parti, ni les retouches de détail»[51].

A part l'épure de Reims, qui superpose plan et élévation, toutes les épures gravées connues, correspondent simplement à des projections sur un plan et ne font pas intervenir (autant que j'ai pu en juger d'après les photos) d'opérations géométriques complexes. Elles représentent en général des élévations de portail, de rosace ou de fenêtre et permettent de tracer les gabarits ou de vérifier en cours de chantier, l'exactitude des formes des pierres à assembler. Mais aucune ne permet de confirmer les arguments avancés par Viollet-le-Duc d'un usage savant de la géométrie dès le XIIIe siècle.

Les dessins techniques du Carnet de Villard de Honnecourt

Il en est de même des dessins techniques du *Carnet* de Villard de Honnecourt dont deux d'entre eux concernent directement le tracé de voussoirs. Le premier (fig. 21), qui porte en légende *(p)ar chu tail om vosure besloge* (par ce moyen taille-t-on une voussure biaise), avait été interprété par Lassus comme un simple moyen de reporter un angle pour implanter le deuxième jambage d'un passage biais[52]. En comparant ce schéma avec une épure tirée du traité de coupe des pierres de Jousse (fig. 22), les compagnons tailleurs de pierre C. Lalbat, G. Margueritte et J. Martin ont pu montrer que le dessin de Villard de Honnecourt concernait le tracé de voussoirs formant le couvrement d'une baie biaise (dont l'axe n'est pas orthogonal au mur franchi) composée de voussoirs en parpaing (qui traversent toute l'épaisseur du mur), appelée le «biais passé des anciens»[53]. Le principe du tracé consiste à dessiner deux demi-cercles sur chacune des faces du mur (le demi-cercle de centre M et de diamètre IB et le diamètre de centre L et de diamètre AH sur l'épure de Jousse) et à faire rayonner les plans de lit sur une droite horizontale de position «médiane» par rapport au passage biais (le point E en élévation et la droite ED en plan). La surface d'intrados de l'arc est formée par les droites venant s'appuyer sur les deux arcs de cercles et sur la droite ED perpendiculaire aux plans des demi-cercle. Il s'agit d'une surface ré-

---

[51] *Ibid.* p. 219.

[52] Voir [Lassus, 1858, p. 149]. Un passage est dit «biais» lorsque la direction du passage n'est pas perpendiculaire au plan du mur.

[53] Voir [Lalbat, Margueritte et Martin, 1987]. Sur les passages biais voir [Rabasa, 1994].

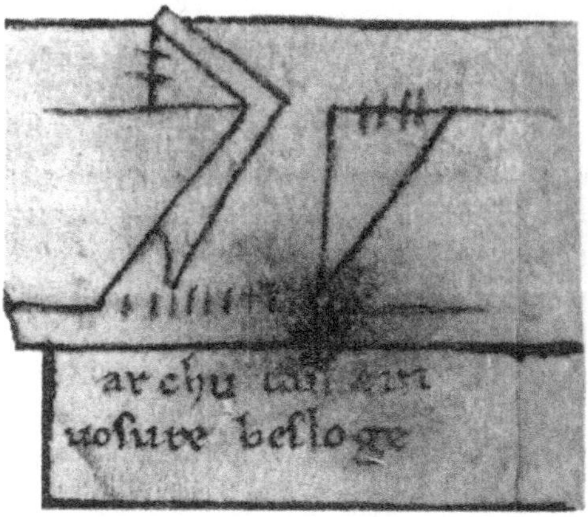

Fig. 21 - Villard de Honnecourt : par ce moyen taille-t-on une voussure biaise.

Fig. 22 - Epure de Jousse du «biais passé des anciens» Le plan du mur est donné par les droites AB et FG, la direction du passage par les segments de droite AF et HG.

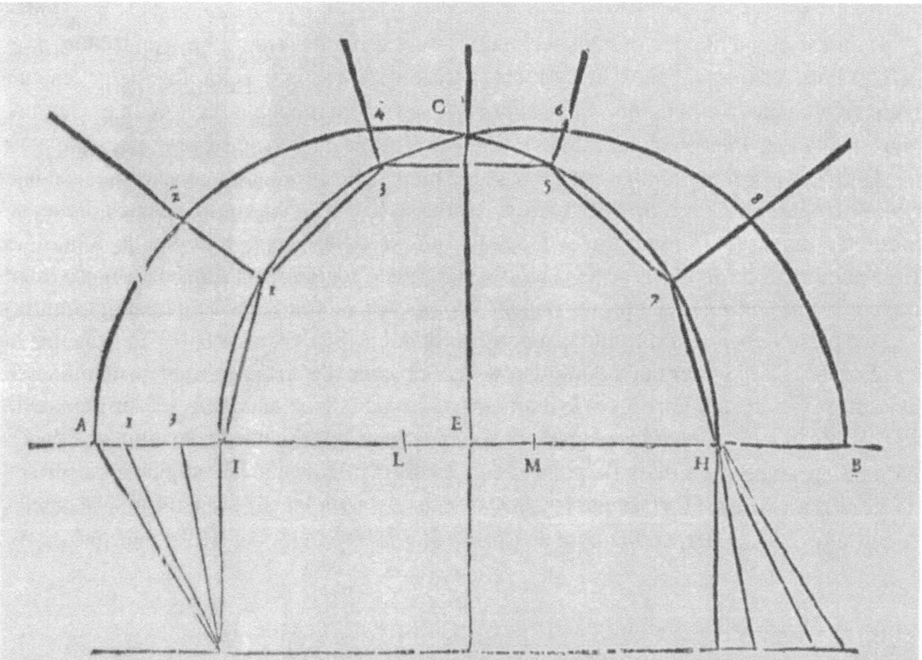

glée non développable, un cylindroïde[54], dont, paradoxalement, la complexité géométrique induit la facilité de taille. A partir des deux panneaux de tête, avant et arrière, il suffit en effet de subdiviser en autant de parties égales chacun des arcs de cercle porté par ces panneaux (par exemple les arcs I1 et A2), pour repérer des génératrices de l'intrados. La vraie grandeur des panneaux de lit est déterminée sur l'épure de Jousse par un rabattement sur le plan horizontal (le segment de droite 1F en plan donne la vraie grandeur du panneau 12 en élévation)[55]. Le schéma de Villard de Honnecourt donne une indication quant à la déformation des panneaux de lit par rapport au plan des piedroits.

Le deuxième dessin de Villard de Honnecourt sur ce sujet, *(p)ar chu tail om vosure destore de machonerie roonde,* se rapporte au tracé des voussoirs d'une porte droite dans une tour ronde, examiné précédemment (fig. 23). La question est alors d'actualité car à partir du XIIe siècle les tours rondes se multiplient dans l'architecture militaire. Comme le montre l'épure explicative ci-contre (fig. 24), la baie est couverte par un arc brisé et les panneaux de lit sont déterminés par rabattement sur le plan horizontal. Les lignes de joint PQ et MN sont dans l'espace des arcs d'ellipse[56] et l'on fait apparaître en vraie grandeur les panneaux de lit par rabattement sur un plan horizontal (cf. Annexe I, *Le vocabulaire de la géométrie descriptive*). Le croquis de Villard de Honnecourt, extrêmement succinct comparé à l'épure nécessaire pour la détermination exacte des panneaux, donne une idée du sens de déformation des différents panneaux de lit par rapport au plan : si l'on superpose les points r_1, p_1, m_1 et b, les extrémités des lignes de joint q_1 et n_1 viennent occuper des positions intermédiaires entre une droite s'appuyant sur les piédroits et le plan circulaire de la tour[57], comme l'indique Villard de Honnecourt. Aide-mémoire pour professionnel selon R. Bechmann, les schémas constructifs du *Carnet* n'indiquent vraisemblablement qu'un tracé approximatif des panneaux des voussoirs dont la forme exacte est ensuite déterminée par ravalement.

[54] Un cylindroïde est une surface réglée qui a pour directrice deux courbes et une droite. Si la droite directrice est à l'infini le cylindroïde est dit «à plan directeur», c'est à dire formé des droites parallèles à plan donné et s'appuyant sur deux courbes données.

[55] Pour effectuer le rabattement des panneaux de lit, Jousse reporte simplement les distances lues en élévation ; par exemple, pour le lit notée 1,2 en élévation, il suffit de reporter la distance 1,2 en I,1 en plan. Contrairement à ce qu'indique R. Bechmann (voir [Bechmann, 1991, p. 169-175] et [Bechmann, 1995, p. 42-43]), dans le biais passé des anciens, les lignes de joint des panneaux de lit ne sont pas des arcs d'ellipse, mais des portions de génératrice, donc des segments de droite. Par contre Frézier proposera un nouveau tracé dans lequel les plans de lit restent perpendiculaires aux faces du mur (ce qui évite une «poussée au vide») et où la surface d'intrados est un cylindre dont la directrice est l'arc de tête et dont les génératrices sont parallèles à la direction du passage ; dans ce cas les lignes de joint sont des portions d'ellipse (si l'arc de tête en est une).

[56] Conformément à l'usage en géométrie descriptive un point X de l'espace est noté x en plan et x' en élévation ; cf. Annexe I, *Le vocabulaire de la géométrie descriptive.*

[57] La comparaison entre le croquis de Villard et l'épure correspondante est analysée dans [Bechmann, 1991, p. 178-179].

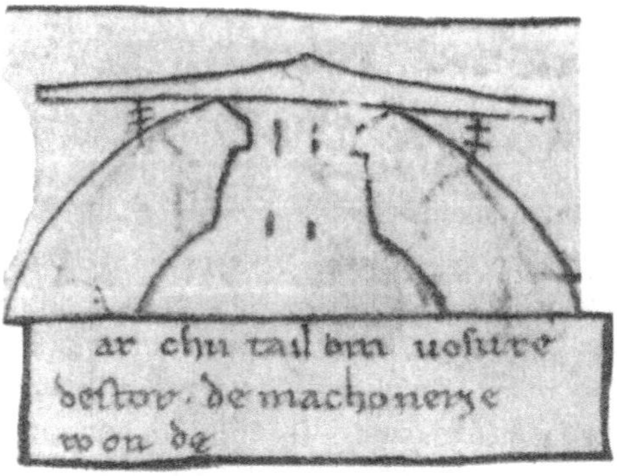

Fig. 23 - Villard de Honnecourt :
De cette façon, on taille une voussure de baie dans une maçonnerie ronde

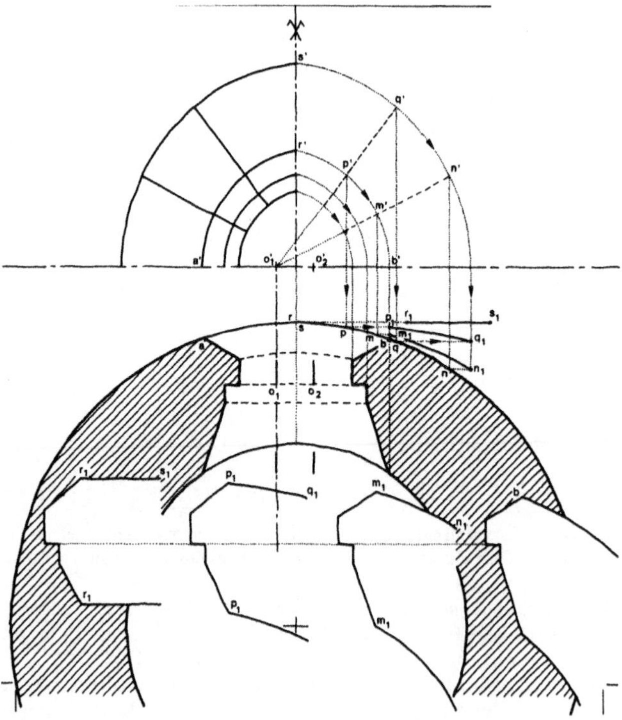

Fig. 24 - Epure explicative du croquis de Villard de Honnecourt, avec les vraies grandeurs des panneaux de lit. Si l'on superpose les points r_1, p_1, m_1 et b sur la vue en plan, les extrémités q_1 et n_1 occupent des positions intermédiaires entre s_1 et la tour, positions signalées sur le schéma de Villard de Honnecourt, qui indique, comme dans l'exemple précédent, le sens de déformation des panneaux de lit par rapport au plan.

L'inversion de la pensée constructive

Comme pour l'architecture, on a tout lieu de penser que pour la stéréotomie – même «savante» – on a construit d'abord et dessiné ensuite. Ce n'est vraisemblablement pas un perfectionnement des tracés géométriques qui a engendré celui des méthodes de taille, mais l'inverse, du moins dans un premier temps. C'est en construisant des coupoles sphériques ou des pénétrations de berceaux qu'est née l'idée du tracé liminaire et non le contraire. La représentation géométrale naît au moment où l'on passe de la taille par ravalement à la taille par équarrissement. Comme le note Choisy, «à l'époque romane on voit commencer la méthode qui sera pour l'époque gothique une règle absolue, de poser la pierre toute taillée»[58]. Equarrissement et ravalement sont en un sens deux méthodes réciproques l'une de l'autre. Imaginons la construction d'une porte droite dans une tour ronde (fig. 15). Par ravalement, la tour est «tirée» de son plan au sol, les voussoirs de l'arc sont mis en place sans tenir compte de rotondité du mur dans lequel il débouche, puis la tour (ou du moins l'étage concerné) achevée, les voussoirs sont retaillés. Le ciseau du tailleur de pierre est alors une matérialisation de la droite de projection au sol. Effectuer ce même travail de taille, avant que le voussoir ne soit en place et non après, revient à traduire abstraitement, avant la construction, cette opération de projection. Le ravalement définit la projection, l'équarrissement en part. Et le basculement d'une technique de taille vers l'autre produit le géométral plus qu'il n'est engendré par lui.

Pendant toute l'Antiquité et le Haut Moyen-Age, la construction d'un bâtiment est pensée dans le sens dans lequel elle s'effectue, de bas en haut. Pour les bâtisseurs gothiques au contraire, c'est «la chose portée qui (doit) imposer... les formes de la chose qui porte», ce qui impose de penser la construction d'un bâtiment de haut en bas. Dans une construction architecturale l'objet est de couvrir un espace vide, «les piliers et les murs ne sont et ne doivent être que les moyens d'obtenir le vide». Par conséquent, si l'espace à construire est une salle voûtée, «c'est la voûte qui couvre l'espace vide... qui est la partie essentielle de la structure ; c'est donc la voûte, sa forme, son étendue et son poids qui commande la disposition, la forme et la résistance des points d'appui. Par déduction logique... c'est la voûte qu'il s'agit d'abord de tracer, et c'est son tracé qui doit imposer celui des piliers et des murs»[59]. Ce retournement, cette inversion de la pensée constructive est fondamentale par rapport au problème de la représentation architecturale, car elle introduit l'opération de projection de manière physique, matérielle, concrète. Si le plan antique ou roman est trace au sol, implantation du bâtiment sur le terrain, le plan gothique devient vue du dessus, c'est-à-dire prend son sens actuel. Or cette inversion de la pensée constructive s'opère en Europe pendant le Gothique, pour la construction des voûtes et par un changement des techniques de taille.

Si le passage du ravalement à l'équarrissement joue un rôle constitutif dans la mise en place des techniques graphiques de base liées à la représentation en géométral, à l'inverse

[58] [Choisy, 1943, t. II, p. 113].
[59] [Viollet-le-Duc, 1854, article «Trait»].

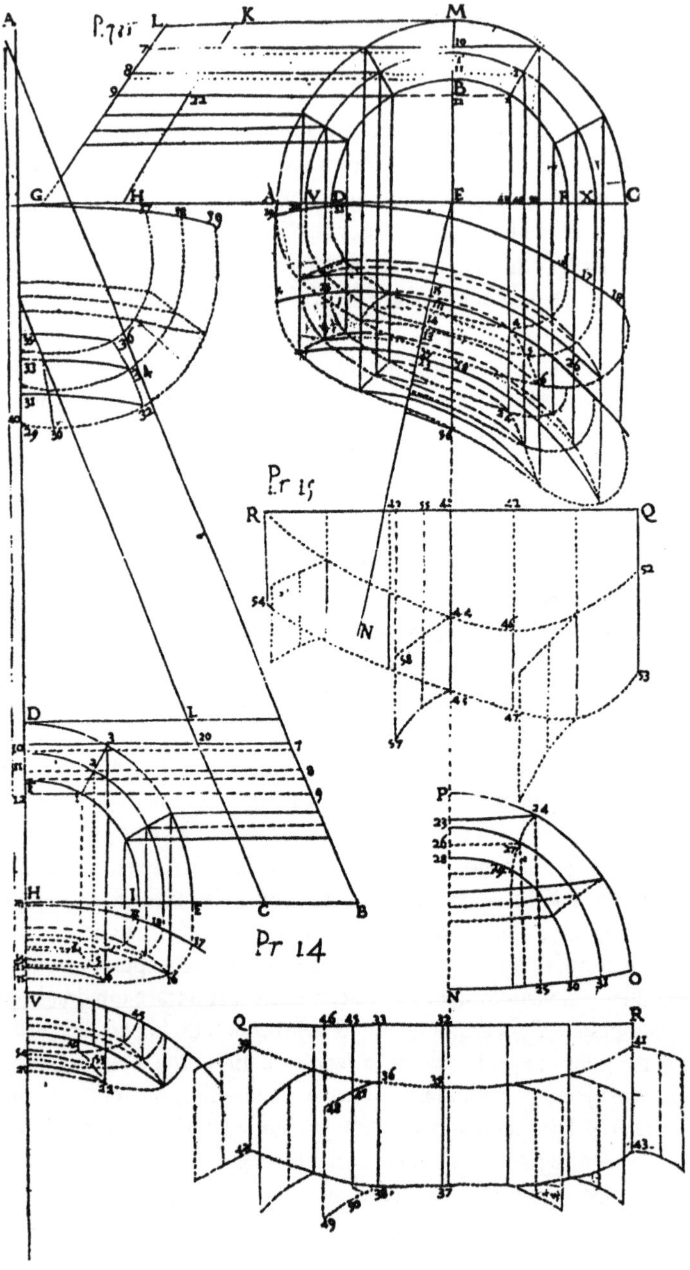

Fig. 25 - Guarino Guarini. Porte droite dans une tour conique
Euclides adauctus, problème 12, proposition 14.

: perfectionnement des méthodes géométriques permet l'évolution des méthodes de taille. .a taille par panneaux constitue, par rapport à la taille par équarrissement, une première tape, essentielle, quoique très étalée dans le temps, vers une théorisation du geste techniue. Avec elle, on passe d'une réalisation du volume directement, dans la masse de la ierre, à sa prédétermination géométrique préalable. C'est tout l'objectif des traités de iille des pierres.

_es traités français de coupe des pierres

Tournant fondamental dans l'histoire du Trait, la publication du premier traité de coupe es pierres par Philibert de l'Orme[60] n'en correspond pas moins, comme le note Viollet-le-)uc, à une période de décadence de la stéréotomie. A partir du XIIe siècle et jusqu'au XVe iècle, non seulement les pierres sont posées complètement taillées mais tout est prévu vec suffisamment de précision pour que les joints ne coupent pas maladroitement un baselief, un ornement ou une moulure. Or au XVIe siècle des fautes grossières de ce type pparaissent[61]. Il est certain que la démarche de Philibert de l'Orme traduit la volonté de iffuser un savoir maintenu secret durant le Moyen-Age, volonté caractéristique d'un honête homme de la Renaissance. Mais La Gournerie, fin connaisseur de la stéréotomie qu'il nseignera à l'Ecole polytechnique durant la seconde moitié du XIXe siècle, n'a sans doute 'as tort de noter également que cette diffusion s'opère à un moment où «les ouvriers des onstructions aimaient alors leur art avec moins de jalousie»[62].

Dans quelques épures, Philibert de l'Orme affirme proposer des tracés nouveaux mais, 'our l'essentiel, il ne fait que reprendre les tracés antérieurs connus des appareilleurs. En :s exposant, en cherchant à les rendre accessibles, en les diffusant hors du champ clos de ı corporation des tailleurs de pierres, en s'obligeant à rédiger par écrit ce qui n'était alors ue du domaine de la transmission orale, il ouvre une étape essentielle dans la constitution e la théorie géométrique sous-jacente. C'est cette étape, capitale dans l'histoire de la éométrie descriptive, qu'il faut analyser le plus précisément possible. Mais pour pénétrer l'intérieur de l'univers que constituent les traités de coupe des pierres, il fallait un guide. .es traités sont nombreux, lourds, redondants. J'aurais pu les survoler rapidement, les

' Deux traités espagnols sont à peu près contemporains de l'ouvrage de Philibert de l'Orme : le *Libro de traças de 'ortes de Piedra* d'Alonso de Vandelvira, rédigé entre 1575 et 1590 et *Cerramientos y trazas de montea* de Gines lartinez de Aranda écrit à la fin de XVIe siècle. Restés manuscrits, ces deux textes n'ont été édités qu'au XXe siècle ; le 'aité de Vandelvira n'en exerça pas moins une profonde influence en Espagne.

Voir [Viollet-le-Duc, 1854, article «appareil»].

[La Gournerie, 1855, p. 6]. Sur La Gournerie, voir *infra*, chap. IV.

Fig. 26 - La trompe du chateau d'Anet de Philibert de l'Orme.

résumer et essayer de dégager pour chacun d'eux les principales méthodes utilisées. J'ai choisi une autre voie. Pour pouvoir suivre par le détail les tracés géométriques proposés et exposer les raisonnements géométriques toujours implicites, j'ai pensé que la meilleure façon de procéder était encore de comparer les traités à travers un même objet architectural, en étudiant d'une façon précise et détaillée les solutions données, en un mot d'écouter comment différents auteurs racontaient la même histoire.

J'ai choisi comme fil conducteur une voûte particulière, «la descente biaise». Cette pièce clavée n'est pas *a priori* la plus difficile du répertoire stéréotomique, d'autant qu'elle est réalisable par ravalement. Trompes, coupoles, vis de Saint-Gilles, ou pénétrations de voûtes constituent des sujets sans doute plus compliqués à tailler et souvent à tracer. Une voûte débouchant dans une tour ronde, comme dans la figure 15, voire dans une tour conique, comme dans l'épure supra (fig. 25) qui révèle toute l'habileté de Guarino Guarini[63] dans la manipulation de la double projection et génère des courbes d'intersection dont la définition mathématique est plus complexe que dans «la descente biaise». Mais celle-ci pose cependant des problèmes de représentation plus profonds, liés au choix du système de référence, et permet de bien saisir les méthodes (ou le manque de méthode) des auteurs pour aborder une pièce clavée. Elle offre de plus de multiples solutions possibles et comme nous le verrons, de multiples possibilités d'erreurs, qui sont toujours plus révélatrices des méthodes employées que les tracés exacts. En focalisant cette étude sur les épures concernant un même type de voûte, on pourra ainsi effectuer des comparaisons, noter les évolutions durant les cent soixante dix ans qui séparent le premier traité publié du dernier grand manuel rédigé avant les cours de Monge. Il faut ajouter que, sans doute en partie pour les raisons évoquées ci-dessus, le choix des «descentes biaises» n'est pas d'abord le mien, mais celui de Girard Desargues. Mathématicien et architecte du XVIIe siècle, cet auteur présente en effet la particularité d'avoir rédigé un petit opuscule uniquement consacré à l'étude de cette sorte de voûte. Le choix était donc entre les descentes biaises avec Desargues ou une autre pièce clavée, éventuellement plus complexe du moins en apparence, sans Desargues. Le premier parti s'impose doublement. Desargues est le premier géomètre à s'intéresser à la stéréotomie et compte tenu de l'objet même de cette étude, on ne pouvait le laisser de côté. D'autre part si Desargues prétend présenter «une méthode universelle» et n'étudie qu'une seule voûte, c'est que, comme j'essayerai de le montrer, l'épure correspondante est bien d'une grande richesse géométrique.

Avant de décrire en détail la pièce d'architecture clavée qui nous servira de guide dans cette étude, je voudrais d'un mot justifier le choix des auteurs retenus (autres que Desargues) et présenter rapidement leur ouvrage. Les traités de Philibert de l'Orme, Jousse, Derand et Frézier sont, avec celui de J.-B. de La Rue, les principaux traités de stéréotomie

[63] Guarino Guarini (1624, 1683), philosophe et mathématicien, fut le plus brillant architecte baroque de l'Italie du nord. Ses talents de géomètre s'expriment en particulier dans ce qui reste son chef-d'œuvre architectural, l'église San Lorenzo de Turin. Guarini publie en 1671 un volumineux ouvrage en latin, *Euclides adauctus et methodicus matematicae* dont un livre est consacré à la représentation en double projection (la fig. 25 en est extraite). Il revient surce point au livre IV (Dell' *Ortografia gettata*) de l' *Architettura Civile*, publié à Turin en 1737. Sur Guarini et sa contribution à la stéréotomie voir [Müller, 1970] et [Docci, Migliari, Bianchini, 1994] .

français. Aussi n'est-ce pas la présence des quatre premiers qu'il faut justifier, mais l'absence du dernier, ainsi que, dans une moindre mesure, celle de Bosse ou Milliet-Dechales. La raison en est simple : les cinq auteurs retenus étudient les descentes biaises et présentent tous des solutions fondamentalement différentes, alors que les autres auteurs ne font, du moins sur ce sujet, que reprendre l'une des solutions proposées par leurs prédécesseurs.

Philibert de l'Orme

Si les cinq auteurs étudiés ici ont en commun de s'être intéressés à la coupe des pierres en général et aux descentes biaises en particulier, ils ont néanmoins des itinéraires fort divers. Philibert de l'Orme (1514-1570) est l'un des architectes français les plus célèbres, tant par son œuvre bâti que par ses écrits, ou son influence sur l'histoire de l'architecture. Ce n'est pas, comme le feront ses successeurs, un traité de coupe des pierres qu'il publie mais un traité d'architecture dont les Livres III et IV sont consacrés à la stéréotomie[64], technique de construction qui prend place dans une théorie globale de l'architecture[65]. Il inaugure ainsi une nouvelle conception des traités puisque «les traits de géométrie [n'ont] été accomodés à l'architecture par aucun des anciens ou modernes»[66]. Cette technique de construction permet en effet des interventions à moindre coût, d'une grande souplesse formelle et sans reprise du gros œuvre sur des bâtiments existants et Philibert de l'Orme aurait très bien pu la qualifier «d'ancienne invention pour bien bastir à petits frais»[67]. «J'ai montré le moyen de se pouvoir aider des maisons incomodes, vieilles et mal-faîtes, pour les approprier et accommoder avec les bâtiments neufs et rendre comode, salubre et habitable, ce qui était incomode, insalubre et inhabitable ; sans toutefois, ajoute Philibert de l'Orme, abatre, ruiner ou démolir les vieux batiments, comme trop légèrement et inconsidérément font faire ceux qui n'entendent l'artifice des traits Géométriques, et par leur ignorance ordonnent incontinent faire tout de neuf»[68]. L'archétype de cette usage de la stéréotomie est la trompe du château d'Anet, ajoutée sur une façade déjà construite pour soutenir en porte-à-faux le cabinet du roi Henri II (fig. 26). Aujourd'hui détruite, cette trompe, qui faisait la fierté de son auteur, est restée la marque de la virtuosité de Philibert de l'Orme.

S'adressant en priorité aux architectes, de l'Orme essaye de les convaincre, en quelque sorte, que la stéréotomie est une technique trop importante pour rester entre les mains des seuls appareilleurs et que la connaissance des tracés fait partie du savoir de l'architecte puisqu'elle va lui donner les moyens d'une intervention fine sur les bâtiments existants.

---

[64] *Le Premier Tome de l'Architecture*, a été édité en 1567 ; il a été réédité dans les *Traités d'Architecture*, par J.M. Perouse de Montclos en1988. La postface de Perouse de Montclos comprend, outre une présentation des traités, une chronologie détaillée de la vie et de l'œuvre de Philibert de l'Orme et une bibliographie de ses biographies.

[65] Sur ce sujet voir [Potié, 1996]

[66] [Philibert de l'Orme, 1567, p. 87].

[67] Philibert de l'Orme a publié en 1561 les *Nouvelles inventions pour bien bastir à petits frais* où il présente de nouveaux assemblages de charpenterie.

[68] [Philibert de l'Orme, 1567, p. 86].

Desargues et Bosse

Tout à fait particulière est la situation de Girard Desargues (1591-1661), «the bad boy of the whole story»[69], pour reprendre l'expression de Coolidge. Bien qu'il fût également ingénieur et architecte, Desargues est avant tout resté célèbre pour son œuvre mathématique. Son texte majeur, le *Brouillon proiect d'atteinte aux événements des rencontres du Cône avec un Plan,* publié en 1639, ne fut diffusé qu'à une poignée de scientifiques de l'époque et réellement compris que par l'unique mathématicien se présentant comme son disciple, Blaise Pascal. Dans ce texte Desargues met le doigt sur une notion qui devait s'avérer fondamentale en géométrie, celle «d'invariant»[70]. La richesse de la géométrie arguesienne ne se dégagera que lentement au XIXe siècle, grâce aux mathématiciens de «l'Ecole de Monge», et en particulier à Brianchon, Dupin, Poncelet et Chasles[71], dont l'attention avait été attirée par l'hommage rendu à Desargues par Pascal au début de son *Essay pour les coniques.* A travers un certain nombre de textes restés disponibles mais passés inaperçus, comme le théorème sur les triangles homologiques inséré à la fin de l'ouvrage de Bosse concernant la perspective[72], ou de textes polémiques rédigés contre Desargues, mais qui comportaient des citations de ce dernier, ils reconnurent en Desargues le père (ou plus précisément le grand-père) de la géométrie projective[73].

---

69 [Coolidge, 1940, p. 109].

70 Pour une transformation géométrique donnée (chez Desargues la projection conique centrale correspondant à une perspective) certaines propriétés sont conservées – ou invariantes – et d'autres pas. Par exemple si trois points A, B, C, sont alignés, leur perspective a, b, et c le seront également. Par contre, le fait que A soit le milieu du segment BC n'implique pas que a soit le milieu de bc. En général les propriétés métriques ne sont pas conservées par projection perspective mais dans le *Brouillon proiect* sur les coniques, Desargues introduit l'opération d'involution, généralisation de la division harmonique, qui énonce précisément une propriété métrique entre six points se conservant par une telle transformation. Sur les axiomes de la géométrie projective et la place du théorème de Desargues dans cette axiomatique, voir [Hilbert, 1899] et [Kerékjarto, 1966].

71 Contrairement à Chasles qui, plus jeune, entra à l'Ecole polytechnique en 1812, après le départ de Monge, Brianchon, Dupin et Poncelet furent tous trois élèves du fondateur de la géométrie descriptive. Charles Julien Brianchon (1783, 1864), fut lieutenant d'artillerie dans les armées napoléoniennes et, à partir de 1818, professeur à l'Ecole d'artillerie de la Garde Royale. Il participa au renouveau des études géométriques et démontra en particulier la proposition corrélative du théorème de l'héxagramme de Pascal. Charles Dupin, (1784-1873), commença ses travaux géométriques alors qu'il était encore élève à l'Ecole polytechnique, définissant dès cette époque les «cyclides de Dupin». En 1813 il publie les *Développements de géométrie... pour faire suite à la «Géométrie descriptive» et à la «Géométrie analytique» de Gaspard Monge*, ouvrage explicite quant à la filiation. Professeur de Mécanique appliquée aux arts, puis de Géométrie appliquée aux arts au Conservatoire des arts et métiers à partir de 1819, il mena de front une carrière scientifique, professorale et politique ; sur Dupin, voir [Fox, 1994]. Jean Victor Poncelet (1788-1867), officier du Génie, fut fait prisonnier lors de la campagne de Russie. Pendant sa captivité à Saratov, et sans aucun ouvrage scientifique à sa disposition, il commença ses recherches sur la géométrie projective qui aboutirent à la publication en 1822 du *Traité des propriétés projectives des figures.* Sur l'influence de la géométrie descriptive sur l'histoire des mathématiques, voir le chapitre IV.

72 [Bosse, 1647].

73 En 1845 M. Chasles, grand amateur de textes scientifiques anciens, retrouva la copie du *Brouillon projet* sur les coniques que Ph. de La Hire avait faite en 1679. Un exemplaire original de ce texte, perdu dès le XVIIe siècle, sera retrouvé en 1951 et aussitôt publié par R. Taton. Sur l'histoire des redécouvertes des œuvres de Desargues, voir [Taton, 1951] et [Taton, 1994-b] ; sur l'œuvre Desargues et sa place dans l'histoire de la géométrie, voir [Taton, 1951], [Field et Gray, 1987] et [Dhombres et Sakarovitch, 1994], et plus particulièrement [Le Goff, 1994] et [Bkouche, 1994].

Fig. 27 - Desargues. La trompe de la maison Saint Oyen, en tête du pont de Pierre sur la Saône, à Lyon. Relevé avant démolition, en 1846, par Benoit et Monvenoux, architectes ; encre et lavis.

Fig. 28 - Desargues. La trompe de la maison Saint Oyen.

C'est donc à l'un des plus grands géomètres de son temps que l'on doit le petit opuscule, comprenant quatre pages de texte et quatre planches de figures[74] , intitulé le *Brouillon proiect d'exemples d'une manière universelle du S.G.D.L. touchant la pratique du trait à preuves pour la coupe des pierres en l'Architecture*[75]. Desargues ne rédige pas un traité de taille des pierres, et n'étudie dans ces quelques feuillets, comme je l'ai signalé ci-dessus, que les descentes biaises, en se plaçant d'emblée dans la situation la plus générale possible. S'il souhaite être compris par les ouvriers et cherche à convaincre son lecteur (ou à se convaincre lui-même) du côté opératoire de son fascicule, il s'adresse de façon privilégiée, pour ne pas dire exclusive, aux «excellents contemplatifs», c'est-à-dire aux géomètres. Son *Brouillon projet de coupes des pierres* se ressent en effet des violentes polémiques que son opuscule consacré à la perspective[76] avait provoquées auprès des praticiens. Aussi cherche-t-il plutôt l'approbation des membres de «l'Académie invisible», qui regroupe autour du Père Marin Mersenne les esprits scientifiques de son temps, que celle des appareilleurs. Et si effectivement Mersenne trouve le «traité fort subtil»[77], l'accueil est plus réservé, voire franchement hostile, de la part des praticiens. La violence, la mesquinerie ou la mauvaise foi qui président aux diatribes alors lancées contre Desargues, peuvent surprendre le lecteur contemporain, mais leur existence même s'explique aisément. En rompant avec le vocabulaire usuel de la profession, sans nécessité théorique, Desargues complexifie, comme à plaisir, la lecture de son opuscule. En annonçant une «méthode universelle» et en n'étudiant qu'une famille très particulière du répertoire stéréotomique classique[78], il prête le flanc à la critique de la manière la plus évidente. Derand se montrera très ironique vis-à-vis de Desargues dans la préface de son propre traité : «le contenu de deux à trois pages de la feuille qui a couru depuis assez bon nombre d'années sous le titre d'un Projet-brouillon traitant de ces matières, m'avait fait espérer d'en voir en bref la suite». Mais son plus violent détracteur sera Jacques Curabelle, collaborateur de Lemercier à la Sorbonne, «meilleur appareilleur de son temps»[79], qui ne manquera pas de s'engouffrer dans la brèche complaisamment ouverte par le géomètre. La polémique va prendre une telle ampleur qu'en 1642 est publié un volumineux recueil de pamphlets, dirigés contre l'œuvre et la personne de Desargues. Vivement touché par ces violentes attaques, celui-ci y répondra mais ne publiera quasiment plus rien après cette date. En revanche c'est à partir de ce moment là, et sans doute pour prouver la validité de

---

[74] Les quatre planches sont reproduites figure 27 ; une cinquième planche est jointe au fascicule mais se rapporte au traité de perspective publié en 1636.

[75] Le *Brouillon projet ... de coupe des pierres* va être réédité, d'après un exemplaire complet, pour la première fois dans les *Œuvres complètes de Girard Desargues,* [Desargues, à paraître, Le Goff et Taton, eds], ainsi que dans l'*Encyclopédie des métiers* éditée par l'Association Ouvrière des Compagnons du Devoir. En 1864, lorsque Poudra réédite les œuvres de Desargues, il n'a en effet a sa disposition que l'exemplaire trouvé par Chasles du *Brouillon projet de coupe des pierres,* qui ne comporte pas les figures. Voir [Poudra, 1864, p. 303-358] et [Taton, 1994-b, p. 466-468].

[76] Voir [Laurent et Le Goff, 1994].

[77] Lettre de Mersenne à Haak du 13 décembre 1640 dans [*Corr. Mersenne*]

[78] Outre le trait des voûtes cylindriques, la méthode de Desargues permet celui des voûtes coniques (voir [Sakarovitch, 1994, p. 359-360] et des trompes (voir [Bosse, 1643, planches 78 à 96]). Mais comme le remarque Frézier, cette dernière extension oblige à un tracer assez lourd (voir [Frézier, 1737, t. 2, p. 229-230]).

[79] Notice biographique publiée par P.J. Mariette dans l'*Abecedario.*

sa méthode pour la coupe des pierres, qu'il réalise l'essentiel de son œuvre architectural. D'importance limitée, celui-ci a aujourd'hui presque entièrement disparu. Les deux pièces les plus célèbres en sont l'escalier des Archives de l'Hôtel de Ville de Lyon, sur plan ovale, et la trompe de la maison Saint Oyen (fig. 27 et 28) dont le *Dictionnaire de Trevoux* parle en ces termes : «[Desargues], par cet ouvrage, a laissé à sa patrie un monument de sa capacité dans l'art de la taille des pierres»[80].

Abraham Bosse, qui publie en 1643 *La pratique du trait à preuves de Mr Desargues, lyonnois, pour la coupe des pierres en l'Architecture,* avec une Reconnaissance de Desargues[81], donne une exégèse du traité du maître. En présentant, séparément et successivement, comme dans les traités classiques, les différents cas recouverts par l'unique objet étudié par Desargues, il perd ce qui faisait à la fois la force et l'originalité du point de vue arguésien. Il expose en revanche clairement, à l'aide de nombreuses figures explicatives (cf. fig. 35), l'un des éléments essentiels du principe de Desargues qui consiste à examiner le problème géométrique d'un appareil indépendamment de la position que l'ouvrage occupe dans l'espace. De ce fait il n'y a pas de raison de différencier par exemple une voûte en berceau et une tour ronde. Le mérite principal du traité de Bosse fut de faire connaître la méthode de Desargues mais du point de vue des constructions géométriques, l'ouvrage n'apporte rien de nouveau.

Jousse, Derand et de La Rue

Autant Philibert de l'Orme ou Desargues sont, à des titres divers, restés célèbres autant Mathurin Jousse (1607-1650), maître maçon de La Flèche est, lui, un inconnu. «La seule construction qu'on lui ait attribuée, la tribune d'orgues de l'église des Jésuites de La Flèche, un chef-d'œuvre stéréotomique, lui est aujourd'hui contestée»[82]. Outre *Le secret d'architecture découvrant fidèlement les traits géométriques, couppes et dérobements nécessaires dans les bâtiments...*, publié à La Flèche en 1642 (privilège de 1635), on lui doit *Le Théâtre de l'art du charpentier* (1650) et la *Fidèle ouverture de l'art du serrurier* (1627). Gabriel-Philippe de la Hire[83] fit réimprimer ces deux derniers ouvrages en 1702, preuve de l'intérêt qu'il leur portait. Si Philibert de l'Orme s'adresse aux architectes et Desargues

[80] [*Dictionnaire de Trevoux*, t. 8, p.213]. On attribue également à Desargues, à Paris, une maison rue des Bernardins qui possédait un escalier monumental et «l'entrée la plus superbe du monde» [Bauchal, 1887, p. 177], l'hôtel Rodin rue Clery, ainsi que la réalisation de quelques escaliers (hôtel de Turenne, hôtel de Vedeau de Gremont, cour du Palais Royal). A Lyon, dont il est originaire, il construit, outre les ouvrages sus-mentionnés, l'hôtel de l'Europe et près de Grenoble, un petit perron dans la cour du château de Vizille.

[81] Cette «Reconnaissance» sera publiée dans les *Œuvres complètes de Girard Desargues,* [Desargues, à paraître, Le Goff et Taton, eds].

[82] [Perouse de Montclos, 1982, p. 96] ; cette construction serait du Maître-maçon Jacques Nadreau (voir P. Moisy, Congrès archéologique de France de 1964).

[83] Gabriel-Philippe de la Hire (1677, 1719), souvent appelé «Philippe II», fut très tôt le collaborateur de son père, Philippe de la Hire pour ses travaux d'astronomie. Il succéda à son père en 1718 comme professeur à l'Académie d'Architecture.

aux «excellents contemplatifs», Jousse écrit clairement pour les maîtres maçons, tailleurs de pierre et «tous les artizans qui ne sont pas des plus expérimentez en cette Science (la Géométrie)»[84]. Il reproche aux explications de Philibert de l'Orme, «que je n'accuse pas de fausseté» d'être «bonnes pour les Doctes... (mais) d'être enveloppées souz tant de lignes et de paroles... qu'elles ne peuvent se comprendre aisément par beaucoup de ceux qui font profession de tailler et coupper les pierres.»[85]. Comme pour son prédécesseur, un bon usage de la stéréotomie commande la qualité architecturale : «il y a beaucoup de superbes Edifices qui ont très mal vieilli, pour avoir été faits par des personnes qui ne savaient point les traits Géométriques nécessaires à la coupe des pierres»[86]. Avec un texte réduit au minimum à de simples indications pratiques présentées en vis-à-vis des épures également très dépouillées et directement utilisables par un appareilleur, d'un format aisé à transpoter et à manipuler, le traité de Jousse pouvait séduire la clientèle visée. Mais l'année suivant sa parution, est publié un ouvrage incontestablement supérieur.

En 1643 en effet, un an avant sa mort, François Derand (1588-1644) publie *l'Architecture des voûtes ou l'Art des traits et coupe des voûtes*...qui connut un grand succès. Entré dans l'ordre des Jésuites en 1611, Derand est à la fois, pour son ordre, enseignant de mathématiques et architecte. Il réalise en particulier à Paris, l'église Saint Paul-Saint Louis et les bâtiments de l'actuel Lycée Charlemagne, ancien couvent des Jésuites. Le succès de son ouvrage est largement mérité car il marque un réel progrès par rapport à ceux qui l'ont précédé. Il contient presque tous les appareils réellement différents employés au XVIIe siècle. Les épures sont très soigneusement expliquées et beaucoup plus faciles à lire que celles des traités précédents. Le fait que l'épure des descentes biaises, par exemple, soit reprise -par l'intermédiaire du traité de J.-B. de La Rue- presque sans changement par Monge comme application de la géométrie descriptive à la stéréotomie, peut être vu comme un hommage posthume rendu à Derand par le fondateur de l'Ecole polytechnique[87]. Derand utilise en effet avec une grande habileté rabattement et développement, et définit en général la génération des surfaces mieux que ne l'avait fait de l'Orme. Pour autant l'ouvrage ne contient aucune démonstration géométrique et l'auteur tente, dans son introduction de justifier cette lacune : «Vous sçaurez que par dessein formé nous n'avons voulu joindre les démonstrations de nos Traits aux pratiques que nous proposons en ce traité, afin de n'embarrasser par ces matières, qui sans cela ne le sont déjà que trop en soi». Un peu comme l'avait fait de l'Orme qui promet dans son *premier tome* un second plus théorique qu'il n'aura pas le temps d'écrire, Derand ajoute : «Prenant garde au succez qu'aura ce premier effort, nous pourrons, s'il est tel que nous l'esperons, donner à l'avenir plus avant, et joindre enfin les raisons aux pratiques que nous donnons par avance au public». Mais de l'Orme avait l'honnêteté d'ajouter qu'il lui fallait auparavant «revoir Euclide» ou demander l'aide «d'hommes doctes en géométrie». Derand n'a pas cette pudeur et, comme le note Taton, dissimule mal une certaine incompétence derrière une mauvaise raison[88].

[84] [Jousse, 1642, Introduction].
[85] *Ibid.* [86] *Ibid.*
[87] La planche de Derand est donnée à la figure 54, celle du cours d'application de l'Ecole polytechnique aux figures 38 et 39 de ce chapitre.
[88] Voir [Taton, 1951, p. 58].

Fig. 29a - Voûte de la salle de réunion de l'Hotel de Ville d'Arles
(attribuée à Hardoin-Mansart)

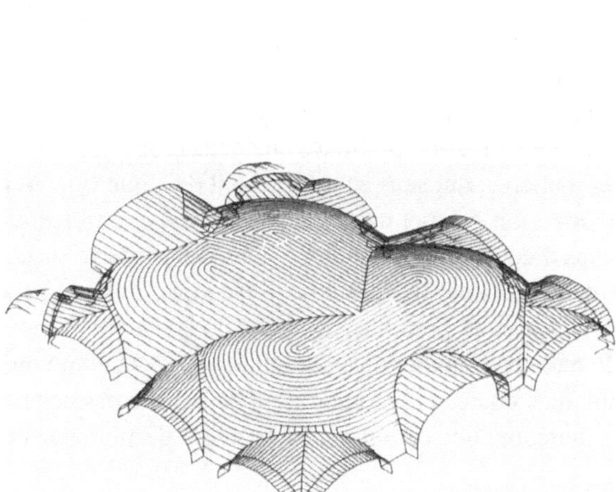

Fig. 29b - Voûte de la salle de réunion de l'Hotel de Ville d'Arles, relevé photogrammétrique.

Les années 1640 furent donc particulièrement fertiles pour les traités français de stéréotomie, puisque les publications de Desargues, Jousse, Derand et Bosse sont quasiment contemporaines. Cette simultanéité n'est bien sûr pas fortuite, d'autant que le XVIIe siècle est également l'âge d'or de l'architecture clavée en France. On peut citer, à titre d'exemple, le Louvre de Lemercier, la chapelle de la Sorbonne (également de Lemercier), l'église du Val de Grâce (Mansart puis Lemercier), l'Observatoire de Paris construit par C. Perrault ou, chef d'œuvre de la stéréotomie française, la salle de réunion de l'Hôtel de Ville d'Arles due à Hardoin-Mansart (fig. 29). Parmi toutes les œuvres étudiées et répertoriées par Pérouse de Montclos, la moitié a été construite durant ce siècle[89]. Mais il ne s'agit plus, à cette époque, de construire de la «façon la plus estrange, la plus difficile» comme l'écrit de l'Orme qui regrettait que les murs du château d'Anet n'aient pas été plus solides pour lui permettre «d'eriger un cabinet dont on se fust beaucoup plus esbahi que l'on ne fait encore de voir si grande saillie». Au XVIIe siècle l'objectif n'est plus «d'esbahir» à tout prix le passant ; «la stéréotomie a servi l'architecture et n'a plus cherché à briller à ses dépens»[90].

En 1674 Milliet-Dechales publie un cours de mathématiques en latin, *Cursus seu Mundus Mathematicus*, dont un chapitre est consacré à la coupe des pierres[91]. Ce chapitre n'est en fait qu'un abrégé du traité de Derand avec des explications géométriques plus succinctes mais également plus claires. Ce traité ne comporte pas l'étude du cas général de voûte étudiée ici. Le traité de J.-B. de La Rue, édité en 1728, est loin d'être inintéressant et ses planches sont d'une qualité remarquable. Monge les utilisa d'ailleurs directement dans ses cours d'application de la géométrie descriptive à la taille des pierres. Mais en ce qui concerne le sujet de cette étude, de La Rue se contente de reprendre les solutions de Derand. Frézier traite d'ailleurs de La Rue de «sectateur de Derand», amabilité qui n'est pas dénué de tout fondement[92]. De plus, de La Rue n'étudie pas le cas du mur en talus, ce qui lui évite de reproduire la solution erronée de son illustre prédécesseur mais simplifie considérablement le problème et lui fait perdre beaucoup de son intérêt du point de vue géométrique. L'originalité du traité de J.-B. de La Rue ne vient pas des solutions géométriques proposées mais d'un usage quasi systématique des représentations axonométriques des différents claveaux des voûtes étudiées, représentations qui facilitent grandement la lecture des épures (cf. les fig. 3 et 15, issues du traité de J.-B. de La Rue). La spécificité de l'ouvrage vient également de l'adjonction, après le traité de coupe des pierres proprement dit, d'un «Petit traité de stéréotomie», partie théorique dans laquelle il résout plusieurs problèmes de géométrie dans l'espace, en particulier celui des sections planes de la sphère, du cylindre et du cône et le développement d'un tronc de cône oblique (fig. 30).

[89] Voir [Pérouse de Montclos, 1982] et également sur ce sujet, [Saint Aubin, 1994].

[90] [La Gournerie, 1855, p. 10].

[91] T. II, tractatus XII, « De lapidum sectione ». Claude François Milliet-Dechales (1621, 1678), missionnaire jésuite, professeur de mathématique au collège de Clermont, puis à Lyon, Chambéry et Marseille terminera sa carrière d'enseignant à l'Université de Turin. Il est resté célèbre essentiellement pour l'ouvrage mentionné ci-dessus.

[92] [Frézier, 1737, p. 128].

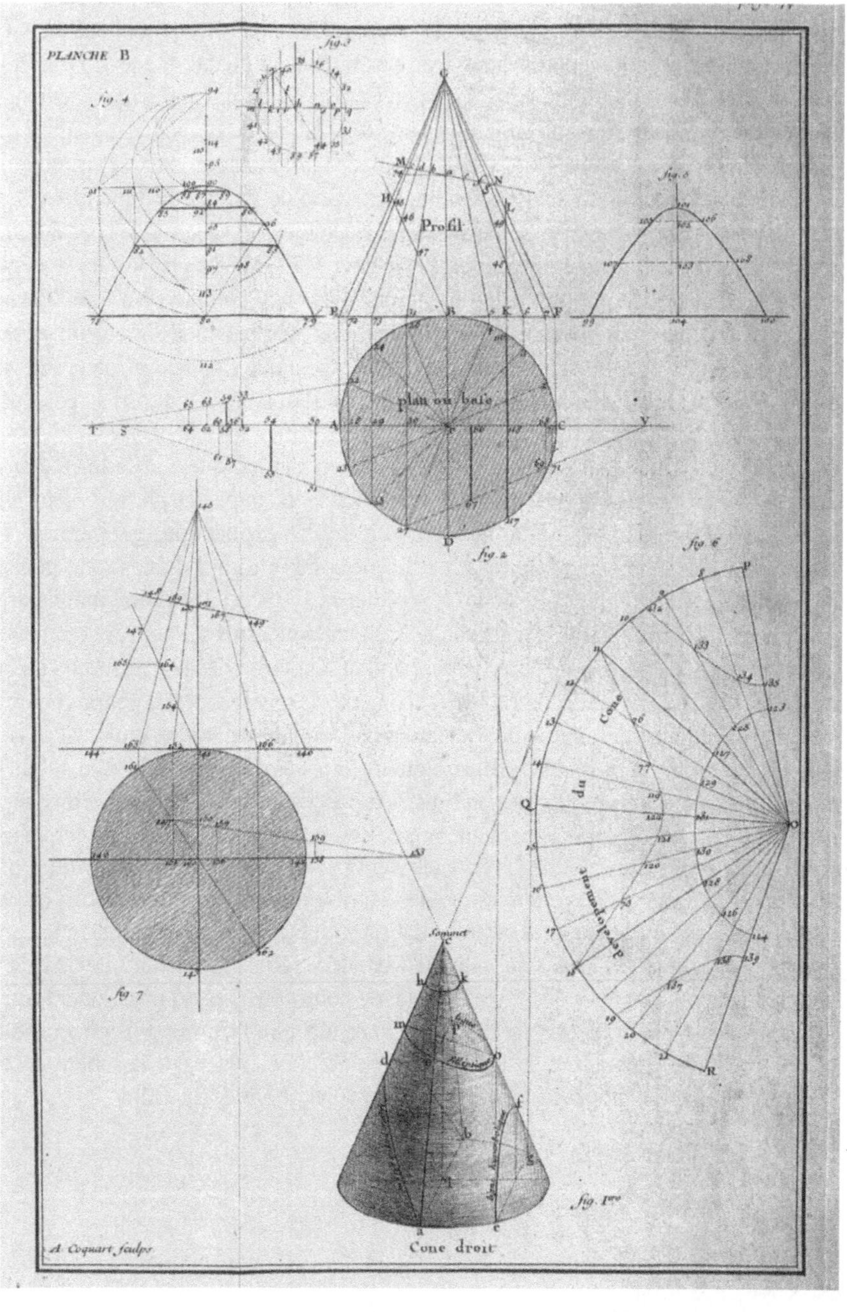

Fig. 30 - de La Rue : planche II du *Petit traité de stéréotomie in* [de la Rue, 1728]

Frézier

Autant les ouvrages de Milliet-Dechales ou de J.-B. de La Rue se ressentent de l'influence de Derand, autant les trois tomes de *La Théorie et la pratique de la coupe des pierres et des bois pour la construction des voûtes... ou traité de stéréotomie à l'usage de l'architecture* que Frézier[93] publie entre 1737 et 1739 se démarque des traités antérieurs. Le premier tome, initiation à la géométrie dans l'espace, s'ouvre sur une citation de Vitruve vantant les mérites de la géométrie et commence par un vibrant plaidoyer sur «l'utilité de la théorie dans les arts relatifs à l'architecture». «D'où vient donc que les Praticiens méprisent la Théorie»[94] s'étonne l'auteur. Son premier souci est de ne faire intervenir que des surfaces géométriques simples : «nous ne concevons aucune figure de voûte qu'on ne puisse rapporter à la sphère, au cône, au cylindre»[95]. Le premier tome est en conséquence consacré à une étude théorique et abstraite de ces surfaces et de leurs intersections et se présente comme une suite de théorèmes, corollaires et scolies. Mais pour théorique que soit cette étude, Frézier prend soin de bien convaincre son lecteur qu'aucun des problèmes étudiés n'est inutile à qui s'intéresse à la stéréotomie. Chacun d'eux est immédiatement suivi d'une «application à l'usage» qui justifie l'étude menée. Par exemple, après avoir démontré que l'intersection d'une sphère et d'un cylindre de révolution dont l'axe passe par le centre de la sphère est un cercle, il ajoute à titre d'exemple, «telle est la fenêtre à la clef de la voûte du Panthéon à Rome»[96]. A propos des sections planes du cône, Frézier fait remarquer que si l'on coupe deux cônes de révolution de même axe par un même plan non perpendiculaire à cet axe, on obtient deux ellipses (dans le cas étudié) qui ne sont pas parallèles entre elles et qu'inversement la courbe parallèle à une ellipse n'est pas une ellipse[97]. Ces remarques sont importantes pour la construction des arêtes de douelle d'intrados et d'extrados des trompes biaises ou pour celle d'un bandeau ou d'une archivolte de largeur constante dont les arêtes ne peuvent être simultanément elliptiques. Mais Frézier montre également que les problèmes pratiques rencontrés en stéréotomie peuvent devenir assez redoutables. Par exemple, s'il est aisé de déterminer les sections planes d'un cône, le problème réciproque est lui assez délicat : étant donné un cône droit sur une base elliptique, quel est le plan qui porte la section circulaire[98]? Or ce problème se pose pour le tracé des trompillons des trompes car, quelles que soient la conique génératrice et la surface

[93] Amédée-François Frézier (1682-1773), ingénieur militaire, fut chargé en 1712, pendant la guerre de Succession d'Espagne, d'étudier les moyens de défendre les côtes occidentales de l'Amérique hispanique contre les attaques anglaises. Nommé directeur des fortifications de Bretagne en 1739, il réalisa différents ouvrages à Nantes, Concarneau, Morlaix, Saint-Malo ; voir [Blanchard, 1981, p. 307-308].

[94] [Frézier, 1737, t.1 p. iii].

[95] Ibid., p. 5.

[96] Ibid., p.49.

[97] Deux courbes coplanaires et régulières sont parallèles si toute normale à l'une est normale à l'autre. Cette définition généralise celle des droites parallèles mais peut générer des situations très différentes. Par exemple une courbe parallèle à une ellipse peut très bien la couper ou posséder des points doubles.

[98] Ce problème a été posé et résolu par Desargues sous une forme plus générale ; Desargues suppose que le cône est quelconque avec une conique pour directrice. Frézier donne pour ce problème les solutions des Bernoulli père et fils, [Frézier, 1737, t.1, p. 223 et suivantes].

Fig. 31 - Frézier.
Des sections faites par la rencontre des Surfaces des Cônes et des Cylindres qui se pénètrent.
[Frézier, 1737 t. 1, pl. 6]

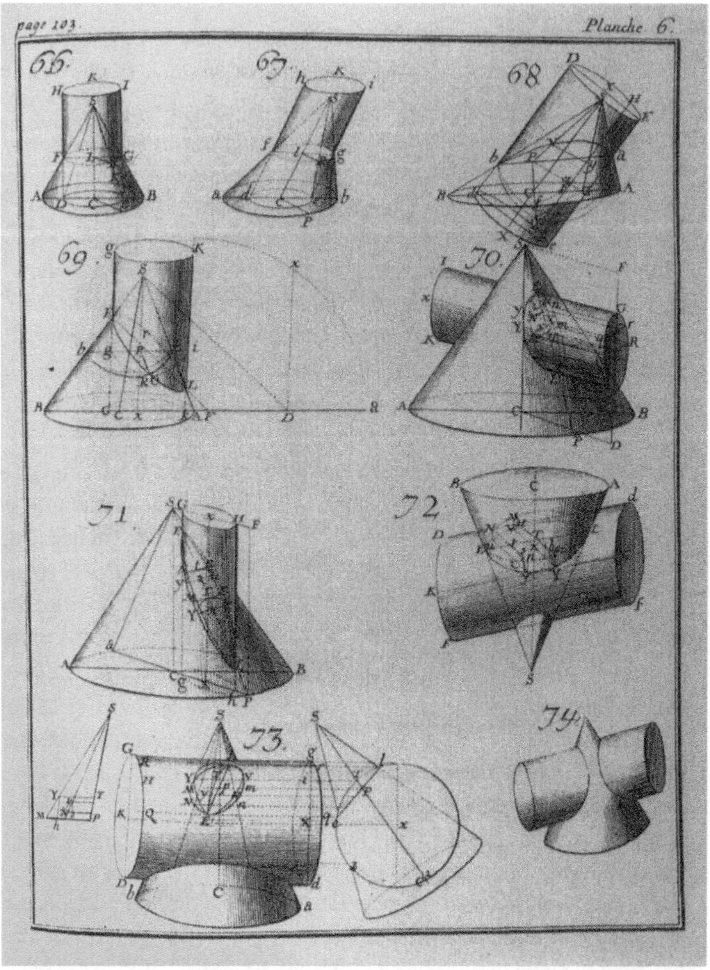

Fig. 32 - Frézier.
De l'Ichnographie, ou Projection Horizontale,
[Frézier, 1737, t. 1, pl. 19]

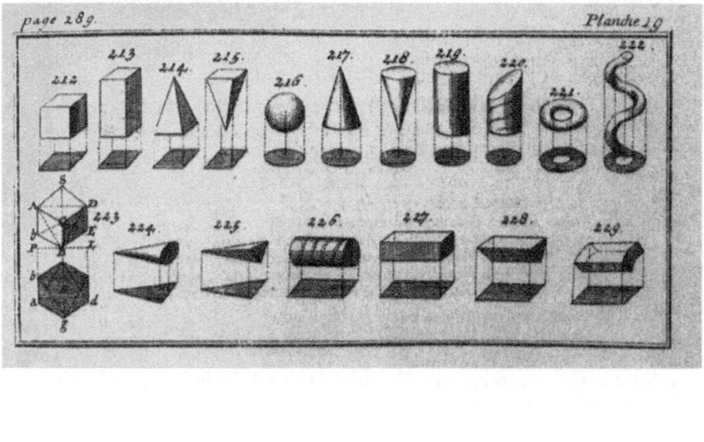

dans laquelle débouche la trompe, «il faut toujours pour la facilité de l'exécution supposer une base circulaire du Cône droit ou oblique»[99] . Les «applications à l'usage» ont également parfois un rôle de contre-exemple qui n'est pas moins convaincant pour son propos. «L'architecte qui n'a point de théorie se trouve embarrassé pour éviter une espèce de difformité à cette courbe, à laquelle il ne s'attendait pas», écrit-il après avoir étudié les intersections d'une sphère et d'un cylindre ; «l'avantage de celui qui a des principes est de connaître du premier coup d'œil ce qui doit résulter de son dessin»[100].

Peut-être pour atténuer le côté aride de ce premier tome théorique, les planches d'illustration donnent toujours des représentations en axonométrie (fig. 31), alors que de La Rue n'avait pas hésité dans son *Petit traité de stéréotomie* à utiliser le géométral. Frézier pose d'ailleurs explicitement dans ce tome le problème de la représentation de l'espace. «On sçait qu'il est impossible de représenter exactement un solide sur une surface plane...Tantôt pour connoître la distance horizontale de leurs angles, on les a supposé comme aplatis sur un plan horizontal ; tantôt, pour connoître leurs hauteurs, on les a conçû comme aplatis sur un plan vertical ; quelquefois pour connoître d'un coup d'œil toutes leurs surfaces, et en voir le rapport, on les a rangé de suite sur une surface plane.... jusqu'ici on a rien imaginé de mieux»[101]. S'il ne présente pas une théorie de la représentation de l'espace, il note explicitement «qu'une seule projection verticale ou horizontale ne suffit pas pour exprimer sur un plan la Figure, ... mais qu'elles sont nécessaires toutes les deux»[102] (fig. 32). Il manipule ainsi les différents ingrédients de la double projection, les rabattements comme la méthode des plans auxiliaires pour déterminer la courbe intersection de deux surfaces avec la construction du point courant.

La volonté de Frézier de ne faire intervenir dans les appareils clavés que des sphères, des cylindres et des cônes l'amène à proposer plusieurs traits nouveaux par rapport à ses prédécesseurs. Le «biais passé des anciens», décrit précédemment (fig. 21 et 22), donne un exemple de pièce clavée où le trait a déterminé la surface d'intrados et non le contraire. Frézier propose pour cette voûte une démarche plus conforme aux règles de l'art, où l'on choisit a priori la surface de la douelle – un cylindre pour Frézier – dont on déduit le trait approprié.

Plusieurs appareils importants, comme ceux des retombées des coupoles, qui n'appartiennent pas au corpus de Derand ou de La Rue, sont décrits pour la première fois dans cet ouvrage. Comme en miroir des «applications à l'usage» qui dans le premier tome suivent les théorèmes généraux, les tracés des épures proposées dans les deux autres tomes se concluent par des «explications démonstratives» qui tentent de justifier géométriquement les constructions graphiques données. Même si ces tentatives de démonstration sont souvent peu convaincantes et fort lacunaires, la démarche est fondamentalement nouvelle. Si Frézier ne propose pas une théorie géométrique, il inaugure ce que G. Loria appelle la «stéréotomie scientifique»[103] et à la suite de cette publication, il fait autorité en matière de

[99] [Frézier, 1737, t.1, p. 228].
[100] *Ibid.*, p.53.
[101] *Ibid.*, p. 270.
[102] *Ibid.*, p. 273.
[103] [Loria, 1921, p. 87].

Fig. 33 - Oculus de la cathédrale de Séville (XVIème siècle)
Un cylindre clavé d'axe quelconque et débouchant dans un mur vertical

Fig. 34 - Bosse. Arc droit en descente
[Bosse, 1643, pl. 8]

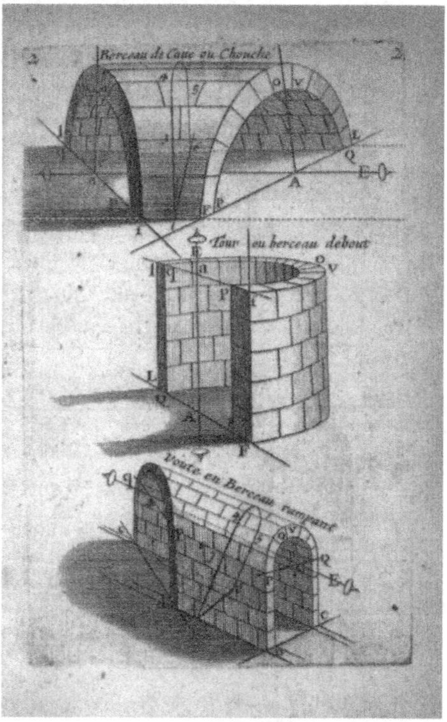

Fig. 35 - Bosse. voûtes droite, biaise et rampante
[Bosse, 1643, pl. 2]

construction et de stéréotomie[104]. Mais R. Taton a raison de souligner que la richesse de l'ouvrage est plus facile à percevoir par un lecteur connaissant la géométrie descriptive que par les contemporains de l'auteur, tant il est malaisé de distinguer, dans cet imposant traité de 1500 pages, les méthodes nouvelles qui demeurent noyées dans un ensemble de procédés d'intérêt très inégal[105].

Les descentes biaises : «un grand rompement de teste qui est à les excogiter et montrer»

Avant d'exposer la manière dont l'appareil des arches biaises est abordé dans les cinq traités présentés ci-dessus, il faut donner précisément l'énoncé du problème. L'objet des épures étudiées ici est de donner les tracés nécessaires à la construction d'une voûte venant déboucher dans un mur. Dans la situation la plus simple, et la plus courante, le mur est vertical, l'axe de la voûte horizontal et perpendiculaire au mur. Dans ce cas, aucune épure n'est nécessaire à l'exécution de cette voûte, l'élévation seule suffit. La situation qui nous intéresse ici est, au contraire, la plus générale possible. Je n'en connais pas d'exemple en architecture et on peut la considérer comme un cas d'école ; un des oculi de la cathédrale de Seville (fig. 33) donne néanmoins un exemple d'un cylindre clavé dont l'axe est de direction quelconque par rapport au mur dans lequel il débouche. Les données sont la position du mur et celle du cylindre de la voûte[106], de leur position respective entre eux, mais aussi par rapport à la verticale du lieu, la pesanteur jouant un rôle spécifique dans les ouvrages clavés. Pour avoir un degré de généralité maximum, il faut donc choisir d'abord un mur non vertical, ou «en talus». Il faut ensuite que l'axe de la voûte n'occupe, par rapport à la pesanteur, aucune position particulière et ne soit donc pas horizontal d'où le terme de «descente». Enfin, l'axe de la voûte étant quelconque par rapport au mur, il ne doit pas être compris dans un plan vertical perpendiculaire au mur, caractéristique des voûtes dites «biaises» (fig.34 à 37). Pour déterminer complètement la voûte, il faut également donner une directrice du cylindre. Deux situations sont alors envisageables. Soit la courbe sur le mur de face est donnée; par exemple, pour que la façade soit homogène,

---

[104] A la fin de sa vie, il participe par exemple à la polémique qui oppose Patte et Soufflot à propos du Panthéon ; voir [Picon, 1988, p. 157-159].

[105] Voir [Taton, 1951, p. 61].

[106] Dans les différents traités de coupe des pierres, la voûte est supposée cylindrique. Les voûtes coniques, ou «en canonnière», font bien partie du répertoire stéréotomique, mais non les voûtes coniques, biaises et en descente…

Fig. 36 - Maquette d'une voûte biaise dans un mur en talus ;
maquette réalisée par Association Ouvrière des Compagnons du Devoir du Tour de France).

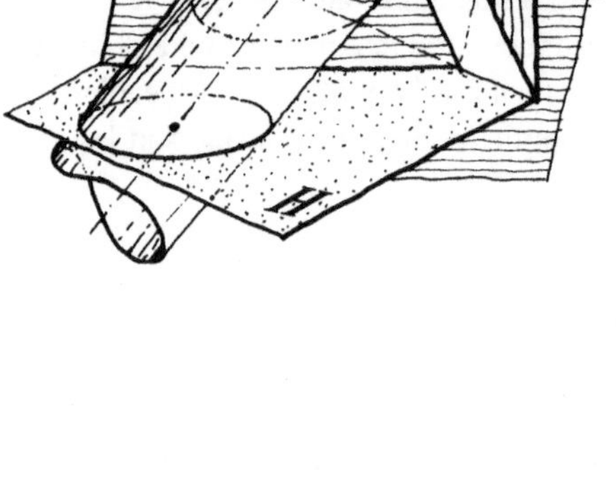

Fig. 37 - Définition géométrique d'une voûte biaise en descente dans un mur en talus.
Le cylindre de la voûte et son axe E, le plan horizontal H, le plan du mur de face F, un plan, π, perpendiculaire à l'axe de la voûte, portant l'arc droit (ou arc de tête).

Fig. 38 - Porte biaise dans un mur en talus.
Cours d'application de la géométrie descriptive à la coupe des pierres à l'Ecole polytechnique, (1795).

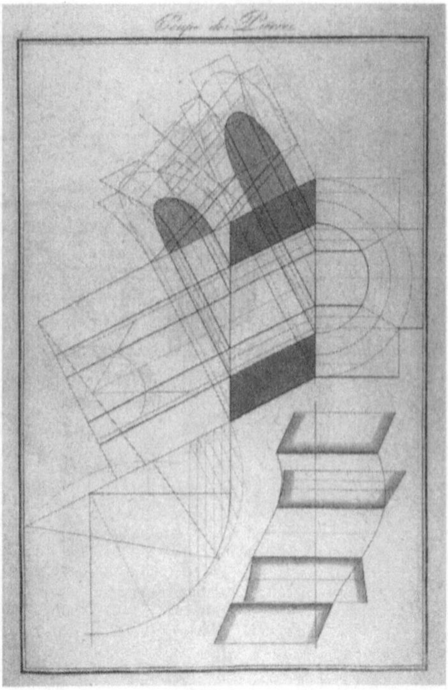

Fig. 39 - Descente biaise dans un mur vertical.
Cours d'application de la géométrie descriptive à la coupe des pierres à l'Ecole polytechnique, (1795).

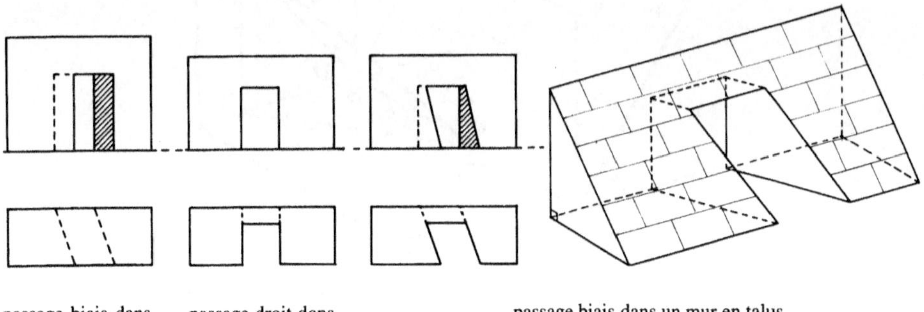

passage biais dans un mur vertical

passage droit dans un mur en talus

passage biais dans un mur en talus

Fig. 40 - Position des arêtes des piedroits en fonction du biais et du talus.

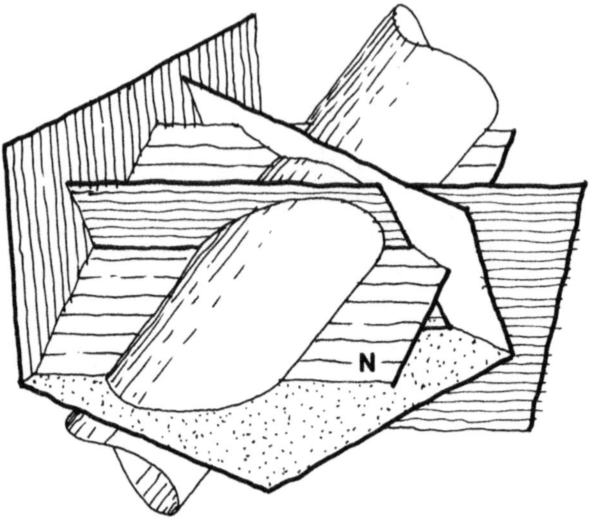

Fig. 41 - Position relative du plan N contenant l'axe de la voûte et une horizontale du plan de face.

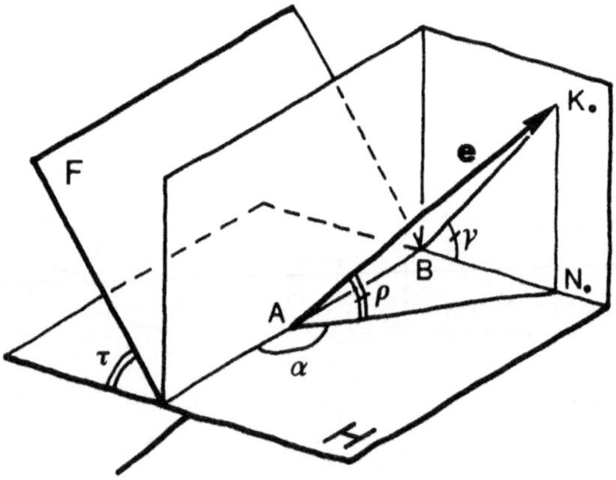

Fig. 42 - Les données du problème : α, angle du biais ; ρ, angle de rampe ; ν, angle de pente ; τ, angle du talus ; E, axe de la voûte ; F, plan du mur de face.

l'architecte désire que l'arc visible, appelé arc de face, soit de plein cintre. Soit, au contraire, la section droite du cylindre est fixée (section du cylindre par un plan perpendiculaire à l'axe de la voûte); l'arc correspondant est appelé arc droit ou arc de tête[107]. Comme l'écrit Frézier : «c'est à l'Architecte de voir s'il doit préférer la régularité de la face d'entrée à celle du dedans, ou s'il doit jeter l'irrégularité sur la face pour rendre les dedans de la voûte plus beaux»[108].

Selon que la donnée initiale est l'arc droit ou l'arc de face, le trait est plus ou moins compliqué. Pour la taille d'un voussoir il faut, en effet, déterminer d'abord la vraie grandeur de l'arc droit (fig. 37, section de la voûte par le plan π). C'est à partir de lui que sera d'abord dégrossi le bloc de pierre initial. Les panneaux de lit suffiront ensuite à définir complètement le voussoir. La connaissance de l'arc de face n'est donc pas nécessaire pour la taille, et le trait se trouve nettement simplifié en supposant l'arc droit donné. Au contraire, si l'arc de face est la donnée initiale, l'auteur doit commencer par indiquer la construction de l'arc droit.

Pour permettre au lecteur de se familiariser quelque peu avec l'objet étudié, et d'être mieux à même de comprendre les constructions géométriques des auteurs anciens, il m'a semblé préférable de présenter d'abord une épure «moderne» du sujet[109] (fig. 38, 39, et 43). Pour avoir une épure la plus proche possible des auteurs anciens, j'ai choisi comme arc sur le mur de face un arc plein cintre dont la droite des naissances est horizontale, comme Derand et Frézier. Ce dernier considère qu'alors l'arc sur le mur de face est régulier, ce qui est bien exact. Mais, comme le montre l'épure, ce choix entraîne une brisure dans le raccordement de l'arc et des piédroits, que ces auteurs n'indiquent d'ailleurs pas. En effet, le mur étant en talus et le passage biais (indépendamment de la descente) les arêtes des piédroits ne suivent pas une ligne de plus grande pente du mur de face (fig. 40), ce qui n'est pas forcément du meilleur goût. Philippe de la Hire[110] pose ce problème délicat à l'Académie d'architecture en 1708. «La Compagnie a proposé une manière de sauver cette irrégularité, en faisant une partie de l'époisseur de la porte d'esquerre à la face du mur, et le reste en dedans suivra le biais et les murs seront à plomb»[111]. Quoi qu'il en soit, le principe de la construction géométrique reste identique quel que soit le choix de l'arc de face.

Supposons qu'il s'agisse d'un passage, biais et en descente. Une personne empruntant ce passage se déplace sur un plan, que Desargues appelle plan de chemin (plan N de la fig. 41), qui est parallèle à l'axe de la voûte et qui contient une horizontale du mur. On ne

[107] Il sera systématiquement désigner dans la suite comme «l'arc droit».

[108] [Frézier, 1737, t.2, p. 172].

[109] Les cours d'application de la géométrie descriptive à la coupe des pierres, donnés à l'Ecole polytechnique, traitent la porte biaise dans un mur en talus et la descente biaise dans un mur vertical mais ne superposent pas ces difficultés comme les auteurs anciens le proposent.

[110] Il s'agit ici de Philippe de la Hire (1640, 1718), fils du peintre Laurent de la Hire qui fut un ami de Desargues, et père de Gabriel-Philippe de la Hire (cf. note 83). Mathématicien et astronome, auteur d'un important *Traité de mécanique* (1695), Philippe de la Hire eut une activité scientifique extrêmement variée. Il succède à F. Blondel à l'Académie d'architecture en 1687 et enseigne la stéréotomie dans cette institution ; ses leçons, rédigées sous le titre de *Traité de la coupe des pierres* sont restées manuscrites (Bibl. de l'Institut, man. 1596).

[111] [Lemonnier, p. 296, séance du 18 juin 1708].

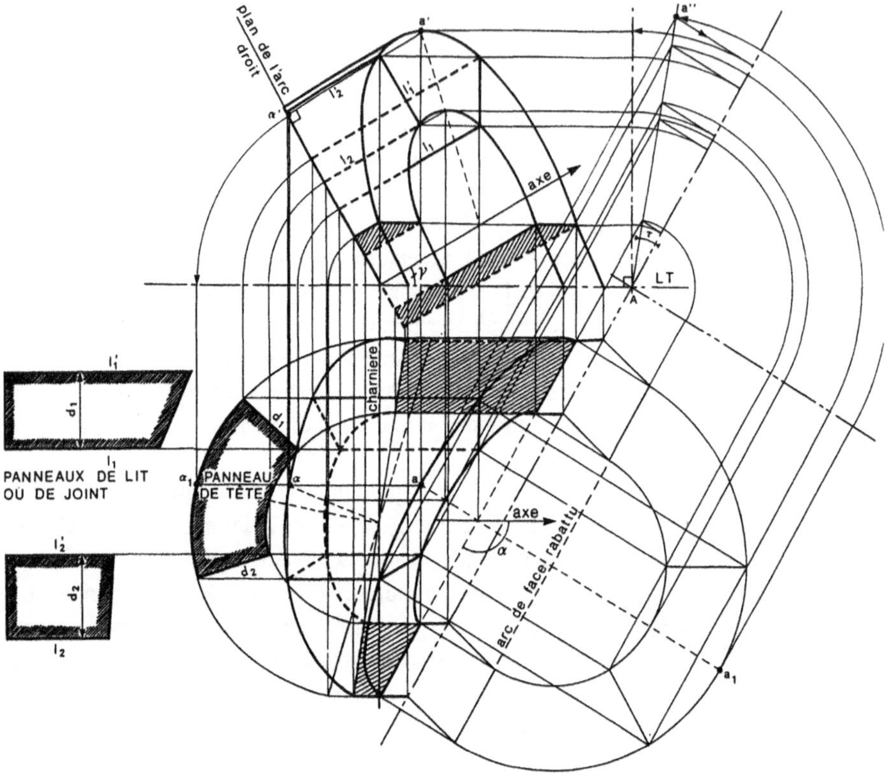

Fig. 43 - Epure d'une descente biaise dans un mur en talus.

suit donc pas, dans ce passage, une ligne de plus grande pente du plan. En d'autres termes, et si un escalier forme la descente, la ligne de foulée n'est pas perpendiculaire aux arètes de nez de marche. Suivant, sans doute, cette image, les appareilleurs ont l'habitude de repérer une descente biaise par deux angles. Le premier est, naturellement, «l'angle du biais» (α sur la fig. 42), angle formé par les horizontales du mur et la projection horizontale de l'axe de la voûte. Le second est «l'angle de la rampe», (ρ sur la fig. 42) angle formé par l'axe de la voûte (ou la rampe de l'escalier) avec le plan horizontal. Seul Desargues introduit «l'angle de pente», (ν sur la fig. 42) qui est la pente du plan de chemin.

L'objet de l'épure (comme de toute épure de taille des pierres) est de déterminer la vraie grandeur des panneaux des voussoirs. Il faut donc faire apparaître d'une part la vraie grandeur de l'arc droit et d'autre part celle de tout segment de droite parallèle aux génératrices du cylindre de la voûte. La vraie grandeur de tout panneau, de douelle ou de lit, s'en déduit alors par simple report de distance. Le principe de construction de l'épure est alors le suivant (fig 43) :

1 - Pour déterminer la projection horizontale de la voûte, on opère le rabattement[112] du plan du mur de face sur le plan horizontal et on trace l'arc du mur de face, l'angle τ du talus ayant été porté sur une vue frontale annexe. Réitérant la construction donnée pour le point A (de projection (a,a")), on déduit la projection horizontale de la voûte, et de ses lignes de joint.

2 - L'axe de la voûte, parallèle au plan de projection frontale, est défini par l'angle de rampe r. Là encore, la construction du point A est indiquée sur l'épure (la projection frontale a' se déduit de (a,a")). Dans ce repère, l'arc droit appartient au plan de bout π. Le rabattement du plan Π sur le plan horizontal fait apparaître la vraie grandeur de l'arc droit.

3 - les panneaux de lit s'en déduisent par les reports de longueur, comme indiqué sur l'épure. On peut également déterminer les panneaux de lit par rabattement sur le plan frontal.

La particularité de l'ouvrage clavé étudié est que tout «y est de travers», l'objet luimême ne présente aucun plan horizontal ou vertical sur lequel on puisse s'appuyer «naturellement» pour le trait. Les auteurs sont donc confrontés à un problème spécifique, premier à toute construction géométrique, celui du choix du repère ou du référent. Pour être plus précis, le problème sous-jacent, posé à travers cette épure, est en fait celui du changement de repère, du passage d'un repère dans lequel sont exprimées les données du problème (un plan horizontal et un plan vertical) à un repère à partir duquel se tracent facilement les panneaux (un plan perpendiculaire à l'axe de la voûte et un plan parallèle à cet axe). Or la notion de changement de repère est une notion complexe, qui ne sera pas explicitement dégagée par Monge, et dont la formalisation et l'usage en stéréotomie don-

[112] Pour la définition du rabattement, voir l'annexe I.

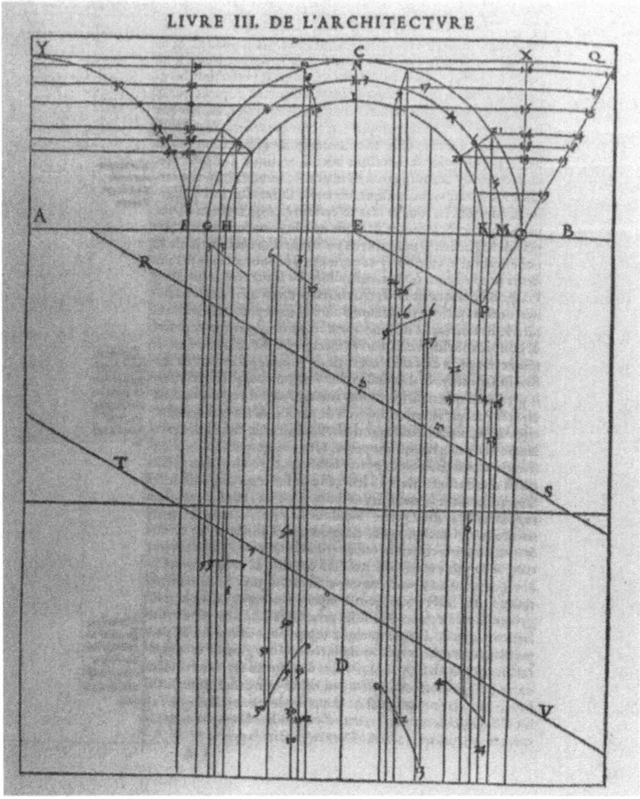

Fig. 44 - Philibert de l'Orme. Descente biaise.

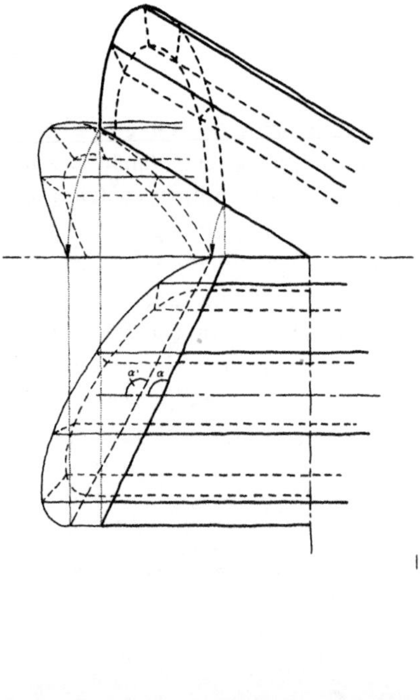

Fig. 45 - «L'erreur de Philibert de l'Orme».
Si l'on fait basculer la voûte pour que les génératrices deviennent horizontales, l'angle du biais se trouve modifié.

neront lieu à un combat à fleuret moucheté entre les deux principaux enseignants de géométrie descriptive en France au XIXe siècle, Théodore Olivier et Jules Maillard de la Gournerie[113]. Il n'est donc pas surprenant que les auteurs des traités de coupe des pierres éprouvent eux-mêmes quelques difficultés lorsqu'ils sont confrontés à son utilisation.

Principes géométriques des constructions graphiques et choix du repère

Compte tenu de cette difficulté sous-jacente, les principes géométriques des constructions graphiques retenues par les auteurs sont fondamentalement différents[114]. Philibert de l'Orme restreint son propos doublement. D'abord il suppose le mur vertical, trace l'épure de la descente biaise à partir de l'arc droit (sur son épure, un arc plein cintre) et ne représente pas l'arc de face. Le trait est sensiblement plus simple dans cette situation, nous l'avons vu, mais surprenant pour une «descente de cave», titre donné par l'auteur à son épure. En effet pour une voûte qui couvre un espace secondaire, la priorité est à donner à l'arc qui apparaît en façade. Que Philibert de l'Orme adopte un choix aussi «anti-architectural», est sûrement la preuve de la difficulté qu'il éprouve à exposer (sinon à réaliser) le trait d'une descente biaise à partir de l'arc de face. Les quatre autres auteurs proposent des solutions tant pour le mur en talus que pour un arc de face régulier.

Philibert de l'Orme

Philibert de l'Orme et Frézier choisissent fondamentalement le même principe, avec des fortunes diverses, qui consiste à tenter de ramener le problème posé à celui du tracé d'une voûte horizontale débouchant dans un mur d'inclinaison quelconque (l'épure de Philibert de l'Orme est reproduite à la fig. 44, celle de Frézier à la fig. 47). Mais que le mur soit en talus et la voûte horizontale, ou le mur vertical et la voûte en descente, n'est pas équivalent. Il suffit, certes, de faire «basculer» l'ensemble de la voûte pour passer d'une position à l'autre. C'est certainement ce qu'a dû penser Philibert de l'Orme, quoiqu'il ne dise pas un mot sur ce sujet, et, jugeant plus pratique la première situation, il s'est, de façon toute naturelle, placé dans cette hypothèse. Dans le cas d'une descente droite, il

[113] Sur la méthode des changements de repère, voir l'Annexe I, et sur le débat Olivier-La Gournerie, voir le chapitre IV.

[114] Pour présenter les opérations géométriques utilisées dans les traités de stéréotomie, je serai amené à employer le langage de la géométrie descriptive. J'ai regroupé dans l'annexe I un glossaire illustré des principaux termes utilisés (plan de bout, rabattement, changement de plan horizontal ou frontal, etc...). Le détail des constructions données par chaque auteur est exposé dans l'annexe II.

a - Philibert de l'Orme

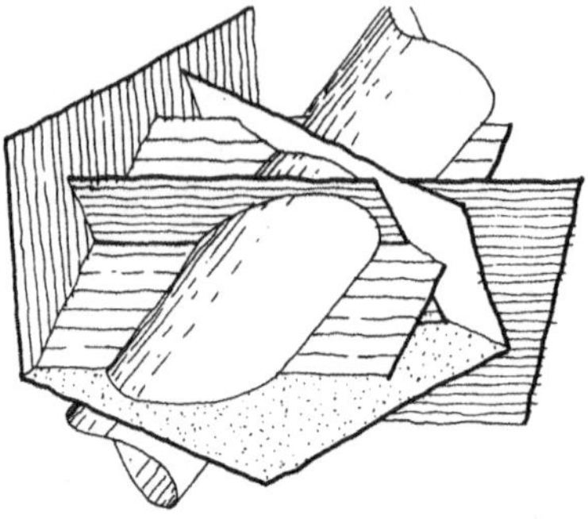

b - Frézier

c - Desargues

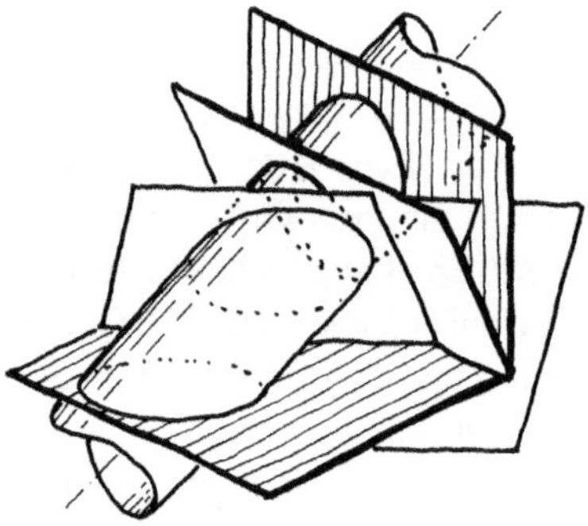

d - Jousse

e - Derand

Fig. 46 - Les plans de référence choisis par les différents auteurs

n'y a aucun inconvénient à supposer qu'il s'agit d'une voûte horizontale dans un mur en talus. Mais le biais crée là une complication incontournable et le raisonnement devient faux. Si l'on fait «basculer» la voûte tracée par Philibert de l'Orme, pour passer d'une voûte en descente à une voûte horizontale, ce déplacement ne peut se faire qu'autour d'une charnière qui soit perpendiculaire aux murs verticaux sur lesquels elle repose, donc sur l'épure explicative, autour d'une charnière parallèle à la ligne de terre. Or si l'on rend horizontal l'axe de la voûte par une telle rotation, le biais du mur de façade ne sera pas le même avant et après la rotation (fig. 45). Dans le cas d'une descente droite, ce problème ne se pose pas, car alors l'axe de rotation est parallèle aux horizontales du plan du mur. Ainsi, si l'on veut ramener la descente biaise au cas d'une voûte horizontale biaise, dans un mur en talus (ce qui reste possible), il faut prévoir la modification du biais qui sera conséquence de la rotation de l'objet. Il n'en est nullement question dans le texte de Philibert de l'Orme qui construit son épure en prenant comme plans de référence le plan de bout contenant l'axe de la voûte et un plan perpendiculaire à cet axe[115] (fig. 46-a). Mais la voûte n'est représentée que par rapport à ce référent, où n'apparaîssent ni la verticale de l'espace, ni l'angle de biais donné par rapport à un plan horizontal .

Frézier

A deux siècles de distance, Frézier reprend le principe adopté par Philibert de l'Orme, mais sans commettre la même erreur. Toujours très complet, Frézier envisage en effet dans son traité tous (ou presque) les cas de voûtes : horizontales ou en descentes, droites ou biaises, débouchant dans un mur vertical ou en talus, dont la donnée initiale est l'arc droit ou l'arc de face. Aussi, devant la multiplicité des situations étudiées, et pour qu'il se dégage de cette série d'épures une méthode d'appréhension d'un problème et non une juxtaposition de dessins, il choisit systématiquement de se «ramener au problème précédent». Incontestablement Frézier fait preuve d'une grande rigueur et donne une présentation très homogène. Chaque cas plus simple peut se déduire d'un cas plus compliqué, sans rien changer à la méthode. Par exemple, dans l'épure de la descente droite dans un mur en talus, si l'angle de la descente est nul, on retrouve l'épure de la voûte horizontale dans un mur en talus. Mais comme nous l'avons vu précédemment à propos du tracé donné par Philibert de l'Orme, lorsque les contraintes s'accumulent, descente biaise, puis biaise en talus, le fait de conserver le principe initial et de vouloir se «ramener au problème précédent» n'est pas sans inconvénients.

Pour éviter l'erreur commise par son illustre prédécesseur, Frézier choisit d'autres plans de référence que lui (fig. 46 - b). Il trace la vue de profil sur un plan vertical parallèle

---

[115] Pour pouvoir parler commodément des différents repères choisis par les auteurs étudiés, je les compare tous à un même repère, celui qui a été choisi dans l'épure de présentation au début du chapitre, défini par un plan horizontal et un plan vertical parallèle à l'axe de la voûte.

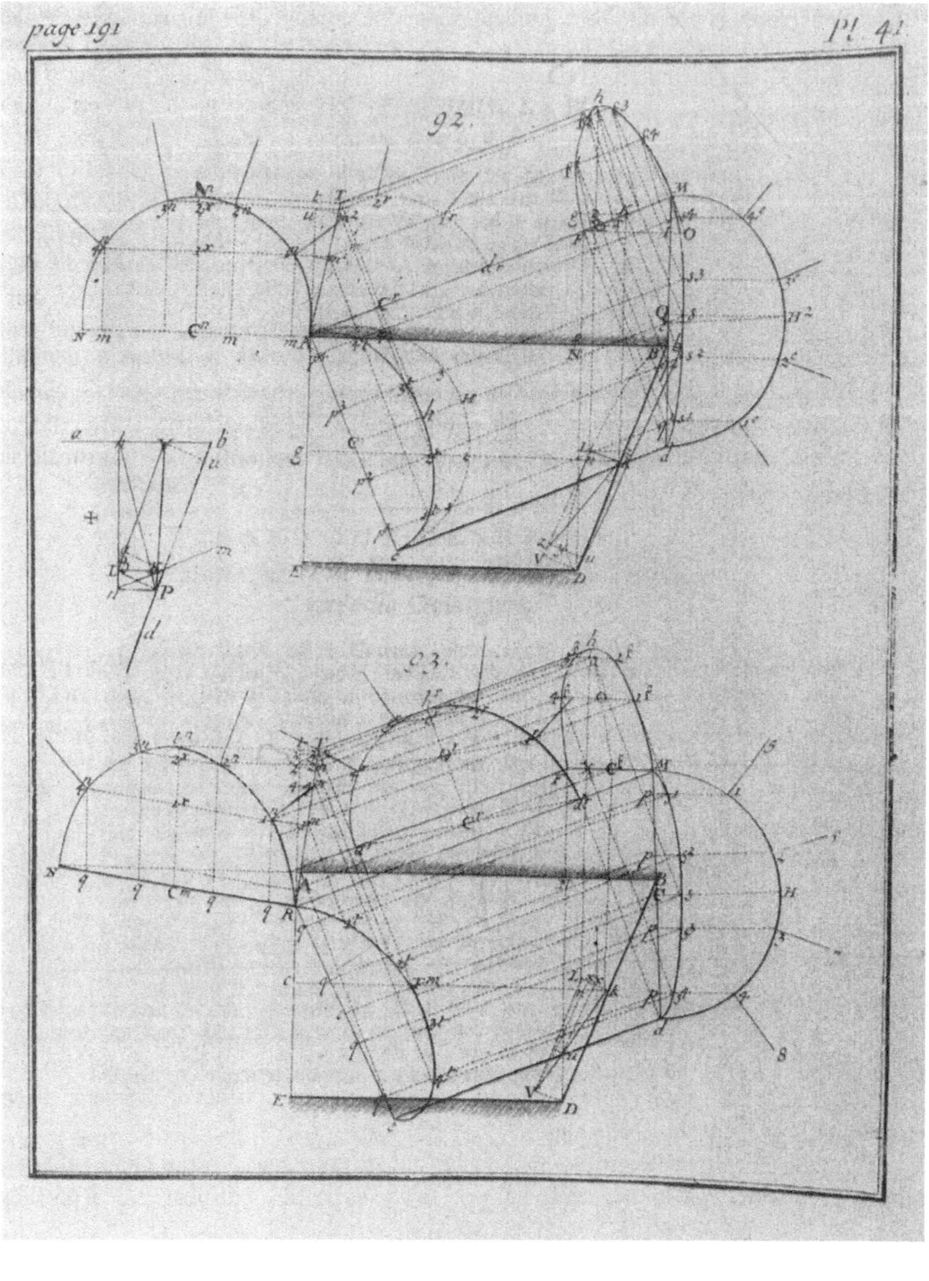

Fig. 47 - Frézier. Descente biaise dans un mur en talus.
[Frézier, t. 2, p. 191]

à l'axe de la voûte (fig. 47). Cette mise en page semble optimale eu égard au problème traité car cette vue est essentielle. Il est donc naturel, et plus agréable pour le lecteur, que cette vue de profil apparaisse en vue frontale principale, c'est-à-dire horizontale sur la feuille de papier et non lors d'un changement de plan frontal dans une position quelque peu baroque pour le lecteur, comme chez Derand, de La Rue ou... Hachette. La deuxième étape est moins convaincante : elle consiste à déterminer la projection de la voûte sur ce que Frézier nomme le «plan de rampe», c'est-à-dire le plan des naissances de la voûte, et pour faire apparaître cette projection en vraie grandeur, à la rabattre sur le plan frontal de profil de la voûte. Comme nous l'avons remarqué précédemment, dans le cas où la donnée de base est l'arc droit, ce plan est de bout et le procédé consiste à faire ce que l'on nomme aujourd'hui un changement de plan horizontal[116]. Dans le nouveau repère, le tracé est celui d'une voûte horizontale dans un mur en talus. Sur ce nouveau plan «horizontal», on rabat l'arc de face pour le faire apparaître en vraie grandeur. Mais dans le cas où la donnée est l'arc de face, le plan de rampe est un plan quelconque. Frézier s'en explique très bien : «faisant les projections de la voûte sur ce plan, les lignes verticales lui deviendraient inclinées... ainsi... nous prendrons le plan de rampe pour horizontal et le plan vertical passant par l'axe pour incliné à l'horizon»[117]. Mais on ne peut plus assimiler cette opération à un changement de plan horizontal sans perdre la notion de verticalité, donc de pesanteur.

Desargues

Desargues adopte un autre point de vue ; la construction graphique qu'il propose est dans son principe très simple et pourtant, comme nous le verrons, déroutante. Puisque le problème est de déduire d'une figure tracée sur le plan du mur de face, une autre, tracée sur le plan perpendiculaire à l'axe de la voûte, le plan auxiliaire qu'il faut introduire et qui permet le plus facilement le passage de l'une à l'autre de ces deux figures, est un plan simultanément perpendiculaire aux deux précédents[118]. Il est alors tout à fait naturel de choisir précisément le plan de cette famille qui contient «l'essieu», c'est à dire, dans la terminologie arguésienne, l'axe de la voûte. C'est ce plan que l'auteur appelle le «plan sous-essier» et l'on peut considérer que les figures donnée par Desargues (hormis la première qui concerne le tracé des piédroits et non des voussoirs) sont tracées dans ce plan (cf. fig. 46-c et 48). Supposant donc donné l'arc de face, la première étape de la construction, mais en fait l'étape essentielle, consiste à en déduire l'arc droit, c'est à dire la section droite de la voûte. Par rapport au plan sous-essier, pris comme plan de référence, le passage de l'arc droit à l'arc de face est simplement une opération similaire au changement de plan frontal en géométrie descriptive. Ce

[116] Cf. annexe I.

[117] [Frézier, 1737, t. 2, p. 179].

[118] Etant donnés deux plans quelconques de l'espace, il existe, si les plans ne sont pas parallèles, une famille de plans (parallèles entre eux) simultanément perpendiculaires aux deux plans donnés: ce sont les plans perpendiculaires à la droite d'intersection des deux plans.

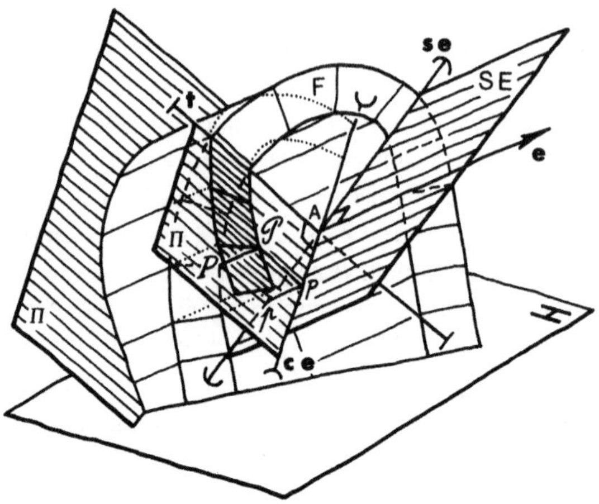

Fig. 48 - le «plan sous-essier», plan de base de la construction arguesienne.

Le «plan sous-essier» SE, contient l'axe de la voûte **e** et est simultanément perpendiculaire au plan F du mur de face et au «plan droit à l'essieu», Π, perpendiculaire à l'axe de la voûte. La «sous-essieu», **se**, est l'intersection du plan F et du plan sous-essier, la «contre-essieu», **ce**, l'intersection de Π avec plan sous-essier.

repère rend plus simple la construction de l'arc droit à partir de l'arc de face, ou inversement, mais exige un tracé liminaire qui permette d'y traduire les données du problème[119].

Le choix arguésien est donc extrêmement habile, mais en prenant un repère de l'espace intrinsèquement lié à l'objet, Desargues ôte à sa méthode le caractère universel qu'il voulait lui donner. Il s'interdit toute possibilité de traiter des objets architecturaux qui soient de nature fondamentalement différente de l'exemple choisi, soit qu'ils comportent des intersections de surfaces courbes, ce qui serait le cas si le percement débouchait dans un mur cylindrique ou conique (comme par exemple dans la fig. 25 reproduisant une épure de Guarini), soit qu'ils présentent des surfaces à double rayon de courbure comme les arrière-voussures de Marseille, les trompes, les coupoles ou les limons d'escaliers tournants. De surcroît, en choisissant un repère où toute référence à la pesanteur a disparu, il rend l'accès à son opuscule plus difficile. Comme le note La Gournerie : «lorsqu'on considère un système abstrait de lignes et de surfaces, on peut sans inconvénient le supposer transporté d'une manière quelconque, mais quand il s'agit d'un ouvrage d'architecture, tel qu'une voûte ou un escalier, il convient de le considérer dans sa position naturelle et de l'étudier sur son plan et ses élévations. Si on le fait tourner dans l'espace, si on le projette sur des plans dont aucun ne soit horizontal, l'esprit a quelque peine à se le figurer, et les tracés, quoique aussi simples sous le rapport géométrique, deviennent moins faciles à saisir»[120].

En prenant (implicitement) comme plan de référence le «plan sous-essier», Desargues déstabilise son lecteur en l'obligeant à raisonner à partir d'un plan qui, dans l'espace n'est ni horizontal ni vertical. Il place son lecteur sur un plan qui roule et qui tangue simultanément, ou, ce qui revient au même, raisonne sur cette voûte comme s'il s'agissait d'un satellite en apesanteur. Si, d'un point de vue purement géométrique, il revient au même, lorsque deux plans, A et B, sont superposés, de considérer que le plan A est resté fixe et que le plan B a été rabattu sur lui que de supposer, à l'inverse, B fixe et A rabattu sur lui, dans le cas d'objet pesant, l'une des deux opérations peut être beaucoup délicate à comprendre que l'autre. Par exemple si l'un des plans, disons A, est horizontal dans l'espace physique et B quelconque, la première opération sera beaucoup plus facile à imaginer que la seconde. Or, dans le cas du fascicule de Desargues, la situation se complique doublement. D'abord parce que le jeu se joue non avec deux plans, mais avec trois ou quatre. Ensuite, la grille de lecture «optimale», celle qui permet de rendre compte des opérations géométriques le plus simplement possible, n'est pas la même pour la première figure où Desargues détermine la position relative des quatre axes qu'il a introduits, que dans les suivantes (fig. 49 à 52). Pour la première, en effet, il vaut mieux considérer le plan du mur de face comme «fixe», pour les figures suivantes, au contraire, il est plus simple de supposer, comme indiqué ci-dessus, que le plan sous-essier est le plan de référence[121]. On peut certes objecter que ces remarques sont relativement subjectives, que chacun peut trouver

[119] Ce «tracé liminaire» est décomposé par Bosse en 14 planches commentées [Bosse, 1643, planches 11 à 24]. Le principe de la construction arguésienne est exposé à travers les figures 5 et 6 de l'Annexe II.

[120] [La Gournerie, 1855, p. 45].

[121] Cf. figures 5 et 6 de l'annexe II.

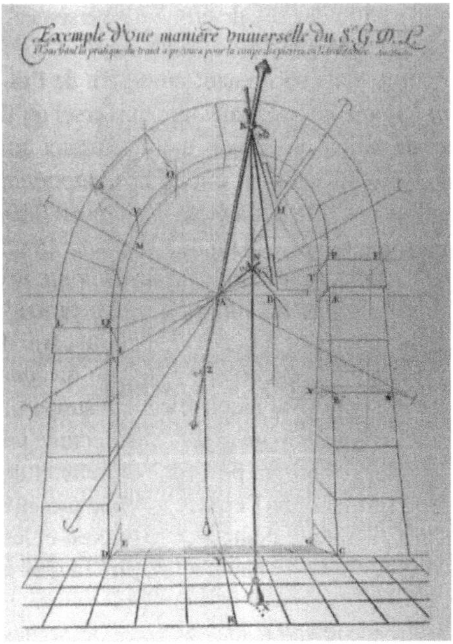

Fig. 49 - Desargues. Planche I du *Brouillon proiect de coupe des pierres*, Vue prespective de la descente biaise

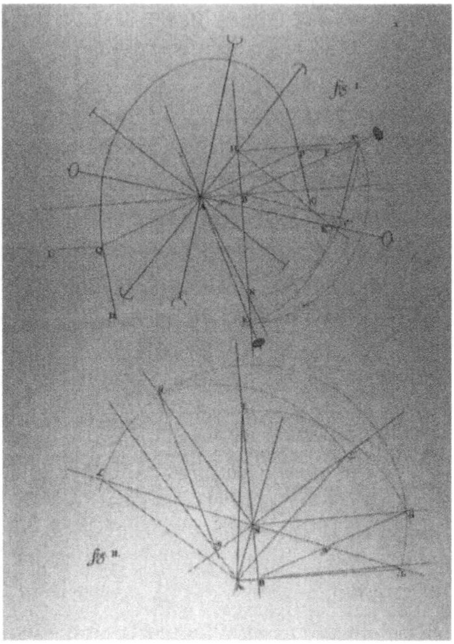

Fig. 50 - Desargues. Planche II, Position relative des quatre axes sur lesquels se fondent la construction arguesienne

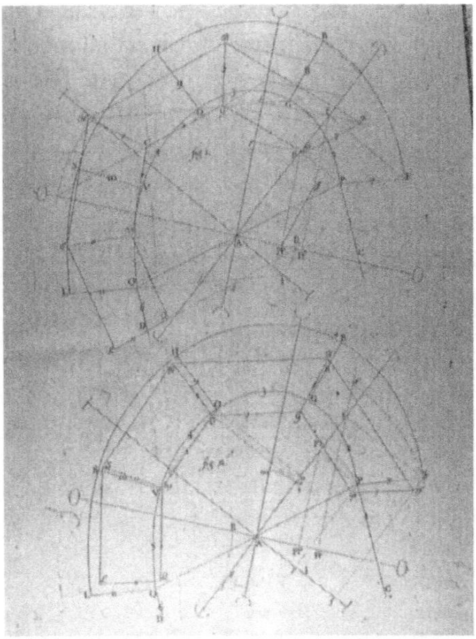

Fig. 51 - Desargues. Planche III. Tracé de l'arc droit à partir de l'arc de face.

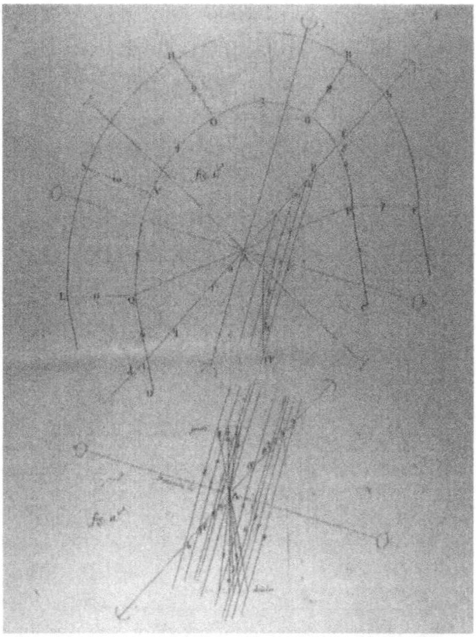

Fig. 52 - Desargues. Planche IV. Vraie grandeur des angles des différents panneaux

telle ou telle situation plus confortable, plus «naturelle», et que l'auteur, en ne précisant rien à ce niveau, laisse son lecteur libre de choisir la grille de lecture qui lui convient le mieux ; ou qu'en tout état de cause lui-même, en bon géomètre, se sentait libéré de toute contrainte qui ne fût pas strictement géométrique. On ne saurait certes douter de l'aisance avec laquelle Desargues passe d'un plan à l'autre et de sa maîtrise de la situation. Mais la pesanteur reste la chose du monde la mieux partagée et, dans un exposé qui se veut explicitement didactique, en faire totalement abstraction n'est pas forcément la manière la plus habile de convaincre son lecteur.

Jousse

Jousse, comme Derand ou Frézier, décompose clairement les étapes et sépare le cas du mur vertical de celui du mur en talus. Jousse choisit comme plan de référence un plan horizontal et un plan vertical perpendiculaire à la projection horizontale de l'axe de la voûte. Son tracé consiste à déterminer l'arc droit à partir de la section verticale du cylindre de la voûte (fig. 46-d). Si le mur de face est lui-même vertical, cette construction est satisfaisante. Mais, si le mur est en talus, elle devient arbitraire. En effet il ne projette pas l'objet sur ce plan vertical, il considère la section de la voûte par ce plan et utilise cet arc vertical pour passer de l'arc de face à l'arc droit. La voûte est considérée comme un cylindre illimité dont la directrice est portée par un plan vertical contenant une horizontale du mur de face (fig. 53 et Annexe II fig. 8 et 9). Ce tracé présente l'avantage d'un raccordement tangentiel de l'arc de face sur les arêtes des piédroits, mais il semble peu probable que ce soit là l'explication profonde du choix du tracé. Bien que Jousse n'en fasse pas la remarque, la construction qu'il présente est assez générale : elle est valable si l'arc du mur de face est quelconque et, de plus, elle est «réversible». Elle peut se lire de l'arc droit vers l'arc de face ou inversement de l'arc de face vers l'arc droit, laissant à l'architecte un degré de liberté que Philibert de l'Orme ne lui avait pas accordé. Ajoutons également que cette épure est cohérente avec les précédentes. Par exemple, si la pente est nulle, on retrouve l'épure donnée pour la voûte (horizontale) biaise.

Derand

Derand consacre à l'étude des descentes biaises, «sorte de voûtes des plus difficiles que l'art enferme»[122], huit chapitres et trente-cinq pages. Il propose trois solutions différentes pour un arc plein cintre sur le mur de face, et examine ensuite le cas où l'arc droit est de plein cintre. Puis Derand revient sur les trois solutions exposées précédemment, mais en supposant le mur en talus, présente la construction de la descente biaise dans un

[122] [Derand, 1643, p. 48].

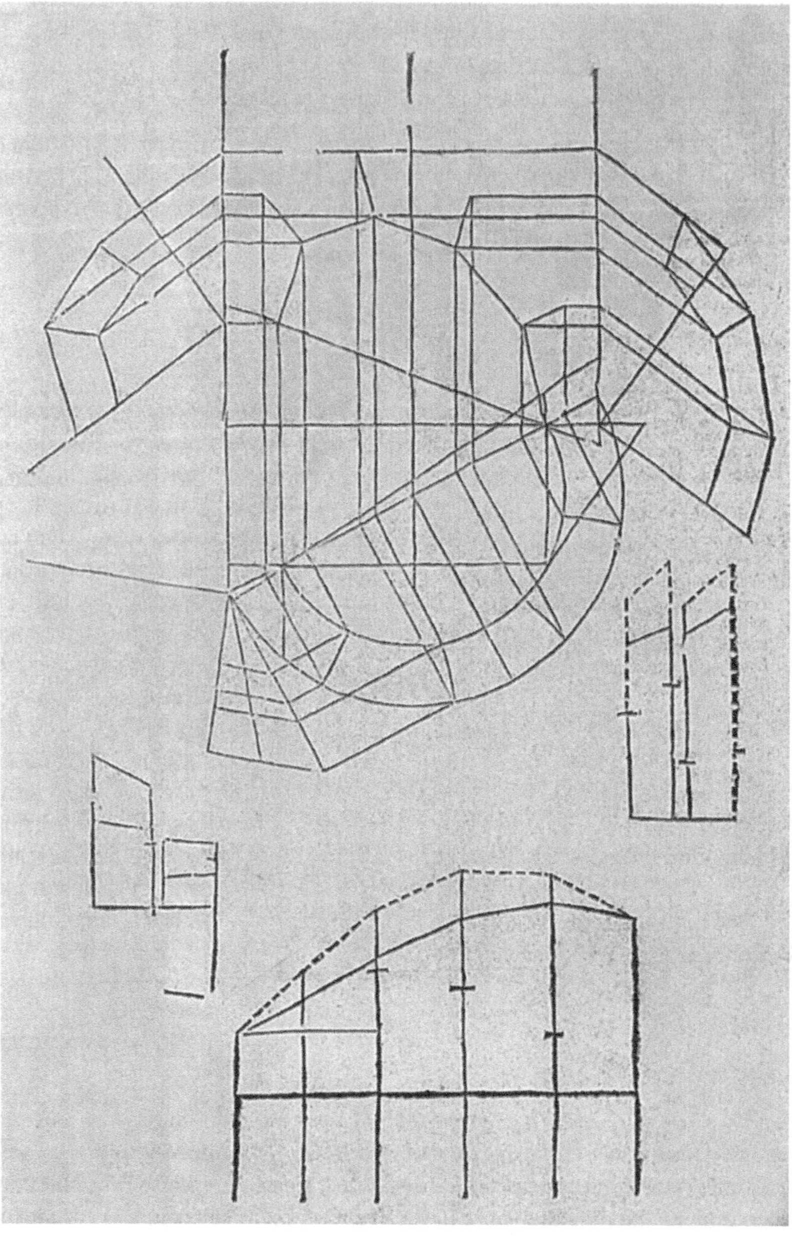

Fig.53 - Jousse. Descente biaise dans un mur en talus.

mur talus pour un arc rampant quelconque sur le mur de face, et termine son étude par la méthode par équarrissement. C'est peu dire que Derand se sent à l'aise avec le sujet, en perçoit toute la richesse et jongle avec ces différentes solutions. Dans sa première méthode, Derand prend un repère constitué d'un plan horizontal et d'un plan vertical parallèle à l'axe de la voûte (fig. 46-e) ; dans la seconde, il conserve le même repère mais projette la voûte obliquement sur le plan vertical ; dans la troisième, il opère le même changement de plan horizontal que Philibert de l'Orme. Le nouveau plan horizontal contient l'axe de la voûte et reste perpendiculaire au plan vertical donné. Mais, contrairement à de l'Orme, l'ancien plan horizontal de la voûte est conservé ; l'ancien et le nouveau plan sont superposés dans une même vue.

Autant la première planche de Derand semble proche d'une épure de géométrie descriptive (fig. 54), autant les deux autres en diffèrent tant dans la forme que dans l'esprit de la construction. Dans la deuxième planche, Derand remplace la vue de profil de la voûte, par une axonométrie très particulière[123] où les droites horizontales sont représentées par des droites parallèles aux génératrices de la voûte et où les segments de droites parallèles à l'axe de la voûte se projettent en vraie grandeur (cf. Annexe II, fig. 12 et 13). La troisième méthode revient à séparer les renseignements fournis par «l'axonométrie» de l'épure précédente, sur deux dessins séparés. Sur un profil schématique, Derand ne retient de l'axonométrie que la première partie, très facile à tracer et suffisante pour en déduire l'arc droit.

Continuant l'étude systématique de la descente biaise, Derand donne le trait de cette voûte lorsque l'arc droit est de plein cintre. Il en résulte, sur le mur de face, «un arc surbaissé et rampant, l'effet duquel ne laisse pas d'être trouvé de bonne grâce à la veuë, quand il est bien fait»[124]. Adoptant pour cette planche le principe suivi précédemment pour la première des trois solutions, il trace rapidement l'épure cherchée en inversant simplement l'ordre des opérations. Enfin, Derand envisage le cas d'un mur en talus. Il avait fait montre de son adresse précédemment. Aussi est-on surpris de le voir, à cette occasion, commettre une erreur grossière. Il reprend, en effet, les trois méthodes développées pour un mur vertical. La première se généralise sans problème (Annexe II, fig. 14). Derand adjoint une vue de profil, adjacente à l'arc plein cintre rabattu sur le mur de face, sur laquelle il porte l'angle du talus. Contrairement à Jousse, il considère l'arc plein cintre sur le mur de face. Cette vue de profil lui permet de déterminer la projection horizontale de l'arc de face, d'en déduire la vue frontale et d'achever l'épure comme pour le mur vertical. Mais Derand a la main moins heureuse lorsqu'il veut appliquer les deux autres méthodes élaborées aux chapitres précédents. Alors que l'on peut, avec un peu de bonne volonté, interpréter le schéma donné lorsque le mur est vertical, comme une axonométrie, quand le mur est en talus la construction donnée ne correspond plus à une projection oblique de la voûte sur un plan et le tracé de l'arc droit est faux[125]. Sur l'épure de Derand, l'erreur est

[123] Le plan de l'axonométrie est le plan vertical contenant l'axe de la voûte ; la direction de projection est contenue dans un plan de bout contenant les génératrices de la voûte. Naturellement, Derand ne parle pas d'axonométrie ni de représentation de la voûte. Il donne une suite de constructions graphiques permettant d'aboutir à ce dessin.

[124] Ibid, p. 61.

[125] Voir annexe II.

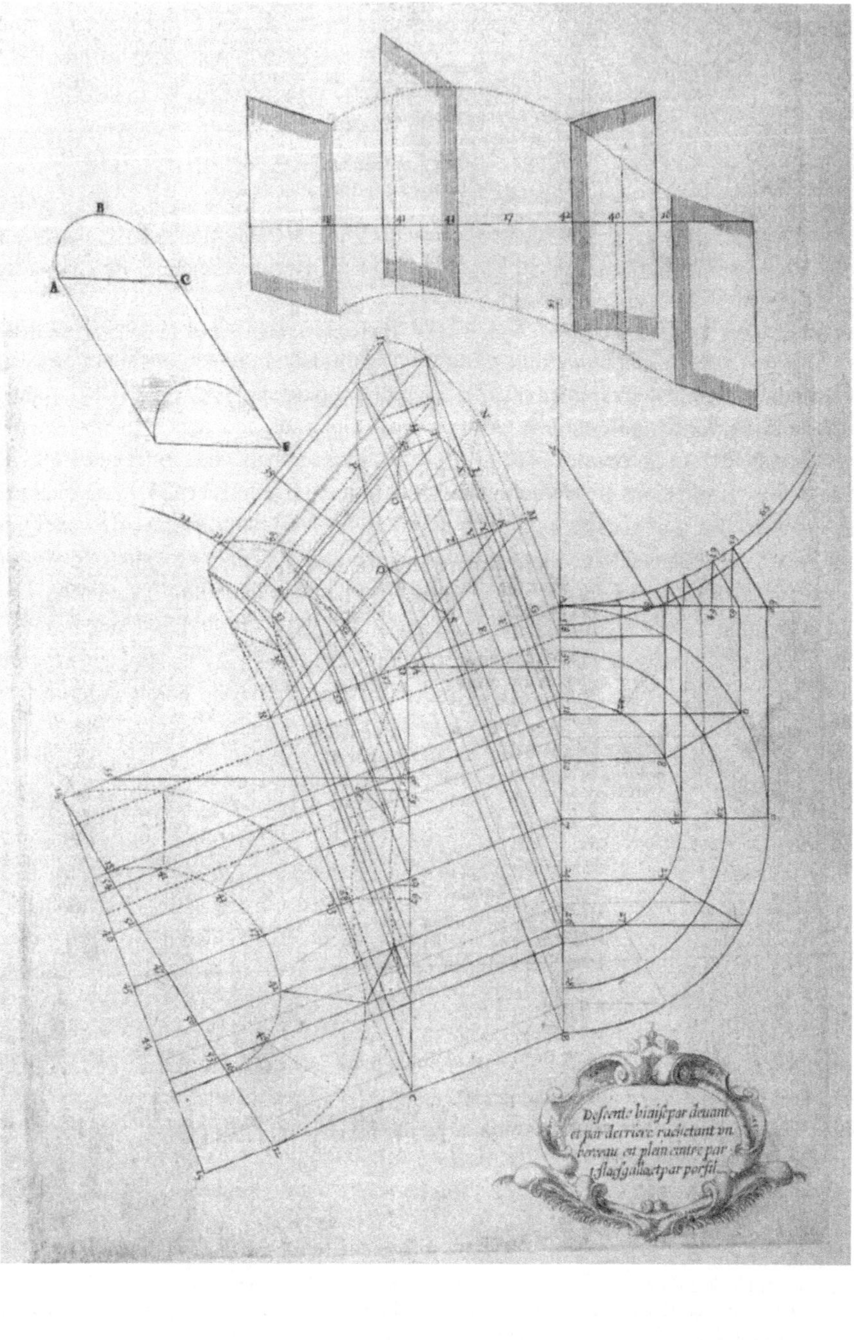

Fig. 54 - Derand. Descente biaise. Première méthode.

minime, et même inférieure à la précision du tracé, mais si l'on accroît l'angle du biais, l'erreur devient sensible. La suite du raisonnement est non moins erronée, toujours pour la même raison. Derand continue en effet sa construction comme il le faisait, dans le cas du mur vertical. Il opère en fait un changement de plan horizontal et, sur le nouveau plan choisi comme référent, chaque arête, prise individuellement, se projette en vraie grandeur, mais non les panneaux de lit.

«Je vous avertiray... que ces trois façons de tracer les descentes biaises en talus... ont esté faites sur mesmes mesures, et ce à dessein que les panneaux qui en résultent se trouvant égaux en tout, la mesmeté de l'effect justifie la bonté des pratiques, qui pourront par conséquent se servir l'une à l'autre de preuve»[126], conclut Derand. Cette justification est un peu rapide. D'abord parce que les deux dernières méthodes exposées sont cohérentes entre elles et simultanément fausses. Ensuite, l'erreur n'est graphiquement décelable, pour les panneaux comme pour l'arc droit, que si le biais est important.

Dans le dernier chapitre consacré au sujet (hormis celui concernant la méthode par équarrissement), Derand envisage la possibilité de tracer sur le mur de face un arc rampant quelconque. Il se place donc exactement dans la situation envisagée par Desargues. Il utilise, à juste titre, la première méthode exposée dans le cas de l'arc plein cintre. Cette méthode ne faisant, à aucun moment, intervenir des propriétés particulières de l'arc de face, peut être utilisée sans aucune modification. Il est même surprenant que Derand ajoute un chapitre pour exposer une situation qui n'est pas réellement plus générale. Si de ce fait le tracé de la voûte est exact, Derand commet une légère erreur dans la partie la plus simple du tracé, concernant les piédroits[127].

Autant d'auteurs, autant de manières d'aborder le problème, autant de choix différents de plans de référence qui sont la marque des difficultés qu'éprouvent ces auteurs en abordant le problème. Pour tracer l'épure d'une descente biaise il faut que l'un des plans de référence soit parallèle à l'axe de la voûte, de façon à faire apparaître en vraie grandeur les segments portés par ses génératrices. Les solutions énumérées ci-dessus envisagent tous les choix «raisonnables», compte tenu des autres données du problème. Mais cette pluralité d'approches prouve que le principe de base qui consiste à prendre un plan horizontal et un plan vertical, ne s'impose pas de lui-même d'une manière évidente et automatique avant Monge. Celui-ci déclare pourtant, dans ses leçons à l'Ecole normale, que «les artistes... ont coutume de supposer que, des deux plans de projection, l'un soit horizontal et l'autre vertical»[128]. Quoi qu'en dise Monge, cette habitude n'est bien établie avant ses cours que si l'objet est lui-même lié de façon naturelle à ce repère. Le principe du référent plan-horizontal plan-vertical ne s'impose même pas après le traité de Derand. Il ne s'impose pas totalement à Derand lui-même, qui donne un peu l'impression de l'avoir utilisé

[126] Ibid, p. 74.

[127] Compte tenu du talus, la partie verticale de la paroi du passage n'est pas, en projection horizontale, perpendiculaire à une horizontale du mur (voir fig. 40). Frézier en fait la remarque dans son ouvrage, [Frézier, 1737, t. 2, p. 187-188].

[128] [Monge, 1795, p. 315].

par hasard. Que cherche-t-il après avoir exposé sa première méthode ? Très certainement à présenter une épure comportant moins de lignes à tracer. Cette préoccupation est bien essentielle pour les appareilleurs, mais elle entraîne Derand à commettre une erreur grossière, précisément parce qu'il se lance dans des tracés en dehors de tout référent naturel. De la Rue reprend les deux premières méthodes données par Derand, sans privilégier particulièrement celle qui est issue du référent naturel. Enfin, Frézier, qui connaît bien le traité de Derand et qui a exposé dans le premier tome de son traité le principe de la double projection, propose une solution différente, qui n'est pas plus rapide à tracer et qui est beaucoup plus difficile à comprendre.

Frézier écrit d'ailleurs, dans un paragraphe du premier tome intitulé *de l'Arangement des desseins dans l'Epure* : «Quoiqu'il soit plus naturel de mettre chaque espèce de dessein à part ; il est cependant vrai que cette simplicité d'objet indique moins sensiblement les rapports des lignes, & que l'on retrouve en cela moins de commodité qu'à rassembler, & même quelquefois à mêler les Plan, Profil & Elévation : on tiendra cependant pour arbitraire l'arangement de leurs situations, les uns auprès des autres, ou dans les autres, au dessus, au dessous, ou à côté»[129].

Le passage espace-plan et les problèmes de représentation

Un des points communs à toutes ces épures, et aux explications jointes, est l'absence totale (ou quasi totale) de l'objet dans l'espace. Les constructions données sont tracées dans le plan, sans que les points, les courbes et les surfaces de l'espace ne semblent intervenir. Ils ne sont jamais nommés, sauf chez Desargues, tout à fait au début de sa construction. Hachette distinguera deux moments dans la résolution d'un problème de géométrie à trois dimensions. Le premier concerne l'élaboration de la solution dans la géométrie dans l'espace, le second est la traduction graphique du premier. Dans les planches étudiées, et plus généralement dans les traités de taille des pierres, le premier moment est totalement absent des textes explicatifs. En géométrie descriptive, au contraire, les textes d'accompagnement donnent les constructions géométriques spatiales dont l'épure est la traduction graphique. Mais la géométrie descriptive est précisément le langage approprié qui permet de parler de l'espace. Tant qu'un tel langage n'a pas été défini d'une manière suffisamment précise par l'énoncé de quelques règles de base, certaines opérations mentales restent intraduisibles. Il en résulte une distance, toujours surprenante pour le lecteur contemporain, entre l'extraordinaire aisance que semblent avoir ces auteurs de traité à manipuler des volumes et des surfaces complexes et leur incapacité à exposer clairement leurs solutions. Les explications se résument à une suite de directives sans justification : «tracer telle droite, reporter telle distance, etc...» sans que ne soient jamais (ou presque jamais)

[129] [Frézier, 1737, tome I, p. 272].

indiquées ni la raison du tracé, ni l'opération que le lecteur est en train d'effectuer. La lecture moderne de ces textes se résume à cette question toujours reposée «mais qu'est-il en train de faire» ? Il est clair que ce questionnement relève d'un état d'esprit aux antipodes de celui qui prévaut chez les différents auteurs qui ne cherchent jamais à justifier les tracés donnés.

L'épure de Jousse est un parfait exemple de constructions géométriques permettant à l'appareilleur de déterminer les vraies grandeurs des panneaux des voussoirs sans que l'objet architectural ne soit représenté (fig. 53). Que signifient ces quelques lignes et quel est leur mode d'emploi ? Privé du titre et du texte d'accompagnement, même un lecteur averti s'y perdrait. Il en résulte une difficulté de lecture certaine, mais aussi une grande économie dans le tracé, l'épure étant, de ce point de vue, quasi optimale. Le meilleur exemple de cette économie est donné par la construction des panneaux de douelle ou de lit, qui évite le tracé d'une vue de profil. Mais cette «économie» est toujours obtenue en sacrifiant la représentation de l'objet. De même dans l'épure donnée par Philibert de l'Orme, il n'est question que de correspondance entre certaines lignes, de report de longueur, etc... Une confusion entre «vue frontale» et «vue horizontale», si l'on traduit l'épure dans ces termes, amène Philibert de l'Orme à choisir l'angle de la pente égal à l'angle du biais, alors qu'il s'agit de deux données parfaitement indépendantes (cf. Annexe II). Cette erreur est la preuve de l'inexactitude de la traduction opérée par le lecteur contemporain, à travers la géométrie descriptive, de cette épure, alors qu'il n'est jamais question, dans les textes explicatifs de cet auteur, de «représentation» ou de «projection» de la voûte.

Dans les trois traités qui précèdent celui de Derand, l'objet n'est absolument pas représenté. Desargues en donne bien une vue perspective, mais séparée et sans rapport avec les constructions ultérieures. La première planche de Derand donne, au contraire, une épure où construction graphique et représentation vont de pair. Comme l'auteur en fait explicitement la remarque, le lecteur «pourra, à l'inspection de la figure présente (fig. 54), connaître à peu près toute l'industrie de son trait»[130]. Pour cette raison, elle ressemble à une épure d'application de la géométrie descriptive. Les planches suivantes montrent cependant que, chez Derand, cette liaison est encore fragile. Traçant une figure sans se demander ni ce qu'elle représente ni quelles sont les opérations géométriques sous-jacentes, il en arrive à commettre une erreur. Autant, dans la première épure, la représentation de la voûte permet de comprendre les tracés à effectuer, autant dans les deux suivantes, on retrouve une suite de constructions graphiques sans justification et l'utilisation de schémas sans signification propre. De ce fait, la compréhension des constructions données demande, de la part du lecteur, tout un travail, qui aurait pu être évité si Derand avait indiqué les liens ou le passage de la première épure aux deux suivantes. Néanmoins Derand établit une progression, de l'épure la plus lisible à l'épure la plus économique, qui n'a pas d'équivalent chez de l'Orme ou chez Jousse. La dernière épure, la plus dépouillée, permet de déterminer les panneaux avec le minimum de traits. Mais l'auteur prend garde de ne pas présenter directement cette construction et laisse au lecteur le soin d'opérer les va-et-vient entre les diffé-

[130] [Derand, 1643, p. 50].

rentes planches. La première méthode employée par Derand, pour le tracé de la descente biaise, ensuite généralisée au mur en talus et à l'arc de face rampant, pouvait laisser croire à une parfaite maîtrise, de la part de l'auteur, de l'ensemble des méthodes graphiques de la géométrie descriptive. L'erreur que nous avons notée est doublement révélatrice. Révélatrice d'abord du mode de lecture que nous avons aujourd'hui de ces constructions graphiques sur lesquelles nous plaquons, spontanément, toute une théorie géométrique postérieure à leur élaboration. Révélatrice d'autre part de la distance entre les tracés liés à une représentation et ceux liés à détermination des formes.

La situation n'est pas fondamentalement différente dans le traité de Frézier où l'on trouve, à partir d'un exemple concret, une preuve que le principe de base de la géométrie descriptive, tant qu'il n'a pas été clairement explicité, n'est pas pleinement utilisé. Les deux plans de référence existent certes, de même que les termes projections horizontales, frontales, vues en plan, vue de profil, mais ils n'ont pas le rôle de repère qu'ils joueront dans les cours de géométrie descriptive. Par exemple, dans le texte explicatif, il n'est jamais fait mention de point, de segment, d'objet de l'espace. «Le point dont *A* est la projection horizontale et *a* la projection frontale...», expression qui revient sans cesse dans le cours de Monge, n'a pas ici droit de cité. Il est tout à fait symptomatique à cet égard que, chez Frézier, les notations des paires de points de l'épure qui désignent un même point de l'espace (F et D, M et B, etc...) soient sans lien l'un avec l'autre[131], alors que par ailleurs, dans ses notations, il fait preuve de la même rigueur que dans ses démonstrations. Plus globalement, l'épure n'est pas construite à partir de la correspondance vue en plan-vue de face. A peine l'objet est-il placé dans un référent, que Frézier en sort pour donner une construction fondée sur des astuces géométriques comme pouvait en donner Jousse. Un procédé géométrique tout à fait spécifique de cet auteur consiste par exemple à rechercher systématiquement, pour chaque demi-ellipse intervenant dans les épures, le diamètre conjugué et d'en déduire certains points particuliers. Certes Frézier «allège» l'épure, comme il l'écrit, et évite certaines lignes de rappel encombrantes. Il évite surtout un retour à la projection horizontale de départ (le plan ABDE de la fig. 47), le va-et-vient entre les deux vues horizontales que sa méthode de changement de plan éxige et propose une construction de pure géométrie plane, sans rapport avec l'objet tridimensionnel[132].

Il faut néanmoins nuancer le propos sur ce point. On peut noter une évolution entre Philibert de l'Orme et Frézier, et souligner les tentatives de ces auteurs pour améliorer la compréhension de leur texte. Derand est le premier qui prenne la peine d'écrire ce que «représentent» certains tracés : «le plan de la descente estant ABCD», «I,16 représente la hauteur de la rampe», «nous aurons formé le cintre antérieur du profil»[133], etc... Ces ex-

[131] Contrairement à Monge qui emploie systématiquement une lettre majuscule pour la projection horizontale et la minuscule correspondante pour la projection frontale.

[132] De plus, le raisonnement de Frézier ne s'applique que dans le cas où l'arc initial, arc droit ou arc de face, est lui-même une conique. Si cet arc est, par exemple, une «anse de panier», c'est à dire une courbe constituée de différents arcs de cercle se raccordant sans point anguleux, la méthode préconisée est inapplicable. Il est vrai que Frézier condamne l'utilisation de ce genre de courbe.

[133] [Derand, 1643, p. 50, 54 et 62].

pressions, l'utilisation des termes «plan» et «profil», une certaine homogénéité de notations (une même lettre est utilisée pour nommer les projections horizontale et verticale d'un même point), prouvent, chez cet auteur, une vision assez claire du principe de double projection. Aucune expression similaire n'apparaît chez Philibert de l'Orme ou chez Jousse. Mais les indications que donne Derand sur ce que représente tel ou tel tracé s'arrêtent à la définition générale de l'objet : plan et profil de la voûte. Dès que commencent les tracés des lignes de joint, pour ne rien dire des constructions auxiliaires, toute référence à une notion de «représentation» disparaît. Chez Frézier, nous l'avons vu, la vue en plan du départ (le trapèze ABDE) ne joue aucun rôle dans la suite de l'épure[134]. Si un appareilleur veut suivre la méthode exposée, il peut alléger l'épure en supprimant ce trapèze ABDE. Frézier perd à ce point l'habitude de se servir de cette partie de l'épure, qu'au moment où il en a besoin (dans le cas du berceau plein cintre dans un mur en talus, fig. 47, sous-fig. 92), il trace un dessin annexe, erroné et redondant. Néanmoins, pour la lisibilité de l'épure, ce plan joue un rôle très important ; les hachures grisées, qui montrent l'épaisseur de la voûte, «assoient» le dessin du plan. La correspondance avec la vue de profil donne la notion du repère de référence et ne laisse pas le lecteur «flotter» avec l'objet, comme le fait Desargues.

Transmission d'un savoir-faire

Dans les traités de coupe des pierres, deux problèmes, de nature fondamentalement différente, interfèrent. Le premier est d'ordre géométrique : il faut déterminer la vraie grandeur des panneaux des voussoirs. Le second est d'ordre didactique : le lecteur doit comprendre le dessin proposé, pour qu'il soit capable de le reproduire, ou plutôt de produire lui-même un dessin qui résolve le problème précis auquel il est confronté. Un traité de taille des pierres doit-il être une collection d'épures d'appareilleur ? Philibert de l'Orme et Jousse semblent répondre positivement à la question. Pourtant la figure que trace l'appareilleur, grandeur nature, est une chose, et un dessin qui explique comment construire une épure d'appareilleur en est une autre. De la confusion de ces deux étapes naît, au pire, des erreurs, au mieux une difficulté de lecture et de communication. Philibert de l'Orme semble conscient de l'embarras dans lequel il se trouve. Il en fait un aveu explicite à la fin de son commentaire de la planche des descentes biaises, lorsqu'il écrit qu'il «s'en peut faire d'autres sortes qui sont très difficiles à conduire... mais outre le grand rompement de teste qui est à les excogiter et montrer, ie craindrais aussi que peu de gens y sceussent mordre sous la nue et simple démonstration que i'en pourrait faire»[135]. Il n'est donc pas tout à fait exclu que le trait nécessaire pour les descentes biaises, dans le cas où l'arc droit

[134] Elle permet uniquement de déterminer le point F et les distances FM et BP (voir Annexe II), qui peuvent être cherchés sur une figure auxiliaire.
[135] [De l'Orme, 1988, p. 62]

est à déterminer, dépasse, sinon les compétences pratiques de l'auteur, à tout le moins ses capacités de pédagogue. D'ailleurs il continue d'expliquer que pour les situations plus difficiles à exposer «il conviendroit monstrer et trasser et assembler les pierres ou bien le tout contrefaire en bois ou quelque pierre tendre ou en autre matière pour rendre visible, facile et intelligible à tous»[136]. Pour Philibert de l'Orme on ne peut donc pas tout exposer par écrit et ce support ne peut totalement se substituer à un enseignement oral et démonstratif. Il y a certaines limites, certaines difficultés qui semblent insurmontables sans relation directe entre maître et disciples. «Je vous ai exposé ici tout ce que l'on peut montrer par ce moyen», semble dire l'auteur, «pour le reste venez me voir ou allez trouver quelqu'un de compétent, il vous montrera comment faire, mais ce n'est plus de mon ressort dans le cadre de ce livre». L'ouvrage de Philibert de l'Orme est donc, d'un certain point de vue, intermédiaire entre la tradition orale qui le précédait et les traités exhaustifs qui le suivront.

Desargues, Derand et Frézier tentent, dans des directions différentes, de répondre au problème didactique sous-jacent. Derand ne présente pas directement l'épure qu'il juge la plus économique, comme le fait Jousse. Il donne d'abord l'épure la plus compréhensible, celle qui se lit d'elle-même, qui se comprend sans commentaire, précisément celle qui est tracée dans le référent naturel. Après, par étapes, il la peaufine, l'allège (pas toujours avec bonheur). Mais le problème de fond sur lequel il bute vient de son incapacité à exposer les opérations géométriques qui permettent de passer de la première méthode aux deux autres.

Desargues et Frézier ont en commun la volonté de théoriser, et par là de généraliser, le mode d'appréhension du problème. L'originalité de la méthode de Desargues vient d'abord de son souci de géométrisation qui le conduit à définir et à nommer les droites et les plans qui interviennent soit directement dans la voûte, soit dans la résolution graphique du problème. Si cette démarche semble naturelle aux yeux du mathématicien, elle est tout à fait inhabituelle dans les traités de stéréotomie. Et ce d'autant plus que Desargues définit des droites et des plans sans réalité physique mais sur lesquels il va fonder sa construction géométrique. Il y a de plus chez Desargues un souci évident de généralisation qui le pousse à étudier une voûte qui recouvre de multiples cas particuliers différents : passage biais, voûte en descente, passage dans un mur en talus, arc droit ou rampant, etc… Cet abord rompt avec la tradition des «traités catalogues» dans lesquels chaque ouvrage clavé est étudié séparément. A titre de comparaison, Jousse consacre vingt-huit planches à l'ensemble des cas recouverts par celui étudié par Desargues, et Derand quatorze.

Cette approche géométrique conduit Desargues à présenter une série de dessins qui ne ressemblent en rien aux épures des autres traités (fig. 49 à 52). La première planche donne une perspective de l'objet et présente une image globale de la voûte étudiée. Desargues fait ainsi preuve d'un réel souci pédagogique. Le fait est assez nouveau pour être noté ; les autres traités de coupe des pierres ne comportent jamais ce type de représentation préalable qui permet de visualiser l'objet dont l'épure donne la construction. Seul de La Rue dans son traité, donnera des représentation axonométriques annexes qui facilitent la com-

[136] Ibid, p. 62.

préhension de l'objet. Si l'intention de Desargues est louable, le résultat est néanmoins décevant, et ce pour deux raisons. D'abord la perspective elle-même n'est pas facile à comprendre ; de ce point de vue, les dessins que Bosse propose sont beaucoup plus convaincants (fig. 34 et 35). D'autre part, comme nous l'avons vu ci-dessus, ce dessin est totalement disjoint de ceux sur lesquels il appuie sa construction géométrique. Les autres planches du *Brouillon proiect de coupe des pierres* constituent une décomposition du procédé graphique suivi et se terminent par un dessin, extrêmement épuré, qui contient toutes les informations permettant le tracé des panneaux de lit et de douelle. Au lieu d'envisager successivement, comme les autres auteurs de traité, une complexification du problème, Desargues traite directement la situation générale mais décompose les étapes du tracé. Cette approche purement géométrique aurait pu permettre un exposé plus clair que ceux des autres traités. Mais Desargues ne justifie jamais les constructions géométriques données, et, surtout, ne prend pas la peine d'en exposer les principes. A aucun moment, par exemple, il ne donne les raisons de l'introduction du «plan sous-essier», raisons qui eussent grandement facilité la compréhension de son opuscule. Comme les autres auteurs, il se contente d'énoncer une suite de règles de constructions graphiques et laisse au lecteur le soin (éventuel) de retrouver la démarche.

De plus cette approche plus théorique ne l'empêche pas de confondre les deux niveaux de discours évoqués ci-dessus : l'épure d'appareilleur et le dessin explicatif de cette épure. On trouve un exemple de cette superposition, très dommageable à une bonne compréhension du texte, lorsque Desargues considère deux plans qui viennent couper la voûte, le plan de face et le plan qui porte la section droite. Ce deuxième plan n'est bien sûr défini qu'à une translation près et, pour la clarté de l'exposé il est préférable de supposer qu'ils sont suffisamment éloignés l'un de l'autre pour que, dans leur rabattement respectif sur le plan sous-essier, le dessin des deux arcs ne se superpose pas (cf. Annexe II fig. 6). L'appareilleur est ensuite, lui, confronté à un autre problème pratique. Traçant son épure grandeur nature, il doit impérativement minimiser l'encombrement de son dessin et par conséquent confondre les centres des deux arcs, comme Desargues l'indique dans les planches jointes à son opuscule (fig. 51). Mais en donnant directement l'épure de l'appareilleur, il en complique encore un peu plus la compréhension. Monge, dans ses leçons de géométrie descriptive, fait explicitement des remarques de cet ordre. Prenant soin de toujours présenter à son auditoire les épures les plus explicites possibles, il indique seulement dans un deuxième temps les superpositions de vues susceptibles de minimiser les tracés et, par conséquent de minimiser l'encombrement et d'accroître la précision.

Le souci de théorisation n'est pas moindre chez Frézier que chez Desargues, mais il s'exprime très différemment. Avant d'aborder dans le détail les différents cas de descentes biaises, Frézier donne un exposé général du sujet et appuie ses explications sur deux figures géométriques. La première représente un cylindre de révolution coupé par un plan quelconque (Annexe II, fig. 16, sous-figure 87 de la planche de Frézier), la seconde un cylindre tel que son intersection avec un plan donné soit un cercle (sous-figure 88). Enfin il termine toujours les commentaires des épures par des «explications démonstratives» qui marquent sa volonté de ne pas simplement livrer une suite de recettes. Mais il est frappant de constater que ces «explications démonstratives» justifient en général des tracés qui sont

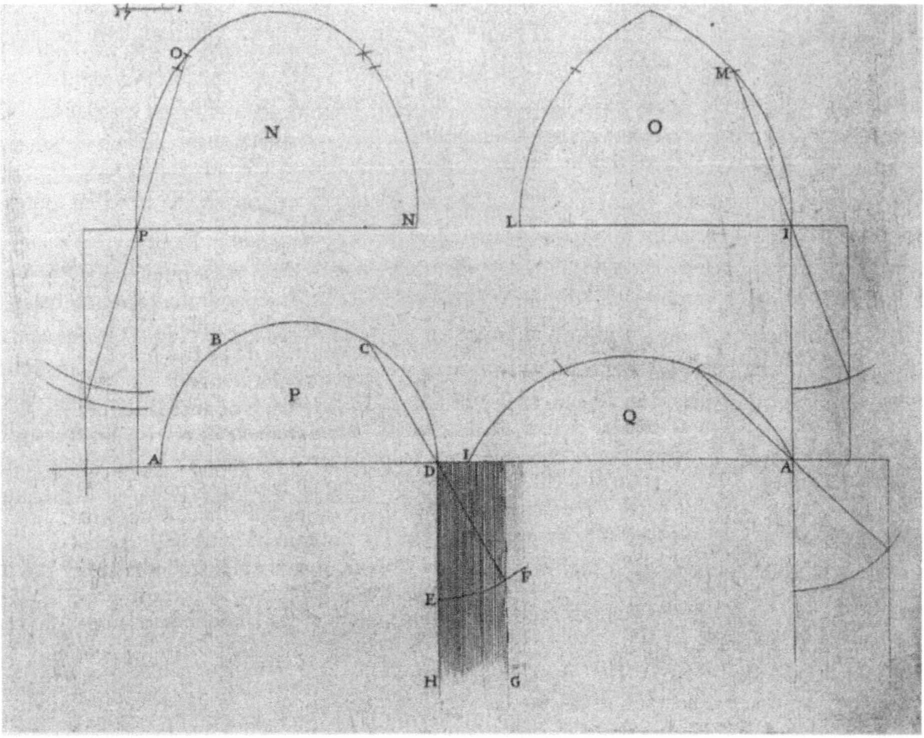

Fig 55 - «La règle de Derand» pour le dimensionnement des murs soumis à la poussée d'une voûte
[Derand, 1643, p. 17]

de l'ordre de la géométrie plane et non ceux qui proviennent du passage espace-plan. En particulier aucune des constructions qui résultent des opérations de changement de repère n'est démontrée. Par exemple, dans l'épure 90 (Annexe II, fig. 16) ou 93 (fig. 47), la justification de la méthode très élégante mais, non évidente, qui permet d'obtenir les points 1^s, 2^s, 3^s, 4^s, n'est pas donnée. Ce n'est rien d'autre que l'utilisation de la méthode de la double projection, utilisée avec deux plans quelconques non orthogonaux entre eux.

Les épures étudiées répondent (en général) de manière satisfaisante au premier objectif qu'elles se proposent, à savoir donner une construction géométrique exacte des panneaux. Par contre, le second objectif, la transmission du savoir-faire, n'est que très partiellement atteint. La raison principale de cet échec vient de la dichotomie, que nous venons d'examiner, entre représentation et construction géométrique. La représentation graphique de l'objet est soit totalement absente, soit entièrement indépendante des tracés géométriques ultérieurs. La géométrie descriptive, en permettant au contraire de concilier ces deux fonctions sur un même dessin, alliera la technique graphique à l'outil pédagogique.

Les considérations statiques

Curieusement, les considérations statiques sont totalement absentes de tous les textes de commentaires des épures des descentes biaises. Pourtant si le biais est très prononcé, indépendamment de la descente et du talus, les tracés proposés par les différents auteurs, qui restent géométriquement exacts, deviennent inapplicables dans les faits. Certains voussoirs comporteraient alors des aiguïtés trop fortes et risqueraient d'éclater sous la poussée de la voûte, comme Rondelet en fait la remarque[137]. Les auteurs étudiés ne mentionnent pas cette limite, et s'en tiennent tous strictement à l'aspect purement géométrique. Derand consacre pourtant un chapitre au début de son ouvrage au problème de la poussée des voûtes[138] et propose un procédé graphique -qui restera sous le nom de «règle de Derand»- permettant de dimensionner les murs de soutènement d'une voûte en fonction de sa section (fig. 55). Cette règle, déjà connue des bâtisseurs de cathédrales selon Viollet-le-Duc[139], s'appuie uniquement sur la forme de l'intrados de la voûte, sans prendre en compte ni son épaisseur, ni son extrados. «C'est pourquoi (la règle de Derand) donne pour le second modèle (fig. 55) une épaisseur trop faible et une trop grande pour tous les autres, surtout pour le modèle dela voûte gothique et celui en plein cintre extradossé de niveau, où cette règle donne une épaisseur presque double de l'expérience. Il est étonnant que cette méthode ait été adoptée par le grand Blondel et le père Dechales qui étaient géomètres»[140].

[137] [Rondelet, 1802, t. II, livre 4, p. 237].
[138] [Derand, 1643, chap. IV, p.16]
[139] Sur ce sujet voir [Benvenuto, 1991, p. 313-315].
[140] [Rondelet, 1802, t. III, livre 5, p. 415]. Blondel cite la «règle de Derand» dans [Blondel, 1683, p. 419].

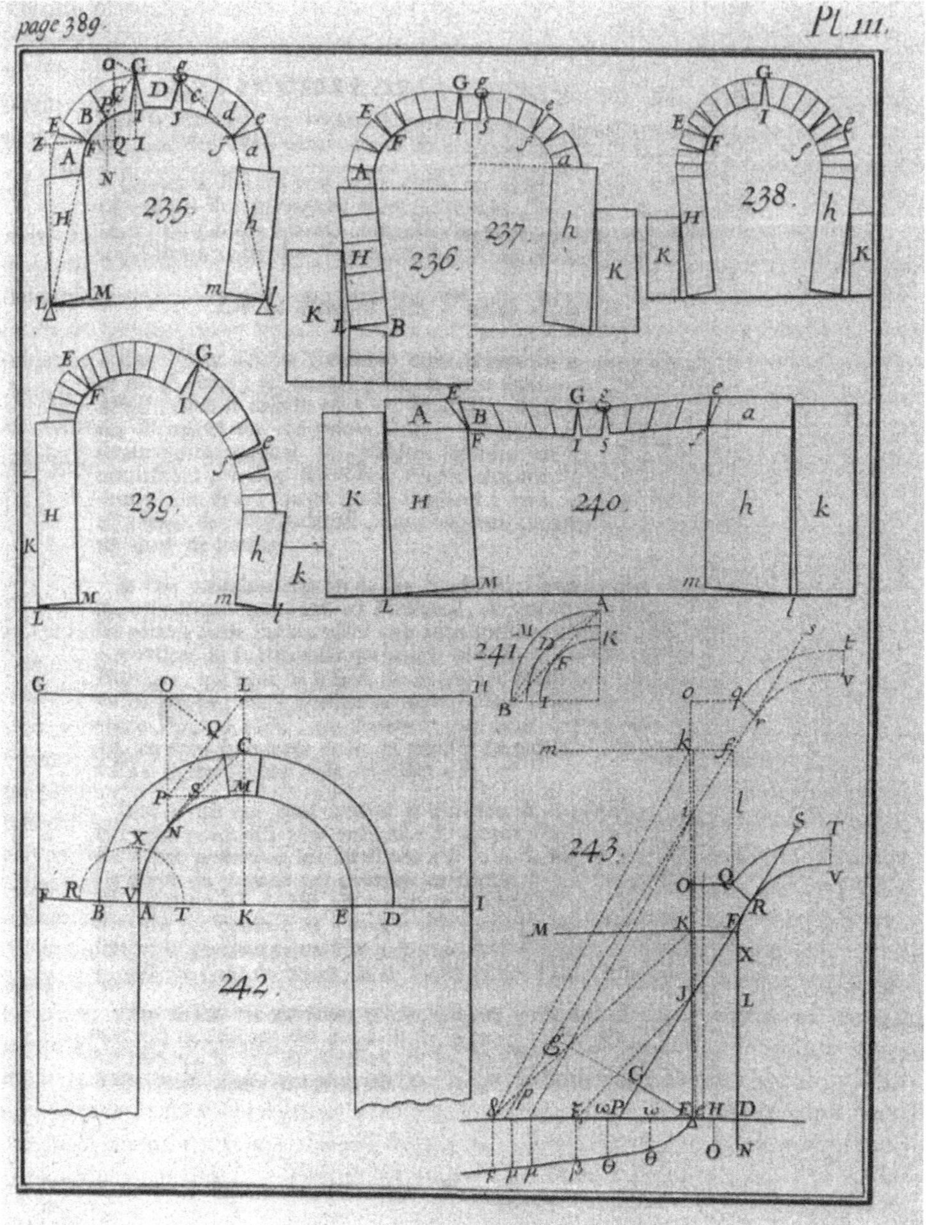

Fig. 56 - Frézier. La poussée des voûtes
[Frézier, 1737, t.3, pl. 111]

Frézier développe le sujet de la poussée des voûtes un important appendice à la fin de son traité (fig. 56). Il est vrai que son livre est postérieur au *Traité de mécanique* de Philippe de la Hire, considéré comme le premier ouvrage scientifique concernant les arches et les voûtes. Frézier reproche d'ailleurs à de La Rue de continuer à prôner la règle de Derand après la publication de ce traité[141]. Mais comme Derand, Frézier n'envisage dans cette partie consacrée à la statique, que les voûtes de forme régulière et ne revient pas sur les problèmes constructifs spécifiques des descentes biaises. Pourtant dans l'épure du biais passé évoquée au début de ce chapitre, Frézier propose un tracé qui permet précisément de conserver des plans de joint perpendiculaires à la direction de la poussée exercée par la voûte, tout en obtenant une surface d'intrados cylindrique. Il est donc surprenant que dans la situation assez similaire des descentes biaises (quoique plus complexe) il n'évoque pas un problème qu'il a fort bien résolu précédemment. Une dichotomie assez forte persistera longtemps entre une approche géométrique et une approche statique des problèmes soulevés par la construction des voûtes clavées. Il faut attendre le *Traité théorique et pratique de l'art de bâtir* de Rondelet, pour trouver un ouvrage qui aborde les problèmes liés à l'architecture clavée à la fois sous un angle géométrique, statique, économique, qui expose des différences entre matériaux, les qualités des ciments et des pierres, etc...[142].

L'enjeu de la géométrie

Placer la géométrie au cœur de la formation des architectes, tel était déjà le souhait d'Alberti. Mais dans la pratique quotidienne de l'architecte de la Renaissance, le besoin réel de connaissances géométriques reste bien modeste. Aussi le souhait albertien ne prend réellement tout son sens et sa justification que dans des moments très spécifiques de la conception architecturale dont le trait reste l'exemple le plus probant. La stéréotomie, «ce qu'il y a de plus fin et de plus artiste dans l'architecture»[143] est le lieu où l'architecture rencontre la géométrie. De cette rencontre naîtra une nouvelle théorie géométrique, la géométrie descriptive, comme le chapitre suivant le montrera, mais également se dégagera la figure l'architecte moderne. Philibert de l'Orme exprime clairement la nécessité de ce mariage entre géométrie et architecture que, dans une certaine mesure, son ouvrage inaugure. L'embarras dans lequel il se trouve pour exposer le tracé des descentes biaises le pousse à adopter une solution qui n'est pas satisfaisante d'un point de vue architectural.

---

[141] [Frézier, 1737, t. 3, p. 342] ; de La Rue reproduit la «règle de Derand» à la la planche F de son *Petit traité de Stéréotomie* appendice de son traité de coupe des pierres de 1728.

[142] Jean Baptiste Rondelet (1743-1829), élève de Blondel, fut le successeur de Soufflot sur le chantier de l'Eglise Sainte-Geneviève à Paris. Il en éleva le dôme puis s'occupa de sa transformation en Panthéon. Rondelet fut membre de la Commission des Travaux Publics qui décida de la création de l'Ecole polytechnique (voir chap. III). Il publia *L'art de bâtir* entre 1802 et 1817.

[143] [Perrault, 1688, t. 1, p. 168].

Après s'être quelque peu pris les pieds dans le tapis des descentes biaises, il s'excuse de devoir remettre à plus tard l'exposé des tracés plus complexes (allusion sans doute au deuxième tome qu'il n'aura jamais la possibilité d'achever), pour avoir le temps de «revoir Euclide et accommoder sa théorique avec la pratique de nostre Architecture luy accompagnant Vitruve, et le lui reduisant à une certaine méthode, laquelle i'aperçois en ses livres estre fort indigeste et confuse»[144]. Expliquant qu'il accepterait volontiers l'aide «d'hommes doctes qui font profession de lire et interpréter divinement bien ledit Euclide», il insiste sur son but «qui est de conjoindre la pratique d'Architecture avec la théorique dudit Euclide»[145]. Compte tenu des enjeux, les étapes d'une mise en place de cette «conjonction» furent plutôt violentes, heurtées et conflictuelles.

L'épisode le plus symptomatique de ces tensions est la querelle Desargues-Curabelle qui oppose l'un des appareilleurs les plus célèbres de son époque avec sans doute le meilleur géomètre de son temps. Une simple liste des titres des pamphlets et écrits publiés par l'un et l'autre des protagonistes suffit à donner une idée de la violence des échanges. En 1644 Curabelle publie l'*Examen des œuvres de Sr Desargues, Lyonnois. Contenant les erreurs et fautes de son brouillon de la coupe des pierres.* (fig. 38), puis les *Calomnieuses faussetez contenues dans une affiche du sieur G. Desargues*...et enfin la *Foiblesse pitoyable du Sr G. Desargues*.....Desargues se défend (et contre-attaque) dans *La honte du S. J. Curabelle*..., la *Sommation faite au Sieur Curabelle, au sujet de ses affiches calomnieuses* et le *Récit au vray*...[146]. Sans rentrer dans le détail d'une querelle alimentée par beaucoup de mauvaise foi, d'injures et d'invectives, je voudrais en rappeler l'épisode sans doute le plus révélateur, celui du défi.

Que propose Curabelle à Desargues? D'organiser un concours entre deux tailleurs de pierre, l'un utiliserait le tracé préconisé par Curabelle et l'autre se servirait de la méthode arguesienne. Ainsi pourrait-on vérifier l'exactitude des procédés et juger de leur efficacité. Desargues avait répondu par avance à ce genre d'arguments, dans son *Brouillon project...de la coupe des pierres*, en dénonçant «les ouvriers en l'art de Maçonnerie qui dans leur pratique tatonneuse ...se mécontent souvent... et qui pour s'assurer de la justesse de leurs traits les ont tous coupé de leur propre main, ce qui n'est pas démonstration aux intelligens»[147]. Aussi demande-t-il qu'un jury de géomètres et de gens compétents compare les diverses méthodes, distingue celles qui sont justes de celles qui ne le sont pas et déclare laquelle est la plus expéditive. Il est certain que l'introduction du «plan sous-essier» permet les constructions géométriques les plus rapides et les plus élégantes. Non seulement l'exactitude du tracé arguesien ne peut être mis en cause, contrairement à ce que Curabelle prétend, mais de plus, sa minimalité découle de la simplicité du principe proposé. Mais cette optimisation, au demeurant relativement subjective, a son prix, et si Desargues a géométriquement raison, il a pratiquement tort. Curabelle ne se prive pas de

[144] [Philibert de l'Orme, 1561, p.62].
[145] *Ibid*, p. 62.
[146] Pour une présentation détaillée des textes polémiques, voir les *Œuvres complètes de Girard Desargues*, [Desargues, à paraître,Le Goff, Taton, eds].
[147] [Desargues, 1642].

dénoncer son adversaire qui «ne veut pas de vrays experts pour les matières en conteste (et) demande à des gens de sa cabale, comme des purs Géomètres, lesquels n'ont iamais eu aucune expérience des règles des pratiques en question... Les excellents architectes & Massons, ont (non) seulement les théories compétentes comme estant Géomètres... des lignes et panneaux de la coupe des pierres en l'architecture... mais de plus ils ont la connaissance si les règles sont faciles à pratiquer selon l'occurrence des divers cas de la maçonnerie ; si elles ont toutes les parties des coupes nécessaires pour la bonté de l'ouvrage...»[148].

Le fond de la querelle entre Desargues et Curabelle ne porte pas tant sur le contenu du fascicule lui-même que sur la manière dont on peut s'assurer de sa légitimité. Pour Curabelle c'est bien entendu un critère de faisabilité, alors que pour Desargues seule compte la justesse des raisonnements géométriques. Or à travers cette opposition, c'est tout le statut du dessin de chantier qui est en cause. Si l'on admet avec Curabelle que l'épure ne vaut et ne se valide que par sa réalisation, le maître maçon reste la clef de voûte du chantier. Les épures préparatoires sont certes indispensables, mais elles n'ont pas d'autonomie propre, elles sont indissociables de la construction qu'elles permettent de réaliser. Elles ne sont qu'une première phase, une première étape, d'un même processus de production.

Si au contraire, un dessin peut, comme le prétend Desargues, trouver sa propre légitimité en lui-même, si l'on peut se convaincre de son exactitude par des considérations purement théoriques et indépendamment de toute concrétisation, si ce sont des raisonnements géométriques qui permettent de trouver les tracés optimaux, et non plus le fruit de l'expérience, alors le statut même de l'épure s'en trouve modifié, et par conséquent celui de son auteur et de son exécutant. L'appareilleur se trouve ainsi dépossédé d'une partie de ses fonctions et par suite de son pouvoir. Desargues l'exprime avec brutalité: «non plus que les Médecins ... ne vont ni à l'Ecole ni à la leçon des Apothicaires ... aussi les Géomètres ... ne vont ni à l'Ecole ni à la leçon des Maçons, mais au contraire, les Maçons ... vont à l'Ecole et à la leçon des Géomètres, en quoi de même, les Géomètres sont maîtres et les Maçons disciples»[149]. Ce qui ressort des textes polémiques de Desargues c'est l'affirmation du primat du théorique sur le pratique.

Dans le lent mouvement qui, débutant dès le XIIIe siècle, tend à faire évoluer la profession d'architecte d'un *ars mechanica* vers un *ars liberalis*, on peut distinguer deux phases. La première, dont il a été question au chapitre précédent, était marquée par l'usage sur le chantier de documents graphiques suffisamment précis et complets pour que la réalisation n'exige, de la part du maçon, aucune prise de décision hors de son domaine strict de compétence. Le débat entre Curabelle et Desargues ouvre en quelque sorte une deuxième étape dans la séparation des tâches entre concepteur et réalisateur. Ce n'est pas seulement affaire de précision et de détail dont il est question ici. L'autorité de l'architecte sur son chantier dépend de la reconnaissance que les maçons accordent aux documents donnés par celui-ci. Si, pour une pièce particulièrement délicate, il faut attendre la réalisation pour

---

[148] [Curabelle, 1644, p. 3-4].

[149] Desargues, «Reconnaissance de Monsieur Desargues» dans [Bosse, 1647].

être assuré de l'exactitude des plans, le crédit laissé à l'architecte est bien mince. Pour que l'architecte puisse «conduire et dresser les maistres maçons et ouvriers et non estre dresser et conduict par eux», comme l'écrit Philibert de l'Orme[150] il faut qu'il soit possible de trouver, dans le dessin même, la justification et de son exactitude et de son efficacité, il faut qu'il ait valeur de démonstration. Les appels de Philibert de l'Orme aux géomètres ne s'expliquent pas autrement. L'usage de la géométrie ne se borne pas à un problème de représentation, mais confère au dessin le statut susceptible d'asseoir l'autorité de l'architecte dans ses nouvelles fonctions, face aux différentes corporations des métiers qui interviennent sur le chantier. En donnant aux tracés graphiques une autonomie pleine et entière, Desargues répond en un sens à la demande de Philibert de l'Orme. Dans la constitution de l'architecte moderne, celui-ci a besoin de donner à ses dessins un poids propre qui ne peut leur venir que du statut social de l'auteur ou de la caution scientifique d'une branche des mathématiques, (et les architectes n'auront de cesse qu'ils n'acquièrent l'un et qu'ils n'utilisent l'autre). Faire intervenir une géométrie «savante» dans ses tracés est naturellement pour l'architecte un moyen de se distinguer par rapport aux ouvriers, de se rassurer soi-même et de se prévaloir du savoir des Anciens. Mais c'est surtout un moyen d'opposer une logique de la preuve par la démonstration à une logique de la preuve par la tradition ou l'expérience et, par là même, d'insuffler des méthodes innovantes. Ce faisant, Desargues se trouve entraîné dans un conflit qui le dépasse largement mais dont la querelle avec Curabelle est exemplaire.

Le débat se poursuivra bien après la mort des protagonistes, preuve, s'il en fallait, qu'il touche bien à l'essentiel. Se rangeant explicitement du côté de Curabelle, de La Rue accuse Desargues d'avoir «eu envie de dérober aux autres la Science de la Coupe des Pierres, par les principes même qu'il en donne; tant il a affecté de nouveauté dans ses termes, et de singularité dans ses Traits»[151]. Il n'est pas surprenant de trouver, par contre, François Blondel, mathématicien, ingénieur et architecte, du côté des défenseurs de Desargues. Le premier directeur de l'Académie d'architecture s'étonne par exemple que «la Règle universelle de Monsieur Desargues expliquée dans le livre du Sieur Bosse, soit si peu en usage, vu qu'elle est infaillible dans la pratique et qu'elle peut servir à tous les cas», contrairement aux livres de Jousse ou de Derand qui «contiennent l'un et l'autre autant de pratiques diverses qu'il se propose de cas différents, et qu'il y a plusieurs de ces pratiques qui dans la rigueur de la géométrie sont fausses, en sorte que dans les Edifices considérables les ouvriers sont toujours obligés de ragréer ce qu'ils ont fait»[152]. Pas surprenant non plus de trouver en Frézier le premier auteur de traité de stéréotomie qui prenne la peine d'étudier «la méthode de Desargues (qui) n'est du tout point à rejeter»[153]. Il ajoute même qu'il «lui donnerait la préférence sur toute autre, si elle présentait un peu plus distinctement à l'idée les avances et les reculemens des surfaces des panneaux»[154]. Suppléant «à ce

[150] [Philibert de l'Orme, 1561, p.38]
[151] [de La Rue, 1728, p.5]
[152] Note de Blondel dans la seconde édition de [Savot, 1685, p.352).
[153] [Frézier, 1737, t.2, p.191]
[154] *Ibid.*, p.198

qui manque au livre de Bosse», il expose en détail le principe de cette «ingénieuse invention de Desargues, qui aurait dû lui faire honneur, s'il n'avait pas affecté de la rendre mystérieuse et difficile à deviner»[155]. Les camps sont donc bien marqués parmi les amateurs de coupe des pierres. D'un côté les praticiens avec Jousse, Derand, Curabelle ou de La Rue qui défendent à travers leurs ouvrages la profession des appareilleurs et de l'autre les théoriciens avec Philibert de l'Orme, Desargues, Blondel, P. de la Hire ou Frézier qui tentent, à des degrés divers et avec plus ou moins de bonheur, d'intégrer une géométrie savante comme levier de transformation d'une technique de construction et des rapports de force entre les différents acteurs sociaux.

155 *Ibid.*, p.206

Chapitre III

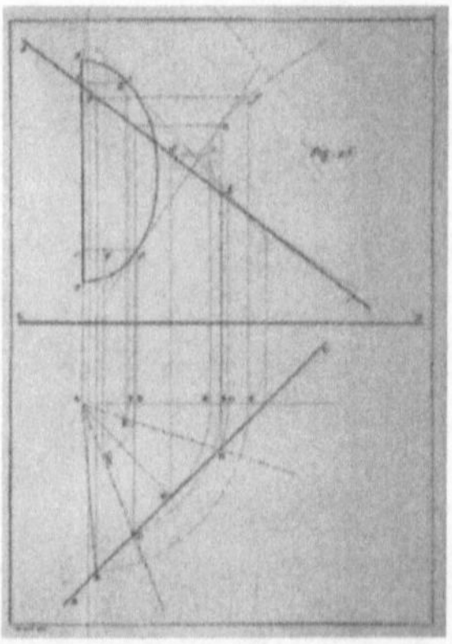

La géométrie descriptive : une discipline révolutionnaire

Les chapitres précédents ont montré l'état d'élaboration dans lequel se trouvait le dessin d'architecture au milieu du XVIIIe siècle. Dessin d'architecture au sens large, que ce soit le dessin de représentation, dont la skiagraphie de Chastillon en est, en quelque sorte, l'aboutissement, ou les dessins de chantier que constituent les épures d'appareilleur et dont le traité de Frézier donne l'expression la plus aboutie. Quoiqu'elles appartiennent au même monde du bâtiment, ces techniques graphiques se développent et se perfectionnent pratiquement indépendamment les unes des autres, prisonnières du cloisonnement entre les corporations. Comme le note R. Taton, «le perfectionnement des méthodes de construction, la naissance du machinisme, les débuts de la grande industrie, soulignent l'urgence d'une refonte des procédés graphiques disparates utilisés par les techniciens, tandis que dans le domaine théorique, les premières extensions systématiques à l'espace de la géométrie infinitésimale et de la géométrie cartésienne éclairent et diffusent les principes de cette synthèse»[1].

Pour montrer comment Gaspard Monge opère, dans ses cours de géométrie descriptive, cette «refonte» nécessaire et attendue qui permet de passer de «procédés graphiques disparates» à un corps de doctrine cohérent, il m'a semblé préférable d'énoncer clairement les tenants et les aboutissants de cette évolution. Aussi n'ai-je pas suivi, dans ce chapitre, un ordre chronologique et ai-je présenté directement les leçons de Monge à l'Ecole normale de l'an III, d'abord sous forme d'un résumé succinct, puis en essayant de dégager les principales lignes directrices, l'originalité du cours fondateur. Dans la seconde partie de ce chapitre, la discipline scientifique ayant été précisément définie, j'aborderai le problème de sa genèse en dégageant deux étapes dans le processus : la première, correspondant à sa création scientifique, mettra en évidence les liens qui l'unissent aux méthodes de la coupe des pierres ; la seconde, correspondant à sa création institutionnelle, montrera la convergence entre l'enseignement de cette discipline et les idéaux révolutionnaires en matière d'éducation.

---

[1] [Taton, 1951, p. 72].

Portrait de Gaspard Monge

Les leçons de l'Ecole normale de l'an III

Le contenu

Les leçons débutent par l'exposé des conventions de représentation des corps de l'espace, puis se présentent comme une série de questions résolues, quelquefois entrecoupées de réflexions plus générales. La partie théorique du cours est subdivisée en cinq chapitres : les préliminaires, les plans tangents aux surfaces courbes, les courbes à double courbure, «Application des intersections des surfaces à la solution de diverses questions» et une introduction à la géométrie différentielle. En outre, Monge prononça trois leçons consacrées à la théorie des ombres et à la perspective.

Les préliminaires

La première partie du cours, très révélatrice de la conception d'ensemble que Monge se fait de la géométrie descriptive, débute par une longue leçon sur les différentes manières possibles que l'on a, a priori, pour caractériser un point de l'espace. «Parce que la géométrie n'offre rien de plus simple qu'un point»[2], Monge commence par examiner le cas où l'on chercherait à repérer un point par sa distance à des points donnés pour amener son auditoire à constater qu'alors «on est entraîné dans des considérations qui ne sont pas assez simples pour servir de base à des procédés d'un usage habituel»[3]. Ce n'est qu'après avoir montré que la considération de trois droites donne une situation encore plus complexe que celle de trois points, qu'il envisage de repérer un point par sa distance à trois plans donnés et fait remarquer qu'alors la détermination est biunivoque si l'on prend soin de préciser, pour chacun des plans de référence, de quel côté l'on doit se situer. Après cette longue introduction, qui l'oblige à parler, d'entrée de jeu, d'intersection de sphères et de cylindres, il constate enfin que deux plans suffisent pour repérer l'espace si, au lieu d'utiliser la notion de distance, comme on le fait en géométrie analytique[4], on introduit celle de projection. Il présente alors le principe de base de la géométrie descriptive : étant donnés deux plans orthogonaux, on associe à tout point de l'espace ses deux projections, puis les deux plans de référence étant rabattus l'un sur l'autre, on obtient sur la feuille papier «l'épure du point», c'est à dire le couple de points du plan associé au point de l'espace (fig. 5 de l'Introduction).

[2] [Monge, 1795, §3, p. 308]. La subdivision en paragraphe du cours de Monge fut introduite par Hachette lorsqu'il se chargea, en 1799, de l'édition en un ouvrage séparé des leçons de Monge qui avaient été publiées en 1795 dans le *Journal des séances des Ecoles normales*. Comme je l'ai précisé dans l'introduction, les n° des pages renvoient à l'édition de 1992 de la *Géométrie descriptive*.

[3] *Ibid*, p. 309.

[4] Monge n'emploie pas l'expression de «géométrie analytique» mais «d'application de l'algèbre à la géométrie».

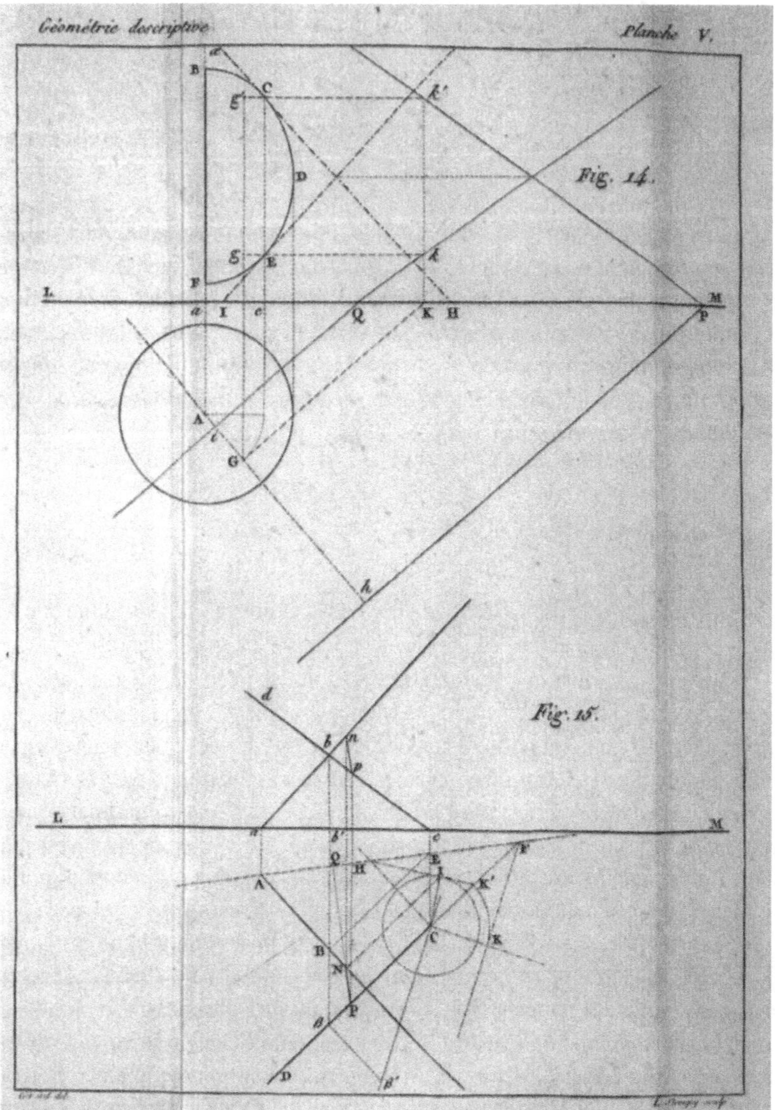

Fig. 1 - Plan tangent à une surface de révolution passant par un point donné (sous-fig. 14) ; distance de deux droites, solution donnée à l'Ecole polytechnique (sous-fig. 15).
Monge. *Géométrie descriptive*, Planche V.

Lors des débats qui suivirent les premières leçons, et en réponse à la question d'un élève, Monge justifia cette longue digression[5] : «Je devais vous faire voir combien est simple la méthode des projections, qui n'a pas dû se présenter d'abord et à laquelle on n'est parvenu vraisemblablement qu'après un grand nombre de tentatives ; et pour cela, je ne pouvais faire mieux que de vous conduire pour ainsi dire par la main sur toutes les routes qui se présentent plus naturellement, et de vous faire voir que partout la marche est beaucoup plus pénible... J'aurais pu commencer par définir sèchement la méthode des projections ; mais la séance aurait été sans intérêt : j'aurais laissé échapper l'occasion de vous faire une belle leçon de géométrie»[6]. Tout au long de ses leçons, pour éviter une présentation trop sèche, Monge ne craint pas de sacrifier la rigueur des démonstrations à la présentation intuitive des notions, quitte à ne pas introduire ces dernières selon un ordre strictement croissant de difficulté.

Par exemple, après avoir défini l'épure d'un point et déterminé la vraie grandeur d'un segment, Monge aborde immédiatement le problème de la représentation des surfaces. La méthode des projections permet en effet de représenter les corps polyédriques dont les projections sont entièrement déterminées par celles de leurs sommets. Mais pour les corps quelconques, il est nécessaire de choisir une convention supplémentaire. «Ce n'est pas en donnant les projections des points individuels par lesquels passe une surface courbe que l'on en détermine la forme et la position... Dans la géométrie descriptive... il suffit, pour un point quelconque de cette surface... de donner la manière de construire les projections horizontale et verticale de deux génératrices différentes qui passent par ce point»[7]. Monge donne quelques exemples de surfaces définies de la sorte (cylindre, cône et surface de révolution) puis traite ainsi le cas du plan. Le plan se distingue des autres surfaces uniquement parce que les génératrices qui le définissent - des droites - sont plus simples, mais non par la manière dont il est défini. Cet ordre de présentation ne sera pas conservé dans les ouvrages ultérieurs. De Lacroix à Roubaudi[8], tous les traités de géométrie descriptive présentent la méthode des projections uniquement en ce qui concerne le point, traitent dans une première partie les problèmes afférents aux points, droites, plans et polyèdres, et n'abordent la représentation des surfaces que dans une deuxième partie. Cet ordre d'exposition offre des avantages pédagogiques évidents, mais présente deux inconvénients majeurs qui durent sembler dirimants à Monge. Le premier est de ne pas faire apparaître

[5] A l'Ecole normale, des séances de débats entre élèves et professeurs avaient été prévues. Dans les faits, elles eurent lieu seulement durant les deux premiers mois. Monge participa à trois séances de débat et lors de celle du 16 pluviose an III (4 février 1795), certains élèves reprochèrent à Monge le début, trop lent, du cours.

[6] [Monge, 1795, p. 321]

[7] *Ibid*, §12, p. 328.

[8] Sylvestre-François Lacroix fut élève de Monge lorsque celui-ci enseignait au Louvre dans la chaire d'hydrographie. Lacroix joua un rôle important à la Commission exécutive de l'instruction publique. Adjoint de Monge pour le cours de géométrie descriptive à l'Ecole normale, il publia en 1795 *ses Essais de géométrie sur les plans et les surfaces courbes, ou Elémens de Géométrie descriptive*. Les leçons de Monge ayant été publiées avec les autres cours donnés à l'Ecole normale, le livre de Lacroix constitue le premier manuel proprement dit de géométrie descriptive ; voir [Belhoste, 1992, p. 564-568]. C. Roubaudi est l'auteur du dernier grand manuel de géométrie descriptive publié en France au début du XXe siècle et réédité de nombreuses fois depuis.

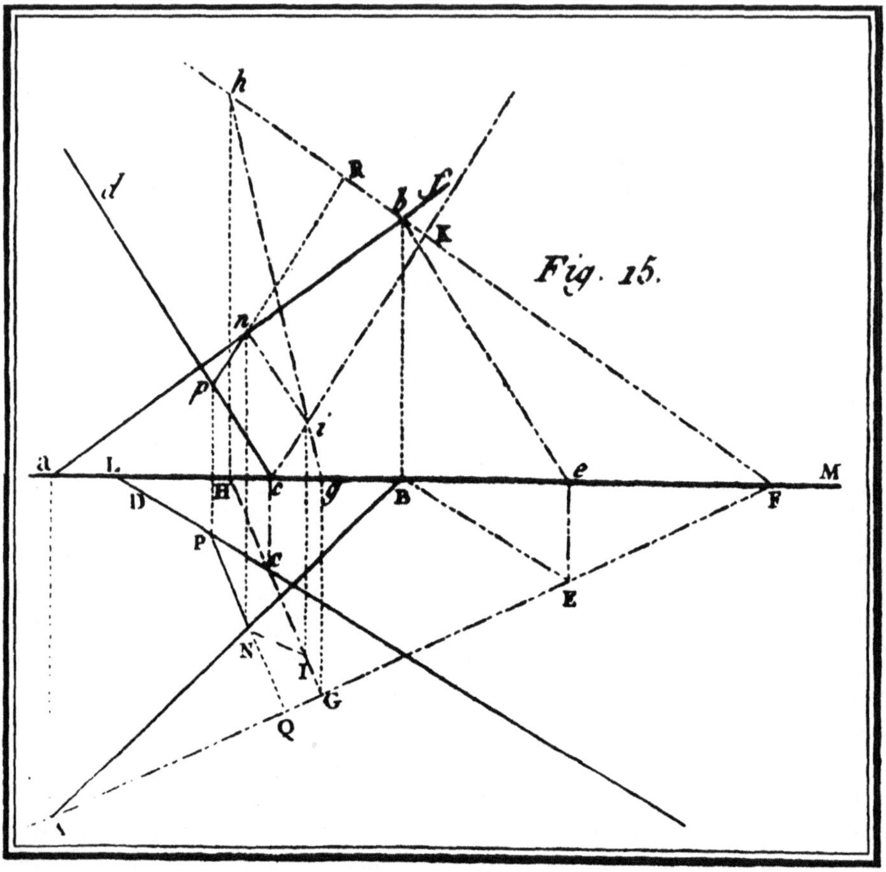

Fig. 2 - Distance de deux droites, solution donnée à l'Ecole normale de l'an III
Monge. *Géométrie descriptive*, Planche V (édition de l'an VII).

Monge détermine d'abord les traces horizontales et frontales du plan contenant la première droite donnée (AB, ab) et parallèle à la seconde (CD, cd), puis construit la génératrice de contact du cylindre tangent à ce plan dont l'axe est la droite (CD, cd). Pour ce faire, il détermine la projection (J, i) d'un point quelconque (sur l'épure le point (C, c)) de cet axe sur le plan dont il a trouvé les traces. La génératrice de contact est naturellement la droite parallèle à l'axe passant par le point (J, i). Elle coupe la droite (AB, ab) en un point qui appartient à la perpendiculaire commune qui est ainsi complètement déterminée (PN, pn), puisque sa direction est déjà connue. La vraie grandeur de la distance des deux droites, qui n'est pas tracée sur l'épure, se ramène alors à la vraie grandeur du segment [PN, pn].

clairement le principe de base de la géométrie descriptive. La convention concernant la représentation du point n'en forme qu'un volet, l'autre est celle concernant la représentation des surfaces. Le second est d'instaurer une dichotomie très forte entre le plan et les surfaces courbes, l'étude de ces dernières étant renvoyée à une partie tardive du cours, alors qu'elle en constitue le thème central. Or, pour Monge, «il [est] convenable, dès l'introduction, de faire faire connaissance [à son auditoire] avec les objets dont s'occupe continuellement la géométrie descriptive»[9].

Les surfaces tangentes

Après l'exposé des conventions de représentation d'un corps dans l'espace, les *Leçons* se présentent comme une série de questions résolues, quelquefois entrecoupées de réflexions plus générales. La première partie du cours s'achève ainsi par huit problèmes concernant les droites et plans : tracer la perpendiculaire à un plan donné passant par un point donné, tracer un plan perpendiculaire à une droite donnée passant par un point donné, etc...

La seconde partie du cours de Monge est consacrée aux plans tangents et aux normales aux surfaces courbes. Elle débute par l'énoncé du théorème sur les plans tangents à une surface donnée qui établit que, si l'on considère les courbes tracées sur une surface et passant par un point donné, les tangentes à ce point sont coplanaires et définissent ainsi le plan tangent à la surface au point donné. Monge énonce ce théorème fondamental sans démonstration (et sans même signaler que la démonstration est omise) et le complète en introduisant la définition de la normale à une surface en point, définition directement liée à celle du plan tangent[10]. Il détermine alors les plans tangents à quelques surfaces simples (cylindre, cône, surface de révolution) passant par un point de la surface (fig. 1)[11]. D'une manière intuitive, mais non sans élégance, il établit une analogie entre la propriété, pour un plan, d'être tangent à une surface ou de passer par un point donné. Il en résulte qu'un plan est déterminé par trois conditions de ce type.

Présenter alors la construction du plan tangent, en un point de la surface, à un cylindre puis à un cône relève d'une bonne stratégie de progressivité pédagogique, ces exemples étant les plus simples sur le sujet. Le géomètre prend son public, et son lecteur, à contre-pied en déterminant ensuite la distance de deux droites, et leur perpendiculaire commune[12]. Cette question constitue certainement le plus intéressant problème de géométrie descriptive élémentaire. Mais alors qu'il peut se résoudre par l'unique considération de droites et de plans, et devrait de ce fait être traité dans la partie précédente, Monge le ramène à la

[9] [Monge, 1795, débat du 16 pluviose, p. 321].

[10] La normale à une surface en un point est la droite passant par ce point et perpendiculaire au plan tangent à la surface.

[11] Les figures reproduites ici sont celles de l'édition de Brisson de 1820, dont les planches sont d'une qualité nettement supérieure à celles de l'édition de 1795 ; les épures sont les mêmes dans les différentes éditions, exception faite de la solution proposée pour la distance de deux droites (cf. infra, note 14).

[12] Selon l'usage, la «perpendiculaire commune de deux droites» désigne la droite sécante avec chacune des droites données qui possède la propriété énoncée.

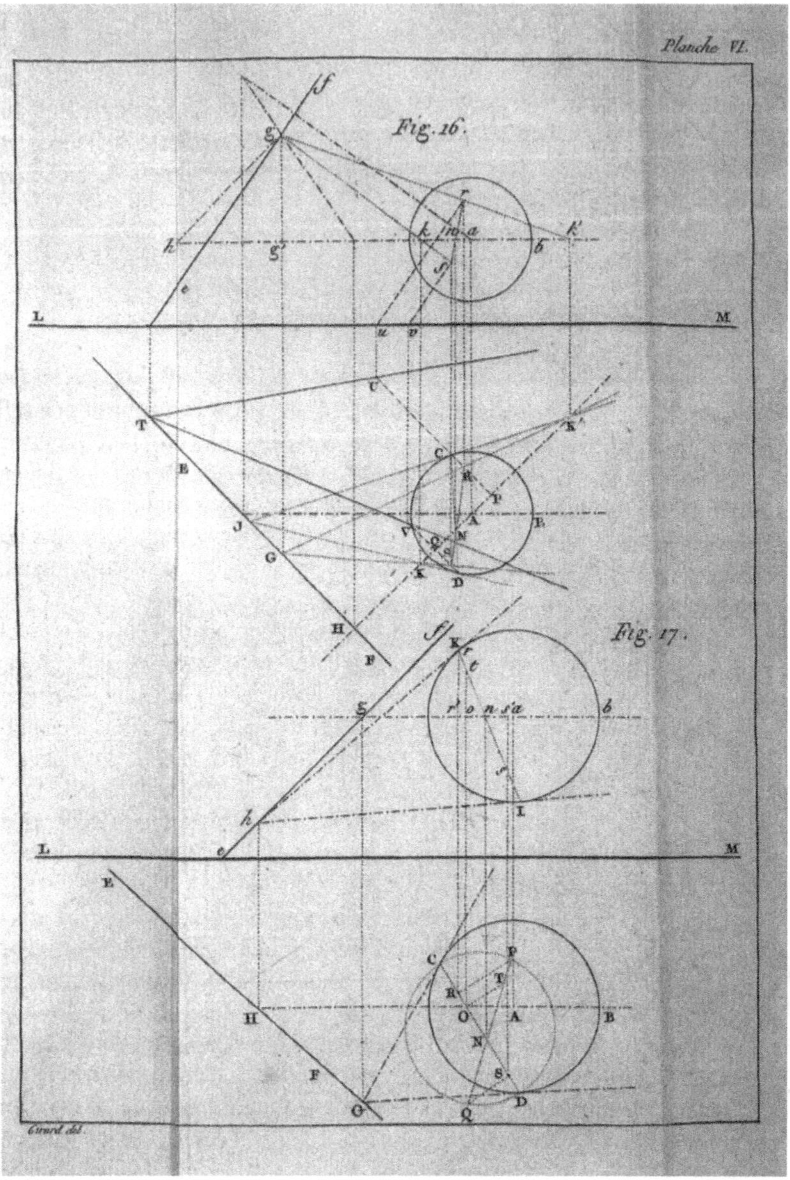

Fig. 3 - Plan tangent à une sphère passant par une droite donnée.
Monge. *Géométrie descriptive*, Planche VI.

détermination d'un cylindre de révolution d'axe donné et tangent à un plan donné (parallèle à cet axe), le présentant en quelque sorte comme une réciproque de la construction du plan tangent à un cylindre (fig. 2). Monge précise à la fin de sa démonstration, que la «considération d'une surface cylindrique touchée par un plan n'était point nécessaire pour la solution de la question», suggérant à son auditoire une construction plus classique qui consiste à considérer les deux plans passant chacun par l'une des deux droites données et perpendiculaire à la direction de plan définie par ces deux droites. Le cylindre ne joue, dans le tracé même de l'épure, aucun rôle et dans la démonstration l'orateur n'évoque qu'une seule fois la «génératrice de contact». Une très légère modification du texte[13] suffirait à faire disparaître toute référence au cylindre et fournirait une solution ne faisant intervenir que droites et plans[14].

Petit problème où la géométrie descriptive fait merveille, la détermination de la distance de deux droites et de leur perpendiculaire commune présente l'avantage, d'un point de vue pédagogique, d'être une question assez simple pour être facilement compréhensible et suffisamment riche pour offrir de multiples solutions qui utilisent les principaux procédés de la géométrie descriptive[15]. Traces d'un plan, droite perpendiculaire à un plan, rabattement, changement de plan frontal, vraie grandeur d'un segment, ..., ce problème est un véritable exercice de révision[16]. Pourtant Monge ne s'en tient pas là. Présentant un argument original, il n'hésite pas à introduire une surface annexe plus complexe que les éléments mêmes intervenant dans le problème considéré. Autant que faire se peut, on essaye de ramener les problèmes concernant les surfaces courbes à des problèmes de droites et de plans ; Monge montre que le chemin inverse est également praticable.

Les trois problèmes suivants donnent la construction des plans tangents à une sphère passant par une droite donnée, puis celle des plans tangents à deux sphères passant par un point donné et enfin des plans tangents à trois sphères. Pour le premier problème Monge propose deux solutions (fig. 3). La première fait intervenir le plan perpendiculaire à la

---

[13] Il suffit de remplacer, dans la légende de la fig. 1, «génératrice de contact» par «la droite du plan considéré parallèle à la deuxième droite (CD,cd)».

[14] C'est ce que fera Monge dans son cours à l'Ecole centrale des travaux publics. L'épure reste la même que celle donnée à l'Ecole normale, mais dans le raisonnement il n'est plus question de cylindre. Le problème est d'ailleurs traité dans le chapitre des Préliminaires avant toute référence aux surfaces courbes. Traitant des plans tangents aux surfaces, Monge revient sur le problème et donne une deuxième solution utilisant le cylindre annexe. Cette solution est légèrement différente de celle qu'il avait présentée deux mois plus tôt à l'Ecole normale. Le cylindre intervient, là, directement dans le tracé de l'épure (fig. 1). Hachette conservera, à tort, me semble-t-il, cette version dans l'édition de 1811 de la *Géométrie descriptive,* solution qui sera toujours reprise dans les éditions ultérieures. Dans l'édition de 1992, la version des leçons de l'Ecole normale de l'an III a été rétablie. Voir [Sakarovitch, 1992, p. 523-529].

[15] Outre celles présentées à l'Ecole normale et à l'Ecole polytechnique, d'autres solutions, soit de Monge soit de ses élèves Tinseau et Lacroix, ont été données avant le cours fondateur. A ce titre le problème de la distance de deux droites fait partie des questions dont la recherche d'une solution géométrique est à la source immédiate de la géométrie descriptive ; je reviendrai sur ce point dans la deuxième partie de ce chapitre.

[16] Monge en fait explicitement la remarque lors de son cours du 22 germinal à l'Ecole centrale des travaux publics (cf. notes de cours prises par Antoine-François Lomet, Bibliothèque de l'Ecole nationale des ponts et chaussées, ms 150). De même, Lacroix avant de présenter sa démonstration, écrit que «cette solution est remarquable en ce qu'elle emploie presque tous les procédés que nous avons développés dans la solution des questions qui nous ont occupé jusqu'à ce moment», [Lacroix, 1795 , p. 45].

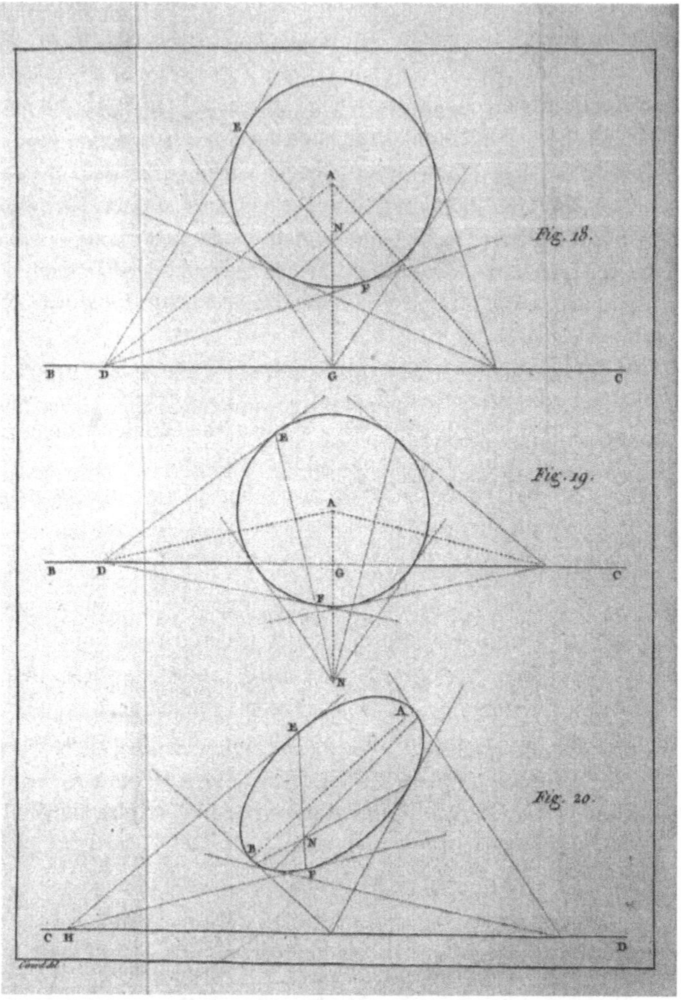

Fig. 4 - Un théorème de Ph. de La Hire :
Monge. *Géométrie descriptive*, Planche VII.

La corde joignant les points de contact des tangentes à un cercle, issues d'un point donné, passe par un point fixe lorsque le point se déplace sur une droite donnée. Réciproquement, les tangentes issues des points d'intersection d'une droite Δ et du cercle se coupent en un point qui se déplacera le long d'une droite si Δ tourne autour d'un point fixe. Soit Π le plan défini par la droite donnée Δ et le centre A du cercle. Monge considère la sphère centrée en A et ayant même rayon que le cercle et les cônes de révolution tangents à la sphère dont le sommet se déplace sur la droite Δ. Les cônes et la sphère admettent un même plan tangent P, contenant la droite Δ (Π est un plan de symétrie de la figure et pour la suite du raisonnement on ne peut retenir que les volumes situés «au-dessus» de Π). Le point de contact *N* de P avec la sphère appartient à tous les cercles de contact entre les cônes et la sphère, cercles toujours situés dans des plans perpendiculaires à Π. Si l'on projette ces volumes sur Π, les cercles de contact se projette sur des cordes du cercle qui passent par N projection de *N*, ce qui permet de déduire le théorème.

droite donnée et passant par le centre de la sphère. Cette solution peut être considérée comme classique ou «naturelle» en ce sens que le problème est résolu à partir du moment où les deux points de contact sont déterminés, ce qui est aisé grâce au plan annexe introduit. La seconde solution, très élégante, consiste à introduire deux cônes tangents à la sphère, l'un d'axe horizontal, l'autre d'axe frontal, chacun ayant son sommet situé sur la droite donnée. Ces deux cônes permettent de déterminer la droite des points de contact des deux plans tangents cherchés, qu'un usage judicieux du rabattement achève de déterminer.

La considération de cônes annexes tangents à deux sphères permet également de résoudre les deux problèmes suivants concernant les plans tangents aux sphères. Mais là encore l'introduction des cônes n'est pas indispensable et la première solution proposée pour la question précédente peut aussi s'étendre aux cas de deux puis de trois sphères. Par exemple, pour déterminer les plans tangents à deux sphères de centre A et B et passant par le point C, on peut, sans perte de généralité, supposer que les points A, B et C appartiennent au plan horizontal (ce que fera Monge pour les centres des trois sphères dont il cherche le plan tangent commun), et considérer les deux plans verticaux contenant A et B. Ces plans permettent de résoudre très rapidement la question. Pourtant la solution retenue est incontestablement plus élégante. Dans le cas des deux sphères, elle donne directement une construction sans supposer que le plan ABC soit horizontal. Pour le problème des trois sphères, elle donne immédiatement la trace horizontale du plan tangent[17]. Elle est également dans le même esprit que celle proposée pour la distance de deux droites et marque cette volonté de jouer au maximum des surfaces annexes, qui est une des caractéristiques de ce cours. Mais surtout elle permet à Monge de déduire de ces constructions de géométrie dans l'espace deux théorèmes de géométrie plane. Dans le premier, Monge énonce un théorème de Ph. de La Hire[18] (fig. 4) :

> La corde joignant les points de contact des tangentes à un cercle, issues d'un point donné, passe par un point fixe lorsque le point se déplace sur une droite donnée. Réciproquement, les tangentes issues des points d'intersection d'une droite Δ et du cercle se coupent en un point qui se déplacera le long d'une droite si Δ tourne autour d'un point fixe.

Le principe de la démonstration de Monge consiste à considérer la figure de géométrie plane comme la projection sur un plan de volumes de l'espace à trois dimensions. Le cercle est vu comme la projection d'une sphère, les deux tangentes au cercle comme les génératrice d'un cône. Cette démonstration, l'un des exemples les plus brillants de l'utilisation de la géométrie à trois dimensions pour un problème de géométrie plane, conduit directement à la théorie des pôles et polaires qui sera l'un des points nodaux de l'œuvre de

[17] La trace horizontale d'un plan est l'intersection de ce plan avec le plan horizontal de référence ; la terminologie «trace horizontale» n'est pas introduite par Monge.

[18] Ce théorème est démontré par de La Hire dans son traité des sections coniques, [La Hire, 1685, prop. 26 à 28 du livre 1 et 23 à 27 du livre 2].

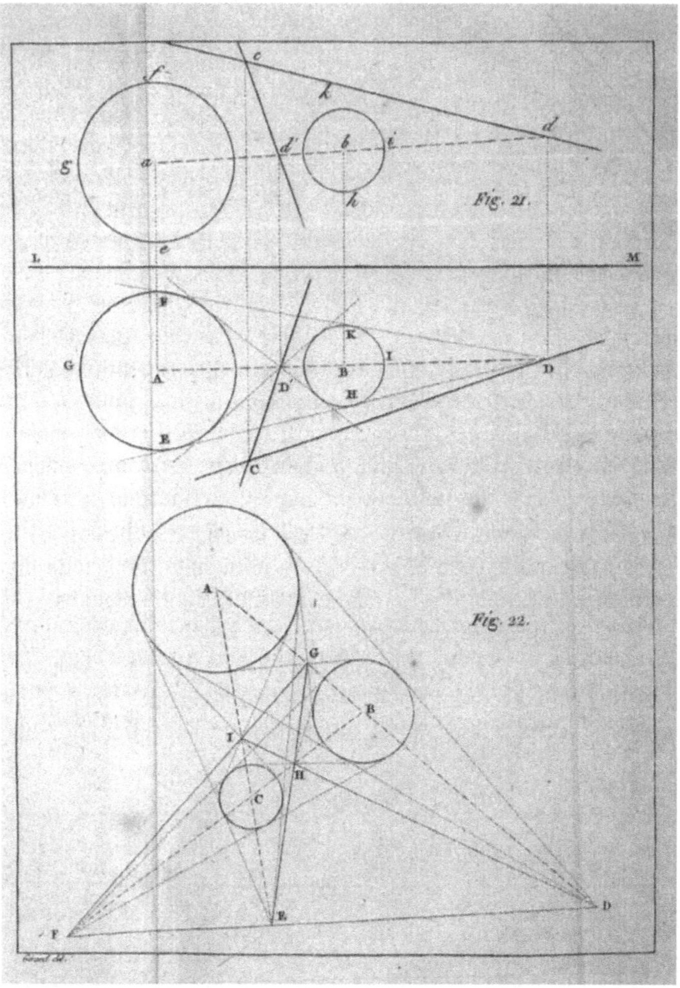

Fig. 5 - Un théorème de d'Alembert :
Monge. *Géométrie descriptive*, Planche VIII.

Trois cercles quelconques étant donnés, si, en les considérant deux à deux, on leur mène les tangentes extérieures prolongées jusqu'à ce qu'elles se coupent, les trois points d'intersection... seront en ligne droite. [De plus] si aux mêmes cercles, considérés deux à deux, on mène les tangentes intérieures qui se croiseront, les trois nouveaux points d'intersection seront deux à deux en ligne droite avec un des trois premiers».

Monge considère les trois sphères (A), (B) et (C) respectivement centrées en A, B et C dont les trois cercles donnés sont des grands cercles. Un plan tangent extérieurement aux trois sphères sera également tangent aux trois cônes circonscrits aux sphères considérées deux à deux et passera par leurs sommets D, E et F. Ces trois sommets, qui appartiennent également au plan des centres, sont situés sur la droite d'intersection de ces deux plans et sont donc alignés. De même, si l'on considère par exemple le cône de sommet I tangent aux sphères (A) et (C), et le cône de sommet G tangent aux sphères (A) et (B), le plan tangent supérieurement aux sphères (B) et (C) et inférieurement à la sphère (A) contiendra les trois points F, I et G qui pour la même raison que précédemment seront donc alignés.

Poncelet. Monge généralise ensuite ce théorème en considérant une conique quelconque. Puis, utilisant la même méthode, il démontre un théorème du à d'Alembert,

> Trois cercles quelconques étant donnés, si, en les considérant deux à deux, on leur mène les tangentes extérieures prolongées jusqu'à ce qu'elles se coupent, les trois points d'intersection... seront en ligne droite. [De plus] si aux mêmes cercles, considérés deux à deux, on mène les tangentes intérieures qui se croiseront, les trois nouveaux points d'intersection seront deux à deux en ligne droite avec un des trois premiers» (fig. 5).

Comme précédemment, Monge considère les trois cercles donnés comme trois grands cercles de trois sphères et les tangentes communes à deux cercles comme l'intersection du plan des cercles et du cône tangent aux deux sphères associées. Ces démonstrations reviennent à considérer une figure de géométrie plane comme une demi-épure de géométrie descriptive. L'habileté du géomètre consiste alors à choisir astucieusement les volumes, dont seules les projections horizontales sont données, pour conclure.

Après avoir déterminé les plans tangents à un cylindre et à un cône issus d'un point quelconque (non situé sur la surface comme précédemment), Monge termine cette partie par un problème beaucoup plus délicat : construire le plan tangent à une surface de révolution passant par une droite donnée. Il présente une solution originale dont le principe est le suivant (fig 6) : considérant le plan tangent cherché, il le suppose entraîné dans le mouvement de rotation qui engendre la surface de révolution. La droite, comprise dans le plan (et notée (BC, bc) sur la figure) engendre alors un hyperboloïde de révolution. Monge montre d'abord que le plan tangent à la première surface de révolution l'est également à la seconde, utilisant une forme de réciproque du théorème fondamental du plan tangent à une surface, détermine point par point l'intersection de l'hyperboloïde de révolution avec le plan frontal contenant l'axe de la première surface de révolution[19] et achève la construction à partir des tangentes communes à l'hyperbole ainsi déterminée et la génératrice de la première surface de révolution. Cet exemple est, comme celui de la distance de deux droites, très révélateur de l'enseignement de Monge. Il est d'abord l'occasion pour le géomètre de proposer une solution originale, mais là n'est sans doute pas l'essentiel. Il montre qu'il n'hésite pas à aborder des problèmes d'une réelle complexité, et assez tôt dans son cours[20], quitte à passer éventuellement rapidement sur certains points dont la démonstration rigoureuse rendrait très certainement totalement indigeste l'ensemble de la leçon. Mais c'est surtout l'occasion pour Monge d'étendre la gamme des surfaces annexes possibles[21], de montrer qu'elle ne se réduit pas aux plans, cônes et cylindres (les sphères seront introduites dans une leçon ultérieure).

---

[19] Monge ne nomme ni la surface de révolution annexe qu'il introduit, ni la courbe intersection.

[20] Cet exemple est abordé à la fin de la cinquième leçon, sur les douze qui ont été prononcées.

[21] Hachette et Olivier donneront d'autres exemples dont la solution fait intervenir des hyperboloïdes de révolution annexe (cf. Chap IV).

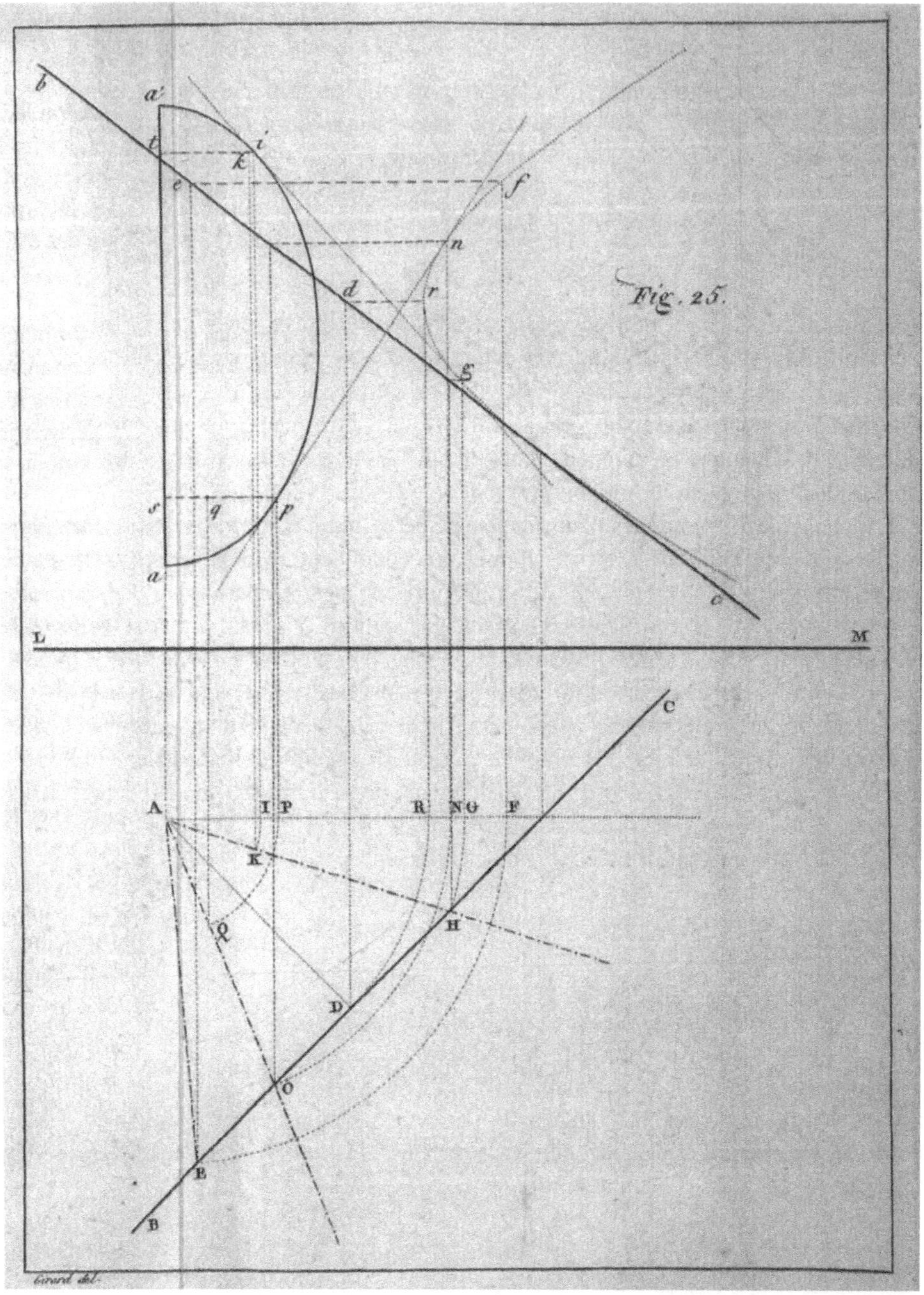

Fig. 6 - Plan tangent à une surface de révolution passant par une droite donnée.
Monge. *Géométrie descriptive*, Planche X.

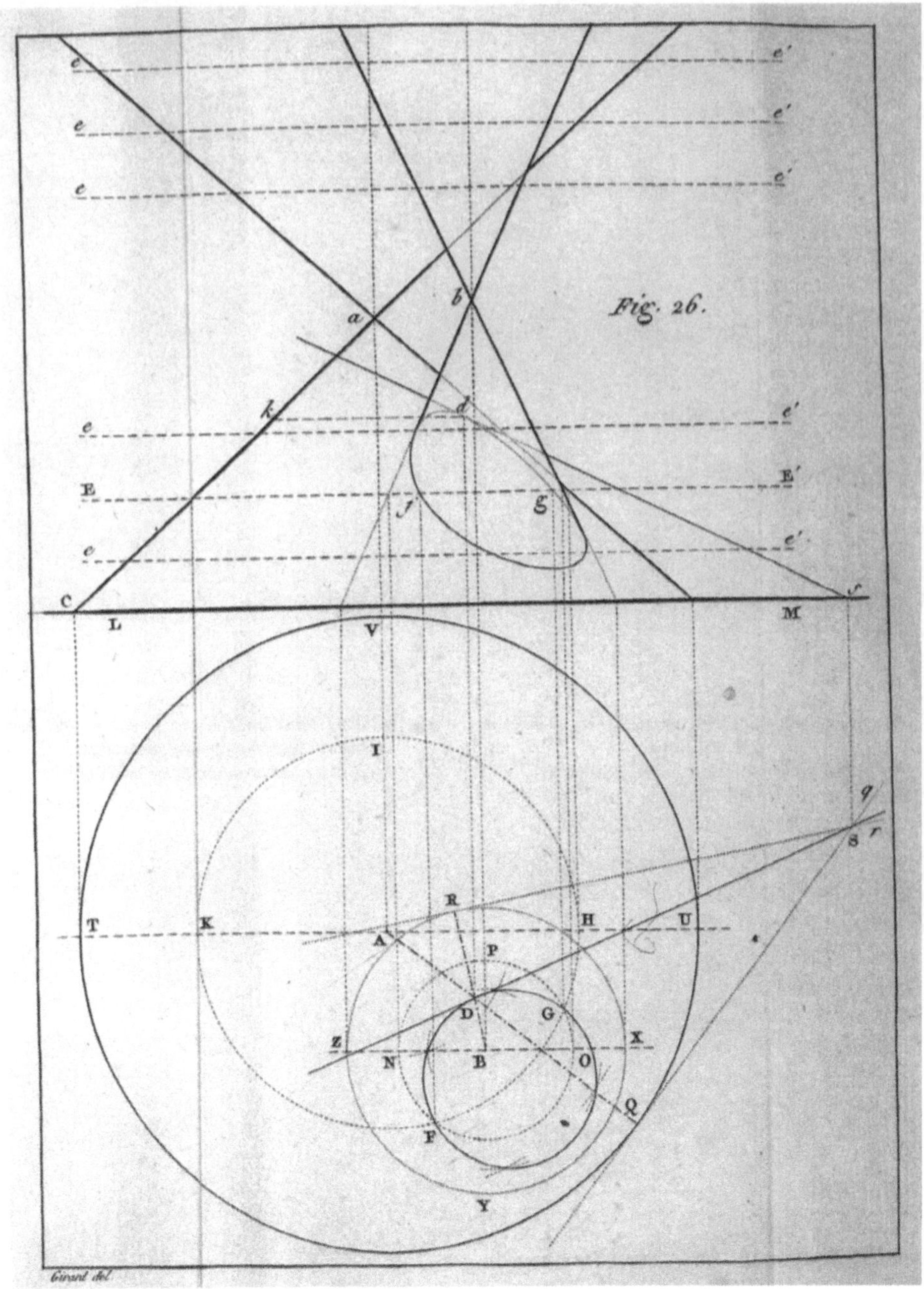

Fig. 7 - Intersection de deux cônes ; méthode des plans auxiliaires
Monge. *Géométrie descriptive*, Planche XI.

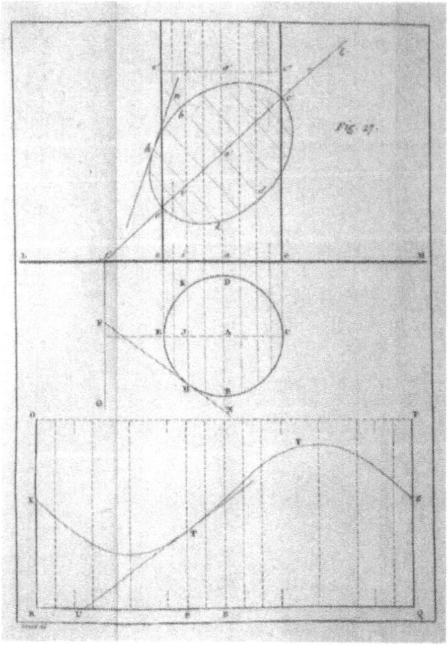

Fig. 8 - Intersection de deux surfaces : exemple du plan et du cylindre
Monge. *Géométrie descriptive*, Planche XII.

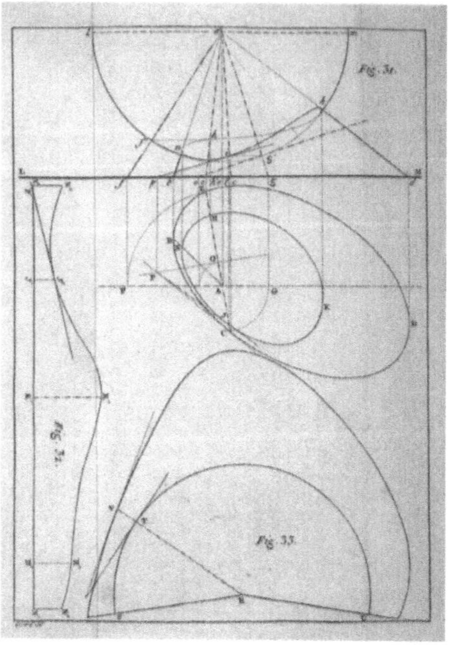

Fig. 9 -Intersection d'une sphère et d'un cône ; développement d'un cône de base quelconque.
Monge. *Géométrie descriptive*, Planche XVI.

Courbes à double courbure

La troisième partie des leçons est consacrée aux intersections des surfaces courbes et aux courbes à double courbure. Monge expose à cette occasion la méthode dite des «plans auxiliaires» qui consiste à faire intervenir une famille de plans dont la section avec chacune des surfaces soit géométriquement déterminée, si bien que chacun des plans auxiliaires permet de construire un (éventuellement plusieurs) points de la courbe d'intersection. Commençant par supposer que les deux surfaces sont de directrices horizontales, il choisit comme épure «le cas particulier de deux surfaces coniques, à bases circulaires et à axes verticaux, (mais) il faut toujours concevoir, précise-t-il, que les surfaces dont il s'agit, peuvent être, chacune en particulier, tout autre qu'une surface conique»[22]. Ce choix lui permet de tenir un discours relativement général sur une figure assez simple où les plans auxiliaires sont horizontaux. L'objectif suivant de l'orateur est de montrer que la famille des surfaces auxiliaires que l'on peut considérer est aussi variée que le sont les problèmes rencontrés. L'intersection de deux cônes (fig. 7) quelconques, fait intervenir des familles de plans contenant la droite des sommets, celle de deux cylindres des plans parallèles aux génératrices. La détermination de l'intersection de deux surfaces de révolution d'axe concourant donne l'occasion d'introduire une famille de surfaces auxiliaires non planes, en l'occurrence une famille de sphères.

Après avoir ainsi présenté la méthode générale de détermination d'une courbe intersection de deux surfaces, Monge passe à l'étude de la tangente au point courant. Cette dernière construction s'appuie sur deux théorèmes fondamentaux, celui des plans tangents à une surface, déjà admis dans la seconde partie, et celui énonçant que «la projection de la tangente d'une courbe à double courbure est elle-même tangente à la projection de la courbe, et son point de contact est la projection de celui de la courbe à double courbure», dont une démonstration intuitive est donnée. Toutes ces questions, comme leur mode de résolution, seront ensuite reprises pratiquement sans changement dans les cours ultérieurs de géométrie descriptive. Par contre, Monge applique ensuite ces considérations générales aux cas particuliers où l'une des deux surfaces est un plan, mode d'exposition qui restera tout à fait original. Il marque là encore, de la manière la plus nette, sa volonté de considérer le plan comme une surface parmi d'autres, plus simple à manipuler mais faisant partie intégrante du cas général. Monge présente en détail les sections planes d'un cylindre ou d'un cône, avec leur développement, la vraie grandeur de l'intersection et la tangente au point courant (fig. 8), distinguant le cas particulier où le cylindre est de révolution et d'axe vertical, le plan sécant étant de bout, d'un cas général où cylindre et plans sont quelconques. Il revient ensuite sur l'intersection des surfaces courbes et détermine, dans le cas général, l'intersection de deux cônes, de deux cylindres, de deux surfaces de révolution d'axes coplanaires et d'un cône et d'une sphère dont le centre coïncide avec le sommet du cône (fig. 9). Il déduit de cette dernière question une construction du développement d'un

[22] [Monge, 1795, §51, p. 367]

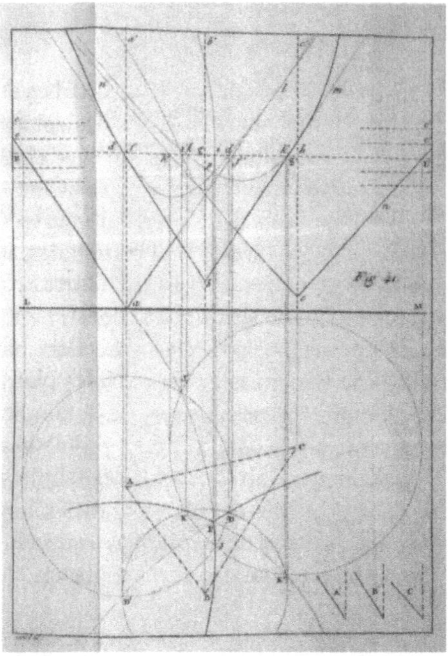

Fig. 10 - Relèvement d'un point,
Intersection de trois cônes de révolution d'axe vertical.
Monge. *Géométrie descriptive*, Planche XXI.

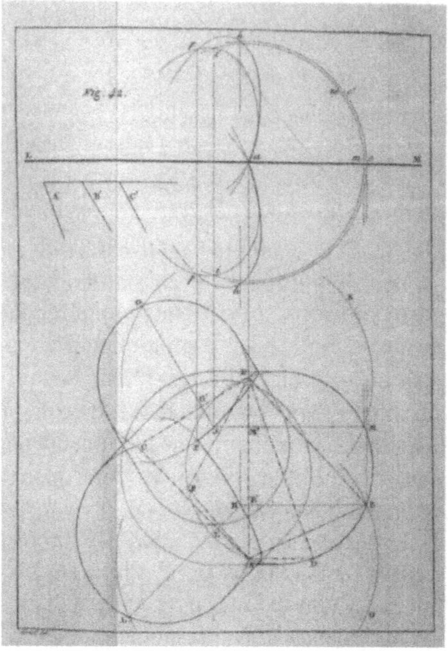

Fig. 11 - Résolution géométrique du «Problème d'Estève», intersection trois tores.
Monge. *Géométrie descriptive*, Planche XXII.

cône de base quelconque. La courbe d'intersection cône-sphère lui sert de courbe annexe dont il doit reporter la longueur sur l'arc de cercle STU. Cette courbe étant à double courbure, il la «déroule» d'abord selon son cylindre de projection horizontale (fig. 9, sous-fig. 32 de la planche XVI), puis la reporte sur le cercle inscrit sur le développement du cylindre. Si la méthode est en pratique un peu lourde, elle a l'avantage d'être générale, puisqu'elle n'utilise pas la directrice du cylindre, et surtout de bien faire saisir, sur un exemple concret de développement, la notion de courbe à double courbure, objectif premier de cette leçon. Monge termine cette troisième partie par l'examen d'un problème d'un genre différent : comment trouver la tangente à une courbe gauche si celle-ci n'est pas définie par ses deux projections mais «par la loi du mouvement d'un point générateur»[23]. Il rappelle rapidement la méthode de Roberval-Torricelli pour une courbe plane[24], et cherche à l'étendre au cas des courbes gauches. Mais l'exemple donné pour illustrer le propos est erroné et Dupin montrera que la courbe considérée par Monge comme étant à double courbure est en fait une courbe plane[25].

Des exemples d'applications

Les méthodes définies antérieurement sont ensuite utilisées pour résoudre divers problèmes géométriques : déterminer la sphère passant par quatre points donnés ou celle inscrite dans une pyramide donnée revient à tracer l'intersection de trois plans. Notons que proposer ces problèmes comme application des intersections de surfaces est encore une fois une manière (implicite) de souligner que le plan n'est pas à traiter dans une catégorie spécifique des surfaces, ce que feront tous les auteurs postérieurs. Revenant sur son cours d'introduction, Monge détermine les deux points de l'espace définis par leurs distances à trois points donnés et laisse en exercice la construction d'un point dont on connaîtrait les distances à trois droites données. Les autres exemples d'application sont tirés de problèmes de cartographie. Il détermine d'abord la position et la cote d'un point de l'espace, supposé non porté sur une carte, à partir de trois visées. Selon que le graphomètre de l'observateur est ou non muni d'un fil à plomb, Monge ramène le problème à l'intersection de trois cônes de révolution d'axe vertical ou à celle de trois tores (fig. 10 et 11), donnant dans ce dernier cas une solution géométrique à un problème étudié analytiquement par Estève et Lagrange[26]. Enfin Monge traite le cas d'un relevé de points à partir d'observations faites dans un aérostat supposé se déplacer le long d'une même verticale, relevé qu'il ramène à l'intersection de trois cônes, deux d'entre eux admettant comme axe la verticale de déplacement de l'aérostat. Le problème était d'actualité, puisque les aérostats venaient d'être introduits dans les armées, mais restait quelque peu théorique, les mouvements incessants d'un ballon en ascension retenu par des cordes interdisant en fait tout relevé précis[27].

---

[23] *Ibid.*, §84, p. 389.

[24] [Roberval, 1693]

[25] [Dupin, 1804, p. 22-25] et [Dupin, 1813, p. 280]. A partir de l'édition de 1820, cette erreur est signalée en note.

[26] [Estève, 1754] et [Lagrange, 1775 b]. Ce problème est connu sous le nom de «problème d'Estève».

[27] Sur l'usage des aérostats à des fins d'observation militaires pendant la Révolution et les rapports de Monge avec l'Ecole nationale aérostatique de Meudon, [Belhoste, 1992, p. 569-573].

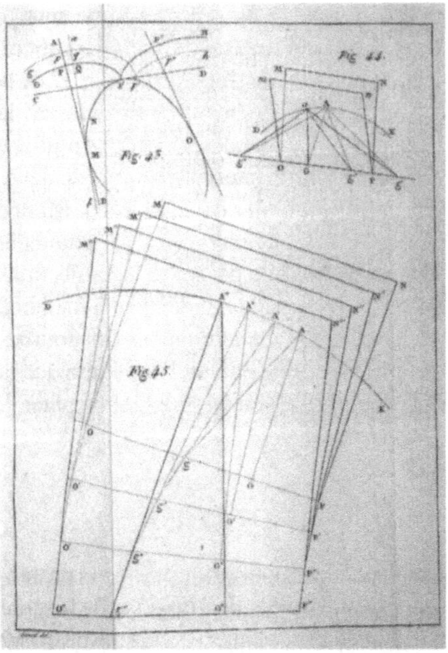

Fig. 12 - Développante et dévellopée d'une courbe, rayon de courbure d'une courbe gauche, surface polaire d'une courbe gauche.
Monge. *Géométrie descriptive*, Planche XXIII.

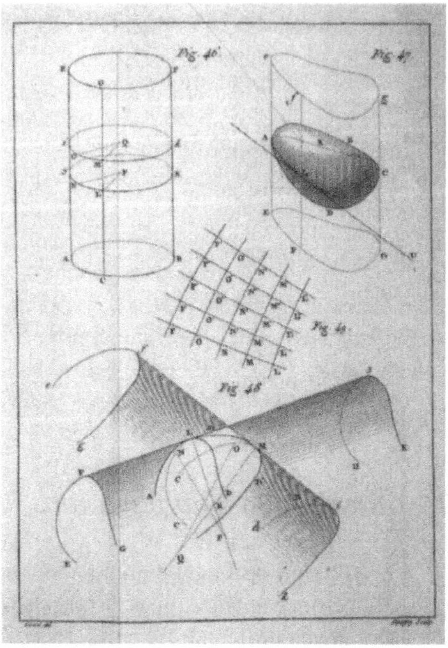

Fig. 13 - Lignes de courbure d'une surface.
Monge. *Géométrie descriptive*, Planche XXIV.

Deux leçons de géométrie différentielle

Les deux leçons suivantes, qui forment la cinquième partie du cours, ne sont pas de la géométrie descriptive, du moins au sens où nous l'entendons aujourd'hui, mais de la géométrie différentielle où Monge reprend une partie des résultats (et intégralement certains paragraphes) qu'il avait publiés dans ses mémoires de l'Académie de 1780, 1784 et 1785[28]. Il précise d'ailleurs en introduction à ces leçons qu'un cours de géométrie descriptive destiné à des élèves, s'arrêterait au paragraphe précédent et serait directement suivi des applications, mais attendu qu'il s'adresse à de futurs professeurs il doit exposer «quelques propriétés générales de l'étendue». Dans la première de ces leçons, il présente de manière intuitive et imagée, la notion de développante d'une courbe plane comme une généralisation de cercle, la développée jouant en quelque sorte le rôle du centre (fig. 12). La construction inverse de la développée à partir de la développante lui permet d'introduire les notions de rayon de courbure et de centre de courbure (cf. Annexe I). Etudiant ensuite les courbes à double rayon de courbure, il définit (toujours de manière géométrico-intuitive) la surface polaire d'une telle courbe, généralisant une fois encore la situation du cercle. La surface polaire est définie comme la surface enveloppe des plans normaux à la courbe (fig. 12). Monge introduit à ce propos la notion de surface développable et d'arête de rebroussement[29]. Il revient sur la notion de surface polaire d'une courbe gauche pour montrer qu'elle est également l'ensemble de ses développées et que celles-ci sont les géodésiques de la surface[30]. Dans la deuxième leçon de «géométrie différentielle» consacrée à la théorie des surfaces sont exposées les notions de lignes de courbure d'une surface, qui définissent deux familles orthogonales de courbes. Monge termine ce cours en montrant que les normales à une surface donnée le long d'une ligne de courbure engendrent une surface développable (fig. 12 et 13).

Tracé des ombres et perspective

Le complément de géométrie différentielle achève la partie théorique, mais non l'ensemble d'un cours de géométrie descriptive. Pour Monge «l'exposé des principes généraux»[31] n'en constitue que la partie émergée dans l'atmosphère de la géométrie, l'ensemble des applications possibles auxquelles cette partie théorique peut donner lieu en composant la masse principale, profondément plongée dans l'océan des pratiques. Et un voya-

[28] Sur les Mémoires présentés à l'Académie des sciences de Paris, voir la 2ème partie de ce chapitre.

[29] Une surface est dite développable si on peut l'appliquer sur un plan sans pliure ni déchirure. Par exemple cônes et cylindres sont développables ; la sphère, au grand regret des cartographes, ne l'est pas. La surface formée par les tangentes à une courbe gauche quelconque est développable et inversement toute surface développable peut être vue de la sorte, la courbe étant l'arête de rebroussement de la surface. Dans le cas du cône ou du cylindre l'arête de rebroussement est réduite à un point, à distance finie ou non.

[30] Monge n'emploie pas le terme de «géodésique», mais sa définition de ligne de plus court chemin entre deux points de la surface.

[31] [Monge, 1795, §132, p. 421].

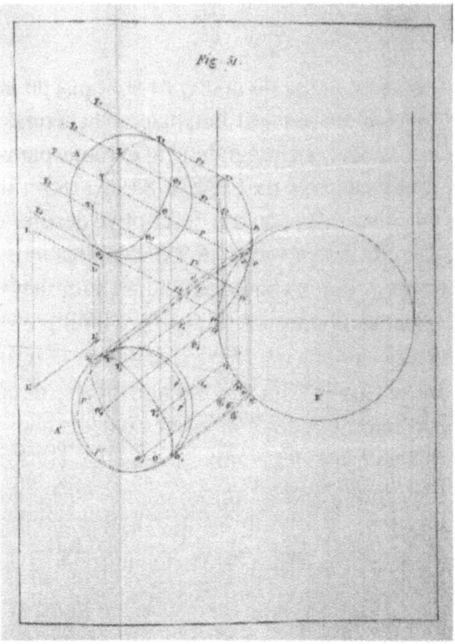

Fig. 14 - Ombre propre, au soleil, de la sphère ; ombre portée sur un cylindre.
Monge. *Géométrie descriptive*, Planche XXVI.

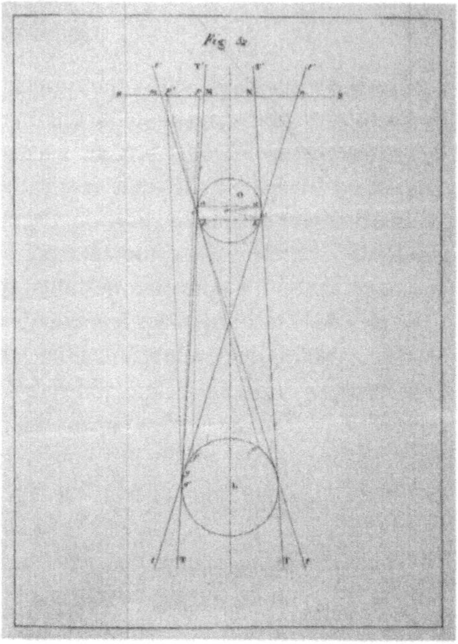

Fig. 15 - Ombre portée dans le cas d'une source lumineuse à distance finie.
Monge. *Géométrie descriptive*, Planche XXVII.

geur qui ne verrait que la partie supérieure de l'iceberg ne comprendrait pas l'unité profonde de la géométrie descriptive. Malheureusement son ouvrage traduit mal cet équilibre. La fermeture prématurée de l'Ecole normale, le 30 floréal (18 mai 1795) ne permit pas à Monge de traiter les applications de la géométrie descriptive qu'il avait prévu d'exposer. Obligé de se cacher pendant deux mois à la suite des «événements de Prairial» il ne put même relire le texte des trois leçons d'application qu'il avait prononcées et qui, de ce fait, ne furent pas éditées en 1795 avec les autres *Séances des écoles normales...* Barnabé Brisson, élève de la première promotion de l'Ecole polytechnique et neveu par alliance de Monge, se chargea de cette relecture après la mort de son oncle et adjoignit le texte de ces derniers cours à la réédition publiée en 1820[32]. Par contre, l'organisation des différents cours d'application à l'Ecole polytechnique reflète beaucoup plus fidèlement les conceptions de Monge. Mais avant de revenir sur ce point[33], il est nécessaire d'achever la présentation des leçons qui forment l'ensemble du seul ouvrage de géométrie descriptive publié par son fondateur.

Monge pose d'ailleurs d'entrée de jeu le problème de l'ordre dans lequel doivent être traitées les différentes applications de la géométrie descriptive. «Dans une école destinée à répandre les méthodes de la Géométrie descriptive, il serait convenable que les élèves commençassent les applications de ces méthodes par l'étude de la coupe des pierres et de la charpente. La correction rigoureuse des épures que comporte ce genre de recherches accoutume l'esprit et la main à plus de précision ; les problèmes qui se présentent sont plus variés en général et offrent plus d'exercice à la sagacité. Mais dans un cours consacré à la géométrie descriptive proprement dite, il est naturel de prendre pour premier objet d'application la Théorie des Ombres, qui doit être regardée comme un complément de cette science... Quoique la méthode des projections soit facile, et qu'elle ne soit pas dépourvue d'un genre particulier d'élégance, ... cette obligation de comparer sans cesse deux projections l'une à l'autre est une fatigue qu'on peut diminuer considérablement par l'indication des ombres... Ainsi pour tous les arts où il s'agit de représenter des objets, où la Géométrie descriptive n'est pas employée comme moyen de recherches, mais d'exposition, la détermination des ombres est avantageuse et rend plus parfaite la représentation que l'on se propose de tracer»[34]. Aussi est-ce une véritable théorie de la représentation que Monge propose, comme auxiliaire de la géométrie descriptive, théorie qui comprend les ombres et qu'il complète par la perspective aérienne et la perspective linéaire.

Pour les corps polyédriques, la détermination des ombres propres et portées, au soleil ou au flambeau[35], n'est «qu'une simple application de la Géométrie descriptive»[36], puisque dans ce cas la séparatrice d'ombre propre[37] est une ligne polygonale qui, en générale,

[32] Toutes les éditions suivantes, ainsi que la plupart des traductions sont établies à partir de l'édition de Brisson.

[33] Cf. *Infra* p. 267 et suivantes.

[34] [Monge, 1795, §132, p. 421].

[35] Pour les ombres dites «au soleil», les rayons lumineux sont parallèles entre eux ; au contraire dans les ombres «au flambeau», les rayons lumineux sont issus d'une source lumineuse ponctuelle (et à distance finie).

[36] [Monge, 1795, §133, p. 425].

[37] La «séparatrice d'ombre propre» d'une surface est la courbe située sur cette surface qui délimite la partie éclairée de celle qui ne l'est pas.

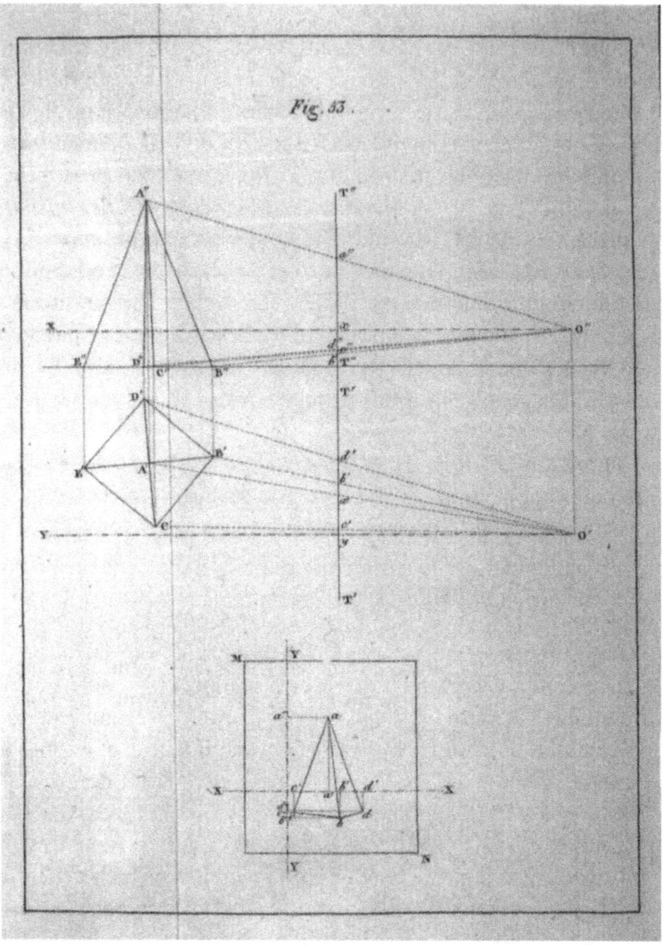

Fig. 16 - Perspective d'un polyèdre.
Monge. *Géométrie descriptive*, Planche XXVIII.

se déduit aisément des données[38]. Le cas d'un corps limité par une surface courbe quelconque est géométriquement beaucoup plus riche. La solution générale proposée est une application de la méthode des plans auxiliaires. En choisissant (par exemple) une famille de plans de bout parallèles aux rayons du soleil (dans le cas d'une source lumineuse à une distance infinie) on obtient des sections planes du corps considéré dont on peut déterminer les tangentes parallèles au rayon du soleil. La projection frontale des point de contact permet d'établir la projection frontale de la séparatrice d'ombre propre. *Mutatis mutandis*, une famille de plans verticaux permet de tracer la projection horizontale de cette même courbe. Enfin les plans auxiliaires fournissent une construction de l'ombre portée du corps sur une surface quelconque. Monge illustre cette méthode générale sur l'exemple relativement simple de l'ombre propre d'une sphère et de son ombre portée sur un cylindre (fig. 14). Or, sur cet exemple, la méthode générale s'avère particulièrement lourde, alors que la séparatrice d'ombre propre de la sphère se détermine directement très aisément. Il est surprenant que Monge n'ait pas signalé qu'une construction *ad hoc* était plus rapide[39], mais il certain que son objectif était de mettre en évidence la grande généralité de la solution proposée. Il ne s'en tient d'ailleurs pas là et envisage, pour terminer, le cas où la source lumineuse est étendue, et à distance finie, problème extrêmement riche d'un point de vue géométrique, et qui s'applique en astronomie à l'étude des éclipses de soleil, totales ou annulaires. Il faut alors considérer les surfaces développables enveloppes des plans simultanément tangents à la source lumineuse et au corps éclairé. Ces deux surfaces déterminent alors sur le corps éclairé trois zones, une zone de pénombre venant s'intercaler entre la partie éclairée et celle qui est à l'ombre. Dans le cas de deux sphères, exemple choisi par l'auteur, les surfaces développables sont alors deux cônes (fig. 15).

La leçon suivante, consacrée à la perspective aérienne prouve, une fois encore, que Monge a une notion assez extensive des «applications» de la géométrie descriptive et englobe largement toutes les techniques de représentation. Si la détermination du point brillant d'une surface polie est effectivement du domaine de la géométrie, cette leçon englobe des considérations de physique et d'optique, comme la diminution de l'intensité des couleurs des objets les plus éloignés et la dominante bleutée qui apparaît alors. L'utilisation abusive de ce phénomène, bien connu des peintres, dans les rendus d'architecture est à cette occasion critiquée par l'auteur. Dans la troisième et dernière leçon[40], Monge revient à des considérations plus strictement d'ordre géométrique et présente la perspective linéaire comme une des applications directes de la géométrie descriptive, c'est à dire selon le principe de «la construction légitime» de Brunelleschi (fig. 16).

---

[38] Sans difficulté théorique, le tracé de l'ombre de certains corps polygonaux peut néanmoins comporter plus de «pièges» que Monge ne l'avoue dans ce passage ; l'exemple donné sur l'épure traduit mal les difficultés possibles.

[39] Il n'est naturellement pas exclu, et il est même très probable, qu'il y ait fait allusion oralement.

[40] Une quatrième leçon, dont nous n'avons plus la trace, a été prononcée où Monge présentait «des réflexions générales sur l'avantage de l'introduction de la géométrie descriptive dans l'instruction publique». Sur ce sujet voir [Belhoste et Taton, 1992, p. 289] et [Taton, 1992, p. 574-582]. L'ordre des leçons prononcées par Monge, inversé par Brisson dans son édition de 1820, a été rétabli dans l'édition de 1992.

Les lignes directrices du cours de Monge

Pour tenter de comprendre la conception que Monge avait de la discipline enseignée, il faut relever quelques remarques récurrentes de l'auteur, mais également dégager les traits essentiels de ce cours, qui traduisent sa pensée mieux sans doute que toute déclaration explicite.

Les origines

A aucun moment, Monge ne présente la géométrie descriptive comme une science nouvelle dont il serait le père fondateur. Au contraire, il la décrit comme ayant «été pratiquée depuis beaucoup plus longtemps [que l'Algèbre], par un beaucoup plus grand nombre d'hommes». Monge ajoute même une remarque qui peut surprendre de prime abord puisqu'il précise que la géométrie descriptive ayant été pratiquée «par des hommes dont le temps était précieux, les procédés (graphiques) se sont encore simplifiés et au lieu de la considération de trois plans, on est parvenu, au moyen des projections, à n'avoir plus besoin explicitement que de celle de deux»[41]. Bien que le géomètre ne cite ici aucun nom, il est certain qu'il fait allusion aux tracés des appareilleurs et charpentiers. Il faut en tout cas noter que Monge exprime clairement le fait que le caractère «minimal» du mode de représentation de l'espace adopté par la géométrie descriptive, qui lui fut parfois reproché, ne découle pas d'une réflexion théorique élaborée au moment de sa formalisation, mais bel et bien de contraintes matérielles ou économiques rencontrées par ses utilisateurs. L'objectif de Monge est donc simplement d'expliciter un certain nombre de constructions géométriques, de les présenter indépendamment de toutes pratiques, de dégager un petit nombre d'opérations abstraites et élémentaires des procédés graphiques utilisés par diverses corporations d'artisans, «de même, en quelque sorte, que les quatre règles de l'Arithmétique suffisent pour tous les calculs auxquels donnent lieu les sciences mathématiques dans leurs applications»[42].

Géométrie descriptive et géométries pratiques

Les liens privilégiés que la géométrie descriptive entretient avec diverses techniques graphiques s'expriment par la multiplicité des exemples d'application choisis par Monge. Le cours est constamment émaillé de différents exemples pratiques, de références aux diverses techniques susceptibles d'utiliser la géométrie descriptive, exemples qui donnent aux leçons leur chair, leur consistance. Avant d'entreprendre toute construction géométri-

[41] [Monge, 1795, §5, p. 312].
[42] [Chasles, 1880, p. 577].

que concernant le plan tangent à une surface, il montre (rapidement) que «la décomposition d'une voûte en voussoirs exige absolument la considération des plans tangents et des normales à la surface»[43] ou que «tout ce qui a rapport à la couleur de la teinte [d'un point d'une surface] et à son éclat dépend de la position du plan tangent en ce point à l'égard de ces corps éclairants et de l'œil du spectateur»[44]. La détermination du point brillant d'une surface polie, tout comme le problème du défilement, donnent «quelques exemples de la nécessité où l'on peut être de mener des plans tangents à des surfaces courbes par des points pris au dehors d'elles»[45]. Les problèmes de cartographie et de relevé de points sont résolus comme application des intersections de surfaces de révolution. Les engrenages sont évoqués au moment de l'introduction de la définition de la développante d'une courbe. Pour transmettre dans les meilleures conditions le mouvement tournant d'un arbre à cames en un mouvement de va-et-vient d'un pilon, il faut en effet que les cames soient découpées selon des développantes de cercle.

Pour illustrer les notions de ligne de courbure d'une surface, Monge donne l'exemple des hachures d'une gravure qui devraient être dessinées selon les lignes de courbure de la surface hachurée. Mais surtout il développe à cette occasion une véritable «théorie de l'appareillage». Il montre en effet que le mode d'appareillage d'une voûte est totalement déterminé par la surface adoptée pour son intrados, si l'on veut que les voussoirs satisfassent quatre conditions, selon lui indispensables à la bonne réalisation d'un ouvrage clavé[46] :

1) L'orthogonalité des joints du voussoir avec la surface de la voûte. Cette condition s'impose pour des raisons statiques, sinon «dans l'action que deux voussoirs consécutifs exercent l'un sur l'autre, l'angle plus petit que l'angle droit serait exposé à éclater».

2) L'orthogonalité des joints d'un même voussoir. Cette demande répond au même problème statique que le point précédent mais présente aussi un avantage d'ordre esthétique puisqu'ainsi «les lignes qui divisent la voûte en assise sont perpendiculaires à celles qui divisent une même assise en voussoir».

3) Les surfaces des joints des voussoirs doivent être développables. Cette considération est d'ordre pratique : si une telle surface n'était pas réglée elle ne serait réalisable ni assez rapidement pour que l'ouvrage soit économiquement viable, ni assez précisément pour assurer un bon contact entre les voussoirs. Que cette surface soit de plus développable permet, par l'utilisation de panneaux pour le tracé, une plus grande précision.

4) Les lignes de division de la surface «doivent aussi porter le caractère de la surface». Cette exigence, purement esthétique, semble s'imposer au géomètre avec autant de force que les précédentes. Si l'appareillage est laissé nu, les lignes de joint redessinent sur la voûte, la surface elle-même et «les convenances», pour reprendre la terminologie de Monge, exigent une harmonie parfaite entre le dessin et la limite physique de l'intrados.

---

[43] [Monge, 1795, § 24, p. 340].

[44] *Ibid.*, §25, p. 341.

[45] *Ibid.*, §33, p. 349.

[46] *Ibid.*, §130, p. 418-420.

«Or, il n'existe pas de ligne sur la surface courbe qui puisse remplir en même temps toutes ces conditions, que les deux suites de ligne de courbures, et elles les remplissent complètement». Comme Monge le remarque immédiatement après sa démonstration, dans le cas des surfaces simples (surfaces de révolution, cylindres, ...) les appareilleurs s'étaient spontanément conformés à cette loi. Il n'en va plus de même, naturellement, dans le cas de surfaces plus complexes.

Les conditions 1 et 3 énoncées ci-dessus, suffisent à elles seules, à imposer de suivre les lignes de courbure ; si bien que l'on peut y voir un exposé des propriétés remarquables des lignes de courbures, aussi bien qu'une théorie de l'appareillage. Chaque fois que Monge introduit une notion nouvelle il prend soin, dans le corps même du cours, de décrire des situations concrètes où ces notions interviennent. Il suggère des applications possibles de la géométrie descriptive et, inversement, permet à son auditoire de mieux saisir les notions abstraites.

La géométrie descriptive et l'analyse

Monge revient également, à plusieurs reprises dans ses leçons, sur les analogies que présente la géométrie descriptive avec l'analyse (ou l'algèbre, les deux termes étant employés quasiment indifféremment). Il aborde ce thème dès sa deuxième leçon : «ce n'est pas sans objet que nous comparons ici la Géométrie descriptive à l'Algèbre ; ces deux sciences ont les rapports les plus intimes. Il n'y a aucune construction de Géométrie descriptive qui ne puisse être traduite en Analyse ; et lorsque les questions ne comportent pas plus de trois inconnues, chaque opération analytique peut être regardée comme l'écriture d'un spectacle en Géométrie»[47]. La partie du cours portant sur les intersections de surfaces courbes débute par une étude de la «correspondance [qui] existe entre les opérations de l'Analyse et les méthodes de la Géométrie descriptive»[48]. Monge fait ainsi une comparaison entre la résolution d'un système de n équations à n inconnues par élimination et les méthodes qui permettent de déterminer, en géométrie descriptive, les intersections de surfaces. Si l'on connait l'équation en x, y et z de deux surfaces quelconques, et que l'on élimine z entre ces deux équations, on obtient l'équation de la projection sur le plan (x, y) de la courbe d'intersection.

Les exemples, donnés dans la quatrième partie, d'application de la géométrie descriptive à divers problèmes (sphère passant par quatre points, sphère inscrite dans une pyramide, point défini par ses distances à trois points donnés, etc...), sont présentés comme autant de cas où «elle peut suppléer l'Analyse»[49]. Monge tire la conséquence logique de cette analogie qu'il met ainsi à plusieurs reprises en évidence : «il serait à désirer que ces deux sciences fussent cultivées ensemble : la Géométrie descriptive porterait dans les opérations analytiques les plus compliquées, l'évidence qui est son caractère ; et, à son

[47] *Ibid.*, § 10, p. 317.
[48] *Ibid.*, § 49, p. 365.
[49] *Ibid.*, § 88, p. 391.

tour, l'Analyse porterait dans la Géométrie la généralité qui lui est propre»[50]. C'est sans doute ce parallélisme qui exprime le mieux la philosophie de Monge, qu'il tentera de mettre en œuvre à l'Ecole polytechnique où il enseigne simutanément l'analyse appliquée à la géométrie[51]. La mise en évidence de la nature profonde de cette relation entre géométrie et analyse est même pour Monge l'une des clés de l'enseignement des mathématiques. «Pour apprendre les mathématiques de la manière la plus avantageuse, il faut que l'élève s'accoutume de bonne heure à sentir la correspondance qu'ont entre elles les opérations de l'Analyse et celles de la Géométrie ; il faut qu'il se mette en état, d'une part, de pouvoir écrire en Analyse tous les mouvements qu'il peut concevoir dans l'espace, et, de l'autre, de se représenter perpétuellement dans l'espace le spectacle mouant dont chacune des opérations analytiques est l'écriture»[52].

Naturellement ce parallélisme, facilement concevable pour la partie correspondant aux «préliminaires» de la géométrie descriptive, trouve vite ses limites. Monge le reconnaît bien volontiers à plusieurs reprises.«Nous ne pouvons pas entrer, à cet égard, dans de très grands détails, qui deviendraient beaucoup moins pénibles par le secours de l'Analyse»[53], dit-il par exemple dans sa leçon sur les lignes de courbure. Mais l'interdépendance de ces deux branches des mathématiques est certainement l'un des thèmes qui lui tenait le plus à cœur, thème qui, de façon surprenante, disparaîtra des ouvrages de géométrie descriptive dès le milieu du XIXe siècle.

«Les propriétés de l'étendue»

«Mon but… est de vous familiariser avec les propriétés de l'étendue»[54] déclare Monge lors d'une discussion avec ses étudiants et sans doute cette phrase caractérise-t-elle le mieux cet ensemble de leçons. Trois éléments fondamentaux concourent à la réalisation de cet objectif.

Il faut noter d'abord que la place impartie aux problèmes concernant les droites et plans est remarquablement limitée dans le cours de Monge. Les huit questions se rapportant à ce sujet n'occupent que huit paragraphes sur les 131 que comporte l'ensemble des leçons[55]. Par comparaison, dans l'ouvrage de Lacroix les questions portant sur les mêmes sujets occupent environ la moitié du manuel. C'est dire à quel point, pour Monge, l'essentiel est ailleurs. Avec les notions de plan tangent aux surfaces, il rentre dans le vif du sujet. La géométrie descriptive commence avec la manipulation des surfaces comme la théorie des ensembles avec celle des ensembles infinis. Elle est un outil qui permet de les introduire, de les concevoir, de les utiliser dans les démonstrations, de les représenter, et ainsi

---

[50] *Ibid.*, § 10, p. 317.
[51] Cf. *infra* p. 267 et suivantes.
[52] [Monge, 1795, § 50, p. 367].
[53] [Monge, 1795, § 124, p. 416].
[54] *Ibid.*, débat du 16 pluviôse, p. 321.
[55] Il s'agit des § 14 à 21, c'est-à-dire 9 pages sur 188 de l'édition de Brisson.

de se «familiariser avec les propriétés de l'étendue». Ainsi outillé, le géomètre peut travailler sur toutes les surfaces, certaines sont de définition plus simple, mais toutes rentrent dans le même cadre. Il est alors logique d'appliquer au plan le régime général.

Le deuxième élément fondamental de ce cours est la manière dont Monge exprime la relation entre un raisonnement géométrique et sa traduction graphique, sa «représentation». Par exemple dans la détermination du plan tangent à une surface de révolution (fig. 6), ni cette surface, ni le plan tangent ni l'hyperboloïde de révolution n'apparaissent explicitement. Le réflexe premier consiste toujours à représenter une surface par son contour apparent, après l'avoir éventuellement limitée arbitrairement si cette surface est infinie. Mais le principe de définition des surfaces introduit par Monge revient précisément à se passer des contours apparents pour ne raisonner qu'en terme de génératrice et de directrice. Autant que par l'utilisation de la projection, la construction du plan tangent à une surface de révolution appartient à la géométrie descriptive par l'usage de la définition des surfaces[56]. De même dans la détermination de la distance de deux droites, exemplaire à plus d'un titre, le cylindre, présent dans la démonstration, semble totalement absent de l'épure (fig. 2) ; de la surface n'a été retenu que le seul élément qui joue effectivement un rôle, à savoir la droite de contact. Ainsi dépouillé au maximum, le dessin porte non les objets mais les constructions géométriques utilisées dans le raisonnement, constructions qui eussent été noyées et illisibles si les différentes surfaces avaient été représentées. L'épure de géométrie descriptive oblige d'abord à choisir les éléments dont on a besoin pour les démonstrations géométriques. «L'ancienne Géométrie est hérissée de figures. La raison en est simple. Puisqu'on manquait alors de principes généraux et abstraits, chaque question ne pouvait être traitée qu'à l'état concret, sur la figure même qui était l'objet de cette question, et dont la vue seule pouvait faire découvrir les éléments nécessaires à la démonstration ou à la solution cherchée. Mais on n'a pas été sans éprouver les inconvénients de cette manière de procéder, par la difficulté de construction de certaines figures, et par leur complication, qui en rend l'intelligence laborieuse et pénible. C'est surtout dans les questions de la géométrie à trois dimensions, où les figures peuvent devenir tout à fait impossibles, que l'inconvénient que nous signalons se fait le plus sentir» écrit Chasles, ajoutant même,à la grande surprise de son lecteur, «personne, plus que Monge, n'a conçu et n'a fait de la Géométrie sans figures»[57]. Pourtant, une fois encore, Chasles touche du doigt une des richesses du cours de Monge et met en évidence un apport, paradoxal, de la géométrie descriptive. C'est la raison pour laquelle Chasles considère que la «Nouvelle Géométrie» commence avec les leçons de Monge.

Je voudrais insister sur un dernier point. Monge était un enseignant exceptionnel, tous les témoignages sur ce point concordent. «Monge avait une manière inimitable d'exposer les vérités les plus abstraites, et de les rendre sensibles par le langage d'action... Cependant ce n'est qu'en combattant la nature, qu'il avait pu devenir un excellent professeur : il

[56] Là encore il s'agit bien d'un choix de la part de Monge. Une autre solution, extension d'une de celles proposées pour la sphère, consiste à rendre la droite (BC, bc) de bout (ou verticale) et déterminer le contour apparent de la surface de révolution comme enveloppe d'une famille d'ellipses.

[57] [Chasles, 1837, p. 208].

parlait difficilement et presque en bégayant ; il avait dans le discours une prosodie vicieuse qui lui faisait allonger à faux certaines syllabes et précipiter les autres avec rapidité. Sa physionomie, habituellement calme présentait l'aspect de la méditation ; mais lorsqu'il parlait, on croyait tout à coup voir un autre homme ; un feu nouveau brillait tout à coup dans ses yeux, ses traits s'animaient, et sa figure devenait inspirée», écrit par exemple Dupin[58]. Ou encore Chasles : «c'est une tradition, dans l'Ecole polytechnique, que Monge savait, à un degré inouï, faire concevoir dans l'espace toutes les formes les plus compliquées de l'étendue, et pénétrer dans leurs relations générales et leurs propriétés les plus cachées, sans autre secours que celui de ses mains, dont les mouvements secondaient admirablement sa parole, quelquefois difficile, mais toujours douée de la véritable éloquence du sujet : la netteté et la précision, la richesse et la profondeur d'idées»[59]. On pourrait multiplier les citations de cet ordre en s'appuyant sur les propos de Brisson ou Poncelet, de Fourier, de Jomard ou d'Arago, pour ne citer que quelques noms[60]. Mais le cours écrit possède également une sorte de magie propre et la capacité de l'auteur à «faire concevoir toutes les formes les plus compliquées de l'étendue» ne s'appuie pas uniquement sur ses savoir-faire d'enseignant dans le rapport direct avec son auditoire ; il vient, me semble-t-il, de l'usage des surfaces annexes qui apparaissent et disparaissent au gré des démonstrations et qui, autant que les talents de pédagogue de son fondateur, caractérise la nouvelle branche de la géométrie en cours de constitution. Nous l'avons vu pour la distance de deux droites où il introduit un cylindre annexe, pour les problèmes des plans tangents à une deux ou trois sphères où il fait intervenir des cônes, pour la question concernant le plan tangent à une surface de révolution où il utilise un hyperboloïde. Il en est de même pour des applications comme le problème du défilement ou ceux de cartographie étudiés, résolus par la considération de surfaces judicieusement choisies. A aucun moment ces surfaces annexes ne sont indispensables ; elles jaillissent là où on ne les attend pas, et ce, dès le cours d'introduction, où il introduit sphères et cylindres. Devant la pluralité des solutions qui s'offrent devant lui, Monge choisit toujours la plus visuelle. Cylindres, cônes, sphères ou autres hyperboloïdes meublent l'espace, donnent une matière à l'orateur, un support à l'intuition de l'auditeur (ou du lecteur) et une consistance à des démonstrations qui, sans eux, eussent manqué de relief. Le jeu subtil des surfaces annexes, manipulées par Monge avec un art consommé, permet de retourner les problèmes, d'étudier systématiquement problème direct et problème réciproque. La détermination de la distance de deux droites comme réciproque de celle du plan tangent à un cylindre en est l'un des exemples. Mais la plus belle illustration de retournement de situation, et la plus riche du point de vue géométrique, nous est offert par les démonstrations de géométrie plane à l'aide de la géométrie descriptive qui réalise ainsi «l'alliance intime et systématique entre les figures à trois dimensions et les figures planes»[61].

[58] Cité dans [Monge, 1820, avertissement de l'éditeur, p. XIII].

[59] [Chasles, 1837, p. 209].

[60] Voir [Taton, 1951, p. 366-368]

[61] [Chasles, 1837, p. 191].

Monge pulvérise, par le contenu même de ses cours, le cadre étroit et relativement restrictif qu'il s'était fixé en définissant, en introduction, la géométrie descriptive comme une technique graphique destinée à représenter sur une feuille de papier des objets tridimensionnels. «Et si parmi vous il en est un à qui... le cœur ait battu : c'en est fait, il est géomètre», déclare Monge pendant une des séances de débats[62]. A n'en pas douter ses leçons firent battre le cœur de ses élèves, et Monge transforma ainsi en géomètres toute une génération de polytechniciens.

La «théorie de la coupe des pierres» à l'Ecole du génie de Mézières

La juxtaposition des quelques exemples d'épures de traité de taille des pierres et du cours publié de Monge, permet de mettre en évidence la distance qui les sépare et la parenté qui les relie. Ni le principe de la double projection, ni la méthode rabattement, ni l'usage des plans auxiliaires, ne sont à mettre au crédit de Monge. Toutes ces techniques graphiques apparaissent très clairement dans les traités de stéréotomie, pour ne pas revenir sur des usages plus anciens, et sont même parfois explicitées, au moins par des dessins. Peut-on imaginer plus parlant sur la notion de projection orthogonale que la série de figures de Frézier (fig. 32, chap. II) ? L'idée d'appliquer les techniques graphiques mises en œuvre dans les épures de coupe des pierres à des objets abstraits, à des surfaces géométriques, n'est pas non plus une invention mongienne. Sans remonter à Dürer, qui l'utilise explicitement, de La Rue et Frézier consacrent une partie de leur traité à la construction, à l'aide de ces outils graphiques, de intersections des cylindres, sphères et cônes (fig. 30 et 31, chap. II). La nouveauté ne vient pas plus de la revendication d'une étude théorique préalable à toute application particulière. Frézier est là aussi explicite : «Je me propose dans cet Ouvrage de donner la Théorie des Sections des Corps» prévient Frézier en introduction et, ajoute-t-il, «parce que je prends une route différente de ceux qui ont traité de cette Matière, qui se sont tellement bornés à la Pratique, qu'ils semblent mépriser la Théorie, ou l'ignorer ; je vais tâcher d'en établir l'utilité»[63].

Mais le terme de «théorie» employé par Frézier est sujet à caution et, en tout cas, il n'a pas le sens d'une théorie géométrique. Il s'agit plutôt d'une étude préalable générale, d'une description des surfaces simples que les voûtes doivent suivre, et non d'un outil de recherche des propriétés des surfaces, de leurs intersections, des plans tangents ou des tangentes aux

---

[62] Deuxième débat, du 16 pluviose (4 février 1795) ; ce débat suit la première leçon [Monge, 1795, p. 321].

[63] [Frézier, 1737, t.1, p. i]

courbes d'intersection dont il n'est jamais question, même si, au détour d'une épure, le tracé de la normale à une conique est donné et la construction de Roberval «pour l'invention des tangentes»[64] rappelée. L'exemple des descentes biaises étudié au chapitre précédent montre à quel point des notions aussi fondamentales que l'usage d'un repère orthogonal peuvent très bien être utilisées dans certaines situations spécifiques sans être pour autant maîtrisées. La notion de projection orthogonale d'un point de l'espace sur un plan prend un statut d'opération géométrique non pas dans son explicitation (quasiment réalisée par Dürer ou Frézier) mais dans son inversion. En ce sens les exemples donnés par Monge de l'usage de la géométrie à trois dimensions pour résoudre des problèmes de géométrie plane ne sont pas anecdotiques dans le cours fondateur, ils sont bien au contraire constitutifs de la géométrie descriptive. Il en est de même du principe de repère de l'espace qui se constitue à travers la théorisation du changement de repère ou de la méthode des surfaces annexes qui devient un outil de recherche géométrique, et non plus seulement une technique graphique pour déterminer l'intersection de deux surfaces.

Il reste donc à tenter de comprendre le processus de genèse de la théorie mongienne. Même si les différences qui séparent l'ouvrage de Frézier de celui de Monge peuvent, à bien des égards, sembler minimes et la virtuosité du professeur de l'Ecole polytechnique grande, la distance ne fut pas franchie d'un coup. Je distinguerai deux étapes, deux moments dans cette genèse, correspondant à deux périodes bien distinctes de la vie de Monge[65]. A un processus d'élaboration, qui s'effectue pendant les premières années où il enseigne à l'Ecole du génie de Mézières, succède un moment de constitution de la théorie, dans l'effervescence révolutionnaire.

Monge à l'Ecole du génie de Mézières

Monge entre en 1764 par la petite porte, et le plus grand des hasards, dans l'une des plus prestigieuses écoles d'ingénieurs[66] de l'Ancien Régime, l'Ecole du génie de Mézières. Il a alors tout juste 18 ans et son palmarès se résume à de brillantes études effectuées

---

[64] *Ibid.*, p. 195-205.

[65] Sur la vie de Monge on peut consulter de nombreux ouvrages, dont les notices biographiques de deux de ses anciens élèves, [Brisson, 1818 b] et [Dupin, 1817], et plusieurs ouvrages plus récents : [de Launay, 1933], [Taton, 1951, p. 9-49], [Aubry, 1954] et [Belhoste et Taton, 1992, en particulier p. 270-277].

[66] La nécessité d'accroître la formation théorique des ingénieurs s'était fait sentir en France dès le milieu XVIIIe siècle. L'ouverture quasi simultanée de l'Ecole du Génie de Mézières, de l'Ecole des ponts et chaussées et de l'Ecole de la marine n'est bien sûr pas fortuite. En 1747, pour dresser les plans exacts des routes de France, Trudaine décide de créer un bureau de dessinateurs dépendant du corps des ponts et chaussées organisé quelques décennies plus tôt. Le bureau devient, en 1775, l'Ecole des ponts et chaussées, dirigée dès sa création par Perronet. Sur l'Ecole des Ponts et Chaussées voir [Picon, 1992]. La Petite Ecole des ingénieurs-constructeurs de la marine, ouverte en 1741, fermée en 1760, rétablie cinq ans plus tard par Choisy, est chargée de compléter la formation que les jeunes aspirants-ingénieurs ont reçue dans les écoles de la marine situées dans les différents arsenaux. Bézout, puis Monge à partir de 1783, furent examinateurs de sortie dans cette école. Sur la Petite Ecole des ingénieurs-constructeurs de la marine, voir [Gille, 1986, p. 477-481]. Dans ces deux écoles, le niveau théorique reste relativement modeste ; on y enseigne principalement la géométrie et le dessin.

à Beaune, sa ville natale, puis à Lyon. Durant l'été 1764, il réalise avec l'un de ses amis un relevé de la ville de Beaune et en dessine le plan. Le capitaine du Vignau, commandant en second de l'Ecole du génie de Mézières, de passage dans la ville, apprécie le travail et engage Monge à venir travailler dans l'atelier de dessin, de coupe des pierres et de moulage de l'école.

L'Ecole du génie de Mézières avant l'arrivée de Monge

L'Ecole du génie de Mézières avait été ouverte en 1748, à l'instigation de Nicolas-François-Antoine de Chastillon, avec le soutien du comte d'Argenson, alors ministre de la Guerre[67]. Les élèves partagent leur temps la première année, à parts égales, entre «l'école de théorie» et «l'école de pratique». L'enseignement théorique comprend l'arithmétique, la géométrie, la mécanique statique et hydraulique ; à partir de 1752 et jusqu'au milieu des années soixante, l'abbé Bossut assure seul l'ensemble de ces cours, dont le niveau reste élémentaire. A «l'école de pratique», dirigée par Chastillon, les élèves s'initient au tracé des épures et à la réalisation de modèles de coupe des pierres et des bois, effectués en salles, et, sur le terrain, aux relevés topographiques et aux exercices de siège ou de défense. L'examinateur de sortie, l'académicien Camus, interroge uniquement sur la partie théorique des enseignements. S'il est admis, le jeune ingénieur reste encore un an à l'Ecole, participe à l'encadrement de la promotion suivante et effectue des stages dans les places fortes de la région ; sinon, il redouble. Contrairement au recrutement des écoles de la marine et de l'artillerie, presque exclusivement réservé aux jeunes d'origine noble, celui de l'Ecole du génie de Mézières est, dans un premier temps, relativement ouvert. Mais l'ordonnance de 1777, renforcée en 1781, va considérablement réduire cette ouverture[68].

En vue de former le personnel technique subalterne dont le corps du génie a besoin, Chastillon crée, dans les années 1760, une institution annexe à l'école d'officiers, utilisant ses ateliers, réservée au jeunes gens de la région. Sorte de centre d'apprentissage gratuit, on y enseigne principalement le dessin et la coupe des pierres et des bois. La géométrie descriptive doit beaucoup à cette «école d'appareilleurs et de conducteurs de travaux des fortifications», puisque, selon Dupin, c'est pour les besoins de cette institution que du Vignau fit venir Monge à Mézières[69]. C'est également au titre de cette école que Jean Nicolas Pierre Hachette[70] sera élève de Monge, avant de devenir son adjoint à l'Ecole normale et à l'Ecole polytechnique.

---

[67] Sur l'histoire de l'Ecole du génie de Mézières, voir [Taton, 1986, p. 559-615] ; sur les cours de Chastillon voir [Belhoste, 1990] et sur les travaux d'élèves, [Belhoste, Picon, Sakarovitch, 1990, p. 72-90].

[68] De 1748 à 1777, 43% des élèves admis à Mézières sont des roturiers, 36% sont issus du milieu militaire ; après 1777 les trois quarts sont nobles. L'ordonnance du du 22 mai 1781, impose, pour le recrutement, quatre quartiers de noblesse, à l'exception des fils de chevaliers de l'ordre de Saint-Louis. Sur le recrutement des Ecoles de l'Ancien Régime voir [Chartier, 1973], [Blanchard, 1979, en part. p. 204-211] et [Julia, 1995, p. 33-35].

[69] [Dupin, 1819, p. 10-12], voir aussi [Taton, 1986, p. 580].

[70] Jean Nicolas Pierre Hachette (1769, 1834), succédera à Monge à la chaire de Géométrie descriptive dès 1797 ; sur le rôle de Hachette dans l'enseignement et la diffusion de la géométrie descriptive, voir le chap. IV.

Chastillon accorde à l'enseignement de stéréotomie une place très importante dans le curriculum de l'Ecole du génie de Mézières, place qui va bien au-delà du strict aspect utilitaire d'une technique de construction déjà sur son déclin. L'objectif essentiel de ce cours est une formation à la géométrie et à la vision dans l'espace que l'article 9 du règlement de 1754 (vraisemblablement rédigé par le fondateur de l'Ecole) formule explicitement : «Indépendamment de l'utilité de la coupe des pierres et des bois pour les différentes constructions que les ouvrages du roi présentent, ces arts ouvrent des connaissances si exactes et si précises sur le dessin des plans et des profils et sur la manière d'exprimer le relief qu'il doit représenter, qu'on peut les regarder comme les Eléments (d'Euclide)»[71]. Dans l'avant-propos de son *Traité des ombres dans le dessin géométral,* qui a été présenté au premier chapitre, Chastillon revient également sur cette idée.

> On n'a rien trouvé de plus propre pour leur [les ingénieurs] procurer cette connaissance parfaite du dessin que de leur faire suivre des cours de coupe des pierres et des bois... Indépendamment des avantages qui résultent de cette étude, relativement aux constructions dont les officiers du génie ont la direction, on conçoit facilement que, quand on sait développer toutes les faces et connaître tous les angles plans ou solides d'une pierre quelconque employée dans une voûte, une trompe, etc..., ou d'une pièce de charpente employée dans un comble, un dôme, un escalier, etc..., qu'on a bien de la facilité à développer un bastion, une demi-lune, un cavalier de tranchée, une batterie, etc..., que, quand on sait bien former la représentation de toutes ces choses pour les faire entendre aux autres, on est en état de les représenter comme si elles étaient déjà exécutées, et d'en combiner les différentes constructions pour les rendre autant parfaites qu'elles peuvent l'être[72].

Le fondateur de l'Ecole du Génie de Mézières exprime ici parfaitement le rôle pédagogique conféré à la stéréotomie dans cette école, l'apprentissage à la vision dans l'espace que son enseignement permet, cette sorte de gymnastique intellectuelle susceptible de permettre aux futurs ingénieurs de se représenter mentalement des objets -éventuellement complexes d'un point de vue géométrique- non encore réalisés. Dans les années 1760, pour faire face au doublement des effectifs des promotions, qui de dix à quinze jusqu'en 1762, passent à environ vingt-cinq à partir de cette date[73], Chastillon modifie sensiblement l'organisation de l'Ecole, supprime la distinction entre école de théorie et école de pratique, et place en tout début du cursus l'enseignement de stéréotomie qu'il considère comme fondamental. Le glissement de fonction de cet enseignement est important pour bien comprendre la genèse de la théorie géométrique qui nous intéresse ici. Il faut noter qu'il carac-

[71] Chastillon, *Projet de règlement sur l'ordre et la police de l'instruction que le Roy veut et ordonne être donné aux ingénieurs ordinaires admis, volontaires et vétérans dans l'Ecole du Génie établie à Mézières*, ms, 17 dec. 1754, archives de l'inspection du Génie, art. 18, sect. 1, §1, carton 1, pièce 9, cité dans [Belhoste, 1990, p. 111].

[72] [Chastillon, 1764.] in [Olivier, 1847, p. 5-26].

[73] Brusquement réduit dix ans plus tard ils deviendront squelettiques (environ dix) dans les dernières années de l'Ancien Régime. L'examen d'entrée sera même totalement supprimé certaines années, correspondant aux périodes de crise de l'Ecole ; ce fut le cas en 1771 puis à nouveau en 1787,89 et 90.

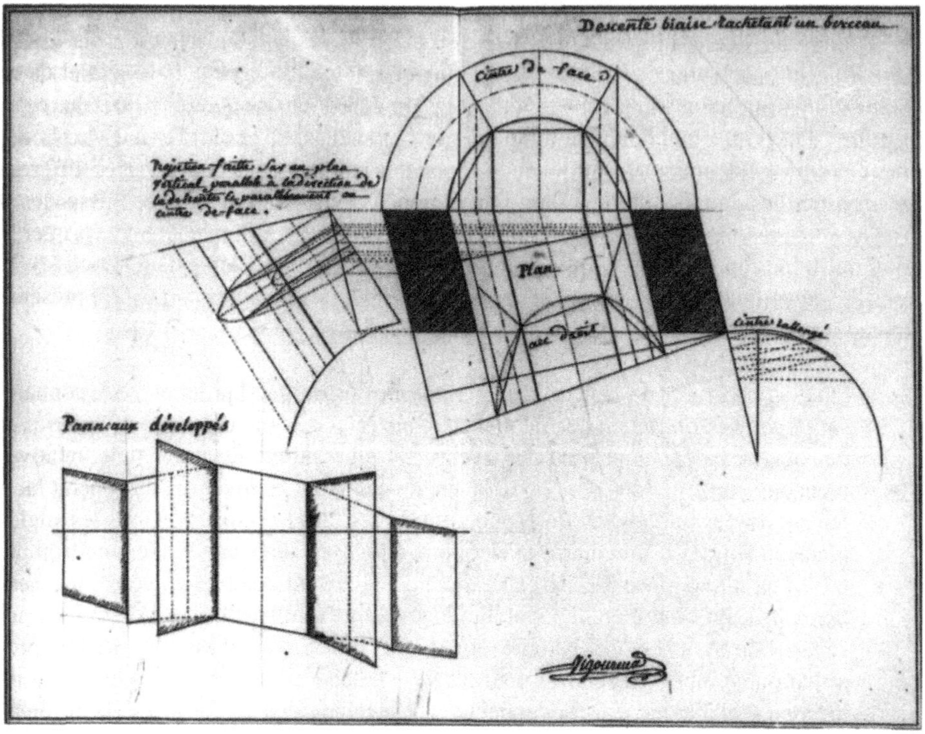

Fig. 17 - La coupe des pierres à l'Ecole du Génie de Mézières : descente biaise rachetant un berceau
Portefeuille de Vigoureux, 1767.

térise, dans une certaine mesure, l'Ecole de Mézières et ne se produit pas à l'Ecole des Ponts et Chaussées où la stéréotomie reste appréhendée en tant que technique de construction. Ce glissement s'explique aisément compte tenu de deux facteurs. D'une part l'Ecole du Génie de Mézières est beaucoup plus structurée, plus organisée que ne l'est celle des Ponts et Chaussées, qui fonctionne alors, sans professeur permanent, suivant le principe du tutorat, les élèves les plus anciens donnant des cours aux plus jeunes. De ce fait une réflexion plus poussée a été menée à Mézières sur la nature et la valeur formatrice des enseignements assurés. D'autre part, si l'on admet qu'un ingénieur doit recevoir une certaine formation concernant l'apprentissage de «la vision dans l'espace» (ce qui était raisonnable au XVIIIe siècle et le reste sans doute de nos jours), alors le choix de la stéréotomie comme vecteur est certainement judicieux, et les arguments avancés par Chastillon tout à fait pertinents. L'aisance avec laquelle les appareilleurs ou les tailleurs de pierre sont capables de concevoir et de tracer les voussoirs les plus complexes en est la meilleure preuve.

Le contenu de l'enseignement de stéréotomie nous est connu par le portefeuille des épures dessinées en 1767 par l'un des élèves, Jean-Louis-Antoine Vigoureux[74]. Ce portefeuille comporte une quinzaine d'épures de coupe des pierres (fig. 17 à 19), tirées du traité de Jean-Baptiste de La Rue, et une vingtaine de planches de charpenterie (fig. 20). Cinq épures de coupe des pierres, qui concernent les portes et les descentes, droites ou biaises, sont du type de celles étudiées au chapitre II. Parmi les autres sujets figurent une «porte en tour ronde, biaise en talus et rachetant un berceau», (dont l'épure est assez proche de la fig. 13 du chapitre II), l'arrière-voussure de Marseille[75], trois trompes, trois types de voûtes, et l'épure d'un escalier en «Vis de Saint-Gilles». A ces planches de coupes des pierres, s'ajoutent deux épures, directement extraites du *Petit traité de stéréotomie* de Jean-Baptiste de La Rue, consacrées aux sections d'un cylindre droit par un plan et un cylindre (sujet qui correspond en coupe des pierres à une «descente biaise qui rachète un berceau»), aux sections planes et aux développements d'un cylindre oblique et aux sections planes d'un cône droit et oblique[76] (fig. 21 ; la planche correspondante de J.-B. de La Rue est reproduite à la fig. 30 du chap. II).

Monge à Mézières

L'arrivée de Monge à Mézières coïncide avec la fin de la première phase de l'histoire de l'Ecole. Chastillon déjà très malade en 1764, devait mourir l'année suivante. Claude Antoine Pierre Rault de Ramsault de Raulcourt (1720-1775) lui succède et les dix années de son commandement, période de plus fort recrutement, correspondent à la période pendant laquelle l'Ecole est à son apogée[77]. Le prestige grandissant de l'Ecole est d'ailleurs

---

[74] J.-L.-A. Vigoureux, *Epures de coupe des pierres*, ms 469, et *Epures de charpente*, ms 470, Bibliothèque du comité technique du Génie. Postérieure à l'arrivée de Monge, cette collection d'épures n'en reflète pas moins l'état de l'enseignement avant que celui-ci ne le prenne en charge.

[75] Sur l'arrière-voussure de Marseille, voir infra chap. IV, fig.9.

[76] Voir [Belhoste, Picon, Sakarovitch, 1990, p. 81-85].

[77] Voir [Taton, 1986, p. 586-596].

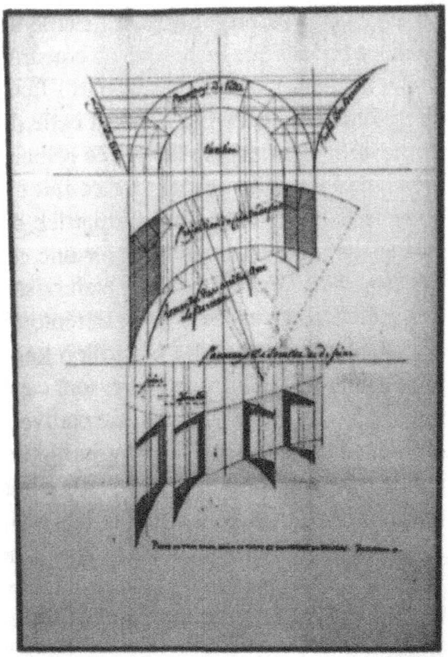

Fig. 18 - La coupe des pierres à l'Ecole du Génie de Mézières : porte droite dans une tour ronde, Portefeuille de Vigoureux, 1767.

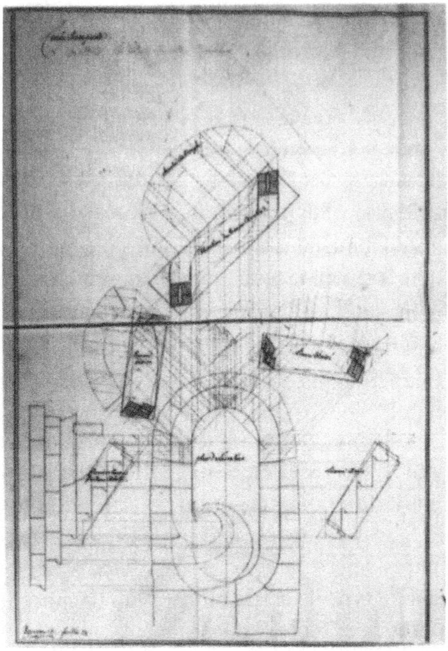

Fig. 19 - La coupe des pierres à l'Ecole du Génie de Mézières : escalier tournant, Portefeuille de Vigoureux, 1767.

largement dû au rôle de plus en plus important joué par Monge dans cette institution. D'après Dupin, ses débuts à l'Ecole lui furent pénibles. «Comme il dessinait avec une rare perfection, on considérait uniquement son talent manuel. Il sentait déjà sa force, et ne pouvait sans indignation songer à l'estime exclusive qu'on accordait à ses dispositions mécaniques. J'étais mille fois tenté, disait-il longtemps après, de déchirer mes dessins, par dépit du cas qu'on en faisait, comme si je n'eusse pas été bon à produire autre chose»[78]. Mais cette «estime exclusive» devait finalement ne durer que deux ans et, les responsables de l'Ecole ayant remarqué que ses talents ne se limitaient pas au dessin, Monge devint répétiteur, puis remplaçant du professeur de mathématiques, l'abbé Bossut. En 1770, il prend en charge, à la suite de l'abbé Nollet, le cours de physique et, de ce fait, l'ensemble de l'enseignement scientifique de l'Ecole. En outre il enseigne le dessin, la perspective et le tracé des ombres sûrement dès 1768 (peut-être à l'école des appareilleurs) ainsi que la coupe des pierres, mais à partir d'une date difficile à préciser. En 1768, Ramsault avait confié la stéréotomie (et celui du dessin topographique) à l'ingénieur géographe Leclercq mais un mémoire de 1775 montre que, du moins à cette date (et très vraisemblablement depuis plusieurs années déjà), Monge assure également ces enseignements, secondé par Marion[79]. Ce n'est qu'en 1775 que Monge obtient le titre de «Professeur royal de mathématiques et de physique».

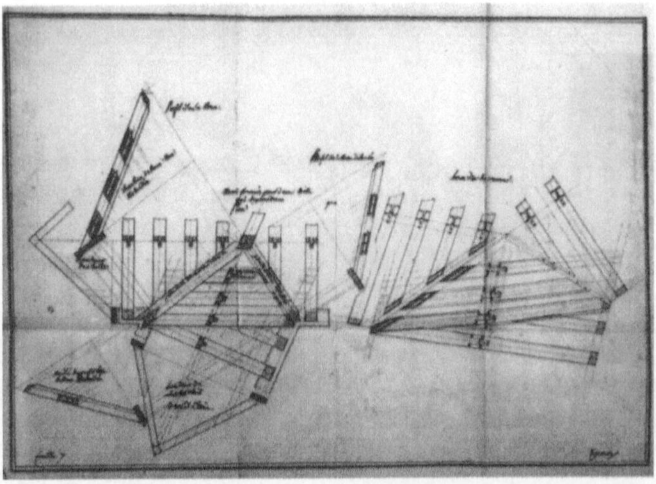

Fig. 20 - La charpenterie à l'Ecole du Génie de Mézières : épure d'une croupe biaise
Portefeuille de Vigoureux, 1767

L'influence grandissante de Monge va accélérer la mise en place des réformes de l'enseignement introduites par Chastillon à la fin de sa vie. Mécanique appliquée et géométrie pratique prennent une place prépondérante, au détriment de l'ancien cours de mathématiques élémentaires, totalement supprimé en 1777. Cette évolution est également facilitée par le remplacement de Camus par l'abbé Bossut comme examinateur de sortie, ce dernier réservant, en accord avec Monge, une place importante aux exercices graphiques. Néanmoins, la capacité de Monge à faire évoluer une institution profondément conservatrice, et liée à un corps qui l'est encore davantage, fut sans doute surestimée. En l'absence de tout cours magistral, les élèves se forment surtout au contact de leurs aînés, à travers des exercices dont le corpus date de l'époque de Chastillon, et qui évolueront peu par la suite.

Monge s'éloigne peu à peu, dans tous les sens du terme, de l'Ecole du Génie. A partir de son élection comme correspondant de l'abbé Bossut à l'Académie des Sciences, en 1772, il participe à quelques séances de l'Académie et entre en relation avec Condorcet, Lavoisier, Vandermonde... Entre 1771 et 1780 il présente lui-même à l'Académie huit mémoires, cinq d'analyse (essentiellement sur les équations aux dérivées partielles), et trois de géométrie différentielle. Elu en 1780 «associé géomètre» à l'Académie, Monge a l'obligation de résider au moins cinq mois par an à Paris. Pour cette raison il accepte la charge de suppléant de l'abbé Bossut dans la chaire d'hydrodynamique du Louvre et partage son temps entre Paris et Mézières. En 1783 il succède à Bezout comme «examinateur des gardes du pavillon, gardes de la marine et aspirants». L'activité et le comportement de «Monge examinateur», étudiés par D. Julia[80], permettent de mieux cerner et le personnage

[78] [Monge, 1820, avertissement de l'éditeur, p. ix]
[79] Jean Marie Marion, spécialiste de la coupe des bois de charpente, restera plus de 40 ans à Mézières et sera l'un des techniciens qui assura la qualité de la formation pratique de l'Ecole, voir [Taton, 1986, p. 573 et 592].
[80] [Julia, 1990].

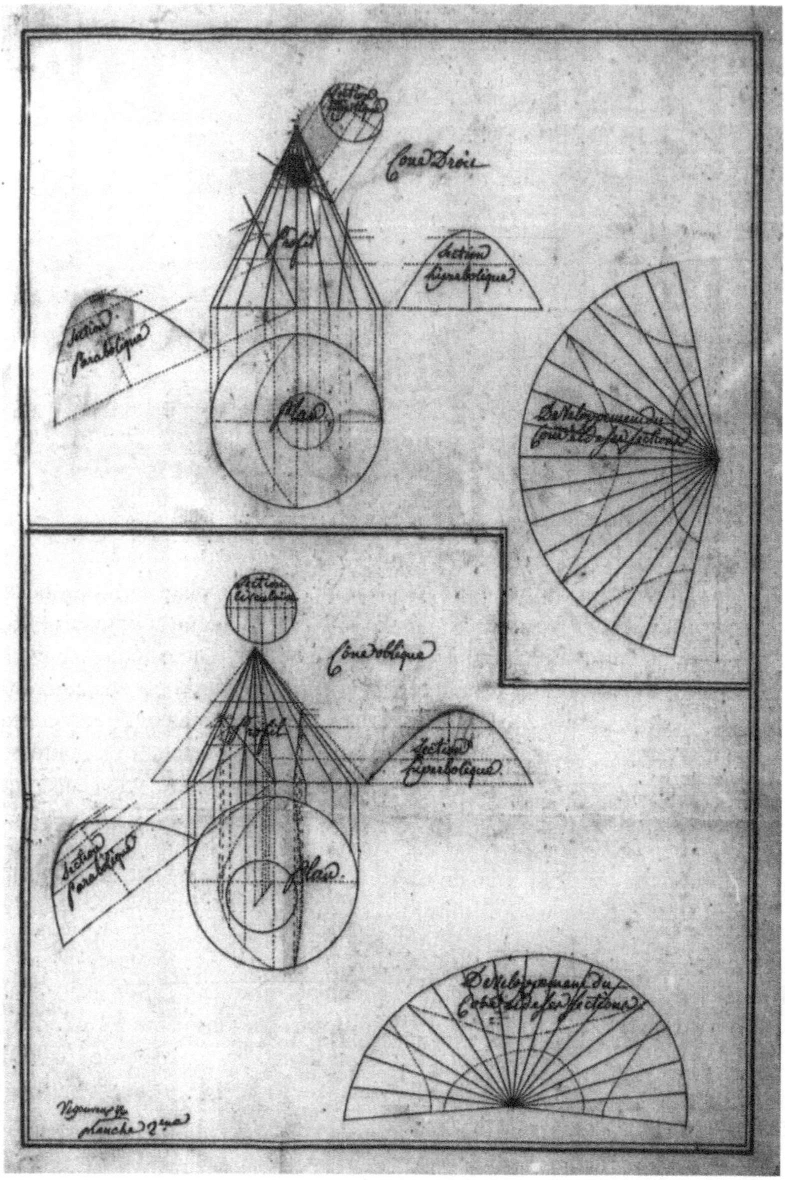

Fig. 21 - L'enseignement de stéréotomie à l'Ecole du Génie de Mézières : sections d'un cône par un plan, développement du cône
Portefeuille de Vigoureux, 1767.

et le pédagogue. Reproche implicite adressé à son prédécesseur, il regrette, à l'issue de sa première tournée «que les gardes et les aspirants n'étudient que pour être en état de répondre à l'examen. Il résulte de là que quand on les interroge sur quelque procédé, ils le détaillent avec la plus grande précision souvent et avec la facilité qu'aurait un homme très exercé, et que quand ensuite on leur demande une application de ce procédé, ils le manquent pour l'ordinaire... Cela vient de ce que dans tout le cours de l'année, ils ne sont préparés qu'à répondre, et de ce qu'ils ont négligés de s'exercer à la pratique»[81]. Reconnaître les aptitudes des candidats à tenir des raisonnements et non à réciter par cœur des portions du manuel de Bezout, tel est le premier souci du nouvel examinateur. Le second est de maintenir en toute circonstance ce que D. Julia nomme «une éthique intransigeante», de conserver la plus grande impartialité dans son jugement et surtout de n'admettre aucune pression d'aucune sorte. Au ministre de la Marine, le maréchal de Castries, qui intercède en faveur d'un candidat malheureux, Monge répond : «Vous êtes parfaitement le maître d'admettre le candidat qui m'a paru incapable ; mais si vous prenez cette décision, il faudra en même temps supprimer la place que je remplis. Les fonctions d'examinateur ne seraient plus ensuite ni utiles, ni acceptables»[82].

Sa charge d'examinateur impose de longs voyages en province[83], et ses absences répétées deviennent difficilement compatibles avec ses autres activités. Bossut lui retire la suppléance de sa chaire du Louvre ; en 1784, Monge quitte officiellement l'Ecole de Mézières et se fixe à Paris. Il s'intéresse alors plus à la physique et à la chimie qu'aux mathématiques, participe activement aux travaux des chimistes groupés autour de Lavoisier et réalise la synthèse d'une petite quantité d'eau peu après lui. Il avait d'ailleurs introduit l'enseignement de chimie à Mézières peu avant son départ et y avait installé un laboratoire expérimental.

Genèse d'une idée

Parmi la liste, impressionnante, des disciplines enseignées par Monge à Mézières ne figure donc pas la géométrie descriptive en tant que telle. Cependant un certain nombre de documents permettent d'affirmer que Monge conçut, dès les premières années de son activité à l'Ecole du génie de Mézières, si ce n'est la géométrie descriptive sous la forme qu'elle prendra en 1795, du moins les prémices de cette théorie géométrique. Compte tenu des fonctions qu'il occupe à son arrivée à l'Ecole, dans l'atelier de coupe des pierres, et de certaines dispositions personnelles pour la géométrie dont on peut le créditer sans avoir

[81] Monge, «Résultat de l'examen des gardes du pavillon et des aspirants gardes de la marine pendant les mois de mai et juin 1784», Archives départementales de la Côte-d'or, XXI F 13, cité in [Julia, 1990, p. 120].
[82] Cité in [Aubry, 1954, p. 69].
[83] Une ou deux fois par an, il se rend à Vannes et à Alès ; à partir de 1789, il étend son périple à Brest, Lorient, Rochefort et Toulon, pour une tournée d'examen qui dure alors plus de trois mois. Voir [Julia, 1990, p. 114-115].

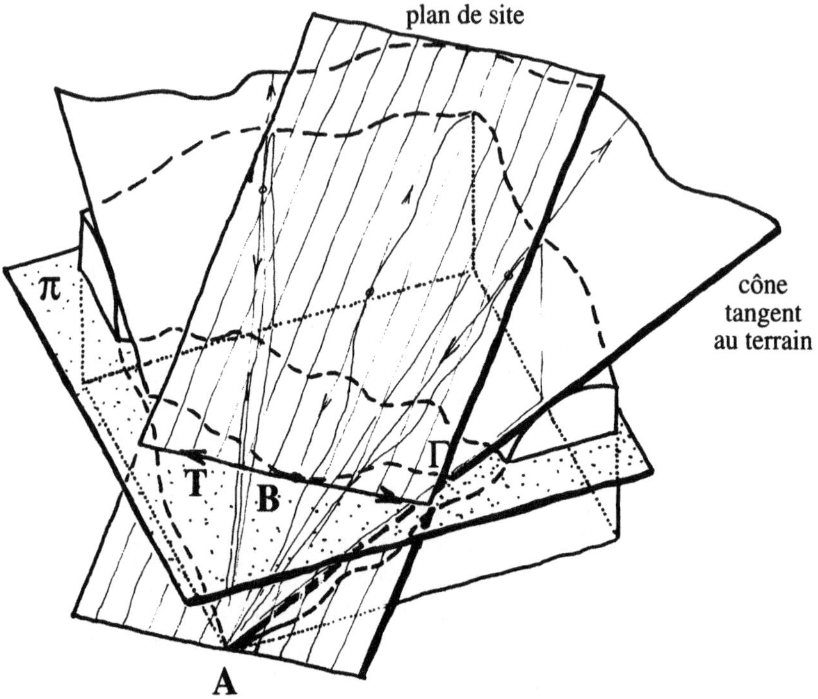

Fig. 22 - Détermination du plan de défilement passant par A

La méthode de Monge consiste à introduire la surface conique, dont le sommet est le point A que l'on veut défiler et qui s'appuie sur la ligne d'horizon vue de A. Tout plan tangent supérieurement à cette surface est tangent supérieurement au terrain et constitue un plan de site. Pour construire un tel plan il faut, dans un premier temps, déterminer les génératrices de la surface conique, en utilisant des plans verticaux auxiliaires passant par le point A. La section du terrain par un tel plan détermine une courbe et la tangente issue de A à cette courbe est une génératrice du cône. On considère ensuite un plan Π quelconque, ne passant pas par A, qui coupe le cône selon une courbe notée Γ sur la figure. On choisit un point B quelconque de Γ tel que Γ et la projection de A sur Π se trouvent de part et d'autre de la tangente T en B à Γ. Le point A définit avec T un plan de site.

l'impression de déformer l'histoire, on imagine facilement que Monge eût tôt fait de prendre connaissance des différents traités de stéréotomie, de se familiariser avec les méthodes graphiques des appareilleurs, de les maîtriser et de les apprécier à leur juste valeur. Reste à cerner l'usage qu'il a fait de ce savoir. Il faut donc essayer de préciser à la fois quelle est la théorie qui prend corps pendant cette période, son degré d'aboutissement, et le type de problèmes qui amenèrent Monge à opérer cette conceptualisation.

Le problème de défilement

Le problème dit «du défilement» est la première question connue à laquelle le jeune mathématicien fut confrontée et pour laquelle il introduisit une solution géométrique originale[84]. Ce problème consiste à déterminer position et hauteur des parapets que l'on doit construire pour protéger un endroit donné des tirs des canons ennemis. La portée des canons étant supposée connue (environ 1400 m. à l'époque), la hauteur du parapet à construire est naturellement fonction de la topographie des lieux et de la présence de hauteurs éventuelles dont pourrait bénéficier l'ennemi. Pour résoudre le problème il faut déterminer le plan, dit «de site», tangent au terrain (en pratique à un secteur du terrain) et passant par le point que l'on veut défiler ; ce plan permet de ramener le problème considéré au cas d'un terrain plat.

Au XVIIIe siècle il existait deux méthodes pour résoudre les problèmes de défilement. La première, purement empirique, était utilisée depuis Vauban ; l'ingénieur militaire obtenait la hauteur cherchée par une suite de visées faites sur le terrain. La deuxième méthode, mise au point à l'Ecole de Mézières avant l'arrivée de Monge, permettait de raisonner uniquement à partir de plans cotés et évitait ainsi tout déplacement, que la présence éventuelle de forces ennemies sur les hauteurs dont on cherchait précisément à se protéger pouvait rendre délicat. Mais cette technique nécessitait des calculs longs et fastidieux. Un ou deux ans après l'arrivée de Monge à Mézières, le commandant de l'Ecole le charge d'effectuer un calcul de ce type. Reconsidérant l'ensemble du problème, Monge propose alors une nouvelle solution, purement géométrique, beaucoup plus rapide que celle qui était utilisée jusqu'alors, et faisant intervenir surfaces annexes, plans auxiliaires et rabattement[85] (fig. 22). Pour cette raison ce problème pratique, concret, fut souvent présenté comme une des sources directes de la géométrie descriptive[86], en particulier par Dupin et Hachette[87].

---

[84] Sur le problème du défilement, voir [Belhoste, 1992, p. 541-546].

[85] Cette anecdote est rapportée dans [Dupin, 1819, p. 12-13].

[86] La méthode de Monge pour résoudre les problèmes de défilement ne fut pas utilisée très longtemps. La géométrie descriptive est en fait mal adaptée pour les problèmes de cartographie et les ingénieurs militaires du XIXe siècle utilisèrent, pour ce problème, la géométrie cotée mises au point en particulier par Noizet à partir des méthodes de Dubuat. Voir [Noizet, 1823] et [Noizet, 1831].

[87] [Dupin, 1819, p. 12-13) repris dans [Monge, 1820, avertissement de l'éditeur, p. ix], [Hachette, 1822, p. vi].

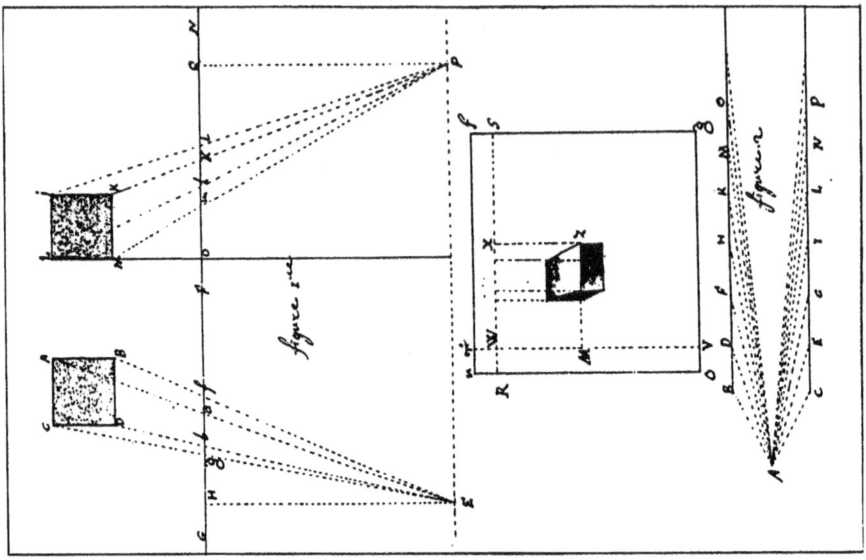

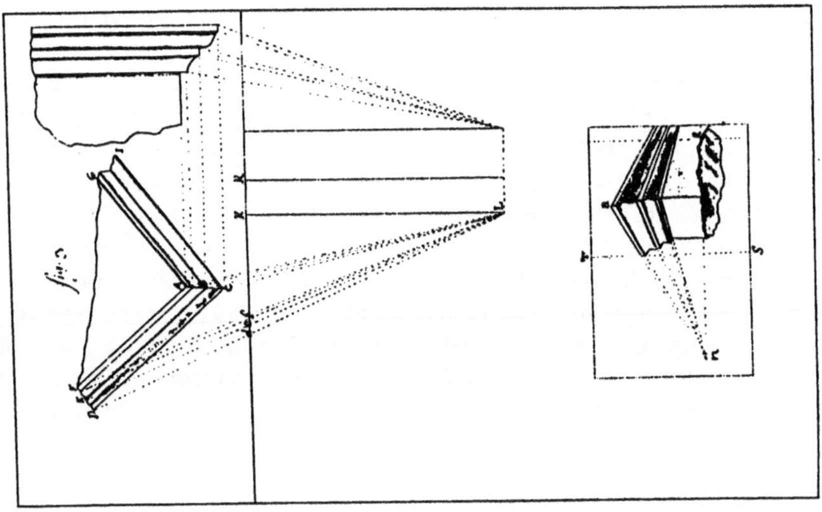

Fig. 23 - Monge. Traité *De la perspective*.
Planches I et II. Manuscrit de 1779.

Les fascicules de perspective et des ombres

Vers 1768 Monge écrit deux petits traités, *De la perspective* et *Des ombres*[88]. Le premier expose la méthode pour construire la perspective d'un objet à partir de sa double projection. La première figure est d'ailleurs d'une ressemblance frappante avec la perspective du cube donnée par Dürer (fig. 23). Que Monge indique cette méthode pour «monter» une perspective n'a rien pour surprendre le lecteur contemporain. Il fait remarquer, au détour d'une phrase, ce que cette méthode a de général : «Imaginons que cette pyramide (visuelle) pour arriver à l'œil, soit obligée de traverser une surface quelconque, diaphane, que (pour plus de simplicité) je supposerai d'abord plane, verticale», écrit-il en introduction. Mais le «d'abord» est quelque peu abusif puisqu'il n'y a, dans les fascicules qui nous sont parvenus[89], aucune généralisation qui soit proposée, ni pour un tableau non vertical, ni pour un tableau non plan, ni pour un objet à représenter de définition géométrique complexe, et la phrase citée est la seule allusion à une généralisation possible. Cette généralisation est pourtant l'un des principaux avantages du tracé d'une perspective par la méthode de «la construction légitime», par ailleurs très encombrante - puisqu'elle requiert de tracer sur une même feuille de papier l'objet à représenter et l'œil de l'observateur - et relativement imprécise[90]. Le «lecteur» d'une représentation perspective est en effet surtout sensible à la convergence sur le dessin des lignes parallèles dans l'espace et les tracés par point de fuite, qui utilisent cette convergence comme méthode de construction, sont en général d'un rendu plus plaisant. Monge corrige d'ailleurs ce défaut en proposant de vérifier la concourance des droites parallèles, qu'elles soient horizontales (comme dans la sous-fig. 3 de la fig. 23) ou non. Mais il ne présente aucune construction de perspective par point de fuite ou point de distance, et ne fournit même pas la construction du point de fuite (noté *n* sur la sous-fig. 3) à partir du géométral. Qu'il adopte si tôt une position aussi systématique, position qu'il conservera à l'Ecole polytechnique (non sans soulever de vives critiques), peut laisser penser qu'il avait déjà une idée assez claire d'une théorie unificatrice des différentes techniques graphiques et la volonté de la présenter comme telle.

Dans le fascicule *Des ombres*[91], Monge commence par quelques réflexions générales sur le sujet. Il évoque le cas d'une source lumineuse étendue à distance finie supposée

[88] Archives du génie, art. 21, section 13, carton 1. Le terme «écrit» est légèrement abusif. Inaugurant visiblement très tôt dans sa carrière une habitude qui va se perpétuer avec son ouvrage sur la *Géométrie descriptive*, Monge se contente, comme supports écrits, des notes prises pendant ses cours par les étudiants. Ces deux traités ont été publiés, d'après des copies postérieures, dans [Olivier, 1847, p. 26-35 et 161-165]. R. Taton avait proposé comme date-butoir de rédaction du fascicule *Des ombres* 1775 ; B. Belhoste a montré qu'elle n'était sûrement pas postérieure à 1768 ; voir [Belhoste, 1988, p. 108].

[89] Différentes copies, de différentes années sont conservées aux archives du génie ; ces manuscrits étant quasiment identiques, il est vraisemblable qu'ils reflètent assez fidèlement le cours de Monge.

[90] L'autre avantage, sûrement primordial pour Monge, de la «construction légitime» par rapport à la construction par point de fuite, apparaît lorsque l'on cherche à représenter en perspective une courbe ou une surface complexe. L'exemple du cube n'est pas, de ce point de vue, très convaincant, mais celui de la séparatrice d'ombre propre de la vis à filet triangulaire, proposé l'Ecole polytechnique (cf. fig. 40) l'est davantage. Il est en effet plus aisé de déterminer cette courbe en descriptive et d'en construire ensuite la perspective, que de chercher à la déterminer directement en perspective.

[91] Contrairement au fascicule sur la perspective, celui sur le tracé des ombres est de la main de Monge.

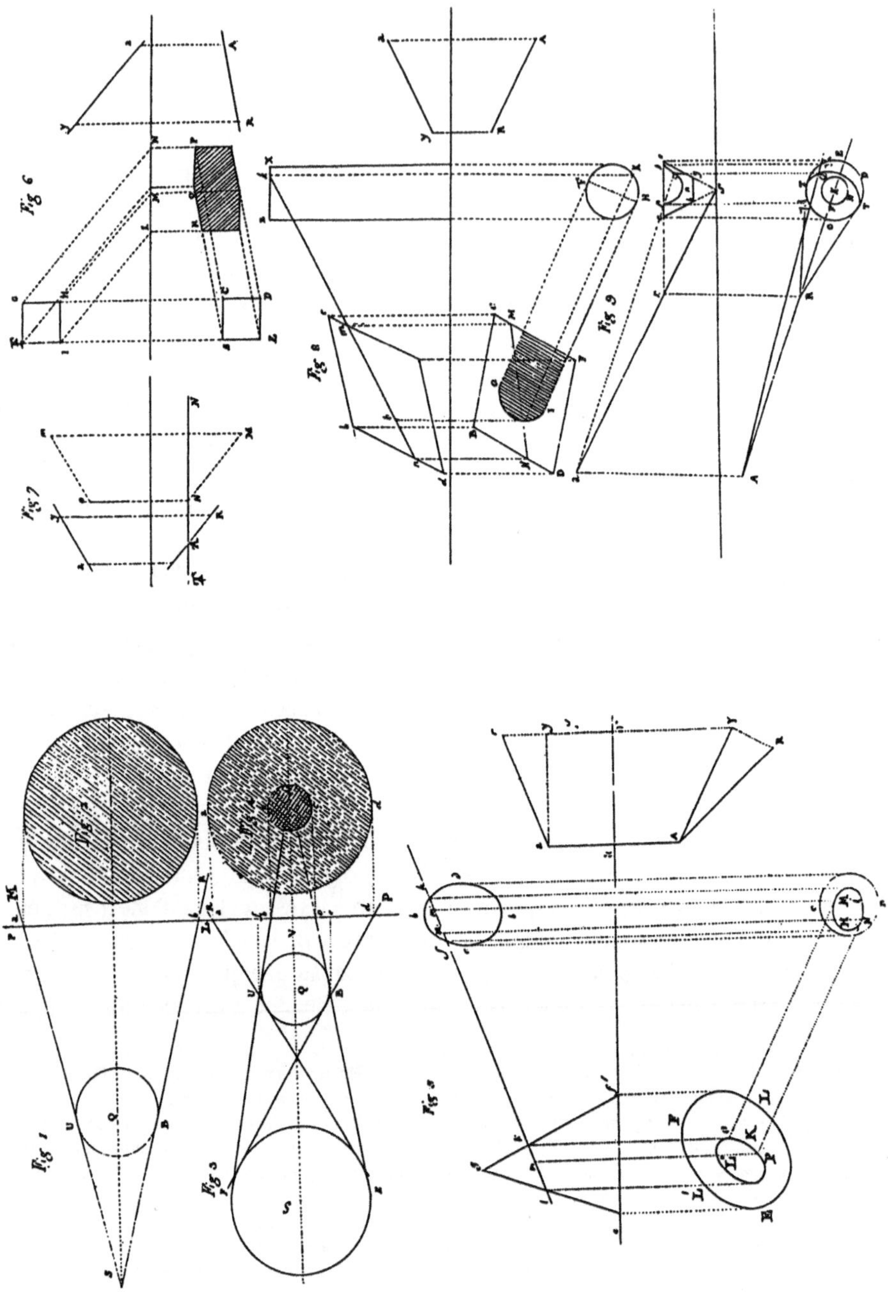

Fig. 24 - Monge. Traité *Des ombres*
Figures du manuscrit de 1779.

sphérique (fig. 24, sous-fig. 3), comme il fera dans ses leçons à l'Ecole normale, et introduit les notions de pénombre et de dégradation des teintes. Il donne même une estimation de la grandeur de la pénombre, pour des grandes valeurs du diamètre de la source lumineuse S et de sa distance, puisque c'est bien évidemment à un corps éclairé par le soleil auquel il pense. «Je sais de là, écrit-il, que les ombres portées sur la surface de notre globe par des corps éclairés par le soleil ne doivent pas être terminées vivement... mais qu'elles doivent se mêler par nuances insensibles avec la clarté qui les avoisine»[92]. Après ces réflexions générales, il aborde la détermination géométrique «des contours des ombres pures, ...les seules qu'il soit nécessaire d'avoir exactement»[93], traitant d'abord les ombres au soleil, puis celles au flambeau.

Monge pose le problème dans des termes très généraux, le corps portant ombre, comme celui qui reçoit l'ombre portée, étant quelconque. Ces deux corps, comme les rayons du soleil, sont définis selon les méthodes de base de la géométrie descriptive. «On construira, écrit-il, les projections d'un corps opaque, qui doit causer l'ombre, et de la surface qui doit la recevoir, sur deux plans quelconques, qu'il est cependant plus commun de supposer perpendiculaires l'un à l'autre et tels que l'un soit horizontal et l'autre vertical»[94], expression qu'il reprendra, comme nous l'avons vu, pratiquement à l'identique, trente ans plus tard. Supposant la direction des rayons du soleil définie par sa hauteur et son azimut, le tracé de la projection frontale nécessite une petite construction annexe de «pure» géométrie descriptive, un changement de plan frontal pour utiliser une terminologie moderne. Cela effectué, la méthode qu'il emploie pour déterminer ombre propre et portée (fig. 24, sous-fig. 5), identique à celle qu'il exposera dans les applications de la géométrie descriptive, consiste à faire intervenir une famille de plans auxiliaires de bout et parallèles aux rayons du soleil. Il est remarquable que l'épure soit tracée pour des surfaces plus complexes que dans les leçons de l'Ecole normale, puisqu'il s'agit d'un ellipsoïde portant ombre sur un cône quelconque. De ce fait, et contrairement à l'épure correspondante de la *Géométrie descriptive*, la solution proposée est la seule possible. Ce n'est qu'après avoir présenté cet exemple général qu'il examine les cas simples, et détermine l'ombre d'une droite et d'un polyèdre, prenant l'exemple du cube, puis l'ombre portée d'un cylindre de révolution sur un plan quelconque (fig. 24, sous-fig. 8). Le dernier exemple est consacré à trouver l'ombre propre d'un corps creux, un puits de retranchement de forme conique, dans le cas des ombres au flambeau (fig. 24, sous-fig. 9). Le problème revient donc à tracer l'intersection de deux cônes, ce qui demande l'introduction de plans auxiliaires contenant la droite des deux sommets.

Quelques remarques s'imposent à la lecture de ces deux fascicules. La première est naturellement la grande proximité de pensée, et de présentation, avec les épures de géométrie descriptive. Même le principe de notation d'un point – une lettre majuscule pour la projection horizontale, la minuscule correspondante pour la projection frontale – qui sera

[92] in [Olivier, 1847, p 29].
[93] *Ibid.* p. 30
[94] [Monge, 1779, p. 4].

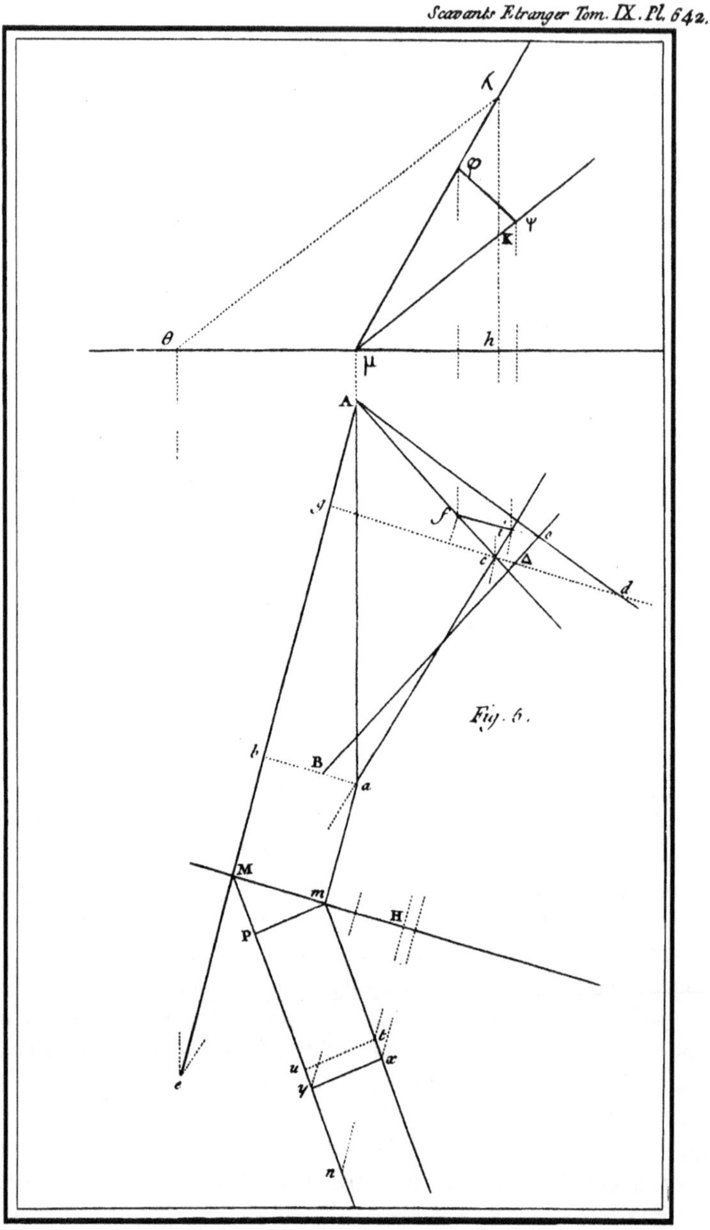

Fig. 25 - Tinseau. Distance de deux droites, 1780.
Tinseau considère les deux plans parallèles entre eux passant par les deux droites (Ac,μl) et (ac,μk), détermine leurs traces horizontales (Ae et am) et effectue un changement de plan frontal pour rendre ces deux plans debout. Il projette sur le plan de trace Ae la 2ème droite (ac,μk), puis rabat ce plan sur le plan horizontal. Il en déduit la perpendiculaire commune et la vraie grandeur de la distance des deux droites.

utilisé à l'Ecole normale est déjà en place. Le choix des exemples est aussi suffisamment large pour introduire des problèmes d'intersection de droites et de plans, des intersections planes de cylindres, l'intersection de deux cônes et l'utilisation de deux familles de plans auxiliaires de type différent (des plans de bout pour la première, contenant une droite pour la seconde). Il ne faut néanmoins pas en conclure que les cours de l'an III se retrouvent entièrement dans ces fascicules. Comme dans le traité de Chastillon ou les planches de Lequeu que nous avons vues au premier chapitre, les surfaces sont définies par leur contour apparent et non en terme de directrice et génératrice, il n'est pas question de la détermination des tangentes à la séparatrice d'ombre propre, la méthode des plans auxiliaires est utilisée mais non dégagée, etc... Il est d'ailleurs symptomatique que le fascicule *des Ombres* soit beaucoup plus complet que la leçon d'application correspondante donnée à l'Ecole normale. Après le cours de géométrie descriptive, Monge ne juge plus nécessaire de reprendre les exemples qui se ramènent aux intersections cylindre/plan ou cône/cône et passe directement de l'ombre du cube à la situation générale.

La distance de deux droites

Nous avons vu précédemment la richesse potentielle de ce problème de géométrie et l'élégance de la solution proposée par Monge dans son cours. Mais le géomètre ne découvre pas cette question en 1795. Bien au contraire, elle fait partie des problèmes dont la recherche d'une solution contribua très certainement à la prise de conscience de la généralité de la méthode graphique utilisée[95]. La première trace que nous ayons de cette question se trouve dans un texte rédigé par l'un des élèves de Monge à Mézières, Charles Tinseau d'Amondans de Gennes (1749-1822). A sa sortie de l'Ecole de Mézières, en 1771, ce dernier présente deux mémoires à l'Académie[96]. Le premier porte sur les surfaces courbes et courbes à double courbure, le second sur des propriétés géométriques des solides inscrits dans des surfaces réglées. Dans ces deux mémoires l'influence de Monge est patente et Tinseau lui rend d'ailleurs explicitement hommage. Le second mémoire de Tinseau contient, en incidente[97], la détermination de la perpendiculaire commune à deux droites et de leur distance, et, en un sens, la première épure de géométrie descriptive qui nous soit parvenue. Le texte explicatif pâtit à la fois d'une absence d'un énoncé clair des principes de base de la géométrie descriptive et de notations très maladroites. Mais la méthode elle-même n'est pas sans élégance et l'épure est d'une grande clarté (fig. 25). Quoiqu'il n'ait pas été rédigé directement par Monge, ce texte donne une idée de ce que pouvaient être ses enseignements à Mézières. Il montre que, dès les années 1770, les méthodes de la géométrie descriptive y étaient enseignées et utilisées, non seulement pour les applications pratiques, mais également pour la résolution des problèmes géométriques.

[95] Ce paragraphe reprend en partie le texte de l'annexe «Sur la distance de deux droites», jointe à la réédition des cours de Monge ; voir [Sakarovitch, 1992, p. 523-529].
[96] [Tinseau, 1780, p. 593-624 et p. 625-642].
[97] *Ibid.*, § 18, pp. 635-638.

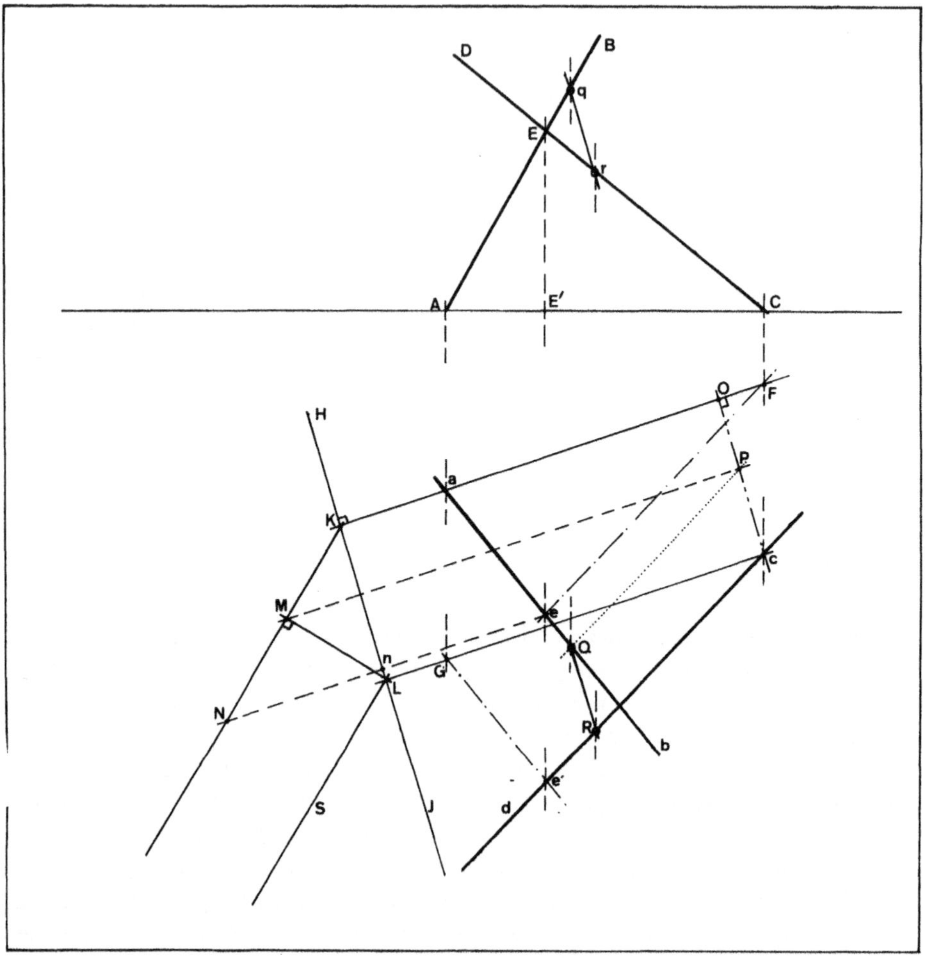

Fig. 26 - Distance de deux droites. Solution proposée par Monge dans une lettre à Lacroix, 1789

Le problème de la distance de deux droites est également évoqué dans une correspondance entre Lacroix et Monge, durant l'année 1789. «Un [des problèmes] qui m'a fait le plus plaisir est celui de trouver la plus courte distance de deux lignes ; ce que je fais avec la règle et le compas sans y employer aucune considération analytique»[98], écrit Lacroix à son ancien professeur de l'Ecole du Louvre. En réponse à une question posée dans cette lettre, Monge donne une solution analytique du problème, assez rapide, qui se ramène à la résolution d'un système de quatre équations à quatre inconnues. Mais la correspondance de Lacroix[99] contient également une note manuscrite de Monge, sans date (mais très probablement de 1789), où est donnée une construction géométrique de la distance de deux droites. La méthode exposée dans cette note est identique, dans sa première partie, à celle qu'avait suivie Tinseau. Mais, dans la deuxième partie, Monge évite le rabattement de plan que celui-ci effectue en déduisant la droite cherchée de la connaissance de la direction de la perpendiculaire commune et de la vraie grandeur de la distance des deux droites. Le problème se ramène alors à déterminer deux points appartenant à deux droites données, de distance donnée et définissant une droite de direction donnée. Le texte de cette note étant le premier exemple connu de résolution d'un problème de «géométrie descriptive» rédigée par Monge, je le cite intégralement (fig. 26)[100] :

Plus courte distance de deux droites données de position

> Etant données les projections horizontales ab,cd des deux droites et leurs projections verticales AB,CD, construire les projections horizontales et verticales de la droite qui est en même temps perpendiculaire à l'une et à l'autre.

Construction

> Je conçois deux plans parallèles entre eux et mené l'un par une des droites données et l'autre par l'autre ; il est bien évident que la distance entre ces deux plans est égale à la distance perpendiculaire entre les deux droites ; et je cherche les intersections de ces deux plans avec le plan horizontal. Pour cela, par le point E d'intersection des deux projections verticales j'abbaisse la verticale EE' et je la prolonge dans le plan horizontal jusqu'à ce qu'elle coupe les deux projections horizontales en deux points e,e' ; par les piés A,C des deux projections verticales, je mène à AC les deux perpendiculaires indéfinies Aa,Cc ; puis par le point e je mène eF parallèle à cd et je la prolonge jusqu'à ce qu'elle coupe Cc en un point F, et de même par le point e' je mène e'G parallèle à ab et je la prolonge jusqu'à ce qu'elle coupe Aa en un point G ; enfin je mène les deux droites aF,Gc qui seront parallèles entre elles, et qui seront les intersections du plan horizontal avec les deux plans demandés. En effet, si par le point de la première droite représenté en E et e on conçoit une droite

[98] Lettre de Lacroix à Monge de 1789. Minute. Bibliothèque de l'Institut, papiers de Lacroix, Ms. 2397.
[99] Lettre de Monge à Lacroix, Bibliothèque de l'Institut, papiers de Lacroix, Ms. 2396
[100] Aucune épure n'accompagne cette note ; pour la rendre plus lisible, je l'ai reconstituée.

parallèle à la seconde, le plan mené par cette droite et par la première sera un des plans demandés ; or cette droite parallèle rencontre évidemment le plan horizontal en F ; donc la droite aF sera l'intersection du premier plan demandé avec le plan horizontal. On démontre de même que Gc sera l'intersection du plan horizontal avec le second plan demandé.

Cela fait, je mène une droite HJ perpendiculaire à aF ou Gc, et par cette droite je conçois un plan vertical qui sera perpendiculaire aux deux plans parallèles et sur lequel je fais la projection de ces deux plans qui y seront représentés par deux droites parallèles entre elles. Pour cela, je prolonge les deux droites aF, Gc jusqu'à ce qu'elles coupent HJ en deux points K,L, qui seront les projections des intersections du plan horizontal avec les deux plans parallèles ; par le point e, je mène sur HJ la perpendiculaire indéfinie eN, et je porte sur cette droite de n en N la hauteur verticale E'E, ce qui détermine le point N, et la droite KN sera la projection du premier plan demandé, et si l'on mène la parallèle LS, on aura la projection du second de ces plans. Il suit de là que si du point L on abbaisse sur KN la perpendiculaire LM, cette perpendiculaire sera la distance des deux plans et par conséquent la plus courte distance entre les droites données.

Actuellement, du point c soit abbaissée sur aF la perpendiculaire cO, et par le point M soit menée parallèlement à aF la droite MP qui coupera cO quelque part en P, et HJ quelque part en m ; il est clair que Lm sera la grandeur de la projection horizontale de la distance perpendiculaire des deux droites ; on sait de plus que la projection horizontale de la droite demandée perpendiculaire aux deux lignes données doit être perpendiculaire aux droites aF, Gc ; la question est donc réduite (pour la projection horizontale) à trouver sur ab un point Q et sur cd un point R tels qu'ils soient dans une perpendiculaire à aF, et que leur distance soit égale à Lm ; or je remplis ces deux conditions en menant par le point P une parallèle à cd qui coupera aF au point Q, et en menant par le point Q une perpendiculaire à aF qui coupera cd au point R ; car on aura QR=PC=Lm. Donc la droite QR ainsi construite sera la projection horizontale de la perpendiculaire demandée. Enfin, si l'on projette le point Q en q, et le point R en r, la droite qr sera la projection verticale de la droite demandée.

Cette construction peut être simplifiée par la suppression de quatre lignes : 1° la droite LS est inutile, et je ne l'ai menée que pour éclaircir le procédé ; 2° la droite HJ peut être menée par le point c, ce qui fait que CO coïnciderait avec LK ; 3° on peut supprimer la droite Gc dont la considération a été utile pour la clarté et qui n'est pas nécessaire ; 4° enfin, Ge' qui n'a été menée que pour construire Gc est pareillement inutile.»

Quoique beaucoup plus tardif que les autres textes dont il est question dans cette partie, la note de Monge, rédigée avant les leçons données durant l'an III, témoigne néanmoins du degré d'élaboration de la théorie avant la Révolution.

Les mémoires de Monge

Une analyse détaillée des mémoires de géométrie différentielle de Monge, au demeurant déjà effectuée par R. Taton[101], m'éloignerait de mon propos. On peut néanmoins souligner quelques éléments révélateurs de l'état d'esprit de Monge à cette époque. Le premier mémoire, sur les développés des courbes à double courbure[102], «met déjà en évidence tous les avantages du mode de présentation adopté par Monge ; servi par l'éminente sûreté de son pouvoir de représentation de l'espace, avec de simples images conçues dans son esprit, Monge opère aussi aisément qu'un autre géomètre qui utiliserait des figures tracées sur le plan»[103]. C'est essentiellement ce mémoire que Monge reprendra dans sa première leçon de «géométrie différentielle» en l'an III[104].

Le deuxième mémoire porte sur les surfaces développables et la théorie des ombres[105], et Monge y donne «la solution de plusieurs problèmes d'analyse, qu'on aurait peut-être beaucoup de peine à résoudre, sans les considérations géométriques»[106]. Monge aurait pu en fait écrire, «sans les considérations de géométrie descriptive», s'il avait déjà à cette époque forgé le terme. Par exemple, la première solution du «problème premier» commence ainsi : «Soient BAC et CAD deux plans perpendiculaires, l'un horizontal l'autre vertical, auxquels doit être rapportée l'équation demandée...»[107]. Ou encore, pour déterminer la surface réglée passant par trois courbes données, il rapporte «tout ce qui est dans l'espace par des projections orthogonales»[108]. Mais ce n'est pas uniquement le principe de la double projection qui est utilisé dans ce mémoire, mais bien l'ensemble des méthodes de géométrie descriptive[109].

Le troisième mémoire de géométrie différentielle, sur le problème des déblais et remblais[110], n'a pas de rapport direct avec la géométrie descriptive. Le problème consiste à essayer de minimiser le chemin parcouru lorsque l'on doit transporter d'importantes quantités de terre d'un endroit donné - appelé déblais - à autre - appelé remblais. Comme pour celui du défilement, il s'agit d'un problème concret rencontré par les officiers du génie qui doivent édifier des fortifications. Le mémoire de Monge, s'il ne donne pas de réponse pratique au problème, fournit en revanche une remarquable étude de géométrie différentielle, qui sera le point de départ de la théorie de la courbure des surfaces. Le géomètre

---

[101] [Taton, 1951, p. 174 à 203].

[102] Présenté à l'Académie en 1771, il ne sera publié qu'en 1785 sous le titre «Mémoire sur les développées, les rayons de courbure et les différents genres d'inflexions des courbes à double courbure», [Monge, 1785].

[103] Commentaire de Kommerell, cité dans [Taton, 1951, p. 175].

[104] Les paragraphes 107, 108 et 109 sont une reprise littérale du mémoire.

[105] Présenté à l'Académie en 1775.sous le titre : «Mémoire sur les propriétés de plusieurs genres de surfaces courbes, particulièrement sur celles des surfaces développables, avec une application à la théorie des Ombres et des Pénombres», [Monge, 1780].

[106] *Ibid.*, p. 383.

[107] *Ibid.*, p. 385.

[108] *Ibid.*, problème XIII, p. 435.

[109] Cette constatation, très frappante à lecture du mémoire, a déjà été relevée par G. Loria, [Loria, 1921], et R. Taton, [Taton, 1951, p. 75].

[110] «Mémoire sur la théorie des déblais et remblais», présenté en 1776 et en 1781, [Monge, 1784].

montre à cette occasion à la fois sa capacité à théoriser un problème concret et le rôle de stimulant intellectuel que ce type de théorisation joue dans la gestation de son œuvre scientifique.

Les méthodes géométriques de la coupe des pierres

La résolution du problème de défilement, les traités de perspective et des ombres, la détermination de la distance de deux droites, le mode de raisonnement suivi dans les mémoires de géométrie différentielle, tout ceci prouve que Monge eut très tôt une idée claire d'un mode de représentation de l'espace commun à associer à diverses situations, mais n'explique pas comment cette idée lui est venue. Je voudrais montrer, dans le paragraphe suivant, comment les liens spécifiques qui existent entre la géométrie descriptive et les méthodes de taille des pierres, ont joué un rôle clé dans la genèse de cette conceptualisation.

La première étape vers une conceptualisation des techniques graphiques est très certainement l'usage par Monge des méthodes de la taille des pierres dans d'autres domaines pratiques ou théoriques. Le premier exemple est naturellement donné par le problème du défilement : à une méthode utilisant le calcul, il substitue une méthode géométrique. J.B. Meusnier (1754-1793), sans doute le plus brillant élève de Monge à l'Ecole de Mézières, rédige en 1777 un mémoire sur ce sujet, où il expose la méthode de Monge[111]. Il y écrit : «Nous ne nous sommes point appesantis sur les détails de la stéréotomie, nos lecteurs versés dans cette partie y suppléeront aisément en se rappelant qu'ils ont fait souvent usage des mêmes principes dans plusieurs épures de la coupe des pierres».

Monge utilise explicitement une expression similaire dans son traité sur les ombres. Lorsqu'il expose la construction de la séparatrice d'ombre propre d'un corps, il écrit : «si par les règles de la stéréotomie on projette cette section en AMIN etc…». Les «règles de la stéréotomie» désignent, à cet endroit, l'usage de la double projection et d'un plan auxiliaire de bout. Enfin, Tinseau, avant de donner l'épure reproduite ci-dessus (fig. 19), et la construction de la distance de deux droites, précise qu'il «va donner la construction de ce problème par une méthode usitée dans la coupe des pierres et qui, par son utilité, mériterait d'être plus connue»[112]. Et Tinseau donne une véritable épure de géométrie descriptive utilisant changement de plan et rabattement.

Est-ce Monge qui eut l'idée de ce «transfert» de technologie ou doit-on voir dans le *Traité des ombres* de Chastillon, évoqué précédemment (et rédigé avant l'arrivée du fondateur de la géométrie descriptive à Mézières), la première marque de l'usage des procédés de taille des pierres dans un autre domaine technique ? Certes Chastillon n'utilise pas une expression explicite comme celle de Meusnier et de Tinseau. Mais il donne «des pra-

[111] Le mémoire de Meusnier, intitulé «Mémoire sur la détermination du plan de site» est resté inédit. Plusieurs copies manuscrites sont conservées aux Archives du génie, art. 18, sect. 3, carton n° 2. Sur ce sujet, voir [Belhoste, 1992, p. 541-546].

[112] Tinseau, p. 635

tiques puisées dans la géométrie, commodes et expéditives»[113], pour tracer les ombres et cite plusieurs fois en modèle les cours de coupe des pierres et des bois. Que Monge n'ait pas eu seul, ni même forcément le premier, l'idée d'un usage de ces procédés pour d'autres pratiques est très vraisemblable. D'ailleurs, Hachette, dans la préface de son traité de 1822, déclare que «c'est aux chefs, aux professeurs [de l'école de Mézières] qu'appartient véritablement l'honneur d'avoir amené la science des projections au degré de perfection où elle se trouvait en 1794»[114]. S'il met ensuite en valeur le rôle spécifique de Monge, il associe assez largement les enseignements de l'école de Mézières à la genèse de la géométrie descriptive, et nomme explicitement Chastillon[115].

L'enseignement de coupe des pierres

A Mézières «les méthodes de la coupe des pierres» désignent donc l'ensemble des méthodes géométriques constituées par la double projection et les méthodes de changement de plan, rabattement et utilisation de plans auxiliaires. Cette expression n'est pas cantonnée au vocabulaire scientifique mais est également utilisée dans le vocabulaire administratif. Dans une lettre adressée au ministre de la guerre à propos d'une répartition d'appointements disponibles par suite du départ de l'ingénieur géographe, Ramsault, alors directeur de l'Ecole, fait remarquer que Monge «tient lieu de professeur de mathématique, de physique, de répétiteur, *démontre la théorie de la coupe des pierres* (c'est moi qui souligne) et dirigerait les levées»[116].

Sous quelle forme est enseignée cette «théorie de la coupe des pierres» à Mézières ? Si les cours du tracé des ombres ou la perspective nous sont parvenus, il n'en est malheureusement pas de même de la coupe des pierres, bien qu'un *Discours de l'instruction de la stéréotomie et de la coupe des pierres*, soit signalé à l'inventaire des mémoires de l'Ecole[117]. Les registres-journaux des élèves[118] montrent néanmoins que l'essentiel du travail des élèves est constitué par le tracé des épures, dont les sujets, dans les années 1780, en coupe des pierres comme en charpenterie, restent pratiquement les mêmes que ceux traités par Vigoureux en 1767, Monge conservant le corpus d'exercices défini par Chastillon. Après avoir dessiné l'ensemble des épures, chaque élève doit résoudre en quelques jours un problème particulier, en général de coupe des pierres, mais qui peut être aussi de géométrie. Par exemple, en 1780, trois problèmes théoriques sont posés : «Trois points étant donnés dans l'espace et connaissant les angles formés par les lignes menées d'un quatrième point aux trois premiers connus, déterminer la position du quatrième point dans

[113] Chastillon in [Olivier, 1847, p. 12].
[114] [Hachette, 1822, p. VI].
[115] Outre Chastillon, Hachette cite Millet de Mureau, Dubuat et Meusnier pour leurs études sur le problème du défilement.
[116] Lettre du 11 juillet 1775, (Archive de la guerre, Génie, X^e 8), citée dans [Taton, 1986, p. 595].
[117] Signalé dans l'*Inventaire général des plans et mémoires déposés dans le cabinet du commandant de l'Ecole du corps royal du Génie concernant la dite Ecole*, 1777, Archives de l'inspection du Génie, Art. 18, section 3, §LL.
[118] Les registres-journaux du travail des élèves des années 1780, 1782, 1783, 1786 et 1787, conservés aux Archives de l'inspection du Génie (art. 18, section 3, § DDD) ont été étudiés par Belhoste dans [Belhoste, Picon, Sakarovitch, 1990].

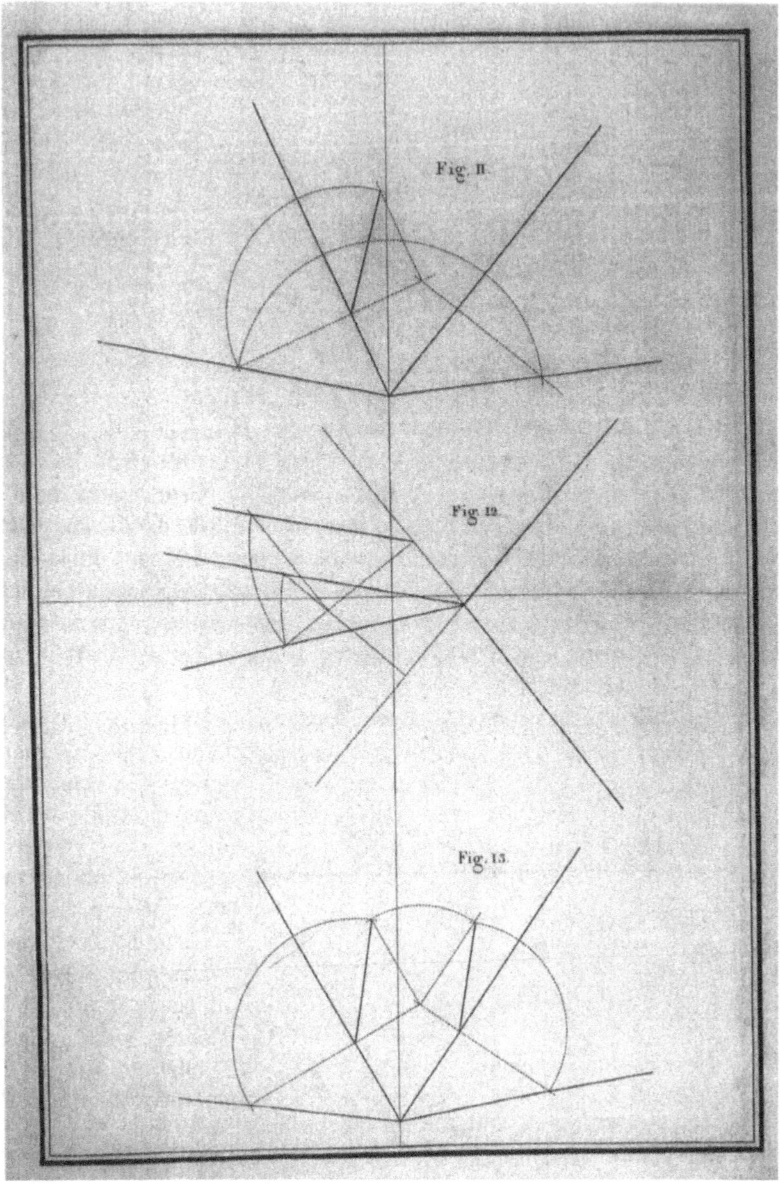

Fig. 27 - La «pyramide triangulaire»
Epure gravée de l'Ecole polytechnique
Au sommet d'une pyramide triangulaire, six angles sont définis : les trois angles que les arètes forment deux à deux et les trois dièdres que les faces forment deux à deux. La question est de montrer que si l'on se donne trois quelconques de ces six angles, les trois autres sont déterminés.

l'espace, c'est-à-dire trouver sa projection horizontale et sa projection verticale». On reconnait là le problème d'Estève (fig. 11), que Monge étudiera dans ses *Leçons* de l'Ecole normale et de l'Ecole polytechnique, mais dépouillé de sa présentation sous forme de relevé topographique. Autre exemple : «Etant données les projections horizontales et verticales d'une droite, trouver les intersections avec les plans de projection d'un plan qui, passant par cette droite, ferait avec un des plans de projection un angle donné», question qui aurait pu figurer parmi celles traitées dans le cours fondateur, au chapitre des droites et plans. Enfin le troisième problème : «Dans un angle solide formé par trois plans, il en est des valeurs angulaires de ces plans comme des angles et des côtés d'un triangle rectiligne, c'est-à-dire trois de ces choses étant données, il s'en suit l'une quelconque des trois autres. Résoudre tous les cas de ce problème». Connue sous le nom de «problème de la pyramide triangulaire», cette question, déjà abordée dans les traités de J.-B. de La Rue et de Frézier, ne sera pas reprise par Monge dans son cours à l'Ecole normale (et pour cette raison elle n'apparaît pas dans son ouvrage de *Géométrie descriptive*) mais étudiée à l'Ecole polytechnique[119] (fig. 27).

Sans connaître le contenu précis, le degré d'élaboration et de généralisation de la «théorie de la coupe des pierres», il ne fait donc aucun doute que cette «théorie» contient l'essentiel des outils géométriques qui caractérisent la discipline enseignée une vingtaine d'années plus tard à l'Ecole normale et à l'Ecole polytechnique. Il s'agit bien d'une théorie géométrique applicable à différents problèmes, pratiques ou abstraits, mais qui ne relève plus de la coupe des pierres, contrairement à l'ouvrage de Frézier. Alors pourquoi donner à cet ensemble de méthodes graphiques le nom de «théorie de la coupe des pierres» ? pourquoi ne pas parler plutôt de «théorie de la coupe des bois» ou de «théorie du dessin d'architecture», ou même de «stéréotomie» comme de La Rue ?

Plusieurs facteurs concourent à justifier cette expression, qui désigne, de la façon la plus explicite possible, où se trouve la matrice des leçons de Monge. Les traités d'architecture, nous l'avons vu au chapitre I, n'utilisent pratiquement que la double projection. Les traités de charpente, plus tardifs que ceux de coupe des pierres, font intervenir les changements de plan et les rabattements, mais peu les plans auxiliaires. Incontestablement les outils géométriques utilisés par les appareilleurs sont plus riches. Outre la double projection, changements de plan, rabattements, et méthodes des plans auxiliaires sont d'un usage fréquent. Mais là n'est sans doute pas l'essentiel. Trois éléments caractéristiques me semblent pouvoir expliquer cette inter-relation que le vocabulaire révèle.

Le premier élément vient du fait que le tailleur de pierre travaille dans la masse, part d'un objet tri-dimensionnel. Contrairement au charpentier, du bâtiment ou de marine, au chaudronnier, qui doivent façonner la peau, la limite, la surface du volume à réaliser, le tailleur de pierre a devant lui, comme le géomètre, une portion d'espace à trois dimensions. Son ciseau se déplace dans la matière comme il le désire (ou presque), peut atteindre n'importe quel point. Il y a donc une adéquation entre la situation matérielle du tailleur de pierre et la situation abstraite du géomètre, adéquation qui est spécifique de la stéréoto-

[119] Cours des 8 et 11 germinal, an III, d'après les notes de cours prises par Lomet.

mie. Conséquence directe de cet état de fait, l'extraordinaire richesse des surfaces réalisées en stéréotomie. Surfaces réglées en tout genre – cônes, cylindres, conoïdes variés, hélicoïdes - surfaces de révolution - sphères, ellipsoïdes, paraboloïdes - ou autres (berceaux hélicoïdaux,...), il n'existe presque pas de limite à la palette dont dispose l'appareilleur. Cette remarque n'est en rien une vue de l'esprit et les appareilleurs surent très tôt tirer partie de cette possibilité. L'intrados du «biais passé des anciens», exposé au chapitre précédent, donne un exemple de la variété des surfaces mises en œuvre en stéréotomie. La diversité des surfaces utilisées impliquent *ipso facto* d'avoir à déterminer des intersections de telles surfaces. La complexité des problèmes géométriques rencontrés dans l'architecture clavée pousse les méthodes graphiques correspondantes à s'affiner et inversement le développement des méthodes graphiques permet d'accroître le registre formel utilisé. Car il est évident que le degré d'élaboration d'une technique graphique dépend de la variété et de la difficulté des problèmes géométriques auxquels cette technique doit répondre.

La deuxième série de raisons qui justifie l'expression de «théorie de la coupe des pierres» vient de la manière dont Monge transcrit, sur un plan géométrique, l'adéquation notée ci-dessus. Bien sûr cette «transcription» n'est explicite que dans les leçons de géométrie descriptive, mais les exemples précédents montrent qu'elle fut conceptualisée dès les cours donnés à Mézières. Il s'agit d'abord de la définition des surfaces que Monge emprunte à la taille des pierres[120]. Plus exactement il donne une définition théorique de la notion de surface qui dérive directement de la manière dont celles-ci sont obtenues par le tailleur de pierres. Dans la pratique, les voussoirs sont toujours délimités par des surfaces réglées. Le tailleur de pierres note, comme nous l'avons indiqué au chapitre II, la position des génératrices qu'il suivra avec son ciseau, position repérée sur deux directrices tracées sur deux faces d'un voussoir. Monge reprend cette définition des surfaces et ne les représente que par deux courbes, une directrice et une génératrice, précisant, si besoin est, la loi d'évolution de la génératrice lors de son déplacement le long de la directrice. Ce mode de représentation des surfaces, que Monge introduit lors de son cours à l'Ecole normale, est directement inspiré des pratiques de taille.

Enfin, troisième élément de similitude, le «trait» du tailleur de pierre (mais, pour ce point également du charpentier) et la théorie mongienne ont, pour des raisons différentes, un même usage de «l'épure» qui suppose un souci de minimalité du dessin, une recherche d'économie du tracé. Ce souci ne présente pas que des avantages, nous l'avons remarqué au chapitre précédent, lorsqu'il s'agit d'exposer dans un traité un tracé d'appareilleur. Mais il devient incontournable lorsque celui-ci, ou le charpentier, doivent tracer des épures grandeur nature pour lesquels il faut simultanément minimiser l'encombrement et le temps du dessinateur, et maximiser la précision. Monge reprend incontestablement cette tradition d'une économie dans la représentation, mais avec un objectif de géomètre. Ainsi que nous l'avons vu lors de l'analyse de ses leçons, Monge ne retient de chaque objet qu'il manipule que les seuls éléments strictement nécessaires à sa démonstration, sans souci de «représentation» des volumes eux-mêmes, tout comme un Jousse ou un de l'Orme.

[120] Ceci est vrai pour la géométrie descriptive, comme pour la géométrie différentielle de Monge.

Il reste encore à préciser ce qui distingue encore cette «théorie de la coupe des pierres» de la géométrie descriptive. A la fois rien et l'essentiel : la diffusion. De nombreux témoignages attestent que la technique graphique élaborée à l'Ecole du Génie de Mézières, quasiment classée «confidentiel défense» et considérée comme propriété de l'Ecole, ne devait pas être dévoilée hors de ses murs. Le secret qui l'entourait n'avait sans doute pas pour objectif d'empêcher les corps savants des armées étrangères de s'emparer d'une arme aussi redoutable, mais bien davantage d'assurer aux officiers de Mézières une certaine supériorité sur leurs confrères français. Selon Dupin, lorsque Monge enseignait au Louvre, dans les années 1780, il aurait déclaré : «Tout ce que je fais par le calcul, je pourrais l'exécuter avec la règle et le compas, mais il ne m'est pas permis de révéler ces secrets»[121]. Cette phrase aurait excité la curiosité du jeune Lacroix, qui aurait alors retrouvé seul les principes de base de la géométrie descriptive[122]. Une autre anecdote, rapportée par Olivier, est, elle aussi, révélatrice du «mystère» qui entourait alors les méthodes géométriques enseignées à Mézières :

> «Un officier du génie vint en congé à Besançon, où était une école d'artillerie ; Lacroix y était professeur. Cet officier laissa dans sa chambre la collection de ses épures, ce que l'on appelait, en terme d'école, la gâche, et s'absenta pour quelques mois. Les officiers d'artillerie, qui avaient sur le cœur quelques plaisanteries, fort innocentes sans doute, sur leur ignorance des travaux de l'école de Mézières, résolurent de s'emparer du trésor de l'officier du génie. Le complot fut exécuté ; les épures enlevées furent calquées, et puis les originaux remis en place. Mais grand fut l'étonnement, lorsque le travail fini, on voulut se mettre à déchiffrer les hiéroglyphes de l'école de Mézières : personne n'y comprenait rien»[123].

Hachette et Brisson, tous deux très proches de Monge, confirment également cette atmosphère de secret qui régnait autour des procédés géométriques développés à Mézières[124], et qui était à l'opposé de l'état d'esprit de Monge, et des scientifiques de son époque.

Que Monge ait eu très tôt une idée assez précise d'un certain nombre de principes géométriques fondamentaux qu'il regroupera ultérieurement sous le nom de géométrie descriptive n'est pas douteux. Faut-il pour autant parler d'un cours de «géométrie descriptive» à l'Ecole du génie Mézières ? Je ne le pense pas. Mis à part le désir constant de tout lecteur moderne de vouloir brusquer l'histoire, il n'y a aucune raison de ne pas respecter les intitulés de l'époque qui décrivent, autant que nous puissions en juger, de la façon la

[121] [Dupin, 1819, p. 20-21].

[122] Sur ce sujet, voir [Belhoste, 1992, p. 564-568].

[123] [Olivier, 1843, p. VII].

[124] On peut néanmoins remarquer que l'expression de Tinseau citée précédemment selon laquelle «cette méthode (graphique) mériterait d'être plus connue» est en contradiction avec ces témoignages ; il est vrai que Tinseau n'était pas un ingénieur du Génie.

Monge croqué par l'un de ses élèves, Atthalin, pendant
un cours à l'Ecole polytechnique, 1802 ou 1803

plus précise possible, l'état d'avancement de la théorie géométrique. Existe-t-elle pour autant dans la tête de Monge dès 1768, 1772, ou 1779 ? Faut-il avancer sa date de naissance de 1779 à 1768 parce que l'on a trouvé une version plus ancienne du fascicule *des Ombres*? Ces questions ne me semblent pas pertinentes. Une discipline qui n'a pas de nom, pas de support écrit, qui n'est ni enseignée, ni diffusée n'a pas d'existence propre. Si, d'un point de vue scientifique, toutes les pièces du puzzle sont bien réunies à l'Ecole de Mézières, il manque encore les conditions institutionnelles qui permettront d'en achever l'assemblage.

Une discipline scolaire, une discipline révolutionnaire

Pour comprendre comment s'effectue le passage de la théorie de la coupe des pierres à la géométrie descriptive sous la Révolution française, il faut décrire rapidement l'implication de Monge dans les événements politiques d'une période si particulière de l'Histoire[125]. Car autant il serait inexact (et injuste) d'attribuer l'élaboration de la théorie de la coupe des pierres au seul professeur des disciplines scientifiques de l'Ecole de Mézières sans y adjoindre les noms de Chastillon ou Meusnier, autant la dernière étape dans la constitution de la branche de la géométrie qui nous intéresse ici est l'œuvre personnelle de Monge. Mais simultanément, bien entendu, cette œuvre personnelle s'inscrit dans un vaste mouvement d'idées, et fait de Monge un héritier direct des Encyclopédistes.

Monge, qui avait certainement souffert à Mézières du mépris aristocratique que lui valaient ses origines modestes, s'engage corps et âme dans la Révolution, comme la plupart des scientifiques de l'époque[126]. Patriote dès le printemps 1789, il est enthousiaste au lendemain de la prise de la Bastille ; durant la Révolution, ses positions politiques vont se radicaliser. La marque la plus spectaculaire de son engagement révolutionnaire est naturellement son élection, par l'Assemblée législative, au poste de ministre de la marine, le lendemain du 10 août 1792. La fonction lui convient mal, malgré une certaine connaissance du milieu qu'il avait acquise comme examinateur des gardes de la marine ; il démissionne huit mois plus tard. Elu sur proposition de Condorcet, dont il était très proche, il s'était au fil des mois éloigné des Girondins et rapproché de Danton ; il se retrouve rapidement au milieu de querelles politiques qui le dépassent largement[127]. Il continue néanmoins, après sa démission, à participer activement au mouvement révolutionnaire et à

[125] L'annexe III présente sous forme d'un tableau récapitulatif les principales dates et les éléments clés de la vie de Monge durant cette période.
[126] Sur l'engagement des scientifiques pendant la Révolution, autour du Comité de salut public, puis sous l'Empire, voir [N. et J. Dhombres, 1989, p. 691-772].
[127] Sur ce sujet voir les biographies de Monge, [de Launay, 1933], [Taton, 1951], [Aubry, 1954].

Fig. 28 - Intersection de deux cônes
Epure gravée de l'Ecole polytechnique, an III

l'effort de guerre engagé par le Comité de salut public, auquel appartenaient deux de ses anciens élèves de Mézières, Lazare Carnot et Claude Prieur (dit «de la Côte d'Or»). Instructeur à l'Ecole des armes, il collabore à l'organisation de la manufacture d'arme de Paris avec Hassenfratz[128], rédige en quelques mois la *Description de l'art de fabriquer les canons*[129], s'occupe de la fabrication de la poudre à canon, ainsi que du fonctionnement de la poudrerie de Grenelle, dont l'explosion, en août 1794, met un point final à sa participation à l'effort de guerre.

Mais son activité «révolutionnaire» qui nous intéresse le plus ici, et celle qui, *in fine*, fut la plus marquante, concerne sa participation aux débats pédagogiques de l'époque et aux réalisations qui en résultent. Fort de la confiance du Comité de salut public et d'une expérience d'enseignant qu'aucun des autres grands mathématiciens de l'époque ne possèdent, il se trouve souvent en position d'imposer ses vues[130]. Indépendamment de sa participation à l'Ecole des armes, il fut, à des degrés divers, impliqué dans deux des grandes institutions créées sous la Révolution, l'éphémère Ecole normale de l'an III et l'Ecole polytechnique[131]. Il est également à l'initiative d'un projet d'écoles secondaires qui finalement n'aboutit pas. C'est à travers ces projets, réalisés ou non, que va prendre corps la géométrie descriptive.

Les projets pédagogiques de Monge

Un projet pour les écoles secondaires

A la suite du texte de Condorcet sur l'enseignement présenté à l'Assemblée législative en avril 1792, différentes propositions concernant l'enseignement technique avaient été élaborées. En septembre 1793 Monge rédige un projet d'organisation d'écoles secondaires, pour le département de la Seine, destinées «aux artistes et ouvriers»[132]. C'est dans ce document qu'apparaît pour la première fois l'expression «géométrie descriptive».

> «L'ordre de connaissance dont il s'agit ici est fondé sur une géométrie particulière des trois dimensions dont il n'existe pas de traité bien fait ; sur une géométrie purement descriptive, mais rigoureuse, et dont l'objet est de représenter par des

[128] Jean-Henri Hassenfratz (1755-1827) fut élève de Monge lorsque celui-ci enseignait au Louvre. Très actif sous la Révolution, il sera porte-parole de la Commune de Paris au moment de la proscription des Girondins en mai 1793. Il enseignera à l'Ecole polytechnique et à l'Ecole des Mines, jusqu'à la Restauration.

[129] Outre le fait que Monge s'intéressait à la chimie depuis longtemps, il avait épousé en 1777 la veuve d'un maître de forges de Rocroi, et avait acquis des compétences assez vastes dans le domaine de la métallurgie.

[130] Par exemple, en ce qui concerne ses deux collègues mathématiciens de l'Ecole normale, Laplace n'a aucune expérience professorale et Lagrange n'a enseigné que très peu de temps, à Turin, dans sa jeunesse.

[131] Comme indiqué dans l'introduction, cette institution fut créée sous le nom «d'Ecole centrale des travaux publiques».

[132] Ce texte est publié et présenté dans [Taton, 1992, p.574-582].

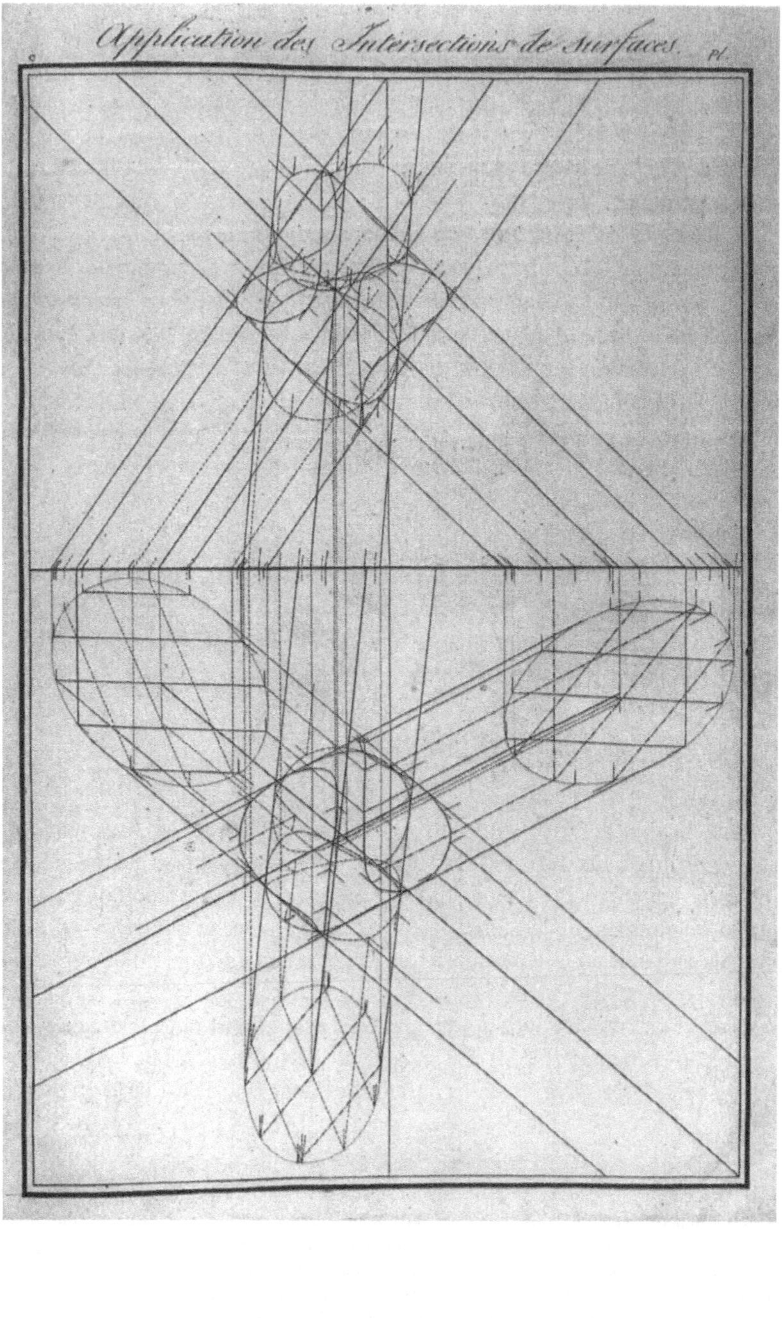

Fig. 29 - Intersection de trois cylindres.
Epure gravée de l'Ecole polytechnique, an III.

dessins qui n'ont que deux dimensions des objets qui en ont trois. Cet art est pour ainsi dire une langue commune nécessaire au chef d'ateliers qui dirige des travaux, et aux ouvriers qui doivent les exécuter ; il réunit pour l'éducation deux avantages précieux ; 1° par la rigueur dont il est susceptible, il présente aux bons esprits une certitude avec laquelle il est sans contredit très important que soient familiarisés les individus d'une grande nation qui ne veut pas être le jouet du premier imposteur ; 2° par la généralité de ses procédés, il fournit aux jeunes gens même qui ont le plus de sagacité le moyen d'exercer leurs facultés et de développer leur intelligence»[133].

Monge donne ensuite le programme de ces écoles, destinées à accueillir des jeunes de dix à quatorze ans :

> La durée de cette instruction sera de deux ans.
> Pendant ces deux ans on appliquera la géométrie descriptive successivement : aux traits de la coupe des pierres ; aux traits de la coupe des bois ; à la construction des ombres dans les dessins ; aux constructions de la Perspective ; à l'art de lever les plans et les cartes et au nivellement ; à la description des machines simples les plus usitées.
> Certains jours de la semaine seront destinés à donner par voie d'expériences toutes les connaissances de physique et de chimie, nécessaires aux différents arts et certains autres à donner la connaissance de l'usage des machines....
> Indépendamment de ces trois objets généraux, il y aura chaque jour lecture l'après-midi, cette lecture sera faite à la tribune par les élèves à tour de rôle, sur la constitution française, les principes de morale, les règles de la grammaire française, &c. &c. et le matin correction des résumés que chaque élève sera tenu de faire chez lui de l'objet de cette lecture.»[134]

Si Monge n'indique pas la répartition en temps à laquelle il songeait pour les différentes matières enseignées, il donne par contre le détail de la façon dont il envisage le recrutement des enseignants. Sur les soixante-dix professeurs qu'il estime nécessaires pour faire fonctionner ces écoles, cinquante doivent enseigner la géométrie descriptive, ce qui donne une idée de l'importance relative qu'il accorde à cet enseignement.

Adopté le 15 septembre 1793 par la Convention, le projet est néanmoins remis en discussion le lendemain. Ajourné, il ne sera jamais à nouveau discuté. Cet échec toucha certainement Monge mais il reprit l'idée d'une large diffusion de la géométrie descriptive, dans toutes les couches de la population, par l'intermédiaire de l'Ecole normale de l'an III.

---

[133] *Ibid*, p. 579.
[134] *Ibid*, p. 579-580.

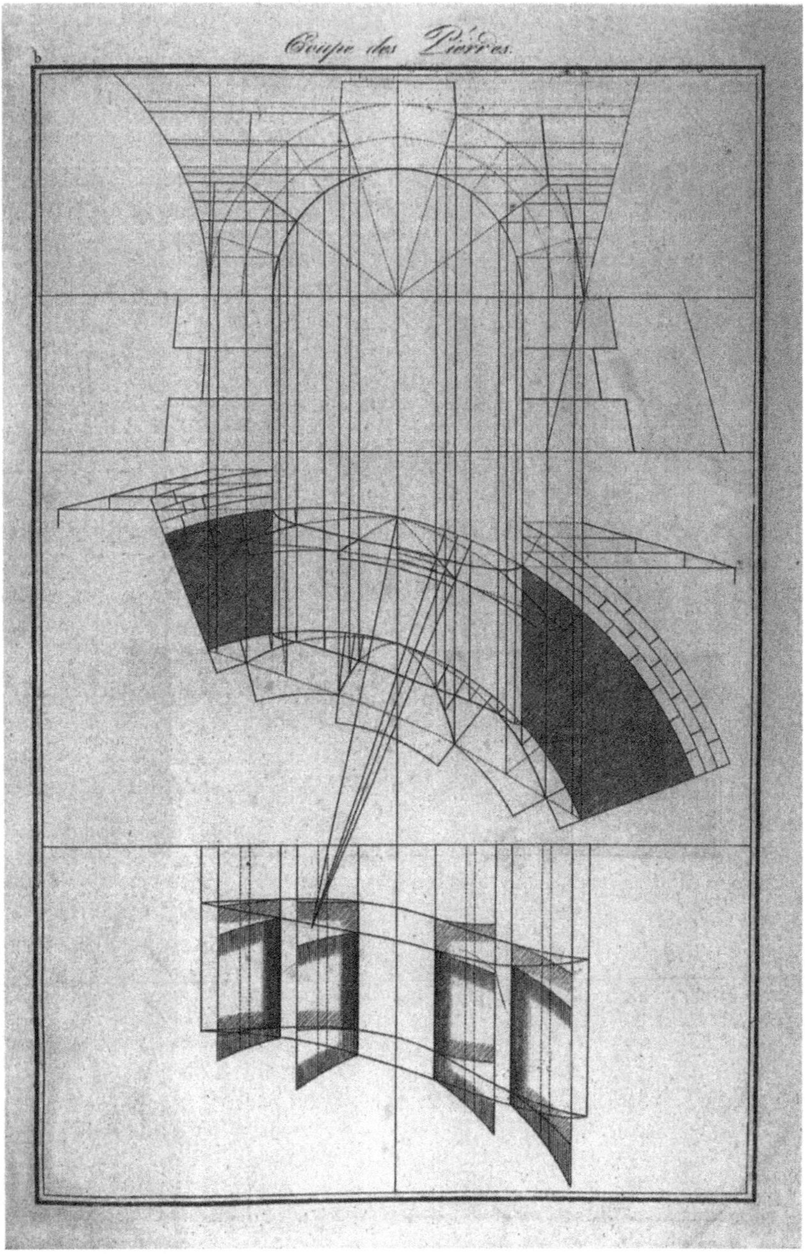

Fig. 30 - Porte biaise dans une tour conique, rachetant un berceau sphérique
Epure gravée de l'Ecole polytechnique, an III.

L'Ecole normale de l'an III

Le projet initial de l'Ecole normale était de former, en quelques mois, sur le principe de l'Ecole des armes, les futurs enseignants qui, dans chaque département, aurait eux même en charge la formation des instituteurs des écoles primaires. Mais rapidement, sous l'influence de Garat, le projet avait évolué et lorsque l'Ecole normale[135] ouvre ses portes, le premier pluviôse an III (20 janvier 1795), aux 1400 élèves recrutés dans toute la France sur des critères autant patriotiques que scientifiques, l'objectif est de former les futurs professeurs des écoles secondaires (à peu près l'équivalent des actuels collèges, c'est-à-dire précédant les écoles centrales qui venaient d'être créées). Monge n'est pas à l'initiative de ce projet mais sa participation comme professeur n'est pas une surprise. Le sujet de ses leçons l'est davantage. En inscrivant dans le cursus des étudiants de l'Ecole normale un cours de géométrie descriptive qui ne s'imposait pas avec la même évidence que pour les élèves-ingénieurs, Monge reprenait, d'une manière détournée, son projet pour les écoles secondaires qui n'avait pas abouti. Ces futurs enseignants devaient assurer la diffusion de la nouvelle discipline à travers tout le pays et lui conférer un rôle majeur dans la formation générale de l'ensemble de la population.

Plus encore que le programme de l'Ecole polytechnique, celui de l'Ecole normale est révélateur de la volonté de Monge de répandre la géométrie descriptive dans toutes les couches de la population. L'importance de l'effectif, le niveau inégal – et généralement bas en mathématiques – des étudiants, la brièveté des cours (quarante-cinq minutes), amenèrent très vraisemblablement l'orateur à ne pas rentrer dans le détail technique des démonstrations et les sténographies, largement complétées *a posteriori* (comme pour les autres cours de l'Ecole normale), ne donnent sans doute qu'une idée très approximative des leçons effectivement prononcées. Monge adjoignit à ces leçons des séances de travaux graphiques qui eurent lieu dans l'église de la Sorbonne et pour lesquels Hachette et Lacroix le secondèrent. La fermeture prématurée de l'Ecole, après quatre mois de fonctionnement seulement, ne laissa à Monge que le temps de prononcer treize leçons dans l'amphithéâtre du Muséum d'histoire naturelle, déséquilibrant largement l'économie générale du cours. Si bien que c'est à travers l'organisation de son enseignement à l'Ecole polytechnique que l'on peut le mieux lire les intentions de Monge concernant la géométrie descriptive.

[135] L'école est créée le 9 vendémiaire an III (30 septembre 1794) par un décret à la Convention.

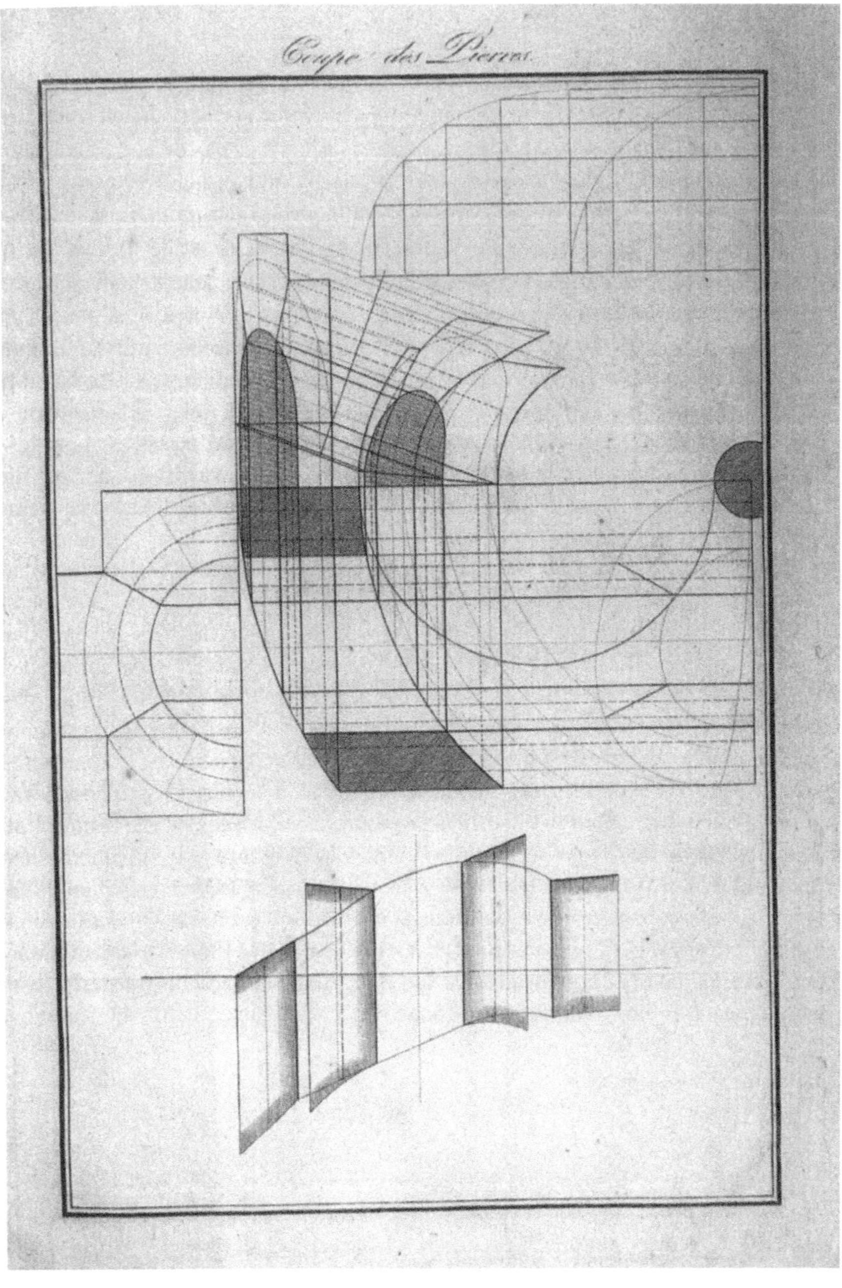

Fig. 31 - Descente dans une tour ronde rachetant un berceau ou ne voûte annulaire
Epure gravée de l'Ecole polytechnique, an III.

L'Ecole polytechnique

Monge fut le principal architecte de l'Ecole polytechnique et la création de cette école constitue sa participation la plus marquante aux projets pédagogiques de la Révolution[136]. Installée dans les dépendances du Palais Bourbon à sa fondation[137], elle est destinée à devenir le lieu unique de formation des ingénieurs, tant civils que militaires, et se substitue à la fois à l'Ecole du génie de Mézières et à l'Ecole des ponts et chaussées dont elle s'inspire largement. Par contre les effectifs de l'Ecole révolutionnaire sont sans commune mesure avec ceux de ses ancêtres de l'Ancien Régime : près de 400 élèves sont recrutés la première année, répartis en vingt brigades de vingt élèves. L'ouverture de l'Ecole, organisée comme le lancement d'une fusée à plusieurs étages, se déroule en trois temps : la création de l'école dite «des chefs de brigade», les trois mois de «cours révolutionaires» et le début des cours réguliers, le 1er germinal an III (21 mars 1795).

En régime normal, chaque brigade devait avoir à sa tête un ancien élève faisant fonction de répétiteur ; la première année, précédant de quelques semaines l'ouverture de l'Ecole proprement dite, une cinquantaine d'aspirants-instructeurs furent recrutés, parmi lesquels les vingt chefs de brigades devaient être élus quelques mois plus tard[138]. Contrairement aux élèves de l'Ecole normale de l'an III ou des premières promotions de l'Ecole polytechnique dont le niveau était hétérogène, et en général très faible, celui des aspirants de l'Ecole des chefs de brigade était assez élevé[139]. Comme dans l'ancienne Ecole des ponts et chaussées, l'enseignement était centré sur les travaux personnels des élèves et non sur les cours magistraux. Sans charge officielle (c'est Hachette qui est nommé instituteur pour la géométrie descriptive), Monge, avec énergie et passion, occupe une fonction de directeur d'études. «Aux leçons de géométrie, d'analyse, de physique, il faisait succéder des entretiens particuliers où il y avait plus à gagner encore. Il devenait l'ami de chacun de nous, s'associait aux efforts qu'il provoquait sans cesse et applaudissait avec toute la vivacité de son caractère au succès de la jeune intelligence de ses élèves»[140] écrit Brisson, tentant de rendre l'atmosphère si particulière de cette école.

---

[136] Sur l'histoire de l'Ecole polytechnique voir [Fourcy, 1828, rééd. 1987], [Pinet, 1887], l'*Ecole polytechnique, le livre du centenaire*, 1895, [Langins, 1987a et b], [Belhoste, Dahan-Dalmedico, Picon, 1994], et B. Belhoste, *l'Ecole polytechnique de sa fondation à 1870*, à paraître ; sur le recrutement des élèves au XIXe siècle voir [Schinn, 1980] ; plus spécifiquement sur les origines de l'Ecole polytechnique voir [Belhoste, 1989-a] et [Langins, 1991].
Si la tradition a toujours attribué à Monge la paternité de l'Ecole polytechnique, aucun document ne permettait, jusqu'à une date récente, de confirmer formellement cette paternité. Une série de manuscrits concernant l'Ecole polytechnique, disponible depuis peu et présentée dans [Belhoste, 1994-a], permet à B. Belhoste de tirer la conclusion «que le plan de la nouvelle école a été conçu par Monge lui-même dans ses moindres détails, qu'il s'agisse du concours d'admission, du logement des élèves, des connaissances à enseigner, du régime des études ou de la direction de l'école» (*Ibid.*, p. 13).

[137] Sur l'installation de l'Ecole polytechnique au Palais Bourbon, voir [Belhoste, 1994-b].

[138] On connait assez mal l'Ecole des chefs de brigade ; sur ce sujet voir [Langins, 1987a, p. 270-272].

[139] Sur les cinquante aspirants-instructeurs, la moitié était formée d'anciens élèves de l'Ecole des ponts et chaussées et trois sortaient de l'Ecole du Génie.

[140] Brisson, *Notice historique sur Monge*, in [Pothier, 1887, p. 386].

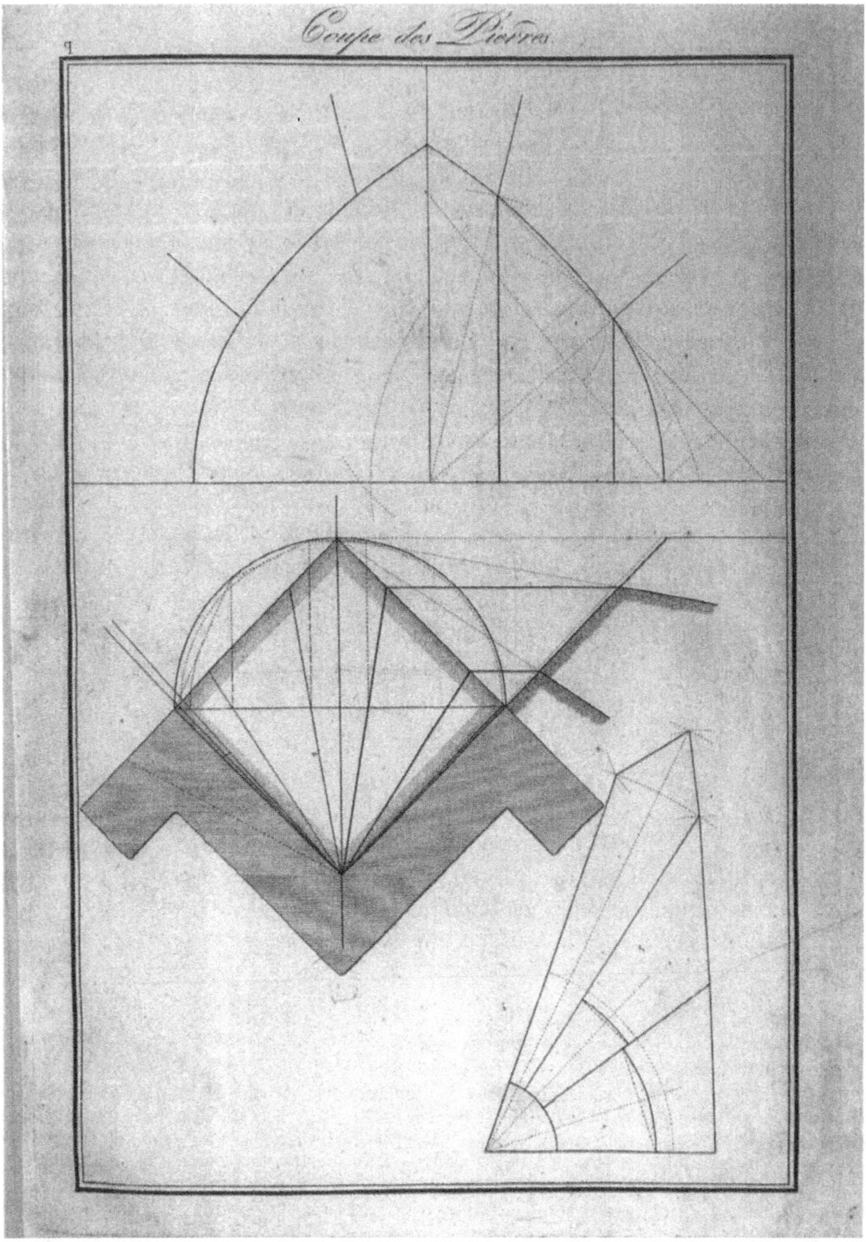

Fig. 32 - Trompe sur le coin
Epure gravée de l'Ecole polytechnique, an III.

L'Ecole centrale des travaux publics ouvre ses portes le 1er nivôse (21 décembre 94), mais, pour donner une formation accélérée aux élèves, l'enseignement commence par trois mois de «cours révolutionnaires». Pour le premier concours de recrutement avait en effet été retenu un effectif correspondant aux trois promotions que devait compter l'Ecole en régime normale. L'objectif était de réduire le cursus des études à deux ans seulement pour les premières promotions, «les besoins de la République ne permettant pas de suivre une marche aussi lente»[141]. Dans ce cadre, chaque professeur devait résumer, sur trois mois, l'ensemble de son enseignement. Malade à cette époque, Monge ne commencera les cours préliminaires de géométrie descriptive qu'en janvier 1795, dix jours avant ceux de l'Ecole normale[142]. De ce cours, on ne connait que le plan et un rapide résumé[143]. Monge prononçe vingt-quatre leçons, entre le 10 janvier et le 7 février 1795, consacrant uniquement les cinq premières à la partie théorique – à «la méthode des projections» selon son expression – les autres étant réservées à une présentation des applications au tracé des ombres, à la perspective, à la coupe des pierres et à l'art de la charpenterie, au lever des cartes et à la description des machines.

Après l'élection des chefs de brigades[144] et la repartition des élèves en trois divisions, en fonction de leur âge et de leur niveau, les cours réguliers devaient débuter le 1er germinal. Cependant, devant la faiblesse des élèves (en général et spécifiquement pour cette matière), Monge prononce son cours, théoriquement destiné à la première division (dite «division de stéréotomie»), face à l'ensemble des élèves recrutés. Six jours par décades, après un cours magistral d'une heure, les élèves se regroupent par brigade et, de neuf heures du matin à deux heures de l'après-midi, exécutent leurs épures. Comme à l'Ecole normale, le vaste auditoire des trois divisions réunies n'est pas facile à gérer[145] : retards et absences ponctuent le cours magistral, les élèves copient pendant les séances de travail,... Entre le 1er germinal (21 mars 1795) et le 7 prairial (26 mai), Monge donne 34 leçons qu'il interrompt brutalement en Prairial. Le 8 thermidor (26 juillet), il reprend ses cours et poursuit jusqu'au début de l'an IV (fin octobre 1795), les leçons d'application à la coupe des pierres et des bois, au tracé des ombres et à la perspective, toujours sur le rythme soutenu de six séances par décade pour la division de stéréotomie. Mais après cette date, il confie à son adjoint Hachette la responsabilité pleine et entière de l'enseignement de la géométrie descriptive[146].

[141] Rapport Fourcroy lu à la Convention le 3 vendémiaire, an III (24 septembre 17994) in [Fourcy, 1828, p. 25, rééd. 1987].

[142] Le cours d'analyse appliqué à la géométrie, dont Monge était également chargé, fut assuré par C. Ferry. La concomitance des cours donnés à l'Ecole centrale des travaux publics et à l'Ecole normale peut également expliquer le choix de la discipline enseignée dans cette dernière école.

[143] Le plan est publié dans le *Programme de l'enseignement polytechnique de l'Ecole centrale des Travaux publics* [Langins, 1987, annexe G, p. 142-146] et le résumé, rédigé par Monge, dans le *Journal de l'Ecole polytechnique* [Monge, 1795-a].

[144] L'élection a lieu le 23 ventôse an III (13 mars 1795) et entraîne la fermeture de l'Ecole des chefs de brigades ; Biot, Malus et Brisson, font partie des élus.

[145] Charles Gardeur-Lebrun (1744-1801), inspecteur des élèves de l'ouverture de l'Ecole à sa mort, a laissé dans son *Journal de l'Ecole centrale des travaux publics* (Archives de l'Ecole polytechnique, X^2b/329) de nombreux éléments concernant la vie de l'Ecole.

[146] Par contre Monge conserve jusqu'à son départ pour l'Italie avec Bonaparte (4 prairial an IV ou 23 mai 1796) son cours d'analyse appliquée à la géométrie.

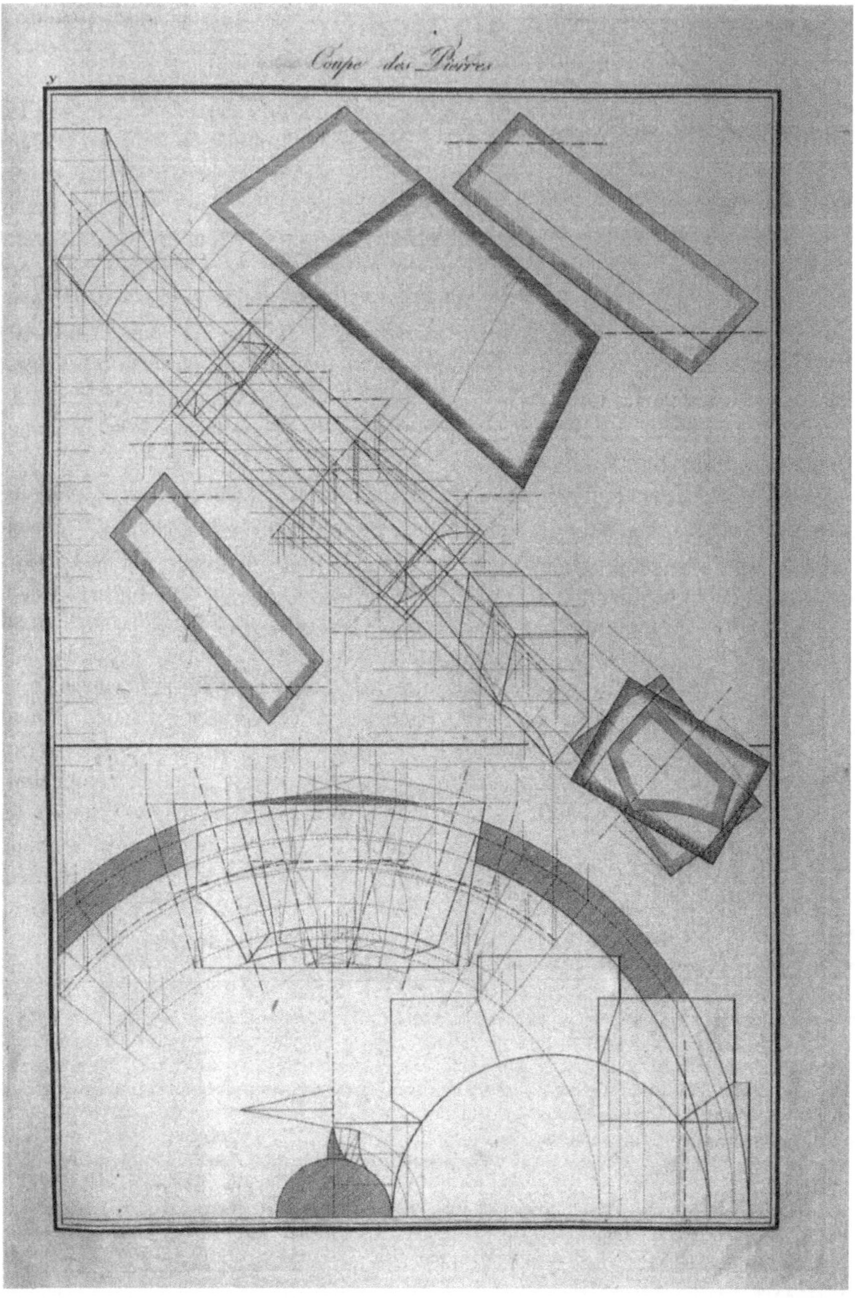

Fig. 33 - Escalier à jour, à noyau rampant ou en vis de Saint Gilles
Epure gravée de l'Ecole polytechnique, an III.

Le contenu des cours de Monge à l'Ecole centrale des travaux publics nous est connu par un résumé publié dans le *Journal de l'Ecole polytechnique*[147], par des notes d'élèves[148] et par la très belle série d'épures (cf. fig. 27 à 38) qu'il avait fait exécuter par Girard, membre du bureau des dessinateurs de l'Ecole[149]. Ce cours ne diffère pas fondamentalement, dans sa partie théorique, des Leçons de l'Ecole normale étudiées précédemment, mais est sensiblement plus étoffé. Le chapitre des droites et plans, contient par exemple, outre le problème de la pyramide triangulaire évoqué précédemment, la construction du centre de gravité d'un tétraèdre. Concernant les plans tangents aux surfaces, Monge présente également le cas du conoïde et détermine la normale commune à deux cônes[150]. Dans le chapitre des intersections de surfaces, il donne la construction de l'intersection de trois cylindres, problème qu'il avait seulement évoqué à l'Ecole normale, lors de sa première leçon (fig. 29). Mais plus que par ces quelques compléments, c'est dans la relation entre la partie théorique du cours, l'enseignement de l'analyse et celui des diverses applications que la géométrie descriptive, prend à l'Ecole polytechnique, une forme correspondant mieux à la conception que s'en faisait son fondateur.

Nous avons vu, dans la première partie de ce chapitre, que Monge insistait à plusieurs reprises, dans ses Leçons de l'Ecole normale, sur l'analogie entre les méthodes développées en géométrie descriptive et celles utilisées en analyse. Son cours d'analyse appliquée à la géométrie qu'il professe, à l'Ecole centrale des travaux publics, en parallèle avec celui de géométrie descriptive lui donne l'occasion de passer aux actes. Il ne s'agit pas simplement de deux enseignements concomitants, mais bien de deux cours articulés l'un sur l'autre où les mêmes problèmes sont traités de deux façons différentes (du moins pour la première partie du cours). Pour s'en convaincre il suffit de comparer la liste des questions posées en géométrie descriptive et en analyse[151] : équation d'une droite (ou d'un plan) passant par un point donné, et parallèle à une droite (ou à un plan) donnée ; équation d'une droite perpendiculaire à un plan, etc... Non seulement les questions traitées sont les mêmes, mais encore les définitions analytiques de la droite ou du plan sont la transposition de leur définition en géométrie descriptive. A titre d'exemple, on peut citer la «feuille d'analyse appliquée à la géométrie» où est exposée l'équation du plan[152] :

---

[147] Le résumé est publié dans [Monge, 1795b et 1795c].

[148] Les notes de cours de Lomet sont conservés à la Bibliothèque de l'Ecole nationale des ponts et chaussées (cf. note 15), celles de Joseph Fourier à la Bibliothèque de l'Institut (ms. 2044).

[149] Ce bureau, dirigé par Armand-Joseph Eisenman, compta jusqu'à trente six dessinateurs. Eisenman (1758-1838), ingénieur des ponts et chaussées, assura quelques cours de coupe des pierres pendant les deux mois d'absence de Monge, du 7 prairial au 8 thermidor (26 mai au 26 juillet 1795) ; il sera plus tard professeur de mécanique appliquée à l'Ecole des ponts et chaussées (cf. infra, chap. IV). Deux collections d'épures gravées en l'an III sont conservées aux archives de l'Ecole polytechnique (A1b/108) et une à la Bibliothèque nationale. A ces documents il faut ajouter quelques portefeuilles d'élèves des premières promotions : Desclos-Lepeley (an IV, Bibliothèque nationale, cote V 4829), Lancret et George (an IV, Bibliothèque de l'Ecole nationale des ponts et chaussées, cote 15), Angion (an V, Bibliothèque de l'Ecole nationale des ponts et chaussées, ms. 22) et Dalesme (1812, Bibliothèque de l'Ecole polytechnique).

[150] Ce très joli problème de géométrie descriptive, intitulé par Monge «plus courte distance entre deux surfaces coniques» d'après les notes de Lomet, ne semble pas avoir été l'objet d'une épure gravée.

[151] Monge distribua aux étudiants de l'Ecole polytechnique des «feuilles d'analyse appliquée à la géométrie», qui permettent de connaître précisément le contenu de son cours. Ces feuilles furent rééditées en 1800 puis en 1807, sous le titre *d'Application de l'analyse à la géométrie.*

[152] *Ibid.*, Feuille n° 1.

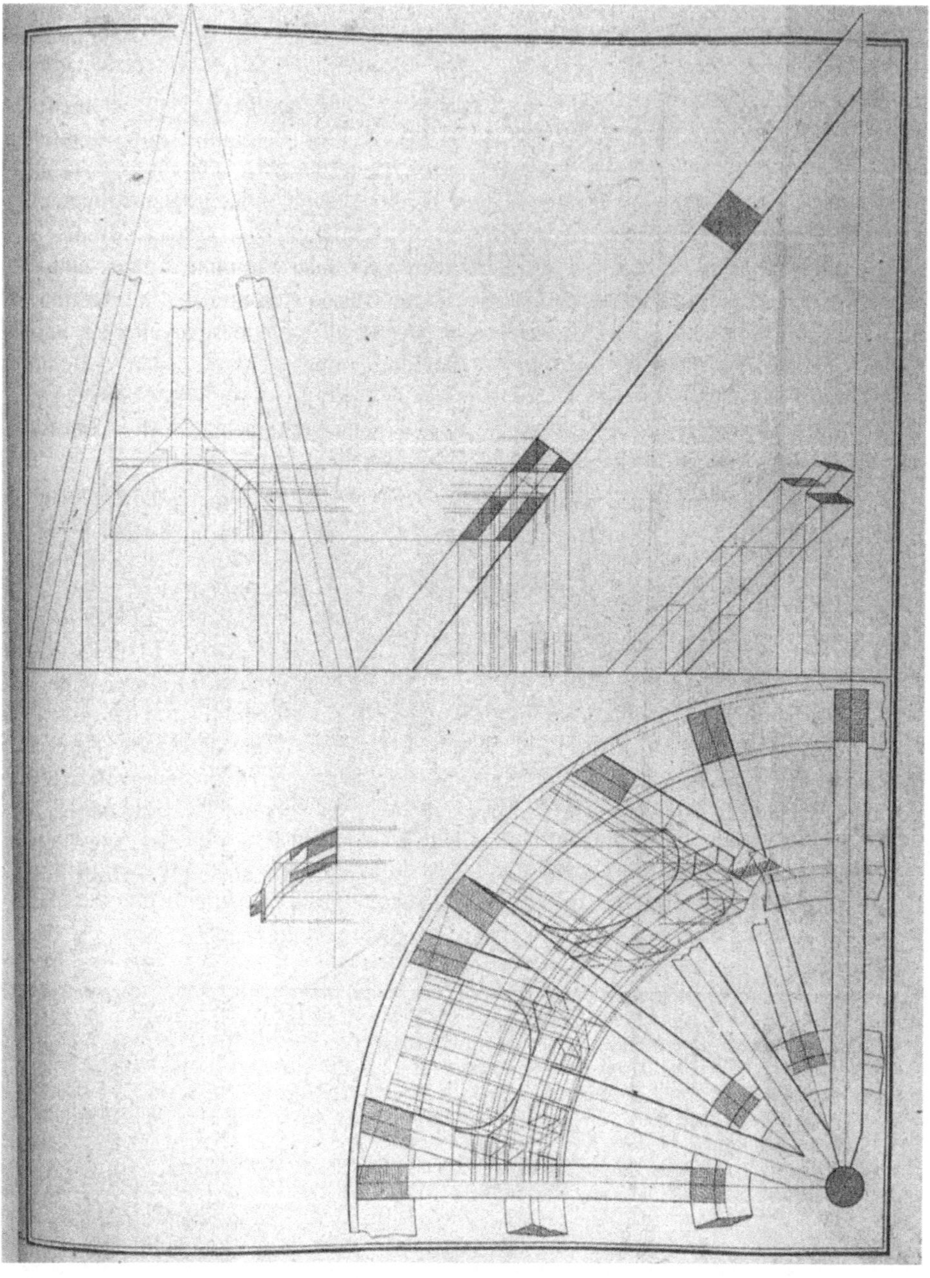

Fig. 35 - Epure de charpenterie : noulet conique Epure gravée de l'Ecole polytechnique, an III.
Une «noulet» est une sorte de ferme couchée formée de deux noues et placée à la pénétration d'un toit dans un autre toit plus développé en hauteur.

> Le plan pouvant être considéré comme engendré par le mouvement d'une des traces parallèlement à elle-même le long de l'autre, pour un point pris sur le plan, et correspondant aux coordonnées x, y, la verticale se sera composée de trois parties : 1°, de l'ordonnée verticale C à l'origine ; 2°, de la quantité Ax, dont la trace mobile s'élève le long de l'autre, pour se transporter sur le point ; 3°, de la quantité By, dont il faut s'élever sur la trace.
> Ainsi l'équation du plan est :
> $z = Ax + By + C$

Monge souhaitait d'ailleurs que ses élèves donnent au verso de leurs épures les solutions analytiques des problèmes résolus graphiquement au recto. Poussant jusqu'au bout cette logique, Monge aurait, selon Théodore Olivier[153], déclaré un jour : «Si je refaisais mon ouvrage qui a pour titre *De l'Analyse appliquée à la géométrie*, je l'écrirais en deux colonnes : dans la première, je donnerais les démonstrations par l'analyse ; dans la seconde, je donnerais les démonstrations par la géométrie descriptive, et l'on serait peut-être, ajoutait-il, bien étonné, en lisant cet ouvrage, de voir que l'avantage serait presque toujours du côté de la seconde colonne, pour la clarté du raisonnement, la simplicité de la démonstration, et la facilité de l'application des théorèmes trouvés aux divers travaux des ingénieurs»[154].

Enfin Monge adjoint, à l'Ecole centrale des travaux publics, l'ensemble des applications de la méthode des projections, qu'il n'avait pu donner à l'Ecole normale pour des raisons purement conjoncturelles. Dans son *Projet d'organisation de l'Ecole centrale des travaux publics*, la géométrie descriptive se trouve ainsi définie d'une manière beaucoup plus large que nous ne l'entendons aujourd'hui, regroupant un très vaste ensemble de disciplines. Elle se décompose en trois parties, la stéréotomie, l'architecture et la fortification, chacune de ces parties donnant son nom à une promotion de l'Ecole et chacune se subdivisant à son tour en de multiples enseignements :

> La stéréotomie donnera les règles générales et les méthodes de la géométrie descriptive. Elle en fera successivement l'application : à la coupe des pierres, à la charpenterie, aux ombres des corps, à la perspective linéaire et aérienne, aux cartes et plans, au nivellement, aux machines simples, aux principales machines composées. Relativement à l'architecture, on enseignera tout ce qui concerne : le tracé, la construction et l'entretien des chaussées, des ponts, des canaux et des ports, la conduite des travaux des mines, la construction, la distribution et la décoration des édifices particuliers ou nationaux, l'ordonnance des fêtes publiques. On exposera les principes généraux de ces différents genres d'architecture. La fortification sera considérée sous les rapports les plus étendus. On apprendra à fortifier : les postes, les places et les frontières; à les attaquer et à les défendre.[155]

[153] Théodore Olivier enseigna la géométrie descriptive à l'Ecole centrale des arts et manufactures de 1829 à 1851 et au Conservatoire des arts et métiers de 1839 à 1851. Voir le chapitre IV, consacré à l'enseignement de la géométrie descriptive au XIXe siècle et en particulier les p. 335 - 345 sur Olivier.
[154] [Olivier, 1843, préface, p. VI.].
[155] Articles VI à VIII de l'*Organisation de l'Ecole centrale des travaux publics*, in [Langins, 1980, p. 289-313].

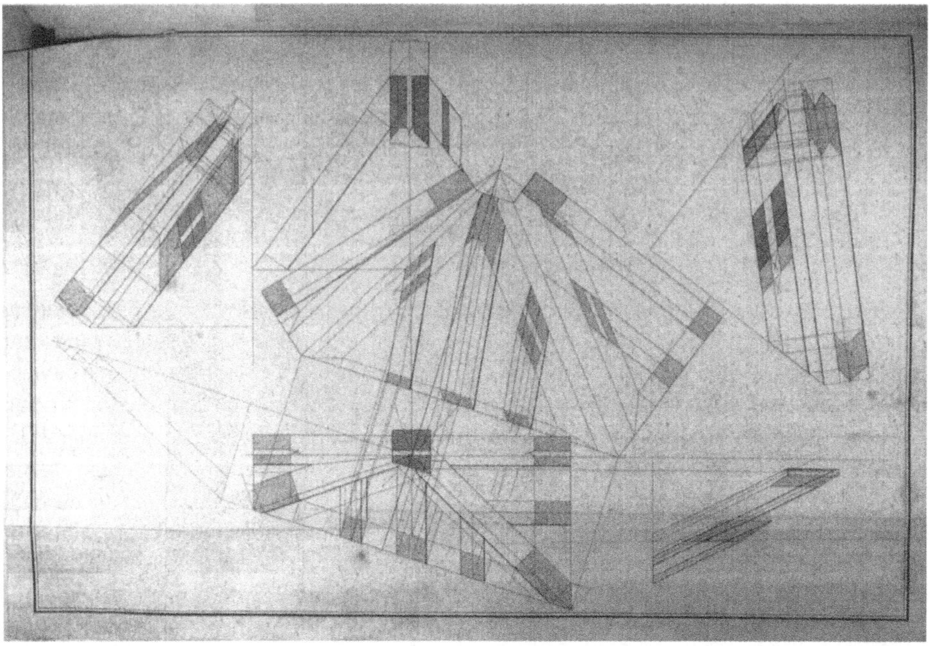

Fig. 34 - Epure de charpenterie : croupe biaise
Epure gravée de l'Ecole polytechnique, an III.
La «croupe» est le petit versant réunissant à leurs extrémités les longs-pans de certains toits allongés.

La coupe des pierres est donc la première des applications envisagées. Une série de vingt planches lui est consacrée, qui débute par l'étude d'une porte biaise en talus rachetant un berceau, épure dont nous avons vu au chapitre précédent toute la richesse géométrique. Porte biaise dans une tour ronde rachetant un berceau sphérique (fig.30), biais passé, arrière-voussure de Marseille, voûte d'arête et voûte en arc de cloitre, berceau sphérique, voûte d'arête dans une tour ronde, descente droite et biaise rachetant un berceau ou une voûte annulaire (fig. 31), trompe dans l'angle, sur le coin (fig. 32), sphérique, cylindrique, escalier à jour, à noyau rampant ou en vis de Saint Gilles (fig. 33), Monge reprend pratiquement le corpus de planches de coupe des pierres utilisé à Mézières, tiré du traité de J.-B. de La Rue. A l'occasion de ces épures, presque tous les problèmes concernant les intersections de surfaces, abordés dans la partie théorique, trouvent un terrain d'application : sections planes d'un cône ou d'un cylindre, intersection cylindre-sphère, cylindre-cône, cône-cône, développement de portions de cône limitées par de telles intersections. Il ne manque guère à l'appel que l'hyperboloïde. Les épures de charpenterie constituent le deuxième champ d'application abordé. Vingt-sept épures sont étudiées et, là encore, Monge reprend largement les sujets donnés à Mézières parmi lesquels les assemblages de charpente, les croupes droite et biaise (fig. 34), les noues et noulet (fig. 35) ou les épures d'escaliers. Les épures de tracé des ombres (fig. 36 et 37) et de perspective linéaire (fig. 38 et 40) sont l'occasion de déterminer les surfaces enveloppes de surfaces de révolution données. Comme à l'Ecole du Génie de Mézières, Monge adopte un point de vue systématique et toutes les perspectives sont montées selon le principe de la construction légitime. Mais les épures de tracé des ombres ou de perspective ne sont qu'une étape préparatoire pour la représentation réaliste des objets, parachevée grace à la technique du lavis : rendu de la sphère (fig. 42), perspectives lavées (fig. 39 et 41), dessin de machines (fig. 43), d'architecture (fig. 44) ou relevé topographique (fig. 45), toutes ces planches témoignent de la maîtrise, acquise par les élèves, des techniques de représentation de l'espace, qui ne se limitent pas à l'usage de constructions géométriques.

Dans le schéma d'organisation de l'Ecole centrale des travaux publics, la géométrie descriptive, ainsi définie, devient, la première année et à partir du début des cours réguliers en 1795, la discipline principale à laquelle les élèves consacrent 48% du temps de leurs études, contre 24% à la chimie, 9% à l'analyse et à la mécanique, 3% à la physique et 16% au dessin[156].

[156] Durant les cours révolutionnaires, géométrie descriptive, chimie et analyse et mécanique avaient un poids horaire équivalent (environ 21%), la physique représentant 5% du temps des études et les 32% restant étant attribués au dessin. Sur ce sujet voir [Langins, 1987, p. 27-28].

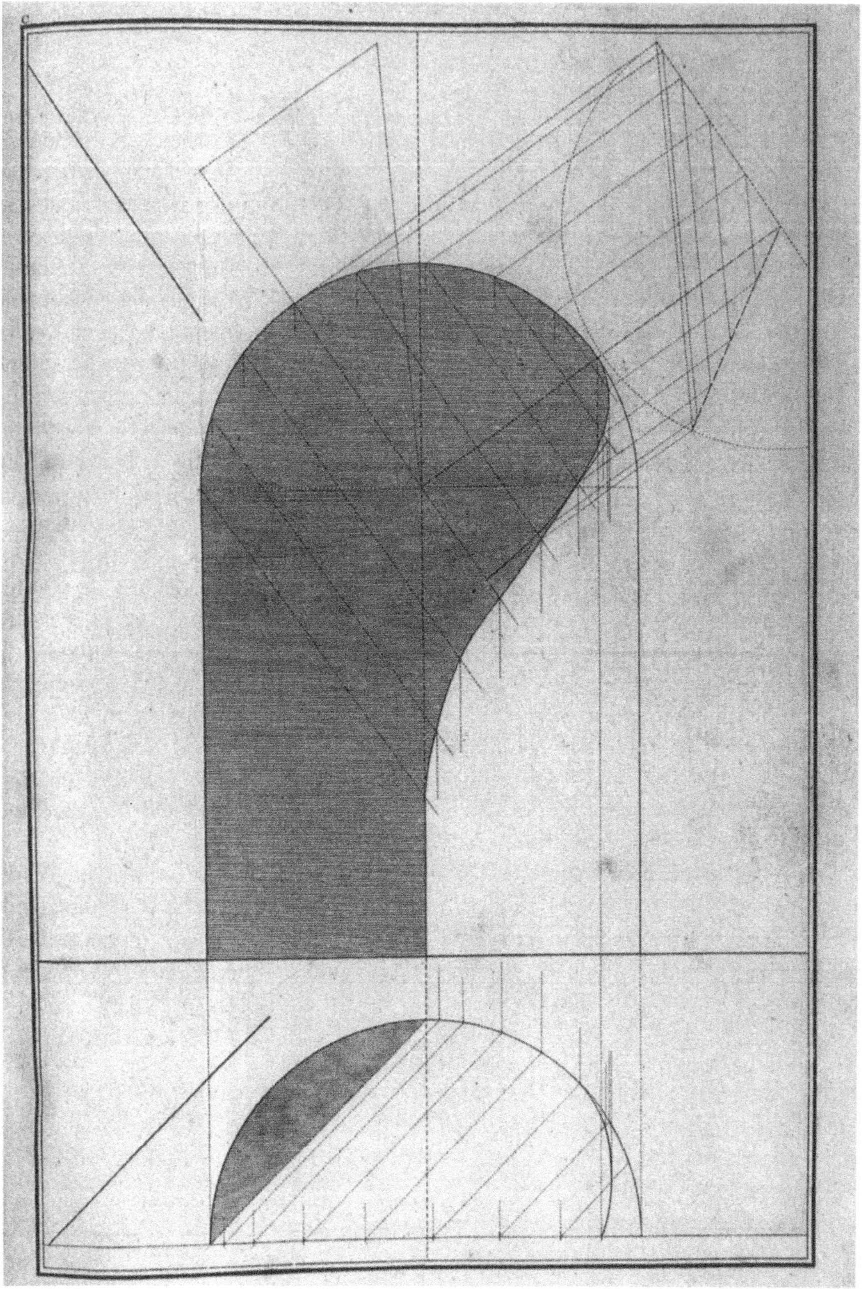

Fig. 36 - Tracé des ombres : ombre de la niche.
Epure gravée de l'Ecole polytechnique, an III.

La naissance d'une discipline scolaire

Au moment de la création des écoles révolutionnaires, Monge reprend de l'Ecole royale du Génie de Mézières l'idée selon laquelle la formation des ingénieurs comme des artistes, doit comprendre un apprentissage de la représentation de l'espace, des volumes, des surfaces et de leurs intersections[157]. Mais il confère ce rôle d'apprentissage, toujours considéré comme primordial, à une théorie géométrique, cohérente et abstraite. Il inverse ainsi le processus de formation, l'étend largement (dans ses projets du moins) à l'ensemble du système éducatif, et fonde en tant que telle la géométrie descriptive. La stéréotomie n'est plus alors considérée que comme l'une de ses applications et non plus comme le vecteur premier de cette formation. C'est dans ce double processus d'extension-renversement que se constitue la géométrie descriptive en une discipline qui répond aux projets des Encyclopédistes ou de Condorcet d'une triple façon:

- Elle étend la sphère de la science et constitue un langage universel scientifique,
- Elle constitue une discipline au cœur de l'articulation théorie/pratiques,
- Elle répond à un problème de scolarisation.

La géométrie descriptive étend la sphère de la science

Pour comprendre le rôle imparti à la géométrie descriptive dans les projets pédagogiques de Monge, dans la formation polytechnicienne comme dans la formation secondaire, il faut avoir en mémoire l'importance que revêt, durant tout le XVIIIe siècle, mais encore au XIXe, le dessin et son apprentissage nécessaire à tous les niveaux pour l'artisan comme pour l'ingénieur. Les écoles de dessins s'étaient considérablement développées en France au XVIIIe siècle, souvent à la suite d'initiatives individuelles[158]. «A quoi le dessin ne conduit-il pas? Un ouvrier, de quelque profession qu'il puisse être, retire du dessin un secours infini. Le dessin forme le goût...produit la fécondité de l'imagination, et donne la facilité de l'exécution... il rend le maçon habile à exécuter les projets de l'architecte ; il donne au tailleur de pierre l'art d'opérer toutes les différentes coupes... Le charpentier en a besoin... il est utile au menuisier... Sans lui, un serrurier ne peut former avec goût... aucun ouvrage...»[159]. La plus importante de ces écoles, ouverte par le peintre Jean-Jacques Bachelier (1724-1806) en 1766 à Paris accueillait jusqu'à 1500 élèves par roulement. Comme Ferrand, Bachelier défend la valeur formatrice du dessin : «Le dessin ne doit pas être considéré comme un art de simple agrément, les avantages que l'on peut en retirer par une

[157] La fin de ce chapitre reprend en partie l'article [Sakarovitch, 1994].

[158] Sur ce sujet voir [Birembaut, 1986]

[159] *Projet pour l'établissement d'écoles gratuites de desseins*, rédigé par A. Ferrand de Monthelon en 1746 cité dans [Birembaut, 1986, p. 442]

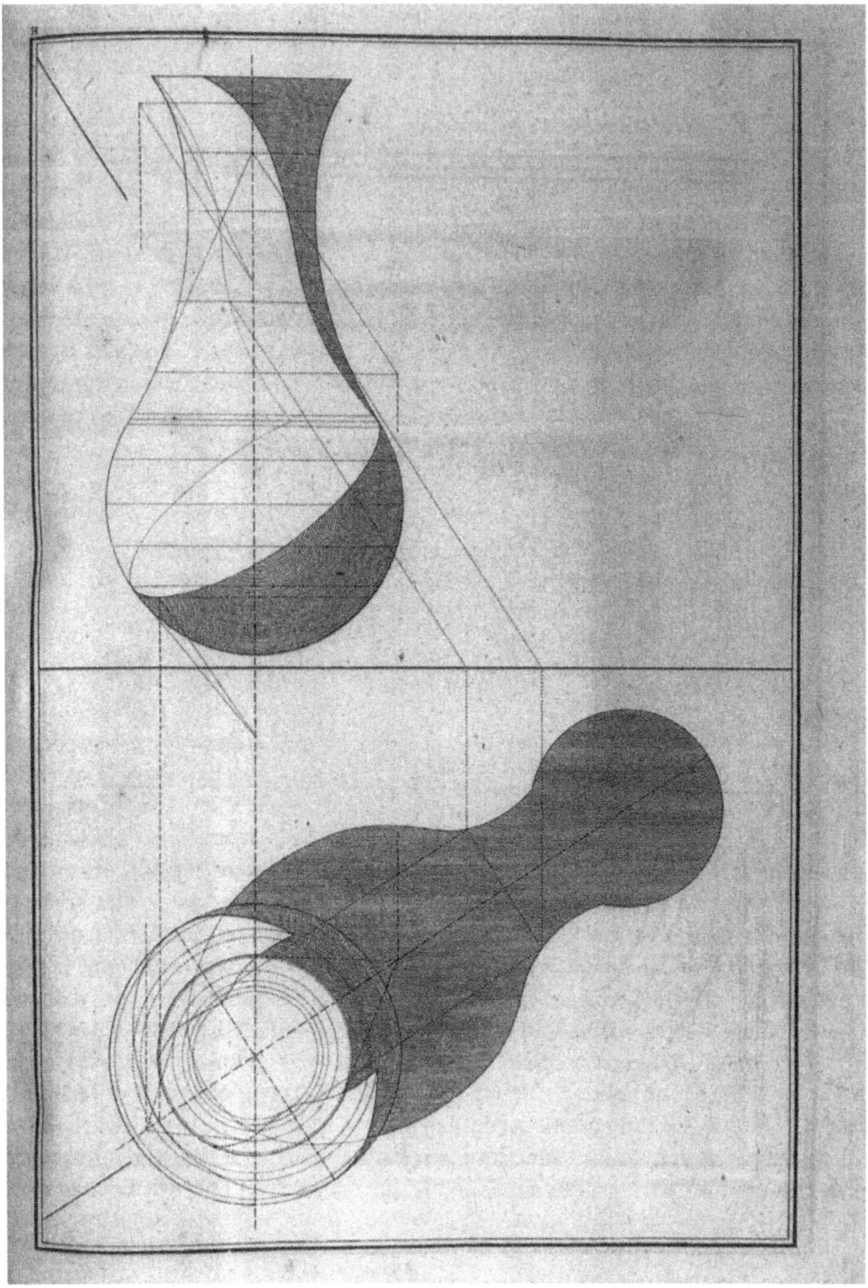

Fig. 37 - Ombres propres et portées d'une surface de révolution.
Epure gravée de l'Ecole polytechnique, an III.

étude suivie pour les arts mécaniques sont infiniment précieux à l'Etat. Il est l'âme de plusieurs branches de commerce ; c'est lui qui fait donner la préférence à l'industrie d'une nation...»[160].

L'apprentissage du dessin a des vertus pédagogiques certaines ; apprendre à dessiner c'est aussi apprendre à observer, à analyser, à choisir, et ces facultés sont essentielles dans la formation de l'ingénieur. Indispensable pour la figuration de tout projet d'ingénieur, le dessin est aussi le moyen de rendre compte du procédé de fonctionnement ou de fabrication des objets, comme le montrent les planches de l'Encyclopédie. Et par nécessité, l'ingénieur du XVIIIe siècle doit être un «ingénieur-artiste», pour reprendre l'expression d'A. Picon[161]. A l'Ecole des ponts et chaussées, mais également à l'Ecole du Génie de Mézières, l'enseignement du dessin occupe une place très importante que Monge ne souhaite nullement réduire à l'Ecole centrale des travaux publics. «Cet exercice, écrit-il à propos du dessin d'observation, procure deux avantages : celui d'acquérir la facilité d'exprimer ce qu'ils (les élèves) conçoivent, et celui d'être attentif aux formes»[162]. Les ingénieurs, au moins durant la première moitié du XIXe siècle, continueront à accorder la plus grande importance à une certaine virtuosité artistique.

> «Bruyère, qu'assurément personne n'accusera de n'avoir une idée juste de l'esprit que les ingénieurs doivent apporter dans l'exercice de leur profession, pensait donc qu'ils devaient former leur goût dans une étude assidue des arts du dessin et se maintenir, comme il l'a fait lui-même jusqu'aux derniers instants de sa vie, dans l'habitude d'exprimer leurs idées et d'en étudier les combinaisons par le moyen du dessin; méthode d'investigation bien plus puissante que celle qui consisterait à se borner à une simple contemplation intellectuelle. Ajoutons que tous les ingénieurs qui ont acquis de la réputation en France dans le dernier siècle, MM. Perronet, de Cessart, Gauthey, ont agi d'après les mêmes principes, aussi bien que les ingénieurs anglais les plus célèbres»[163].

La géométrie descriptive peut être vue comme l'une des branches des «arts du dessin», ce qui justifierait déjà son enseignement à l'Ecole polytechnique. Mais elle prend une dimension supplémentaire dans le projet pédagogique de Monge car elle lui permet de réunifier le dessin et les mathématiques, les deux branches principales de la formation des ingénieurs au XVIIIe siècle, comme le montre la série des planches lavées présentées en illustration (fig. 39 et 41 à 45) . Cette volonté se reflète très bien dans l'*Organisation de l'Ecole centrale des travaux publics,* où Monge distingue «deux genres [de connaissan-

---

160 *Mémoire concernant l'Ecole royale gratuite de dessin, où l'on montre l'utilité de cet établissement...*, 1774, cité dans [Birembaut, 1986, p. 451].

161 Voir [Picon, 1992, p. 53 et suivantes]; A. Picon et M. Yvon ont publié en 1989 un ouvrage intitulé *L'Ingénieur artiste, dessins anciens de l'Ecole des Ponts et Chaussées.*

162 Cette phrase est extraite des *Développements sur l'enseignement adopté pour l'Ecole centrale des travaux publics*, brochure présentant le programme et l'organisation des cours et publiée en annexe au rapport de Fourcroy à la Convention. Le document est édité dans [Langins, 1987, p. 226-269] ; bien qu'il soit anonyme, il est à peu près certain que Monge en soit l'auteur.

163 [Navier, 1833, p.401].

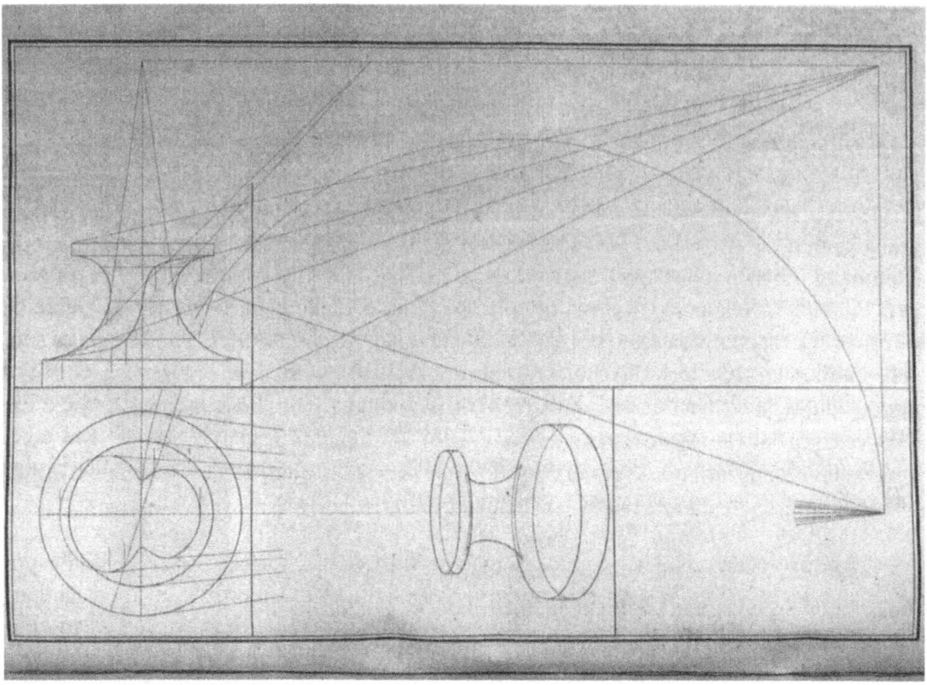

Fig. 38 - Epure de la perspective d'un piedouche
Epure gravée de l'Ecole polytechnique, an III.

Fig. 39 - Perspective d'un piedouche, lavis
Portefeuille d'épures de Dalesme, 1812.

ces] : les unes relatives aux mathématiques; les autres à la physique» ; les connaissances mathématiques comprennent «l'analyse et la description graphique des objets», cette dernière étant elle-même subdivisée entre «la géométrie descriptive et l'art du dessin»[164]. On voit, dans ce schéma arborescent des enseignements, non seulement la place attribuée à la géométrie descriptive, mais aussi son rôle charnière qui permet à Monge de classer toute la partie relative à «la description graphique des objets», et donc le dessin, comme une sous-partie des mathématiques.

Au dessin, langage universel par excellence, la géométrie descriptive allie l'universalité de la science. En élaborant un langage commun à «l'homme de génie qui conçoit un projet, à ceux qui doivent en diriger l'exécution, et aux artistes qui doivent eux-mêmes en exécuter les différentes parties»[165], Monge retrouve un thème cher aux Encyclopédistes. Mais c'est aussi un langage commun aux différentes spécialités d'ingénieur, aux différentes corporations civiles ou militaires. Le goût du secret, les rivalités entre l'Ecole de Mézières et les autres écoles avaient été un obstacle, nous l'avons vu, non seulement à la diffusion de la théorie géométrique, mais également à son élaboration. Avec la création de l'Ecole centrale des travaux publics, l'objectif est de favoriser au maximum les échanges entre les ingénieurs eux-mêmes. Mais le langage commun n'est pas l'analyse ou les mathématiques en général, mais bien la géométrie descriptive qui ourdit entre les acteurs de production un moyen de communication à la fois dans le sens de la chaîne et dans le sens de la trame, susceptible de favoriser l'éclatement des corporations de l'Ancien Régime.

Une discipline au cœur de l'articulation théorie/pratiques

La philosophie qui sous-tend l'organisation des programmes à l'Ecole centrale des travaux publics correspond à la nécessité, maintes fois soulignée par les philosophes des lumières, d'une alliance entre savoirs théoriques et savoir-faire pratique. Diderot, dans son Plan d'une Université pour le gouvernement de Russie, d'Alembert, dans l'Encyclopédie ou Condorcet dans son rapport sur l'instruction publique présenté à l'Assemblée Législative en 1792, défendent cette même idée[166]. Cet état d'esprit a une double conséquence : il implique à la fois la reconnaissance de la richesse d'une formation technique, et par là la nécessité de l'incorporer à la formation des élites, et simultanément le besoin d'une formation théorique dans l'enseignement technique pour lutter contre la routine et l'obscurantisme[167].

---

[164] Articles I, II et IV de l'*Organisation de l'Ecole centrale des travaux publics,* texte du 6 frimaire an III (26 novembre 1794), publié in [Langins, 1980, pp. 289-313]. Ce texte est repris presque sans changement dans l'*Organisation de l'Ecole polytechnique*, du 30 ventôse an IV (20 mars 1796), (Archives de l'Ecole polytechnique, Art. III, §3, sect. a).

[165] [Monge, «Programme» liminaire aux Leçons de Géométrie descriptive, 1795, p.305]

[166] Voir par exemple l'article «application» de d'Alembert dans l'*Encyclopédie* ou le *Rapport et projet de décret sur l'organisation générale de l'instruction publique,* de Condorcet in [Baczko, 1982, p. 177-261].

[167] Sur ce sujet voir [Belhoste, 1989b, p. 44].

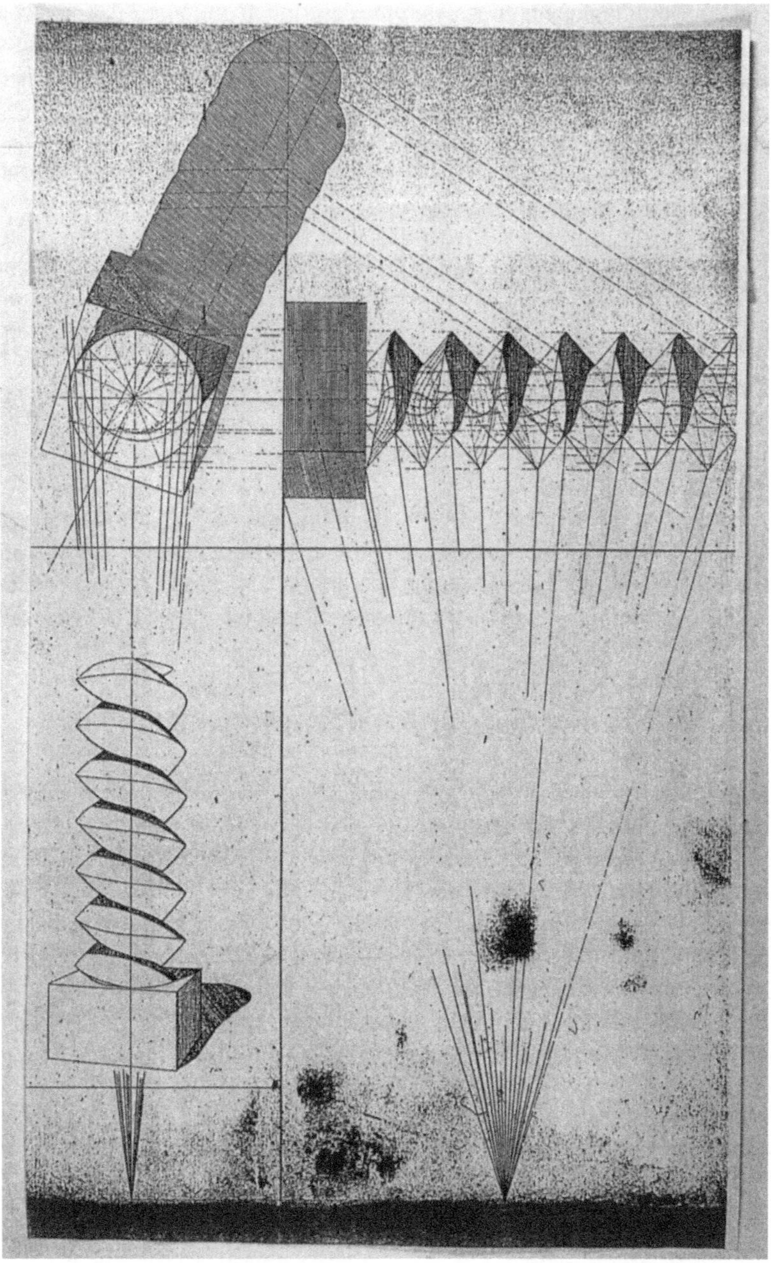

Fig. 40 - Perspective d'une vis à filet triangulaire
Portefeuille d'épures d'Angion, an V.
Bibliothèque des ponts et chaussées

La géométrie descriptive est un outil privilégié de cette alliance théorie-pratique et l'on comprend dès lors qu'elle devienne, avec la chimie, l'un des deux piliers du programme de l'Ecole centrale des travaux publics. Auguste Comte exposera très clairement dans ses *Cours de philosophie positive* le rôle charnière de la théorie mongienne :

> Entre les savants proprement dits et les directeurs effectifs des travaux productifs, il commence à se former de nos jours une classe intermédiaire, celle des ingénieurs, dont la destination spéciale est d'organiser les relations de la théorie et de la pratique. Sans avoir aucunement en vue le progrès des connaissances scientifiques, elle les considère dans leur état présent pour en déduire les applications industrielles dont elles sont susceptibles.... ces doctrines intermédiaires entre la théorie pure et la pratique directe ne sont point encore formées : il n'en existe jusqu'ici que quelques éléments imparfaits relatifs aux sciences et aux arts les plus avancés, et qui permettent seulement de concevoir la nature et la possibilité de semblables travaux pour l'ensemble des opérations humaines. C'est ainsi, pour en citer l'exemple le plus important, qu'on doit envisager la belle conception de Monge, relativement à la géométrie descriptive, qui n'est réellement autre chose qu'une théorie générale des arts de la construction[168].

Théorie géométrique qui plonge ses racines, profondément, dans de multiples pratiques particulières, qu'elle permet en retour d'unifier, la géométrie descriptive ne se comprend réellement bien elle-même qu'à travers les diverses applications dont elle est susceptible. C'est la raison pour laquelle Monge accordait une telle importance aux applications de la géométrie descriptive et leur avait réservé une large place dans l'organisation de son cours. Par la pluralité des divers champs pratiques qu'elle théorise et dont elle peut, par là-même, favoriser le progrès, la géométrie descriptive fait partie des mathématiques appliquées, au sens usuel du terme. Partie de la géométrie savante directement issue de diverses géométries pratiques - et principalement celle mise en œuvre chez les tailleurs de pierre - elle ne se comprend, ou du moins ne se maîtrise, elle-même en retour que par une certaine pratique des différentes techniques qu'elle théorise et qui de ce fait sont intégrées au programme de l'Ecole. Le schéma d'organisation de l'Ecole des travaux publics regroupe sous le terme de «géométrie descriptive» une pluralité de matières et nombre des applications se trouvent présentées à travers cette branche de la géométrie. Mais la spécificité de la géométrie descriptive ne tient pas tant à l'étendue, réelle ou supposée, de ses applications potentielles, qu'à deux caractéristiques propres qui lui confèrent une place privilégiée au cœur de l'articulation théorie/pratiques : la première vient de son aspect technique graphique, la seconde de ses liens avec l'analyse.

La place donnée aux applications de la géométrie descriptive (comprise au sens moderne du terme) montre à quel point Monge n'entendait pas restreindre la formation des ingénieurs à l'étude de disciplines théoriques. Mais le tracé des épures lui-même, indé-

[168] [Comte, 1830, deuxième leçon]

Fig. 41 - Vis à filet triangulaire, lavis
Portefeuille d'épures de Dalesme, 1812.

pendamment des applications, exige une certaine habileté manuelle dans l'art du dessin. «C'est dans des constructions graphiques, c'est dans des dessins que consistera tout le travail ostensible des choses. Ces dessins, ces constructions exigent de la part [des élèves] des méditations ; mais il n'y aura aucun temps purement consacré à ces méditations ; elles auront lieu pendant toute la durée des constructions et l'élève qui aura en même temps exercé son intelligence et l'adresse de ses mains, aura pour prix de ce double travail la description exacte de la connaissance qu'il aura acquise»[169]. Partie intégrante des mathématiques, la géométrie descriptive ne se réduit donc pas pour autant à l'expression de raisonnements abstraits, et éxige, de manière intrinsèque, la production d'un document graphique à la qualité duquel concourent, de façon inséparable, la justesse du raisonnement et la précision du trait. Par l'usage de l'encre, des couleurs, du lavis, des hachures, du rendu, l'épure de géométrie descriptive est un dessin à part entière. Au plaisir de trouver la solution d'un problème de géométrie s'ajoute, pour l'auteur d'une épure, le plaisir de la production d'une image, parfois inattendue, possédant une esthétique propre. La géométrie descriptive réalise ainsi «une alliance intime» entre géométrie spéculative et activité manuelle[170]. Cette situation est, dans le champ des mathématiques, unique et ne se retrouve, dans les sciences exactes, qu'au moment de la réalisation d'expériences en physique ou en chimie. Ce n'est d'ailleurs pas un hasard si Monge souhaitait également accorder à ces deux sciences expérimentales une part importante du curriculum des élèves et seuls des problèmes d'ordre budgétaire vinrent contrecarrer ses projets. Il faut reconnaître que parmi les activités susceptibles de développer simultanément «l'intelligence et l'adresse (des) mains», la géométrie descriptive est très certainement la plus économique. Cet aspect n'est sûrement pas à négliger pour expliquer l'importance qui lui fût accordée à l'Ecole polytechnique.

L'insistance avec laquelle Monge revient sur le parallélisme entre géométrie descriptive et analyse a été soulignée précédemment, de même que son souhait d'élaborer un enseignement où la correspondance entre géométrie et analyse soit la plus explicite possible. Dans le couple abstrait/concret, la géométrie descriptive occupe alors le pôle inverse de celui qui est le sien dans ses rapports aux différentes applications, de la stéréotomie au tracé des ombres. A la géométrie descriptive l'aspect visuel, concret, presque tactile, à l'analyse l'abstraction pure, la généralisation maximale. La géométrie descriptive ne se comprend, ne s'enseigne, et par conséquent ne se définit, que dans cette double relation, et avec ses applications et avec l'analyse. Théorique face à la coupe des pierres et des bois ou au tracé des ombres, concrète par rapport à l'analyse et simultanément abstraite et concrète dans son exercice même, la géométrie descriptive apparaît ainsi comme une discipline emblématique de l'articulation entre savoir théorique et savoir pratique qui est au cœur de la formation des ingénieurs.

[169] Monge, «Procès verbaux des séances du conseil d'administration de l'Ecole centrale des travaux publics», 20 pluviose an III, Archives de l'Ecole polytechnique.

[170] Chasles parle, à propos de la géométrie descriptive, «d'alliance intime» entre la géométrie à deux et trois dimensions, [Chasles, 1837, p. 191] ; cf. infra Chap. IV.

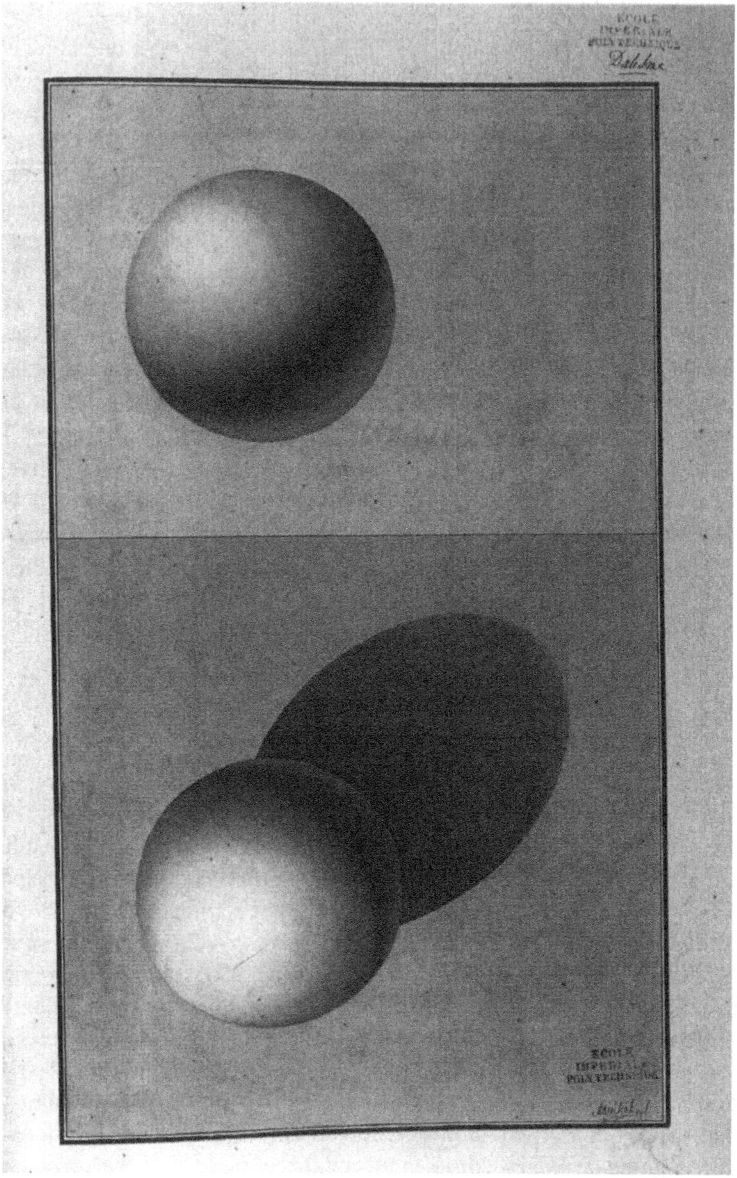

Fig. 42 - Représentation d'une sphère
Portefeuille d'épures de Dalesme, 1812.

Quelques-uns d'entre (mes camarades) avaient recherché par l'analyse, les courbes d'égales teintes sur la surface d'une sphère non polie ; l'un d'eux se chargea de dessiner en secret une sphère, en disposant les teintes du lavis d'après les résultats du calcul : l'image étant parfaite, sitôt qu'elle fut achevée on la plaça sous les yeux de Monge. Il est difficile de se faire une idée du moment de bonheur qu'il éprouva ; vingt ans après il ne pouvait en parler sans émotion [Brisson, 1818].

La géométrie descriptive répond au problème de scolarisation

Nous avons vu l'importance accordée à l'Ecole du Génie de Mézières à l'enseignement de stéréotomie et sa fonction pédagogique d'apprentissage de la «vision dans l'espace» qui lui était attribuée. Ce choix était doublement révélateur. Révélateur d'abord d'une reconnaissance de la richesse formatrice des savoir-faire des métiers. Cette reconnaissance n'allait pas de soi au XVIIIe siècle, compte tenu du mépris qu'inspirait encore le travail manuel dans la société française[171]. Mais ce choix est également révélateur du fonctionnement de l'Ecole du génie de Mézières et d'un enseignement qui tient encore beaucoup de l'apprentissage, d'une formation sur le tas praticable uniquement en petits groupes.

Le transfert, sur une discipline abstraite, cohérente et scolaire, de la fonction formatrice réservée à la stéréotomie à l'Ecole du génie de Mézières, n'est possible que parce que la géométrie descriptive parvient également à théoriser et à déplacer d'une pratique vers une construction abstraite, l'étape essentielle qui permet la découverte de nouveaux volumes, de «formes inconnues, qui résultent nécessairement des formes primitives données»[172]. Dans ce rôle, l'analogie avec la méthode de taille par équarrissement décrite précédemment, est totale. De même que lors de la taille apparaît un volume qui n'a pas été déterminé préalablement, de même, au moment du tracé de l'épure, on «construit», on détermine le volume cherché. La géométrie descriptive permet, en effet, de progresser pas à pas dans cette recherche, à l'aide de quelques principes simples, de deux algorithmes propres, selon Dupin[173], ceux de projection et de rabattement. La force de la géométrie descriptive dans cette activité de recherche, vient de ces moyens algorithmiques et systématiques qui permettent d'avancer de façon sûre et progressive.

Il n'est pas nécessaire de «voir» l'objet dans l'espace avant d'en faire l'épure[174]; grâce à la géométrie descriptive on peut découvrir une forme que l'on n'arrivait pas à imaginer. La géométrie descriptive permet de représenter sur une feuille de papier des objets tridimensionnels, mais pour la représentation d'objets aux formes simples, elle reste un moyen très abstrait et difficile à saisir, par rapport à d'autres modes de représentation de l'espace et en particulier à l'axonométrie. Pour s'en convaincre il suffit de constater que toutes les notices d'assemblage ou de montage de meubles, jeux ou autres objets livrés en kit utilisent toujours des représentations axonométriques. La géométrie descriptive ne devient irremplaçable qu'à partir du moment où l'on doit représenter un objet complexe qui ne peut pas être imaginé d'une manière immédiate, comme par exemple l'intersection de deux surfaces quelconques. Sauf à avoir une grande expérience (qu'il faut bien acquérir d'une façon ou d'une autre), on ne connaît pas, à priori, la forme des voussoirs constitutifs

[171] Par exemple Charles Rollin (1661-1741), ancien recteur de la Sorbonne, considérait, dans son *Traité des études* publié en 1726, que tout enseignement devait être fondé sur l'étude du latin et de la littérature latine ; voir [Birembaut, 1986, p. 45-46].

[172] [Hachette, 1822, p. xj]

[173] [Dupin, 1813].

[174] Du moins il n'est pas nécessaire de le voir complètement, totalement, mais il faut avoir une idée des problèmes géométriques en cause pour pouvoir appliquer le bon «algorithme».

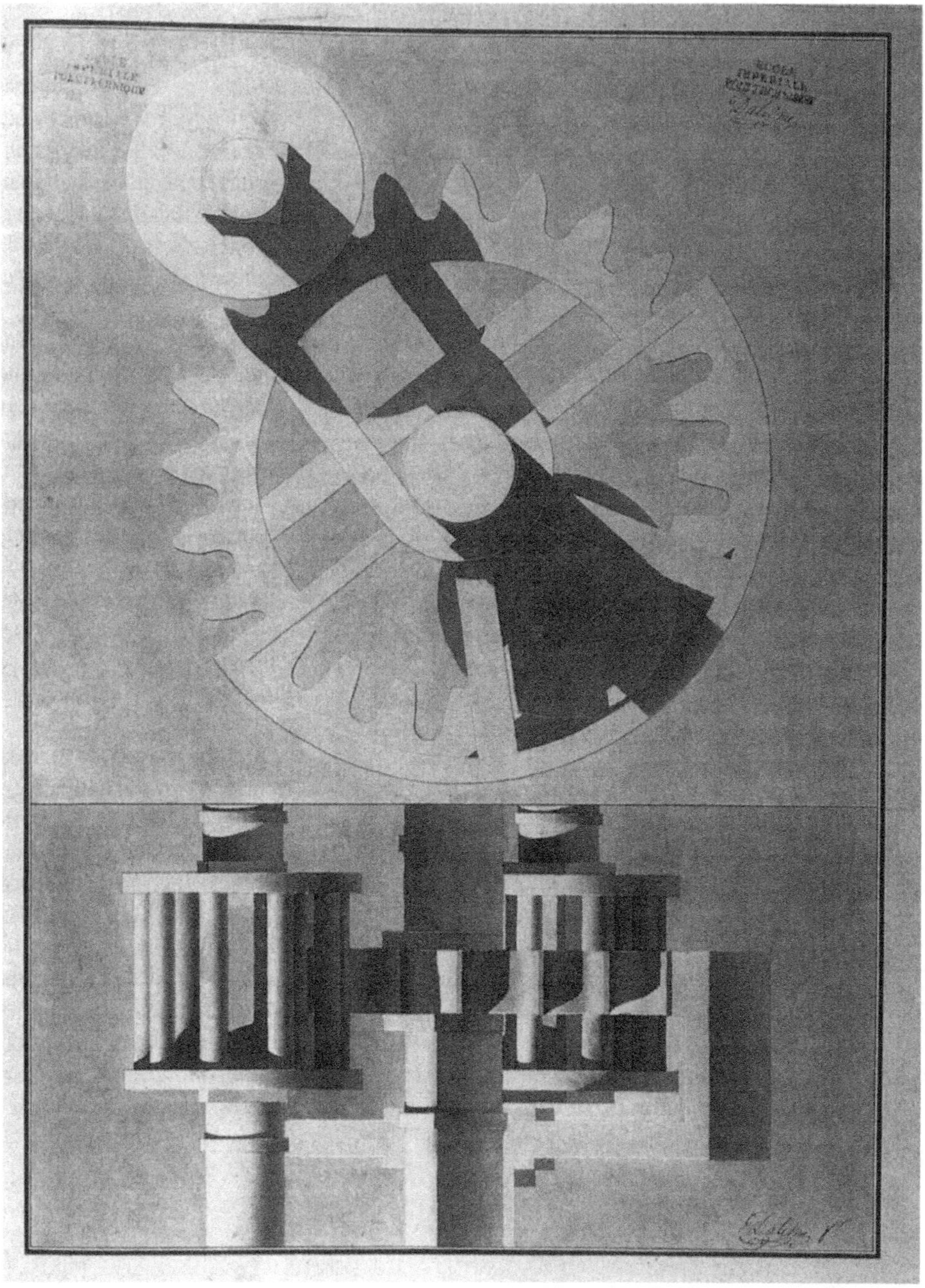

Fig. 43 - Dessin de machine, engrenage
Portefeuille d'épures de Dalesme, 1812.

d'une baie plein cintre d'axe quelconque dans une tour cylindrique ou conique. Pourtant si la tour et l'intrados de la baie sont tous deux bien définis, les voussoirs le sont également. Le problème est de les représenter sur la feuille de papier sans en avoir une «représentation mentale» préalable. C'est cette étape que la géométrie descriptive permet de franchir. Comme nous l'avons vu au chapitre précédent, au moment de la taille par équarrissement, le volume apparaît, dévoile ses formes peu à peu, sans qu'il ait été nécessairement prédéterminé géométriquement ; d'où l'expression, extrêmement suggestive, de taille «par dérobement». Or il y a dans la construction de l'épure un processus du même ordre, quoiqu'entièrement graphique, le volume à déterminer semblant sortir de l'épure comme les dessins de ces jeux d'enfants qui apparaissent peu à peu lorsque l'on colorie d'une même couleur des zones portant des numéros identiques.

La géométrie descriptive devient une méthode graphique universelle, applicable à toutes les techniques particulières, parce qu'elle théorise deux phases essentielles : la découverte des formes et la représentation des surfaces. Elle permet ainsi de progresser dans la résolution d'un problème pratique (tracé des ombres, gnomonique, défilement,...) par un va-et-vient entre ces deux pôles. Or ces deux phases sont directement issues de la géométrie pratique des appareilleurs. Mais là s'arrête la comparaison avec l'enseignement sur le tas des tailleurs de pierres. A la «routine aveugle» transmise par la tradition, Monge substitue l'enseignement d'une technique graphique universelle et aux «pratiques tatonnuses» que dénonce Desargues, l'exposé de quelques méthodes simples.

Car en conceptualisant et théorisant les étapes parcourues pour arriver à la découverte des formes, la géométrie descriptive permet de décrire les opérations géométriques qui ont été nécessaires pour la détermination de cet objet. Elle «rend sensibles toutes ses conceptions, toutes ses opérations et les grandeurs graphiques sont pour elle un moyen de peindre dans l'espace, et sa marche et ses résultats»[175]. C'est là une des différences essentielles entre la géométrie descriptive et les techniques graphiques utilisées antérieurement, aussi proches semblent-elles au vu de certaines épures du chapitre précédent. La géométrie descriptive ne se contente pas de représenter les objets, elle représente également les constructions géométriques qui ont été nécessaires à l'obtention du résultat. C'est en cela que la géométrie descriptive relève de l'esprit analytique tant magnifié dans les cours de mathématique de l'Ecole normale. Une épure de géométrie descriptive est de ce fait quasi «self-contained» et devient ainsi un incomparable outil pédagogique. L'auteur de l'épure peut se relire, revenir sur ses pas, reprendre éventuellement une construction erronée, comme lorsque l'on écrit une démonstration ou lorsque l'on argumente une idée on est amené à relire des paragraphes antérieurs. En un mot, elle permet d'apprendre et non de répéter des gestes. «Il est nécessaire d'écrire au fur et mesure les découvertes faites [pour pouvoir] revenir avec certitude sur ses pas... la géométrie nouvelle sert en même temps, et à décrire ce que l'esprit voit, et à écrire, et ainsi à fixer de manière invariable, ce que l'esprit a vu»[176]. De plus, comme à tout moment quand il y a théorisation, on accroît la généralisation des procédés. Les traités de stéréotomie «n'éclairent point sur la manière dont il fau-

175 [Dupin, 1813, p. 237].
176 [Olivier, 1843, p. VIII].

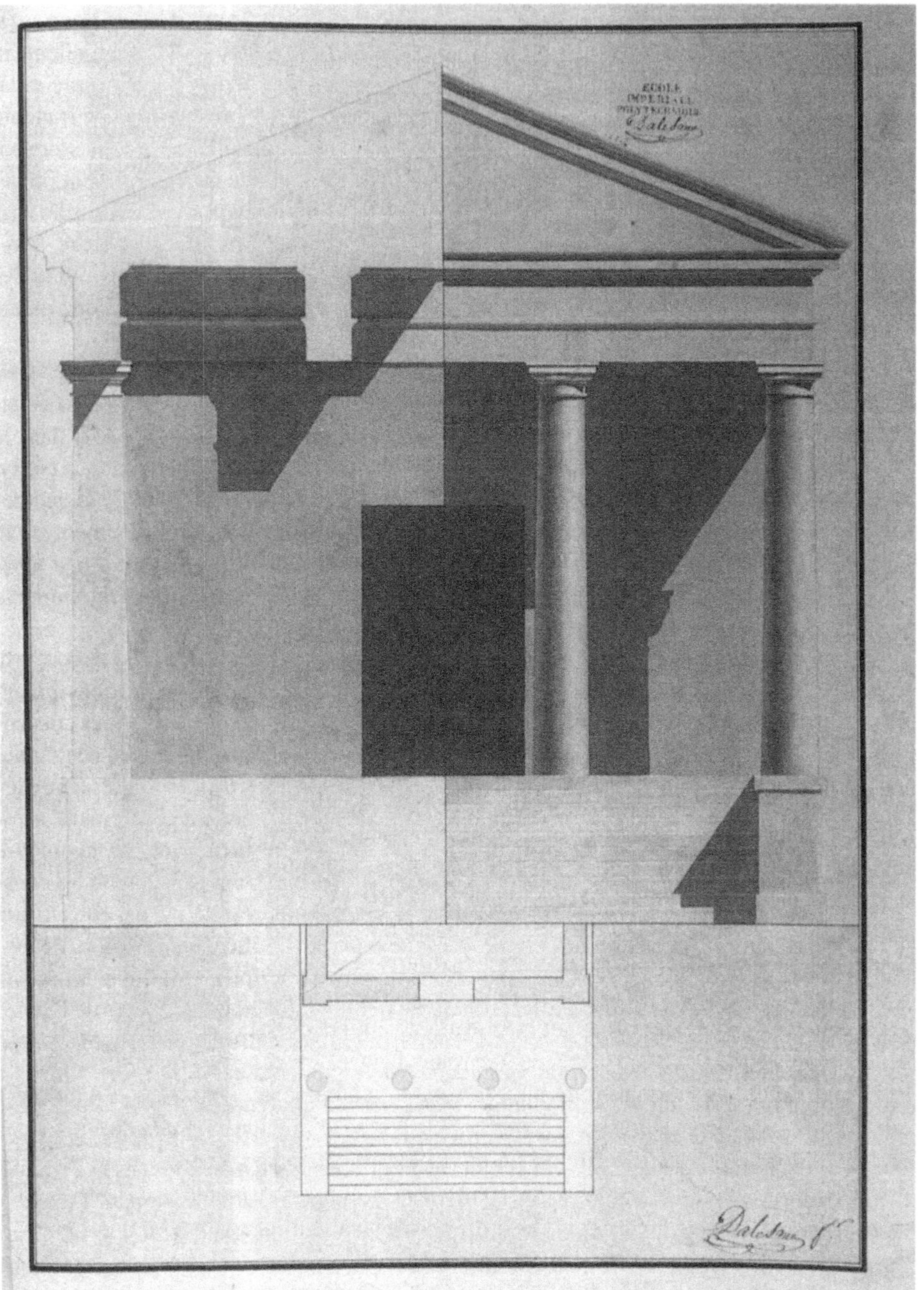

Fig. 44 - Dessin d'architecture
Portefeuille d'épures de Dalesme, 1812.

drait s'y prendre pour résoudre des questions qui n'y sont pas traitées»[177]. Ou, pour parodier la maxime maoïste, les traités de taille des pierres donnent des poissons à manger, la géométrie descriptive apprend à pêcher.

Discipline scolaire qui naît dans l'école, par l'école et pour l'école[178] -mais peut-être faudrait-il dire «dans l'Ecole polytechnique, par l'Ecole polytechnique et pour l'Ecole polytechnique»˙, la géométrie descriptive permet de passer d'un processus de formation par apprentissage, en petits groupes, qui caractérise l'Ecole du génie de Mézières, à un enseignement en amphithéâtre, avec cours magistraux, travaux pratiques et exercices, pour quatre cents étudiants. Discipline scolaire au sens usuel du terme, elle relève aussi de «la méthode révolutionnaire» d'une triple manière. Parce qu'elle participe au développement de la science, elle contribue à dispenser une méthodologie scientifique qui est une de ses caractéristiques : «Un peuple est-il ignorant et superstitieux ? Apprenez aux enfants de la géométrie ; et vous verrez avec le temps l'effet de cette science»[179]. Parce qu'elle réconcilie pratiques et théorie, elle relève encore, nous l'avons vu, de la méthode révolutionnaire. Mais il y appartient encore en tant que moyen «d'enseigner l'espace» de manière accélérée par rapport à l'enseignement ancien de la stéréotomie. Langage abstrait, minimal, rapide, de l'ordre de la sténographie, la géométrie descriptive permet de répondre à la situation d'urgence quant à la formation des élites, qui était celle de la France au moment de la création de l'Ecole polytechnique. La géométrie descriptive occupe ainsi, à l'Ecole polytechnique, la «niche écologique» de la stéréotomie à l'Ecole du génie de Mézières, et l'on peut dire à la fois que la géométrie descriptive est à l'Ecole polytechnique ce que la stéréotomie est à l'Ecole du génie de Mézières mais aussi que l'Ecole polytechnique est à l'Ecole du génie de Mézières ce que la géométrie descriptive est à la stéréotomie.

Utopie et réalité

Si l'Ecole polytechnique réussit à survivre à la tourmente politique qui suit sa fondation, le projet initial, qui avait incontestablement sa cohérence, ne sera que très imparfaitement réalisé. La situation mouvementée de l'époque, et l'implication de plus en plus forte de Monge dans la politique napoléonienne l'éloignent de son école. Il quitte la France en mai 1796 avec Bonaparte pour la campagne d'Italie[180]. Durant ce voyage, il fait la connais-

[177] [Lacroix, 1795, p. III].

[178] Sur la notion de discipline scolaire, voir [Chervel, 1988, p.59-119].

[179] [Diderot, 1754], cité in [Dhombres, 1989, p. 415] ; sur la méthode révolutionnaire voir ce même ouvrage, p. 417-421.

[180] Membre de la commission dont le but était de transférer en France «les monuments d'art et de science que les traités de paix accordaient aux armées françaises victorieuses», Monge s'acquitta semble-t-il sans trop de remords d'une tâche qui ne semble pas en parfaite harmonie avec ses idéaux révolutionnaires. Sur cette période de la vie de Monge, voir [de Launay, p. 140-175], [Taton, 1951, p. 43-49]. La correspondance de Monge en Italie a été publiée par S. Cardinali et L. Pepe dans [Monge, 1993].

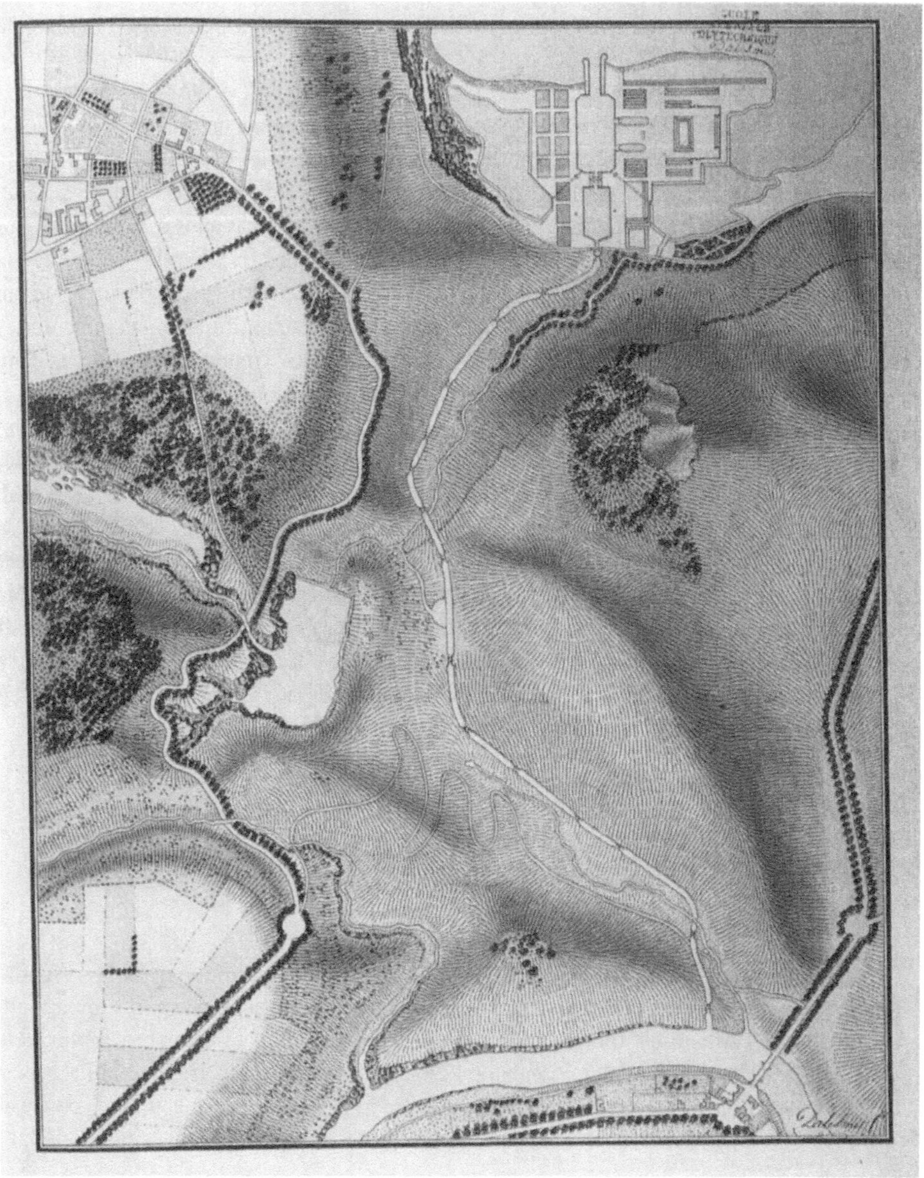

Fig. 45 - Relevé topographique
Portefeuille d'épures de Dalesme, 1812.

sance du jeune général et le rencontre à de nombreuses reprises. Une estime réciproque, et une réelle sympathie, naissent entre les deux hommes. Comme beaucoup de ses contemporains, Monge voyait alors en Bonaparte le seul homme politique capable de préserver l'essentiel des conquêtes révolutionnaires. De la campagne d'Italie à l'Empire, Monge sera chargé de nombreuses missions officielles. Il rentre d'Italie après 18 mois d'absence, porteur du texte de la paix de Campo-Formio. Il est aussitôt nommé directeur de l'Ecole polytechnique, mais trois mois plus tard il part à nouveau pour rejoindre les autres membres de la commission des sciences et des arts qui accompagnent Bonaparte en Egypte et devient président de l'Institut d'Egypte[181]. Il ne revient à Paris que près de deux ans plus tard, avec Bonaparte. Nommé sénateur à la suite du coup d'Etat du 18 brumaire, Monge reçoit de l'Empereur la sénatorerie de Liège en 1803 et occupe les fonctions de Président du Sénat en 1806-1807. S'il a toujours conservé des liens extrêmement forts avec l'Ecole dont il est le père fondateur, et ce même après son départ officiel en 1809, il est certain que ses longues absences répétées ont favorisé une évolution des programmes dans un sens qui n'était pas nécessairement celui qu'il souhaitait.

Mais les absences de Monge ne sont pas, loin s'en faut, les seules causes des modifications apportées à un organigramme de fonctionnement établi dans le feu de la situation révolutionnaire. Le manque de crédit rendit rapidement impossible l'établissement des laboratoires expérimentaux de physique et de chimie[182] qui constituaient une des innovations les plus intéressantes du projet. La confrontation avec les corps d'ingénieurs existant, et singulièrement celui des Ponts et Chaussées, aboutit à l'adoption de la loi du 30 vendémiaire an IV (22 octobre 1795), qui rétablit les écoles d'ingénieurs spécialisées (écoles du Génie, des Ponts et Chaussées, des Mines, des Géographes, de l'Artillerie[183] et des constructeurs de la Marine) en les transformant en écoles d'application de l'Ecole polytechnique. Cette solution porte incontestablement un coup très rude à l'économie générale du projet de Monge et en particulier à l'idée fondamentale d'une école généraliste commune pour tous les ingénieurs[184]. Comme le note Olivier «c'est précisément parce que les fondateurs de l'Ecole polytechnique connaissaient par eux-mêmes les rivalités de corps, qu'ils voulurent que tous les services publics fussent alimentés par une seule école, ...(que par) une éducation commune donnée aux ingénieurs,... tous ces hommes, parlant la même langue scientifique,... se regardant tous comme camarades,... (puissent) établir l'harmonie et l'ensemble dans les travaux de toutes sortes qui sont confiés aux ingénieurs de services publics si divers»[185]. La création des écoles d'application va avoir un effet pernicieux extrêmement important avec la mise en place d'examen d'admission pour les écoles

[181] Sur Monge en Egypte voir [Jomard, 1853] et [Taton, 1951, p. 44-46]. Outre Monge, Berthollet et Fourier, qui y enseignent, quarante élèves ou anciens élèves de l'Ecole polytechnique, dont Jomard et Malus, participent à cette aventure ; voir «L'expédition d'Egypte», SABIX, n°1. Plus largement sur la participation des scientifiques à l'expédition d'Egypte, et le rôle joué par cette expédition dans la constitution de la communauté scientifique française, voir [Dhombres, 1989, p. 93-149].

[182] Voir [Langins, 1981].

[183] Les Ecoles du Génie et de l'Artillerie fusionneront en 1802.

[184] Voir [Belhoste, 1994, p. 9-30] et [Picon, 1992, p. 245-297].

[185] [Olivier, 1851, p. X-XI].

d'application. «Ces examens, cruciaux pour les élèves dont ils conditionnent la carrière, exercent aussitôt une influence déterminante sur la scolarité et imposent de manière durable leur logique au curriculum»[186]. Les examinateurs, Laplace et Bossut, interrogent les élèves presque exclusivement sur les mathématiques, au détriment des autres matières. Enfin le régime militaire, qui implique le casernement, décidé par Napoléon en 1804 pour des raisons purement politiques et disciplinaires, éloigne encore un peu plus l'Ecole de son projet initial[187].

La géométrie descriptive sera la première touchée par ces bouleversements et sa part dans le temps des études diminuera dès les premières années. Certaines des applications prévues, comme le cours de fortification ou d'architecture civil sont renvoyés dans les écoles spécialisées, d'autres, comme le cours d'architecture ou celui du dessin de machine, retrouve une autonomie complète par rapport à la discipline unificatrice[188]. A partir de 1809, sont rangées sous la rubrique «géométrie descriptive», les méthodes géométriques et leurs applications à la coupe des pierres, des bois, au tracé des ombres et à la perspective. Ces enseignements sont concentrés sur la première année dont ils représentent environ 20% du temps des études[189].

La géométrie descriptive présente ainsi, dès sa création, un double visage. Elle est à la fois une discipline entièrement nouvelle, «révolutionnaire», qui trouve son nom, son objet, sa place dans les mathématiques avec les cours de Monge. Manière tout à fait inédite d'aborder la géométrie à trois dimensions ou plus exactement de relier géométrie plane et géométrie dans l'espace, elle est encore révolutionnaire par la position à laquelle elle peut prétendre dans le système scolaire, dans la formation des élites comme dans la formation technique générale. Mais simultanément elle apparaît comme le stade ultime d'une tradition qui s'épuise, comme un dernier perfectionnement des techniques graphiques antérieures et à ce titre elle signe l'aboutissement d'un processus d'évolution autant que l'acte de naissance d'une nouvelle branche de la géométrie. A ce titre également on peut la lire comme une discipline de transition qui permet de passer, en douceur, de «l'ingénieur artiste» de l'Ancien Régime dont la formation s'appuie plus sur la pratique du dessin que sur l'apprentissage des disciplines scientifiques, à «l'ingénieur savant» du XIXe siècle pour lequel les mathématiques – et plus particulièrement l'analyse – vont devenir le pilier central de la formation.

---

[186] [Belhoste, 1994, p. 19].

[187] Le régime militaire, imposé par le décret du 27 messidor an XII (16 juillet 1804), est supprimé à la Restauration et rétabli en 1822. A la suite du décret de 1804, l'Ecole polytechnique quitte le Palais-Bourbon, trop exigu pour permettre le casernement, et s'installe sur le site de la Montagne Sainte-Geneviève, dans les bâtiments du Collège de Navarre ; voir [Szambien, 1994].

[188] Le cours d'architecture, confié à Louis-Pierre Baltard (1764-1846) à l'ouverture de l'Ecole puis à Jean-Nicolas-Louis Durand (1760-1834) à partir de 1797, ne fut, dans les faits, jamais un cours annexe de celui de géométrie descriptive. Dans les années 1800 les élèves consacrent une part non négligeable (environ 225 heures) de leur première année à l'architecture. Sur l'enseignement de l'architecture à l'Ecole polytechnique et sur Durand, qui assura cet enseignement pendant près de quarante ans, voir [Szambien, 1984].

[189] Soit environ 10% du temps des études sur les deux années de scolarité. Par comparaison, l'analyse représente près de 14%, la mécanique 12%, la chimie 9%, la physique 7%, et l'analyse appliquée à la géométrie 3%.

Chapitre IV

Heurs et malheurs de l'enseignement de la géométrie descriptive au XIXe siècle

Dressant un panorama de l'histoire des méthodes géométriques de l'Antiquité à nos jours, J.-L. Coolidge aborde la géométrie descriptive avec circonspection : il reconnaît son rôle technique, mais réduit son rôle scientifique à peu de chose. «Il est difficile de trouver des propriétés fondamentales de géométrie tridimensionnelle qui aient été démontrées pour la première fois par les méthodes de Monge, ou qui soient plus facilement démontrables par ces méthodes que par d'autres»[1], écrit-il, considérant que, si la géométrie descriptive naît avec les leçons de Monge, elle meurt avec les «suppléments» publiés par Hachette en 1813 et 1818, ce qui laisse une durée de vie scientifique somme toute limitée. Ce jugement semble quelque peu excessif, même s'il y avait, dans les espoirs mis par Monge dans la nouvelle discipline qu'il venait de créer, une part d'utopie révolutionnaire qui devait vite apparaître. Je voudrais, dans ce chapitre, tenter de cerner l'influence de cette discipline aux dimensions scientifique, technique et pédagogique, durant le siècle qui suivit sa fondation. Si les résultats concernant la géométrie des surfaces, démontrés à l'aide des outils de la géométrie descriptive, ne sont pas de nature à bouleverser les mathématiques – ce que J.-L. Coolidge, suggère élégamment – les leçons de Monge eurent néanmoins un impact sur l'histoire des mathématiques qui va bien au-delà de l'importance propre de ces théorèmes[2]. Contrairement à ce qu'écrit Coolidge c'est peut-être dans le domaine de la technique, et non dans celui des mathématiques, que son influence est la plus controversée, et tout particulièrement dans le domaine de la stéréotomie. Nous avons vu précédemment ce que la géométrie descriptive devait à la coupe des pierres, à ses tracés, à ses traités comme à son enseignement. La relation réciproque sera également le meilleur révélateur des limites de la conception mongienne de la géométrie descriptive.

---

[1] [Coolidge, 1940, p. 112-113].

[2] Pour un panorama complet de l'évolution des mathématiques en France durant la première moitié du XIXe siècle, voir par exemple [Grattan-Guinness, 1990].

Portrait de Jean Nicolas Pierre Hachette
Archives de l'Académie des Sciences

Enfin je terminerai ce chapitre en décrivant l'évolution de l'enseignement de la géométrie descriptive au XIXè siècle dans la formation des ingénieurs[3].

Diffusion et influence d'une nouvelle branche des mathématiques

Dans l'Europe continentale, l'enseignement de la géométrie descriptive se développe avec une extrême rapidité immédiatement après 1795. La simplicité de l'outil mis en place, son efficacité tant pratique que théorique, sa valeur didactique, la clarté du cours de Monge et la position institutionnelle de l'auteur (et de ses successeurs), peuvent expliquer en partie le phénomène. En France, Hachette sera le plus ardent propagandiste de la théorie mongienne. Il l'enseigne à l'Ecole polytechnique, mais également à la Faculté des sciences de Paris et à l'Ecole normale à partir de 1810, et se charge de l'édition de la *Géométrie descriptive* de Monge, ouvrage bientôt traduit dans de nombreuses langues. La traduction espagnole date de 1803 ; celle en allemand, de G. Scheiber, est éditée en 1828, mais le livre de Lacroix avait été publié à Berlin dès 1806 et l'enseignement de la géométrie descriptive se répand en Allemagne à partir des années 1820. La situation est similaire en Italie et, au moment de la traduction italienne du cours de Monge par J. Corridi en 1838, l'enseignement de la discipline y est déjà largement développé, en particulier par l'ouvrage de Serenus, *Trattato di Geometria descrittiva*, publié en 1826. Aux Etats-Unis, un ancien élève de l'Ecole polytechnique, publie un traité de géométrie descriptive en 1821. Il n'y a guère que l'Angleterre pour résister à une discipline dont le fondateur avait aimé Napoléon «comme on aime une maîtresse», malgré une traduction du cours fondateur en anglais par F.J. Heather dès 1809[4]. «En 1868, un Anglais du nom de Cunningham, cause un certain trouble dans son pays en publiant un ouvrage sur l'histoire, les méthodes et l'importance de la géométrie descriptive jusqu'alors pratiquement inconnues Outre-Manche»[5].

Si Hachette lui même ne fut pas un mathématicien de premier plan, il sut néanmoins, par ses propres articles ou à travers la *Correspondance sur l'Ecole polytechnique*, revue qu'il avait créée et dirigée de 1804 à 1816, animer un véritable esprit de recherche autour de la nouvelle branche de la géométrie. La géométrie descriptive représente dans sa revue

---

[3] Ce chapitre reprend en partie des articles publiés dans [Sakarovitch, 1992, 1994 a et b].

[4] La traduction espagnole de 1803 et la traduction anglaise de 1809 ont été effectuées à partir de l'édition française de 1799 ; les autres traductions sont fondées sur l'édition de Brisson de 1820 et comportent les leçons se rapportant au tracé des ombres et à la perspective.

[5] [Booker, 1963, p. 130].

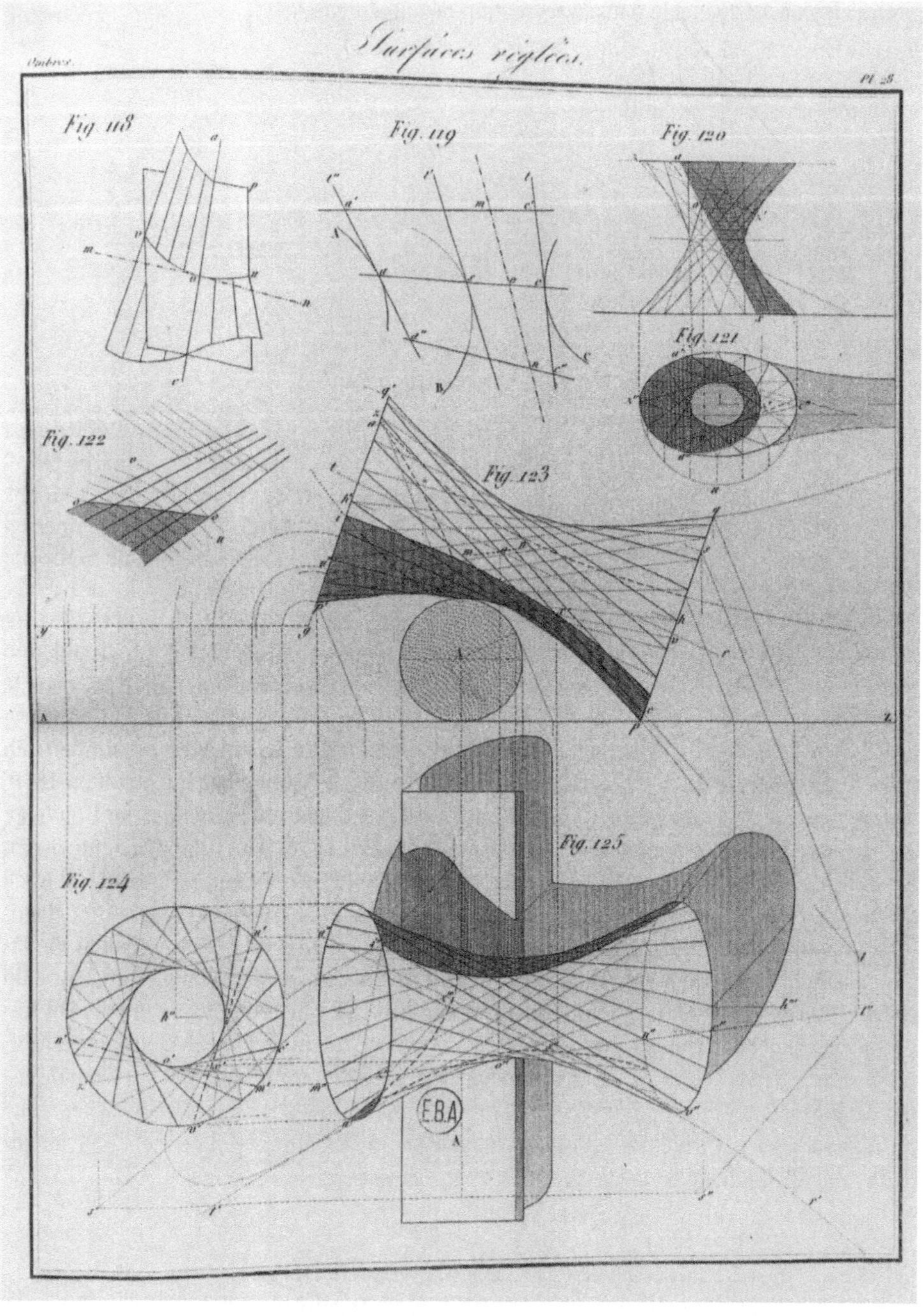

Fig. 1 - Représentation de l'hyperboloïde ; ombre propre et ombre portée sur un cylindre [Adhemar, 1840, Pl. 28]

15% des sujets des articles, ce qui en fait le deuxième «champ de recherche», derrière la géométrie analytique, mais avant l'analyse ou l'algèbre[6]. Et parmi les auteurs, figurent certains des plus brillants élèves de l'Ecole : Dupin, Poncelet, Chasles... Enfin il est certain que Monge, même s'il ne publie pratiquement pas de nouveaux résultats de géométrie descriptive après l'an III, sut donner à ses élèves «une foule d'idées nouvelles», pour reprendre l'expression de Brisson[7], et stimuler ainsi les recherches dans ce champ.

Les nouveaux résultats

Courbure des lignes et lignes de courbure

«De toutes les propositions d'analyse appliquées à la géométrie, les plus importantes sont relatives à la courbure des lignes et des surfaces. En les démontrant, par des considérations dégagées de tout calcul, on augmente le domaine de la géométrie, et les théories les plus abstraites deviennent applicables aux arts les plus usités»[8], écrit Gergonne en introduction à la réédition d'un article de Hachette dans sa revue. Et de fait, les problèmes liés aux notions de plans osculateurs, de rayons de courbure et centres de courbure de courbes gauches fournissent à la géométrie descriptive son champ d'application le plus fertile, comme l'avait très certainement fort bien senti Monge[9]. Lancret, Dupin, Hachette, Poncelet, Olivier, Chasles publient articles et résultats sur ce sujet[10].

La méthode donnée par Hachette, pour déterminer le plan osculateur d'une courbe gauche en un point, consiste à faire intervenir, pour chaque point de la courbe, les normales à chacune des deux surfaces dont la courbe est supposée être l'intersection[11]. On obtient ainsi deux surfaces gauches auxiliaires qui permettent de déterminer non seulement le plan osculateur cherché mais également le centre de courbure de la courbe au point considéré. La méthode de Chasles consiste à faire intervenir une courbe auxiliaire qui est l'intersection des tangentes à la courbe donnée avec un plan quelconque[12]. Ce procédé, plus rapide que celui donné par Hachette, pour la détermination du plan osculateur, ne donne pas le centre de courbure qui nécessite une construction supplémentaire. Dupin et Poncelet, qui présentent des solutions différentes, utilisent les centres de courbure des courbes planes qui sont les projections de la courbe donnée[13].

---

[6] [Dody, 1992].
[7] [Brisson, 1818] cité in [Pothier, 1887, p. 387].
[8] [Hachette, 1816b, p. 24].
[9] Sur les notions de plans osculateurs, rayons de courbure et centres de courbure des courbes gauches, voir *infra* Annexe I.
[10] [Lancret, 1805], [Dupin, 1806, 1813a, 1817, 1822], [Hachette, 1816, 1816a, 1816b, 1817], [Poncelet, 1825], [Olivier, 1834, 1839], [Chasles, 1837b].
[11] Voir [Hachette, 1816a].
[12] Voir [Chasles, 1837, p. 296].
[13] [Dupin, 1817] et [Poncelet, 1825].

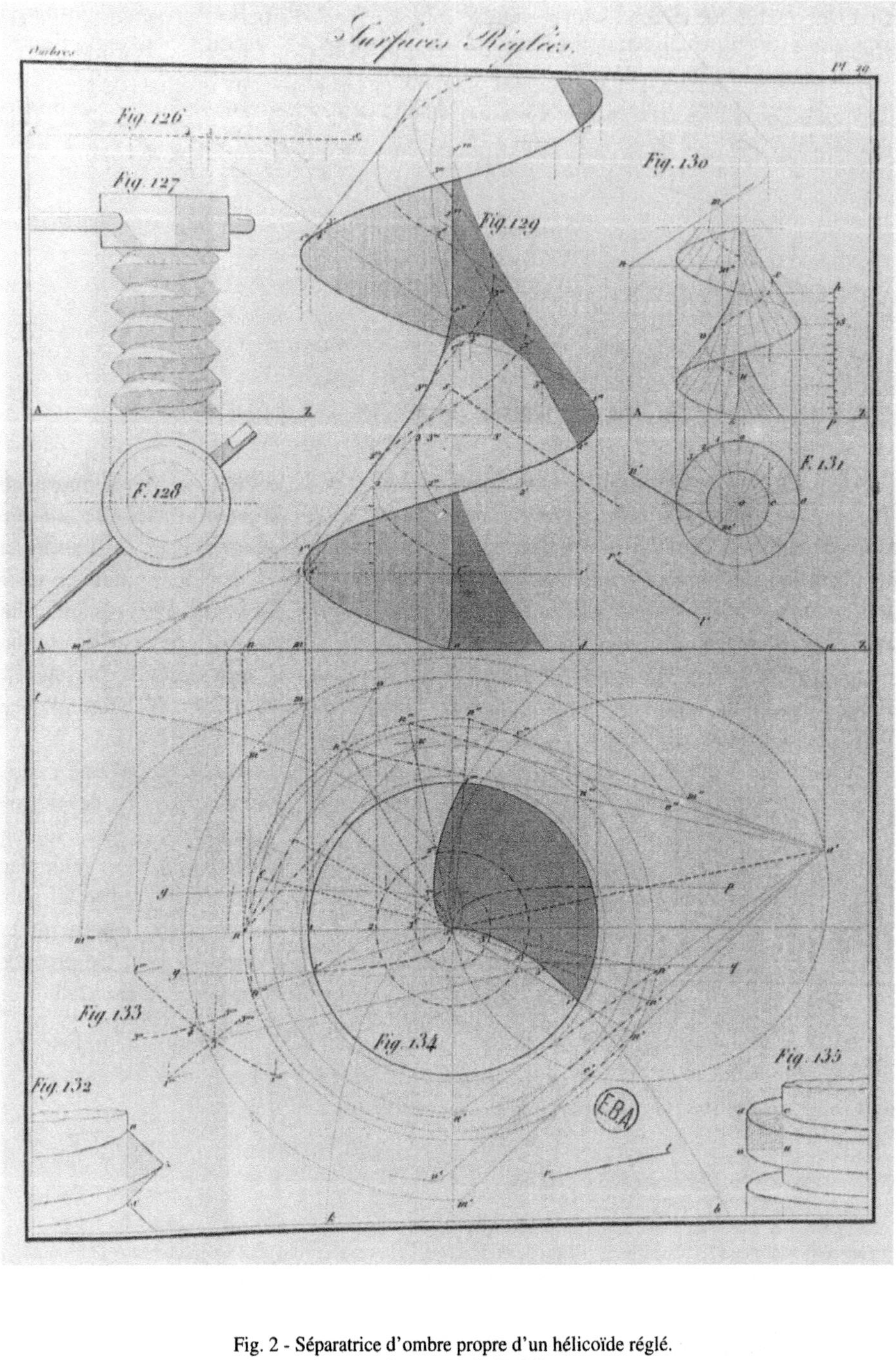

Fig. 2 - Séparatrice d'ombre propre d'un hélicoïde réglé.
[Adhemar, 1840, Pl. 29]

La détermination des lignes de courbure d'une surface courbe fait également partie des problèmes évoqués par Gergonne. Les leçons de Monge à l'Ecole normale fournissent le premier exposé intuitif sur le sujet (cf. chap. III, fig. 13). A l'Ecole centrale des travaux publics, Monge donne, dans ses *Feuilles d'Analyse appliquée à la Géométrie*, l'équation des lignes de courbure de l'ellipsoïde[14] (cf. infra, fig. 12). Dupin, dans un article de la *Correspondance sur l'Ecole polytechnique*, détermine direction et rayon de courbure des lignes de courbure en un point quelconque d'une surface quelconque, connaissant la courbure au point considéré de trois sections arbitraires de cette surface[15]. Dupin, Chasles ou Durrande donnent d'autres exemples de détermination de courbes inscrites sur une surface donnée et soumises à certaines autres considérations (toucher trois autres courbes données, etc.)[16].

Détermination des tangentes

Autre type de problème auquel s'intéressent les successeurs de Monge, celui de la détermination des tangentes aux courbes projections d'une courbe gauche, toujours définies comme étant l'intersection de deux surfaces données. Dans le cas général, la solution, exposée par Monge dans les leçons de l'Ecole normale, est aisée, puisque l'intersection des deux plans tangents aux deux surfaces données définit la tangente à la courbe gauche, dont la projection est tangente à la projection de la courbe. Mais cette solution est inopérante lorsque la tangente en un point donné est perpendiculaire à l'un des deux plans de projection. Or ce cas, relativement fréquent dans la pratique, se présente dans certaines épures de stéréotomie et de chaudronnerie. Le problème, plus simple que les précédents dans son énoncé, est donc néanmoins riche tant sur le plan théorique que pratique. Il est étudié par Hachette, puis par Binet[17] qui donne une première réponse en prenant une autre définition possible de la tangente en un point à une courbe gauche : au lieu de considérer celle-ci comme intersection des deux plans tangents, il la définit comme la droite perpendiculaire, au point considéré, au plan formé par les normales aux deux surfaces en ce point. Cette construction, aussi générale que celle de Monge, permet de résoudre le problème évoqué lorsque les deux surfaces qui définissent la courbe gauche sont de révolution et d'axes concourants.

Dans le cas de deux surfaces quelconques, la solution est donnée par Chasles[18] dans un article magistral où il montre comment ce problème des tangentes se ramène à celui de la détermination du plan osculateur de la courbe au point considéré. La construction donnée par Chasles coïncide avec celle de Binet quand les conditions d'application de celle-ci sont remplies. «Les considérations précédentes font bien voir pourquoi les méthodes générales pour la construction des tangentes aux projections des courbes devaient être en défaut pour

[14] [Monge, 1795, F. 19 et 20].
[15] [Dupin, 1806].
[16] Voir [Dupin, 1813b], [Chasles, 1814], [Durrande, 1817].
[17] [Hachette, 1815.], [Binet, 1815].
[18] [Chasles, 1837b].

le cas en question», conclut Chasles, «... sans quoi, elles eussent fait connaître, par la considération des infiniment petits du premier ordre seulement les plans osculateurs aux différents points d'une courbe à double courbure : ce qui est contraire à la nature des choses»[19].

Etude des surfaces et problèmes géométriques

La géométrie descriptive est naturellement l'outil privilégié pour l'étude des propriétés géométriques des surfaces ; on étudie par exemple l'hyperboloïde à une nappe[20], une surface qui s'introduit, de façon annexe, dans plusieurs constructions (fig. 1). Nous avons vu au chapitre précédent que Monge fait intervenir, sans le nommer, un hyperboloïde de révolution pour déterminer le plan tangent à une surface de révolution passant par une droite donnée. Olivier en donne également plusieurs exemples d'utilisation. C'est ainsi qu'il détermine, très élégamment, un plan qui coupe un cône de révolution donné en une ellipse dont les axes sont de rapport donné, en faisant intervenir un hyperboloïde de révolution dont le cône est asymptote[21]. Dans le champ de la théorie des surfaces réglées, le théorème d'Hachette (à qui l'on doit cette terminologie) est sûrement le plus fécond pour les applications. Ce théorème démontré en 1799[22], énonce qu'une condition suffisante pour que deux surfaces réglées distinctes qui possèdent en commun une génératrice se «raccordent», c'est à dire admettent même plan tangent en tout point de cette génératrice, est que cette propriété soit vérifiée en trois points distincts de cette génératrice. Ce théorème, dont la démonstration fait également intervenir un hyperboloïde annexe, s'applique à la taille des pierres[23], à la théorie des ombres, par exemple pour la détermination de la ligne séparatrice d'ombre propre des filets d'une vis triangulaire[24] (fig. 2 et fig. 41 du chap. III), et à la théorie des engrenages[25].

Certains problèmes de géométrie, plus ou moins anciens, vont également pouvoir être résolus de façon plus élégante par les méthodes de la géométrie descriptive. Par exemple, le problème de la détermination d'une sphère tangente à 3 (ou 4) sphères données, déjà étudié par Monge dans son cours, est repris par Hachette et Dupin[26]. De même le problème «de la pyramide triangulaire», dont nous avons vu qu'il avait été étudié à l'Ecole du génie de Mézières et à l'Ecole polytechnique, est repris de façon systématique par Lacroix et par Hachette[27]. Enfin , l'astronomie[28], la gnomonique[29] ou la technique des plans cotés, dont le premier exposé rigoureux et complet est dû à Noizet[30], constituent des domaines d'application naturels de la géométrie descriptive.

[19] [Chasles, 1837b, p. 198].
[20] [Hachette, 1812], [Lamé, 1814].
[21] [Olivier, 1843, p. 250-251].
[22] [Hachette, 1822, p. 84].
[23] cf. *infra*, p.321-323
[24] [Hachette, 1809, 1814].
[25] [Olivier, 1842, 1847].
[26] [Hachette, 1804] et [Hachette, 1812], [Dupin, 1813b].
[27] [Lacroix, 1795], [Hachette, 1805a, 1812].
[28] [Hachette, 1805b, 1806], [Olivier, 1834].
[29] [Lefrançois, 1802].
[30] [Noizet, 1823 et 1831].

L'influence des leçons de Monge en mathématiques

Si les énoncés présentés ci-dessus donnent quelques exemples de résultats obtenus par les successeurs de Monge à l'aide de la géométrie descriptive, il est certain que les théorèmes sur le raccordement des surfaces gauches ou la détermination de la séparatrice d'ombre propre de la vis à filet triangulaire n'ont bouleversé ni les mathématiques, ni les mathématiciens. Pourtant les leçons de Monge ont fortement contribué au changement d'esprit qui s'opère au début du XIXe siècle chez les mathématiciens qui prirent alors conscience que «la Géométrie, regardée depuis plus d'un siècle comme impuissante par elle-même, et devant tirer toutes ses ressources et ses acquisitions de l'Analyse algébrique, était, au contraire, susceptible de principes généraux et de méthodes fécondes comme celles de l'Analyse ; que ces méthodes avaient même parfois des avantages propres, en permettant de pénétrer jusqu'à l'origine des vérités et de mettre à nu la chaîne mystérieuse qui les relie entre elles»[31]. Si pour Chasles, les leçons de Monge à l'Ecole normale et à l'Ecole polytechnique «marquent le début d'une ère nouvelle dans l'histoire de la Géométrie»[32], c'est qu'elles portent quantité d'idées nouvelles et fécondes qui prouvent la richesse potentielle de la méthode développée, lorsqu'elle fut exposée par son fondateur.

Trois idées essentielles apparaissent dans ces leçons : la notion de projection et de transformation, la modification des rapports entre analyse et géométrie et l'utilisation implicite de ce que Poncelet appellera le principe de continuité.

Projections et transformations

«En réfléchissant attentivement à ce qui fait le principal avantage de la géométrie descriptive et de la méthode des coordonnées, à ce qui fait que ces branches des Mathématiques offrent le caractère de véritable doctrine, dont les principes, peu nombreux, sont liés et enchaînés d'une manière nécessaire et par une marche uniforme, on ne tarde pas à reconnaître que cela tient uniquement à l'usage qu'elles font de la projection»[33].

La géométrie descriptive utilise bien sûr de façon essentielle la notion de projection, pour représenter points et surfaces de l'espace. Mais elle permet de plus «l'alliance intime et systématique entre les figures à trois dimensions et les figures planes»[34]. C'est dans le jeu de la relation réciproque qu'apparaît pleinement la richesse d'une telle notion et de celle de transformation géométrique. Nous avons décrit en détail, au chapitre précédent, les deux exemples, donnés par Monge dans ses leçons, de démonstrations de théorème de

[31] [Chasles, 1870, p. 81].
[32] [Chasles, 1837.a, p. 189].
[33] [Poncelet, 1822, introduction, p. 28].
[34] [Chasles, 1837.a, p. 191].

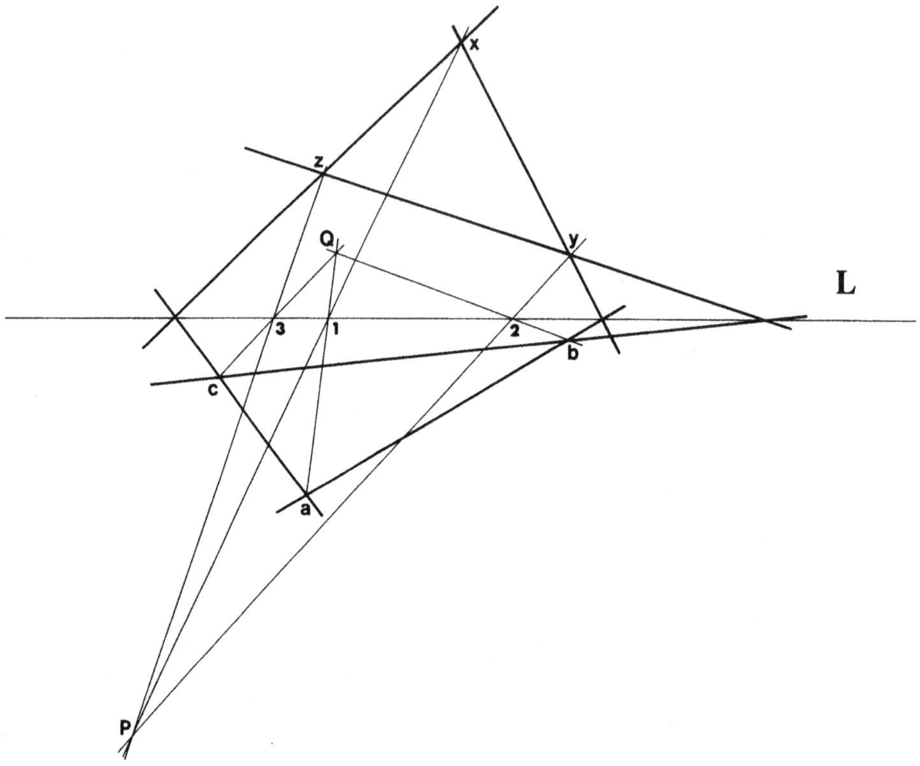

Fig. 3 - Illustration du premier théorème de Chasles.

Si l'on a dans un plan deux triangles dont les côtés concourent deux à deux en trois points situés sur une même droite L, et que par un point, pris arbitrairement, on mène trois droites aux sommets du premier triangle ; qu'on les prolonge jusqu'à ce qu'elles rencontrent en trois points la droite L ; qu'on joigne ces trois points, respectivement, aux trois sommets du second triangle, par trois droites ; ces droites iront concourir en un même point.

Le principe de la démonstration consiste à considérer les deux côtés des deux triangles, qui viennent se couper sur la droite *L*, comme les traces d'un plan (par exemple, *ab* et *xy* sont les traces horizontale et frontale d'un plan, la droite L est la ligne de terre de l'épure). Les trois plans (*ab, xy*), (*bc, yz*) et (*ca, zx*) ont en commun un point *S* (qui n'est pas représenté sur l'épure). Si d'un point *P* quelconque du plan des triangles, on mène les droites *Px, Py, Pz*, qui viennent couper la ligne de terre *L* en *1, 2* et *3*, on peut considérer ce point *P* comme un point du plan de projection frontal et les trois droites considérées comme les traces frontales des plans contenant la droite *PS* et, respectivement, les points *x, y* et *z*. Il en résulte que les droites *a1, b2* et *c3* sont les traces horizontales de ces mêmes plans et par conséquent passent par le point *Q*, intersection de la droite *PS* avec le plan horizontal, ce qui donne le théorème énoncé. Si l'on prend pour point *P*, le point d'intersection de deux droites joignant un sommet du premier triangle à un sommet du second (par exemple l'intersection de *ax* avec *by*), on retrouve le théorème de Desargues sur les triangles homologiques.

géométrie plane par un raisonnement tenu dans la géométrie à trois dimensions. Brianchon, puis Poncelet, cultiveront avec succès cette méthode qui est l'une des caractéristiques de «l'école de Monge».

Chasles, systématisant ce principe, remarque que «chaque épure de descriptive peut exprimer un théorème de géométrie plane»[35]. Il en donne deux exemples. Le premier généralise le théorème de Desargues sur les triangles homologiques (fig. 3) :

> Si l'on a dans un plan deux triangles dont les côtés concourent deux à deux en trois points situés sur une même droite L, et que par un point, pris arbitrairement, on mène trois droites aux sommets du premier triangle ; qu'on les prolonge jusqu'à ce qu'elles rencontrent en trois points la droite L ; qu'on joigne ces trois points, respectivement, aux trois sommets du second triangle, par trois droites ; ces droites iront concourir en un même point[36].

Le deuxième exemple donné par Chasles concerne les coniques (fig. 4) :

> Si par le point de concours des deux tangentes communes à deux coniques quelconques situées dans un plan, on tire arbitrairement une transversale qui rencontre chacune de ces courbes en deux points, et si on leur mène leurs tangentes en ces points ; les tangentes à la première rencontreront les tangentes à la seconde en quatre points qui seront, deux à deux, sur deux droites fixes, quelle que soit la transversale menée par le point de concours des deux tangentes communes aux deux coniques[37].

Le principe des démonstrations de ces théorèmes, d'une grande élégance, est en un sens, plus convaincant que celui utilisé par Monge dans les Leçons de l'Ecole normale. Ce dernier considère la figure plane comme la projection sur un plan d'une figure de l'espace : un cercle est vu comme la projection d'une sphère, deux droites concourantes comme celle d'un cône, etc... Aussi peut-on estimer que la géométrie descriptive n'intervient là que de façon indirecte. Chasles, au contraire, lit véritablement une figure de géométrie plane comme une épure. Par exemple dans le premier théorème, les droites concourantes sont considérées comme les traces d'un plan, et dans le second, les deux ellipses comme l'épure d'un cercle. Il met ainsi clairement en évidence la réciprocité du passage plan-espace, sur lequel il insiste, à juste titre, longuement, et la richesse de la géométrie descriptive comme méthode géométrique, en particulier, pour la recherche des propriétés «descriptives» des figures, invariantes par projection[38].

[35] *Ibid.* , p. 194.
[36] *Ibid.*, p. 192.
[37] *Ibid.*, p. 194.
[38] Poncelet distingue entre les propriétés métriques des figures (qui font intervenir les distances et les angles) et les propriétés descriptives définies par les formes des figures et leurs positions relatives. Ces dernières sont invariantes par projection ; les relations métriques ne le sont généralement pas. Le birapport, ou rapport anharmonique, est un des exemples de relations métriques invariantes par projection conique (cf. note 38 du chap. II). L'étude des propriétés invariantes par projection est un des buts de l'œuvre de Poncelet. Voir par exemple [Dhombres et alii, 1987, p. 264-274], [Lehmann-Bkouche, 1988, Appendice historique].

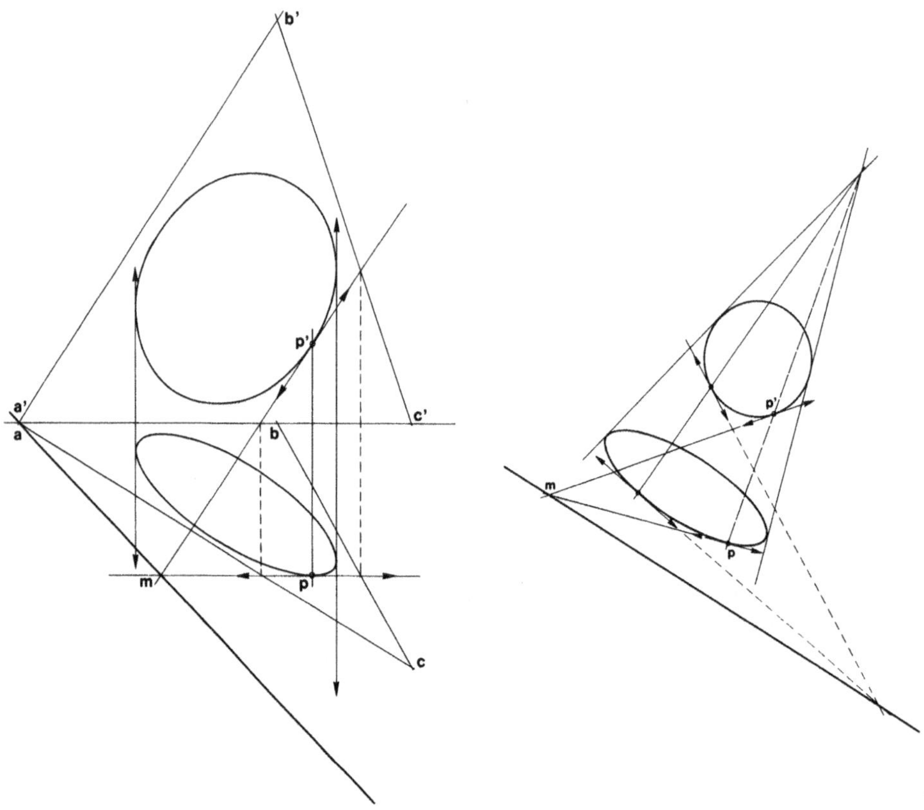

Fig. 4 - Illustration du second théorème de Chasles.

Si par le point de concours des deux tangentes communes à deux coniques quelconques situées dans un plan, on tire arbitrairement une transversale qui rencontre chacune de ces courbes en deux points, et si on leur mène leurs tangentes en ces points ; les tangentes à la première rencontreront les tangentes à la seconde en quatre points qui seront, deux à deux, sur deux droites fixes, quelle que soit la transversale menée par le point de concours des deux tangentes communes aux deux coniques.

Si l'on considère l'épure d'un cercle *I* pris dans un plan quelconque *ABC, P* un point de ce cercle et *T* sa tangente en *P*, on obtient deux ellipses *G* et *G'*, *t* et *t'* leurs tangentes respectives en deux points *p* et *p'* situés sur une même ligne de rappel. Ces deux tangentes t et t' se coupent en un point qui appartient à l'intersection du plan du cercle avec le second plan bissecteur. En effet le second plan bissecteur est l'ensemble des points de l'espace dont la projection frontale se confond avec la projection horizontale. Il en résulte que les projections horizontales et frontales des droites d'un plan se coupent sur une même droite, qui est l'épure de l'intersection du plan considéré avec le second plan bissecteur. Lorsque *P* décrit le cercle *I*, le point *m* se déplace sur cette droite fixe. De plus il existe dans l'espace une ellipse située dans un autre plan que le cercle *I* et qui admet même projection horizontale et même projection frontale que lui, car le cercle est l'une des courbes de pénétration de son cylindre de projection horizontale et de son cylindre de projection frontale. Or lorsque deux cylindres se coupent, si la courbe «d'entrée» est plane, celle «de sortie» l'est également. Comme précédemment, si un point *Q* décrit cette ellipse *E*, les tangentes respectivement à *G* et *G'* en *q* et *q'* se coupent sur la droite d'intersection du plan de *E* et du second plan bissecteur. Ainsi une droite verticale coupe les deux ellipses *G* et *G'* en quatre points que l'on peut appeler *p, q, p'* et *q'*. Les tangentes issues de *p* et de *q* coupent celles issues de *p'* et *q'* en quatre points qui, deux à deux, appartiennent à deux droites fixes, quelle que soit la verticale considérée. En prenant la perspective de cette épure, on en déduit le théorème.

L'intuition géométrique

Le souci, la volonté de reconquérir sur l'analyse un terrain qui avait échappé jusqu'alors à la géométrie, sont constamment soulignés dans les différents traités et mémoires de géométrie descriptive des successeurs de Monge. «Ce qui est remarquable dans ces propositions, écrit Hachette à propos de théorèmes sur les surfaces réglées, c'est qu'elles ramènent une construction géométrique qui dépendait d'une analyse transcendante, à la solution d'un problème de géométrie très simple»[39]. De même il introduit «les notions de courbure ou de contact du second ordre, qui ont été jusqu'à présent le domaine exclusif de l'analyse appliquée à la Géométrie»[40]. Leroy, ayant énoncé le théorème d'Euler sur les rayons de courbure d'une surface, précise : «C'est l'unique emprunt que nous ferons à l'analyse ... nous allons ensuite développer, par la géométrie seule, les conséquences intéressantes dont ce théorème est susceptible»[41].

D'une façon analogue Olivier insiste sur le fait qu'il a «bien démontré, sans avoir besoin de recourir à l'analyse et en ne se servant que des méthodes de la Géométrie descriptive, que la surface engendrée par une droite se mouvant sur trois droites données est ... un hyperboloïde à une nappe»[42]. Cette démonstration fut donnée pour la première fois par Chasles lorsqu'il était élève à l'Ecole polytechnique[43].

Nous avons vu, au chapitre précédent, à quel point Monge insistait sur la nécessité d'un passage réciproque entre l'analyse et la géométrie. Dupin (entre autres) donnera la preuve de l'efficacité d'une telle démarche dans la théorie des courbures des surfaces[44]. Felix Klein, qui déclare «avoir grandi..., grâce à [son] professeur Plücker, dans la tradition de Monge», considère, comme l'un des apports majeurs de cette tradition, «l'application de l'intuition géométrique à l'analyse»[45], précisant même dans *Le Programme d'Erlangen* : «Il ne faut pas se départir de cette prescription qu'une question mathématique ne doit pas être considérée comme complètement épuisée alors qu'elle n'est pas encore devenue intuitivement évidente ; découvrir au moyen de l'Analyse c'est bien faire un pas très important, mais ce n'est faire que le premier pas»[46]. Raoul Bricard, répétiteur de géométrie descriptive à l'Ecole polytechnique puis titulaire de la chaire de Géométrie appliquée aux arts au Conservatoire national des arts et métiers[47], insiste, dans un projet de programme pour le cours de géométrie de l'Ecole polytechnique, sur la nécessité de développer chez les élèves «l'intuition géométrique» dont il souligne l'importance dans les travaux analytiques de Riemann, Sophus Lie ou Minkowski, comme dans les résultats obtenus en physique par Fresnel ou Lord Kelvin. «La géométrie est l'un des sujets d'études les plus propres à favoriser l'in-

39 [Hachette, 1818, p. XII].
40 *Ibid.*, p. XIII.
41 [Leroy, 1842, p. 339].
42 [Olivier, 1843, p. 248].
43 [Chasles, 1813].
44 [Dupin, 1813].
45 Cité dans [Taton, 1951, p. 240].
46 [Klein, 1974, note 1, «Sur l'opposition, dans la Géométrie moderne, des méthodes synthétique et analytique», p. 38].
47 Sur Raoul Bricard (1870-1944), professeur au Conservatoire national des arts et métiers, voir [Laurent, 1994].

vention», ajoute-t-il, mais fidèle à la vision mongienne, il précise « Ce serait à tort qu'(on) chercherait à constituer un cours autonome et dédaigneux des résultats obtenus dans le cours d'analyse. Une telle conception irait même à l'encontre du but poursuivi, qui est de mettre en lumière les services de la géométrie, dans ses rapports avec les autres sciences. Le cours de géométrie acceptera donc purement et simplement les résultats qui lui sont livrés par le cours d'analyse..., le champ des applications où triomphe la méthode géométrique restera encore assez vaste»[48].

Le principe de continuité

La «fusion intime», pour reprendre une expression de Poncelet[49], de deux manières de démontrer une propriété permet d'apporter à la méthode analytique, l'intuition géométrique. Mais elle a également d'autres conséquences. «Le fait que les démonstrations analytiques, établies dans le cas des éléments réels, s'étendent au cas où certains de ceux-ci deviennent imaginaires le conduisait directement à admettre que les démonstrations géométriques associées devaient s'étendre également dans les mêmes conditions»[50].

Dans le théorème démontré par Monge concernant les pôles et polaires (fig. 4 du chap. III), a priori deux cas distincts sont à considérer. Le plan tangent à la sphère et contenant la droite donnée, n'a d'existence réelle que si la droite ne coupe pas le cercle donné. Monge trace bien les deux figures, mais ne fait aucune distinction dans le corps de la démonstration, semblant tenir pour négligeable le fait que le plan tangent soit réel ou imaginaire, et utilisant pour la première fois, le principe de continuité. «En introduisant dans [la Géométrie pure] un mode de démonstration que les anciens auraient repoussé comme une licence incompatible avec leurs principes rigoureux»[51], Monge ouvrait une voie qui devait se révéler d'une grande richesse. Le principe de continuité n'apparaît, certes, que de façon implicite, mais suffisamment nettement pour que Chasles nomme «méthode de Monge» son utilisation tacite.

Le cours de Monge contient donc, en germe, nombre d'idées qui seront reprises, développées et explicitées par ses successeurs. Précurseur direct de Poncelet, Monge se trouve ainsi à l'origine du profond bouleversement de la pensée mathématique qui allait apparaître durant la première moitié du XIXe siècle. Mais les idées les plus novatrices qui apparaissent à l'occasion des premières leçons de géométrie descriptive appartiennent-elles formellement à la géométrie descriptive ? Chasles pose cette question dans son «Discours d'inauguration du cours de Géométrie supérieure»[52] et, de manière surprenante, répond par la négative :

---

[48] R. Bricard, *Projet de programme pour le cours de géométrie de l'Ecole polytechnique*, mai 1911, Archives de l'Ecole polytechnique, III.3b6.

[49] [Poncelet, 1822, p. XX].

[50] [Taton, 1951, p. 269].

[51] [Chasles, 1837, p. 197].

[52] Le discours d'inauguration, prononcé le 22 décembre 1846, est publié dans [Chasles, 1880, p. 547-585].

Il ne faut pas perdre de vue que... la Géométrie descriptive n'est toujours qu'un instrument dont l'ingénieur se sert pour traduire sa pensée et exécuter sur le papier les opérations que la science, je veux dire la Géométrie générale, lui indique. La Géométrie descriptive exécute, mais elle ne crée pas. Si elle montre aux yeux la courbe d'intersection de deux surfaces, elle n'en fait point connaître les propriétés ; elle ne saurait même indiquer, mathématiquement parlant, si cette courbe est plane ou à double courbure. Elle n'a point de méthodes pour ces recherches, qui sont exclusivement du domaine de la Géométrie rationnelle.
Je fais cette réflexion parce qu'on trouve, dans le livre de Monge, quelques passages qui ne sont pas de la *Géométrie descriptive* et qui pourraient induire en erreur les jeunes géomètres sur la destination et le caractère scientifique de cette méthode graphique»[53].

Cette vision étroite de la géométrie descriptive, en opposition totale avec celle que Chasles lui-même propose dans son *Aperçu historique sur l'origine et le développement des méthodes en géométrie* de 1837 où il insiste longuement sur les exemples du passage réciproque espace-plan exposés précédemment, est incontestablement révélatrice et de l'ambiguïté de la discipline fondée par Monge et de la tendance, tout au long du XIXe siècle, à lui donner une définition de plus en plus restrictive[54]. Il reste que c'est bien sur le domaine des applications que nombre de mathématiciens entendent juger la géométrie descriptive.

Les applications de la géométrie descriptive

Le bilan est certainement plus contrasté si l'on tente de mesurer l'impact de la diffusion de la géométrie descriptive sur le développement industriel de la France ou des autres pays européens au XIXe siècle. Plus contrasté mais surtout plus délicat à dresser, compte tenu de la multiplicité des facteurs qui entrent en jeu dans le développement industriel d'un pays. La question vaut néanmoins d'être posée puisque selon Monge, la géométrie descriptive devait contribuer à «tirer la nation française de la dépendance où elle a été jusqu'à présent de l'industrie étrangère»[55]. L'usine du Creusot, rachetée par les frères Schneider en 1836, est peut-être, de ce point de vue un exemple réussi. Retraçant rapide-

[53] *Ibid.*, p. 578-579.
[54] Un vif débat s'engagea, entre Chasles et Olivier à la suite du discours inaugural du professeur de la Sorbonne. Olivier présentera, dans l'un de ses ouvrages, une méthode pour «reconnaître si la courbe d'intersection de deux surfaces est plane ou à double courbure» : « Je crois que l'on peut dire, sans être trop sévère, que M. Chasles n'a pas réfléchi en écrivant le contraire dans son discours d'ouverture ».
[55] [Monge, 1795, «Programme», p. 305]. Cette phrase est même celle par laquelle s'ouvre la *Géométrie descriptive*.

ment l'historique de cette entreprise industrielle, et les moyens mis en œuvre pour redresser une entreprise qui périclite, Y. Deforge conclut : «Ce qui est certain, c'est que le tout premier soin des deux frères est d'ouvrir au Creusot des cours où la géométrie descriptive et le dessin industriel tiennent une place importante ... il est incontestable que la formation technique généralisée, et l'enseignement du dessin comme moyen de communication du haut en bas de la hiérarchie, a contribué à faire du Creusot ... le premier grand complexe industriel existant»[56]. Si cette analyse est exacte, elle vient confirmer les espoirs mis par Monge dans l'efficacité du «langage universel» qu'il a contribué à créer.

Mais inversement, le fait que le pays le plus développé industriellement au XIXe siècle soit précisément celui qui fut le plus réfractaire à la diffusion de la nouvelle théorie géométrique peut laisser douter de l'existence d'une corrélation (du moins d'une corrélation positive!) entre celui-ci et celle-là. Il faut cependant éviter de tirer des conclusions trop hâtive sur ce sujet. En 1961, P. J. Booker publia un article précisément intitulé «Gaspard Monge (1746-1818) and his effect on Engineering Drawing and Technical Education», où il met en doute l'influence de la théorie française sur l'engineering britannique. Après cette publication, il lui fut reproché de sous-estimer cette influence qui se serait exercée en fait de manière indirecte, en particulier par l'intermédiaire d'un lieutenant de la marine française, Marc Brunel. Ce dernier connut d'abord un succès foudroyant aux Etats-Unis, comme architecte et ingénieur, succès auquel ses capacités de dessinateur n'étaient sans doute pas étrangères. De retour en Angleterre, il s'associa avec Henry Maudslay et, l'entreprise Maudslay, Sons & Field ayant eu un rôle très important dans la formation des ingénieurs de l'industrie mécanique, «la géométrie descriptive de Monge fut utilisée en Angleterre bien avant qu'elle ne soit formellement au programme dans l'enseignement technique»[57]. Mais il est évident que la multiplicité des facteurs susceptibles d'influer sur le développement industriel d'un pays, tant au niveau de la formation des acteurs potentiels que d'un usage direct dans la production, rend illusoire l'idée d'essayer de mesurer l'effet propre d'une discipline comme la géométrie descriptive, ou du moins dépasse le cadre de cet ouvrage (et les compétences de son auteur).

On peut néanmoins tenter de cerner l'influence de la géométrie descriptive dans deux champs d'application spécifiques qui apparaissent comme particulièrement riches tant sur le plan pratique que didactique : la théorie des engrenages et la stéréotomie.

---

[56] [Deforge, 1981, p. 115].

[57] J. P. M. Pannell, remarques exposées lors de la discussion qui suivie la présentation de l'article de Booker ; cf. [Booker, 1961, p. 35].

La théorie des engrenages

En ce début du XIXe siècle, l'industrialisation naissante de l'Europe fait de la théorie des engrenages, entre géométrie et mécanique, un des domaines les plus prometteurs des mathématiques appliquées (fig. 5). Initiées par Hachette[58], les recherches dans ce champ vont devenir le terrain de prédilection de Théodore Olivier[59]. «En 1815, raconte-t-il, alors que j'étais élève à l'Ecole polytechnique, Hachette, notre professeur de géométrie descriptive, me conduisit au Conservatoire des arts et métiers, et me montra dans la collection des machines, un engrenage clepsydre, engrenage tout nouveau et dont on ignorait la construction géométrique ; il m'engagea à l'étudier et à en faire l'épure»[60] (fig. 6). En 1810, l'ingénieur anglais White, de séjour à Paris, présente à l'Institut des engrenages cylindriques et coniques dont les vitesses angulaires des axes sont dans un rapport constant et qu'il affirme être sans frottement de glissement. Les engrenages de White semblent donc jouir de deux propriétés regardées par Euler comme incompatibles[61]. Mais White n'avait pas apporté de preuve rigoureuse de ses affirmations et si «l'on sentait bien que le frottement était très doux»[62], il restait à démontrer les propriétés énoncées. C'est ce que fit Olivier en traduisant géométriquement les procédés pratiques employés par White dans la construction de ses engrenages. Olivier montre ainsi que, supposant réduit chaque dent à une courbe, la démonstration d'Euler ne vaut que si le «point de contact est assujetti à se mouvoir dans un plan...; mais aussitôt que l'on considère non des courbes planes mais des courbes à double courbure, et que le point de contact peut dès lors se mouvoir dans l'espace»[63], on peut obtenir un frottement de roulement. Olivier complète ce travail, qui faisait l'admiration de Poncelet, par une étude sur les engrenages «à la White», c'est à dire sans frottement de glissement, dont les axes ne sont pas coplanaires[64]. *Son Traité des engrenages* présente une étude systématique des engrenages susceptibles de transmettre le mouvement de rotation entre deux axes non coplanaires, et revient sur ce thème dans les *Applications de la géométrie descriptive*[65]. En 1848, il donne un tracé d'engrenages de White, conique et à chevrons, en utilisant la spirale logarithmique et présente le principe de la construction d'une machine apte à tailler les dents d'un tel engrenage[66]. Ces travaux sur

---

[58] [Hachette, 1822]

[59] Né en 1793, Olivier rentre à l'Ecole polytechnique en 1810, un an après que Monge ait renoncé à l'enseignement. Par l'intermédiaire d'Hachette, il le rencontrera néanmoins personnellement. Je reviendrai plus loin sur son rôle d'enseignant. Sur Th. Olivier voir [Sakarovitch, 1994].

[60] [Olivier,1847, p. 404].

[61] Euler avait démontré qu'on ne pouvait construire des engrenages cylindriques tels que les vitesses angulaires des axes soient dans un rapport constant et que le frottement entre les courbes sections droites des cylindres formant les surfaces des dents soit un frottement de roulement.

[62] [Olivier, 1847, p. 279].

[63] [Olivier, 1842, p. II].

[64] Présenté à l'Académie en 1825, ces travaux ne seront publiés qu'en 1839. Olivier réalisera en 1829 un engrenage de ce type pour la Société d'Encouragement pour l'industrie française [Olivier, 1829].

[65] [Olivier, 1847, p. 279-314].

[66] Ce mémoire, présenté en 1848 à la Société philomatique, est publié, avec trois autres mémoires consacrés à la théorie des engrenages, dans [Olivier, 1851].

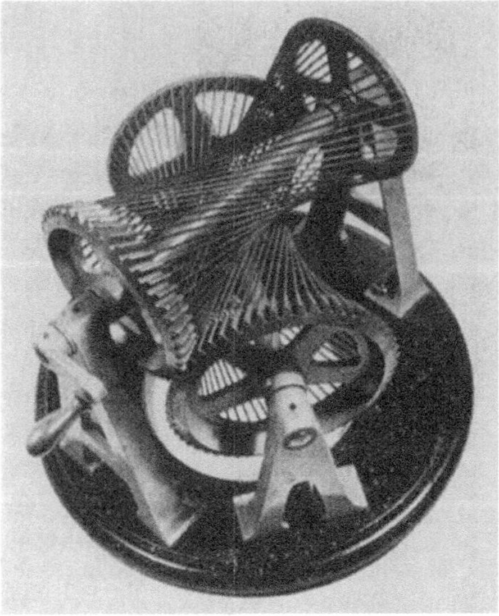

Fig. 5. - Engrenage hyperboloïde à axes non coplanaires

Fig. 6 - Vis clepsydre à quatre filets
(dessin réalisé par Olivier en 1815, lorsqu'il était élève à l'Ecole polytechnique,)
[Olivier, 1847, Pl 56]

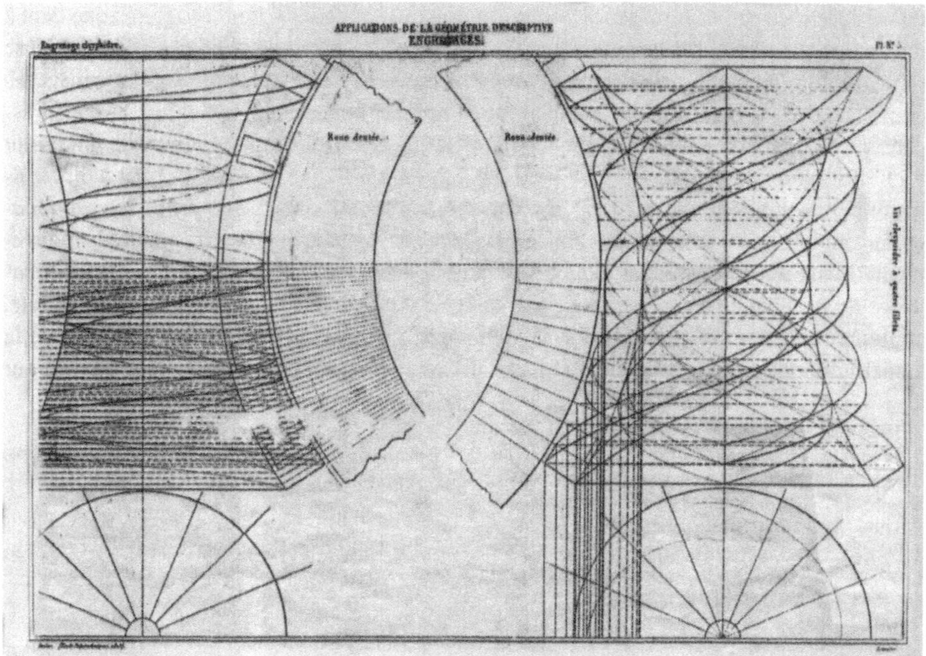

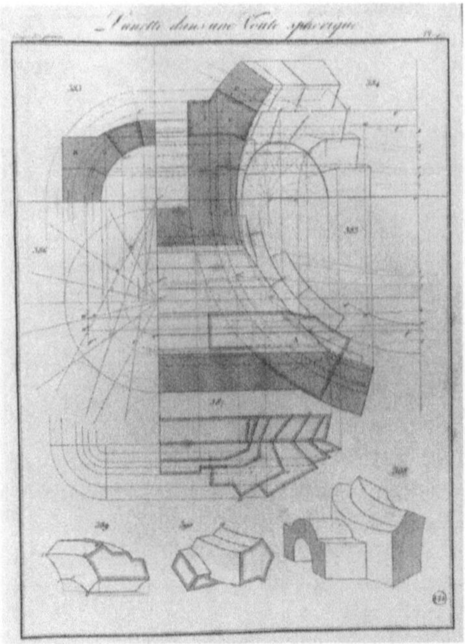

Fig. 7 - Lunette dans une voute sphérique
[Adhemar, 1840, Pl. 42]

Fig. 8 - Porte biaise dans un mur conique
[Adhemar, 1840, Pl. 31]

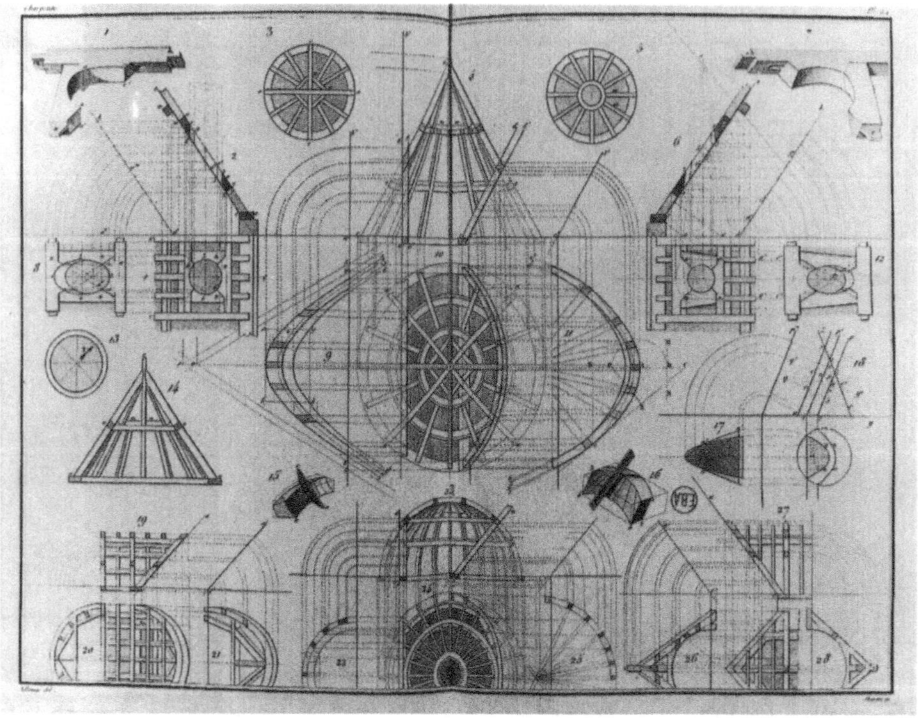

Fig. 9 - Charpenterie. Noulets dans des toitures conique et sphérique
[Adhemar, 1849, Pl. 44]

les engrenages, les plus connus, expliquent sans doute qu'Olivier soit souvent considéré comme «un mécanicien» et qu'il soit classé sous cette rubrique, par exemple dans le livre du centenaire de l'Ecole polytechnique[67]. Pourtant lui-même présente toujours ses résultats comme des applications de géométrie descriptive. A chaque fois qu'il le peut, il insiste sur le fait que «White n'étant pas géomètre, (...ne pouvait) démontrer rigoureusement l'existence des propriétés qu'il annonçait»[68]. Le tracé des engrenages à axes gauches, dont les dents de la première roue ont un profil de développantes de cercle tandis que celles de la seconde sont des hélicoïdes développables, tout comme l'application de la théorie des rayons de courbure des épicycloïdes sphériques à la construction des engrenages coniques montrent que c'est en géomètre qu'il raisonne.

Mais simultanément Olivier garde constamment présent à l'esprit un critère de faisabilité. Il ne lui suffit pas d'appliquer aux engrenages une théorie des surfaces hautement élaborée, il lui importe aussi de concevoir les moyens de la réalisation effective des objets projetés. Toujours stimulées par des problèmes pratiques, les recherches d'Olivier sont bien représentatives d'une certaine conception des mathématiques appliquées conçue comme une chaîne ininterrompue qui joint recherche théorique et production d'objet.

La coupe des pierres après les Leçons de Monge

Le premier ouvrage de coupe des pierres postérieur aux Leçons de Monge est publié par Hachette, en 1822, en complément à son *Traité de géométrie descriptive*. Cette appendice est certainement très proche de l'esprit dans lequel Monge concevait lui-même ce sujet. D'une part Hachette y cite très souvent son maître, au point que, souvent, le lecteur ne sait plus lequel des deux s'exprime, et d'autre part les questions traitées correspondent aux épures gravées de l'an III, préparées à l'Ecole centrale des travaux publics sous la direction de Monge. De nombreux traités de coupe des pierres seront ensuite publiés au XIXe siècle, souvent rédigés par des enseignants de géométrie descriptive. Pour ne citer que les principaux ouvrages français, signalons ceux de Vallée (1824), Douliot (1825), Adhémar (1834 et 1840), Leroy (1844), Lejeune (1875), Pillet (1876), Monduit et Denis (1889), Chaix (1890), Rouché et Brisse (1893), ou Toussaint (1902).

Deux différences semblent essentielles entre les traités de coupe des pierres du XIXe siècle et les traités anciens décrits au chapitre II : la lisibilité des épures et la simplicité des textes d'accompagnement. La lisibilité des épures ne concerne pas seulement l'objet architectural représenté, dans son tout ou dans ses parties constituantes, elle concerne également, et j'ai déjà insisté sur ce point, les modes de construction de l'épure, qui de ce fait, se suffit à elle-même (fig. 7 et 8). La simplicité des textes d'accompagnement est naturel-

[67] *Ecole polytechnique, le livre du centenaire*, p. 175-6.
[68] [Olivier, 1847,p. 279] .

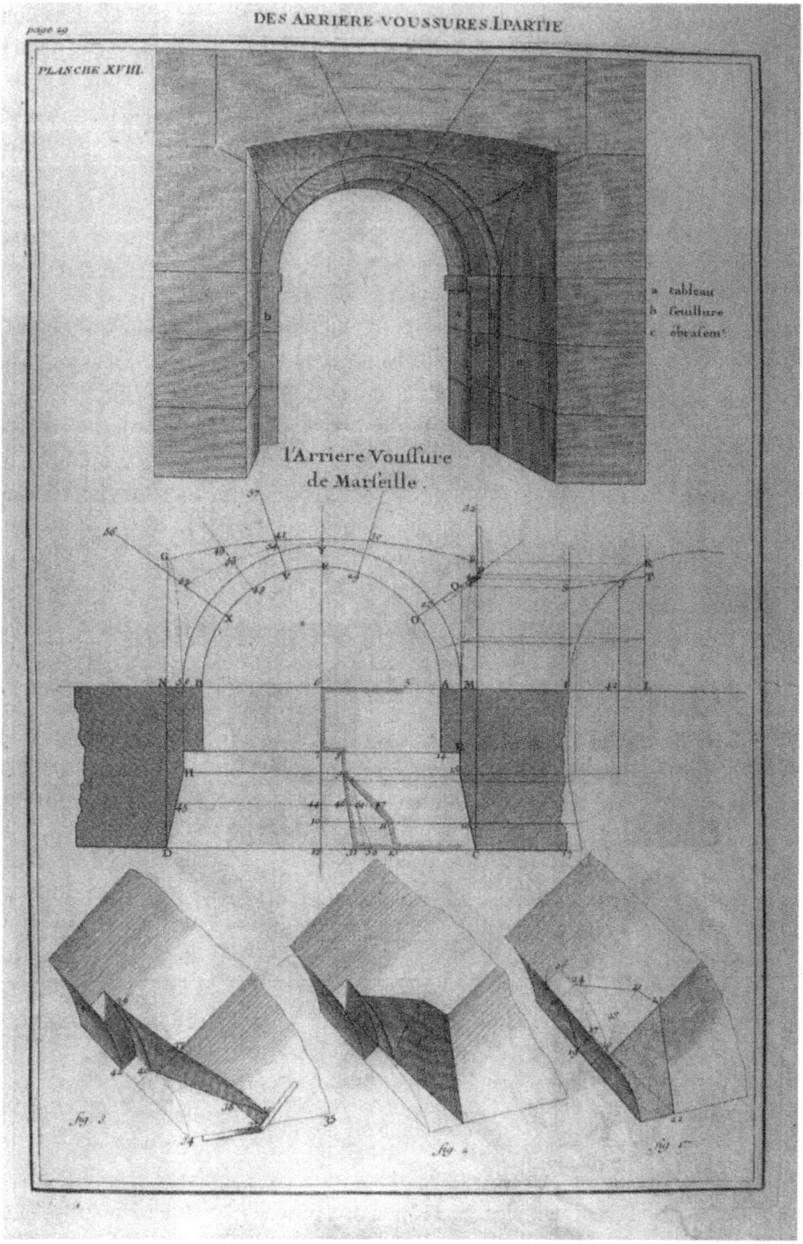

Fig. 10 - Arrière-Voussure de Marseille.
[de La Rue, 1728]

lement relative puisqu'elle suppose l'acquisition des principes et méthodes de la géométrie descriptive, mais elle permet de mesurer l'économie que représente l'acquisition préalable d'une théorie adéquate. De ce point de vue la situation est tout à fait similaire pour les traités de charpenterie (fig. 9). Mais bien sûr, l'assurance qu'a le lecteur des traités du XIXe siècle de posséder un outil opératoire pour traiter des situations non prévues au catalogue, constitue une différence d'une toute autre nature. Il est d'ailleurs frappant de constater que l'unique voûte clavée étudiée par Desargues n'appartient plus au répertoire des traités de stéréotomie du XIXe siècle. Conçu comme une série d'exemples d'application d'une théorie générale à une technique particulière, il n'est plus besoin d'y multiplier les variantes des différentes situations possibles, ou de traiter des pièces clavées qui pouvaient apparaître comme très générales et qui étaient en fait très particulières.

L'arrière-voussure de Marseille

Certains tracés de stéréotomie vont également bénéficier des progrès de la théorie géométrique. C'est le cas par exemple de l'embrasure de fenêtre dite «en arrière-voussure de Marseille» (fig. 10 et 11). Lorsqu'une fenêtre, dont la partie haute est cintrée, est encastrée dans un mur épais - ce qui est le cas des murs de pierres - la baie pratiquée dans celui-ci ne peut être réduite à l'exacte forme de la fenêtre. Il faut en effet prévoir le débattement nécessaire à l'ouverture de chaque vantail et exhausser l'intrados de cette baie, la partie cintrée décrivant lors de son ouverture une portion de tore que l'on doit, au minimum, laisser libre. Traditionnellement, dans l'architecture classique française, certaines formes furent adoptées qui prirent le nom du lieu où elles apparurent pour la première fois : arrière-voussure de Marseille, de Montpellier, de Saint-Antoine (en référence à la porte du même nom, à Paris).

Dans le cas de l'arrière-voussure de Marseille, la douelle d'intrados est une surface réglée dont les directrices sont le demi-cercle de la feuillure de la fenêtre (CYD sur l'épure, fig. 11), l'axe horizontal de la porte (O, O'Y'), et un arc de cercle situé sur le nu intérieur du mur contenant la baie (arc EZF) délimité par les faces d'ébrasement (représentées sur l'épure par les plans verticaux C'E' et D'F'). La portion de surface ainsi définie ne couvre donc pas tout l'espace correspondant à l'embrasure de la baie. Si l'on prolongeait fictivement l'arc EZF, la surface gauche couperait la face d'ébrasement D'F' suivant une courbe qui, en général, ne permettrait pas au vantail de s'y appliquer librement. C'est pourquoi on complète la douelle en ajoutant à la directrice EZF une nouvelle branche FD, tracée sur la face d'ébrasement et choisie de manière à remplir la condition précédente. Le problème qui se pose alors est celui du raccordement des deux surfaces gauches qui ont en commun une génératrice. Pour éviter qu'une brisure inesthétique ne mette en évidence cette double génération, il est nécessaire que les deux surfaces admettent un même plan tangent, en tout point de cette génératrice commune. Un tracé rigoureux de cette arrière-voussure est donc un exemple d'application du théorème de raccordement des surfaces gauches de

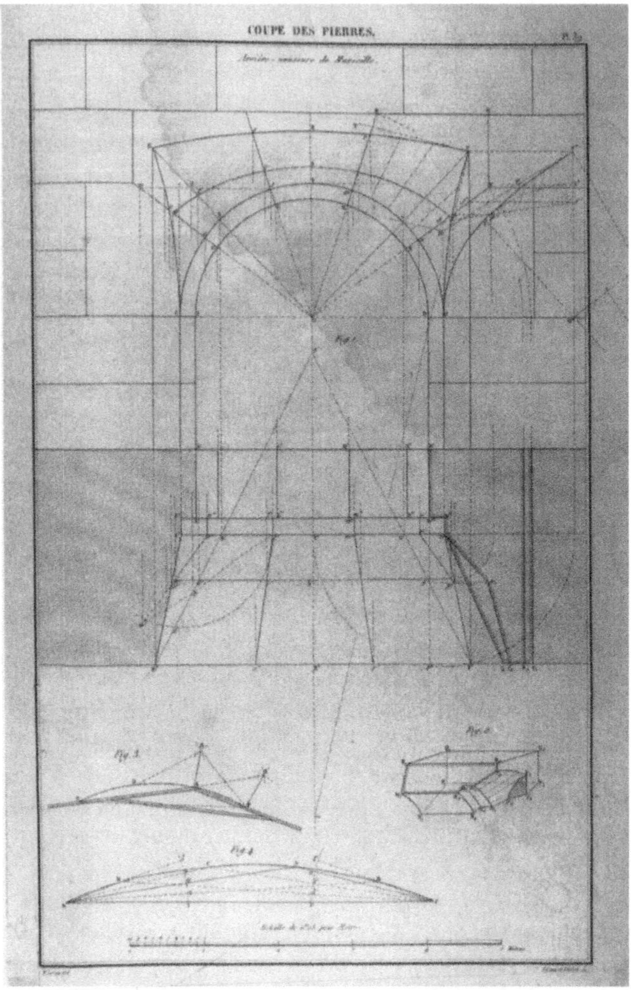

Fig. 11 - Arrière-Voussure de Marseille.
Tracé utilisant le théorème de Hachette.
[Leroy, 1844]

La douelle d'intrados est composée de deux surfaces réglées : la première admet comme directrices le demi-cercle CYD de la feuillure de la fenêtre, l'axe horizontale de la porte (O, O'Y'), et un arc de cercle EZF situé sur le nu intérieur du mur ; la seconde, outre l'arc de cercle EZF et l'axe (O, O'Y'), une courbe FD, tracée sur la face d'ébrasement et choisie de manière à permettre le débattement du vantail. Le problème est donc de raccorder ces deux surfaces réglées qui ont en commun la génératrice OGF et deux directrices. D'après le théorème de Hachette, il suffit que les deux surfaces admettent même plan tangent en trois points de la génératrice. Comme elles admettent un même plan tangent au point O et au point G, il suffit de choisir la directrice FD de la seconde surface gauche de telle sorte que les deux surfaces admettent au point F un même plan tangent (et laisse libre le débattement du vantail). Leroy achève donc l'épure en déterminant la droite d'intersection FH du plan tangent en F à la première surface gauche et du plan vertical d'ébrasement, puis en choisissant la directrice FD de telle sorte qu'elle admette cette même droite FH comme tangente en F.

Hachette[69]. Il suffit que les deux surfaces admettent un même plan tangent en trois points de la génératrice pour qu'elles se «raccordent».

Avant l'énoncé de ce théorème – mais il faut bien le reconnaître, sans doute aussi après – l'habileté du tailleur de pierres palliait une construction géométrique imprécise, si bien qu'il est difficile de constater une grande différence entre les arrière-voussures de Marseille réalisées au XIXe siècle et celles qui sont antérieures. Et ce, d'autant plus que le raccordement des deux surfaces gauches s'effectue dans une partie rentrante d'un voussoir, ce qui interdit de procéder par panneau. Tout au plus peut-on déterminer des galbes que l'on applique lors de la taille afin de savoir s'il reste encore de la pierre à abattre. Dans cette situation, le savoir-faire compte autant que le tracé géométrique.

La théorie de l'appareillage de Monge

En exposant, dans ses Leçons à l'Ecole normale, une théorie de l'appareillage selon les lignes de courbure de l'intrados des voûtes (cf. chap. III, p. 225-226), Monge avait sûrement d'autres ambitions que de peaufiner le tracé des arrière-voussures de Marseille. Par deux fois au moins (dans des textes écrits), il revient sur la question, en prenant comme exemple les voûtes ellipsoïdes. Ces voûtes, fréquentes dans l'architecture baroque et classique (on en trouve à Saint Pierre de Rome, dans les églises de la Sorbonne, du Val de Grâce, des Invalides…), furent traditionnellement appareillées, comme les voûtes sphériques ou les ellipsoïdes de révolution, avec des rangs d'assise horizontaux. Or Monge avait étudié antérieurement l'ellipsoïde et déterminé ses lignes de courbure, montrant que ce sont des courbes gauches dont une famille se projette horizontalement selon une famille d'ellipses et l'autre selon une famille d'hyperboles (fig. 12 et 13). Les voûtes ellipsoïdes fournissent donc un excellent exemple d'application de sa théorie. Se prenant à rêver, et sûrement en référence au projet pour la salle de l'Assemblée nationale alors en discussion, il décrit ce que pourrait être un amphithéâtre idéal qui respecterait la géométrie de la surface :

> «De toutes les formes qu'on pourrait donner à l'amphithéâtre, il n'y en a aucune dont la loi soit plus simple et plus gracieuse que l'ellipse ; il faudrait donc que la salle fût elliptique, et qu'elle fût couverte par une voûte.
> Le service des Assemblées législatives exige un emplacement pour le bureau, en devant duquel est la tribune de l'orateur. En plaçant le bureau à l'un des sommets de l'ellipse, on pourrait lui conserver un espace suffisant pour la commodité du service, et l'orateur se trouverait naturellement placé sous un des ombilics de la voûte ; l'amphithéâtre n'occuperait que la partie qui serait en avant. … La salle qui n'aurait ni tribune ni aucune espèce d'irrégularité, pourrait être décorée par des colonnes, à chacune desquelles correspondrait une nervure de la voûte, pliée sui-

[69] [Hachette, 1822, p. 84], cf., p. 306

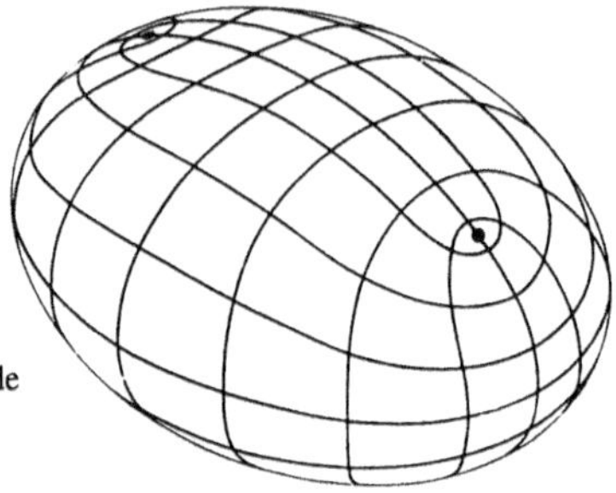

Fig. 12 - Lignes de courbure de l'ellipsoïde

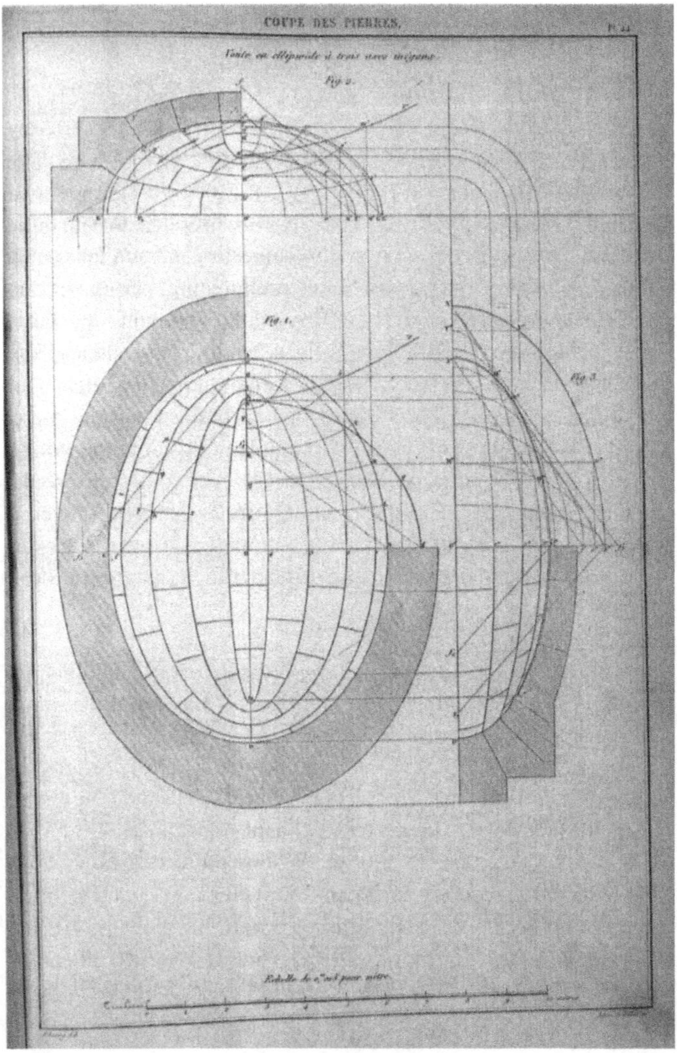

Fig. 13 - Voûte-ellipsoïde appareillée selon les lignes de courbure.
[Leroy, 1844.]

vant la ligne de courbure ascendante. Toutes ces nervures, verticales à leur naissance, se courberaient autour de l'un ou l'autre ombilic, redescendraient ensuite à-plomb sur les colonnes opposées, et elles seraient croisées perpendiculairement par d'autres nervures pliées suivant les lignes de l'autre courbure. Les intervalles de ces nervures pourraient être à jour, soit pour éclairer la salle, soit pour donner des issues à l'air, et formeraient un vitrage moins fantastique que les roses de nos églises gothiques. Enfin deux lustres suspendus aux ombilics[70] de la voûte, et à la suspension desquels la voûte entière semblerait concourir, serviraient à éclairer la salle pendant la nuit.
Nous n'entrerons pas dans de plus grands détails à cet égard ; il nous suffit d'avoir indiqué aux artistes un objet simple, et dont la décoration, quoique très-riche, pourrait n'avoir rien d'arbitraire, puisqu'elle consisterait principalement à dévoiler à tous les yeux une ordonnance très-gracieuse, qui est dans la nature même de cet objet»[71].

On sent bien à travers ce texte, cité intégralement par Hachette puis par Leroy dans leur cours de stéréotomie[72], le souhait de voir la théorie mongienne renouveler l'architecture clavée. Force est de constater qu'il n'en fut rien. Je n'ai pu trouver d'exemple ni de réalisation architecturale clavée faisant intervenir des surfaces nouvelles, ni de voûte dont l'intrados soit une surface complexe appareillée selon les lignes de courbure. Il est vrai que la difficulté première pour évaluer l'impact réel de la nouvelle théorie d'appareillage sur la stéréotomie vient du fait que l'une apparaît au moment où l'autre décline. L'escalier de l'archevêché de Bordeaux, construit en 1772-78, ou la trompe de l'église Saint-Sulpice réalisée en 1774, ne doivent pas faire illusion ; ils font partie des derniers chefs-d'œuvre de la stéréotomie française. La seconde moitié du XVIIIe siècle est marquée par la destruction des archétypes (destruction de la porte Saint-Antoine, en 1778), le développement de l'utilisation de la voûte en brique, plus légère et plus économique que la voûte clavée, l'apparition des escaliers suspendus à marches porteuses, et l'utilisation de la «charpente à petits bois» de Philibert de l'Orme. Accompagnant l'évolution technique, l'évolution esthétique accentue le phénomène. «Le bon goût a proscrit les trompes de l'architecture civile» écrit Douliot[73] ; «le bon goût» condamne même globalement la stéréotomie, jugée baroque. On détruit au XIXe siècle bien plus de chefs-d'œuvre de stéréotomie que l'on en construit[74] et le cas de la trompe de la maison Saint-Oyen, citée au chapitre II, n'est malheureusement pas exceptionnel. Si la seconde moitié du siècle connaît un certain renouveau de l'architecture clavée dans les immeubles urbains en France, ou en Espagne avec Gaudi, il reste surtout marqué par l'apparition de nouveaux matériaux, le fer et le béton. Mais indépendamment des évolutions des techniques de construction, prétendre résoudre les problèmes statiques, géométriques, esthétiques et pratiques que pose l'appareillage

[70] Les lignes de courbure de l'ellipsoïde admettent deux points limites que Monge a appelé «ombilics», voir fig. 10.
[71] [Monge, 1795, Feuille n° 20] et [Monge, 1796, pp. 162-163].
[72] [Hachette, 1822, p. 293] et [Leroy, 1842, pp. 366-367].
[73] [Douliot, 1825, p. 165].
[74] Sur ce sujet, voir [Perouse de Montclos, 1982, p. 219-224].

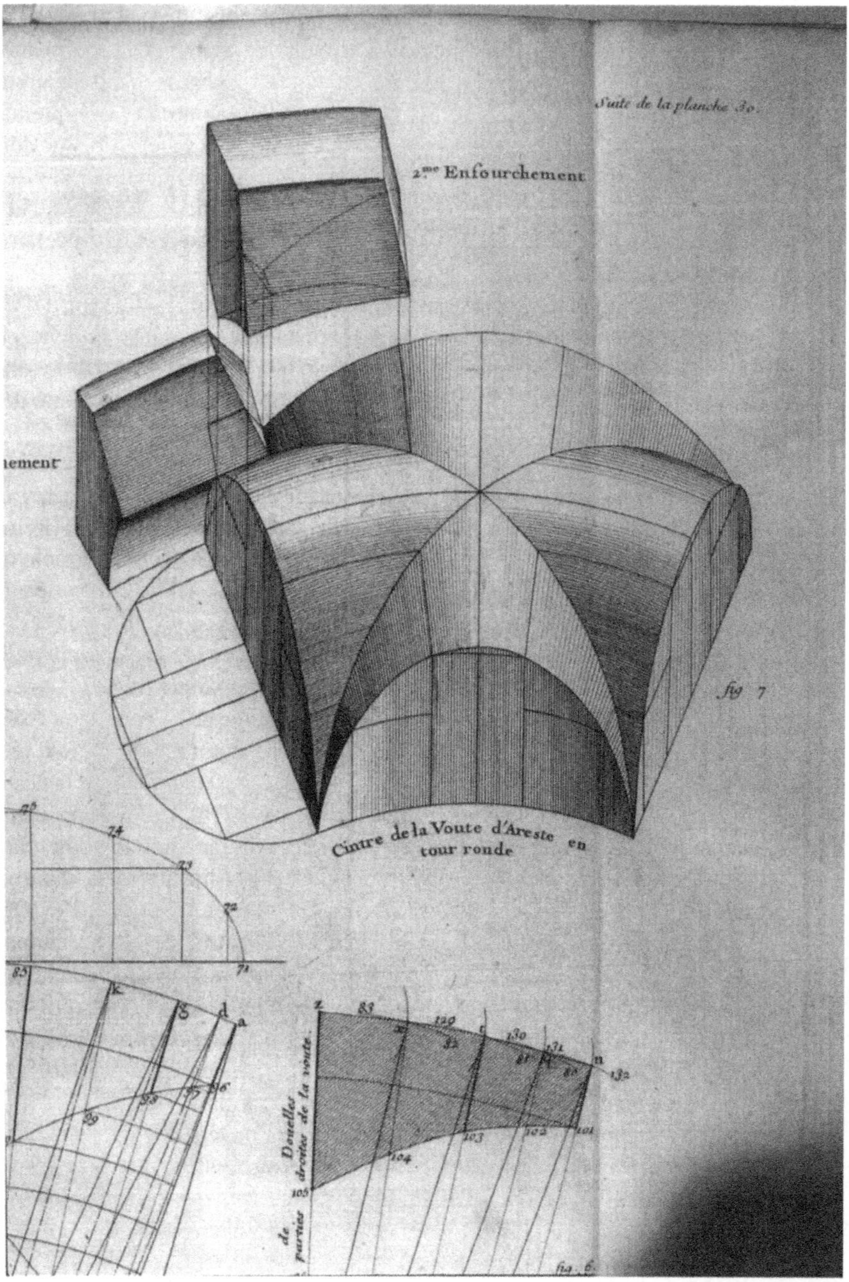

Fig. 14 - Voûte d'arête en tour ronde,
axonométrie de l'intrados.
[de La Rue, 1728]

des voûtes, par la seule considération des lignes de courbure de la surface d'intrados devait rapidement se révéler quelque peu limitatif.

Les limites de la théorie de Monge

Dupin, dans son *Essai historique sur les services et les travaux scientifiques de Gaspard Monge*, signale en note, deux restrictions à la théorie de Monge, correspondant aux sous-faces d'escaliers dont la surface est gauche et aux pénétrations de plusieurs voûtes; or ces deux types d'exceptions recouvrent un grand nombre de voûtes[75]. Un examen attentif des vingt épures de coupe des pierres préparées par Monge pour les élèves de l'Ecole polytechnique, montre que quatorze d'entre elles s'éloignent peu ou prou de la loi générale énoncée dans le cours[76]. Par exemple dans la voûte d'arête en tour ronde (fig. 14 et 15), l'intrados de la voûte est composé d'une portion de tore et d'une portion de cylindroïde[77], surface réglée gauche. Pour des raisons de commodité évidente, les lignes d'assise sur cette portion d'intrados suivent les génératrices de la surface, qui ne sont pas des lignes de courbure[78]. Il en est de même des épures du «biais passé des anciens» (qui correspond à la fig. 22 du chap. II) ou de l'arrière-voussure de Marseille (fig. 10 et 11), qui présentent des surfaces réglées gauches appareillées selon les génératrices. Même la trompe biaise qui, d'après Eisenman, servait à exemplifier «l'application qu'a fait le C^en Monge de sa belle théorie des lignes de courbure des surfaces à la division des voûtes en voussoirs»[79] ne respecte pas totalement la règle énoncée. Malgré la note de Dupin, Leroy continuera à enseigner la théorie de l'appareillage selon les lignes de courbure sans modifier les épures de coupe des pierres qui, exécutées rapidement au moment de la création de l'Ecole, n'étaient que des copies du traité de J.-B. de La Rue.

Mais les véritables limites de la théorie mongienne vont apparaître à l'occasion de la construction d'ouvrages d'art relativement spécifiques dont le développement est lié à la mise en place des réseaux de chemin de fer : «les ponts biais» (fig. 16 et 17). Lorsque l'on doit faire franchir une route à une ligne de chemins de fer, bien que les deux voies suivent globalement la même direction, on ne peut construire un pont dont le tablier soit perpendiculaire à la voie franchie sans imposer un double virage que l'exiguïté du terrain peut rendre à très petit rayon de courbure. Admissible pour une route franchissant une voie d'eau (du moins tant que les transports terrestres sont lents), cette situation est proscrite pour les trains, compte tenu des risques de déraillement. D'où la réalisation durant la première moitié du XIXe siècle d'un grand nombre de ponts biais, qui doivent répondre aux problèmes de surcharge et d'ébranlement produit par le passage des trains, tout en

[75] Cf. [Dupin, 1819, p. 245].
[76] Voir [La Gournerie, 1870, p. 370] et [La Gournerie, 1873, p. 280-281].
[77] Cf. note 51 du chapitre II.
[78] Sur une surface gauche (ou à courbure totale négative), les lignes de courbure de l'une des familles sont à courbure positive, les autres à courbure négative. Les génératrices, de courbure nulle, ne sont lignes de courbure que des surfaces développables ; cf. Annexe I.
[79] [Eisenman, An IV, p. 440].

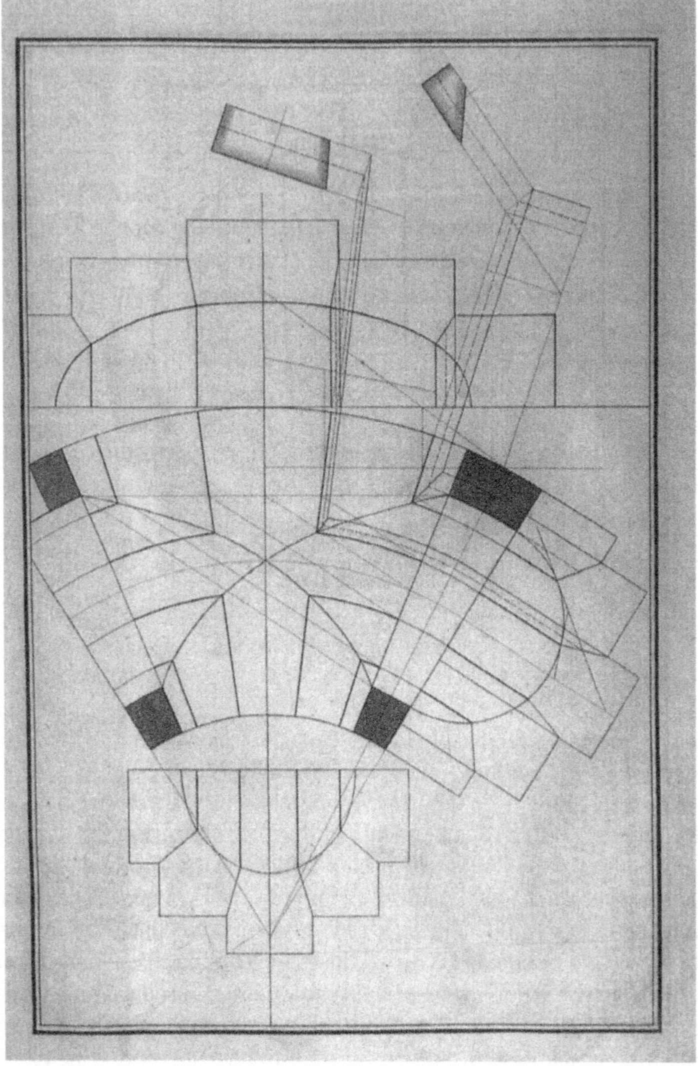

Fig. 15 - Voûte d'arête en tour ronde, Epure gravée de l'Ecole polytechnique

Un «contre-exemple» à la théorie de l'appareillage selon les lignes de courbure : l'intrados de la voûte est composé d'une portion de tore et d'une portion de cylindroïde, surface réglée à courbure totale négative selon la classification de Gauss. Sur cette épure, les lignes d'assise de la portion de cylindroïde suivent les génératrices de la surface, qui ne sont pas des lignes de courbure de la surface.

présentant une obliquité qui, dans certain cas, peut être importante[80]. La construction en pierre de tels ponts pose donc de délicats problèmes d'appareillage et donnera lieu à une importante littérature. Tant que le biais n'est pas inférieur à environ 65°, on peut appareiller, sans inconvénient majeur, le pont comme un berceau droit ; «les grandes obliquités» correspondent à des angles inférieurs à 40°. Le premier pont appareillé comportant un tel biais (39°) fut construit par Chapmann, pour le grand canal d'Irlande (près de Nass) vers 1787. Le «record» semble toujours détenu par un pont élevé en 1830 sur la rivière Gaunless, pour la ligne de chemin de fer Stockton-Darlington, avec un biais de 27°.

Dans l'article qui marque le point de départ des études théoriques sur le sujet, Lefort cite intégralement le passage du cours de Monge concernant l'appareillage des voûtes pour constater que «cette analyse, si bien faite, ... fait presque complètement abstraction de l'élément mécanique qui domine la question. Il est nécessaire, en effet, ... de diriger les surfaces des joints normalement à la surface des pressions maxima qui doivent naître au décintrement»[81]. Or cette surface, pour une voûte extradossée parallèlement (c'est-à-dire suivant une surface de même nature que celle de la douelle) est la surface normale à la ligne de plus grande contraction, ligne qui ne se confond pas nécessairement avec la ligne de plus petite courbure de la surface. Les différentes solutions proposées – appareillage hélicoïdal adopté en Angleterre (fig. 18), appareillage orthogonal parallèle ou convergent, appareillage cycloïdal dû au fils Hachette (fig. 19) – déterminent «des lignes d'assises et de joints (qui) diffèrent notablement des lignes de plus grande et de moindre courbure que la considération exclusive de la partie géométrique de la question avait fait admettre à Monge. Nous ferons remarquer, d'ailleurs, que la condition elle-même d'avoir des joints normaux à la voûte est plus géométrique que mécanique, et la véritable définition de la surface de joint serait celle-ci : "Cette surface doit être telle que la normale en un point donné du joint soit dirigée suivant la résultante des pressions en ce point"[82]. La critique de Graeff, ingénieur en chef des ponts et chaussées, est profonde et pertinente. Bien sûr, Monge ne pouvait avoir présent à l'esprit un problème qui s'est posé, de manière fréquente, postérieurement à son cours. Néanmoins, apparaît ici clairement une restriction à la généralité de la solution proposée, qui n'est «entièrement satisfaisante [que] lorsque la surface de la voûte est telle que la ligne de plus petite courbure passant par chacun de ces joints [peut] être tracée tout entière sur la douelle dans sa partie supérieure aux pieds droits»[83].

La théorie de Monge donne une solution purement géométrique à un problème qui est aussi – peut-être avant tout - statique et économique. Le résultat pratique sera que la solution «optimale» au problème posé sera trouvée en Angleterre, pays où il est vrai la question des ponts s'est d'abord posée. Que l'Angleterre soit en avance sur la France en ce début du XIXe siècle en ce qui concerne l'industrie métallurgique est une chose. Mais que sur un problème spécifique de stéréotomie – domaine dans lequel la France bénéficie de la

[80] L'obliquité est d'autant plus grande que l'angle entre les deux voies est faible.
[81] [Lefort, 1839, p. 290]
[82] [Graeff, 1867, p. 12].
[83] [Lefort, 1839, p. 291].

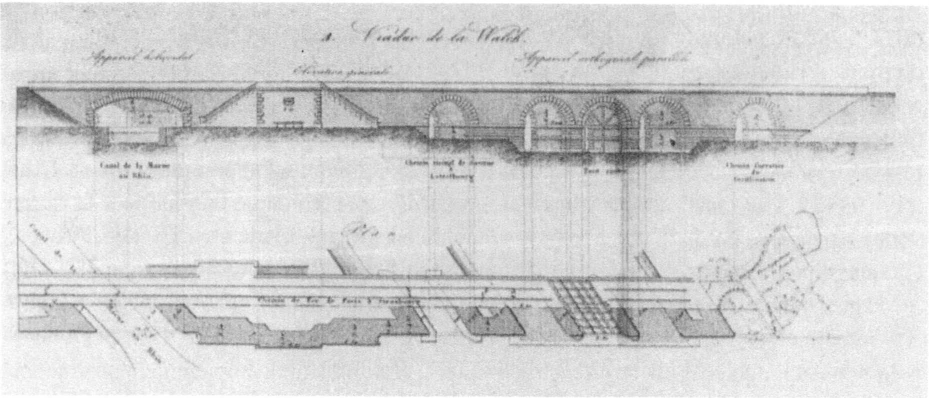

Fig. 16 - Pont biais
[Graeff, 1852]
Viaduc de la Walck, construit pour la ligne de chemin de fer Paris-Strasbourg. L'arche biaise franchissant le canal de la Marne au Rhin (à gauche) suit un appareil hélicoïdal, les cinq arches de droite suivent un appareil orthogonal parallèle.

Fig. 17 - Modèle de Th. Olivier montrant les arêtes de douelle en hélices des voûtes biaises.

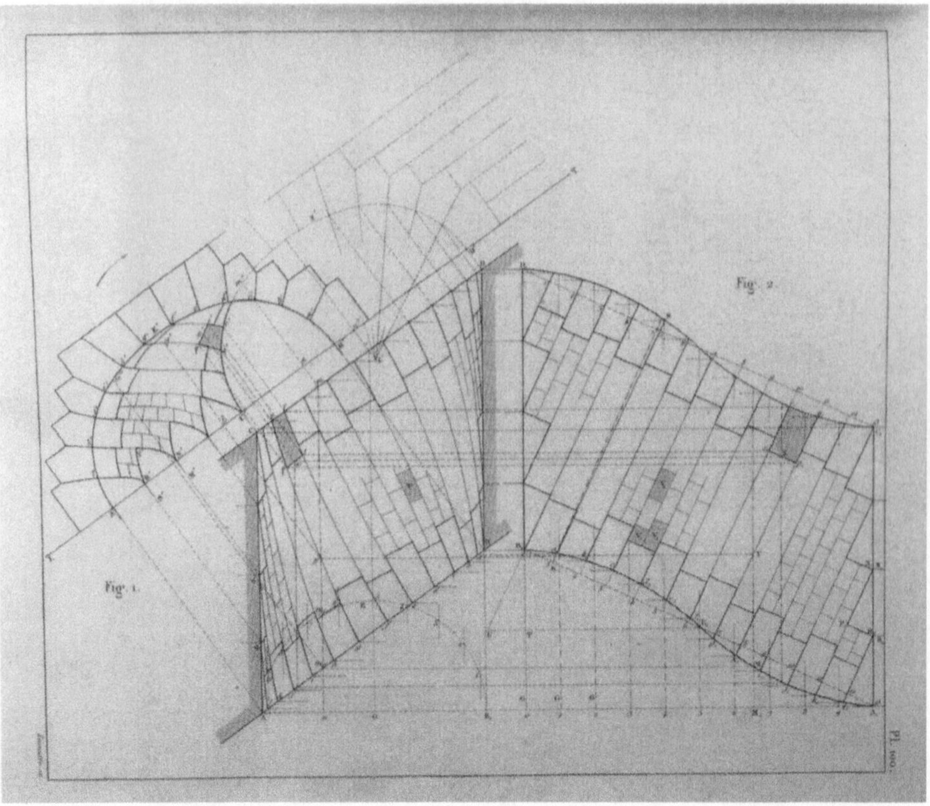

Fig. 18 - Appareil hélicoïdal des voûtes biaises
[Douliot, 1825]

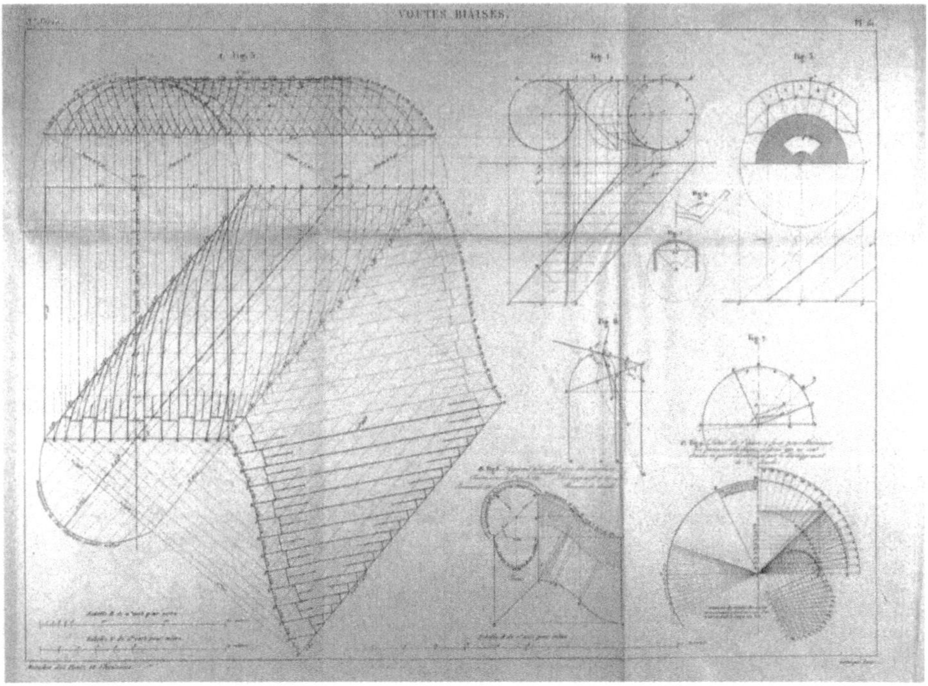

Fig. 19 - A. B. Hachette,
Description d'un nouveau procédé pour construire les voûtes biaises.
[Hachette, 1854]

longue tradition des corporations, d'un savoir-faire incomparable avec aucun autre pays européen, d'une avance de deux siècles par rapport à l'Angleterre quant à l'édition du premier traité[84], et où se trouve explicité pour la première fois la théorie géométrique sous-jacente aux tracés des appareilleurs - la solution soit britannique, fut ressenti comme un échec par les ingénieurs du corps des ponts et chaussées. Cet échec entraîna une remise en cause profonde de la manière d'appréhender la géométrie descriptive, et en particulier de l'enseigner, à partir du milieu du siècle.

L'enseignement de la géométrie descriptive au XIXe siècle et la formation des ingénieurs en France

La «période Hachette», marquée par l'enthousiasme qui suit la création de la discipline, est interrompue par la Restauration, l'Ecole polytechnique subissant une fois encore les contre-coups des brusques changements d'orientation politique en France. Comme Monge, Hachette avait été très engagé dans le mouvement révolutionnaire et en 1816, «un gouvernement réactionnaire l'arrache brutalement d'une école dont il pouvait à juste titre se croire un des fondateurs»[85]. C. Leroy lui succède ; il va assurer le cours de géométrie descriptive et de géométrie analytique pendant 35 ans. Par rapport à l'époque héroïque, «la période Leroy» semble extrêmement terne et le professeur est sûrement le premier responsable de la sclérose dont commence à souffrir la discipline. Non que Leroy soit un mauvais enseignant[86], mais c'est un cours complètement figé qu'il dispense pendant un tiers de siècle. Pour s'en convaincre, il suffit de se reporter aux comptes rendus du Conseil de perfectionnement de 1849, année du départ de Leroy, où l'on peut lire:

> «L'enseignement qui a subi les plus grandes modifications est celui de géométrie descriptive. La nécessité d'une réforme dans cette partie était sentie depuis longtemps. Les travaux graphiques exécutés par les élèves étaient les mêmes depuis un grand nombre d'années; la collection des épures étaient entre leurs mains et pour la

[84] Le premier traité de coupe des pierres en français est, comme nous l'avons vu au chapitre II, celui de Philibert de l'Orme, édité en 1567; le premier ouvrage de langue anglaise sur ce sujet, du général Vallencey, n'a été publié qu'en 1766.

[85] «Discours d'Arago prononcé aux funérailles de M. Hachette, le 18 janvier 1834», *Dossier Hachette*, Archives de l'Académie des Sciences.

[86] Le cours de géométrie descriptive de Leroy sera même un succès de librairie et sera réédité huit fois.

Le portrait de Théodore Olivier peint par Roller

> plupart d'entre eux leur exécution n'étaient qu'un travail de copie...Le résultat d'un tel système était facile à apercevoir a priori, mais il n'était que trop constaté, tous les ans, par les plaintes des écoles d'application....»[87]

Reprenant pendant 35 ans le même cours, les mêmes sujets d'exercice, pour les épures de géométrie descriptive comme pour les différentes applications, l'enseignement de Leroy tombe dans une routine stérile du même ordre que celle qui régnait dans la transmission des méthodes graphiques utilisées par les différentes corporations du bâtiment, sous l'Ancien Régime, routine que la géométrie descriptive était censée briser. Les élèves copient entre eux, reprennent les épures de leurs aînés, ou recopient le modèle qui, conformément à l'habitude prise sous Monge et Hachette, continue à être affiché dans les salles d'exercice et auxquels la majorité d'entre eux ne comprend rien.

Pas de modification dans le cours, pas plus dans l'emploi du temps. Pendant toute la première moitié du XIXe siècle la géométrie descriptive conserve grosso modo le même poids relatif dans le curriculum (environ 20% du temps des études de la première année). Son introduction progressive dans le programme du concours d'entrée, qui allège d'autant celui traité à l'Ecole, n'induit aucune diminution du nombre des leçons qui lui sont consacrées. D'abord réduit aux chapitres concernant les droites et plans, le programme d'admission est pourtant largement étendu à partir de 1849 et comprend l'étude des cylindres, des cônes, des sphères et de leurs intersections. Si la masse horaire de la discipline ne diminue pas par rapport à celle qui était la sienne en 1809, année du départ officiel de Monge de l'Ecole, on assiste après le départ d'Hachette à un déclin de son prestige et de son attrait auprès des élèves. En 1837, dans son *Aperçu historique des méthodes en géométrie*, Chasles considère que «la géométrie descriptive est encore en voie de progrès» mais ne cite plus qu'Olivier comme mathématicien ayant une production dans ce domaine[88].

L'Ecole centrale des arts et manufactures et l'enseignement de Théodore Olivier

Avec la chute brutale de l'horaire imparti à la géométrie descriptive pendant les premières années de l'Ecole, suivie du déclin de son rayonnement après la Restauration, s'opère un déplacement du centre de gravité du curriculum de l'Ecole polytechnique vers l'analyse. C'est précisément contre cet état de fait que Théodore Olivier s'insurge. Dénonçant avec une rare violence «les inspirations funestes de Laplace, de Poisson, de Cauchy, ces hommes qui ne connaissaient d'autre langue que l'algèbre, qui ne connaissaient d'autre

[87] Comptes rendus du Conseil de perfectionnement de 1849, Archives de l'Ecole polytechnique.
[88] [Chasles, 1837, p.356].

science que l'algèbre,... qui ne prisaient un homme qu'autant qu'il savait l'algèbre,...ces hommes incapables de comprendre autre chose que l'algèbre,... firent une école de mathématiciens, une école normale supérieure entièrement consacrée à l'algèbre ; ils supprimèrent tous les cours d'applications,... la physique expérimentale disparut, ..., la mécanique des machines disparut... Et ils ne peuvent nier que leur pensée ne fût ainsi que je la décris, car ils ont souvent répété, eux et leurs disciples, que l'Ecole polytechnique était surtout destinée à donner au pays deux à trois savants analystes par an»[89]. Olivier fustige encore «ces théoriciens qui prennent le nom de savants purs (et) se regardent comme devant former un corps aristocratique, ayant le droit de commander et de dominer les praticiens, qui sont traités par eux comme des ilotes.... Si les savants, ajoute-t-il, voulaient un moment descendre dans les ateliers..., ils montreraient moins de dédain pour les sciences appliquées, car ils resteraient convaincus qu'il faut presque toujours que le praticien développe une plus grande force d'énergie et de volonté intellectuelle, et qu'il faut souvent qu'il possède plus de variété de connaissances scientifiques pour matérialiser l'idée d'un théoricien, qu'il n'en a fallu a ce dernier pour mettre cette idée au jour»[90]. Avec un sens certain de la formule, Olivier parlera «d'Ecole monotechnique»[91], de «doublure amoindrie de l'Ecole normale» ou de la transformation de «l'Ecole de Monge en l'Ecole de Laplace»[92]. Olivier fait preuve d'une foi quasi religieuse en une organisation de «l'instruction publique (fondée) sur l'alliance de la théorie et de la pratique... Il faut que l'homme imite le Créateur et la création, écrit-il...L'homme est formé d'une âme d'essence immortelle unie à un corps matériel... tout ce qui vient de l'homme ne peut être qu'intellectuel et matériel»[93]. Suit une description idyllique de la première Ecole polytechnique, sorte de paradis perdu de l'instruction publique, qui avait précisément réussi, selon lui, à trouver un équilibre entre les cours théoriques et leurs applications. Les critiques d'Olivier sont en partie outrancières ; l'évolution qu'il constate est largement entamée du vivant de Monge et la Restauration ne marque pas dans l'organisation du curriculum de l'Ecole polytechnique une rupture aussi marquée qu'il l'affirme. Mais l'influence croissante de Laplace, puis de Cauchy, est incontestable et, avec elle, une importance toujours accrue donnée à l'enseignement d'analyse[94]. Déçu de l'orientation prise par l'Ecole polytechnique à laquelle il était resté extrêmement attaché, Olivier accepte, en 1821, l'invitation du roi de Suède Bernadotte, et fonde, à l'Ecole militaire de Marienberg, la chaire de «géométrie descriptive et de ses applications aux divers services militaires».

[89] [1851, p. XI, XII]
[90] *Ibid.*, p. IV, V et IX.
[91] *Ibid.*, p. XII.
[92] [Olivier, 1850, p. 3-7].
[93] [1851, p. III, IV et V].
[94] Olivier sera d'ailleurs membre de la «Commission Le Verrier» qui, en 1850, critiquera violemment l'orientation trop théorique et abstraite que l'enseignement donné à l'Ecole polytechnique avait prise. Le rapport rédigé par l'astronome - et député - Urbain Le Verrier, proposera de profondes réformes et en particulier, de confier, dans la mesure du possible, les enseignements à des ingénieurs, d'en écarter tout développement théorique pour n'en conserver que ce qui peut être utile aux applications. Sur l'évolution de l'Ecole polytechnique au XIXe, voir [Belhoste,1994] et plus particulièrement sur la réforme Le Verrier, les pages 27-29.

L'Ecole centrale et le CNAM

De retour en France quatre ans plus tard, il se sent conforté dans ses analyses, l'incapacité de l'Ecole polytechnique de répondre aux besoins croissants d'une industrie naissante lui semblant plus patente encore[95]. Aussi décide-t-il de participer à la création d'une nouvelle école chargée de former des ingénieurs, «médecins des usines et des fabriques»[96], et fonde, avec Lavallée, Péclet et Dumas, l'Ecole Centrale des arts et manufactures, qui ouvre ses portes en novembre 1829[97]. L'économie du projet est simple puisqu'il s'agit de «recréer l'ancienne école centrale des travaux publics telle que Monge l'avait conçu ; car on doit former les ingénieurs de l'industrie privée, comme on forme ceux des services publics»[98]. Le cursus des études est organisé sur trois ans ; l'enseignement de la première année est partagé (à part égale) entre les quatre disciplines considérées comme fondamentales pour la formation des ingénieurs : la géométrie descriptive (dont Olivier se chargera lui-même de la fondation de l'Ecole jusqu'à sa mort en 1853), la mécanique, la physique et la chimie[99]. L'analyse n'apparaît donc pas dans ce programme, et les mathématiques en général ne sont représentées que par la géométrie descriptive. «La théorie étant toujours enseignée en vue des applications industrielles»[100], les liens qui unissent ces quatre sciences devraient apparaître clairement aux élèves, et en particulier ceux entre la physique et la chimie, la géométrie descriptive et la mécanique ou la physique et la mécanique. Mais pour Olivier le fait que les enseignements théoriques soient donnés en vue des applications est la meilleure façon de lutter contre un enseignement «stationnaire» ou «immuable», pour reprendre ses expressions qui visaient très certainement (entre autres) Leroy. Poussés par les progrès de l'industrie, les professeurs qui, est-il besoin de le préciser, ne «seront point des savants purs,... (mais) seront sans cesse en contact avec l'industrie et qui

---

[95] Si le texte dont les phrases citées ci-dessus sont extraites n'a été publié qu'en 1851, il n'en reflète pas moins un point de vue qui était celui d'Olivier dès son séjour à l'Ecole d'application d'artillerie et du génie de Metz, en 1816-1821, d'abord en qualité d'élève, puis d'adjoint à l'instituteur de sciences physiques et mathématiques. Les critiques formulées par Olivier à l'encontre de l'Ecole polytechnique sont d'ailleurs celles du courant Saint-Simonien dans son ensemble ; si Olivier n'appartient pas formellement à ce courant de pensée, il en est très proche ; sur ce sujet voir [Picon, 1995]

[96] [Comberousse, 1879, p. 16].

[97] Alphonse Lavallée (1797-1873) , juriste et homme d'affaires, un temps administrateur du journal *Le Globe*, est le directeur-propriétaire de cette école, privée à l'origine. Eugène Péclet (1793-1857) y enseigne la physique, qu'il avait enseignée au collège de Marseille à sa sortie de l'Ecole normale supérieure. Passionné pour la physique appliquée à l'industrie, il avait fondé dans cette ville un cours municipal, mais, victime de ses idées libérales, avait perdu sa chaire en 1827. Saint-Simonien déclaré, il fait la connaissance de Lavallée par l'intermédiaire du journal *Le Globe*. Jean-Baptiste Dumas (1800-1884), déjà répétiteur de chimie à l'Ecole polytechnique au moment de la création de l'Ecole centrale, devait faire une brillante carrière à la fois scientifique et politique : secrétaire perpétuel de l'Académie des sciences, il sera également député en 1849, sénateur et ministre. L'enseignement de mécanique industrielle devait initialement être confié à un camarade de promotion d'Olivier, Philippe Benoit, qui faisait également partie du groupe des fondateurs de l'Ecole ; au dernier moment Benoit renonce à participer à l'aventure. Sur l'histoire de l'Ecole centrale voir : [Comberousse, 1879], [Pothier, 1887], [Guillet, 1929], [Weiss, 1982].

[98] [Olivier, 1851, p. XX]

[99] A ces quatre disciplines, s'ajoutent des cours de dessin.

[100] [Olivier, 1851, p. XX].

par goût ou par état, aimeront ou cultiveront les applications des sciences»[101], seront nécessairement amenés à repenser constamment leurs enseignements. Quant aux deuxième et troisième années d'études, elles doivent former, pour ainsi dire, une «école d'application... (dont) les cours seront des cours industriels dans lesquels on montrera les applications des théories exposées en première année aux divers travaux d'ingénieurs»[102], et dont tous les professeurs seront des ingénieurs. Il insiste spécialement sur ce point pour sa propre discipline : «tout professeur de géométrie descriptive doit être ingénieur et par conséquent doit avoir dirigé des travaux et pratiqué les ateliers : ayant dirigé des travaux, il connaît ce qui est utile à un ingénieur ; ayant suivi les ateliers, il connaît ce qui est nécessaire à un ouvrier»[103]. Tant par le programme proposé que par le recrutement du corps enseignant, Olivier veut éviter à l'Ecole centrale qu'elle ne se fourvoie comme l'Ecole polytechnique. Il y parviendra relativement bien, d'autant plus que dès 1831, après deux années difficiles pour la mise en place de la jeune école, il assure les fonctions de directeur d'étude. Autoritaire et paternaliste, il veillera sur «ses élèves avec la sollicitude d'un père»[104], maintiendra dans le programme les grandes orientations de son projet et à la fin du siècle Francis Pothier pourra «dire que, par la tradition, Monge a répandu lui-même sur l'Ecole Centrale de 1828 le bien qu'il prodigua lui-même sur l'Ecole Centrale de 1794»[105].

Olivier est tout à fait fidèle, dans ses projets pédagogiques, à la conception mongienne de la géométrie descriptive et à son rôle pivot dans la formation des ingénieurs. Il insiste notamment sur sa fonction de langue commune à tous les ingénieurs. Elle est, disait-il, «l'écriture de l'ingénieur ; celui qui sait lire dans l'espace peut visiter une usine, une manufacture sans prendre de notes, et ensuite dessiner chez lui l'outil et la machine qu'il a bien vus et compris»[106]. Mais pour Olivier, comme pour Monge, l'enseignement de la géométrie descriptive ne doit pas être réservé aux seuls ingénieurs. D'ailleurs Olivier ne restreint pas ses critiques à l'Ecole polytechnique, il englobe dans son analyse l'influence de cette dernière sur l'enseignement des sciences dans le secondaire. Car contrairement aux projets initiaux élaborés sous la Convention, dans les lycées organisés sous l'Empire «on dut enseigner le latin presque exclusivement... ; on oublia d'y enseigner l'histoire et la géographie ; les mathématiques furent les seules entre toutes les sciences qui étaient enseignées... ; point de physique, point de chimie, point d'histoire naturelle ; ici on voit apparaître la réaction de l'Ecole polytechnique»[107]. L'enseignement scientifique dans le secondaire se trouve donc entièrement centré sur les mathématiques au détriment des sciences expérimentales, et l'influence exorbitante de l'Ecole polytechnique sur l'ensemble du système scolaire français est ici clairement dénoncé.

---

101 *Ibid.*, p. XX.
102 *Ibid.*, p. XXI
103 [Olivier, 1849, p. 591].
104 Phrase prononcée le jour de ses obsèques par l'un de ses élèves et citée in [Pothier, 1887, p. 220].
105 [Pothier, 1887, p. 387]. L'ouvrage de Pothier, qui contient beaucoup de renseignements précieux sur les débuts de l'Ecole centrale, est volontier lyrique. Ancien élève de l'Ecole, sous-directeur des études de 1854 à 1856, membre du conseil de perfectionnement, Pothier était également le gendre de Lavallée.
106 Propos rapportés in [Pothier, 1887, p. 54].
107 [Olivier, 1851, p. XIV].

Olivier va contribuer à diffuser le plus largement possible «cette science qui pour être vraiment utile et rendre tous les services désirables aux progrès industriels, devrait être enseignée jusque dans les plus petits ateliers»[108] par son enseignement au Conservatoire national des arts et métiers où il occupe la chaire de géométrie descriptive, ouverte à son intention en 1839. Le Conservatoire, créé par la Convention en vendémiaire an III (septembre-octobre 1794) comme l'Ecole polytechnique et l'Ecole normale, avait comme objectif de diffuser, dans toutes les couches de la population, le progrès technique et l'innovation industrielle. Initialement conçu comme un dépôt de machines et d'outils accompagné d'un atelier de démonstration, le Conservatoire voit peu à peu ses missions dans l'enseignement technique étendues avec l'adjonction d'un atelier de mécanique, d'une école de filature, puis en 1806 d'une Ecole gratuite de dessin appliqué aux arts. En 1819, sous l'impulsion de Charles Dupin, les trois premières chaires de mécanique appliquée, d'économie industrielle et de chimie appliquée, sont ouvertes. La création de cinq nouvelles chaires d'enseignement en 1839 – dont celle de géométrie descriptive – est l'une des marques de l'influence croissante, au Conservatoire, des polytechniciens disciples de Monge, ingénieurs industrialistes, promoteurs des cours aux ouvriers, au premier rang desquels figurent Dupin et Poncelet, mais dont Olivier est également un excellent représentant[109]. Véritables «militants» des sciences appliquées, ils ont comme objectif commun la modernisation et l'industrialisation de la France sur le modèle anglais. Plus spécifique du professeur-fondateur de l'Ecole centrale est la forme prise par cet engagement et la conviction affichée que la géométrie descriptive est la discipline-clé de la formation, des ingénieurs comme des ouvriers, susceptible de favoriser ses desseins. Cette conviction, comme la qualité de l'enseignement qu'il professe ou son activité propre de mathématicien font d'Olivier le plus fidèle successeur de Monge. Mais contrairement au fondateur de la géométrie descriptive, qui ne l'a finalement que très peu enseignée, Olivier se consacre corps et âme à l'enseignement de la discipline qui lui tient tant à cœur, depuis son départ pour Marienberg en 1821 jusqu'à sa mort.

Les modèles articulés

Outre l'importance donnée dans ses cours aux applications de la géométrie descriptive à la théorie des engrenages, déjà présentées précédemment, il faut noter deux innovations importantes dans l'enseignement d'Olivier : la mise en évidence des «méthodes de la géométrie descriptive» et la construction des modèles articulés. On doit en effet à Olivier la seule amélioration marquante, par rapport au cours fondateur, dans l'enseignement élémentaire de géométrie descriptive, par la formulation de ce que l'on appelle depuis «les méthodes de la géométrie descriptive» (cf. annexe 1) et qui apparaissent dans son manuel

---

[108] *Ibid.*, p. 102.

[109] Sur l'histoire du Conservatoire des arts et métiers, et tout particulièrement sur «l'affirmation de l'hégémonie polytechnicienne», voir [Fontanon, Grelon, 1994, p. 23-57].

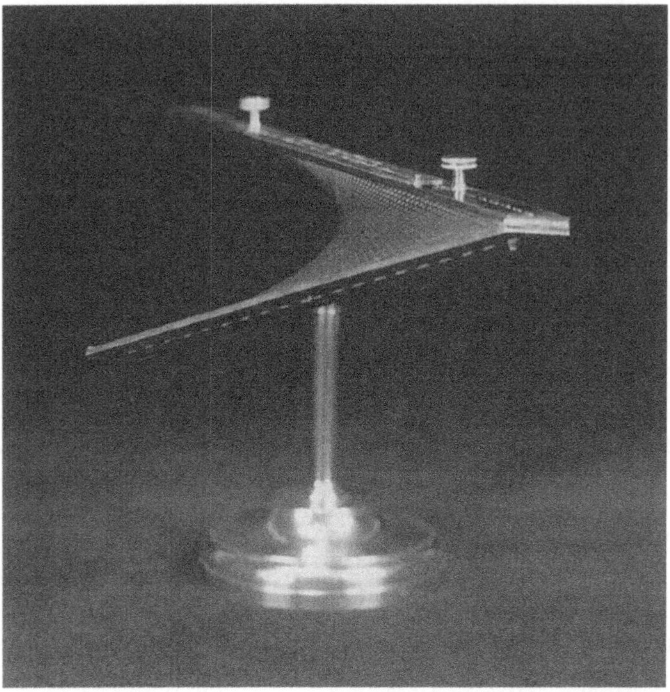

Fig. 20 - Paraboloïde hyperbolique
Modèle articulé de Théodore Olivier
Musée National des Techniques-Paris

Un quadrilatère gauche a ses côtés opposés égaux deux à deux, et ses côtés adjacents inégaux. Les côtés opposés sont divisés en un même nombre de parties égales. Le modèle donne la double génération rectiligne de la surface. Les côtés se meuvent autour de quatre charnières parallèles entre elles.

de 1843 dans un paragraphe intitulé «les problèmes fondamentaux de la géométrie descriptive»[110]. Ces méthodes, dites de rotation, rabattement et changement de plan, sont naturellement utilisées dans les Leçons de l'Ecole normale, mais sans avoir fait l'objet d'une présentation séparée et systématique. De ce fait le lecteur les perçoit peu aisément et Monge est obligé de réitérer des constructions similaires lorsque des problèmes différents se résolvent par des méthodes identiques. C'est le cas par exemple lorsqu'il détermine l'intersection d'un plan et d'un cylindre. Pour tracer la vraie grandeur de cette intersection, il suggère de réitérer la construction qu'il donne pour un point par rabattement. Or à la méthode du rabattement est liée la méthode dite «des points fixes» qui permet de déduire rapidement du rabattement d'un point du plan celui de tout point (annexe I), et évite l'itération de la construction, suggérée par Monge, qui alourdit considérablement le tracé de l'épure. De même pour la méthode du «changement de plan» (c'est-à-dire du changement de repère), l'absence d'un exposé préalable obscurcit certaines démonstrations. Bien sûr Monge fait remarquer dès le début de son cours que le choix du repère est arbitraire. Il insiste même à de nombreuses reprises sur le fait qu'il peut choisir les plans de référence de façon à rendre les solutions les plus simples possibles. Lorsqu'il détermine un plan tangent à une surface de révolution, il considère l'axe de révolution vertical, ce qui «n'altérera pas la généralité de la solution, parce qu'on est toujours maître de disposer de la position de ces plans, de manière que cette condition soit remplie»[111]. Dans un exemple tiré de la cartographie, il indique que, après avoir résolu le problème dans un repère pour lequel l'un des plans de projection est vertical et l'autre quelconque, on peut aisément revenir au repère d'origine ayant un plan de projection horizontal.

Pourtant, au moins à deux reprises, Monge aurait pu indiquer une solution par changement de repère. Pour déterminer la distance de deux droites, il présentait une solution très riche qui a été examinée en détail, mais qui ne l'empêchait pas d'au moins suggérer la solution par changement de repère, plus rapide[112]. Dans la construction du plan tangent à une sphère passant par une droite donnée[113], la première solution proposée revient en fait à un changement de repère, mais comme la méthode n'a pas été dégagée préalablement, l'exposé s'en trouve sensiblement alourdi. La présentation proposée par Olivier, et aujourd'hui systématiquement adoptée, améliore incontestablement la partie introductive d'un cours de géométrie descriptive. Elle n'en souleva pas moins de nombreuses critiques. «Ces méthodes sont inutiles, puisqu'on faisait de la géométrie descriptive avant Olivier», s'écrièrent certains[114]. Aussi Olivier tentera-t-il, dans ses cours, «de démontrer à (ses) auditeurs l'utilité, incontestable, en géométrie descriptive, de la méthode du changement des plans de projection»[115].

---

[110] [Olivier, 1843c].
[111] [Monge, 1795, § 47, p. 361].
[112] Il suffit en effet de rendre l'une des deux droites verticale ou de bout pour que la solution soit immédiate.
[113] [Monge, 1795, § 36, p. 350-353]
[114] Ces critiques sont citées in [Chevillard, 1856, p. 202] ; Chevillard prend, lui, la défense d'Olivier.
[115] [Olivier, 1851, p. 39].

Fig. 21 - Intersection de deux cylindres, courbe d'arrachement
Modèle articulé de Théodore Olivier

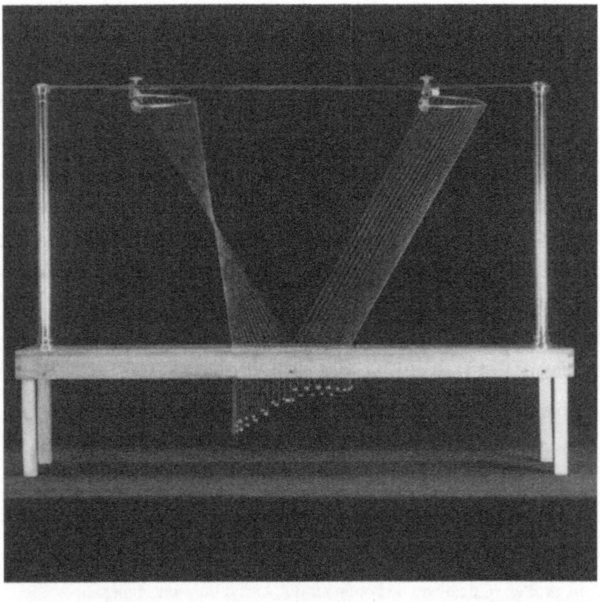

Fig. 22 - Transformation d'un cylindre en conoïde et d'un cône en conoïde
Modèle articulé de Théodore Olivier

Mais la réalisation la plus intéressante d'Olivier, en tant qu'enseignant, concerne la conception d'une série de modèles géométriques (fig. 17 et 20 à 23). Monge et Hachette avaient déjà fait réaliser, à l'Ecole polytechnique, des modèles de différentes surfaces réglées. Olivier reprend cette idée mais, contrairement aux modèles statiques de Monge, fait construire des modèles articulés de telle sorte que chacun d'entre eux représente toute une famille de surfaces et matérialise les transformations qui permettent de passer d'une surface à une autre par des changements de position des courbes directrices. Une cinquantaine de modèles, dessinés par Olivier et réalisés sous sa direction, sont actuellement conservés au Musée du Conservatoire nationale des arts et métiers, à Paris[116].

On peut regrouper ces modèles en deux catégories, selon que les génératrices des surfaces sont ou non, de longueur fixe. Dans la première catégorie on trouve par exemple un paraboloïde hyperbolique (fig. 20). Les fils sont tendus sur un cadre métallique formant un quadrilatère gauche dont les côtés sont articulés sur quatre charnières parallèles entre elles. Le modèle où est représenté la double génération rectiligne de la surface, permet ainsi de visualiser toute une famille de paraboloïdes, jusqu'à la position limite où les côtés du quadrilatère sont coplanaires. Trois autres maquettes représentent les différents types d'intersection de deux cylindres, selon qu'ils admettent deux, un ou aucun plan tangent commun (fig. 21). Les articulations permettent de faire varier l'angle des deux axes des cylindres ainsi que la forme de chacun d'eux. Toujours dans cette première catégorie sont représentés un conoïde et son paraboloïde hyperbolique tangent. Les directrices de ces deux surfaces sont matérialisées dans des plans parallèles entre eux, d'inclinaison variable, qui en position limite viennent s'écraser sur le plan horizontal.

Le deuxième ensemble de modèles, le plus important, regroupe ceux pour lesquels le mouvement n'est possible que si l'on autorise une variation dans la longueur des génératrices. Celles-ci sont alors représentées par des fils de soie maintenus entre deux cadres métalliques définissant les directrices de la surface. Fixés d'un côté à l'un des cadres, les fils passent librement dans de petits orifices ménagés dans le second et restent tendus par des plombs dissimulés dans un coffre en bois (fig. 22). Un jeu de rotules, de charnières et de coulants permet de faire varier la position relative des deux directrices. Dans l'un des modèles, par exemple, les deux cadres identiques, distants d'une trentaine de centimètres, matérialisent un cercle et l'une de ses tangentes. Dans la position de départ les fils représentent un cylindre de révolution et l'un de ses plans tangents (fig. 23). Lorsque l'on fait tourner le cadre supérieur autour de l'axe du cylindre, ce dernier se transforme en un hyperboloïde à une nappe et le plan tangent en un paraboloïde hyperbolique. Une rotation de sens inverse permet également de mettre en évidence la double génération rectiligne de

[116] Voir le *Catalogue officiel des collections du CNAM*, «Géométrie descriptive», troisième fascicule, Paris, 1906, p. 19-30. Il existe deux autres séries originales, réalisées du vivant d'Olivier. L'une se trouve au Conservatoire de Madrid, l'autre à New-York. En 1855, William Gillepsie, professeur au département d'Engineering à l'«Union College», (New York) de passage à Paris, achète à la veuve d'Olivier sa collection personnelle de modèles, collection qu'il lègue par la suite au collège où il enseigne. Mais des copies furent également construites ultérieurement pour des écoles polytechniques allemandes et l'Université de Princeton en possède une série non originale. Une exposition des modèles d'Olivier eut lieu à l'«Union College» en 1958 ; voir [Stone, 1969]. Certains modèles furent également exposés à Paris, à l'occasion de l'exposition organisée pour le bicentenaire du CNAM, en 1994 ; voir [Sakarovith, 1994.b].

Fig. 23 - Transformation d'un cylindre en hyperboloïde à une nappe, puis en cône.

Modèle articulé de Théodore Olivier

Le modèle représente un cylindre de révolution et l'un de ses plans tangents. Lorsque l'on fait tourner le cadre supérieur autour de l'axe du cylindre, ce dernier se transforme en un hyperboloïde à une nappe et le plan tangent en un paraboloïde hyperbolique.

Dans la position limite, si le cadre tourne d'un demi-tour, on obtient un cône l'un de ses plans tangents

ces deux surfaces. Dans la position limite, si le cadre tourne d'un demi-tour, on obtient un cône et l'un de ses plans tangents. De nombreux autres exemples visualisent des transformations de conoïde en cylindre ou en cône, des familles d'hélicoïdes développables, etc...

Plus que tous ses articles et ouvrages, la série de modèles articulés du CNAM est révélatrice de sa vision de la discipline qu'il enseigne. Elle montre d'abord, qu'en fin géomètre, il a bien saisi toute l'importance de la notion de transformation géométrique dont l'étude, de Poncelet à Felix Klein, sera l'un des objets principaux des mathématiciens du XIXe siècle. Elle prouve surtout sa volonté de ne pas laisser ses élèves être rebutés par le caractère trop abstrait de la géométrie descriptive. L'apprentissage de la «lecture dans l'espace» nécessite un va-et-vient entre l'abstraction de l'épure et la vision en trois dimensions. Dans ses cours, «il voulait familiariser ses élèves avec les divers modes de projection et les habituer à lire dans l'espace. Pour mieux se faire comprendre, il cultivait en eux la mémoire des yeux en construisant les épures au moyen de deux châssis recouverts de liège et reliés par des charnières ; il présentait la position des lignes dans l'espace avec des baguettes de bois armés de pointes»[117]. En réalisant cette série de modèles articulés, prouesse technique et conceptuelle, Olivier offre à ses élèves un outil incomparable pour l'apprentissage de «la lecture de l'espace», dont on ne retrouvera une sorte d'équivalent que cent vingt ans plus tard, grâce au dessin assisté par ordinateur.

La qualité de l'enseignement d'Olivier, et ses efforts pour le rendre moins abstrait, ne le mettront pas pour autant à l'abri de toute critique. Car quelle que soit la valeur pédagogique des modèles articulés et l'amélioration qu'ils apportent à l'enseignement, Olivier situe clairement son action dans la ligne de celle des pères fondateurs de la géométrie descriptive pour qui il avait «une pieuse et touchante vénération»[118]. Or c'est précisément la conception d'ensemble de l'enseignement de la discipline qui va être remise en cause par Jules Maillard de la Gournerie.

L'enseignement de La Gournerie

Tous les arguments développés précédemment, et qui considèrent la géométrie descriptive en tant que «science appliquée», peuvent en effet se retourner comme un gant. En tant que mode de représentation de l'espace, la géométrie descriptive est certainement l'outil le plus abstrait que l'on puisse manipuler. Optimal d'un point de vue géométrique, minimal quant à sa présentation, c'est bien un nouveau langage, mais un langage abstrait qui requiert un long apprentissage. Au demeurant on peut penser (et c'est personnellement mon point de vue) que c'est précisément cette abstraction même qui fait l'intérêt de la

[117] [Pothier, 1887, p. 54].

[118] E. Peligot, «Discours prononcé pour les funérailles de Th. Olivier» en tant que Président du conseil de perfectionnement du CIAM, le 10 août 1853, et reproduit dans [Comberousse, 1879, p. A.60].

Jules Maillard de la Gournerie

géométrie descriptive et que la gymnastique de l'esprit qu'impose l'acquisition de ce langage reste le meilleur moyen de développer «l'esprit de géométrie» et «la vision dans l'espace». Mais pour créer un langage universel de «communication» il existe d'autres techniques graphiques, plus facilement compréhensibles, en particulier l'axonométrie, ou perspective cavalière[119], qui sera développée en Angleterre par le père W. Farish à l'époque où Monge prononçe ses leçons de géométrie descriptive[120] (fig. 24 et 25). Comme dans les pays anglo-saxons, l'axonométrie sera considérée en Allemagne comme le mode de représentation de l'espace approprié au dessin d'ingénieur et sera un objet d'étude propre[121]. Or non seulement elle n'apparaît pas dans les leçons de Monge, ni dans le cours de géométrie descriptive, ni dans les applications, mais encore reprenant, à l'Ecole polytechnique comme il l'avait fait à l'Ecole de Mézières, les épures de coupe des pierres du traité de J.-B. de La Rue, il en supprime systématiquement les axonométries qui les explicitaient et qui constituaient le principal apport de ce traité par rapport à ceux qui avaient édités au siècle précédent[122]. Et sur ce point, Olivier n'apporte aucune modification au cours fondateur, bien que, sur une axonométrie, plus facilement que sur une épure de géométrie descriptive, on puisse montrer et l'objet et éventuellement la manière de l'obtenir, l'ordre de taille des voussoirs, ou, plus généralement, l'ordre d'assemblage de différentes pièces entre elles. En aucun cas la représentation axonométrique ne peut se substituer à la représentation à l'aide de la géométrie descriptive, mais La Gournerie reproche à Monge et Olivier leur point de vue trop systématique.

Une discipline n'appartient pas, pour des raisons intrinsèques, aux sciences appliquées ou aux sciences théoriques, et la géométrie descriptive pas plus que la mécanique ou la physique. Retournant ainsi, contre Olivier, les critiques que celui-ci adressait à «l'Ecole de Laplace», La Gournerie lui reproche en fait d'avoir une vision purement théorique des techniques graphiques de représentation de l'espace que les efforts méritoires entrepris pour faciliter auprès des étudiants le passage espace-plan ne modifient pas sur le fond. Les modèles articulés apparaissent alors comme des passerelles qui facilitent le passage entre les mondes à deux et trois dimensions. Mais les passerelles révèlent les gouffres, elles ne les comblent pas.

L'itinéraire personnel de La Gournerie n'est sûrement pas étranger aux conceptions qu'il développe quant à la formation des ingénieurs. Car contrairement à son collègue de l'Ecole centrale ou au fondateur de l'Ecole polytechnique, il ne devient enseignant, par hasard, qu'après avoir exercé la profession d'ingénieur[123]. Sorti de l'Ecole des Ponts et Chaussées en 1837, il commence sa carrière, sous la direction de Léonce Reynaud, en

---

[119] Cf introduction , fig. 1, 3 et 4.

[120] [Farish, 1820]. Il est tout à fait symptomatique de noter que, lorsque Heather réédite la traduction du cours de Monge en 1851, il ajoute un chapitre sur l'isométrie orthogonale, qui est une axonométrie particulière ; sur ce sujet voir [Booker, 1963, p. 114-127].

[121] On peut citer par exemple [Meyer, 1852], [Schmidt, 1859] ou [Schuessler, 1905].

[122] J'ai d'ailleurs largement utilisé dans cet ouvrage les représentations axonométriques de J.-B. de La Rue : cf fig. 3 et 15 du chap. II, fig. 10 et 14 du chap. IV. Si elle n'apparaît pas dans les cours de Monge, à Mézières ou à l'Ecole polytechnique, l'axonométrie était néanmoins assez largement utilisée par les ingénieurs du génie sous le nom de «perspective militaire».

[123] La Gournerie (1814, 1883) entre à l'Ecole polytechnique en 1833, Sur La Gournerie, voir [Dhombres, 1994].

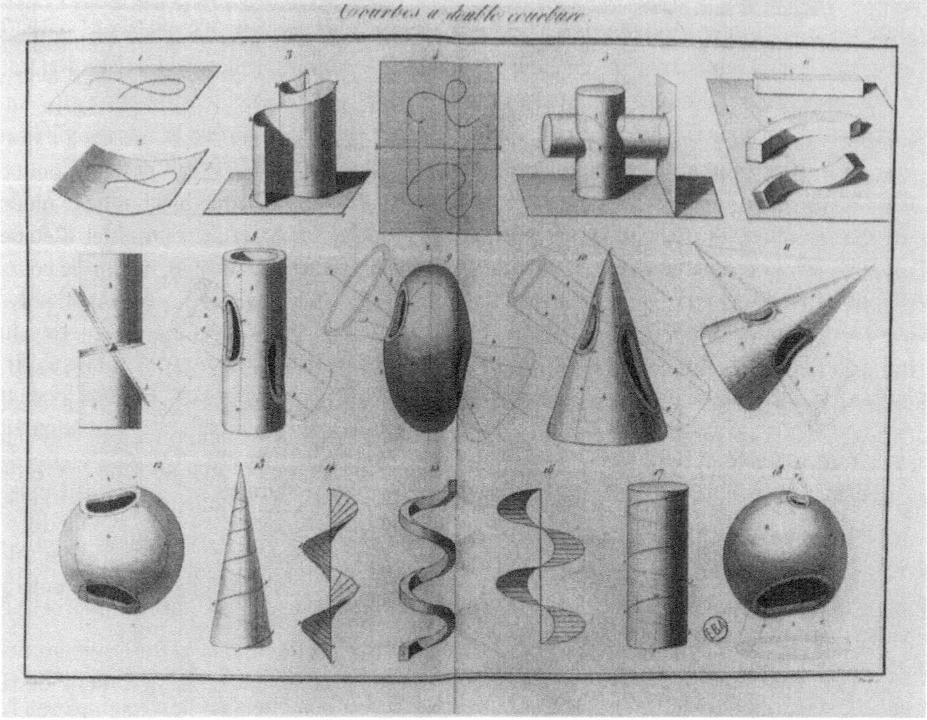

Fig 24 - Représentation axonométrique des courbes à double courbure par Adhémar [Adhemar, 1840]

Fig. 25 - Axonométrie isométrique : représentation de la transmission d'un mouvement.
[Farish, 1820, Pl. 2]

Bretagne, construit le phare de Bréhat pour lequel il dessine toutes les épures d'appareillage, puis une jetée du port du Croisic et le bassin à flot de Saint-Nazaire pour lequel il impose une solution technique contre l'avis de son supérieur hiérarchique[124]. Il vient d'être nommé inspecteur en chef des Ponts et Chaussées quand Léonce Reynaud, alors membre du Conseil d'instruction de l'Ecole polytechnique, «se souvenant du jeune collaborateur de Bréhat qui maniait si habilement, au sortir de l'école, les méthodes qu'on n'y enseignait pas»[125] lui propose, en 1848, la chaire de géométrie descriptive en succession de Leroy. Son expérience professionnelle lui confère d'ailleurs exactement le profil souhaité par Olivier pour les enseignants de l'Ecole centrale, c'est à dire celui d'un spécialiste de la discipline ayant été confronté à une expérience de terrain. En 1854 il succède également à Théodore Olivier, dans la chaire de géométrie descriptive du Conservatoire national des arts et métiers[126].

Dans un article sur «l'enseignement des arts graphiques»[127], réflexion personnelle sur les différents cours qu'il a donnés à l'Ecole polytechnique, La Gournerie se livre à une attaque en règle de la conception que Monge et Olivier avaient de ces enseignements. Examinant successivement les différents domaines d'application de la géométrie descriptive, il se montre extrêmement critique envers la discipline qu'il a lui-même enseignée. La Gournerie partage avec Monge et Olivier l'idée selon laquelle les arts graphiques en général et la géométrie descriptive en particulier sont fondamentaux pour la formation de l'ingénieur. Il ne remet en cause ni l'importance – ni *a fortiori* l'existence – de ces enseignements, mais leur contenu et l'inadéquation entre les objectifs de ces cours et les résultats obtenus, trois quarts de siècle après la fondation de l'Ecole polytechnique.

Les modes de représentation de l'espace

Une première série de critiques vise spécifiquement les ajouts d'Olivier au cours de Monge. La Gournerie reproche à Olivier d'avoir introduit les méthodes «des changements des plans», qu'il trouve éventuellement intéressantes pour une géométrie descriptive «théorique» mais impropres à ses applications et, par voie de conséquence, inopportune. Si le fondateur de la géométrie descriptive n'a pas présenté ces outils géométriques, c'est précisément parce qu'il les considérait comme inutiles, et La Gournerie, constate que Monge «n'en a donné aucun exemple dans la collection d'épures de l'Ecole polytechnique, et (que) la tradition établit que ni lui, ni Ferry, ni Hachette n'en ont parlé dans leurs cours»[128]. Poussant même loin ses critiques contre la méthode des changements de plans, il en dénie

124 Sur les activités de La Gournerie en Bretagne, voir [Dhombres, 1995].

125 [Bertrand, 1883]. Léonce Reynaud avait succédé à Durand dans l'enseignement de l'architecture à l'Ecole polytechnique.

126 Il enseigne à l'Ecole polytechnique jusqu'en 1865, date à laquelle il renonce, pour raisons de santé, au professorat et devient examinateur de sortie ; par contre il conserve jusqu'à sa mort la chaire du CNAM.

127 [La Gournerie, 1873].

128 [La Gournerie, 1855, p. 45].

la paternité à Olivier. «J'ai parlé de la méthode des changements des plans de projection comme si elle était nouvelle, écrit-il en introduction de son *Traité de géométrie descriptive*, mais en réalité elle date du XVIIe siècle... Abraham Bosse a publié, en 1643, un ouvrage où, d'après Desargues, il donne des tracés pour l'appareil des voûtes simples en changeant de plans de projection»[129]. Que Desargues utilise les changements de plans dans son fascicule de coupe des pierres, c'est ce que nous avons vu au deuxième chapitre. Mais il n'y a pas plus de raison de lui attribuer la paternité de la *méthode* des changements de plan qu'à Philibert De l'Orme celle de la géométrie descriptive. C'est même le caractère implicite de la méthode suivie qui rend le tracé arguésien si difficile à comprendre. La mauvaise foi de La Gournerie, patente, révèle une opposition plus profonde sur l'enseignement de la géométrie descriptive et la volonté du professeur de l'Ecole polytechnique de n'introduire aucune notion qui ne soit utilisable de manière concrète, à travers ses applications. Par contre cette critique est très révélatrice du climat qui préside aux innovations introduites à l'Ecole polytechnique à la suite de la réforme Le Verrier.

L'abus le plus flagrant d'application de la géométrie descriptive donnée par Monge concerne la représentation perspective. Géométriquement correcte (bien entendu), l'utilisation de la descriptive pour l'élaboration d'une perspective centrale est un procédé très général, qui permet de déterminer la perspective quelle que soit la surface utilisée comme tableau. Mais dans le cas où le tableau est plan, ce qui est presque toujours le cas, la méthode devient à la fois longue à mettre en œuvre et source d'imprécisions susceptibles de nuire à la qualité du dessin, comme cela a été exposé au chapitre III, dans la présentation du fascicule *De la perspective,* rédigé par Monge à Mézières. Hachette en fait l'aveu explicite et déclare qu'il «serait à désirer que les élèves qui désirent cultiver plus particulièrement l'Architecture, connaissent des méthodes plus faciles et moins longues»[130]. Si ces méthodes sont à la fois plus faciles et plus rapides, pourquoi ne pas les enseigner à tous les élèves, demande ingénument La Gournerie[131]. Lui-même, qui enseigne également la perspective à l'Ecole polytechnique, va d'ailleurs élaborer un manuel sur le sujet où il prend à contre-pied la démarche de Monge. Il commence par analyser longuement la pratique des peintres et remarque que le principe du point de vue unique traduit en fait fort mal la géométrie sous-jacente utilisée par les artistes. Constatant donc que dans un tableau une pluralité de points de vue est utilisée, il compare les différentes restitutions d'un même tableau pour ces différents points de vue et montre qu'elles sont homologiques les unes des autres. «En conséquence et d'après les propriétés des figures homologiques, quand certains points des objets dessinés sont en ligne droite, ils paraissent en ligne droite à tous les spectateurs. Si un peintre a représenté un personnage qui en regarde un autre ou le menace de son poignard, quelque part le spectateur se place, il verra toujours le second personnage regardé ou menacé, et, comme la position de son œil est liée aux figures restituées par la loi de l'homologie, si, dans une situation, il est lui-même regardé ou menacé, il le sera dans toutes»[132]. Enfin, entre la géométrie descriptive

[129] [La Gournerie, 1860, p. VII].
[130] [Hachette, *Correspondance sur l'Ecole Polytechnique*, t.1, p. 313].
[131] [La Gournerie, 1873, p.289-90].
[132] [La Gournerie, 1859, p. XVII].

et la représentation perspective, La Gournerie introduit dans son cours plusieurs leçons sur l'axonométrie[133]. Collant au plus près des différentes techniques graphiques utilisées par les artistes, La Gournerie essaye, au cas par cas, d'expliciter les méthodes géométriques. Il ne s'agit plus de chercher à dégager une méthode générale, un principe graphique universel qui ne peut aboutir qu'à donner une vision déformée de ces soi-disant «champs d'application». L'objectif est de présenter les diverses techniques graphiques de représentation de l'espace comme une palette de possibilité offerte à l'utilisateur, en mettant en évidence leurs relations éventuelles, loin de toute théorie unificatrice nécessairement réductrice.

L'enseignement de stéréotomie

Mais, pour La Gournerie, la théorie de l'appareillage selon les lignes de courbure est le véritable révélateur de l'échec de l'approche de Monge et de ses zélateurs. L'ancien appareilleur du phare de Bréhat considère d'abord que la stéréotomie est la discipline «en vue de (laquelle) la géométrie descriptive doit surtout être enseignée, parce c'est là son application la plus importante et que les élèves familiarisés avec les tracés des appareils et des assemblages, et ayant d'ailleurs des connaissances théoriques suffisantes, comprennent sans difficulté toutes les spéculations de la géométrie descriptive»[134]. Or quand La Gournerie prend ses fonctions de professeur, les problèmes rencontrés pour la construction des ponts biais ont déjà mis à mal la théorie mongienne de l'appareillage.

Car cet exemple, contrairement aux restrictions présentées par Dupin, ne remet pas en cause seulement la théorie de l'appareillage mais, plus généralement, la vision que Monge a de la géométrie descriptive. Cette branche de la géométrie théorise bien la stéréotomie, mais dans un double sens : elle exprime la théorie sous-jacente aux traités et aux tracés des appareilleurs, mais également elle rend «théorique» la stéréotomie. Ce n'est plus une stéréotomie «pratique» qui est enseignée à l'Ecole polytechnique quand La Gournerie y arrive, mais une discipline intermédiaire, déconnectée des problèmes réellement rencontrés dans les constructions clavées et dont le caractère concret n'apparaît que par rapport à la géometrie descriptive. En présentant sous un angle purement géométrique un problème dont la complexité tient aux multiples champs de savoir qui interfèrent, l'enseignement de géométrie descriptive va donner aux ingénieurs une vision erronée de la nature profonde des solutions à mettre en œuvre et un mépris des connaissances et des tracés proposés par les appareilleurs antérieurement. Loin d'élargir l'éventail des réalisations possibles en architecture clavée par le renouvellement des surfaces réalisables, la géométrie descriptive va plutôt contribuer au déclin d'une technique, par ailleurs en perte de vitesse pour de multiples raisons. A la suite des cours de Monge, c'est finalement une stéréotomie sans

[133] Amédée Mannheim, qui succède en 1865 à La Gournerie dans l'enseignement de la géométrie descriptive à l'Ecole polytechnique, conserve cette présentation, consacrant quatre leçons de son manuel à l'axonométrie ; voir [Mannheim, 1880].

[134] [La Gournerie, 1855, p.45].

ciment, sans coût, et même dans un certain sens, sans pression qui est enseignée. En plaçant la stéréotomie dans le cadre des cours de construction, en parlant d'abord des matériaux, des problèmes statiques, les Anglais éviteront de faire passer la stéréotomie sous le rouleau compresseur de la géométrie. Le ressentiment à l'encontre de Monge est d'autant plus vif chez les ingénieurs des Ponts et Chaussées que ce dévoiement du cours de stéréotomie s'est opéré à leur corps défendant et en opposition à la tradition de leur propre école. Perronet, à qui l'on doit certains des plus beaux ponts en pierre réalisés en France dans la seconde moitié du XVIIIe siècle, comme le pont de la Concorde et le pont de Neuilly, insiste par exemple toujours sur la maîtrise des coûts qui, comme celle des contraintes techniques, doit être celle de l'ingénieur. Cet impératif l'amenait à ajuster ses exigences en manière de taille en fonction de la position de chacune des faces des voussoirs. «Pour les grands ouvrages Perronet voulait que les pierres fussent taillées sans démaigrissement sur toute l'étendue des lits ; mais en général il n'exigeait une aussi bonne exécution sur les joints que sur les deux tiers de leur longueur»[135]. D'une manière analogue, à l'opposé de l'appareillage à joint vif explicitement exigé par Monge, Perronet recommandait l'usage du ciment qui augmente l'adhérence entre les pierres, forme une sorte de coussinet qui répartit les pressions énormes qui sont en jeu et évite que les pierres ne s'appuient les unes contre les autres. Il est certain que Prony[136] eût souhaité que le cours de stéréotomie soit supprimé à l'Ecole polytechnique et reporté dans les Ecoles d'applications intéressées. A défaut de pouvoir parvenir à ce glissement, du moins Prony chercha-t-il à limiter l'influence de Monge dans ce domaine. Lorsque Eisenman, qui avait enseigné la coupe des pierres à l'Ecole polytechnique et publié plusieurs articles sur le sujet dans le *Journal de l'Ecole polytechnique*, fut nommé à l'Ecole des ponts et chaussées, il semblait tout désigné pour enseigner la stéréotomie. Or Prony charge Eisenman d'enseigner la mécanique et confie la stéréotomie à Bruyère, dont l'état d'esprit était sûrement beaucoup plus proche de La Gournerie que de Monge.

La première modification importante dans le cours de stéréotomie de l'Ecole polytechnique, introduite par La Gournerie en 1852, consiste précisément à le découpler de celui de géométrie descriptive en le faisant passer en seconde année. L'autonomie de l'enseignement de stéréotomie permet naturellement de le rattacher également au cours de construction, d'évoquer les problèmes liés à la qualité des ciments et «d'examiner les cas particuliers où des raisons d'économie et de plus grande facilité dans l'exécution peuvent contraindre de s'écarter un peu des méthodes (géométriques) rigoureuses»[137]. La Gournerie donne également une large place, dans le cours de stéréotomie, aux passages biais et fait ainsi d'une pierre deux coups. D'abord il fait toucher du doigt aux élèves ingénieurs ce que peut avoir de dangereux une trop grande géométrisation des problèmes pratiques, et

---

[135] [La Gournerie, 1873].

[136] G. Riche de Prony (1755-1839), directeur de l'Ecole des Ponts et Chaussées à partir de l'an VII (1798) jusqu'à sa mort marquera l'Ecole de son empreinte au début du XIXe siècle comme Perronet l'avait fait durant la seconde moitié du XVIIIe. Cf. [Picon, 1992], en particulier le chapitre 6.

[137] [La Gournerie, 1873, p. 262]. Prony ou Frézier, accordaient une grande importance à ces problèmes d'approximation qui deviennent vite incontournables lorsque l'on passe à la réalisation, problèmes dont Monge ne parle pas.

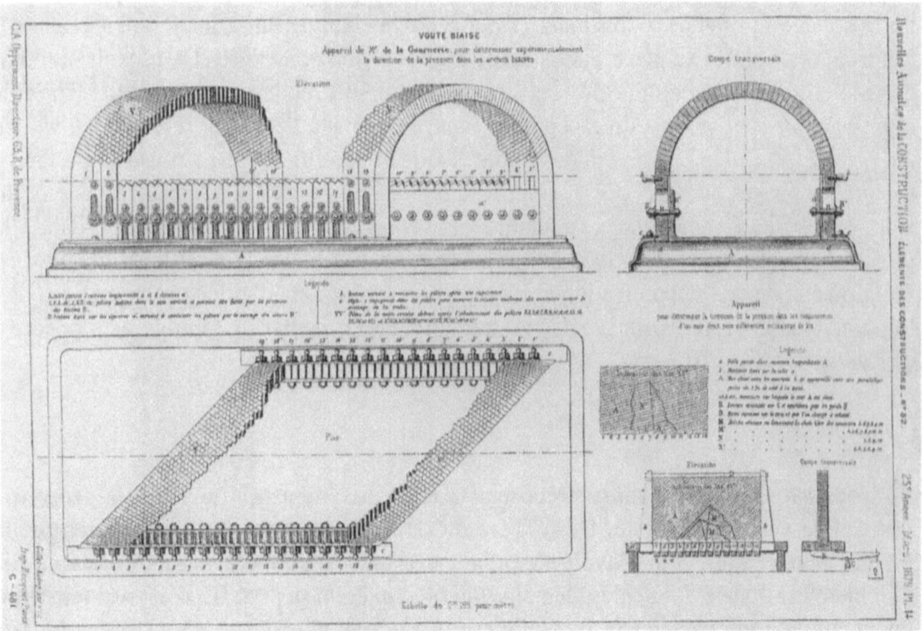

Fig 26 - Dispositif expérimental de La Gournerie, présenté lors de l'Exposition universelle de 1878 à Paris, pour tester la direction des pressions dans une arche biaise.

Une maquette construite à l'échelle de 3cm/m représente une arche biaise de 10m d'ouverture et de 45° d'obliquité. Les pieds-droits sont composés de piliers jointifs mobiles dans le sens vertical, et assujettis par des vis de pression. En abaissant un ou plusieurs piliers consécutifs, on produit une brèche et les petits voussoirs en zinc s'écroulent dans la direction opposée à la pression. La Gournerie décrit ainsi les résultats de ses expériences : «En opérant près d'une tête, j'ai toujours obtenu des brèches dont la direction était à peu près parallèle au plan de parement. Lorsqu'une brèche partait du milieu de la culée et qu'elle se trouvait, par suite, dans la partie de la voûte où l'influence du biais doit le moins se faire sentir, elle indiquait d'abord une pression peu inclinée sur la section droite ; mais, quand j'abaissais de nouveaux piliers, elle se développait suivant la direction des parements de tête» (in [La Gounerie, 1879, p. 3]).

en particulier la vision de Monge. C'est naturellement ce point qui peut expliquer l'importance donnée au sujet des ponts biais à l'Ecole polytechnique, sujet qui, il faut le reconnaître, trouverait plutôt sa place dans l'école d'application concernée. De plus, il introduit dans le cours de stéréotomie le seul problème qui soit réellement d'actualité, sujet de nombreux articles, parfois divergents, en France comme à l'étranger (essentiellement en Angleterre)[138]. Si les ingénieurs des Ponts et Chaussées qui se penchent sur le problème des arches biaises au XIXe siècle, sont d'accord entre eux pour condamner, à cette occasion, la théorie d'appareillage de Monge, ils conservent des avis divergents quant à la direction des pressions dans une telle arche ou quant au fait de savoir si cette direction est fonction ou non de l'appareil adopté. La Gournerie présentera d'ailleurs, lors de l'Exposition universelle de 1878, un ingénieux dispositif expérimental susceptible de répondre à ces questions (fig. 26).

Nous avons vu au chapitre précédent la nature des liens qui unissent la géométrie descriptive et la stéréotomie. Or, à la fin du XIXe siècle, force est de constater que la théorie géométrique, loin d'avoir été un des instruments permettant une renaissance de l'architecture clavée, fut un des éléments qui précipitèrent sa perte. Et c'est naturellement un tel constat qui rend si amer La Gournerie. La stéréotomie repose sur la profession des appareilleurs, qui tirent leurs forces, jusqu'au XVIIIe siècle, de leurs compétences à la fois pratiques et théoriques dont ils ont l'exclusivité. A partir du moment où le côté purement théorique de leurs connaissances se développe indépendamment d'eux, ils sont soumis aux critiques des ingénieurs qui les jugent du haut de leur savoir scientifique (et de leur position institutionnelle). Monge écrit par exemple, dans le *Journal de l'Ecole polytechnique*, que «les artistes excluaient presque généralement de la composition des voûtes... les surfaces courbes dont ils ne connaissaient pas les lignes de courbure, lors même que les circonstances les exigeaient impérieusement ; et c'est à cela principalement qu'on doit attribuer le mauvais effet que produisent en général dans l'architecture, les morceaux de traits de coupe de pierres, parce que pour rendre un trait exécutable, on ne choisit pas toujours la surface de la voûte la plus convenable»[139].

Or ces critiques, qui ne sont pas fondées d'un point de vue statique, ne le sont pas plus d'un point de vue architectural. L'architecture, clavée ou non, ne se réduit pas à des lignes géométriques. Suffit-il de placer, dans le jardin de son pavillon de banlieue, les petits nains selon les lignes de courbure du terrain, pour être assuré de l'effet esthétique ? La voûte de l'Hôtel de Ville d'Arles, qui n'est pas appareillée selon les lignes de courbure de la surface d'intrados, est-elle d'un si «mauvais effet» ? Et l'escalier de l'archevêché de Bordeaux ? Et tant de trompes ? Lier de façon intrinsèque l'appareillage à la surface de la voûte, c'est priver l'appareilleur d'une des libertés essentielles dans l'architecture clavée, qui permet

[138] Dans son «Mémoire sur l'appareil de l'arche biaise», publié en 1870, La Gournerie fait une revue de synthèse ou il recense une cinquantaine de références sur le sujet.
[139] [Monge, 1796, p. 149].

un jeu infini avec les lignes de joint. Elles peuvent certes souligner la surface d'intrados, comme le prescrit Monge, mais elles peuvent également la nier, provoquer de subtiles tensions, indiquer des mouvements. Il est possible d'appareiller différemment des surfaces d'intrados identiques ou au contraire de façon similaire des surfaces différentes. Certains des plus beaux exemples du «jeu savant, correct et magnifique des volumes assemblés sous la lumière»[140] ne se trouvent-ils pas dans l'architecture clavée ? Aveuglé par la théorie géométrique qu'il a fondé, Monge nie une des dimensions de l'appareillage. La description qu'il donne de son «amphithéâtre idéal» est là pour nous rappeler ses visions architecturales. Ces conceptions seraient sans conséquence si elles n'étaient que celles, personnelles, de Monge. Mais, appuyées sur une théorie géométrique, par ailleurs efficace, elles prennent une valeur universelle. Hachette, et ses successeurs dans l'enseignement de la géométrie descriptive à l'Ecole polytechnique, les reprennent à leur compte. La profession d'appareilleur, qui repose sur une maîtrise complète et simultanée des problèmes géométriques, statiques et architecturaux, intervenant dans l'architecture clavée, se voit de fait retirer la compétence dans une de ces branches. Elle ne s'en relèvera pas. La stéréotomie non plus.

On peut distinguer trois périodes dans l'enseignement de la géométrie descriptive en France, durant le XIXe siècle : l'enthousiasme révolutionnaire de la création, la constitution d'un empire d'application et le Waterloo des ponts biais suivi d'une restauration de l'attention portée aux corporations des métiers. Ce mouvement général n'est sans doute pas unique au moment de la création d'une nouvelle branches des mathématiques appliquées, dont les fondateurs ont une propension naturelle à surestimer l'influence future. Ce qui est frappant dans le cas de la géométrie descriptive, c'est que son introduction comme les critiques à l'égard de son enseignement, se font au nom des «applications». La géométrie descriptive est portée, sur tout le XIXe siècle, par le souvenir des Leçons de Monge, émaillées de multiples exemples qui restent des modèles de géométrisation de problèmes pratiques. Mais force est de reconnaître que la théorie de l'appareillage selon les lignes de courbure est en fait une façon d'enseigner la notion de lignes de courbure -et de surfaces normales- et non l'appareillage. De même, la représentation des surfaces en perspective est à peine plus qu'un prétexte pour présenter la théorie des surfaces enveloppes. Le principe d'exposition de notions de géométrie à partir d'exemples, concrets et imagés, fit la richesse et le succès des cours de Monge, d'autant que ce principe fut également une source d'inspiration pour ses propres travaux scientifiques. La force de séduction de cette démarche apparaît si importante qu'elle peut effectivement laisser croire, à Monge d'abord mais surtout à ses successeurs, qu'elle est réversible et que la théorie géométrique viendra

[140] Cette phrase est une des définitions de l'architecture données par Le Corbusier.

en retour s'appliquer avec autant de bonheur à la solution des problèmes pratiques. C'est somme toute l'échec programmé de cette réciprocité qui devient patent au cours du XIXe siècle. Le cours de géométrie descriptive n'en permit pas moins le renouveau des études géométriques et la création de toute une école française de mathématique, illustrée à ses débuts par les plus brillants polytechniciens. A l'échec des ponts biais répond la naissance de la géométrie projective.

Conclusion

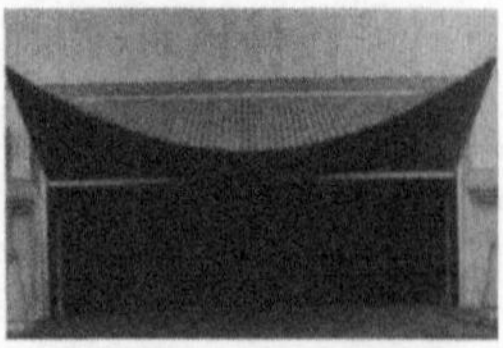

Dernier titulaire de la chaire de géométrie descriptive du Conservatoire national des arts et métiers, Carlo Bourlet[1] dresse, dans sa leçon inaugurale, le bilan de la discipline après un siècle d'existence et trace un parallèle entre son évolution et celle de la géométrie.

> «La Géométrie, telle que l'ont forgée les mathématiciens pendant de longs siècles depuis Euclide, est une Géométrie synthétique d'une élégante logique, mais factice, comme toute science qui procède par synthèse. Les démonstrations y ont cette forme inattendue et quelque peu mystérieuse qui, sous prétexte de rigueur, cache la nature des choses. La genèse des idées a disparu… [Il rend ensuite hommage au travaux de Poncelet et de Chasles] qui avaient jeté une lumière nouvelle sur la froide Géométrie d'Euclide…(et) qui actuellement servent de base à notre Géométrie supérieure moderne…En faisant de l'étude des déplacements élémentaires le fondement de la géométrie moderne, en nous servant systématiquement de cet instrument primordial, nous construirons une science non seulement plus réelle, plus tangible, mais encore plus vaste…Après avoir à la suite d'Euclide, fait un long détour dans le domaine de l'abstraction, nous reviendrons au concret.
>
> La Géométrie descriptive,…application directe de (la Géométrie pure) aux problèmes pratiques … a passé par les mêmes phases que la géométrie pure. Ayant pris naissance dans les tracés empiriques des anciens appareilleurs, elle fut systématisée et érigée en science par les géomètres et particulièrement par Monge et son école. Elle passa ainsi des mains des praticiens dans celles des théoriciens. Bientôt ceux-ci oubliant sa raison d'être, lui donnèrent une tournure de plus en plus dogmatique… Les théoriciens nous défendent de lire dans l'espace… et, pour justifier leurs prétentions, font exécuter, parfois, à leurs élèves, des épures bizarres dont les données sont choisies à dessein de façon à rendre la vision impossible… Mais ce sont là des problèmes dénués d'intérêt, jongleries de dessinateur dont

---

[1] Carlo Bourlet (1866-1913) fut élu en 1906 à la chaire de géométrie descriptive du CNAM. Sur les professeurs du CNAM voir [Fontanon-Grelon, 1994] et en particulier sur Bourlet, l'article de [Bkouche, 1994, p. 237-245].

> nous ne savons que faire… Il ne faut pas, en effet, oublier que le but unique de la Géométrie descriptive et de la Stéréotomie est de représenter des morceaux de pierres, des pièces de bois, des organes de machines, des détails et ensembles architecturaux d'une façon claire et précise qui en permette l'exécution… Le devoir du dessinateur est donc de présenter ces objets d'une manière simple… Il doit faire voir ; et, pour cela, il faut d'abord qu'il voit lui-même»[2].

La déclaration de Bourlet montre bien toute l'ambiguïté de la position de la géométrie descriptive un siècle après sa création. Que Bourlet compare Monge à Euclide n'est pas forcément péjoratif, qu'il le range dans le clan des théoriciens ayant «érigé en science les tracés empiriques des anciens appareilleurs», on ne saurait le lui reprocher. Mais il aurait pu tout aussi bien le classer au côté de Chasles et Poncelet, parmi les fondateurs de «la Géométrie supérieure moderne» qui opère ce retour vers «une science plus réelle, plus tangible, plus concrète». Sans rien retirer du mérite ni de Chasles ni de Poncelet, ce sont bien les leçons de Monge, nous l'avons vu précédemment, qui marquent la première rupture entre la géométrie euclidienne et la géométrie «moderne», ce que Chasles lui-même reconnaît volontiers en appelant «Ecole de Monge» l'ensemble des géomètres introduisant les transformations géométriques, le passage réciproque espace-plan ou le principe de continuité. Que cette rupture s'opère précisément à travers un cours de géométrie centré sur des problèmes pratiques, ne fait que conforter *a priori* l'argumentaire de Bourlet. Le fait que le professeur du CNAM occulte cet aspect de la géométrie descriptive montre la dérive subie par l'enseignement de cette matière dans les classes préparatoires aux écoles d'ingénieurs. Loin de devenir le creuset d'une fusion entre théorie mathématique et technique de construction, l'enseignement de la géométrie descriptive, coupée de ses applications pratiques, perd sa spécificité originelle et les exercices proposés deviennent de plus en plus compliqués pour des raisons purement matérielles. «Le résultat est la géométrie descriptive des classes de Spéciales, aussi absurde en son genre (et pour les mêmes raisons) que la théorie des abaques et des opérations simplifiées. Pour apprendre le dessin industriel, on coupe des tores par des hyperboloïdes. On vous recommande surtout de ne pas «voir» : il suffit de mettre +, -, +, -, et d'opérer comme une brute… Monge et Hachette pâliraient de colère, voyant ce qu'on a fait de leur science», écrit par exemple un inspecteur de l'enseignement du début du siècle[3].

Pour tenter de combattre ce dévoiement de l'enseignement de la géométrie descriptive au CNAM, Bourlet propose deux orientations. La première consiste à revenir à une définition très large de la discipline :

> «Sous le titre de Géométrie descriptive nous devons comprendre l'ensemble des applications du dessin, comme disent les artistes et les ingénieurs, ou du trait, suivant l'expression des architectes, à la résolution de tous les problèmes d'exécution

[2] [Bourlet, 1906, a].
[3] H. Bouasse, cité dans [Deforge, 1981, p. 197-198].

qui se posent dans l'industrie, ou de représentation exacte qu'on rencontre dans l'art. Ainsi conçu, le domaine de la géométrie descriptive est très vaste : il comprend le dessin architectural, les ombres et le rendu, le dessin perspectif et le dessin de machines ; la stéréotomie du bois, de la pierre et du fer ; le tracé des modèles de fonte et les développements des surfaces de chaudronnerie ; la statique graphique dans ses applications à la construction et aux machines»[4].

Alors que la définition de la discipline n'avait fait que se rétrécir tout au long du XIXe siècle, Bourlet propose donc de revenir à une vision tout à fait mongienne de son champ d'application, et il n'y a guère que «l'ordonnance des fêtes publiques» qui apparaissait dans le projet fondateur qui soit ici supprimée. Bourlet réactualise ce champ d'application et l'étend à la stéréotomie du fer et à la chaudronnerie que Monge ne nommait pas explicitement, ainsi qu'à la statique graphique, non encore formalisée[5]. Inclure, comme l'avait fait Monge, l'ensemble des applications de la partie théorique du cours dans la définition même de la discipline, est bien sûr un moyen d'affirmer que la géométrie descriptive ne se résume pas à la dite partie théorique.

La deuxième orientation, non moins mongienne que la précédente, sur laquelle Bourlet met l'accent, consiste à recentrer l'enseignement sur les travaux pratiques, non seulement pour le tracé des épures, mais également pour la réalisation de modèles : «la stéréotomie, écrit-il, n'est pas une pure science de dessin sur papier ou sur une surface plane. L'exécution de l'épure n'est qu'une partie de la question ; il reste à faire le tracé sur la matière brute et à la travailler. Il y aurait donc grand intérêt à créer un petit laboratoire [au CNAM]»[6]. Bourlet reprend donc à son compte deux des fondements de l'enseignement de la géométrie descriptive tel que Monge l'avait conçu pour la première Ecole polytechnique : le groupement sous l'intitulé de «géométrie descriptive» d'un vaste ensemble d'applications et la nécessité de faire réaliser aux étudiants des modèles de stéréotomie, de coupe des bois, etc.... Mais le programme de Bourlet resta à l'état de projet. En 1907 sa chaire fut transformée en chaire de mécanique et la géométrie descriptive enseignée dans le cadre de la «Géométrie appliquée aux arts». Cette chaire, fondée par Charles Dupin, était alors occupée par Raoul Bricard[7] qui assura un enseignement beaucoup plus traditionnel que celui souhaité par Bourlet. La suppression de la chaire du CNAM, à peu près concomitante avec la fin de l'enseignement de la géométrie descriptive à l'Ecole polytechnique, marque la fin de «l'âge d'or» de cette discipline en France.

Mais il est frappant de constater dans le discours de Bourlet, dont la véhémence n'est pas sans rappeler celle de Théodore Olivier contre les algébristes purs, la grande proximité de pensée avec ses prédécesseurs. Il est évident qu'un Olivier ou un La Gournerie, dont les conceptions concernant l'enseignement de la géométrie descriptive ont été exposées au chapitre précédent, n'auraient pu qu'applaudir au discours de Bourlet. Il en aurait certai-

---

4 [Bourlet, 1906-b, p. 5], «Projet de programme d'un cours de géométrie descriptive au CNAM», Paris.
5 Sur la statique graphique, voir [Culmann, 1866] et [Cremona, 1872].
6 *Ibid.*, p. 15 [Bourlet, 1906-b, p. 15]
7 Sur Raoul Bricard, voir [Laurent, 1994, p. 286-291].

nement été de même d'un Eugène Rouché[8], prédécesseur immédiat de Bourlet à la chaire du CNAM, qui mettait lui aussi l'accent sur les applications de la géométrie descriptive, ou d'un Jules Pillet, collègue de Bourlet au CNAM où il enseigne la construction, mais simultanément enseignant de géométrie descriptive à l'Ecole des ponts et chaussées et à l'Ecole des beaux-arts[9]. Tous les professeurs français de la discipline dans les grandes institutions d'enseignement supérieur[10] – Ecole polytechnique, Ecole centrale des arts et manufactures, Ecole des ponts et chaussées, CNAM ou Ecole des Beaux-arts – ont sinon une même vision de l'enseignement de la géométrie descriptive du moins la même conviction du caractère appliqué de cette discipline, et sont en même temps incapables d'éviter une dérive de son enseignement dans les classes préparatoires aux Ecoles d'ingénieurs. Chacun à sa manière tentera de préserver ce qui est censé donner à la géométrie descriptive sa spécificité, la réconciliation du penser et du faire, du pratique et du théorique. Mais quelle que soit l'énergie avec laquelle ils ont mené ce combat, ils semblent avoir échoué dans leur tentative, face à l'incapacité profonde (et ancienne) du système éducatif français à organiser un enseignement qui ne soit exclusivement théorique, en particulier pour répondre aux exigences des concours, incapacité dont souffrira grandement l'enseignement de la physique et de la chimie et qui sera fatale à celui de géométrie descriptive. «Tout devrait être mis en œuvre pour réduire (toutes les fois que cela paraît possible et souhaitable) l'opposition entre le théorique et le technique, entre le formel et le concret, entre le pur et l'appliqué et pour réintégrer la technique à l'intérieur même des enseignements fondamentaux», écrivent Bourdieu et Gros dans un récent rapport suggérant des réformes à apporter au système scolaire français[11]. Ce souhait, comme l'incapacité à y répondre, restent incontestablement l'une des constantes du système éducatif français. Leroi-Gourhan exprime dans une très belle formule, le danger que présente la disparition ou du moins la dévalorisation des activités manuelles : «Il serait de peu d'importance que diminue cet organe de fortune qu'est la main si tout ne montrait pas que son activité est étroitement solidaire de l'équilibre des territoires cérébraux qui l'intéresse.... ne pas avoir à penser avec ses dix doigts équivaut à manquer d'une partie de sa pensée normalement phylogénétiquement humaine. Il existe donc à l'échelle des individus, sinon à celle de l'espèce, dès à présent un problème de la régression de la main»[12]. Il est évident que l'enseignement de la géométrie descriptive n'a de sens que si il est un vecteur pour «réintégrer la technique à l'intérieur même des enseignements fondamentaux» ou pour apprendre «à penser avec ses dix doigts».

N'ayant pu durablement orienter le système scolaire français dans ce sens, comme Monge l'avait vraisemblablement espéré dans les années 1793-95, l'enseignement de la géométrie descriptive se trouva en porte-à faux. On peut distinguer deux voies dans les

[8] Eugène Rouché (1832-1910), fut professeur de géométrie descriptive et de stéréotomie à l'Ecole centrale des arts et manufactures à partir de 1867, puis au CNAM de 1884 à 1905.
[9] Sur Jules Pillet voir [Seitz, 1994, p. 399-411].
[10] Comme Olivier, La Gournerie ou Pillet, ces professeurs cumulent en général plusieurs chaires.
[11] [Bourdieu - Gros, 1989].
[12] [Leroi-Gourhan, 1968, t. II, p. 61-62].

Fig 1 - Restaurant Los Manantiales, Mexico.
J. Alvarez Ordonez, architecte ; F. Candela, ingénieur

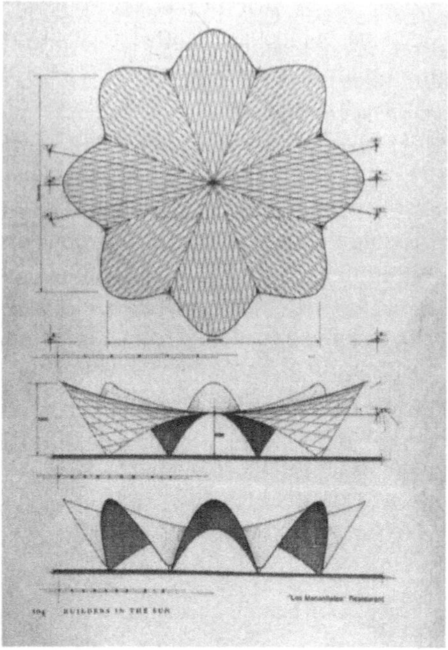

Fig 2 - Restaurant Los Manantiales, plan.
J. Alvarez Ordonez, architecte ; F. Candela, ingénieur

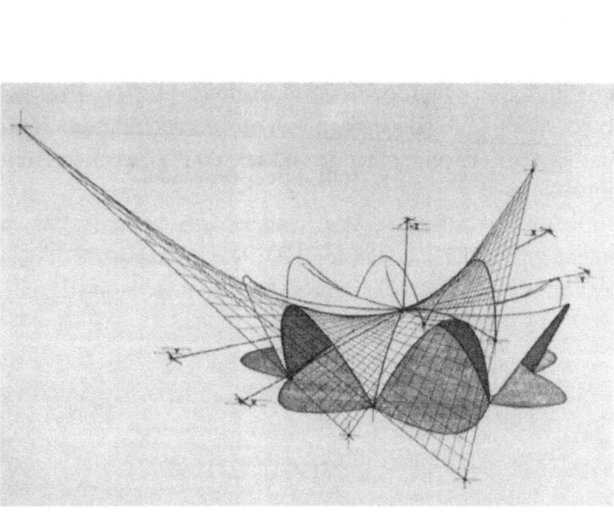

Fig 3 - Restaurant Los Manantiales, axonométrie.
J. Alvarez Ordonez, architecte ;
F. Candela, ingénieur

tentatives suivies pour préserver ce qui faisait l'essentiel de la géométrie descriptive aux yeux de son fondateur. Une voie que l'on pourrait qualifier de «généraliste», définie par Monge et Hachette, reprise par Bourlet, fond en un même objet la technique graphique et ses domaines d'applications. Ce point de vue présente l'avantage d'unifier des techniques a priori disparates, ce qui était bien l'un des objectifs de Monge. Mais la médaille a un revers, et le risque est alors grand de nier ce qui fait la spécificité de chacune de ces techniques, comme nous l'avons vu au chapitre précédent. La deuxième option consiste à présenter la géométrie descriptive à travers l'une de ses applications jugée comme fondamentale : la mécanique pour Olivier ou Mannheim, la stéréotomie pour La Gournerie, Brisse ou Rouché. Les «mécanistes» relient ainsi la géométrie descriptive avec une science en plein développement au XIXe siècle, les «stéréotomistes» recentrent la géométrie descriptive sur la technique de construction, qui est, comme cet ouvrage le montre, à son origine. Mais ces approches ne sont pas pour autant exemptes d'inconvénients. Le premier est mettre en avant l'une des applications au détriment des autres et les querelles entre Olivier et La Gournerie viennent en partie de ce choix fondamentalement différent. Mais l'inconvénient majeur est de réduire la géométrie descriptive à une technique graphique et de minimiser son aspect purement géométrique. Brisse et Rouché, qui publient à la fin du XIXe siècle la *Coupe des pierres, précédée des principes du trait de stéréotomie*, comme avait pu le faire Frézier cinquante ans avant les cours de Monge, se sentent obligés de présenter une «digression sur quelques propriétés projectives des figures» dans un traité de coupe des pierres! Enfin les «stéréotomistes», qui ont pour eux le poids de l'Histoire, accrochent la géométrie descriptive à une technique de construction qui n'a plus vraiment le vent en poupe. Malgré leur prestige et leurs qualités pédagogiques[13], ces enseignants ne purent empêcher l'enseignement de la géométrie descriptive de tomber dans les travers évoqués précédemment. Pris dans ces contradictions, l'enseignement de la géométrie descriptive s'enlisa doucement au cours du XIXe siècle pour être finalement supprimé de la formation des ingénieurs, entre 1920 et 1970.

Qu'en est-il aujourd'hui ? Aussi paradoxal que cela puisse paraître, c'est peut être de nos jours que la géométrie descriptive, débarrassée du carcan que faisait peser sur elle l'enseignement dans les classes préparatoires aux grandes écoles, peut retrouver sa fonction première, du moins dans la formation des architectes. On pourrait certes soutenir que les nouveaux outils de dessin assisté par ordinateur rendent définitivement caduque la branche de la géométrie dont cet ouvrage retrace l'histoire. Je pense qu'il n'en est rien. Je souhaiterais, en guise de conclusion, tenter d'en convaincre mon lecteur. Si la géométrie descriptive n'a pas, comme le laissait entendre Monge explicitement, permis le renouvellement de l'architecture clavée, elle n'en a pas moins entretenu des rapports riches et fructueux avec l'architecture en général et d'autres techniques de construction en particu-

[13] Sans parler de Monge lui-même, tant Hachette qu'Olivier, La Gournerie, Rouché ou Roubaudi au XXe siècle, ont laissé d'excellents souvenirs à leurs étudiants et l'évocation de leurs talents pédagogiques est l'une des constantes de leurs biographies.

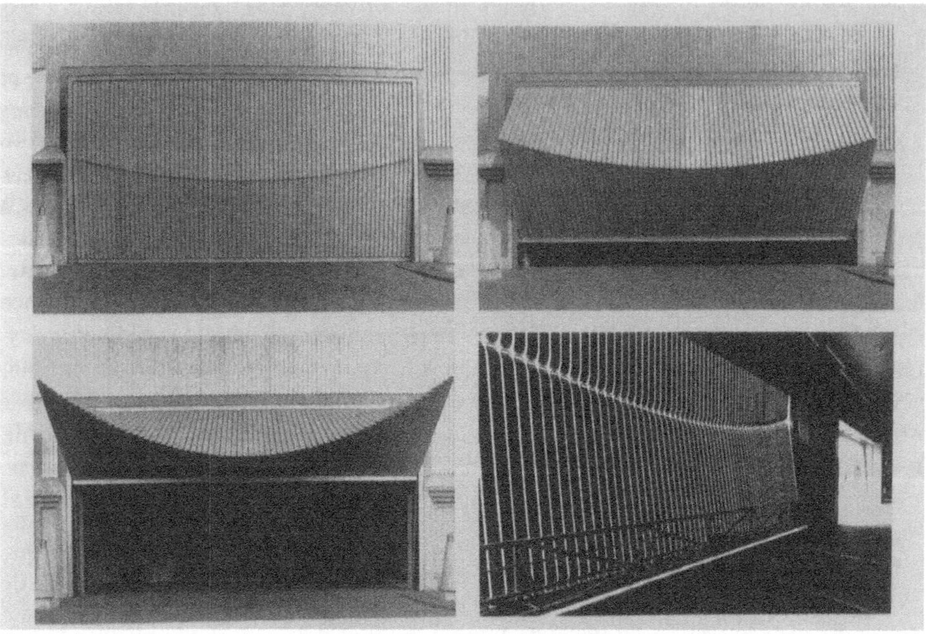

Fig. 4 - Portes des établissements Ernsting, Coesfeld, Allemagne.
S. Calatrava, B. Reichlin et F. Reinhart architectes

lier. C'est naturellement dans les constructions en voile de béton que l'on peut trouver les exemples les plus variés d'usage de surfaces réglées complexes : hyperboloïdes de révolution à une nappe pour les châteaux d'eau, portion de paraboloïdes hyperboliques pour former des auvents, des salles de restaurants (fig. 1, 2 et 3), mais aussi des poutres à grand franchissement, conoïdes variés, etc...Le béton se prête à merveille à la mise en œuvre de toute surface réglée réalisée en plaçant les fer dans la direction des génératrices. Très à la mode à partir des années trente et jusqu'aux années soixante, ces surfaces inhabituelles furent réservées par la suite presque exclusivement aux cheminées de refroidissement des centrales nucléaires, quand le mouvement architectural mit au premier plan l'intégration au tissu urbain existant, à laquelle ces surfaces ne se prêtaient pas de façon évidente. Mais un renouveau très perceptible a lieu depuis les années quatre-vingt, en particulier dans le domaine de l'architecture textile qui fait intervenir également une classe variée de surfaces gauches. Tous les problèmes liés à la définition, à la représentation et à l'expression des propriétés géométriques des surfaces étant du domaine de la géométrie descriptive, il est évident que la fin de l'usage de la stéréotomie savante comme technique de construction ne marque pas la fin des rapports entre cette branche de la géométrie et l'architecture. Cependant pour la mise en œuvre de ces surfaces, leurs représentations dans les projets d'architecture, leurs études structurelles, les outils informatiques de DAO/CAO sont autrement efficaces.

Mais je pense que l'essentiel n'est pas là. Un exemple, tiré de l'œuvre de l'architecte catalan Santiago Calatrava, emblématique de la manière dont une maîtrise des problèmes d'ordre géométrique peuvent renouveler une approche architecturale, illustrera mon propos. Il s'agit du traitement des portes de garage d'une entreprise industrielle. Ces portes sont composées de lattes verticales articulées en leurs deux extrémités sur deux axes horizontaux et sur une troisième charnière située à une hauteur intermédiaire. L'ouverture et la fermeture de la porte s'effectuent, selon l'un des procédés usuels, en relevant l'axe horizontal bas, les lattes se pliant selon leur charnière médiane. Toute l'astuce de Calatrava consiste à placer les charnières intermédiaires à des hauteurs variables selon les lattes de telle sorte que, la porte étant fermée, les charnières dessinent sur son plan un arc de parabole (fig. 4 et 5), ou plus exactement une approximation d'un tel arc par palier. Ce simple fait suffit à ce que, dans son mouvement d'ouverture et de fermeture, la porte génère deux conoïdes de forme variable qui transforment un objet fonctionnel le plus simple -une porte de garage- en élément d'architecture venant animer une façade, la rythmer, la décorer. Les portes deviennent auvents, et réciproquement ; elles introduisent un jeu entre le fixe, l'inanimé -qui en général caractérise l'architecture- et le mobile, l'évolutif, le variable. Mais loin de toucher à l'essentiel du bâtiment, comme Calatrava l'a d'ailleurs tenté dans d'autres projets, la partie animée ne concerne ici qu'un détail dont la fonction même exige une mobilité. D'un point de vue plus strictement géométrique, ces portes ne sont pas sans rappeler les modèles articulés d'Olivier décrits précédemment et une maquette d'une telle porte n'aurait pas dépareillé la collection du Musée du CNAM. Comme souvent dans le domaine de l'architecture clavée, l'usage d'une géométrie savante ne concerne qu'un détail, mais ce détail vient donner sa force à la totalité du bâtiment, traité d'une façon volontairement simple et dépouillée pour servir d'écrin à la partie concernée.

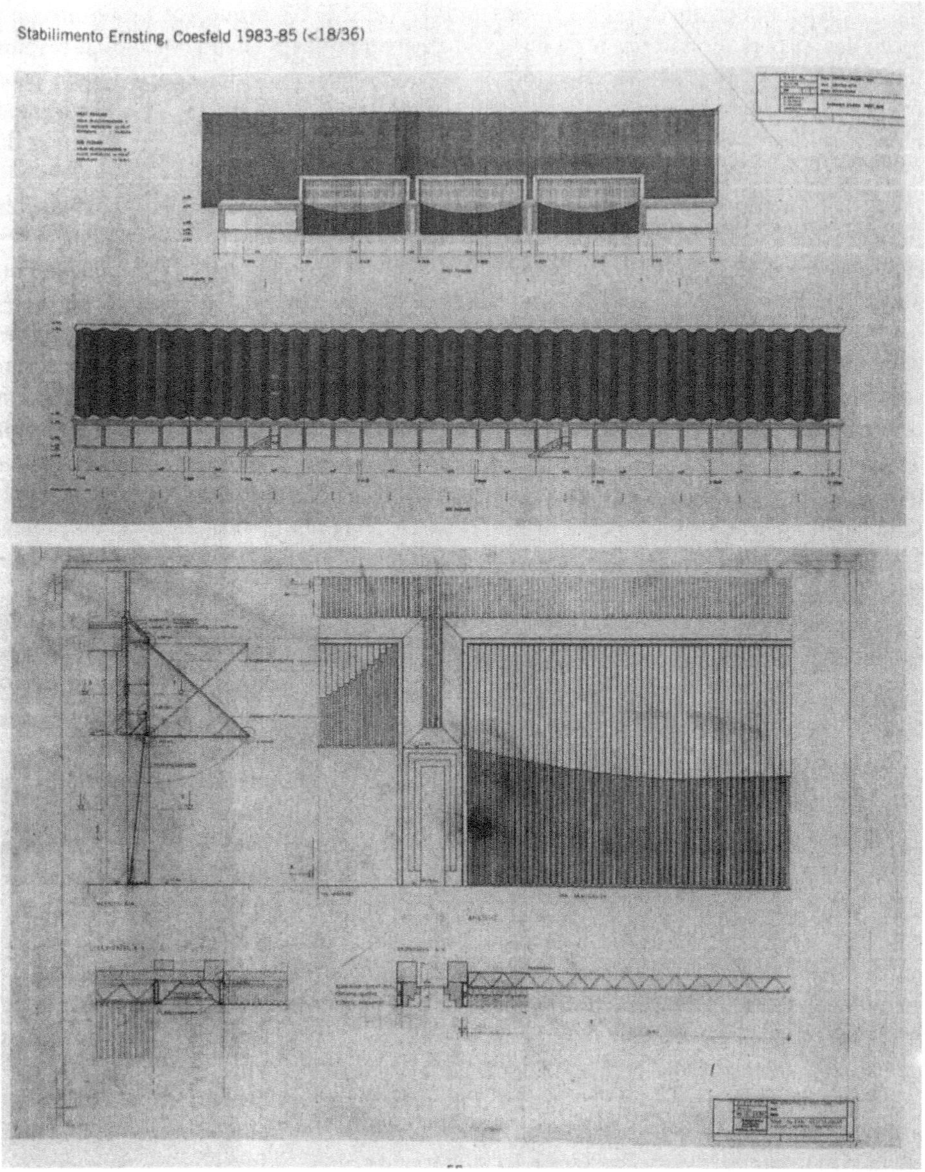

Fig. 5 - Etablissements Ernsting, élévation.
S. Calatrava, B. Reichlin et F. Reinhart architectes

Indépendamment de la complexité des problèmes géométriques rencontrés dans un projet d'architecture, cet exemple permet de se demander quels sont les outils susceptibles de développer les facultés d'un individu à imaginer et concevoir formes et volumes dans l'espace, de poser le problème du rapport entre «géométrie et imagination»[14]. Or c'est sur ce terrain, qui est le sien à sa naissance, que l'apprentissage de la géométrie descriptive me semble n'avoir rien perdu de son actualité, et ce pour quatre raisons essentielles.

1- J'ai tenté de montrer dans ce livre le caractère réducteur, partiel, limité du premier objectif que Monge assigne à la géométrie descriptive – «représenter avec exactitude, sur des dessins qui n'ont que deux dimensions, les objets qui en ont trois» – par rapport aux leçons qu'il donne à l'Ecole normale de l'an III et à l'Ecole polytechnique. Moyen de représenter l'espace, certes, la géométrie descriptive est également un outil pour ne pas le représenter, pour s'abstraire d'une figuration première, pour «épurer» les surfaces ou les objets mathématiques que le géomètre manipule. «Personne, plus que Monge, n'a conçu et n'a fait une géométrie sans figures»[15], écrit Chasles, et ce n'est pas simplement par provocation. Par rapport à une épure de géométrie descriptive, l'image fournie par le DAO est trop complète, trop finie, trop parfaite, trop riche. L'épure de géométrie descriptive est au DAO ce que le dessin ou le croquis est à la photographie. Et l'apprentissage du dessin reste fondamental pour l'architecte même si l'appareil photographique fait aujourd'hui partie intégrante de sa panoplie. Si un grand journal du soir parisien n'illustre l'actualité que par des caricatures et non par des photographies, c'est bien que, du point de vue de l'information, il faut parfois savoir dire très peu de chose pour en dire beaucoup. *Mutatis mutandis*, on retrouve avec la géométrie descriptive une situation analogue dans la manipulation des surface géométriques.

2- L'épure de géométrie descriptive n'a pas uniquement pour fonction de représenter un objet mais aussi de figurer les opérations géométriques qui permettent de définir, de construire, de tracer cet objet. Différence fondamentale avec les techniques graphiques qui la précèdent, nous l'avons vu à travers les trois premiers chapitres de ce livre, mais également avec les outils informatiques actuels pour lesquels les opérations, de l'ordre du calcul matriciel, sont effectuées par les logiciels et ne font plus partie intégrante de l'image.

3- La géométrie descriptive n'est pas seulement un outil géométrique pour projeter l'espace sur le plan, mais le lieu d'un passage réciproque espace/plan. J'ai longuement exposé ce point, dans l'analyse des leçons de Monge, comme dans celle des cours de ses successeurs, et tout particulièrement de Chasles. C'est en ce sens que la géométrie descriptive est la théorie géométrique sous-jacente à la représentation architecturale, quels que soient les outils utilisés par ailleurs pour cette représentation, les aller-et-retour entre l'espace et le plan étant bien une des caractéristiques du métier d'architecte. C'est également pour cette raison que le dessin d'architecture est une des sources premières de cette théorie géométrique, comme le premier chapitre le montre.

4- La géométrie descriptive gère d'une manière tout à fait originale, et extrêmement forte, les rapports abstrait/concret ou théorie/pratique. L'abstraction même de cette bran-

[14] J'emprunte cette expression à Hilbert et Cohn-Vossen qui en ont fait le titre d'un des plus beaux ouvrages de géométrie. [Hilbert et Cohn-Vossen, 1953].
[15] [Chasles, 1837, p. 209].

che de la géométrie en fait à la fois sa difficulté d'apprentissage et son intérêt comme outil de formation. Mais elle n'est en rien une théorie purement abstraite comme d'autres branches des mathématiques, à la fois par l'épure que l'on dessine en la pratiquant et par les applications qu'elle offre, si l'on s'en tient à la définition étroite qui est couramment la sienne aujourd'hui, ou qu'elle contient, si l'on reprend, comme Bourlet, la définition mongienne qui convient certainement mieux à son enseignement dans les écoles d'architecture. La géométrie descriptive reste ainsi le lieu d'articulation, de rencontre, de confrontation, de la géométrie avec un matériau, qui peut-être la pierre, le bois, le béton, le métal ou le textile, et cette rencontre est elle aussi est une des caractéristiques du métier d'architecte.

Que la géométrie descriptive soit, pour le mathématicien, une branche morte des mathématiques, cela ne fait aucun doute. Qu'après un siècle et demi de pratique, elle ait été jugée inutile dans la formation des ingénieurs, on ne peut que le constater. La «langue nécessaire à l'homme de génie qui conçoit un projet» est-elle devenue le «latin de l'espace», une langue morte dont l'étude ne présente plus qu'un aspect culturel ? Parce qu'elle est au cœur du passage espace-plan, des rapports dessin-mathématiques, des tensions géométrie-matière, elle au cœur du métier d'architecte et demeure une discipline clé de sa formation. Si la géométrie descriptive est le «latin de l'espace», elle est pour l'architecte aussi fondamental que le latin l'est pour le philologue, et son apprentissage reste le plus sûr moyen que les architectes de demain ne perdent pas la maîtrise de leur langage spécifique.

Annexes

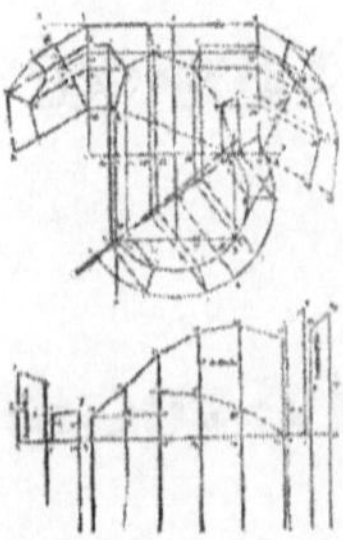

Annexe I

Le vocabulaire de la géométrie descriptive

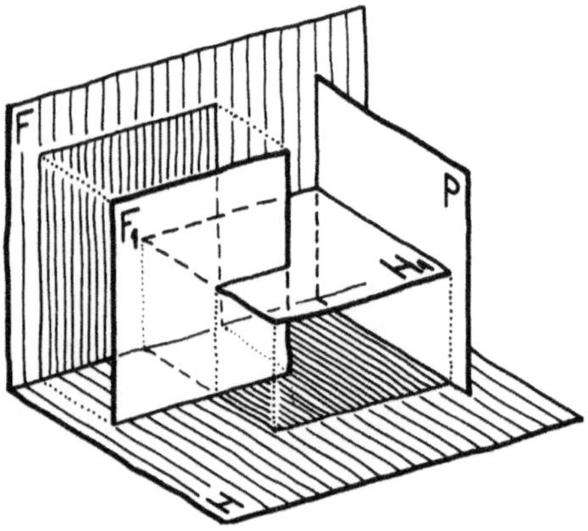

Les deux plans **H** et **F** constituent le repère de l'espace, les plans de référence. **H** est le plan horizontal de projection, **F** le plan frontal de projection. Ils se coupent selon «la ligne de terre».
Conformément à l'usage courant, un plan $\mathbf{H}_1$, parallèle à **H**, est dit «horizontal», et un plan **V**, perpendiculaire à **H**, «vertical».
Un plan $\mathbf{F}_1$, parallèle à **F**, est dit «frontal» et un plan **DB**, perpendiculaire à **F**, est dit «de bout».
Un plan «de profil», comme le plan **P,** est à la fois vertical et de bout, donc perpendiculaire à la ligne de terre.

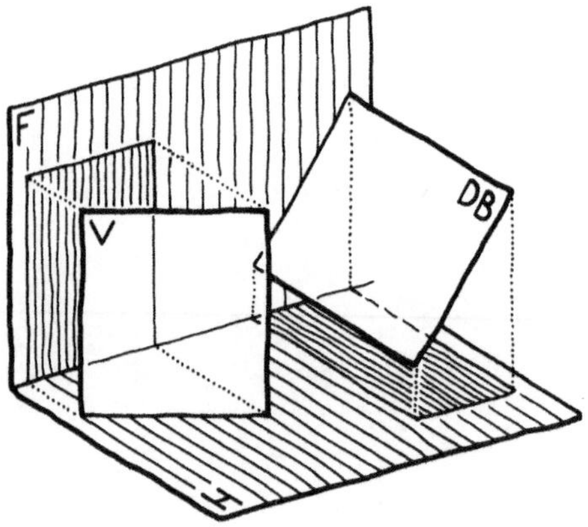

Les méthodes de la géométrie descriptive

A la représentation de l'espace selon le principe de la double projection, sont associées des opérations géométriques, les «méthodes de la géométrie descriptive» : le rabattement, la rotation et le changement de plan.

Le rabattement

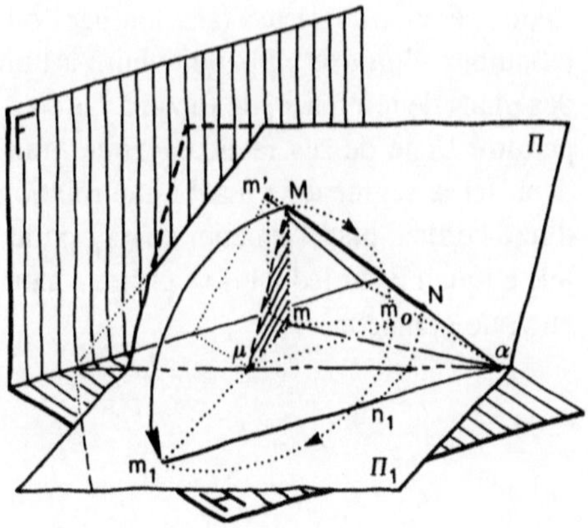

Pour faire apparaître en vraie grandeur les figures tracées sur un plan P quelconque, on peut le «rabattre» sur l'un des deux plans de référence, par exemple le plan H. Connaissant l'épure (m,m') d'un point M du plan P, la figure ci-dessus indique comment on construit son rabattement m_1. A partir de ce point on déduit rapidement le rabattement de tout point N du plan P par la méthode des points fixes : la droite MN coupe la charnière de rabattement en un point a ; le point n_1 est à l'intersection de la droite am_1 et de la perpendiculaire à la charnière passant par n.

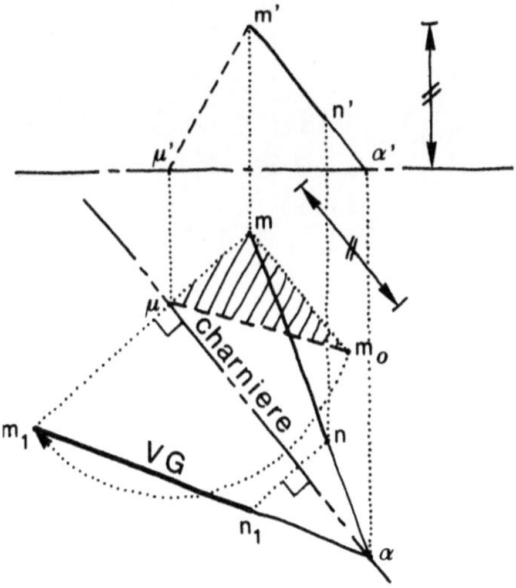

La rotation

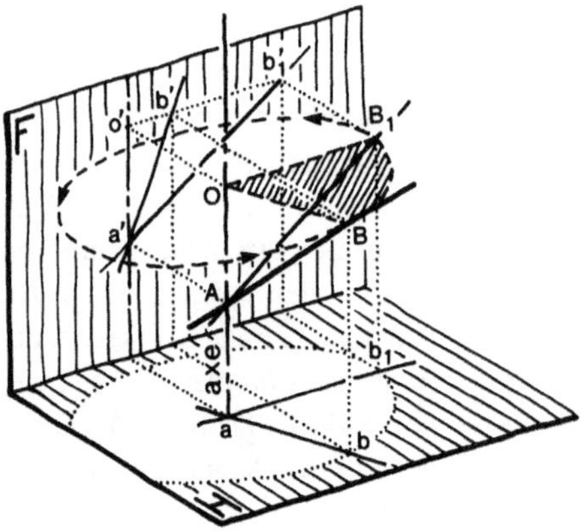

Cette opération consiste à faire tourner l'objet autour d'un axe perpendiculaire à l'un des plans de référence, de façon à faire apparaître l'une de ses faces en vraie grandeur. Ici le segment AB a subi une rotation d'axe vertical pour l'amener en AB_1, parallèle au plan F sur lequel il se projette alors en vraie grandeur.

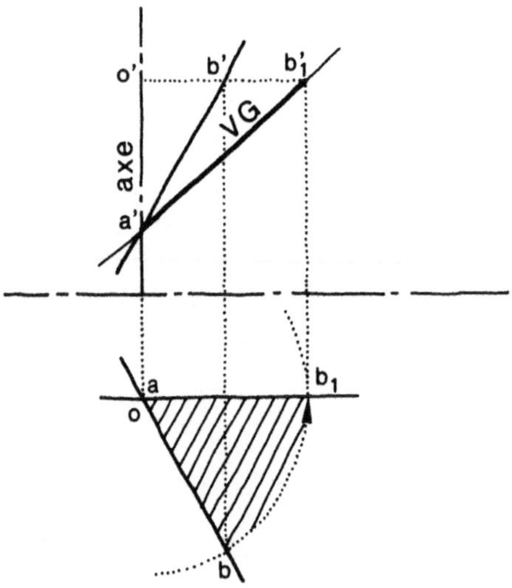

Changement de plan frontal

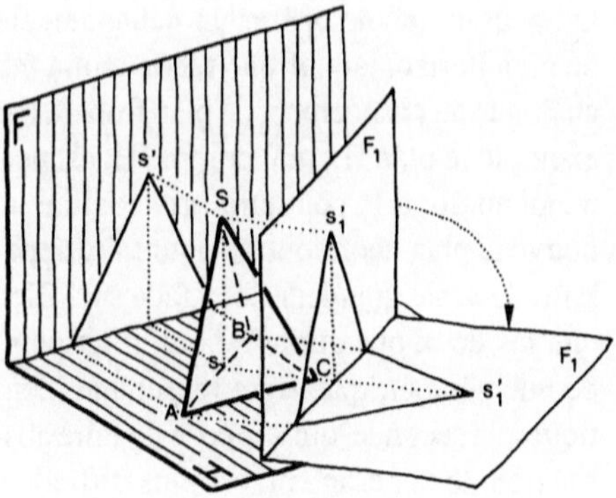

Un repère (H, F) ayant été choisi, il peut être intéressant dans certains cas, de «changer de repère». Par exemple, dans le dessin ci-dessus, la face SAB de la pyramide SABC n'apparaît en vraie grandeur sur aucune de ces deux projections sabc, s'a'b'c'. On peut donc avoir besoin de donner une nouvelle projection frontale, de «changer» de plan frontal de projection en choisissant un vertical plan F_1 qui soit parallèle à cette face. La projection horizontale, le plan de l'objet, n'est pas modifiée et la nouvelle projection frontale se déduit de l'ancienne par un simple report de longueur indiqué ci-contre.

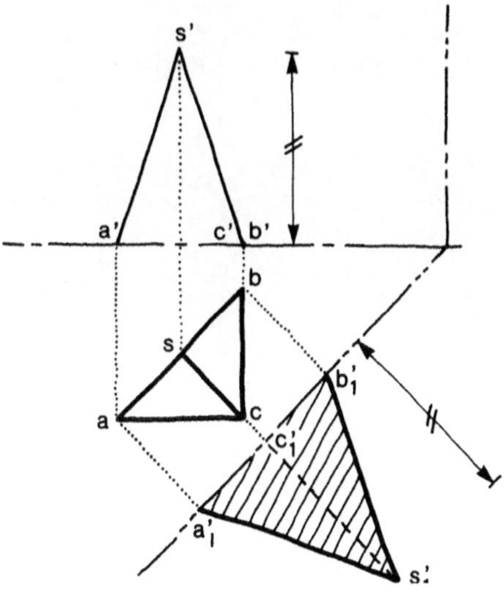

Changement de plan horizontal

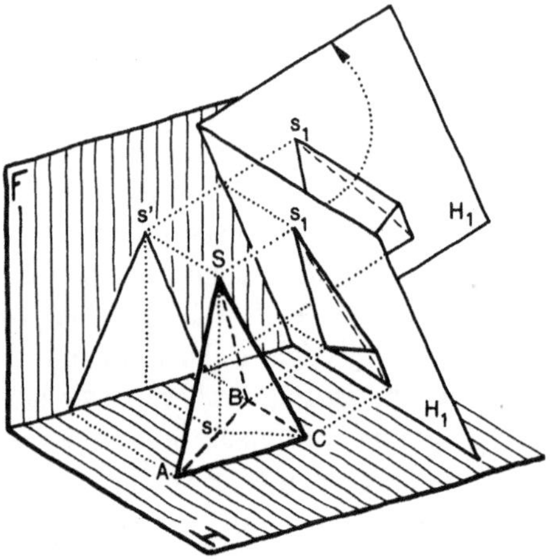

On peut de même opérer un «changement de plan horizontal», d'une façon tout à fait analogue au changement de plan frontal. Par exemple le plan H_1, qui, comme H, est perpendiculaire à F, peut être pris comme un nouveau plan «horizontal» pour faire apparaître la vraie grandeur de la face SBC. Bien que les deux opérations soient, d'un point de vue géométrique, rigoureusement identiques, la seconde, qui suppose de faire abstraction de la pesanteur, est plus difficile à imaginer, surtout si l'objet représenté est de grande taille comme en architecture.

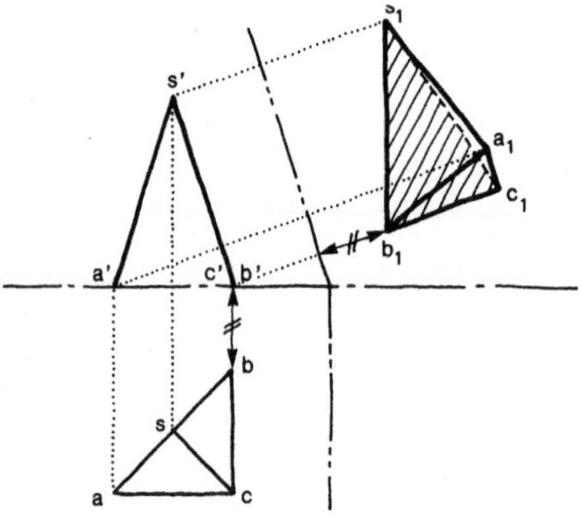

Plan osculateur, rayon de courbure, cercle osculateur

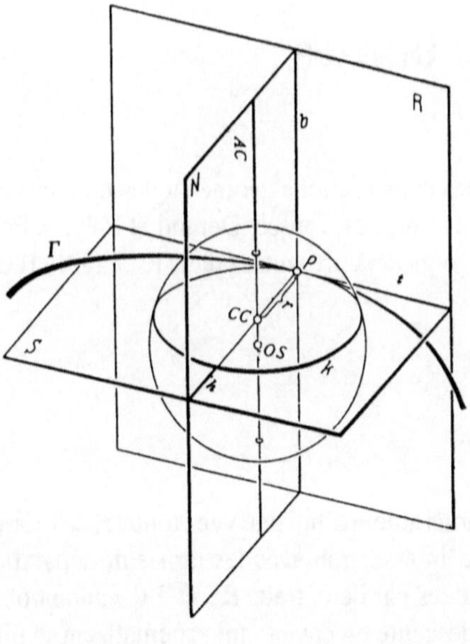

Γ courbe gauche
P point considéré de la courbe
S plan osculateur
N plan normal
t tangente
h normale principale
k cercle de courbure ou cercle osculateur
r rayon de courbure
AC axe de courbure ou droite des pôles
CC centre du cercle osculateur
OS centre de la sphère osculatrice

Le plan osculateur, *S*, en un point *P* d'une courbe gauche Γ, est la position limite d'un plan contenant la tangente *t* à Γ en *P*, et un point *P'*, situé sur Γ, lorsque *P'* tend vers *P*. Le plan osculateur d'une courbe en un point est donc le plan «le plus proche» de cette courbe au voisinage du point considéré, tout comme la tangente à une courbe en un point est la droite «la plus proche» de cette courbe au voisinage du point. En général, le plan osculateur traverse la courbe au point de contact. Le plan perpendiculaire à *t* en *P* est le plan normal *N*. Si l'on considère un point *P'* sur Γ, et son plan normal *N'*, les plans *N* et *N'* se coupent en une droite qui tend, lorsque *P'* tend vers *P*, vers la droite *AC* qui est la droite des pôles (ou «ligne des pôles» pour Monge) et l'axe de courbure de *P*. L'axe *AC* coupe le plan *S* au point *CC*, qui est le centre de courbure de Γ en *P*. La distance entre *CC* et *P* est le rayon de courbure *r* de Γ en *P* ; plus le rayon *r* est petit, plus la courbure est forte. Le cercle de centre *CC* et de rayon *r* est le cercle de courbure de Γ en *P*. C'est également le cercle osculateur, c'est à dire le cercle limite des cercles définis par trois points de Γ lorsque les trois points tendent vers *P*. La sphère osculatrice de centre *OS* est définie de façon analogue comme la limite de la sphère définie par quatre points de Γ lorsque ces quatre points tendent vers *P*.

A partir de la notion de courbure d'une courbe gauche en un point, on peut définir les lignes de courbure d'une surface. Parmi toutes les courbes qui passent par un point donné d'une surface quelconque, il y en a en effet deux particulières, celle qui admet une courbure maximum et celle qui admet une courbure minimum.

La définition d'une courbe gauche à partir de ses deux projections sur deux plans orthogonaux est donnée par Clairaut dans *ses Recherches sur les courbes à double courbure*, publié en 1731. L'étude des courbes gauches est menée par Monge dans son mémoire présenté à l'Académie en 1771 (Monge, 1785]), celle sur les surfaces développable dans son mémoire de 1780. Laplace, de façon analytique, et Monge, d'une manière intuitivo-géométrique (cf. supra, chap. III), exposent ces notions dans leurs cours de l'Ecole normale de l'an III, (voir [Dhombres, 1992.b]). Sur ces sujets, on peut consulter par exemple [Hilbert et Cohn-Vossen, 1952, p. 178-182], dont la figure ci-dessus est extraite.

Annexe II

Les épures des descentes biaises

Dans cette annexe sont présentées, en détail, les constructions géométriques données par les cinq auteurs étudiés : Philibert de L'Orme, Desargues, Jousse, Derand et Frézier. Pour faciliter la lecture de cette annexe, certaines figures déjà présentées dans le chapitre II ont été reproduites en vis-à-vis du texte explicatif.

Philibert de l'Orme, le précurseur (1561)

Traçant le plein cintre sur ce que nous nommerions aujourd'hui une vue frontale, de l'Orme abaisse les lignes de rappel issues des points d'intersection avec les lignes de séparation des voussoirs (fig. 1 et 2). Ces lignes sont coupées par deux traits RS et TV, «autant obliques ou biaises que vous voudrez faire votre descente en cave», qui schématisent le plan du mur. Il trace ensuite le segment EP, parallèle à RS puis la droite PQ perpendiculaire à la précédente et passant par O, «qui montre la pente de la descente de la cave». De l'Orme, sans raison apparente, ni nécessité pour la suite des opérations proposées, lie donc l'angle du biais et angle de pente.

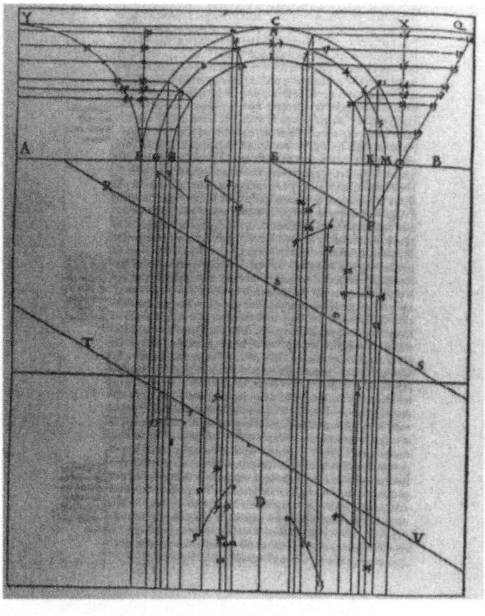

Fig. 1 - L'épure de Philibert de l'Orme

LIVRE III. DE L'ARCHITECTVRE

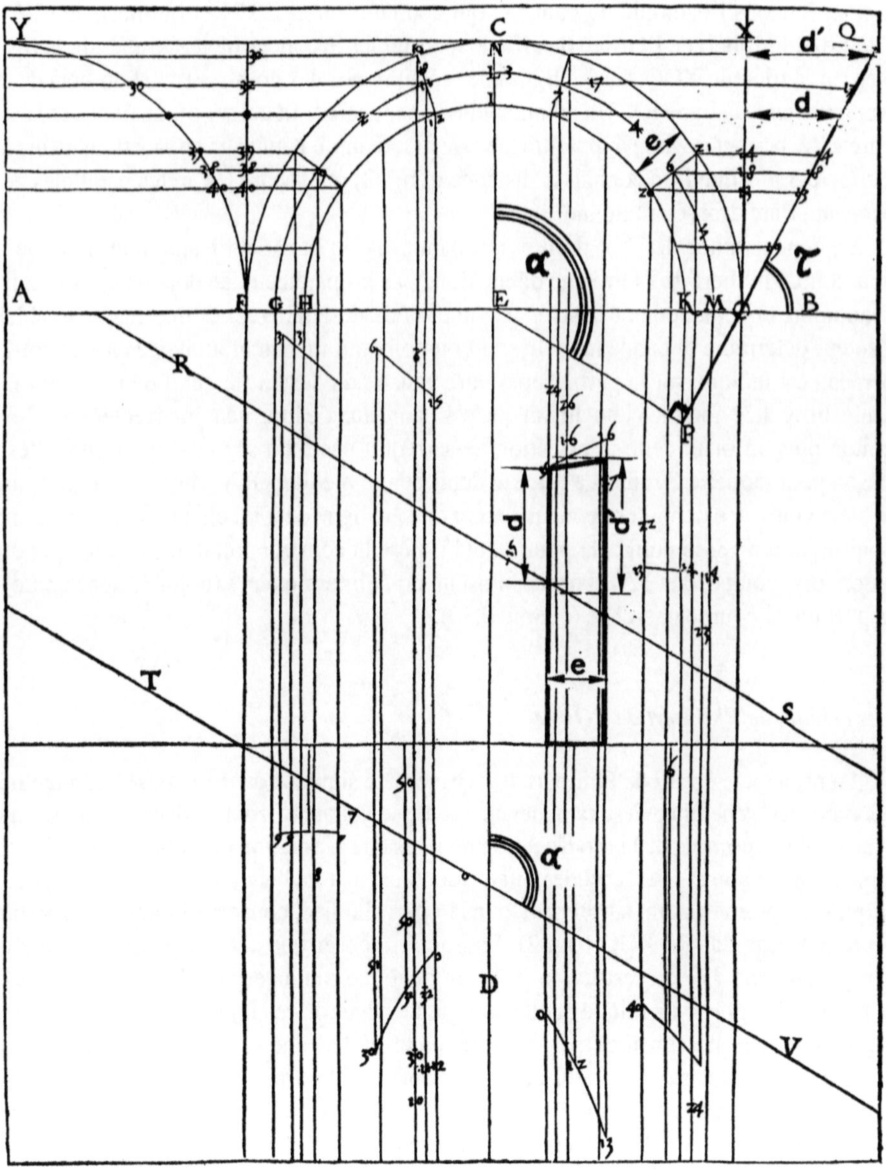

Fig. 2 - L'épure de Philibert de l'Orme annotée

Cette situation étant admise, la méthode pour déterminer les panneaux de lit est très rapide. Prenons l'exemple du panneau qui contient l'arète 20.21 et qui porte le n° 6 sur l'épure de Philibert de l'Orme. Il suffit de reporter les distances (notées d et d' sur la fig. 2), lues sur le triangle XOQ, sur les lignes de rappel issues des points 20 et 21 au-delà de leur rencontre avec la ligne RS. Un rabattement du panneau de lit autour d'une de ses arètes, ici l'arète 22, permet de faire apparaître la vraie grandeur du panneau ; ce rabattement est aisé à effectuer puisque l'on connaît la distance **e** (fig. 2) qui sépare les arètes parallèles de ce panneau, l'arc droit étant donné.

La connaissance de l'arc droit et des panneaux de lit est suffisante pour la taille des voussoirs, Philibert de l'Orme ne donne donc pas les panneaux de douelle qui pourraient néanmoins être facilement trouvés par une méthode analogue. D'une façon semblable l'auteur détermine le panneau de lit des voussoirs qui rachètent un berceau. Le profil du berceau est indiqué sur la partie supérieure gauche du dessin (le quart de cercle FY). La seule différence notable vient du fait que ces panneaux de lit venant intersecter un cylindre et non plus un plan, cette intersection ne se réduit pas à un segment de droite. C'est la raison pour laquelle Philibert a tracé le demi-cercle médian GLM sur la vue représentant le plein cintre. Ce demi-cercle vient couper chaque ligne de joint en un point (par exemple pour le joint n° 8, le point 11) pour lequel il itère la construction donnée pour les points extérieurs (points 10 et 12), et trouve ainsi un point intermédiaire (point 32 sur l'épure) de la portion de courbe cherchée (courbe 0,30).

Les erreurs de Philibert de l'Orme

La principale erreur de Philibert de l'Orme a été signalée dans l'exposé de sa méthode géométrique : cherchant à se ramener au cas d'une voûte horizontale dans un mur en talus, il ne tient pas compte de la modification du biais que la rotation de l'objet induit. On peut signaler deux autres inexactitudes, mais qui, elles, ne touchent pas aux principes géométriques. Le premier point surprenant, dans l'épure étudiée, concerne l'angle de la «pente» représenté par l'angle XOQ (fig. 2). Pourquoi imposer que cet angle soit le même que l'angle du biais ? Cette restriction reste énigmatique ; la détermination géométrique des panneaux de lit reste identique quelle que soit la valeur de cet angle. Si cette restriction est regrettable, elle ne constitue pas, à proprement parler, une erreur, mais seulement une perte de généralité que le lecteur peut aisément combler (du moins le lecteur contemporain). La deuxième inexactitude concerne les panneaux de lit tels qu'ils sont représentés sur l'épure. L'erreur est indiscernable sur le panneau n° 6 mais très lisible sur les trois autres ; la correction a été apportée sur le panneau 7 (fig. 2). Au lieu d'effectuer le rabattement du panneau n° 7, Philibert de l'Orme prolonge sur son dessin la droite 15-16 jusqu'à ce qu'elle rencontre la droite 27.

Mais cette erreur ne concerne que l'épure. Le texte d'accompagnement est (relativement) clair sur ce sujet. Par exemple, pour le tracé du panneau de lit n° 7, Philibert de l'Orme écrit : «Puis vous prenez encore… sur la ligne de pente PQ, les largeurs des deux points

16, et les mettez après la ligne oblique RS, sur la perpendiculaire 26, marquée au point 16, laquelle vous rapportez parallèlement sur l'autre ligne perpendiculaire marquée 27, où vous mettez le point 16». Or, «rapporter parallèlement» (sous-entendu «à AB») le point 16 revient à effectuer l'opération de rabattement, et le texte d'accompagnement vient ici, fort à propos, rectifier une erreur qui se serait glissée au moment du tracé de l'épure. Même si cette erreur est répétée sur les quatre panneaux de lit, les compétences de Philibert de l'orme ne peuvent être mises en doute. Outre le texte d'accompagnement que nous venons de citer, les panneaux de lit de la portion de voûte qui rachète le berceau sont parfaitement tracés, le rabattement étant effectué de manière exacte, tout comme le tracé des panneaux de lit donnés dans l'épure précédente, concernant la descente droite, qui nécessitent une construction analogue.

DESARGUES, le géomètre (1640)

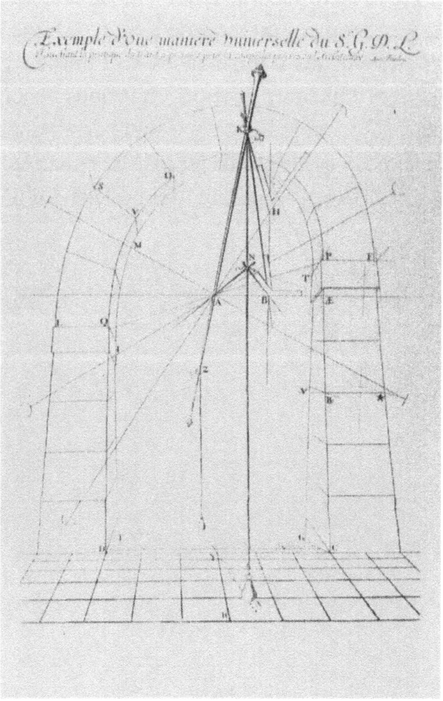

Fig. 3 - Vue perspective de la descente biaise, 1ere planche du facsicule de Desargues

Les premiers paragraphes du *Brouillon projet de coupe des pierres* relèvent plus du plaidoyer polémique que d'une introduction technique à une méthode. Desargues insiste sur les points communs qui existent entre ce traité et celui qu'il a publié en 1636 sur la perspective : même élégance, même concision, mais également même difficulté de compréhension, et même nécessité de connaître la géométrie. Desargues, qui prévoit – à juste titre – pour ce traité, des critiques similaires à celles suscitées par son précédent mémoire, demande à son lecteur «de ne pas le rejeter sans l'entendre et aux mêmes excellents hommes en géométrie et autres sciences, qui ont donné les mains aux démonstrations de cette manière de perspective d'en faire autant aux démonstrations de cette manière de trait». Desargues insiste sur le caractère pratique et opérationnel de ses «méthodes universelles», prenant à témoin des hommes de métier tels que Grégoire Huret, Abraham Bosse, Laurent de La Hire[1], qui dit-il, les utilisent couramment dans la pratique de leur art. La partie proprement technique commence par la présentation de l'exemple traité. Desargues introduit les termes de métier utilisés pour désigner les pièces et parties d'un percement en arc.

Desargues définit d'abord les plans et les droites, matériels ou non, qui serviront de repère (fig. 4) :
- le plan de face est le plan du mur,
- l'essieu est l'axe de la voûte en berceau et donne la direction des génératrices,
- le plan droit à l'essieu est un plan perpendiculaire à l'essieu, qui porte la section droite du berceau.

La position du plan de face sera définie par l'angle qu'il forme avec le plan horizontal (angle du talus noté τ) la position de l'essieu par l'angle du biais (noté α) et la pente de la descente (noté γ) (fig. 4 et 5). A partir de l'essieu et des deux plans précédemment définis, Desargues introduit les droites et plans auxiliaires dont il se servira dans ses constructions

[1] Le peintre Laurent de La Hire, père de Philippe de La Hire, était un ami de Desargues.

géométriques ultérieures. Le plan sous-essier est le plan contenant l'essieu et perpendiculaire aux deux précédents. Les droites définies par Desargues sont les intersections deux à deux de ces trois plans. La sous-essieu est l'intersection du plan de face avec le plan sous-essier, la contre-essieu l'intersection du plan droit à l'essieu avec le plan sous-essier (cette droite est donc perpendiculaire à l'essieu) et la traversieu est l'intersection du plan de face et du plan droit à l'essieu.

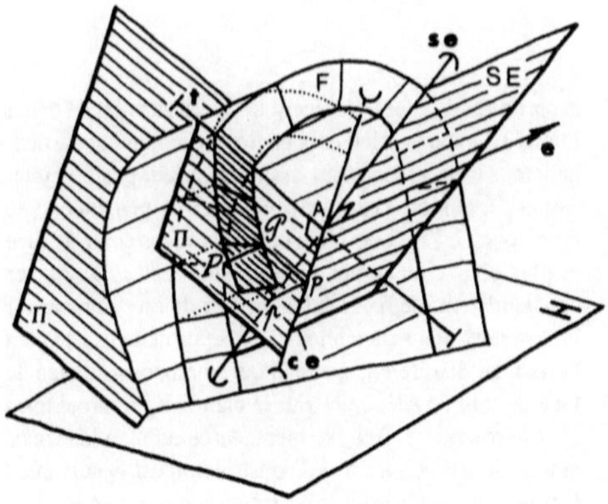

Fig. 4 - Droites et plans définis par Desargues :
e est «l'essieu» ou l'axe de la voûte
F, le «plan de face» est le plan du mur
Π, le «plan droit à l'essieu» est le plan perpendiculaire à l'axe de la voûte passant par A, point d'intersection de **e** et de **F**.
Le «plan sousessier» **SE** contient l'axe de la voûte et est simultanément perpendiculaire aux deux plans précédents, **F** et **Π**.
La droite **SE**, la «sous-essieu» est l'intersection du plan **F** et du plan sous-essier, **SE**, la «contre-essieu» **ce** est l'intersection de **Π** avec plan sous-essier **SE**.

Ces préliminaires posés, il s'agit pour Desargues de résoudre les problèmes concrets, c'est-à-dire d'obtenir les vraies grandeurs des faces (ou des angles) nécessaires à la coupe des pierres.

Dans le paragraphe intitulé *trouver l'angle d'inclination de l'essieu au plan de la face et sa position*, Desargues explique comment construire, à partir des données (angles du biais, angle du talus, pente du plan de chemin), le rabattement du plan sous-essier sur le plan de face, ce qui permet d'obtenir une figure de géométrie plane où les quatre axes essentiels (essieu, sous-essieu, contre-essieu, traversieu) sont placés dans leur position relative par rapport à l'horizontale AB (fig. 5). Toutes les constructions ultérieures seront effectuées à partir de ce dessin.

Comme cela a été exposé lors de la comparaison des méthodes suivies par chaque auteur, la suite de la construction graphique permettant de tracé l'arc droit à partir de l'arc de face (cf. fig. 6.a et 6.b) revient à un «changement de plan frontal» en géométrie descriptive, puisque le plan sous-essier est à la fois perpendiculaire au plan de l'arc de face et au plan de l'arc droit. Le plan sous-essier, introduit pour déterminer l'arc droit, permet également de construire les «panneaux de lit», c'est à dire les faces selon lesquelles chaque voussoir s'appuie sur le voussoir voisin. Le tracé de l'arc droit donne en effet la vraie grandeur de la largeur des panneaux de lit et le rabattement sur le plan sous-essier du plan contenant ces panneaux se déduit aisément des constructions précédentes.

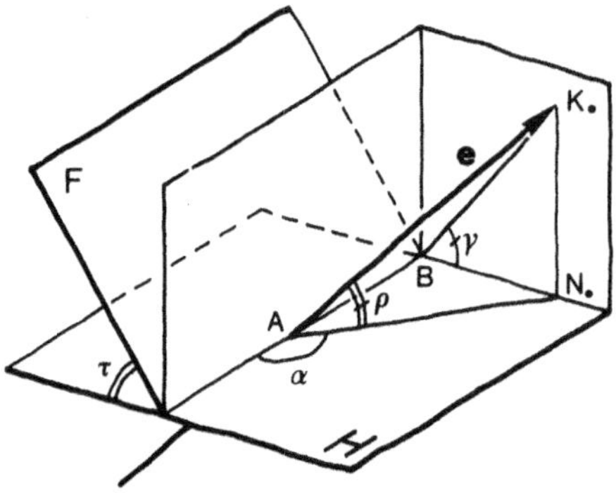

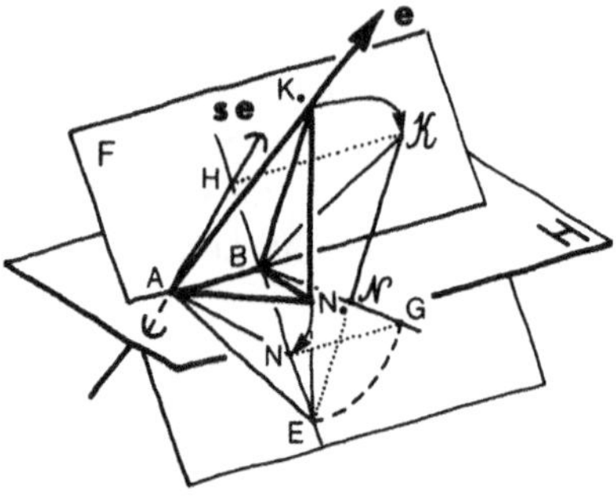

Les données du problème sont définies dans un repère de référence constitué d'un plan horizontal passant par A et un plan vertical perpendiculaire au mur de face qui coupe l'essieu en K_0. Ces données sont l'angle du talus τ, l'angle du biais α et l'angle de la descente ν

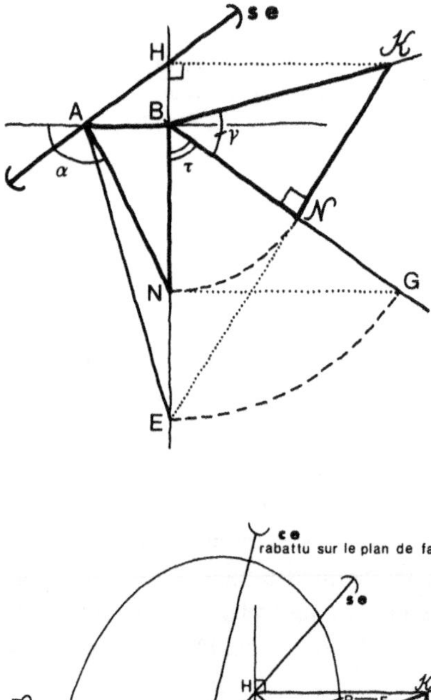

A partir des données, l'objectif de Desargues est de tracer l'essieu, la sous-essieu et la contre-essieu, qui appartiennent tous trois au plan sous-essier, dans leur position relative et par rapport à une horizontale AB du plan du mur de face, lorsque l'on considère ces deux plans (mur de face et plan sous-essier) rabattus l'un sur l'autre. Desargues considère comme fixe le plan du mur de face et rabat sur lui les deux plans de référence. K_0 se projette, sur le plan horizontal de référence, en No qui se rabat sur le plan de face (autour de AB) en N. Sur le plan F, K_0 se projette en H et le triangle K_0BN_0 se rabat sur ce même plan (mais autour de BH) en *KBN*. La construction est la suivante : Desargues trace la droite passant par A qui fait un angle α avec AB ; elle coupe la perpendiculaire à AB en B au point N ; il trace la droite BG faisant avec BN un angle τ puis la droite B*K* faisant avec BG l'angle ν. Le point *N* s'obtient en reportant la distance BN_0 sur BG et le point *K* est tel que *KN* soit perpendiculaire à BG. H est la projection de *K* sur BN. AH est la sous-essieu car H est également la projection de K_0 sur le plan F. Sur la perpendiculaire en H à la sous-essieu on reporte la distance H*K* pour obtenir le point K. AK est l'essieu rabattu sur le plan F, sa perpendiculaire en A est la contre-essieu.

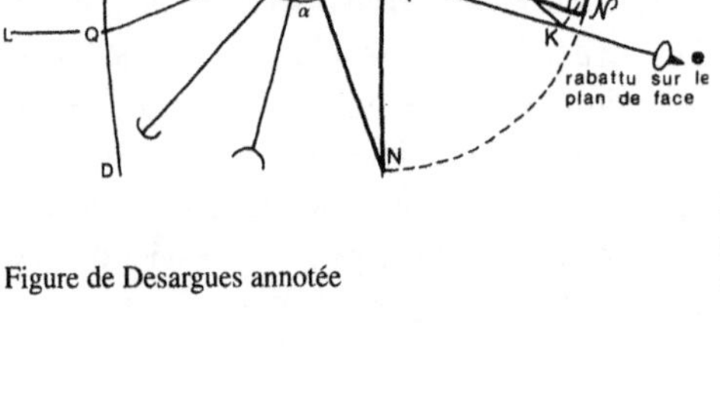

Figure de Desargues annotée

Fig. 5 - Position relatives de l'essieu, de la sous-essieu et de la contre-essieu lorsque le plan sous-essier et le plan de face sont rabattus l'un sur l'autre

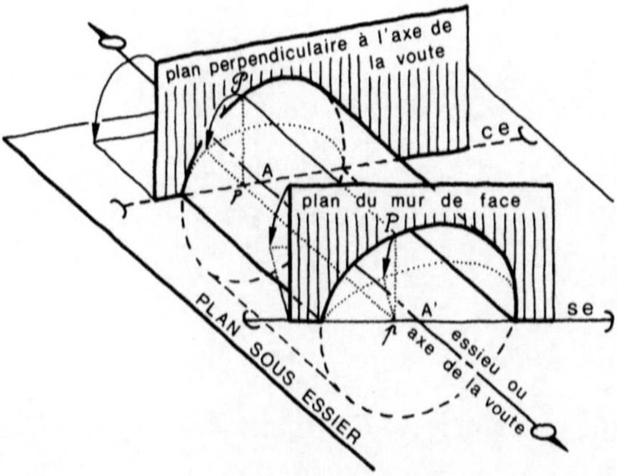

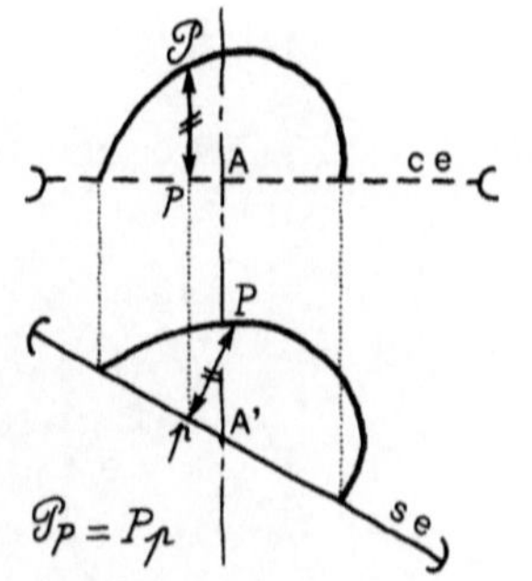

Si l'on choisit le plan sous-essier comme plan de référence, la construction graphique revient à un changement de plan frontal

Fig. 6.a - Principe du tracé de l'arc droit à partir de l'arc de face (ou l'inverse).

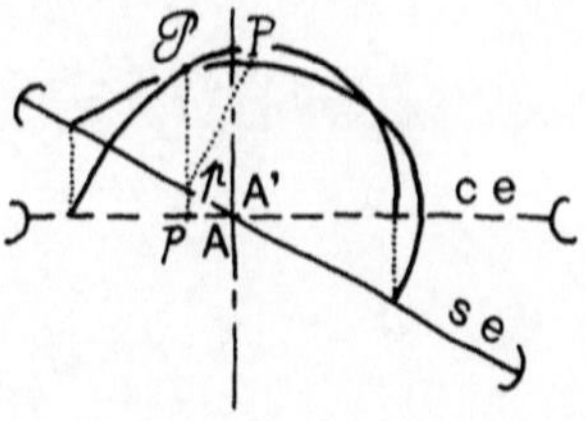

Pour minimiser l'encombrement, Desargues superpose les deux points A et A' de la figure ci-dessus.

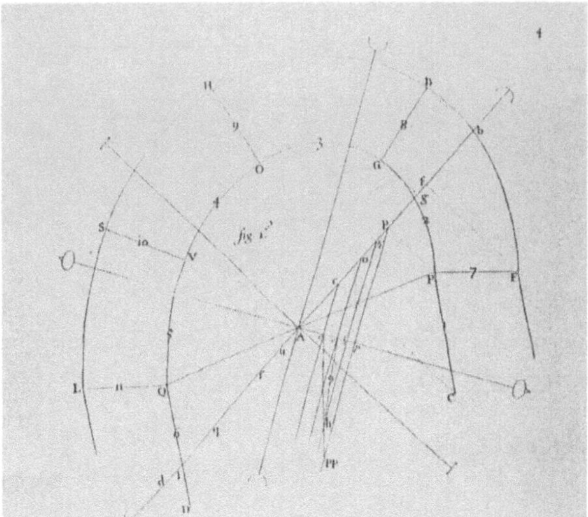

Fig. 6.b - Figure arguésienne du tracé de l'arc droit à partir de l'arc de face.

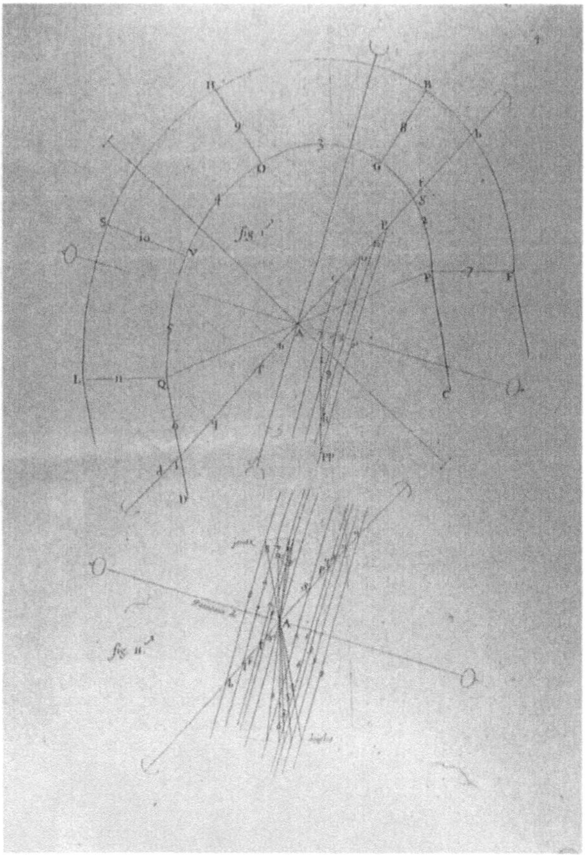

Fig. 7 - Planche IV du fascicule de Desargues
Le dessin du bas (sous-fig. II) résume toute l'information nécessaire à la construction de la voûte, en donnant les vraies grandeurs des angles des panneaux de joint et de douelle.

Jousse, l'appareilleur (1641)

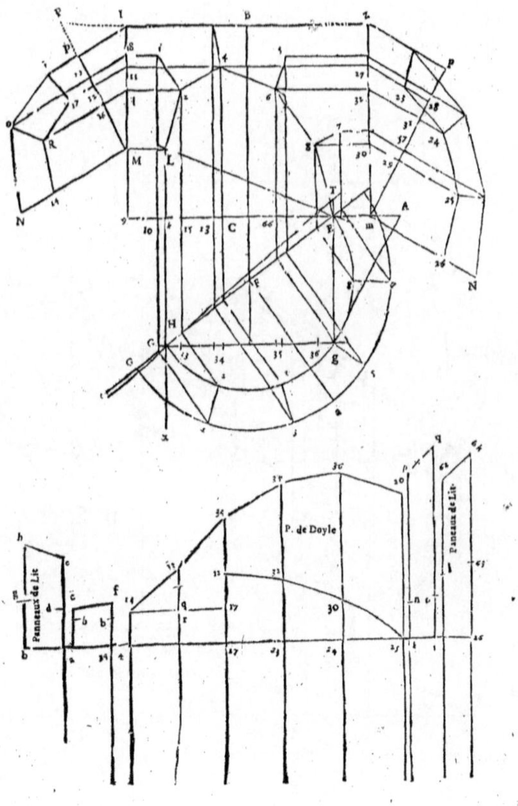

Fig. 8 - Jousse. Descente biaise dans un mur vertical

Ayant tracé (fig. 8) la ligne A9, que l'on peut assimiler à une ligne de terre, Jousse dessine la droite EH qui fait avec A9 l'angle du biais donné. Les droites HX et Eg «représentent» une vue «en plan» de la voûte sur laquelle est très clairement rabattue l'arc plein cintre du mur de face. La pente de la descente (ou angle de rampe) est indiquée par le triangle EAg placé latéralement. La direction des génératrices est ainsi donnée. La partie centrale de l'épure située au dessus de la «ligne de terre» A9 représente la section du cylindre de la voûte avec le plan frontal (noté **v** sur la fig. 9, schéma explicatif) passant par le point g. Cette section se détermine aisément. La génératrice passant par le point Σ (fig. 9) coupe le plan vertical de référence (Π) en un point E, la différence de cote entre les points E et L (que nous avons noté r) est égale à AΣ. Sur l'épure de Jousse les points E et Σ sont confondus et il porte Lk=AE. La droite EL est donc l'intersection du plan des naissances de la voûte avec le plan vertical P_1.

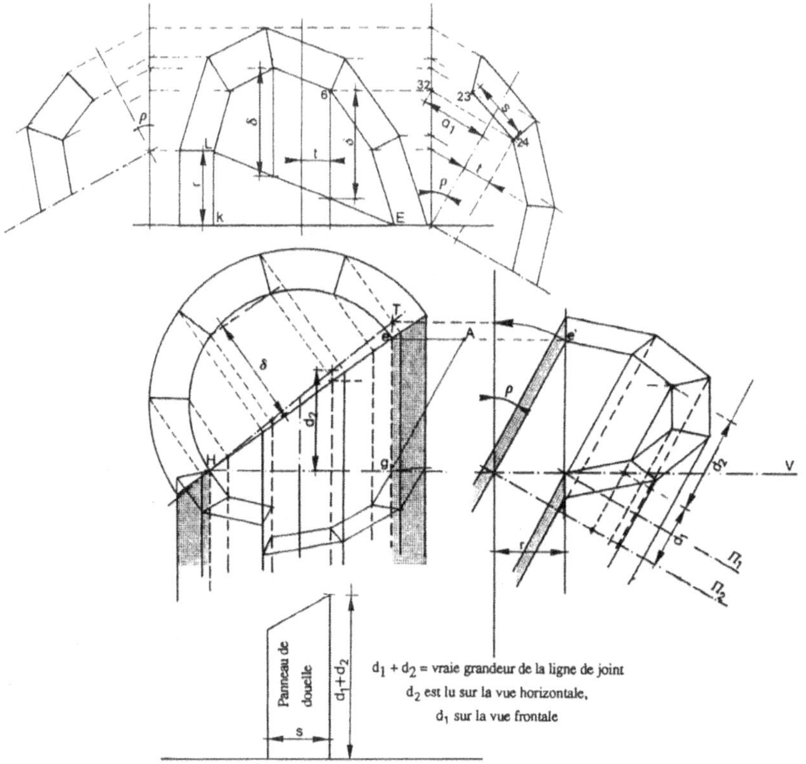

Fig. 9 - Schéma explicatif de l'épure de Jousse

Pour obtenir l'intersection d'une génératrice quelconque du cylindre de la voûte (par exemple celle passant par le point 4) avec le plan vertical Π, il suffit d'effectuer un simple report de longueur indiquée sur la fig. 9 (on reporte la hauteur k, lue sur l'arc de face rabattu sur la vue horizontale, en vue frontale à partir de la droite EL). Cet arc d'intrados, L2468E, étant déterminé (on opère de même pour l'arc d'extrados M157m), Jousse construit l'arc droit. Pour ce faire, il projette l'arc précédemment tracé sur un plan perpendiculaire à l'axe de la voûte. Il effectue cette projection par moitié, vraisemblablement pour des raisons de commodité graphique, afin que l'arc droit ne se superpose pas avec celui qu'il vient de tracer. La moitié gauche correspond à la projection de la section verticale, sur un plan passant par la droite horizontale Hg (plan Π_1 de la fig. 9) ; celle de droite sur un plan Π_2 passant par le point E (fig. 9). Il n'y a pas d'inconvénient à projeter l'arc sur deux plans différents, dans la mesure où ils sont perpendiculaires à la direction de projection.

On peut lire la partie de gauche du dessin de Jousse comme une demi-vue latérale sur laquelle l'arc droit est rabattu. Pour obtenir, par exemple, le point 17, projection du point 4, il suffit de tracer la génératrice correspondante, issue du point 11 et de reporter la distance l lue sur la vue de face (fig. 9), entre le point 4 et l'axe médian de la voûte. Si cette construction est très rapide pour la détermination de l'arc droit, elle est moins heureuse pour celle des panneaux de lit et de douelle. Prenons l'exemple du panneau de douelle contenant le segment R17 de l'arc droit. Jousse reporte la distance R17 sur une horizontale, en r17 (fig. 9). Il reste donc à déterminer les longueurs des lignes de joint de ce panneau, qui vont du mur de face au plan Π_1 portant le demi-arc droit. Ces arètes, qui apparaissent en vraie grandeur sur la vue de profil que nous avons ajoutée (fig. 9), sont décomposées en deux segments. Le premier est compris entre le plan vertical Π et le plan Π_1, qui porte l'arc droit. On lit la longueur d_1 sur la partie supérieure gauche de l'épure (pour l'arète passant par le point 17, d_1=11,12). Le second segment, compris entre le plan Π et celui du mur de face (segment de longueur d_2 sur la vue de profil de la fig. 9), n'apparaît pas directement sur le tracé de Jousse. En rabattant gA sur le plan horizontal, en gT, il fait apparaître la vraie grandeur du segment gA «vue en plan» (fig. 9). La droite HT lui permet alors de déterminer la vraie grandeur de tout segment parallèle à gA dont il connaît la projection horizontale (par exemple la longueur d_2, fig. 9), et donc de déterminer panneau de lit et panneau de douelle. L'auteur faisant intervenir deux plans différents pour chaque demi-arc droit, il donne le tracé des panneaux de douelle par rapport à l'un ou l'autre de ces deux plans. La distance entre ces deux plans[2] apparaît dans le tracé des panneaux de douelle en 17.27.

La construction de Jousse est habile mais n'est pas aisée à suivre d'autant qu'un assez grand nombre de coquilles et des notations peu commodes viennent alourdir le texte d'accompagnement. Des points de même espèce sont notés indifféremment par des lettres majuscules, minuscules ou des nombres (segments g.16, N14, etc...) ; inversement, des points portant le même numéro sur l'épure et sur le tracé des panneaux ne se correspondent pas nécessairement (par exemple le segment 24-25 de l'épure correspond au segment 23-24 du tracé des panneaux). Il arrive même qu'un seul point ait deux noms différents (les lettres B et H désignent le même point).

Deux inexactitudes dans la construction géométrique accroissent les difficultés de compréhension du lecteur. La première, concernant la construction du point L (fig. 8, vue frontale), n'est peut-être qu'une ambiguïté du texte. Jousse écrit que «EL montre le rampant». Il ne faut pas en déduire que l'angle kEL est l'angle du rampant. La droite EL est l'intersection du plan de naissance de la voûte avec le plan vertical contenant la droite Ek. Cette ambiguïté est accentuée par l'ordre de construction donnée par l'auteur. Il trace, en effet, la droite EL avant le triangle EAg dont le côté EA permet, seul, la détermination du point L (on a Lk=EA). La deuxième inexactitude concerne le point I de l'épure. Pour que la construction de l'arc droit soit exacte, il faut que l'angle PMI (noté r sur la fig. 9) soit l'angle de rampe. Or le point I n'est pas défini dans le texte d'explication et sur l'épure le point I apparaît comme étant sur la même horizontale que B. En fait, Jousse veut construire un triangle MIP égal au triangle gEA et le côté IP ne se trouve pas dans le prolongement de BZ (sur le dessin la différence est minime).

[2] Cette distance qui est directement lisible sur la vue de profil (fig. 9) est obtenue par Jousse comme différence entre les longueurs des segments 27-28 et 11-12.

Quelques planches plus loin, Jousse envisage le cas où le mur a du fruit. Il n'ajoute aucun commentaire, estimant que si le lecteur a compris celle afférent au mur vertical, il saura apporter la correction mineure proposée sur la planche. Jousse ajoute simplement à l'arc de face rabattu sur le plan horizontal, une vue de profil (fig. 10). Après avoir tracé, sur cette vue, les génératrices du cylindre (donc l'angle x de la pente), il marque le fruit du mur qui lui permet de déterminer la diminution à porter sur chaque arête des panneaux pour tenir compte de l'inclinaison du mur. Notons que ce raisonnement, très simple, revient à considérer l'arc initial, servant de point départ au tracé de l'épure, situé dans une paroi fictive verticale, sans existence matérielle ni intérêt géométrique. Il n'est pas non plus la projection, sur un plan vertical, de l'arc de face. L'arc plein cintre n'appartient pas au mur de face, comme le supposeront Derand et Frézier. Pour se ramener à l'un ou l'autre de ces deux cas, il faut un tracé supplémentaire qui n'est pas indiqué. La construction graphique proposée consiste donc à déterminer l'arc droit à partir de la section verticale du cylindre de la voûte. Si le mur de face est lui-même vertical, cette construction est satisfaisante, mais si le mur est en talus, elle devient arbitraire. Apparaît ainsi une certaine rigidité de la méthode adoptée par Jousse et son incapacité à la généraliser complètement.

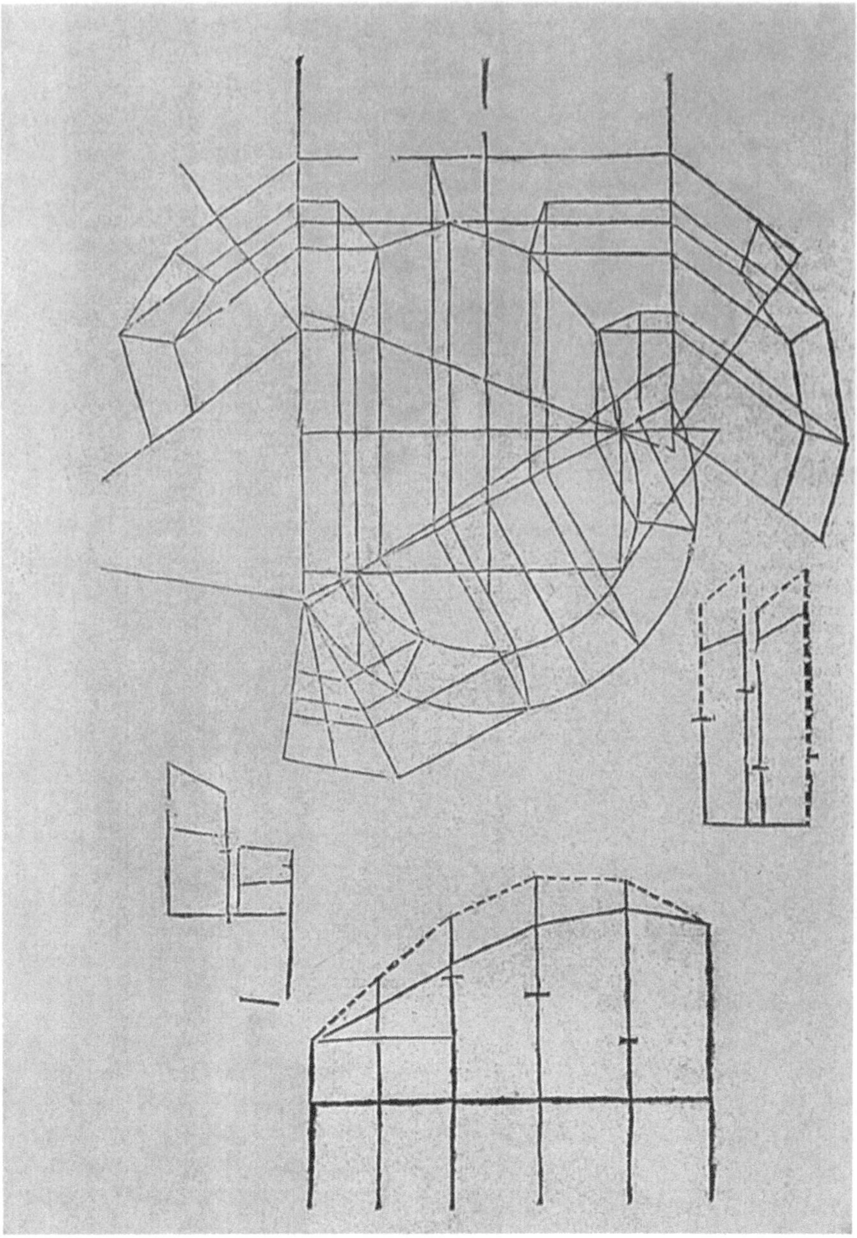

Fig. 10 - Jousse. Descente biaise dans un mur en talus.

Derand, le pédagogue (1643)

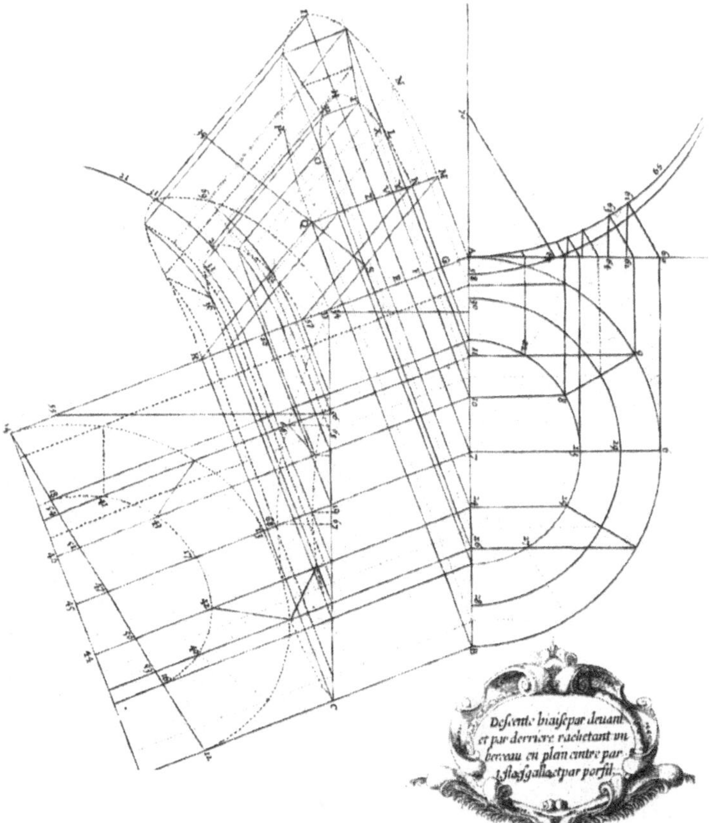

Fig. 11 - Derand. Descente biaise dans un mur vertical, 1ère méthode

La première méthode

Ayant représenté (fig. 11) par un trait vertical le mur de façade, Derand trace le plan ABRC de la voûte, rabat sur le plan horizontal l'arc plein cintre du mur de façade et en déduit les projections horizontales des lignes de joint. Il trace ensuite une «vue de profil», la droite AR du plan servant de ligne de terre et représentant donc une horizontale de la vue de profil. Un report de distances, prises sur l'arc plein cintre et portées sur les lignes de rappel, permet de construire aisément cette vue. La droite S,Q,39 représente alors un plan de bout qui porte l'arc droit. Là encore, par un report de distances prises sur cette droite, Derand détermine la section droite de la voûte et trace sa vraie grandeur sur le plan. Cet arc obtenu, panneaux de douelle ou de lit s'en déduisent, les arêtes de ces panneaux, parallèles à l'axe de la voûte apparaissant en vraie grandeur sur la vue de profil.

Comme chez Philibert de l'Orme, la voûte rachète un berceau. Derand propose deux méthodes pour le tracé des panneaux de cette seconde partie de la voûte. La première consiste à déterminer l'arc d'ellipse intersection du berceau et du plan vertical contenant l'axe de la voûte et à déplacer cet arc le long du segment DR. La seconde méthode évite ce report d'arc d'ellipse et ne fait intervenir que droites et cercles. Derand trace (fig. 11), à côté de l'arc plein cintre rabattu A6B, la section droite du berceau passant par le point A. Sur cette vue, sorte de vue de profil[3], il porte une droite (69-70) qui fait avec la verticale un angle qui est la pente du plan ABCD. Pour déterminer, par exemple, l'intersection de la génératrice d'extrados dont 7-45 est la projection horizontale (celle qui contient le point 6 de l'arc plein cintre) avec le berceau, il suffit de trouver le point (68) de la génératrice considérée dont la distance à DC soit égale à la distance 61-62 lue sur la vue de profil.

La première méthode revient donc à considérer une famille de plans auxiliaires verticaux qui contiennent les génératrices de la voûte, la deuxième une famille de plans parallèles à ABCD, et donc parallèles aux axes des deux cylindres.

Les deux autres «façons»

La deuxième méthode revient, nous l'avons vu au chapitre II, à introduire une axonométrie dont le plan de projection est le plan vertical contenant l'axe de la voûte et la direction de projection est telle que les droites horizontales soient représentées par des droites parallèles aux génératrices de la voûte (fig. 12). Pour que cette construction ne soit pas trop fastidieuse, Derand introduit, sur la vue en plan, la droite EOF dite de «diminution des avances», qui, par une simple utilisation du théorème de Thalès, permet de reporter les bonnes distances de part et d'autre des points médians I,9,11,12,17,13. Pour alléger encore cette construction, Derand utilise des propriétés de concours des droites ; les points de la courbe d'extrados se déduisent ainsi directement des points correspondants de celle d'intrados. Cette vue «axonométrique» portant toutes les vraies grandeurs utilisées sur la vue de profil de la planche antérieure, l'auteur achève le tracé comme précédemment.

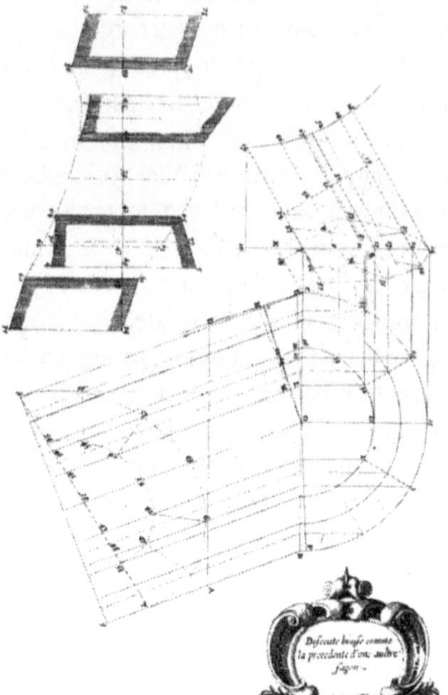

Fig. 12 -Derand. Deuxième méthode

[3] Pour avoir une représentation du tracé de Derand, pour cette partie de la construction, il faut considérer l'arc plein cintre non sur le mur de face mais sur le plan vertical contenant CD. La section droite du berceau est bien alors une vue de profil.

Dans la troisième méthode proposée, Derand ne retient de l'axonométrie précédente que le tracé de l'arc droit (fig. 13). Pour déterminer la vraie grandeur des arêtes des panneaux de douelle ou de lit, il faut ajouter ou retrancher une longueur qui est directement déterminée par la ligne de «diminution des avances». La figure 12 donne un exemple pour une de ces arêtes ; x est une distance arbitraire, ß se lit sur «profil» et ¥ est déterminé par la ligne de diminution des avances.

Il en résulte que l'arc 20-1-21 tracé par Derand sur la vue en plan (fig. 13), et qu'il nomme «cintre des avances du devant de la descente», n'est rien d'autre que la projection de l'arc du mur de face sur un plan de bout, par rapport à la vue de profil de la première épure et concernant l'axe de la voûte. C'est-à-dire (toujours avec la terminologie de la géométrie descriptive) que Derand effectue un changement du plan horizontal. Le nouveau plan horizontal étant parallèle à l'axe de la voûte, toutes les génératrices se projettent en vraie grandeur. De plus, Derand superpose les deux projections horizontales, en les décalant pour que le «cintre des avances» ne se superpose pas avec le rabattement de l'arc plein cintre. Notons enfin qu'il n'est pas nécessaire pour la construction des panneaux de tracer cette nouvelle projection de l'arc de face sur la vue horizontale.

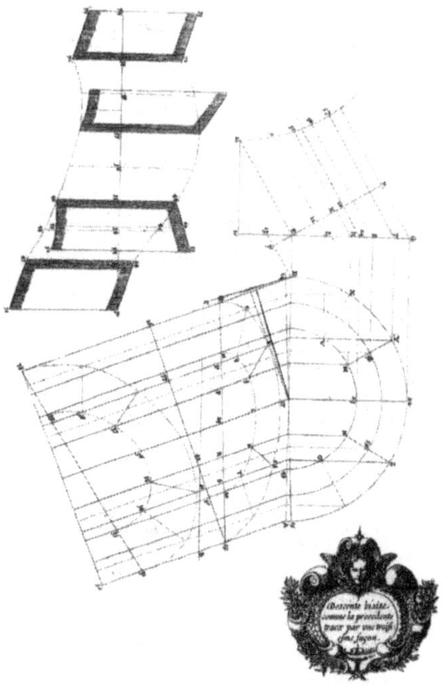

Fig. 13 - Derand. Troisième méthode

Comme je l'ai indiqué dans la partie consacrée à la comparaison des tracés géométriques (p. 179-181) entre auteurs, c'est en essayant de généraliser les deux méthodes ci-dessus pour un mur en talus que Derand commet une erreur (fig. 15). Le dessin qu'il trace ne peut plus se lire comme une axonométrie. En effet, cette vue porte simultanément en vraie grandeur l'angle du talus (angle FEG) et l'angle de rampe (angle 1012E). Par exemple, le point 35 de l'arc droit est obtenu, comme précédemment, en reportant la distance 30-38, lue sur ce schéma, en 34-35. De ce fait, ce dessin ne correspond plus à une axonométrie comme dans la situation antérieure, et la construction donnée pour l'arc droit est fausse. L'erreur est induite par la différence entre l'angle du talus et la projection de cet angle sur plan vertical contenant la droite cD. La suite de la construction est également erronée car Derand repére les lignes de joint parallèle aux génératrices de la voûte par rapport à la droite EF, ce qui entraîne une distorsion dans les vraies grandeurs des panneaux.

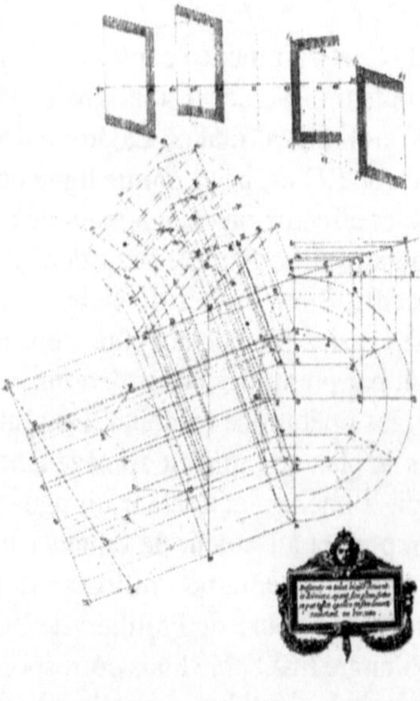

Fig. 14 - Derand. Descente biaise dans un mur en talus, première méthode

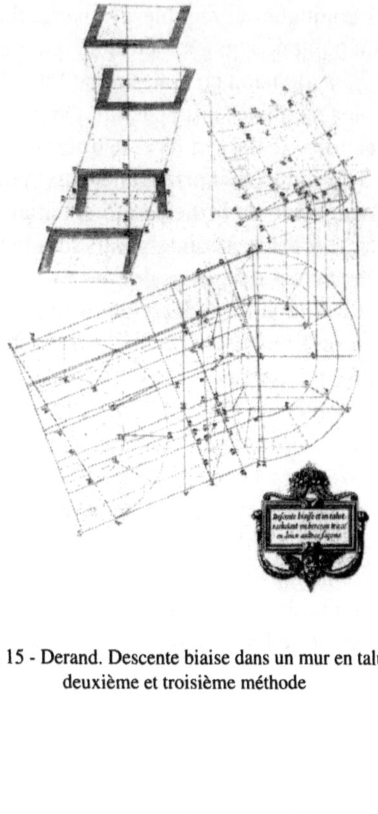

Fig. 15 - Derand. Descente biaise dans un mur en talus, deuxième et troisième méthode

Frézier, l'ingénieur (1737-39)

Frézier commence par tracer les trapèzes ABDE et ROKG, qui représentent le plan de la voûte (et l'auteur le souligne explicitement), les hachures marquant clairement la section des murs verticaux. La droite RM indique la «ligne de rampe» (fig. 16). Si l'on considère que RO est pris comme ligne de terre, RIHM constituant une vue frontale de l'objet, Frézier effectue un changement de plan horizontal. Il construit sa nouvelle projection horizontale sur le plan de bout dont RM est la trace frontale, c'est-à-dire sur le plan de la descente. Bien sûr, rien n'est dit en ces termes et s'il a indiqué explicitement que le trapèze ROKG est le plan de la voûte, pour le tracé du trapèze RMkg, il revient à une description, point par point, des constructions à mener sans que le lecteur puisse comprendre quelles sont les opérations en cours. De plus, certaines formulations ambiguës, comme «on aura pour le plan de rampe le trapèze RMkg» ne permettent pas aisément de comprendre qu'il s'agit d'une projection sur un plan non horizontal. Quoiqu'il en soit, ce changement de plan permet à l'auteur de ramener le cas exposé à celui d'une voûte horizontale dans un mur en talus, comme Philibert avait voulu le faire. Ce qui a été signalé au moment de l'étude de l'épure de Philibert de l'Orme, apparaît ici très clairement : le biais est donné sur l'angle FKO et le biais correspondant de la même voûte supposée horizontale dans un mur en talus, est donné par l'angle (FkM).

La suite des opérations est bien lisible sur l'épure de Frézier. Remarquons simplement que pour tracer l'arc de face, par rabattement sur le plan frontal, il détermine deux diamètres conjugués et renvoie à la partie théorique (le premier tome) considérant, à juste titre d'un point de vue géométrique, que l'ellipse est parfaitement connue. Aussi les points 1^f, 2^f, 3^f, 4^f, division en voussoir de l'arc de face, sont-ils déterminés comme intersection des droites parallèles à fm passant par P et Q avec le dessin de l'ellipse. Mais Frézier indique également le moyen de construire ces points directement en reportant des distances lues sur la projection «horizontale» auxiliaire. Les panneaux de douelle se déduisent alors facilement selon un principe qui apparaît très clairement sur l'épure. Les panneaux de joint n'ont pas été représentés, mais sont faciles à déterminer. L'auteur se contente de renvoyer à l'épure des descentes droites.

Comme il l'a indiqué en introduction, Frézier continue avec le second cas envisagé, celui où l'architecte préfère «la régularité de la face» (fig. 16, sous-fig. 90). Le principe adopté par Frézier pour construire son épure est le même que précédemment. La voûte est représentée en plan (ABDE) et «le trapèze AFMR représentera un profil de plus de la rampe». «Pour faire le plan de la rampe dans toute son étendue» (i.e. pour le faire apparaître en vraie grandeur) Frézier, comme dans l'épure précédente, le rabat sur la vue de profil. Mais, comme il le remarque lui-même, ce plan n'est pas perpendiculaire à un plan vertical de l'épure, et n'est plus un plan de bout, comme dans la première épure. Ce point est très clairement expliqué par Frézier, et peut-être justement à cause de cette difficulté supplémentaire, le texte est plutôt plus précis que celui qui accompagnait la figure précédente. Avant de se livrer à toute opération géométrique, Frézier prévient son lecteur qu'il prend

«le plan de rampe pour plan horizontal». Frézier complète ensuite la vue de profil en traçant la demi-ellipse FhM, le demi-grand axe ch étant égal à la moitié de BD. Prenant ch comme rayon, il trace le demi-arc de face désiré (dans l'hypothèse où l'on souhaite obtenir un plein cintre). Là encore Frézier détermine les points 1^f, 2^f, 3^f, 4^f, qui sont les projections sur la vue de profil de l'arc d'extrados des points de séparation des voussoirs, comme intersection des horizontales issues de l'arc rabattu avec la demi-ellipse qui a été déterminée par ses axes, contrairement à Derand qui dessine l'ellipse à partir de ces points préalablement déterminés.
Ayant construit ces points, il remplit de façon très élégante son programme en traçant les points 1^s, 2^s, 3^s, 4^s qui représentent les projections, sur le «plan de rampe» des points correspondants de l'arc de face (ou plus exactement, les rabattements sur la vue de profil de ces projections). Prenons l'exemple du point 4^f : la projection (non déterminé sur l'épure) de ce point sur le plan de rampe est situé sur le plan de bout passant par 4^f et perpendiculaire à RM (la projection frontale de la perpendiculaire au plan de rampe est perpendiculaire aux frontales de ce plan), et le rabattement de ce point autour de la charnière RM est toujours situé dans ce plan. D'autre part, le point cherché est également situé sur la perpendiculaire à Md passant par le point 4. D'où la construction proposée par l'auteur qui consiste à prendre l'intersection de la parallèle à Fd passant par 4^f avec la perpendiculaire à Md passant par 4. Ayant déterminé cette projection sur le plan de rampe, il se ramène au cas antérieur.

Il justifie à cet endroit le fait de toujours tracer l'ellipse à partir de ses diamètres conjugués «pour ne pas être obligé comme les auteurs anciens de Traits, de faire des sous-divisions de voussoirs» pour déterminer des points intermédiaires et ainsi d'éviter des lignes inutiles. Il donne néanmoins également la construction usuelle de ces points. Reste donc à déterminer l'arc droit : à partir d'un point C^r quelconque situé sur la parallèle à RM passant par le milieu s de FM il trace d'une part la perpendiculaire c^ro à RM, d'autre part le segment a'g' tel que a' appartienne à AF, g' à RM et que la longueur a "g" soit égale à la distance de d à RM (sur l'épure g' est en même temps le pied de la perpendiculaire à RM issue de d). c^ro et c^rg^r sont deux rayons conjugués de l'arc d'ellipse représentant l'arc droit, g^rd est en effet la vraie grandeur, vue sur le plan de rampe, du diamètre de l'arc droit. Les points de séparation des arcs d'extrados et de douelle sont obtenus, là encore, soit directement à partir des ellipses tracées, soit reconstruits (cf. sur l'épure les points 1^r et 4^r). Les panneaux de douelle et de lit se déduisent alors facilement et Frézier ne les trace pas.

Dans ses «explications démonstratives», Frézier revient en détail sur une deuxième construction possible des diamètres conjugués de l'arc droit, qui n'est pas signalé dans le résumé ci-dessus. A partir de la vue en plan ABDE, il indique en effet une autre façon de construire cet arc, qui revient à un rabattement de l'arc droit sur le plan horizontal (fig. 16, sous-fig. 90). Frézier trace par ß la parallèle à la pente RM, projette G sur cette droite en q et reporte la distance Gq ainsi pour obtenir Q. Le triangle Gqß est bien un profil de la pente et si l'on rabat le plan de l'arc droit sur le plan horizontal autour de l'horizontal GD, le

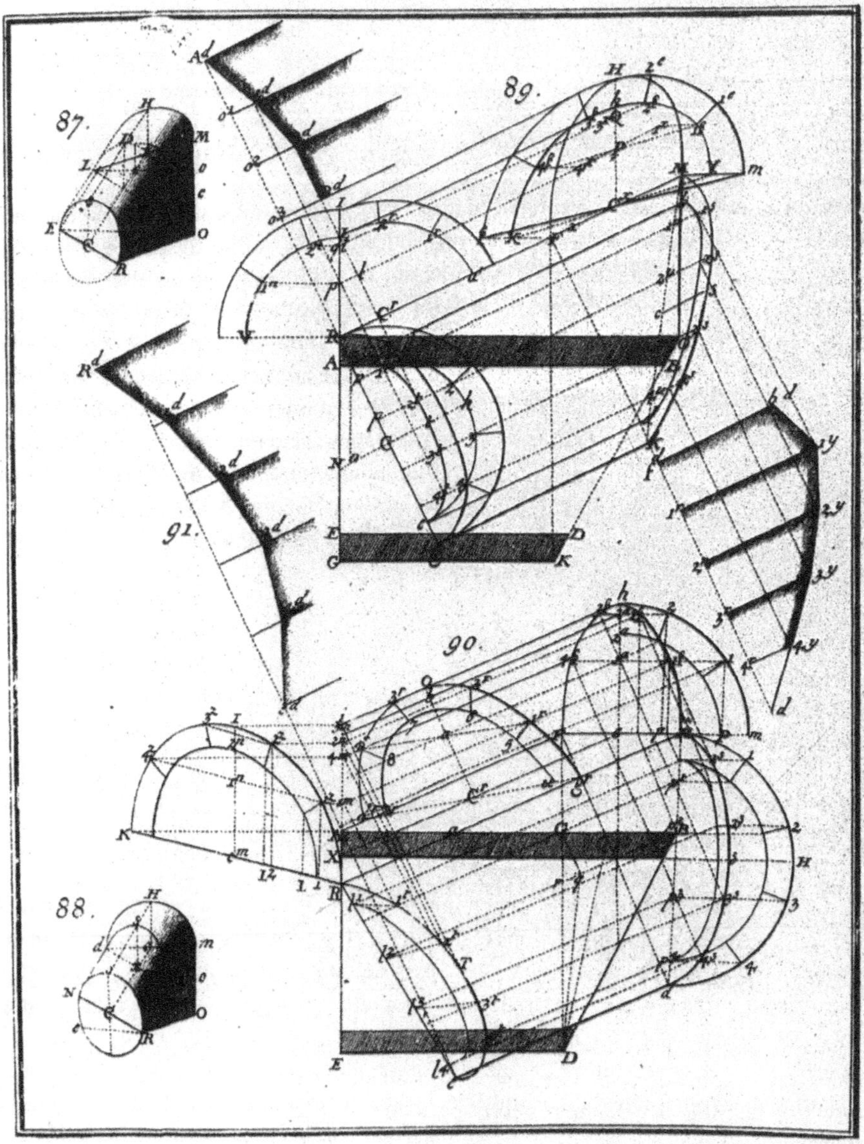

Fig. 16 - Frézier. Descente biaise dans un mur vertical

point q vient en Q ; DQ donnant ainsi le diamètre de naissance de l'arc droit, AB étant parallèle au diamètre de la clé qui lui est conjugué.

Frézier entreprend ensuite d'étudier les cas où le mur est en talus (fig. 17). Le principe est naturellement le même que précédemment. Malheureusement, sur l'épure, Frézier a choisi un cas tout à fait particulier, où l'angle de la rampe BAM est égal à celui du biais de la ligne des naissances BDN (est-ce une influence lointaine de Philibert de l'Orme ?), la droite dM passant alors par le point B (fig. 17 sous-fig. 92). Cette situation regrettable n'est en rien une limite à la généralité de la méthode exposée et ne se retrouve pas dans l'épure précédente. Ceci étant, comme pour un mur de face vertical, il cherche à obtenir la projection de la voûte sur le plan de rampe, qu'il rabat sur la vue de profil. La difficulté supplémentaire vient de la détermination du demi-diamètre RK de l'arc de face (en descente). Pour résoudre ce problème, Frézier utilise un dessin annexe (sous-fig. +) pour déterminer la pente apparente du talus sur la vue de profil et la vraie grandeur du diamètre conjugué de FM. Frézier se ramène ainsi au cas précédent. L'auteur remarque, à juste titre, que l'angle BDN ne doit pas être pris pour l'angle du biais (comme l'épure pourrait le faire croire). Cet angle est donné par la droite DN et la projection d'une horizontale passant par F (Db) et non celle de FM (DB). Si l'arc de face est donné, la seule différence avec l'épure correspondante pour un mur vertical, consiste en la détermination de la pente apparente du talus sur la vue de profil, ce que l'auteur résout très simplement à l'aide du triangle LkV sur la vue en plan technique, qui convenait également parfaitement pour l'épure précédente.

La seule erreur, dans ces épures, concerne la détermination de l'arc de face dans le cas de la descente biaise en talus où l'arc droit est donné (fig. 17, sous-fig. 92) et l'utilisation qui est faite du dessin annexe (sous-fig. +) pour déterminer la pente apparente du talus. Notons d'abord une inexactitude sur ce dessin, rectifiée dans le texte. On doit avoir nh=LV (et donc les deux points h et V ne peuvent appartenir simultanément à la droite a,b. De plus, ce dessin est effectué, si l'on s'en tient aux directives du texte, à une homothétie près, et ne peut servir qu'à mesurer des angles. Or, Frézier reporte la distance Kn sur la vue de profil. Il faut donc tracer ce dessin annexe «à l'échelle» en prenant bP=Bk (vue en plan), ce qui n'est pas le cas ici. Enfin, il utilise l'angle Pnm sans l'avoir préalablement défini, ce qui n'est pas dans ses habitudes (il s'agit en fait de la pente de la rampe). Si l'on rectifie ces imprécisions, la construction du point h, sur la vue de profil, est inutilement compliquée mais exacte.

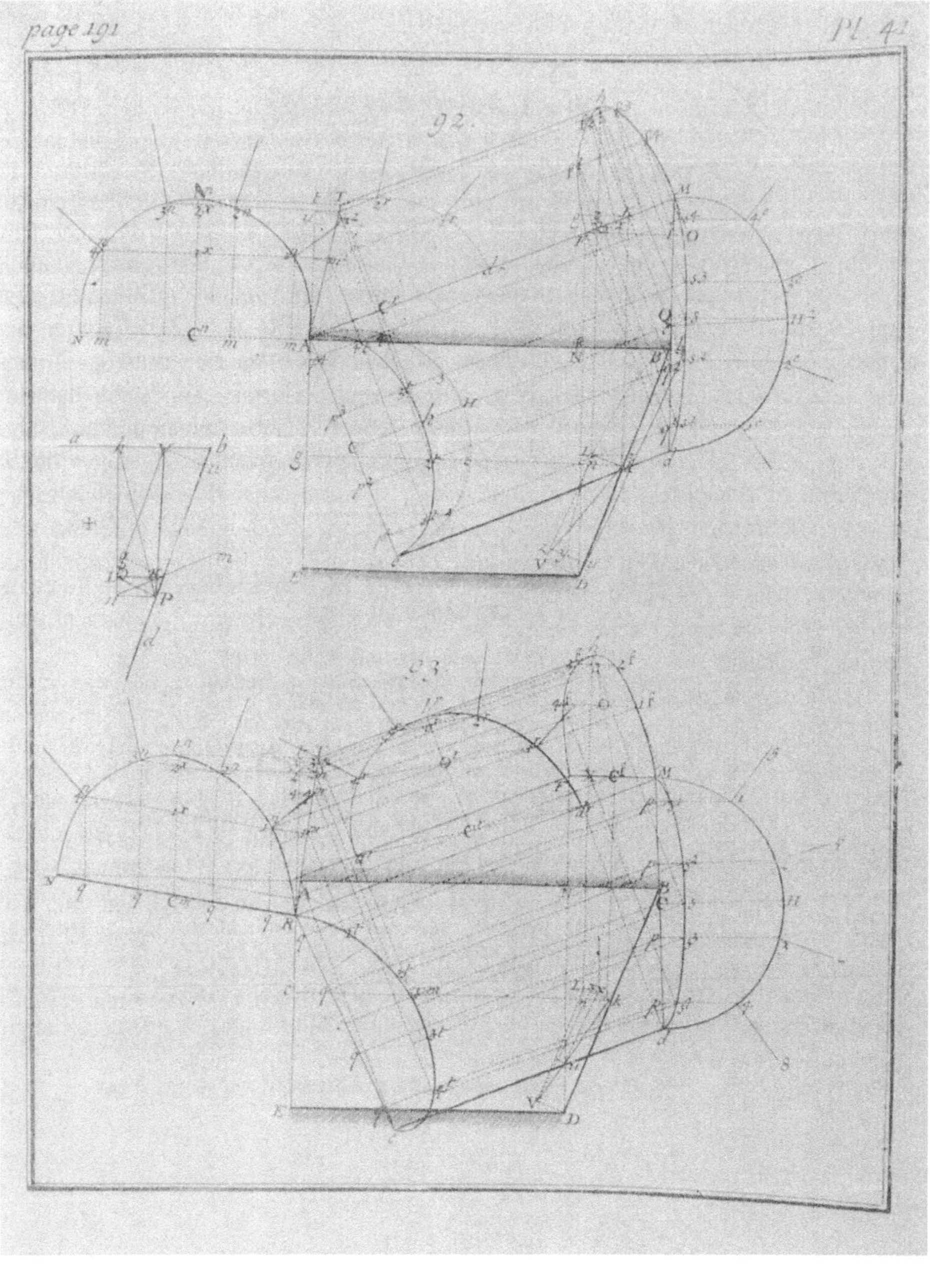

Fig. 17 - Frézier. Descente biaise dans un mur en talus

Annexe III

Monge sous la Révolution et l'Empire Tableau chronologique

juin 90		Monge adhère à la Société patriotique de 1789 ; il y rejoint Condorcet, Lavoisier...
1791		Monge adhère à la Société patriotique de la section de Luxembourg.
11 août 92		Monge est élu Ministre de la Marine par l'Assemblée lé-gislative.
11 avril 93		Monge démissionne de ses fonctions de ministre.
25 mai 93		Monge est l'un des signataires du rapport sur le système des poids et mesures.
7 sept. 93		Monge est chargé, avec Berthollet et Vandermonde, de rédiger un ouvrage élémentaire sur la fabrication de l'acier de forge.
15 sept. 93		Monge présente à la Convention un projet d'écoles secondaires.
fin 93		Publication de l'*Avis aux ouvriers en fer sur la fabrication de l'acier.*
6 fev. 94	18 pluv. II	Le Comité de Salut public confie à Monge la rédaction d'un ouvrage donnant la *Description de l'art de fabriquer les canons* (publié courant 94).
19 fev. 94	1 vent. II	Début des cours révolutionnaires de l'Ecole des armes. Monge est l'un des responsables des cours consacrés à la fabrication des canons.
11 mars 94	21 vent. II	Première loi réclamant la fondation d'une Ecole centrale des travaux publics (future Ecole polytechnique).
	messidor II	Elaboration du projet de la future Ecole centrale des travaux publics.
27 juil. 94	9 therm. II	*Chute de Robespierre.*
31 août 94	14 fruct. II	Explosion de la poudrerie de Grenelle dont Monge s'occupait. Fin de la participation de Monge à l'effort de guerre.
23 sept. 94	2 vend. III	Monge est éloigné de Paris par le Comité de Salut public ; il est chargé, avec Hachette, d'une mission en Normandie.
24 sept. 94	3 vend. III	Fourcroy lit à la Convention le rapport sur la fondation de l'Ecole centrale des travaux publics.
28 sept. 94	7 vend. III	La Convention vote la loi Fourcroy portant création de l'Ecole centrale des travaux publics.
30 sept. 94	9 vend. III	La Convention décrète la création de l'Ecole normale.
9 nov. 94	19 brum. III	Arrêté fixant la création de l'Ecole des chefs de brigades, chargé de former les instructeurs destinés à encadrer les élèves de l'Ecole centrale des travaux publics.

		Monge à l'Ecole centrale des travaux publics (E.C.T.P.)	**Monge à l'Ecole normale de l'an III (E.N.)**
nov.-déc. 94		Ecole des chefs de brigades : Hachette est nommé instituteur pour la géométrie descriptive ; sans charge officiel, Monge fait fonction de directeur d'étude.	
21 déc. 94	1 niv. III	Début des cours révolutionnaires. Monge est chargé de la géométrie descriptive et de l'analyse appliquée à la géométrie.	
fin 94		Monge malade.	
10 janv. 95	21 niv. III	1er cours révolutionnaire de Monge à l'E.C.T.P.	
20 janv. 95	1 pluv. III	On ne connaît pas les cours révolutionnaires de Monge. On n'en connaît que le plan et un résumé.	1ere leçon géométrie descriptive de Monge à l'E.N. A l'E.N., Monge donne 3 leçons en pluviose...
7 fév. 95	19 pluv. III	Fin des cours révolutionnaires.	
13 mars 95	23 vent. III	Election des chefs de brigade (fermeture de l'Ecole des chefs de brigade).	...3 leçons en ventose...
21 mars 95	1 germ. III	1er cours régulier à l'E.C.T.P. Monge fait cours aux 3 divisions.Il donne 18 leçons en germinal....	...3 leçons en germinal...
	floréal	...13 en floréal et ...	...et 4 leçons en floréal.
18 mai	30 floréal		Fermeture de l'E.N.
	prairial	...3 en prairial. Les cours de Monge à l'E.C.T.P. sont connus par les notes prises par un élève, Lomet et par la série d'épures gravées	Les sténographies des cours donnés à l'E.N. sont publiées en 1795.
26 mai 95	7 prair. III	Départ précipité de Monge ; il se cache suite aux événements de prairial.	
26 juil. 95	8 therm. III	Monge reprend ses cours à l'Ecole centrale des travaux publics.	
1 sept. 95	15 fruct. III	L'Ecole change de nom et prend le nom d'Ecole polytechnique. Monge donne les cours d'application de la géométrie descriptive (coupe des pierres, des bois, ombres, perspectives) et des cours d'Analyse appliquée à la géométrie.	
23 mai 96	4 prair. IV	Départ de Monge pour l'Italie, avec Bonaparte.	
25 oct. 97	4 brum. VI	Retour de Monge.	
27 oct. 97	6 brum. VI	Monge est directeur de l'Ecole polytechnique.	

6 fév. 98	18 pluv. VI	Monge part pour l'Egypte avec Bonaparte.
1799		Première publication séparée, par Hachette, de la *Géométrie descriptive*.
15 oct. 99	23 vend. VIII	Retour de Monge.
9 nov. 99	18 brum. VIII	*Coup d'Etat de Bonaparte.*
24 déc. 99	3 niv. VIII	Monge est nommé Sénateur.
1803		Monge reçoit la sénatorerie de Liège.
1806-07		Monge est président du Sénat.
1808		Monge est fait comte de Péluse.
1809		Monge quitte l'Ecole polytechnique.
1811		Réédition, par Hachette, de la *Géométrie descriptive*.
1816		Monge est exclu de l'Institut.
28 juil. 1818		Mort de Monge.
1820		Réédition, par Brisson, de la *Géométrie descriptive*, comportant les trois leçons inédites consacrées au tracé des ombres et à la perspective.

Annexe IV

Liste des figures
crédits photographiques

Abréviations :
B. N. : Bibliothèque Nationale, Paris.
EAPV : Ecole d'architecture Paris-Villemin
ENPC : Ecole nationale des Ponts et Chaussées
ENSBA : Ecole nationale supérieure des Beaux-Arts
RMN : Réunion des Musées Nationaux
Dessin A. D. : dessin Alain Dreyfus
Photo R. S. : photo Raphael Salzedo

Introduction

Chapitre I

Chapitre II

Chapitre III

Chapitre IV

Conclusion

Annexes

Bibliographie

Sources imprimées et manuscrites

Ouvrages généraux, biographies, réflexions sur l'enseignement

Arago, F., «Discours prononcé aux funérailles de M. Hachette, le 18 janvier 1834», Archives de l'Académie des Sciences.

Aubry, P.-V., *Monge, le savant ami de Napoléon Bonaparte,* Paris, Gauthier-Villars, 1954.

Bertrand, J., « Discours des funérailles de M. de la Gournerie », *Annales des Ponts et chaussées*, 1883-2, p.93-97.

Brisson, B., *Notice historique sur Gaspard Monge*, Paris, 1818 (réf. 1818-b).

Brisson, B., «Avertissement» à l'édition de 1820 de la *Géométrie descriptive* de Monge.

Chasles, M., *Aperçu historique sur l'origine et le développement des méthodes en géométrie...*, Bruxelles, 1837 (réf. 1837-a).

Chasles, M., « Discours d'inauguration du cours de Géométrie supérieure de la Faculté des Sciences de Paris, prononcé le 22 décembre 1846 », in *Traité de géométrie supérieure*, 1852, p. 547-585.

Chasles, M., *Rapport sur les progrès de la géométrie*, Paris, 1870.

Comte, A., *Cours de philosophie positive*, Paris, 1830, (éd. de référence : Paris, Hermann, 1975).

Condorcet, J. A. N. de, « Rapport et projet de décret sur l'organisation générale de l'instruction publique », Paris, 1792, publié in B. Baczko, *Une Education pour la démocratie. Textes et projets de l'époque révolutionnaire*, Paris, 1982, p. 177-261.

Courajod, L., *Histoire de l'Ecole des Beaux-Arts au XVIII*[e] *siècle. L'Ecole royale des élèves protégés*, Paris, 1874, rééd. Nogent-le-Roi, J. Laget, 1994.

Description de l'Egypte , Paris, Impr. impériale puis royale, 1809-1828.

Delambre, J.-B., *Rapport historique sur les progrès des sciences mathématiques depuis 1789 et sur leur état actuel*, Paris, 1810 ; rééd. critique par J. Dhombres, Paris, Belin, 1989.

Dumas, J.-B., « Discours prononcé pour les funérailles de Th. Olivier », in Ch. Comberousse, *Histoire de l'Ecole cen trale des arts et manufactures depuis sa fondation jusqu'à ce jour*, Paris, 1879, p. A. 64-69.

Dupin, Ch., *Eloge historique sur les services et les travaux scientifiques de Gaspard Monge*, Paris, 1819.

Ecole polytechnique, le livre du centenaire, Paris, 1894.

Fourcy, A., *Histoire de l'Ecole polytechnique*, Paris, 1828 ; rééd. J. Dhombres, Paris, Belin, 1987.

Hachette, J. N. P., *Notice sur la création de l'Ecole polytechnique*, Paris, 1828.

Jomard, E. F., *Souvenirs sur Gaspard Monge et ses rapports avec Napoléon...*, Paris, 1853.

Klein, F., *Le Programme d'Erlangen,* Gauthier-Villars, Paris, 1974.

Lacombe, J., *Arts et métiers mécaniques* dans l'*Encyclopédie méthodique,* Paris, Panckoucke, 1782-1791.

La Gournerie, J. de, « Mémoire sur l'enseignement des arts graphiques », *Annales du Conservatoire des Arts et Métiers*, t. X, Paris, 1873, p. 260-303.

Launay, L. de, *Un grand Français : Monge, fondateur de l'Ecole Polytechnique, Paris, 1933.*

Mariette, P.-J., Abecedario, publié par Ph. de Chennevières et A. de Montaiglon, 1853-1862.

Mersenne, M., *Correspondance du P. Marin Mersenne*, publiée par C. de Waard... et A. Beaulieu, Paris, CNRS, 1932-1988.

Monge G., « Procès verbaux des séances du conseil d'administration de l'Ecole centrale des travaux publics », 20 pluviose an III, Archives de l'Ecole polytechnique.

Monge, G., *Dall'Italia (1796-1798)*, édition de la correspondance de Monge durant son voyage en Italie par S. Cardinali et L. Pepe, Palerme, Sellerio, 1993.

Navier, C-L-M-H., « Notice nécrologique sur Bruyère », *Annales des Ponts et Chaussées*, 1833, 2e sem., p. 401.

Olivier, Th., « Monge et l'Ecole polytechnique », *Revue scientifique et industrielle*, fev. 1850, p. 3-7.

Olivier, Th., « de l'Ecole polytechnique », article rédigé en 1847 et publié in *Mémoires de géométrie descriptive théorique et appliquée*, Paris, 1851, p. III à XXIII.

Olivier, Th., « Histoire de la fondation de la société », *Bull. Soc. d'Enc.*, t. 51, 1852.

Peligot, E., « Discours prononcé pour les funérailles de Th. Olivier », in Comberousse Ch., *Histoire de l'Ecole centrale des arts et manufactures depuis sa fondation jusqu'à ce jour*, Paris, 1879, p. A.59-63.

Pinet, G., Histoire de l'Ecole Polytechnique, Paris, 1887.

Perrault, Ch., *Parallèles des Anciens et des Modernes*, Paris, 1688-1692.

Pothier, F., *Histoire de l'Ecole centrale des arts et manufactures*, Paris, 1887,

Rollin, C., *Traité des études* , Paris, 1726.

Vasari, G., *Les vies des meilleurs peintres, sculpteurs et architectes*, réédition de A. Chastel, Paris, 1981 ; 1ère ed. : *Le vite de più eccenllenti architettori, pittori et scultori italiani...*, Florence, 1550.

Vitet, L., et Viollet-le-Duc, E., *A propos de l'enseignement des arts du dessin*, textes publiés en 1864 et réédités avec une préface de B. Foucart, Paris, Ecole nationale supérieure des Beaux-Arts, 1984.

Architecture

Alberti, L.-B., *L'architettura (De re ædificatoria)*, Florence, 1485 ; édition par G. Orlandi, introduction et annexe de P. Portoghesi, Milan, Il Polifilo, 1966.

Androuet du Cerceau, J., *Les plus excellents bastiments de France*, 1576-1579, rééd. avec présentation et commentaires de D. Thomson (traduit de l'anglais par C. Ludet), Paris, Sand & Conti, 1988.

Androuet du Cerceau, J., *Les trois livres d'architecture*, Paris, 1559, 1561 et 1582, rééd. New Jersey, Gugg Press, 1965.

Architectural drawings from the Collection of the Royal Institute of British Architects, London, 1961.

Architecture, art du dessin, Catalogue de l'exposition à la Bibliothèque royale Albert Ier à Bruxelles, Bruxelles, 1972.

Averlino, A., (dit le Filarete), *Trattato di Architettura*, édition de A.M. Finoli et L. Grassi, Milan, 1972.

Barberot, E., *Histoire des styles d'architecture dans tous les pays depuis les temps anciens jusqu'à nos jours*, Paris, 1891.

Blondel, F., *Cours d'Architecture*, Paris, 1675-1683.

Choisy, A., *Histoire de l'architecture*, Paris, 1899 (éd. de référence : 1943) ; réédition avec une présentation d'A. Jacques, Poitiers, Bibliothèque de l'Image, 1996.

Coulin, Cl., *Dessins d'Architectes, choix de dessins et croquis du IXe au XXe siècle*, adaptation française de R. Sarger, Paris, Editions des Deux-Mondes, 1962.

D'Aviler, C.-A., *Cours d'architecture...*, Paris, 1691.

Dessins d'Architecture du XVe au XIXe siècle dans les collections du Musée du Louvre, Paris, Réunion des Musées nationaux, 1972.

Dürer, A., *Ettliche underricht, zu befestigung der Stett, Schlosz, und flecken*, Nuremberg, 1527 ; trad. fr. par A.-F. Ratheau, *Instruction sur la fortification des villes, bourgs et châteaux par A. Dürer*, Paris, 1870.

Filarete, cf. Antonio Averlino

Francisco di Giorgio Martini, *Trattati di architettura ingegneria e arte militare*, édition de C. Maltèse, traduction de L. Maltèse Degrassi, Milan, Il Polifilo, 1967.

Hoffstadt, F., *Principes du style gothique*, trad. fr. Liège, 1851

Guarini, G. *L'Archittetura Civile*, Turin, 1737.

L'Orme, Ph. de, *Nouvelles inventions pour bien batir à petits frais*, Paris, 1561, rééd. in *Traités d'architecture*, présentation par J. M. Perouse de Montclos, Paris, L. Laget, 1988.

L'Orme, Ph. de, *Le premier tome de l'architecture*, Paris, 1567, rééd. in *Traités d'architecture*, présentation par J. M. Perouse de Montclos, Paris, L. Laget, 1988.

Lassus, J.-B., *Album de Villard de Honnecourt, architecte du XIIIe siècle*, Paris, 1858 (voir Villard de Honnecourt).

Le dessin et l'architecte, Excursion dans les collections de l'Académie d'architecture, Paris, 1992.

Le Muet, P., *Manières de bien bâtir*, Paris, 1663.

Mortet, V., *Mélanges d'archéologie*, 1re série, 1914 ; 2e série, 1915. *Histoire de l'architecture. Lexicographie*. Paris, 1915.

Manetti, A.,*Vita di Filippo Brunelleschi*, publié par D. de Roberti et G. Tanturli, Milan, 1976.

Noizet, F., « Mémoire sur la géométrie appliquée au dessin de la fortification » in *Mémorial de l'Officier de Génie*, n° 6, Paris, 1823.

Noizet, F., *Leçons sur le dessin des fortifications*, Metz, 1831.

Palladio, A., *I quattro libri dell'architettura*, Venise, 1570.

Powelland, H., *Masterpieces of Architectural Drawing*, New-York, 1988.

Procès-verbaux de l'Académie royale d'architecture, 1671-1793, publiés par H. Lemmonier, Paris, 1911-1929.

Quatremère de Quincy, A.-C., *Architecture dans l'Encyclopédie méthodique*, Paris, Panckoucke, 1788-1825.

Quatremère de Quincy, A.-C., *Dictionnaire historique d'architecture*, Paris, 1832.

Raphael (Raffaelo Sanzio, dit), *Lettera... a papa Leone X*, Rome, 1840.

Roriczer, M., *Das Büchlein von der fialen Gerechtigkeit*, Ratisbonne, 1486.

Santiago Calatrava, 1983-1993, El Croquis, Madrid, 1994.

Savot, L., *L'architecture françoise des batimens particuliers*, Paris, 1685.

Schmuttermayer, H., *Fialenbüchlein*, Nürnberg 1489.

Serlio, S., *I sette libri dell'architettura*, Venise, 1584 ; rééd. Arnoldo Forni, 1978.

Sturgis' Illustrated Dictionary of Architecture and Building. An Unabridged Reprint of the 1901-2 Edition, New-York, Dover pub., 1989.

Vigevans, G. de, Manuscrit, vers 1330, Bibliothèque nationale (latin, 11.015).

Vignole, *La regola dei cinque ordini d'architettura*, 1562 ; 1ère trad. fr. 1631 ; rééd. Angers, Presses Historiques et Littéraires,1987.

Villard de Honnecourt,
Album de Villard de Honnecourt, architecte du XIIIe siècle, édition de J.-B. Lassus mis à jour après la mort de Lassus par A. Darcel, Paris, 1858, réimpression 1976.
Carnet, Introduction et commentaires de A. Erlande-Brandenburg, R. Pernoud, J. Gimpel, R. Bechmann, Paris, Stock, 1986.

Viollet-le-Duc, E., *Dictionnaire raisonné de l'architecture française du XIe au XVIe siècle*, Paris, 1854-1868, rééd. 1967.

Vitruve, M.-P.,
Les dix livres d'architecture, trad. Cl. Perrault, Paris, 1679 ; éd. de ref., Bruxelles, Mardaga, 1979 ; rééd. avec une préface d'A. Picon, Poitiers, Bibliothèque de l'Image, 1996.
De l'architecture, Paris, Les Belles Lettres, 1969-1990, (en particulier Livre I : Introduction, traduction et commentaires de P. Fleury, 1990 ; Livre III : Introduction, traduction et commentaires de P. Gros, 1990)

Stéréotomie, construction

Adhemar, J.-A., *Cours de mathématiques à l'usage de l'ingénieur civil. Géométrie descriptive, coupe des pierres,* Paris, 1834.

Adhemar, J.-A., *Traité de la coupe des pierres,* Paris, 1840.

Adhemar, J.-A., *Cours de mathématiques à l'usage de l'ingénieur civil. Charpente,* Paris, 1849.

Bosse, A., *La pratique du trait à preuves de M. Desargues, pour la coupe des pierres en l'architecture,* Paris, 1643.

Bousquet, M., *Coupe des pierres,* Paris, 1912.

Bruyère, L., *Etudes relatives à l'art des constructions,* Paris, 1823.

Chabat, P., *Dictionnaire des termes employés dans la construction,* Paris, 1875.

Chaix, J., *Traité de coupe des pierres,* Paris, 1890.

Choisy, A., *L'art de bâtir chez les Romains,* Paris, 1873.

Choisy, A., *L'art de bâtir chez les Byzantins,* Paris, 1883.

Curabelle, J., *Faiblesse pitoyable du Sr Desargues employée contre l'Examen fait de ses œuvres,* Paris, 1644.

Derand, F., *L'architecture des voûtes ou l'art des traits et coupe des voûtes...,* Paris, 1643.

Desargues, G, *Brouillon-project d'exemple d'une manière universelle du S.G.D.L. touchant la practique du trait à preuves pour la coupe des pierres en l'Architecture...,* Paris, 1640.

Douliot, J.-P., *Traité spécial de coupe des pierres,* Paris, 1825.

Eisenman, A.-J., « Stéréotomie », *Journal de l'Ecole polytechnique,* 3e cahier, Paris, An IV, p. 440.

Fourneau, N., *L'art du trait de Charpenterie,* Rouen, 1767-70.

Frézier, A., *La théorie et la pratique de la coupe des pierres et de bois pour la construction des voûtes... ou traité de stéréotomie à l'usage des architectes,* Strasbourg, 1737-39.

Graeff, M., *Appareil et construction des ponts biais,* Paris, 1852.

Hachette, A. B., *Description d'un nouveau procédé pour construire les voûtes biaises,* Paris, 1854.

Hassenfratz, J. H., *Traité de l'art du charpentier, pour faire suite aux Arts et métiers publiés par l'Académie des Sciences,* Paris, 1804.

Jousse, M., *La Fidèle ouverture de l'art du serrurier,* La Flèche, 1627.

Jousse, M., *Le Secret d'architecture, découvrant fidèlement les traits géométrique, couppes et dérobements nécessaires dans les bâtiments...,* La Flèche, 1642.

Jousse, M., *Le Théâtre de l'art du charpentier,* La Flèche, 1650.

La Gournerie, J. de, « Mémoire sur l'appareil de l'arche biaise », *Annales du Conservatoire des Arts et Métiers,* t.IX-1, Paris, 1870.

La Gournerie, « Note sur un appareil destiné à faire connaitre la direction de la pression dans une arche biaise», *Nouvelles Annales de la Construction,* fev. 1879.

La Hire, Ph.de, « Traité de la coupe des pierres », Paris, Bibl. de l'Institut, manuscrit 1596, fin XVIIe-dédut XVIIIe.

La Hire, Ph. de, *Traité de méchanique,* 1695.

La Hire, Ph. de, « Sur la construction des voûtes dans les édifices », *Histoire de l'Académie royale des sciences*, année 1712, Paris, 1731.

La Rue, J.-B. de, *Traité de coupe des pierres...*, Paris, 1728.

Lefort, F., « Etudes relatives à la construction des ponts biais », *Annales des Ponts et Chaussées*, 1839, p. 281-315.

Lejeune, E., *Traité pratique de la coupe des pierres, précédé de toute la partie de la géomérie descriptive qui trouve son application dans la coupe des pierres,* Paris, 1875.

Leroy, C. F. A., *Traité de stéréotomie comprenant les applications de la Géométrie Descriptive à la théorie des ombres, la perspective linéaire, la gnomonique, la coupe des pierres et la charpente*, Paris, 1844.

Martinez de Aranda, G., *Cerramientos y trazas de montea,* manuscrit rédigé à la fin de XVIe siècle, publié par J. M. Martinez et A. B. Correa, Madrid, CEHOPU, 1986.

Milliet-Dechales, C. F., « De lapidum sectione », in *Cursus seu Mundus Mathematicus*, t. II, tractatus XII, Lyon, 1674.

Monduit, L., et Denis, A., *Stéréotomie au point de vue de la coupe des pierres*, Paris, 1889.

Monge, G., « Stéréotomie », *Journal de l'Ecole Polytechnique*, 1er cahier, 1795.

Nicholson, P., *A popular and practical treatise on mansonry and stone-cutting*, Londres, 1827.

Pillet, J.-J., *Traité de stéréotomie*, Paris, 1887.

Rondelet, J.-B., « Construction des voûtes » et « Stéréotomie », articles des volumes *Architecture,* (A.-C. Quatremère de Quincy éd.), dans l'*Encyclopédie méthodique*, Paris, 1788-1825.

Rondelet, J.-B., *Traité théorique et pratique de l'art de bâtir*, Paris, 1802-1817.

Rouché, E. et Brisse, C., *Coupe des pierres précédée des principes du trait de stéréotomie*, Paris, 1893.

Simonin, *Traité élémentaire de la coupe des pierres*, Paris, 1792.

Toussaint, C.-J., *Nouveau manuel complèt de la coupe des pierres,* Paris, 1902 (rééd. 1981).

Vallée, L.-L., *Traité de la coupe des pierres*, Paris, 1824.

Vandelvira, A. de, *Libro de traças de Cortes de Piedra* , manuscrit rédigé entre 1575 et 1590 et édité en 1977 par G. Barbé-Coquelin de Lisle, sous le titre *Tratato de arquitectura.*

Vigoureux, J.-L.-A., « Epures de coupe des pierres » et « Epures de charpente », travaux graphiques réalisés à l'Ecole du Génie de Mézières, 1767, Bibliothèque du comité technique du Génie, ms 469 et ms 470.

Géométrie, géométrie descriptive

Adhemar, J.-A., *Cours de géométrie descriptive*, Paris, 1823.

Adhemar, J.-A., *Traité élémentaire de géométrie descriptive*, Paris, 1833.

Adhemar, J.-A., *Supplément au traité de géométrie descriptive*, Paris, 1850.

Aubert, J, *Cours de dessin d'architecture à partir de la géométrie descriptive*, Paris, Editions de la Villette, 1982.

Berger, M., *Géométrie*, Paris, CEDIC/Nathan, 1977.

Binet, J., « Remarque sur la construction graphique des tangentes aux projections des courbes », *Correspondance sur l'Ecole Polytechnique,* III, 2, p. 199-201.

Boi, L., *Le problème mathématique de l'espace, une quète de l'intelligible*, Berlin, Springer, 1995.

Bourlet, C., « La chaire de Géométrie descriptive du Conservatoire des Arts-et-Métiers », *Revue scientifique*, n°25, t.VI, 1906 (a).

Bourlet, C., « Projet de programme d'un cours de géométrie descriptive au CNAM », Paris,1906 (b).

Brisse, Ch., *Cours de géométrie descriptive professé à l'Ecole des Beaux-Arts,* Paris, 1882.

Brisse, Ch., et Piquet, R. *Cours de géométrie descriptive*, Paris, 1898.

Brocard, H. et Lemoyne, T., *Courbes géométriques remarquables planes et gauches*, 1919 ; rééd. Paris, Blanchard, 1967.

Catalan, E., *Traité élémentaire de géométrie descriptive*, Paris, 1881.

Chasles, M., « De la génération du paraboloïde hyperbolique et de l'hyperboloïde à une nappe », *Correspondance sur l'Ecole Polytechnique*, II, Janv. 1813, p. 446-447.

Chasles, M., « Propositions relatives aux courbes aux surfaces du second degré », *Correspondance sur l'Ecole Polytechnique*, III, 1, Janv. 1814.

Chasles, M., « Sur un cas particulier de la construction des tangentes aux projections des courbes », *Journal de Maths. pures et appl. de Liouville*, T. II, 1837, p. 293-298, (ef. 1837.b)

Chasles, M., *Traité de géométrie supérieure*, Paris, 1852, (éd. de référence : 1880).

Chevillard, A., « Note sur les ombres à lumière parallèle, ou projections obliques des polyèdres, sur leurs projections orthogonales et sur les changements de plans de projections et de rotations comme méthodes d'enseignement », *Nouv. Ann. de Maths. de Terquem*, T. XV, 1856, p. 197-207.

Clairaut, A. C., *Recherches sur les courbes à double courbure*, Paris Nyon, 1731.

Coste, J., « Application de la méthode de projection à la résolution de quelques problèmes de géométrie plane », *Ann. de Maths. pures et appl. de Gergonne*, VII, 1817.

Cremona, A. L., *Le figure reciproche nella statica grafica*, Milan, 1872.

Cremona, A. L., *Elementi de calculo grafico*, Turin, 1874.

Culmann, K., *Die graphische Statik*, Zurich, 1866.

Darboux, G., *Leçons sur la théorie générale des surfaces et les applications géométriques du calcul infinitésimal*, Paris, Gauthier-Villars, 1914.

Desargues, G, *Brouillon-proiet d'une atteinte aux événemens des rencontres du Cone avec un Plan*, Paris, 1639.

Desargues, G., *Récit au vray de ce qui a esté la cause de faire cet escrit*, 1644.

Desargues, G., « Reconnaissance de Monsieur Desargues » dans A. Bosse, *Manière universelle de Mr Desargues pour pratiquer la perspective par petit pied....*, Paris, 1647.

Desargues, G, *Œuvres complètes*, voir Poudra, 1864.

Desargues, G, *Œuvres complètes*, J.-P. Le Goff et R. Taton éds., à paraître.

Dupin, Ch., « Extrait d'une lettre de M. Dupin à M. Hachette sur les rayons de courbure des surfaces », *Correspondance sur l'Ecole Polytechnique*, I, Juil. 1806, p. 183-184.

Dupin, Ch., *Développements de géométrie pour faire suite à la «Géométrie descriptive» et à la «Géométrie analytique» de M. Monge...*, Paris, 1813 (ref. 1813.a).

Dupin, Ch., « Mémoire sur la Sphère tangente à trois ou quatre autres », *Correspondance sur l'Ecole Polytechnique*, III, 5, Janv. 1813, p. 420-425 (ref. 1813.b).

Dupin, Ch., « Recherche du plan osculateur et du centre de courbure d'une ligne courbe, en un point donné », *Ann. de Math pures et appl. de Gergonne*, VII, 1817, p. 18-23.

Dupin, Ch., *Applications de Géométrie et de Mécanique à la Marine, aux ponts et chaussées, etc. pour faire suite aux Développements de Géométrie*, Paris, 1822.

Dürer, A., *Underweysung der messung mit dem zirckel und richtscheyt, in Linien ebenen unnd gantzen corporen durch Albrecht Dürer zu samen getzogen und zu nutz aller kunstliebhabenden mit zu gehhörigen figuren in truck gebracht im jar. M.C.X.X.V.*, Nuremberg, 1525 ; Traduit en français et présenté par J. Peiffer, *Instructions sur la mesure à la règle et au compas, des lignes, plans et corps solides réunies par Albert Dürer et imprimées avec les figures correspondantes à l'usage de tous les amateurs d'art en l'an M.C.X.X.V.* Paris, Seuil, 1995.

Durrande, J.-P., « Recherche de la ligne du second ordre qui en touche trois autres données, sur une surface du même ordre », *Ann. de Maths. pures et appl. de Gergonne*, VII, 1817, p. 27-30.

Estève, P., « Problème. La base d'une pyramide triangulaire étant donnée… », *Mem. div. Sav.*, t. 2, 1754, p. 408-411.

Fasolo, O., et Migliari, R., *Quaderni di applicazioni della geometria descrittiva*, Rome, Edizioni Kappa, 1989.

Fourrey, E., *Curiosités géométriques*, Paris, Vuibert, 1907 (rééd. en 1994 avec une introduction de E. Barbin).

Haag, P., *Cours de géométrie descriptive*, Bordeaux, 1870-71.

Hachette, J. N. P., « Sur le contact des sphères… », *Correspondance sur l'Ecole Polytechnique*, I, 2, Sept. 1804, p. 18-28.

Hachette, J. N. P., « Théorie complète de la pyramide triangulaire », *Correspondance sur l'Ecole Polytechnique*, I, 3, Fév. 1805, p. 41-51 (réf. 1805.a).

Hachette, J. N. P., « Solution de ce problème : "déterminer le jour de l'année pour lequel le crépuscule est le plus petit" », *Correspondance sur l'Ecole Polytechnique*, I, 5, Déc. 1805, p. 148-151 (réf. 1805.b).

Hachette, J. N. P., « Des jours de l'année où le temps vrai est égal au temps moyen », *Correspondance sur l'Ecole Polytechnique*, I, 6, Juil. 1806, p. 177-179.

Hachette, J. N. P. « De la ligne de séparation d'ombre et de lumière sur les filets d'une vis triangulaire », *Correspondance sur l'Ecole Polytechnique*, II, 1, Janv. 1809, p. 13-17.

Hachette, J. N. P., *Supplément à la Géométrie descriptive de Gaspard Monge*, Paris, 1811.

Hachette, J. N. P., « Du plan tangent à l'hyperboloïde à une nappe. De la pyramide triangulaire. De la sphère tangente à quatre sphères données »,*Correspondance sur l'Ecole Polytechnique*, II, 4, Juil. 1812, p. 329-343.

Hachette, J. N. P., « De la courbe de contact d'un cône, ou d'un cylindre, et de la surface hélicoïde des filets de la vis triangulaire », *Correspondance sur l'Ecole Polytechnique*, III, 1, Janv. 1814, p. 18-20.

Hachette, J. N. P., « Des tangentes aux projections des courbes à double courbure. Examen des cas particuliers ou la méthode graphique d'après laquelle on mène ces tangentes est en défaut », *Correspondance sur l'Ecole Polytechnique*, III, 2, 1815, pp. 197-199.

Hachette, J. N. P., « Sur les plans osculateurs et les rayons de courbure des lignes planes ou à double courbure qui résultent de l'intersection de deux surfaces », *Bulletin des Sciences de la Société Philomatique*, 1816, p. 88-95 (réf. 1816.a).

Hachette, J. N. P., « Sur les plans osculateurs et les rayons de courbure de lignes planes ou à double courbure qui résultent de l'intersection de deux surfaces », résumé de l'article ci-dessus, *Ann. de Maths. pures et appl. de Gergonne*, VII, 1816, p. 24-27 (réf. 1816.b).

Hachette, J. N. P., *Eléments de Géométrie à trois dimensions*, Paris, 1817.

Hachette, J. N. P., *Second supplément à la Géométrie Descriptive…, suivi de l'Analyse géométrique de M. John Leslie…*, Paris, 1818.

Hachette, J. N. P., *Traité de géométrie descriptive…*, Paris, 1822.

Hadamard, J., *Leçons de géométrie*, Paris, Armand Colin, 1898 (rééd. 1950).

Hilbert, D., *Grundlagen der Geometrie*, Stuttgart, 1899 ; trad. fr. et éd. critique de P. Rossier, *Les fondements de la géométrie*, Paris, Dunod, 1971.

Hilbert, D., et Cohn-Vossen, S., *Geometry and Imagination*, New York, Chelsea Publish Co., 1952 (ed. originale : *Anschauliche Geometrie*, 1932)..

Javary, A., *Traité de géométrie descriptive*, Paris, 1881.

Kerékjarto, B., *Les fondements de la géométrie. Tome deux : géométrie projective*, Paris, Gauthier-Villars, 1966.

Kiaes, J., *Traité élémentaire de géométrie descriptive*, Paris, 1870.

Lacroix, S.-F., *Essais de Géométrie sur les plans et les surfaces courbes (ou Eléments de Géométrie descriptive)*, Paris, an III - 1795.

La Gournerie, J. de, *Discours sur l'art du trait et la géométrie descriptive*, Paris, 1855.

La Gournerie, J. de, *Traité de géométrie descriptive*, Paris, 1860-1862-1864.

La Hire, Ph. de, *Sectiones conicae in novem libros distributae...*, Paris, 1685.

Lamé, G., « Construire par la ligne droite et le cercle, les points d'intersection d'un hyperboloïde de révolution et d'une droite donnée », *Correspondance sur l'Ecole Polytechnique*, III, 2, 1814, p. 16.

Lancret, M.-A., « Des courbes à double courbure et de la ligne des centres osculateurs de ces cercles », *Correspondance sur l'Ecole Polytechnique* I, 3, Fév. 1805, p. 51-52.

Lebon, E., *Traité de géométrie descriptive pour l'enseignement secondaire classique*, Paris, 1882.

Lefebure de Fourcy, L.E., *Traité de Géométrie Descriptive*, Paris, 1823.

Leroy, C. F. A., *Traité de Géométrie Descriptive*, Paris, 1842.

Leroy, C. F. A., *Notes sur la Géométrie Descriptive*, Paris, 1843.

Mannheim, A., *Cours de géométrie descriptive de l'Ecole Polytechnique, comprenant les Eléments de la géométrie cinématique*, Paris, 1880.

Meusnier, J.-B., *Mémoire sur la détermination du plan de site*, Archives du génie, art. 18, sect. 3, carton n° 2, 1777.

Monge, G., « Mémoire sur les propriétés de plusieurs genres de surfaces courbes, particulièrement sur celles des surfaces développables avec une Application à la Théorie des Ombres et des Pénombres », *Mém. Div. Sav.*, t. 9, 1780, p. 382-440.

Monge, G., « Mémoire sur la théorie des déblais et des remblais », *Hist. Ac. Sc.*, 1781, 2ème partie, p. 666-704.

Monge, G., « Mémoire sur l'expression analytique de la génération des surfaces courbes », *Hist. Ac. Sc.*, 1784, p. 85-117.

Monge, G., « Mémoire sur les développées, les rayons de courbure et les différents genres d'inflexions des courbes à double courbure », *Mem. Div. Sav.*, t. 10, 1785, p. 511-550.

Monge, G., *Géométrie descriptive*, 1ère éd. in *Les Séances des écoles normales recueillies par des sténographes et revues par des professeurs*, Paris, 1795.
2ème éd. de Hachette, Paris, 1799.
3ème éd. avec un *Supplément* rédigé par Hachette, Paris, 1811.
4ème éd. de Brisson, avec les leçons consacrées à la perspective et au tracé des ombres, Paris, 1820.
Réédition in *L'Ecole normale de l'an III, Leçons de mathématiques, Laplace, Lagrange, Monge*, J. Dhombres éd., Paris, Dunod, 1992, p. 267-459. Cette dernière réédition a servi d'édition de référence dans cet ouvrage.

Monge, G., « Sur les lignes de courbure de la surface de l'ellypsoïde », *Journal de l'Ecole polytechnique*, 1796, p. 145-165.

Monge, G., « Des courbes à double courbure », *Journal de l'Ecole polytechnique*, 6ème cahier, 1799, p. 345-364.

Monge, G., « Mémoire sur la surface courbe dont toutes les normales sont tangentes à la surface d'une même sphère » et « Mémoire sur la surface courbe dont toutes les normales sont tangentes à une même surface conique à base arbitraire », *Journal de l'Ecole polytechnique*, 11ème cahier, 1802.

Monge, G., « Sur quelques propriétés de la pyramide triangulaire », *Correspondance sur l'Ecole Polytechnique*, I, 10, 1808, p. 440-444.

Monge, G., *Feuilles d'analyse appliquée à la géométrie à l'usage de l'Ecole polytechnique*, Paris, an III, édité en 1811 sous le titre *Applications de l'analyse à la géométrie* (réf. 1811.a).

Monge, G., « Sur la pyramide triangulaire », *Correspondance sur l'Ecole Polytechnique*, II, 3, 1811, p. 263-266 (réf. 1811.b).

Monge, G., Travaux d'élèves :
Cours révolutionnaires à l'Ecole centrale des travaux publics, notes prises par A.-F. Lomet, 1794-1795, Bibliothèque de l'Ecole nationale des ponts et chaussées, ms 150 ; notes de cours prises par J. Fourier, Bibliothèque de l'Institut, ms. 2044.
Epures du cours de géométrie descriptive de l'Ecole polytechnique, 1795-1797 : Desclos-Lepeley (1795), Biblio-

thèque Nationale, cote V 4829, in-fol ; Lancret et George (1795), Bibliothèque de l'Ecole nationale des ponts et chaussées, cote 15 ; Berge (1797), Bibliothèque de l'Ecole nationale des ponts et chaussées, cote 1996 ; Dalesme (1812), Archives de l'Ecole polytechnique.

Morel, A., *Leçons résumées de géométrie descriptive*, Paris, 1888.

Ocagne, M. d', *Applications de la géométrie descriptive suivies des éléments de la géométrie infinitésimale des courbes et des surfaces*, Paris, 1894-95.

Ocagne, M. d', *Cours de géométrie descriptive et de géométrie infinitésimale*, Paris, 1896.

Ocagne, M. d', *Cours de géométrie pure et appliquée de l'Ecole polytechnique*, Paris, 1917.

Olivier, Th., « Construction des centres de courbure des Epicycloïdes planes et sphériques », *Journal de l'Ecole polytechnique*, XIV, 23, 1834, p. 85.

Olivier, Th., « Théorie de l'osculation des sections coniques et construction du cercle osculateur en un point d'une section conique », *Journal de Maths. pures et appl. de Liouville*, IV, 1839, p. 189.

Olivier, Th., *Théorie géométrique des engrenages destinés à transmettre le mouvement de rotation entre deux axes non situés dans un même plan*, Paris, 1842.

Olivier, Th., *Traité de géométrie descriptive, théorique et appliquée*, Paris, 1843 (réf. 1843-a).

Olivier, Th., *Cours de géométrie descriptive*, Paris, 1843 (réf. 1843-b).

Olivier, Th., *Développements de la Géométrie descriptive*, Paris, 1843 (réf. 1843-c).

Olivier, Th., *Compléments de géométrie descriptive* , Paris, 1845.

Olivier, Th., *Additions au cours de géométrie descriptive*, Paris, 1847 (réf. 1847-a).

Olivier, Th., « Instructions sur l'enseignement de la géométrie descriptive dans les écoles d'arts et métiers », *Bull. Soc. d'Enc.*, t. 48, 1849, p. 591.

Olivier, Th., *Mémoires de géométrie descriptive théorique et appliquée*, Paris, 1851.

Olivier, Th., l*iste des modèles articulés in le Catalogue officiel des collections du* CNAM, « Géométrie descriptive », troisième fascicule, Paris, 1906, p. 19-30.

Pal, I., *Géométrie Descriptive avec figure en relief par les anaglyphes*, Budapest, 1959, trad. fr. Paris, 1961.

Pascal, B., *Traité pour les Coniques*, Paris, 1640; rééd. in *œuvres complètes*, présentation et notes de L. Lafuma, Le Seuil, Paris, 1963.

Pigot, T., *Descriptive geometry and its application*, Dublin, 1879.

Pillet, J.-J., *Traité de Géométrie Descriptive*, Paris, 1884-85.

Poncelet, J.-V., *Traité des propriétés projectives des figures*, Paris, 1822.

Poncelet, J.-V., « Recherche du cercle osculateur d'une courbe à double courbure en l'un quelconque de ses points », *Ann. de Maths. pures et appl. de Gergonne*, XV, 1825, p. 245-249.

Potier, Ch. M., *Traité de Géométrie Descriptive*, Paris, 1817.

Roberval, G-P. de, « Observation sur la composition des mouvements et sur le moyen de trouver les touchantes des lignes courbes » in *Divers ouvrages de mathématiques et de physique par Messieurs de l'Académie royale des sciences*, Paris, 1693, p. 69-111.

Roriczer, M., *Die Geometria Deutsch*, Ratisbonne, 1487-88, réédité par F. Geldner, Guido Pressler, 1965.

Roubaudi, C., *Traité de Géométrie Descriptive*, Paris, 1916.

Rouché, E. et Comberousse, Ch. de, *Traité de géométrie*, Paris, 1891.

Serenus, *Trattato di Geometria descrittiva*, 1826.

Tinseau, M.-Th. de, « Solution de quelques problèmes relatifs à la théorie des surfaces courbes et des courbes à double courbure » et « Sur quelques propriétés des solides renfermés par des surfaces composées de lignes droites », *Mem. div. sav.*, t. IX, 1780, p. 593-624 et p. 625-642.

Vallée, L.-L., *Traité de Géométrie Descriptive*, Paris, 1819.

Perspective, arts graphiques

Adhemar, J.-A., *Traité de perspective à l'usage des peintres*, Paris, 1836.

Adhemar, J.-A., *Traité des ombres*, Paris, 1840.

Alberti, L.B., *Della Pittura*, Ed. critique de L. Mallé, Florence, 1950. Texte original en latin de 1435 : *De Pictura*, première impression, Nurenberg, 1511.

Aubert, J., *L'Axonométrie*, Paris, Editions de la Villette, 1997

Bosse, A., *Manière universelle de M. Desargues pour pratiquer la perspective par petit-pied, comme le géométral*, Paris, 1648.

Bosse, A., *Traité des pratiques géométrales et perspectives...*, Paris, 1665, Minkoff Reprint, 1973.

Buchotte, *Les règles du dessin et du lavis*, Paris, 1764 (rééd. Genève, Minkoff reprint, 1973).

Chastillon, N.F.A. de, *Traité des ombres dans le dessin géométral* ; Archives de l'Inspection du Génie, art. 21, sect. 13, carton n° 1 et act. 18, sect. 3, carton n° 3, 1764 ; publié par Th. Olivier dans les *Applications de la géométrie descriptive aux ombres, à la perspective, à la gnomonique et aux engrenages*, Paris, 1847, p. 5-26.

Desargues, G, *Exemple de l'une des manières universelles du S.G.D.L. touchant la pratique de la perspective sans emploier aucun tiers point de distance ny d'autre nature qui soit hors du champ de l'ouvrage*, Paris, 1636.

Dürer, A., *Heirinn sind begriffen vier Bücher von menschlicher Proportion...*, Nuremberg, 1528 ; trad. fr. *Les Quatre livres d'Albert Dürer... de la proportion des parties et poarctraits des corps humains*, Paris, 1557.

Farish, W., *Isometrical Perspective*, London, 1820.

Farish, W., « On Isometrical Perspective », *Cambridge Philosophical Society Transactions*, t. 1, 1822, p. 1-20.

Gromort, G., *Introduction à l'étude du tracé des ombres*, Paris, 1932 (rééd. 1967).

La Gournerie, J. de, *Traité de perspective linéaire*, Paris, 1859.

Lefrançois, L., « Sur la Gnomonique », *Journal de l'Ecole Polytechnique*, IV, 11, 1802 (an X), p. 261-271.

Meyer, M., *Lehrbuch der Axonometrie*, Leipzig, 1852.

Monge, G., « De la Perspective », cours de Monge à l'Ecole du génie de Mezières, publié par Th. Olivier dans *Applications de la géométrie descriptive*, Paris, 1847, p. 161-165.

Monge, G., « Des Ombres », cours de Monge à l'Ecole du génie de Mezières, publié par Th. Olivier dans *Applications de la géométrie descriptive*, Paris, 1847, p. 26-35.

Monge, G., Hachette, J. P. N., « Sur la théorie des ombres et de la perspective ; Sur les points brillants des surfaces courbes », *Correspondance sur l'Ecole Polytechnique*, I, 8, 1807, p. 295-305.

Olivier, Th., *Applications de la géométrie descriptive aux ombres, à la perspective, à la gnomonique et aux engrenages*, Paris, 1847 (réf. 1847-b).

Piero della Francesca, *De prospectiva pingendi*, Manuscrit, 1472 ; 1ère édition, Strasbourg, 1899; traduction en français, avec introduction et appareil critique de M.-F. Clairgeau, à paraître.

Pillet, J.-J., *Traité de perspective linéaire précédé du tracé des ombres usuelles et du rendu dans le dessin d'architecture et dans le dessin de machine*, Paris, 1885.

Pozzo, A., *La perspective des peintres et des architectes*, Rome, 1700.

Schmidt, R., *Theorisch-pratischer Lehrgang der Axonometrie*, Leipzig, 1859.

Schuessler, R., *Orthogonale Axonometrie, ein Lehrbuchzum Selbststudium*, Leipzig & Berlin, 1905.

Vignola, Danti, A. T., *Le due regole della propettiva pratica*, Rome, 1583 (éd. de ref. 1611), rééd. 1974.

Références

Histoire des sciences et des techniques, histoire de l'art, histoire de l'enseignement

Amodeo, F., « Albrecht Dürer, Precursore di Monge », *Atti Accademia delle Scienze Napoli*, 2, vol. XIII, 1908.

Argan, G. C. et Wittkower, R., *Perspective et Histoire au Quattrocento*, Paris, Les éditions de la passion, 1990.

Baczko B., *Une Education pour la démocratie. Textes et projets de l'époque révolutionnaire*, Paris, Garnier, 1982.

Baltrusaitis, J., *Anamorphoses, les perspectives dépravées*, Paris, Flammarion, 1984.

Belhoste, B., « Les origines de l'Ecole polytechnique. Des anciennes écoles d'ingénieurs à l'Ecole centrale des Travaux publics », *Histoire de l'éducation*, n°42, 1989, p. 13-53, (ref. 1989-a).

Belhoste, B., « L'éducation technique de l'*Encyclopédie* à Saint-Simon », *Education permanente*, n° 98, 1989, p. 37-52, (ref. 1989-b).

Belhoste, B., « Du dessin d'ingénieur à la géométrie descriptive », *In extenso*, n°13, juil. 1990, p. 105-135.

Belhoste, B., « Le problème du défilement », « Sylvestre-François Lacroix et la géométrie descriptive », « L'utilisation des aérostats pour le lever des cartes et le nivellement », Annexes 16, 18 et 19 in *l'Ecole normale de l'an III, Leçons de Mathématiques, Laplace, Lagrange, Monge*, J. Dhombres éd., Paris, Dunod, 1992, p. 541-546 et p. 564-573.

Belhoste, B., « De l'Ecole des ponts et chaussées à l'Ecole centrale des Travaux publics. Nouveaux documents sur la fondation de l'Ecole polytechnique », *SABIX*, n°11, fev. 1994, p. 1-69, (ref. 1994.a).

Belhoste, B., « L'Ecole Polytechnique au Palais-Bourbon », in *Le Paris des Polytechniciens. Des ingénieurs dans la ville, 1794-1994*, B. Belhoste, F. Masson et A. Picon éds, Paris, 1994, p. 19-25, (ref. 1994.b).

Belhoste, B., éd., *Les sciences dans l'enseignement secondaire français. Textes officiels*, T. 1 : *1789-1914*, textes réunis et présentés par B. Belhoste, C. Balpe et T. Laporte, INRP/Economica, Paris, 1995.

Belhoste, B., Dahan-Dalmedico, A., Pestre, D., Picon, A., éds, *La France des X, deux siècles d'histoire*, Paris, Economica, 1995.

Belhoste B., Dahan-Dalmedico, A. et Picon, A. éds., *La formation polytechnicienne, deux siècles d'histoire*, Paris, Délégation à l'action artistique de la Ville de Paris, Dunod, 1994.

Belhoste, B., Masson, F., et Picon, A., éds, *Le Paris des Polytechniciens. Des ingénieurs dans la ville, 1794-1994*, Paris, 1994.

Belhoste, B., Picon, A., et Sakarovitch, J., « Les exercices dans les écoles d'ingénieurs sous l'Ancien Régime et la Révolution », *Histoire de l'éducation*, n°46, 1990, I.N.R.P. Paris, p.53-109.

Belhoste, B., et Taton, R., « L'invention d'une langue des figures », in *l'Ecole normale de l'an III, Leçons de Mathématiques, Laplace, Lagrange, Monge*, J. Dhombres éd, Paris, Dunod, 1992, p. 269-303.

Birembaut, A., «Les écoles gratuites de dessin», in *Enseignement et diffusion des sciences en France au XVIIIe siècle*, R. Taton éd., Paris, Hermann, 1964, p. 441-476.

Bkouche, R., « Appendice historique », in D. Lehmann et R. Bkouche, *Initiation à la géométrie*, Paris, P.U.F.,1988, p. 435-490.

Bkouche, R., « La naissance du projectif », *Mathematique et Philosophie*, R. Rashed éd., Paris, Editions du CNRS, 1991.

Bkouche, R., « Carlo Bourlet, Professeur de Géométrie descriptive puis de Mécanique », in *Les professeurs du Conser-*

vatoire national des arts et métiers, dictionnaire biographique 1794-1955, C. Fontanon et A. Grelon, éds., Paris, INRP-CNAM, 1994, p. 237-245, (ref. 1994.a).

Bkouche, R., « Desargues au XIXe siècle : l'influence d'un livre non lu » in *Desargues en son temps,* J. Dhombres et J. Sakarovitch éds., Paris, Blanchard, 1994, p. 207-217, (ref. 1994.b).

Blanchard, A., *Dictionnaire des ingénieurs militaires 1691-1791,* Montpellier, impr. Louis-Jean, 1981.

Blanchard, A., *Les Ingénieurs du «Roy» de Louis XIV à Louis XVI. Etude du corps des fortifications,* Montpellier, Centre d'histoire militaire et d'études de défense nationale, 1979.

Bois, Y.-A., « Avatars de l'Axonométrie », in *Images et imaginaires d'architecture, Dessin, Peinture, Photographie, Arts graphiques, Théâtre, Cinéma en Europe aux XIXe et XXe siècles,* Catalogue d'exposition, Paris, Centre Georges Pompidou/ CCI, 1984, p. 129-134.

Bois, Y.-A., « L'axonométrie ou le paradigme mathématique de Lissitzky », in *El Lissitzky, architecte, peintre, photo graphe, typographe,* catalogue d'exposition, Musée d'Art moderne de la Ville de Paris, Paris, 1991.

Booker, P. J., « Gaspard Monge and his Effect on Engineering Drawing and Technical Education », *Trans. the New comen Soc.,* n°34, 1961-1962, p. 15-36.

Booker, P. J., *A history of engineering drawing,* Londres, Chatto & Windus, 1963.

Bourdieu, P. et Gros, F., *Principes pour la rénovation des contenus d'enseignement,* Paris, Rapport du Collège de France, mars 1989.

Chaboud, M., *Girard Desargues, bourgeois de Lyon, mathématicien, architecte,* Lyon, ALÉAS, 1996.

Charmasson, Th., éd., *L'enseignement technique de la Révolution à nos jours. Textes officiels avec introduction, notes et annexes.* Th. Charmasson, A.-M. Lelorrain , Y. Ripa, T. 1 : *De la révolution à 1926.,* INRP/Economica, Paris, 1987.

Chartier, R., « Un recrutement scolaire au XVIIIe siècle, l'Ecole du Génie de Mézières », *Revue d'histoire moderne et contemporaine,* 1973, p. 353-375.

Chervel, A, « L'histoire des disciplines scolaires : réflexions sur un domaine de recherches », *Histoire de l'éducation,* n°38, INRP, mai 1988, p.59-119.

Clairgeau, M-F., Introduction, appareil critique et traduction du *De propectiva pingendi,* de Piero della Francesca, à paraître.

Clark, K., *Piero della Francesca,* London, Phaïdon Press, 1951.

Comar, P., *La perspective en jeu. Les dessous de l'image,* Paris, Gallimard, 1992.

Comberousse, Ch., *Histoire de l'Ecole centrale des arts et manufactures depuis sa fondation jusqu'à ce jour,* Paris, 1879.

Coolidge, J.L., *A History of Geometrical Methods,* New York, Dover Publications, 1940.

Coolidge, J.L., *A History of the Conic Sections and Quadric Surfaces,* New York, Dover Publications, 1945.

Dahan-Dalmedico, A., « La méthode critique du «mathématicien-philosophe» », in *l'Ecole normale de l'an III, Leçons de Mathématiques, Laplace, Lagrange, Monge,* J. Dhombres éd., Paris, Dunod, 1992, p. 171-192.

Dahan-Dalmedico, A., et Peiffer, J., *Une histoire des mathématiques, routes et dédales,* Paris, Seuil, 1986.

Damisch, H., *L'origine de la perspective,* Paris, Flammarion, 1987.

Damisch, H., *Traité du trait, tractatus tractus,* Paris, Réunion des Musées nationaux, 1995.

Deforge, Y., *Le graphisme technique, son histoire et son enseignement,* Paris, Champs Vallon, 1981.

Dhombres, J., éd., *l'Ecole normale de l'an III, Leçons de Mathématiques, Laplace, Lagrange, Monge,* Paris, Dunod, 1992.

Dhombres, J., « Sur la notion de courbure », Annexe 12 de *L'Ecole normale de l'an III...,* p. 505-514.

Dhombres, J., « La Gournerie, Jules Maillard de (1814-1883), Professeur de Géometrie descriptive (1854-1883) » in *Les professeurs du Conservatoire national des arts et métiers, dictionnaire biographique, 1794-1955,* C. Fontanon et A. Grelon éds, Paris, INRP-CNAM, 1994 t.2, p. 18-35.

Dhombres, J., « Des ingénieurs mathématiciens pour le port de Saint-Nazaire : Jégou, La Gournerie et Kerviler, ou la force tranquille de la science analytique », in *La Bretagne des savants et des ingénieurs 1750-1825*, Nantes, Ouest-France, 1995.

Dhombres, J., Dahan-Dalmedico, A., Bkouche, R., Houzel, C. et Guillemot, M., *Mathématiques au fil des âges*, Paris, Gauthier-Villars, 1987.

Dhombres, N. et Dhombres, J., *Naissance d'un pouvoir : Sciences et Savants en France 1793-1825*, Paris, Payot, 1989.

Dhombres, J., et Sakarovitch, J., éds., *Desargues en son temps*, Paris, Blanchard, 1994.

Dictionary of Scientific Biography, C.C. Gillipsie éd., New York, Scribners and Sons, 1970-1981.

Dieudonné, J., éd., *Abrégé d'histoire des mathématiques1700-1900*, Paris, Hermann, 1978.

Dody, B. « la Correspondance sur l'Ecole polytechnique (1804-1816) : un journal au service de la recherche et de la diffusion dans une école généraliste : le poids de la géométrie », à paraître dans les *Actes du colloque le journalisme scientifique au XIXè siècle*, dec. 1992.

Dumas, A., éd., *L'Histoire générale des techniques*, Paris, P.U.F., 1962.

Edmonson, J. M., *From Mécanicien to Ingénieur : Technical Education and the Machine Building Industry in Nineteenth-Century France*, New York and London, Garland, 1987.

Field, J.V., et Gray, J.J., *The Geometrical Work of Girard Desargues*, New York, Springler, 1987.

Flocon, A., et Taton, R., *La perspective*, Paris, P.U.F., 1978.

Focillon, H., *Piero della Francesca*, Paris, A. Collin, 1952, (rééd. 1991).

Fontanon C., « Missions et doctrines des enseignements du Conservatoire (1819-1920) », à paraître.

Fontanon, C., et Grelon, A., éds, *Les professeurs du Conservatoire national des arts et métiers, dictionnaire bibliographique 1794-1955*, Paris, INRP-CNAM, 1994.

Fox, R., « Charles Dupin, Professeur de Mécanique et Géométrie appliquées aux arts », in *Les professeurs du Conservatoire national des arts et métiers, dictionnaire biographique 1794-1955*, C. Fontanon et A. Grelon éds., Paris, 1994, p. 469-478.

Fox, R., et Weisz, G., éd., *The organization of science and technology in France, 1808-1914*, New York/Paris, Cambridge University Press & Editions de la Maison des Sciences de l'Homme, 1980.

Gille, B., éd., *Histoire des techniques*, Paris, Gallimard, 1978.

Gille, B., *Les Ingénieurs de la Renaissance*, Paris, Hermann, 1964.

Gille, B., *Les mécaniciens grecs. La naissance de la technologie*, Paris, Seuil, 1980.

Gille, P., « Les écoles de constructeurs de la marine » in *Enseignement et diffusion des sciences en France au XVIIIᵉ siècle*, R. Taton éd., Paris, Hermann, 1986, p. 477-481.

Goyon, G., « L'Antiquité égyptienne », in l'*Histoire générale des techniques*, A. Dumas éd., Paris, PUF, 1962.

Grattan-Guinness, I., *Convolutions in French Mathematics*, 1800-1840, Basel, Birkhäuser, 1990.

Guillerme, J., et Sebestik, J., « Les Commencements de la technologie », *Thales*, XII, 1968, p. 1-72.

Guillet, L., *Cent ans de la vie de l'Ecole centrale des arts et manufactures, 1829-1929*, Paris, 1930.

Heinich, N., « La perspective académique », in *Actes de la Recherche en Sciences Sociales*, n° 49, sept. 83, p. 47-70.

Heinich, N., *Du peintre à l'artiste, artisans et académiciens à l'age classique*, Paris, Ed. de Minuit, 1994.

Julia, D., « Gaspard Monge, examinateur », in *Travaux d'élèves, pour une histoire des perfomances scolaires et de leur évaluation, 1720-1830, n° spécial de la revue Histoire de l'Education*, n° 46, mai 1990, p. 111-133.

Julia, D., « Le modèle méritocratique entre Ancien Régime et Révolution », in *La France des X, deux siècles d'histoire*, B. Belhoste, A. Dahan-Dalmedico, D. Pestre, A. Picon éds., Paris, 1995, p. 33-50.

Langins, J., « Sur la première organisation de l'Ecole polytechnique. Texte de l'attêté du 6 frimaire An III », *Revue d'histoire des sciences*, 1980, p. 289-313.

Langins, J., *La république avait besoin de savants. Les débuts de l'Ecole polytechnique : l'Ecole centrale des travaux publics et les cours révolutionnaires de l'an III*, Paris, Belin, 1987 (réf. 1987.a).

Langins, J., « Sur l'enseignement et les examens à l'Ecole polytechnique sous le Directoire : à propos d'une lettre inédite de Laplace », *Revue d'histoire des sciences*, t. XL, 1987, p. 147-177 (réf. 1987.b).

Langins, J., « La préhistoire de l'Ecole polytechnique », *Revue d'histoire des sciences*, t. XLIV, 1991, p. 61-89.

Lanier, D., et Le Goff, J.-P., « L'héritage arguésien. Le fils spirituel : Philippe de La Hire », *Cahiers de la Perspective, Points de vue, n°5, Dossier Desargues*, p. 61-78.

Laurent R., « Raoul Bricard, Professeur de Géométrie appliquée aux arts » in *Les professeurs du Conservatoire national des arts et métiers, dictionnaire biographique 1794-1955*, C. Fontanon et A. Grelon éds, Paris, INRP-CNAM, 1994, p. 286-291.

Laurent, R., « Théorie des ombres et des pénombres, perspective, perspective aérienne », annexe 17 in *l'Ecole normale de l'an III, Leçons de Mathématiques, Laplace, Lagrange, Monge*, J. Dhombres éd., Paris, Dunod, 1992, p. 547-563.

Laurent, R., et Peiffer, J., *La place de J. H. Lambert dans l'histoire de la perspective*, Paris, Cedic/Nathan, 1987.

Laurent, R., et Sakarovitch, J., «Il trattato del taglio delle pietre di Girard Desargues», in *I fondamenti scientifici della rappresentazione, Atti del Convegno*, Universite «La Sapienza» dipartimento di rappresentazione e rilievo, Rome, Oct. 1989, p. 84-87.

Leroi-Gourhan, A., *L'homme et la matière*, Paris, Albin Michel, 1943, (éd. de référence 1992).

Leroi-Gourhan, A., *Le geste et la parole*, Paris, Albin Michel, 1964.

Le dessin géométrique, de la main à l'ordinateur, Actes du colloque inter-IREM de juin 1994, IREM de Lille, 1996.

Lebrun, F., Venard, M., Queniart, J., *Histoire générale de l'enseignement et de l'éducation en France*, publié sous la direction de L.H. Parias, Paris, Nouvelle Librairie de France, 1981.

Le Goff, J.-P., « Une œuvre aux confins de l'art et de la science : De prospectiva pingendi de Piero della Francesca », in *Les cahiers de la perspective*, n° 4, juin 1987, p. 3-74.

Le Goff, J.-P., « Desargues et la naissance de la géométrie projective », in *Desargues en son temps*, J. Dhombres et J. Sakarovitch éds., Paris, Blanchard, 1994, p. 157-206.

Le Quilleuc, J.-J., *Représentation et visualisation : la genèse de l'espace visuel moderne au début de la Renaissance*, travail personnel de 3ème cycle, UPA n° 1, Paris, 1979.

Longhi, R., *Piero della Francesca*, Paris, Hazan, 1989.

Loria, G., *Storia della geometria descrittiva delle origini, sino ai giorni nostri*, Milan, 1921

Montluca, E., et Lalande, J., *Histoire des mathématiques*, Paris, 1799-1802.

Needham, J., *Science and civilisation in China*, Cambridge, Cambridge University Press, 1971.

Panofsky, E., *L'œuvre d'art et ses significations, Essais sur les «arts visuels»*, Paris, Gallimard, 1969.

Panofsky, E., *La perspective comme forme symbolique*, Paris, Editions de Minuit, 1975 (1ère ed., 1932)

Panofsky, E., *La vie et l'œuvre d'Albrecht Dürer*, Paris, Hazan, 1987 (1ère éd. Princeton, 1943).

Paul, M., *Gaspard Monge «Géométrie descriptive» und die Ecole polytechnique*, Bielefeld University, 1980.

Peck, W., *Dessins égyptiens*, Paris, Hermann, 1980, (éd. originale : *Drawings from Ancient Egypt*, Londres, Thames and Hudson, 1978).

Peiffer, J., « Dürer géomètre », introduction à la traduction de l' *Underweysung der messung*... de Dürer, Paris, Seuil, 1995, p. 11-131.

Picon, A., *Architectes et Ingénieurs au siècle des lumières*, Marseille, Parenthèse, 1988 (réf. 1988.a).

Picon, A., *Claude Perrault ou la curiosité d'un classique*, Paris, Picard, 1988 (réf. 1988.b).

Picon, A., *L'invention de l'ingénieur moderne. L'Ecole des Ponts et Chaussées, 1747-1851*, Paris, Presses des Ponts et Chaussées, 1992.

Picon, A., « Générosité sociale et aspirations technocratiques : les Polytechniciens saint-simoniens » in *La France des X, deux siècles d'histoire*, B. Belhoste , A. Dahan-Dalmedico, D. Pestre, A. Picon éds, Paris, Economica, 1995, p. 145-156.

Picon, A. et Yvon, M., *L'Ingénieur artiste, dessins anciens de l'Ecole des Ponts et Chaussées*, Paris, Presses des Ponts et Chaussées, 1989.

Poudra, N. G., *Histoire de la perspective ancienne et moderne*, Paris, 1861.

Poudra, N. G., *Œuvres de Desargues réunies et analysées par Poudra*, Paris, 1864.

Saint Aubin, J.-P., « Les enjeux architecturaux de la didactique stéréotomique de Desargues » in *Desargues en son temps*, J. Dhombres et J. Sakarovitch éds., Paris, Blanchard, 1994, p. 363-370.

Sakarovitch, J., « Le traité de coupe des pierres de Girard Desargues », dans *Destin de l'art, Desseins de la science*, D. Bessot, Y. Hellegouarc'h, J-P. Le Goff éds., ADERHEM, 1991, p.129-140.

Sakarovitch, J., « Sur la distance de deux droites », « La coupe des pierres et la géométrie descriptive », « La géométrie descriptive après Monge », Annexes 14,15 et 21 in *l'Ecole normale de l'an III, Leçons de Mathématiques, Laplace, Lagrange, Monge*, J. Dhombres éd., Paris, Dunod, 1992, p. 523-540 et p. 583-590.

Sakarovitch, J., « La taille des pierres et la géométrie descriptive », in *La figure et l'espace*, IREM de Lyon, 1993, p. 117-138.

Sakarovitch, J., « La géométrie descriptive, une reine déchue », in *La formation polytechnicienne, deux siècles d'histoire*, B. Belhoste, A. Dahan, A. Picon éds., Paris, Dunod, 1994, p. 77-93, (réf. 1994.a).

Sakarovitch, J., « Le fascicule de stéréotomie ; entre savoir et métiers, la fonction de l'architecte », in *Desargues en son temps*, J. Dhombres et J. Sakarovitch éds., Paris, Blanchard, 1994, p. 347-362, (réf. 1994.b).

Sakarovitch, J., « Théodore OLIVIER, Professeur de Géométrie descritive », in *Les professeurs du Conservatoire national des arts et métiers, dictionnaire biographique 1794-1955*, C. Fontanon et A. Grelon, éds., Paris, INRP-CNAM, 1994, p. 326-335, (réf. 1994.c).

Sakarovitch, J., « Théodore Olivier », in *1794-1994, Le Conservatoire national des arts et métiers au cœur de Paris*, Paris, CNAM-DAAVP, 1994, p. 193-195, (réf. 1994.d).

Sakarovitch, J., « Stéréotomie et géométrie », in *Mathématiques et Art*, M. Loi éd., Paris, Hermann, 1995, p. 79-91, (réf. 1995.a).

Sakarovitch, J., « The teaching of Stereotomy in Engineering Schools in France in the XVIIIth and XIXth centuries : an Application of Geometry, an "Applied Geometry" or a Construction Technique ? », in *Entre Mécanique et Architecture/Between Mechanics and Architecture*, P. Radelet-de Grave et E. Benvenuto éds., Basel, Birkhäuser, 1995, p. 204-218, (réf. 1995.b).

Schinn, T., *Savoir scientifique et pouvoir social : l'Ecole polytechnique, 1794-1914*, Paris, Presses de la fondation nationale des sciences politiques, 1980.

Seitz, F., « Jules Pillet, Professeur de constructions civiles », in *Les professeurs du Conservatoire national des arts et métiers, dictionnaire bibliographique 1794-1955*, C. Fontanon et A. Grelon éds., INRP-CNAM, 1994, p. 399-411.

Seitz, F., *L'Ecole spéciale d'architecture*, 1865-1930, Paris, Picard, 1995.

Serres, M., éd., *Eléments d'histoire des sciences*, Paris, Bordas, 1989.

Serres, M., *Les origines de la géométrie*, Paris, Flammarion, 1993.

Sinisgalli, R., et Vastola, S., *L'analemma di Tolomeo*, Florence, Edizioni Cadmo, 1992.

Stone, W., *The Olivier models*, brochure éditée par les Friends of the Union College Library, Schenectady, 1969.

Taton, R., « La préhistoire de la «géométrie moderne» », *Rev. Hist. Sci.*, t. II, 1949, p. 197-224.

Taton, R., *L'Œuvre mathématique de G. Desargues*, Paris, 1951 ; 2ème éd. Vrin, Paris, 1988 (réf. 1951.a).

Taton, R., *L'œuvre scientifique de Monge*, Paris, P.U.F., 1951 (réf. 1951.b).

Taton, R. « L'histoire de la géométrie descriptive », *Les Conférences du Palais de la Découverte*, Série D, n° 32, Paris, 1954.

Taton, R., éd., *Histoire générale des sciences*, Paris, PUF, 1ère éd. 1958, rééd. 1995.

Taton, R., éd., *Enseignement et diffusion des sciences en France au XVIIIe siècle*, Paris, Hermann, 1964, rééd. 1986.

Taton, R., « L'Ecole royale du génie de Mézières » in *Enseignement et diffusion des sciences en France au XVIIIe siècle*, p. 559-613.

Taton, R., « Gaspard Monge », *Dictionary of Scientific Biography*, vol. 9, 1974, p. 469-478.

Taton, R., « Les Grandes étapes de la mathématisation des techniques graphiques : des origines à Dürer, à Desargues et à Monge », in *Dimensioni del disegno*, n° 1, Dipartimento di Rappresentazione e Relievo dell'Universitá di Roma, mars 1986.

Taton, R., « Un Projet d'écoles secondaires pour artisans et ouvriers, préparé par Monge en septembre 1793 », annexe 20, in *l'Ecole normale de l'an III, Leçons de Mathématiques, Laplace, Lagrange, Monge*, J. Dhombres éd., Paris, Dunod, 1992, p. 575-582.

Taton, R., « Desargues et le monde scientifique de son époque » et « A la redécouverte des Œuvres de Girard Desargues », in *Desargues en son temps,* J. Dhombres et J. Sakarovitch éds., Paris, Blanchard, 1994, p. 23-53 et p. 463-475.

Vagnetti, L., « De naturali ed artificiali perspectivi », in *Studi e Documenti di Architettura*, n° 9-10, Libreria Ed. Fiorentina 1979.

Verin, H., *La gloire des ingénieurs. L'intelligence technique du XVIe au XVIIIe siècle*, Paris, Albin Michel, 1993.

Weiss, J. H., *The Making of Technological Man, The Social Origins of French Engineering Education,* Cambridge Mass./Londres, MIT press, 1982.

Wright, L., *Perspective in Perspective*, Londres, Routledge & Kegan Paul, 1983.

Architecture, dessin d'architecture

Architecture en représentation, ouvrage publié à l'occasion de l'exposition du même nom, produite par l'Inventaire général des monuments et des richesses artistiques de la France, Paris, 1985.

Aurenche, O., « Le dessin d'architecture dans le Proche Orient des origines au milieu du IVe millénaire », in *Le dessin d'architecture dans les sociétés antiques*, Strasbourg, 1985, p. 9-18.

Barnes, C. F., « The Gothic Architectural Engravings in the Cathedral of Soissons », *Speculum, XLVII*, 1972, p. 60-64.

Barnes, C. F., « Le «problème» Villard de Honnecourt », in *Les Bâtisseurs de cathédrales gothiques*, R. Recht éd., Strasbourg, 1989, p. 209-223.

Bauchal, C., *Nouveau Dictionnaire biographique et critique des architectes français*, Paris, 1887.

Bechmann, R., *Les racines des cathédrales. L'architecture gothique, expression des conditions du milieu*, Paris, Payot, 1981 (rééd. 1996).

Bechmann, R., « Les dessins techniques du Carnet de Villard de Honnecourt », in *Carnet de Villard de Honnecourt,* édition de A. Erlande-Brandenburg, R. Pernoud, J. Gimpel et R. Bechmann, 1986, p. 39-50.

Bechmann, R., *Villard de Honnecourt. La pensée technique au XIIIe siécle et sa communication,* Paris, Picard, 1991.

Bischoff, F., « Les maquettes d'architecture », in *Les Bâtisseurs de cathédrales gothiques,* R. Recht éd., Strasbourg, 1989, p. 287-295.

Blau, E., et Kaufman, E., éds, *L'architecture et son image, quatre siècles de représentation architecturale*, Montréal, Centre Canadien d'Architecture/Editions du Méridien, 1989.

Blomfield, R., *Architectural Drawing and Draughtsmen*, Toronto, 1912.

Blunt, A., *Philibert de l'Orme*, Londres, P. Wilson, 1958 ; trad. fr. : Paris, G. Monfort, 1986.

Borsi, F., *Le Bernin*, Paris, Hazan, 1984

Boudon, F., « Les livres d'architecture de Jacques Androuet du Cerceau », in *Les traités d'architecture de la Renaissance*, J. Guillaume éd., Paris, Picard, 1988, p. 367-396.

Boudon, Ph., *Figures de la conception architecturale. Manuel de la figuration graphique*, Paris, Dunod, 1988.

Boudon, Ph., Guillerme, J., Tabouret, R., *Figuration graphique en architecture*, Paris, Rapport D.G.R.S.T., A.R.E.A, 1976.

Bourget, P., et Cattaui, G., *Jules Hardouin-Mansart*, 1956.

Branner, R., « Villard de Honnecourt, Reims and the origins of Gothic architectural drawing », *Gazette desBeaux-Arts*, série 6, 61, 1963, p. 129-146.

Branner, R., « Gothic Architecture », *Journal of the Society of Architectural Historians*, 32, 1973, p. 327-333.

Bundgaard, J. A., *Mnesicles, a greek architect at work*, Oslo, 1957.

Carter, H., et Gardiner, A.H., « The Tomb of Ramses IV and the Turin plan of a royal tomb », *Journal of Egyptian Archeology*, 4, 1917, p.130-158.

Cassi Ramelli, A., *Luca Baltrami e il Duomo di Milano*, Milan, 1964.

Chastel, A., *Le grand chantier d'Italie*, Paris, Gallimard, 1965.

Chastel, A., « Les traités d'architecture à la Renaissance : un problème » in *Les traités d'architecture de la Renaissance*, J. Guillaume éd., Paris, Picard, 1988, p. 7-18.

Choay, F., *La règle et le modèle*, Paris, Seuil, 1980.

Choay, F., « Le De re ædificatoria comme texte inaugural », in *Les traités d'architecture de la Renaissance*, J. Guillaume éd., Picard, Paris, 1988.

Colombier, P. du, *Les chantiers des cathédrales - Ouvriers - Architectes - Sculpteurs*, Paris, Picard, 1953 (rééd. 1992).

Coulton, J. J., « Incomplet preliminary planning in greck architecture : some new evidence », in *Le dessin d'architecture dans les sociétés antiques, Actes du Colloque de Strasbourg, 26-28 janvier 1984,* Université des Sciences Humaines de Strasbourg, Strasbourg, 1985, p. 103-112.

Coulton, J. J., *Ancient greek architects at work. Problems of Structure and Design*, New York, Cornell University Press, 1977.

Degeorge, G., *Syrie, art, histoire, architecture*, Paris, Hermann, 1983.

Demiéville, P., « Un traité d'architecture chinois : le Ying-Tsao-fa-che de Li Ming-Tchong des Song », *Bulletin de l'Ecole française d'Extrème-Orient*, T. XXV, 1925, n°1-2, p. 213-264.

Docci, M., et Maestri, D., *Storia del rilevamento architettonico e urbano*, Bari, Editori Laterza, 1993.

Duboy, L. P., *Jean-Jacques Lequeu, une énigme*, Paris, Hazan, 1989.

Erlande-Brandenburg, A., *Quand les cathédrales étaient peintes*, Paris, Gallimard, 1993.

Evans, R., « La projection », in *L'architecture et son image, quatre siècles de représentation architecturale*, E. Blau et E. Kaufman éds, Montréal, Centre Canadien d'Architecture, 1989, p. 1935.

Fleury, P., « Introduction » au Livre I *de l'architecture* , de Vitruve, Paris, Les Belles Lettres, 1990.

Francastel, P., « Paris et la création urbaine en Europe au XVIIe siècle », in *L'urbanisation de Paris et l'Europe 1600-1880,* travaux et documents inédits presentés par P. Francastel, Klincksieck, Paris, 1969, p. 9-35.

Frankl, P., *The gothic, Literary Sources and Interpretations through Eight Centuries*, Princeton, 1960.

Frommel, C. L., et Adams, N., éds., *The Architectural drawing of Antonio da Sangallo the Younger and his circle*, Cambridge, Mass. and London, MIT Press, 1994.

Galluzzi, P., éd., *Leonardo da Vinci engineer and architect/Leonard de Vinci, ingénieur et architecte*, catalogue d'exposition, Montréal, Musée des Beaux-Arts de Montréal, 1987.

Galluzzi, P., éd., *Les ingénieurs de la Renaissance de Brunelleschi à Leonard de Vinci*, catalogue de l'exposition de la cité des Sciences et de l'Industrie, Florence, Giunti, 1995.

Gaudier, Ch., « Architecture chinoise : les textes techniques », à paraître.

Germann, G.,*Vitruve et le vitruvianisme, introduction à l'histoire de la théorie architecturale*, Lausanne, Presses polytechniques et universitaires Romandes, 1991 (éd. originale en allemand, 1987).

Gimpel, J., *Les bâtisseurs de cathédrales*, Paris, Seuil, 1958, rééd. 1980.

Giordano, L., « Il tratatto del Filarete e l'architettura lombarda », in *Les traités d'architecture de la Renaissance*, J. Guillaume éd., Paris, Picard, 1988, p. 115-128.

Gloton, J-J., « Le traité de Serlio et son influence en France », in *Les traités d'architecture de la Renaissance*, J. Guillaume éd., Paris, Picard, 1988, p. 407-423.

Granveaud, P., et Mosser, M., *Filippo Brunelleschi*, catalogue d'expositon, C.E.R.A., Paris, 1979.

Gros, P., « Le rôle de la scænographia dans les projets architecturaux du début de l'empire romain » in *Le dessin d'architecture dans les sociétés antiques, Actes du Colloque de Strasbourg, 26-28 janvier 1984*, Strasbourg, 1985. p. 231-257.

Guillaume, J., « L'apparence & la réalité des choses », in *Architecture en représentation*, catalogue d'exposition, Paris, l'Inventaire général des monuments et des richesses artistiques de la France, 1985, p. 31-34.

Guillaume, J., éd. *Les traités d'architecture de la Renaissance*, Paris, Picard, 1988.

Guillaume, J., « Philibert de l'Orme : un traité différent », in *Les traités d'architecture de la Renaissance*, p. 347-354.

Guillaume, J., éd. *Les chantiers de la Renaissance*, Paris, Picard, 1991.

Guillerme, J., *Le Théâtre de la figuration*, fasc. 2, in Ph. Boudon, J. Guillerme, R. Tabouret, *Figuration graphique en architecture*, rapport D.G.R.S.T., A.R.E.A, Paris, 1976.

Guillerme, J., « Soufflot, Sainte-Geneviève et les limites de l'invention technique », in *Soufflot et son temps*, catalogue d'exposition de la Caisse Nationale des Monuments Historiques et des Sites, Paris, 1981, p. 158-166.

Images et imaginaires d'architecture, ouvrage publié par Centre Georges Pompidou à l'occasion de l'exposition du même nom, Paris, 1984.

Jacques, A., *Les dessins d'architecture du XIXe siècle*, Poitiers, Bibliothèque de l'image, 1992.

Jacques, A., et Mouilleseau, J.-P., *Les Architectes de la liberté*, Paris, Gallimard, 1988.

Krautheimer, R., et Hess-Krautheimer, T., *Lorenzo Ghiberti*, Princeton, 1970, (1ère éd. 1956).

Krautheimer, R., *Introduction à une iconographie de l'architecture médiévale*, Paris, G. Monfort, 1993.

L'image en architecture. «Les machines à dessiner», Marseille, Musée d'histoire de Marseille/IIRIAM, 1984.

Le dessin d'architecture dans les sociétés antiques, Actes du Colloque de Strasbourg, 26-28 janvier 1984, Strasbourg, Université des Sciences Humaines de Strasbourg, 1985.

Le Moël, M., « Jacques Curabelle et le monde des architectes parisiens », in *Desargues en son temps*, J. Dhombres et J. Sakarovitch éds., Paris, Blanchard, 1994, p. 389-393.

Lloyd, S., Müller, H. W., Martin, R., *Architecture de l'Antiquité, Proche et Moyen-Orient, Egypte, Crète et Grèce*, Paris, Berger Levrault, 1980.

Lotz, W., *Studies in Italian Renaissance Architecture*, Cambridge Mass., M.I.T. Press, 1977.

Loukomsky, G. K., *Andrea Palladio, sa vie, son œuvre*, Paris, Vincent & Cie., 1980.

Mango, C., *Architecture byzantine*, Milan, Gallimard/Electa, 1993 (1^ére^ éd. : 1977).

Marani, P. C., « Leonard, l'architecture de fortification et ses problèmes de structure », in *Leonard de Vinci, ingénieur et architecte*, P. Galluzzi éd., Montréal, 1987, p. 303-314.

Martin, R., « Architecture de la Grèce » in *Architecture de l'antiquité*, S. Lloyd, H. W. Müller, R. Martin, Berger-Levrault, Paris, 1980.

Millon, H. A., et Lampugnani, V. M., *The Renaissance from Brunelleschi to Michelangelo, the representation of architecture. Rinascimento da Brunelleschi a Michelangelo, la Rappresentazione dell'architettura* , Londres, Thames and Hudson, 1994.

Müller, W., « Le dessin technique à l'époque gothique », in *Les Bâtisseurs de cathédrales gothiques*, R. Recht éd., Strasbourg, 1989, p. 237-254.

Murray, P., *Renaissance Architecture*, New York, Harry N. Abrams, 1971.

Oudin, B., *Dictionnaire des architectes*, Paris, Seghers, 1970 (rééd. 1982).

Panofsky, E., *Architecture gothique et pensée scolastique*, postface de P. Bourdieu, Paris, Editions de Minuit, 1967 (1ère éd. Latrobe, The Archabbey Press, 1951).

Pause, P., *Gotische Architekturzeichnungen in Deutschland*, Bonn, 1973.

Pérouse de Montclos, J.-M., *Étienne-Louis Boullée*, Paris, 1969 ; rééd. Paris, Flammarion, 1994.

Pérouse de Montclos, J.-M., « Les Editions des traités de Philibert de l'Orme au XVIIe siècle », in *Les Traités d'architecture de la Renaissance*, J. Guillaume éd., Paris, Picard, 1988, p. 355-366.

Pérouse de Montclos, J.-M., *Histoire de l'architecture française de la Renaissance à la Révolution*, Paris, Mengès/CNMHS, 1989.

Prager, F.D., « Brunelleschi Inventions and the Renewal of Roman Masonry Work », *Osiris*, IX, 1950, p. 457-554.

Puppi, L., *Andrea Palladio, L'Oppera completa*, Milan, Electa, 1977.

Queysanne, B., « Architectes et/ou ingénieurs. Du nom de l'architecte », in *L'idée constructive en architecture*, Picard, Paris, 1987, p. 9-13.

Recht, R., « La loge et le soit disant secret des bâtisseurs de cathédrales », *Histoire et archéologie*, dossier n° 47, nov. 1980, p. 8-22.

Recht, R., « Sur le dessin d'architecture gothique », dans *Etudes d'art médiéval offertes à Louis Grodecki*, Paris, 1981, p. 233-250.

Recht, R., « De l'architecture à sa représentation », in *Architecture en représentation*, catalogue d'exposition, l'Inventaire général des monuments et des richesses artistiques de la France, Paris, 1985, p. 27-30.

Recht, R., « "Théorie" et "Traités pratiques" d'architecture au Moyen-Age », in *Les traités d'architecture de la Renaissance*, J. Guillaume éd., Paris, Picard, 1988, p. 19-30.

Recht, R., éd., *Les bâtisseurs des cathédrales gothiques*, catalogue de l'exposition de Strasbourg, Strasbourg, 1989.

Recht, R., *Le dessin d'architecture*, Paris, A. Biro, 1995.

Renier, A., éd., *Espace et représentation ; penser l'espace*, Paris, Les éditions de La Villette, 1982 (rééd. 1989).

Saint Aubin, J.-P., *Le relevé et la représentation de l'architecture*, Paris, l'Inventaire, 1992.

Sakarovitch, J., « Architecture et représentation, de la projection à la double projection », *De l'image naturelle à l'image artificielle, In Extenso,* n°13, R. Laurent éd., 1990, p. 63-101.

Savignat, J.-M., *Dessin et architecture du Moyen-Age au XVIIIe siècle*, Paris, Ecole nationale supérieure des Beaux-Arts, 1983

Savignat, J.-M., «Architecture, art du dessin», in *Images et Imaginaires d'Architecture*, catalogue d'exposition, Centre Georges Pompidou, CCI, 1984, p. 21-26.

Schnoase, C., *Geschïchte der bildenden Künste im Mittelalter*, Düsseldorf, 1872.

Schöller, W., « Le dessin d'architecture à l'époque gothique », in *Les bâtisseurs des cathédrales gothiques*, R. Recht éd., Strasbourg, 1989, p. 227-235.

Shelby, L. R., *Gothic Design Techniques : the Fifteenth-Century Design Booklets of Mathes Roriczer and Hanns Schmuttermayer*, Londres et Amsterdam, 1977.

Suckale, R., « La théorie de l'architecture au temps des cathédrales », in *Les bâtisseurs des cathédrales gothiques*,

R. Recht éd., Strasbourg, 1989, p. 41-50.

Summerson, J., *Le Langage classique de l'architecture*, 1963, rééd. Paris, L'Equerre, 1984.

Szambien, W., *Jean-Nicolas-Louis Durand, 1760-1834. De l'imitation à la norme*, Paris, Picard, 1984.

Szambien, W., « Les bâtiments de la Montagne Sainte-Geneviève au XIXe siècle », in *Le Paris des Polytechniciens. Des ingénieurs dans la ville, 1794-1994*, B. Belhoste, F. Masson et A. Picon éds, Paris, 1994, p. 27-38.

Vergnolle, E., « Les tours de l'an mil », in *Architecture en représentation*, l'Inventaire général des monuments et des richesses artistiques de la France, Paris, 1985, p. 25-26.

Vocabulaire de l'Architecture, Ministère des Affaires culturelles, Imprimerie Nationale, Paris, 1972.

Ward-Perkins, J. B., *Architecture romaine*, Milan, Gallimard/Electa, 1994 (1ère éd. italienne, Milan, Electa, 1974).

Will, E., « La maquette de l'adyton du temple de Niha » et « Conclusions », in *Le dessin d'architecture dans les sociétés antiques, Actes du colloque de Stasbourg, 26-28.1.1984*, Stasbourg, 1985, p. 277-281.

Zerbst, R., *Antoni Gaudi*, Köln, Taschen, 1992.

Zerner, H., « Du mot à l'image : le rôle de la gravure sur cuivre », in *Les traités d'architecture de la Renaissance*, J. Guillaume éd., p. 281-294.

Zevi, B., *Le Langage moderne de l'architecture*, Dunod, Paris, 1981.

Stéréotomie, construction

Adam, J.-P., *La construction romaine, matériaux et techniques*, Paris, Picard, 1984, (éd. de référence 1995).

Aladenise, V., *Technologie de la taille de pierre*, Paris, Librairie du Compagnonnage, 1991 (4e éd.).

Bechmann, R., « L'art du trait au XIIIe siècle », in *Arts et sciences au Moyen-Age, dossier Pour la Science*, 1995, p. 36-45.

Benvenuto, E., *An introduction to the History of Structural Mechanics, Part I : Statics and Resistance of Solids ; Part II : Vaulted Structures and Elastic Systems*, New-York, Springer-Verlag, 1991 ; 1ere éd., *La scienza delle costruzionie e il suo sviluppo storico*, Florence, Sansoni, 1981.

Bessac, J.-C., «L'apogée antique de la pierre taillée», *Pour la Science*, Juillet 1987, p. 36-47.

Bessac, J.-C., *L'outillage traditionnel du tailleur de pierre de l'Antiquité à nos jours*, Paris, Editions du CNRS, 1993.

Chappuis, R., « Géométrie et structure des coupoles sur pendentifs dans les églises romanes entre Loire et Pyrénées », *Bulletin monumental*, CXX, 1962, p. 7-39.

Claval, F., « Les épures de la cathédrale de Clermont-Ferrand », *Bulletin archéologique du CTHS*, fasc. 20-21 A, Paris, 1988, p. 185-224.

Daressy, G., « Un tracé égyptien d'une voûte elliptique », *Ann. du serv. des Antiq. de l'Egypte*, T. VIII, Le Caire, 1907.

Encyclopédie des métiers, La maçonnerie et la taille des pierres, éditée par l'Association Ouvrière des Compa gnons du Devoir du Tour de France (en cours d'édition ; déjà paru : tome V, *Les outils*, Paris, 1993).

Erlande-Brandeburg, A., « La stéréotomie : l'Arménie » in *Le grand atlas de l'architecture mondiale*, p. 184-185, Encyclopedia Universalis, 1981.

Fitchen, J., *The Construction of Gothic Cathedrals : a study of medieval vault erection*, Chicago, University of Chicago Press, 1961.

Gauthier, J.-L., *Stéréotomie, étude des arcs, voûtes escaliers*, Paris, Ecole nationale supérieure des Beaux-Arts, 1985 (2e éd.).

Gheorghiu, A., Dragomir, V., *La représentation des structures constructives*, Paris, Eyrolles, 1968.

Lalbat, C., Marguerittte, G., Martin, J., « De la stéréotomie médiévale, La coupe des pierres chez Villard de Honnecourt », *Bulletin Monumental*, T. 145, IV, 1987.

L'idée constructive en architecture, Actes du colloque de Grenoble du 28 au 30 novembre 1984, Paris, Picard, 1987.

Müller, W., « Guarini e la Stereotomia », in *Guarini e l'Internazionalità del Barocco - Atti del Convegno*, Turin, 1970, t. 1, p. 531-556.

Noël, P., *Technologie de la pierre de taille. Dictionnaire des termes couramment employés dans l'extraction, l'emploi et la conservation de la pierre de taille*, Paris, Société de diffusion des techniques du bâtiment et des travaux publics, 1968.

Orlandos, A. K., *Les matériaux de construction et la technique architecturale des anciens Grecs*, Paris, 1966 (1ère ed. Athènes, 1955).

Pérouse de Montclos, J.-M., *L'architecture à la Française, XVIe, XVIIe, XVIIIe siècle*, Paris, Picard, 1982.

Pérouse de Montclos, J.-M., « Le Théâtre de l'art de construire », in *L'idée constructive en architecture*, Picard, Paris, 1987, p. 15-31.

Potié, P., « Le Projet constructif de Philibert de l'Orme », in *L'idée constructive en architecture*, Picard, Paris, 1987, p. 21-31.

Potié, P., *Philibert de l'Orme, figures de la pensée constructive*, Marseille, Parenthèses, 1996.

Protzen, J.-P., « Inca Quarrying and Stonecutting », *Journal of the Society of Architectural Historians*, 44, May 1985, p. 161-182.

Rabasa Diaz, E., « Los arcos oblicos en la traza de canteria », *Revista de expresion grafica architectonica*, Valladolid, 1994, n° dos, p. 145-154.

Radelet-de Grave, P., et Benvenuto, E., éds., *Entre Mécanique et Architecture/Between Mechanics and Architecture*, Basel, Birkhäuser, 1995.

Rockwell, P., *The art of stoneworking : a reference guide*, Cambridge University Press, 1993.

Sanabria, S. L., « From Gothic to Renaissance Stereotomy : The Design Methods of Philibert de l'Orme and Alonso de Vandelvira », *Technology and Culture*, Vol. 30, n°2, April 1989, p. 266-299.

Shelby, L. R., « Medieval Mason's Tools II. Compas and Square », *Technology and Culture* 6, 1965, p. 236-248.

Shelby, L. R., « Medieval Mason's Templates », *Journal of the Society of Architectural Historians*, XXX, 1971, p. 140-154.

Shelby, L. R., « The Geometric Knowledge of the Medieval Master Masons », *Speculum* 47, 1972, p. 395-421.

Schimpf, A., « Le statut des tailleurs de pierres de Strasbourg » Taduction française de Anselme dans *Artisans et ouvriers d'Alsace*, Strasbourg, 1965, p. 97-119, reprise in *Les bâtisseurs des cathédrales gothiques*, Recht, R., éd., Strasbourg, 1989, p. 103-109.

Varène, P., *Sur la taille de pierre antique, médiévale et moderne*, Dijon, 1983 (3e ed.).

Vettone, R., *Bâtir, manuel de la construction*, Lausanne, Presses Polytechniques et universtaires Romandes, 1996.

Index